工程软件职场应用实例精析丛书

PowerMill 后处理入门与应用实例精析

朱克忆　彭劲枝　朱昌泽　编著

机 械 工 业 出 版 社

本书主要讲述 PowerMill 数控编程软件的后处理软件 Post Processor，涉及 FANUC、Heidenhain 两个主流数控系统后处理，重点讲解了创建、修改和订制三轴、四轴和五轴数控加工后处理文件。全书共 9 章，第 1 章对 PowerMill 后处理进行概述；第 2 章介绍后处理软件 Post Processor 及其选项文件设置；第 3 章详细介绍 Post Processor 后处理文件编辑器的功能；第 4 章讲解从零起步创建 FANUC 数控系统三轴后处理文件的方法，特别讲解了条件判断语句 if…end if 的使用、孔加工类固定循环代码的输出；第 5 章讲解从零起步创建 Heidenhain 数控系统三轴后处理文件的方法；第 6 章介绍根据已有后处理文件修改订制 FANUC 数控系统三轴后处理实例，特别讲解了脚本功能的使用；第 7 章介绍根据已有四轴加工机床修改订制 FANUC 数控系统四轴后处理实例；第 8 章介绍根据已有五轴加工机床修改订制 FANUC 数控系统五轴后处理实例，包括五轴联动加工、3+2 轴加工和三轴加工的后处理文件，特别讲解了 RTCP 功能、坐标系旋转功能等；第 9 章介绍根据已有后处理文件修改订制 Heidenhain 数控系统五轴后处理实例；附录解释了 Post Processor 软件的全部内置参数。通过本书的学习，可帮助读者快速掌握 PowerMill 后处理的基础知识和核心技巧。

为方便读者学习，本书提供书中所有的实例源文件、完成的项目文件以及操作视频教学资料，可通过手机浏览器扫描前言中相关二维码下载。联系 QQ296447532，赠送 PPT 课件素材。

本书可作为大中专院校、技工学校和各类型培训班师生的教材，也可供机械加工企业、工科科研院所从事数控加工的工程技术人员参考。

图书在版编目（CIP）数据

PowerMill 后处理入门与应用实例精析 / 朱克忆，彭劲枝，朱昌泽编著. —北京：机械工业出版社，2022.6

（工程软件职场应用实例精析丛书）

ISBN 978-7-111-70757-8

Ⅰ. ①P… Ⅱ. ①朱… ②彭… ③朱… Ⅲ. ①数控机床—加工—计算机辅助设计—应用软件 Ⅳ. ① TG659.022

中国版本图书馆 CIP 数据核字（2022）第 079904 号

机械工业出版社（北京市百万庄大街 22 号 邮政编码 100037）

策划编辑：周国萍　　责任编辑：周国萍

责任校对：史静怡　刘雅娜　　封面设计：马精明

责任印制：刘　媛

北京盛通商印快线网络科技有限公司印刷

2022 年 7 月第 1 版第 1 次印刷

184mm×260mm・23.75 印张・554 千字

标准书号：ISBN 978-7-111-70757-8

定价：99.00 元

电话服务	网络服务
客服电话：010-88361066	机　工　官　网：www.cmpbook.com
010-88379833	机　工　官　博：weibo.com/cmp1952
010-68326294	金　　书　　网：www.golden-book.com
封底无防伪标均为盗版	机工教育服务网：www.cmpedu.com

前　言

数控加工编程的后处理是将在自动编程软件中图形化的刀具路径通过“翻译器”输出为数控机床能够识别并执行的 NC 程序代码。在本书中，自动编程软件指 PowerMill，“翻译器”则是本书所述的“Post Processor”。众所周知，后处理的基础是已经计算出了加工零（部）件的刀具路径，因此本书面向的是已经掌握了数控加工自动编程知识的读者。

在数控加工领域，尽管已经有 ISO 标准的 NC 代码，但不同的数控系统厂商和数控机床厂商，以及不同的数控机床结构，往往会有一些特殊的代码，这就出现了修改订制后处理文件的需求。目前，市面上数控系统类型众多，机床结构也五花八门，本书内容主要集中在两大主流数控系统 FANUC（发那科）、Heidenhain（海德汉），机床结构则重点介绍广泛应用的三轴加工机床，四轴摆台加工机床，五轴双摆台、双摆头、摆头和转台机床。

本书在编写过程中，设置从零起步创建后处理文件章节，由浅入深，带读者步入后处理文件制作的大门；先写三轴机床后处理，再写四轴机床后处理，最后写五轴机床后处理，步步为营，使读者有逐渐扩展知识和提高技能之感；针对英语基础薄弱的读者，本书对所有引用 Post Processor 软件的英文术语做了中文注释，因此不存在语言方面的问题。

PowerMill 后处理文件订制有大量的自学人员，本书叙述尽量通俗易懂，内容组织尽量系统化，并配合有声操作视频和实例源文件、完成的项目文件等立体素材（用手机扫描前言中的二维码下载），为自学者提供学习保障。联系 QQ296447532，赠送 PPT 课件素材。

修订完成的后处理文件用于机床调试时，务必谨慎细心，使机床在单步、低速的条件下测试后处理出来的NC代码，分功能（三轴刀路、三轴刀路换刀、3+2 轴刀路、3+2 轴刀路换刀、五轴联动刀路、五轴联动刀路换刀、多条刀路合并、钻孔循环刀路等）逐一验证后处理文件的准确性。

本书在编写过程中遇到许多困难，要特别感谢院领导及家人的理解和支持，感谢欧特克软件（中国）有限公司侯显峰等技术经理给予的支持。

本书是 PowerMill 工程师等级认证考试官方推荐教材，可作为 CAM 相关从业人员参加 PowerMill 专业级及专家级认证考试、Post Processor 后处理知识学习的指导教材。

由于编著者水平有限，书中难免存在一些错误和不妥之处，恳请各位读者在发现问题后告诉编著者，以便改正。

编著者

2022 年 6 月

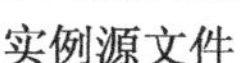

实例源文件

完成的项目文件

操作视频

目　录

第 1 章 PowerMill 后处理概述

📖 本章知识点

- ✧ PowerMill 软件后处理介绍
- ✧ PowerMill 软件后处理体系
- ✧ PowerMill 软件后处理工作流程
- ✧ 在 PowerMill 软件中后处理 NC 代码

在数控加工编程中，将计算刀具路径轨迹的过程称为“前置处理”。为了使前置处理能够面向千变万化的零部件编程，使自动编程软件通用化，在计算刀具路径轨迹时，统一在工件坐标系中进行，而不考虑具体的机床结构及其数控系统的指令体系，这样就大大地简化了自动编程软件的使用要求。但加工是在特定工艺系统中进行的，要获得具体数控机床（有特定的轴配置、指令体系）上加工用的 NC 代码，就需要将前置计算所得的刀位数据转换成具体机床的程序代码，该过程称为“后置处理（Post-processing）”，本书后续章节统一简称它为“后处理”。

后处理是根据具体机床运动结构和控制指令格式，将前置计算的刀位数据变换成机床各轴的运动数据，并按其控制指令格式进行转换，成为数控机床的加工程序。

1.1 PowerMill 软件后处理体系

在 PowerMill 数控加工自动编程软件中，后处理的工作由两部分来完成，一部分是后处理程序，负责执行后处理计算；另一部分是后处理文件，也称为机床选项文件，负责记录用户所用机床的信息，如机床构造、各轴的行程、机床所能识别和接受执行的数控代码及格式（如线性定位、直线插补等指令名称及格式）。

目前，PowerMill 系统提供两种后处理程序供读者使用。一种是 Ductpost.exe，这是 PowerMill 软件较早前一直使用的基于 DOS 风格的后处理程序，与之配合使用的后处理文件为 *.opt 机床选项文件。在 PowerMill 2017 版之后，Ductpost.exe 已不是默认的后处理程序，但如果读者安装了 Ductpost.exe，并且有与之配合的 *.opt 机床选项文件，仍然可以使用它来进行后处理。另一种是新开发的、具有 Windows 窗口界面风格的 Autodesk Manufacturing Post Processor Utility（以下简称 Post Processor），它具有能独立运行、易于操作、界面友好等特点，是 PowerMill 软件目前默认使用并正在大力推广的后处理程序，也是本书主要讲解的对象。

归纳起来，PowerMill 数控加工自动编程完整的系统构成及各部分作用如图 1-1 所示。

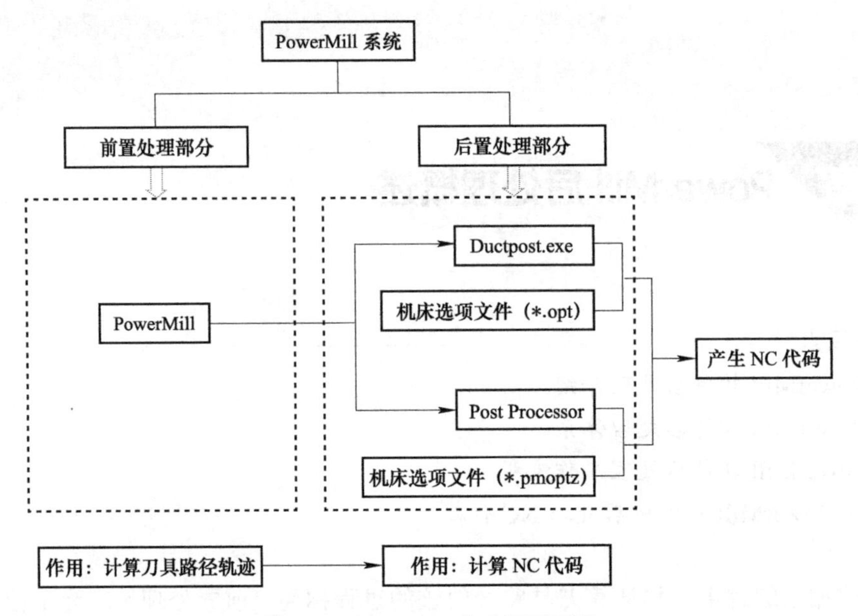

图 1-1　PowerMill 自动编程系统

后处理文件是一个文本格式的文件，它的扩展名是 opt 或 pmoptz。该文件一般由 Autodesk 公司或其经销商根据用户所使用的具体类型机床和数控系统来订制。早期的后处理程序 Ductpost.exe，PowerMill 系统在 C:\dcam\config\ductpost 目录下放置了市面上典型数控系统的标准后处理文件，如 fanuc.opt、Siemens.opt、heid40.opt 等。如果读者无特殊要求，就可直接选用这些后处理文件。PowerMill 2019 默认使用 Post Processor 后处理程序，与它对应的后处理文件放置在 C:\Users\Public\Documents\Autodesk\Manufacturing Post Processor Utility 2019\Generic 文件夹内，包括常见的数控系统标准后处理文件，如 Fanuc.pmoptz、Siemens.pmoptz、Heidenhain.pmoptz、Mitsubishi.pmoptz 等。

1.2　刀位文件 CLDATA

PowerMill 后处理的数据来源是前置处理得到的刀位文件，即 CLDATA 文件，其扩展名为 cut。

CLDATA 是英文 Cutter Location Data 的缩写，意思是刀具位置数据，在 PowerMill 2019 系统中，单击“文件”→“选项”→“应用程序选项”，打开“选项”对话框，按图 1-2 所示设置即可将刀具路径输出为扩展名为 cut 的文件，它就是 CLDATA 文件。

CLDATA 文件主要包括刀具移动点的坐标值以及使数控机床各种功能工作的数据。理论上，可定义刀具的任意位置为刀具移动点（以下称刀位点），而在实际中，为计算的一致性和便于对刀调整，采用刀具轴线的顶端（即刀尖点）作为标准刀位点。一般来说，刀具在工件坐标系中的准确位置可以用刀具中心点和刀轴矢量来进行描述，其中刀具中心点可以是刀心点，也可以是刀尖点，视具体情况而定。

CLDATA 文件按照一定的格式编制而成。为了规范这一格式，国际上有通用的标准，各国甚至各软件开发商也制定了适合自身的标准。例如，我国相应的标准是 GB/T 12177—

2008《工业自动化系统　机床数值控制 NC 处理器输出文件结构和语言格式》，读者有兴趣的话可以查阅这一标准。PowerMill 系统使用的 CLDATA 文件格式绝大部分采用了国际标准 ISO 3592：1978 和 ISO 4343：1978 的规范格式。

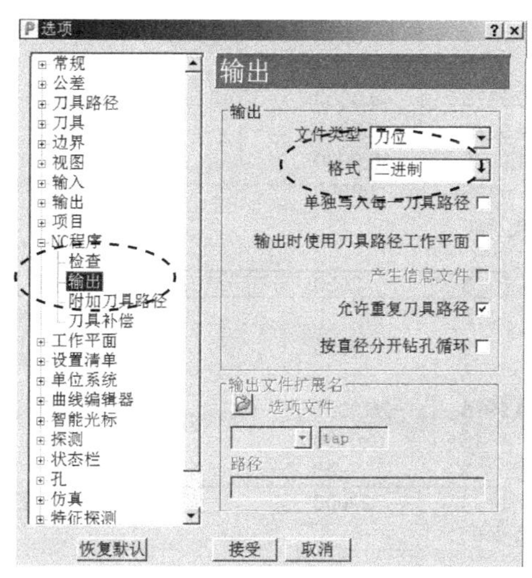

图 1-2　输出刀位文件设置

CLDATA 文件表现为一组逻辑记录的连续，各个逻辑记录由整数、实数、文字构成。每个逻辑记录的一般格式如图 1-3 所示，W1 为记录序号；W2 为记录类型（整数）；W3～W*n* 的数据与 W2 的类型有关。表 1-1 摘录了 PowerMill 系统使用的记录类型（W2）名称及其含义。

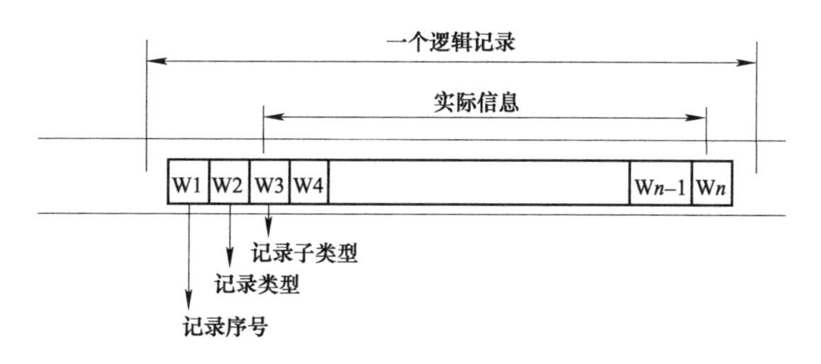

图 1-3　逻辑记录的一般格式

表 1-1　PowerMill 系统使用的记录类型（W2）名称及其含义

记录	名称	含义
2000	后处理程序指令	使特定数控机床的准备、辅助功能动作的后处理程序语句
3000	几何数据	指定毛坯数据
5000	刀具位置	包含刀具位置和有关刀具的运动矢量信息
6000	误差或刀具信息	包含容差、刀具或输出注销信息
20000	切入切出与连接	刀具路径切入切出与连接信息
14000	最终记录	包含终止记录

一个典型的 CLDATA 文件如图 1-4 所示。

```
                18        20000          0
        1        2           11   Link Rapid
                 3         2000          5
                14         5000          5
        0        0
 150.0063   -29.9975     40.0000
 150.0063   -24.9975     40.0000
 150.0063   -24.9975     35.0000
                18        29000          0
       10  Plunge_feed
 500.0000
               5           2000       1009  ←— 一条逻辑记录，5 表示记录序号，2000 表示记录类型，1009 表示指定进给率
 500.0000    315
                 8         5000          5
        0        0
 150.0063   -24.9975    -25.0000
                16        20000          0
        0        2           45   Link End
              19          29000          0  ←— 另一条逻辑记录
        9  Cutting_feed
1000.0000
                 5         2000       1009
1000.0000    315
             137           5000          5  ←— 一条逻辑记录，137 表示记录序号，5000 表示记录类型，5 表示运动（直线、圆弧等）
        0        0
 101.9843   -24.9975    -25.0000
 101.9805   -24.9975    -25.0000
  99.9624   -24.9975    -23.1358
  96.0032   -24.9975    -19.9552
  92.4868   -24.9975    -17.4645
  92.4842   -24.9975    -17.4615
```

图 1-4　典型的 CLDATA 文件

1.3　PowerMill 软件后处理工作流程

一般地，后处理程序按其工作流程分为以下五部分：

1）控制（Control）。后处理程序能在其他部分适当的时刻进行有效地调用，从而控制全流程的各部分。

2）输入（Input）。将 CLDATA 文件变换为后处理程序能够处理的类型，同时输入记录单位。

3）辅助（Auxiliary）。主要处理记录类型为 2000 的 CLDATA 文件内容。2000 记录的是使特定数控机床的准备、辅助功能动作的后处理程序语句。

4）运动（Motion）。主要处理记录类型为 5000 的 CLDATA 文件内容。5000 记录的是零件程序的运动指令，由主处理程序处理的结果，即刀具坐标值。

5）输出（Output）。将辅助、运动部分处理的结果变换为可向数控装置输入的格式。

PowerMill 后处理的工作流程如图 1-5 所示。

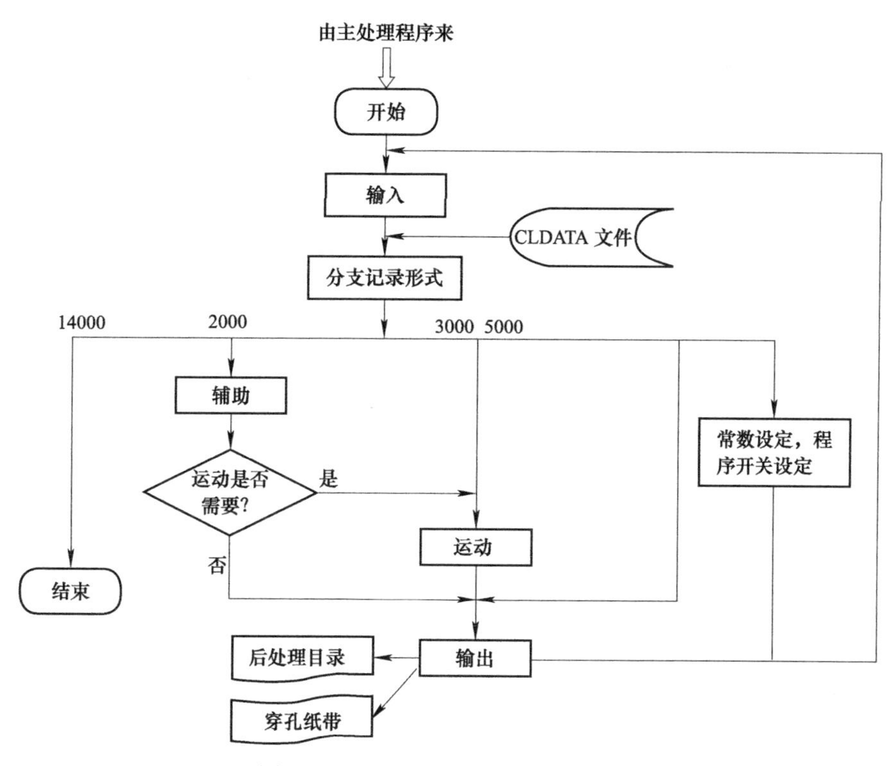

图 1-5 PowerMill 后处理的工作流程

1.4 在 PowerMill 软件中后处理 NC 代码

在 PowerMill 系统中，可以直接调用后处理程序 Post Processor 以及后处理文件 *.pmoptz 来进行后处理 NC 代码操作。

如果读者需要把单条刀具路径输出为单个 NC 程序文件，其操作步骤如下：在 PowerMill 资源管理器中的“刀具路径”树枝下，右击待后处理的刀具路径，在弹出的快捷菜单条中执行㊀“创建独立的 NC 程序”，此时系统自动产生一条新的 NC 程序，其名称同刀具路径的名称。

如果读者需要把多条刀具路径输出为单个 NC 程序文件，详细的操作步骤如下：

1）在 PowerMill 资源管理器中，右击“NC 程序”树枝，在弹出的快捷菜单条中执行“创建 NC 程序”，此时系统创建一条名称为 1、内容为空白的 NC 程序，并打开“NC 程序：1”对话框。

2）单击“NC 程序：1”对话框中的“接受”按钮，关闭该对话框。双击“NC 程序”树枝，将它展开。

3）在 PowerMill 资源管理器中的“刀具路径”树枝下，右击待后处理的刀具路径，在弹出的快捷菜单条中执行“增加到”→“NC 程序”，此时系统将刀具路径添加到“NC 程序：1”中。对其余各条刀具路径，重复此操作。

㊀ 此处“执行”的含义同“单击”，但本书中作者为便于区分，在快捷菜单条中均用“执行”。

读者也可以使用鼠标直接拖动刀具路径到“NC 程序：1”上，实现将刀具路径增加到NC 程序的操作。

4）在 PowerMill 资源管理器中的“NC 程序”树枝下，右击 NC 程序“1”，在弹出的快捷菜单条中执行“设置”，再次打开“NC 程序：1”对话框，如图 1-6 所示。

在图 1-6 所示的对话框中，选项内容非常多，但实际加工中一般只需要对箭头所指三个位置进行设置，其他参数使用系统默认值即可。

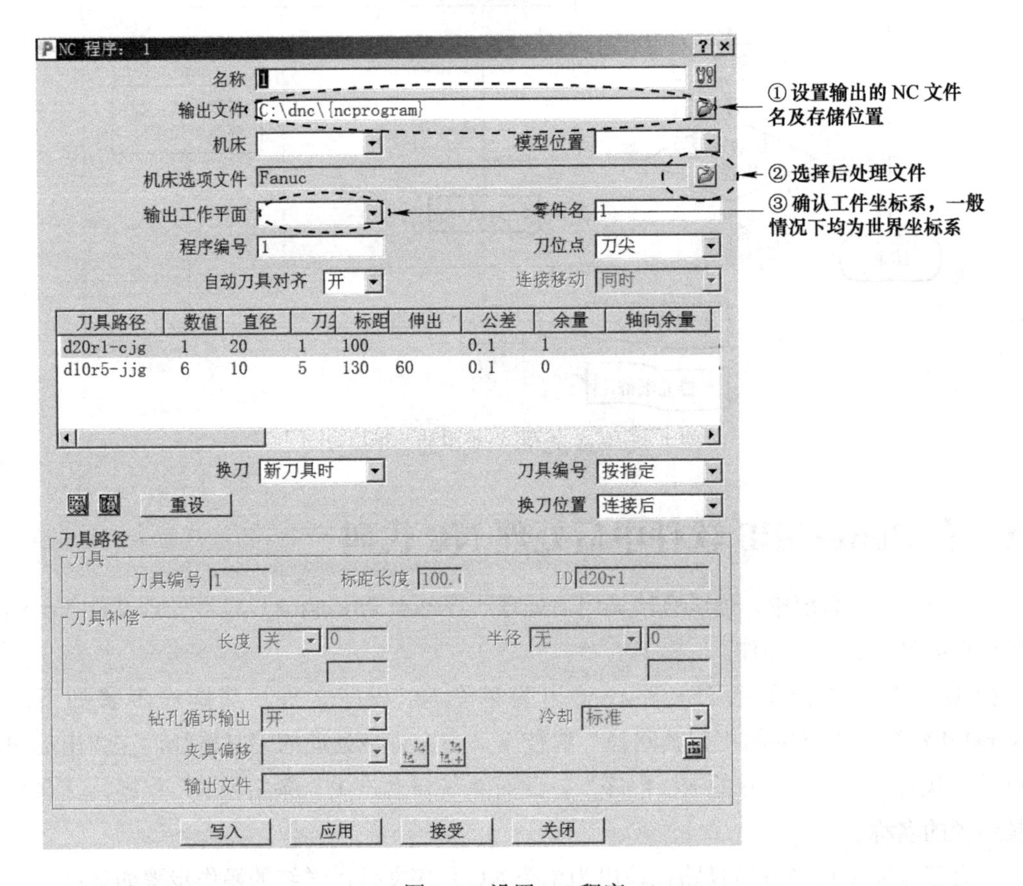

图 1-6　设置 NC 程序

另外，PowerMill 系统默认输出的 NC 程序扩展名为 tap，使用记事本即可打开进行编辑。如果要更改 NC 程序的扩展名，在图 1-6 所示对话框的右上角单击打开选项对话框按钮，打开“选项”对话框，如图 1-7 所示。

图 1-6 所示对话框是对单条刀具路径的设置。如果加工项目包括多条刀具路径，则可以统一设置某些 NC 参数。

在 PowerMill 资源管理器中，右击“NC 程序”树枝，在弹出的快捷菜单条中单击“首选项”，打开“NC 首选项”对话框，如图 1-8 所示。

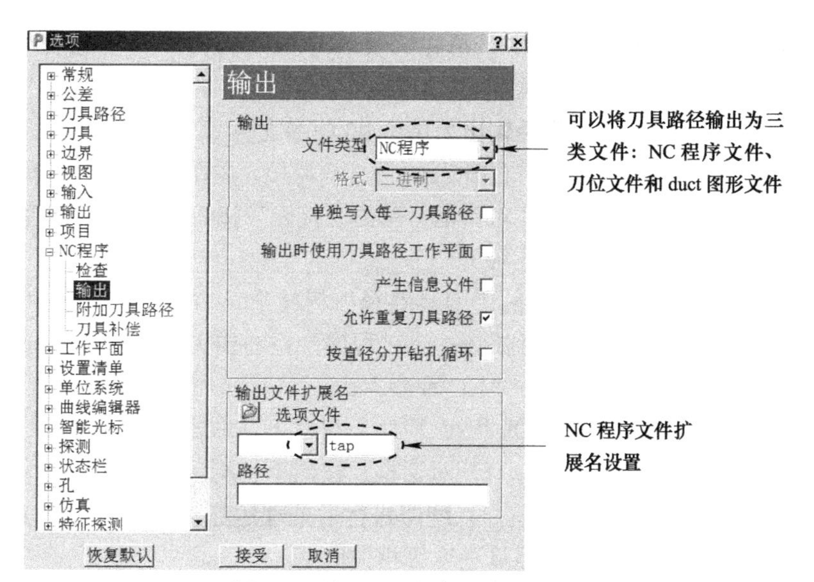

图 1-7　设置 NC 程序文件扩展名

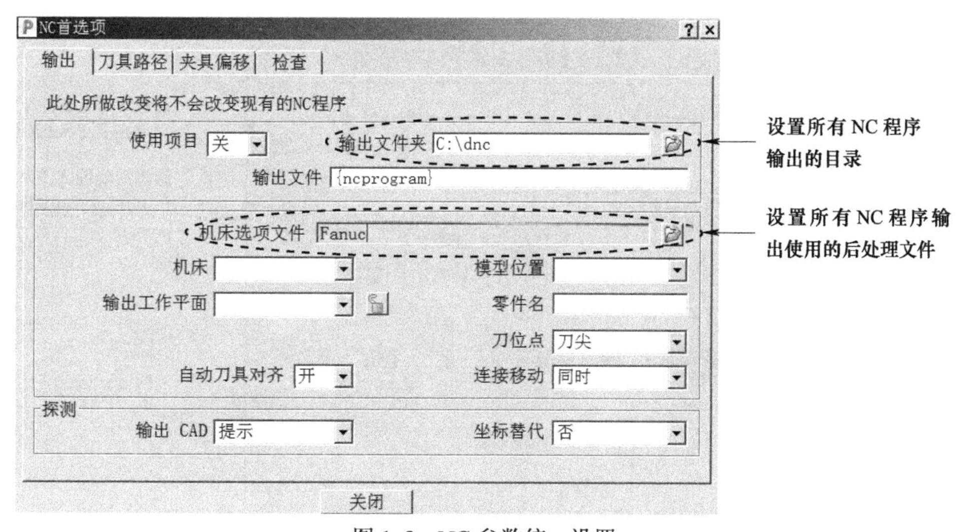

图 1-8　NC 参数统一设置

【例】 在 PowerMill 系统中将刀具路径输出为 NC 代码实例

调用加工项目文件 1-1 headlamp，要求将粗、精加工刀具路径输出为单个 NC 程序文件。

【详细操作过程】

步骤一　打开项目文件

1）复制文件到本地磁盘。首先在本地磁盘 E: 根目录下新建一个文件夹，修改其名称为“PostEX”，然后用手机扫描前言中的“实例源文件”二维码，下载并复制文件夹“Source\ch01”到“E:\PostEX”目录下。

2）启动 PowerMill 2019 软件。双击桌面上的 PowerMill 2019 图标，打开 PowerMill 系统。

3）在 PowerMill 2019 功能区中，单击“文件”→“打开”→“项目”，选择打开 E:\ PostEX \1-1 headlamp 项目文件。

步骤二　将粗、精加工刀具路径输出为单个 NC 程序文件

1）在 PowerMill 资源管理器中，右击“NC 程序”树枝，在弹出的快捷菜单条中执行“创建 NC 程序”，打开“NC 程序：1”对话框，单击“接受”按钮，关闭该对话框。

2）双击“NC 程序”树枝，将它展开。

3）在 PowerMill 资源管理器中的“刀具路径”树枝下，右击刀具路径“d20r1-cjg”，在弹出的快捷菜单条中执行“增加到”→“NC 程序”；右击刀具路径“d10r5-jjg”，在弹出的快捷菜单条中单击“增加到”→“NC 程序”。

4）在 PowerMill 资源管理器中的“NC 程序”树枝下，右击“1”，在弹出的快捷菜单条中执行“设置”，打开“NC 程序：1”对话框，按图 1-9 所示设置参数。

设置完成后，单击“写入”按钮，系统即进行后处理运算，同时弹出图 1-10 所示的信息对话框，显示后处理器及后处理运算进度等相关信息。

等待后处理运算完毕后，在 E:\PostEX 目录下使用记事本打开 O1688.tap 文件，NC 程序如图 1-11 所示。

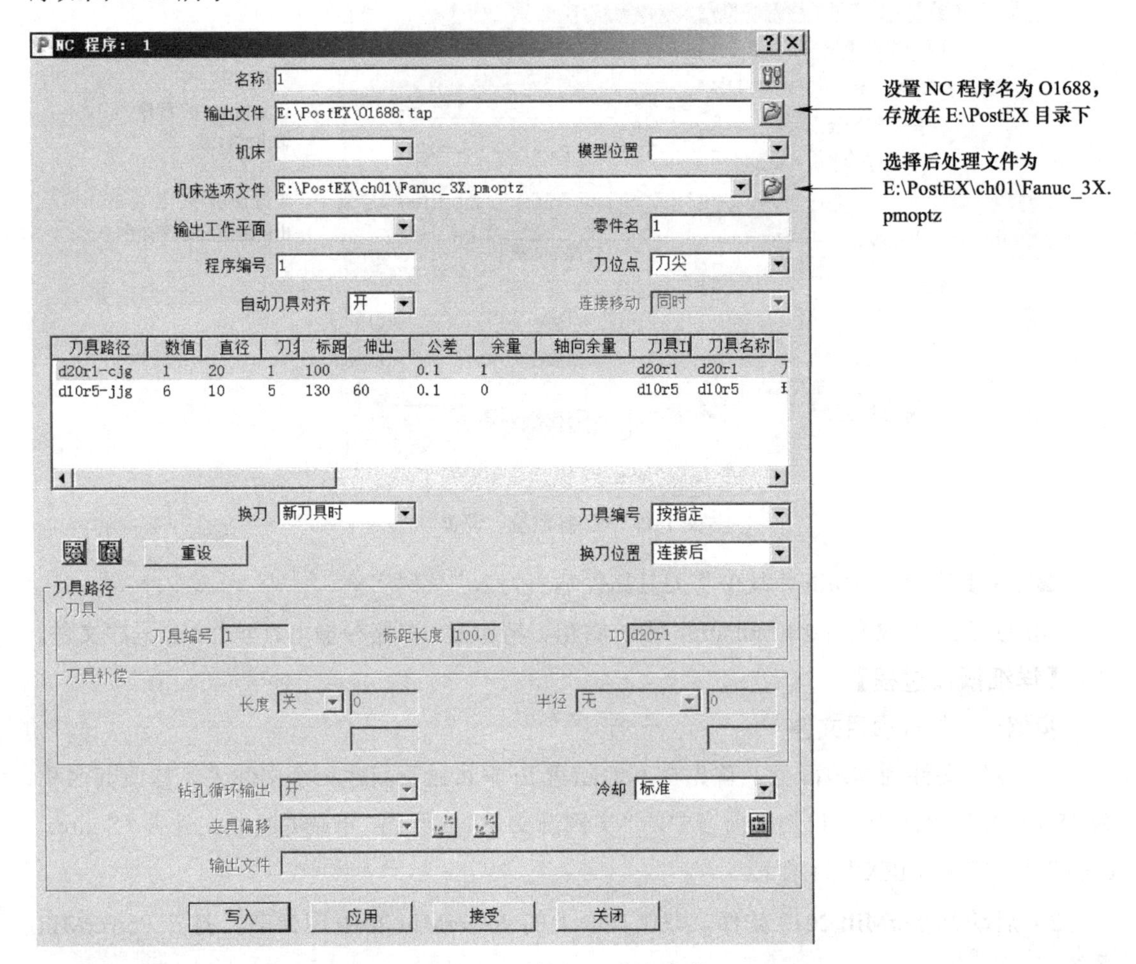

图 1-9　设置 NC 程序参数

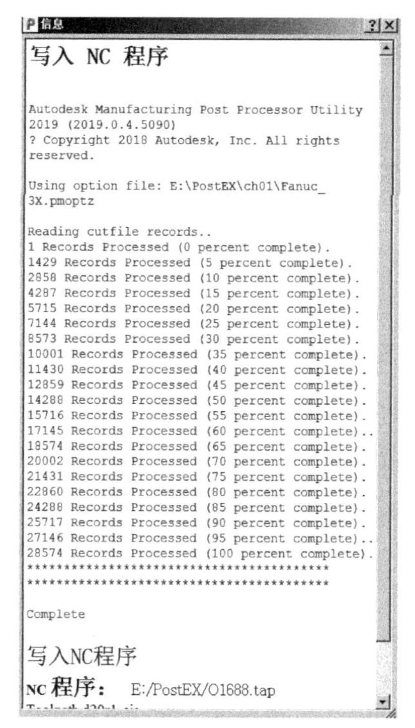

图 1-10　后处理相关信息

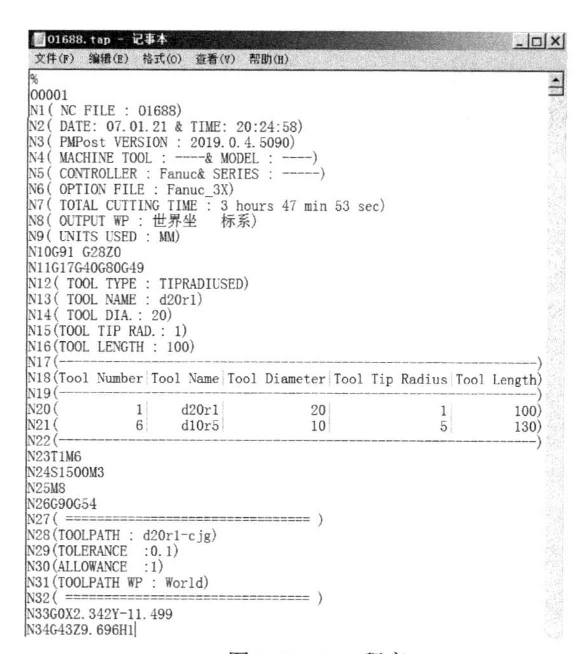

图 1-11　NC 程序

步骤三　另存项目文件

在功能区中，单击“文件”→“另存为”→“项目”，定位保存目录到 E:\PostEX，输入项目名称为 1-1 headlamp-nc。

第 2 章 Post Processor 后处理及选项文件设置

📖 本章知识点

- ✧ Post Processor 后处理软件概述
- ✧ 在 Post Processor 软件中独立后处理刀路
- ✧ Post Processor 机床选项文件设置

2.1 Post Processor 后处理软件

Autodesk Manufacturing Post Processor Utility 2019（以下简称 Post Processor）是按照 Windows 操作风格和界面开发的一款集刀具路径后处理、机床选项文件（即后处理文件）创建和编辑的软件。Post Processor 软件的早期版本称作 PM-post，请读者注意，PM-post 使用的机床选项文件扩展名为 pmopt，而 Post Processor 使用的机床选项文件扩展名为 pmoptz。原有的机床选项文件 *.pmopt 可以在 Post Processor 中使用。

Post Processor 软件具有以下功能和特点：

1）将 CLDATA 文件后处理为 NC 代码，它具有 Windows 传统风格界面，操作简单。Post Processor 可使用全范围的 CLDATA 格式，包括：① ASCII 或二进制 CLDATA，如由 PowerMill 生成的 *.cut 文件；② XML-CLDATA，如从 PowerInspect 导出的包含测量路径的 *.cxm 文件。

2）完整显示机床选项文件内容，可在编辑器中新建或修改机床选项文件。

3）支持测量，可与三坐标测量软件 PowerInspect 集成。

4）支持多轴加工后处理及其机床选项文件的订制。

5）支持用户坐标系功能，即支持 3+2、3+1、4+1 等加工方式的刀具路径后处理。

6）支持脚本功能，用于处理复杂的 CLDATA 命令。基于 Microsoft 主动脚本技术，使用标准编程语言 JScript 或 VBScript，可编制出结构配制复杂的机床及各类数控系统的机床选项文件。

Post Processor 软件包括以下两个模块：

1）“Post Processor”后处理器模块：将 CLDATA 文件转换为 NC 代码。可以工作在调试模式，在后处理文件编辑后，即可显示出修改前后 NC 代码的变化对比。

2）“Editor”机床选项文件（后处理文件）编辑器模块：创建或者编辑现有的机床选项文件。

在 Windows 操作系统中，单击“开始”→“所有程序”→“Autodesk Manufacturing Post Processor Utility 2019”→“Manufacturing Post Processor Utility 2019”，打开 Post Processor

软件，“PostProcessor”后处理器界面如图 2-1 所示。单击“Editor”选项卡，切换到后处理文件编辑器，其界面如图 2-2 所示。

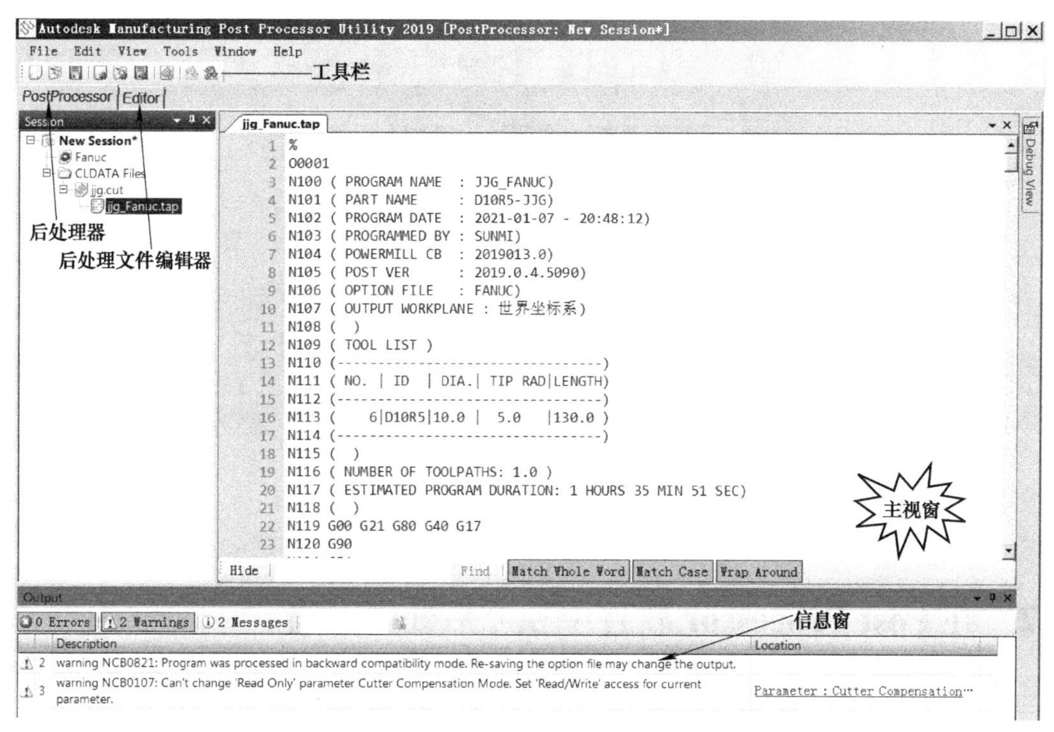

图 2-1 “PostProcessor”后处理器界面

图 2-2 “Editor”后处理文件编辑器界面

工具栏各按钮含义如图 2-3 和图 2-4 所示。

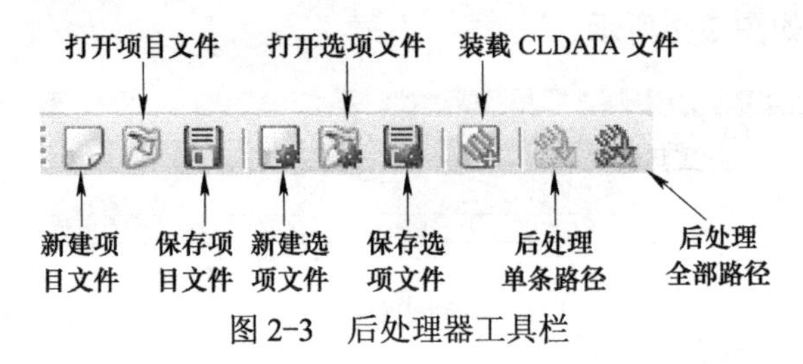

图 2-3　后处理器工具栏

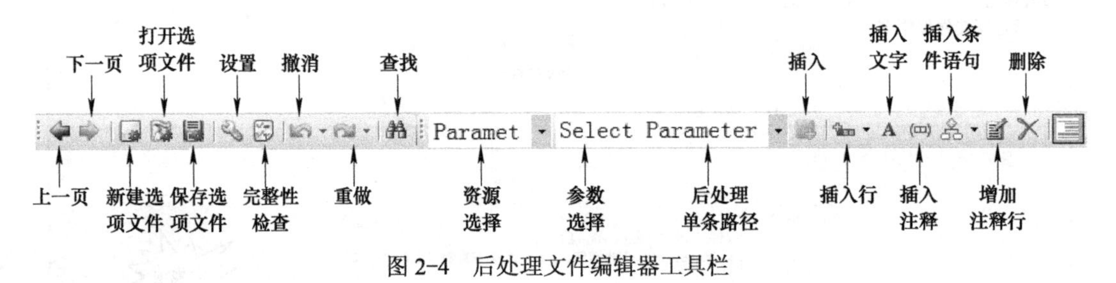

图 2-4　后处理文件编辑器工具栏

2.2　在 Post Processor 软件中独立后处理刀路

在 PowerMill 系统中，可以直接选用扩展名为 pmoptz 的机床选项文件将刀具路径后处理为 NC 代码，此种情况下，系统会自动在后台打开 Manufacturing Post Processor Utility 2019 软件进行后处理操作，在第 1 章中已经举例说明。

另外，还可以在单独打开的 Manufacturing Post Processor Utility 2019 软件中后处理刀具路径，这种情况下，操作步骤如下：

1）在 PowerMill 软件中将刀具路径输出为 CLDATA 文件。

2）在 Post Processor 软件后处理器中，选择打开机床选项文件。

3）在 Post Processor 软件中，选择打开步骤 1）中输出的 CLDATA 文件。

4）执行后处理计算，并保存 NC 代码文件。

下面举一个例子来具体化上述操作过程。

【例】 在 Post Processor 软件中后处理刀具路径

【详细操作过程】

步骤一　打开项目文件

1）复制文件到本地磁盘。用手机扫描前言中的“实例源文件”二维码，下载并复制文件夹“Source\ch02”到“E:\PostEX”目录下。

2）启动 PowerMill 2019 软件。双击桌面上的 PowerMill 2019 图标，打开 PowerMill 系统。

3）在 PowerMill 2019 功能区中，单击“文件”→“打开”→“项目”，选择打开 E:\PostEX \2-1 headlamp 项目文件。

步骤二　输出 CLDATA 文件

1）在 PowerMill 资源管理器的“刀具路径”树枝下，右击刀具路径“d10r5-jjg”，在弹出的快捷菜单条中执行“创建独立的 NC 程序”。

2）在 PowerMill 资源管理器的“NC 程序”树枝下，右击 NC 程序“d10r5-jjg”，在弹出的快捷菜单条中执行“设置”，打开“NC 程序：d10r5-jjg”对话框。首先单击对话框右上角的打开选项对话框按钮，打开“选项”对话框，按图 2-5 所示设置参数。

单击“接受”按钮，关闭该对话框。

然后在“NC 程序：d10r5-jjg”对话框中按图 2-6 所示设置参数。

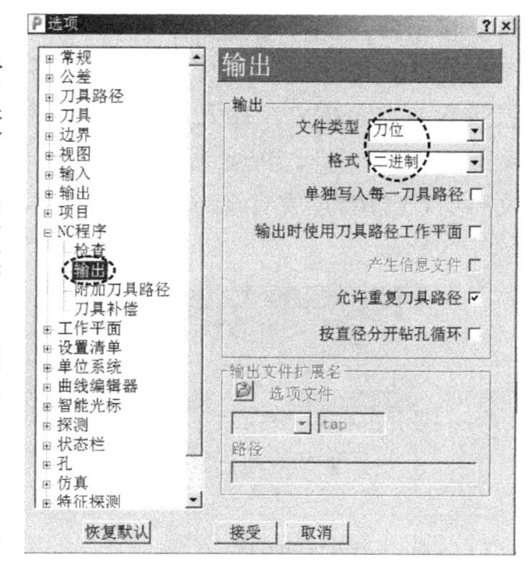

图 2-5　设置选项参数

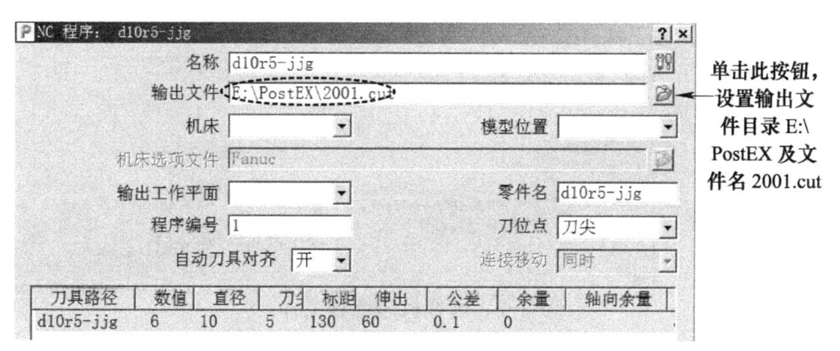

图 2-6　设置 NC 程序输出参数

单击“写入”按钮，完成刀具路径输出为 CLDATA 文件。

步骤三　使用 Post Processor 后处理 NC 程序

1）启动 Post Processor 软件。双击桌面上的 Post Processor 图标，打开 Post Processor 软件。

2）输入机床选项文件。在 PostProcessor 软件中，选择“PostProcessor”选项卡，在资源管理器的“New Session”树枝下，右击“New”分枝，在弹出的快捷菜单条中执行“Open…”，打开“Open Option File”对话框，选择打开 E:\ PostEX \Heidenhain.pmoptz 机床选项文件，如图 2-7 所示。

3）输入 CLDATA 文件。在“PostProcessor”选项卡的“New Session”树枝下，右击“CLDATA Files”分枝，在弹出的快捷菜单条中执行“Add CLDATA…”，打开“打开”对话框，选择打开 E:\ PostEX \2001.cut 文件（该文件是步骤二输出的刀位文件），如图 2-8 所示。

4）执行后处理。在“PostProcessor”选项卡的“New Session”树枝下，右击“CLDATA Files”分枝下的“2001.cut”分枝，在弹出的快捷菜单条中执行“Process”，系统即开始进行后处理运算。

运算完成后，在“2001.cut”分枝下，新增“2001_Heidenhain.h”分枝，双击该分枝，即可查看 NC 代码，如图 2-9 所示。

Post Processor 默认将后处理出来的 NC 代码文件 2001_Heidenhain.h 放置在与 CLDATA 文件相同的目录下。

步骤四　保存项目文件

在 Post Processor 软件下拉菜单条中，单击“File”→“Save Session as…”，定位保存目录到 E:\ PostEX\，输入后处理项目文件名称为 2-1 post ex1。

请读者注意，Post Processor 项目文件的扩展名是 pmp，此项目文件内包括机床选项文件、CLDATA 文件和 NC 代码文件。

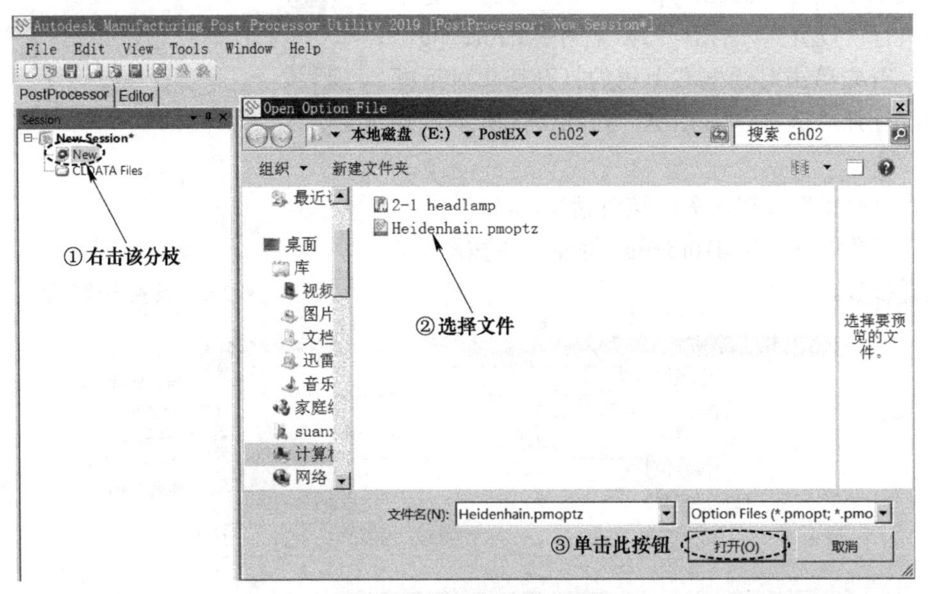

图 2-7　选择机床选项文件

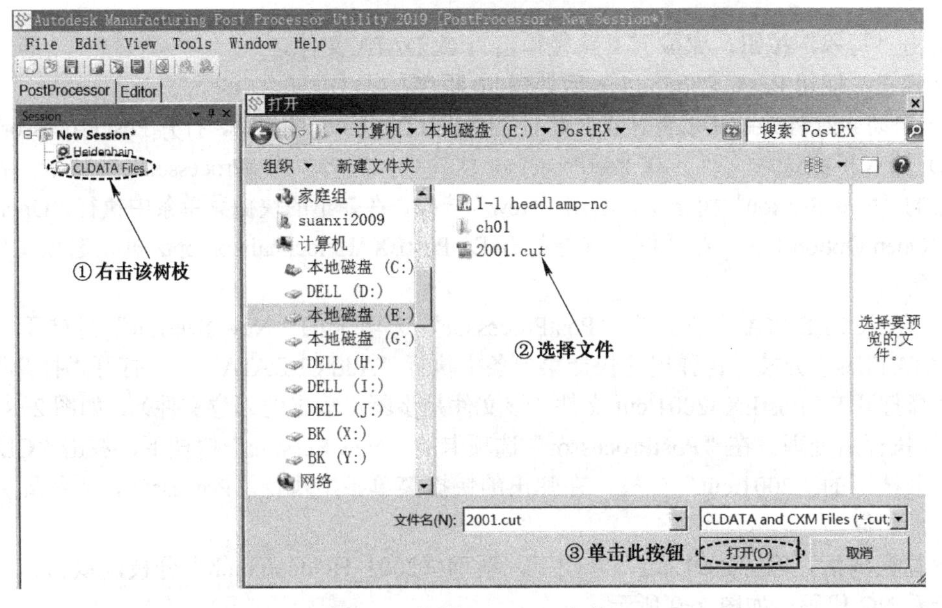

图 2-8　选择 CLDATA 文件

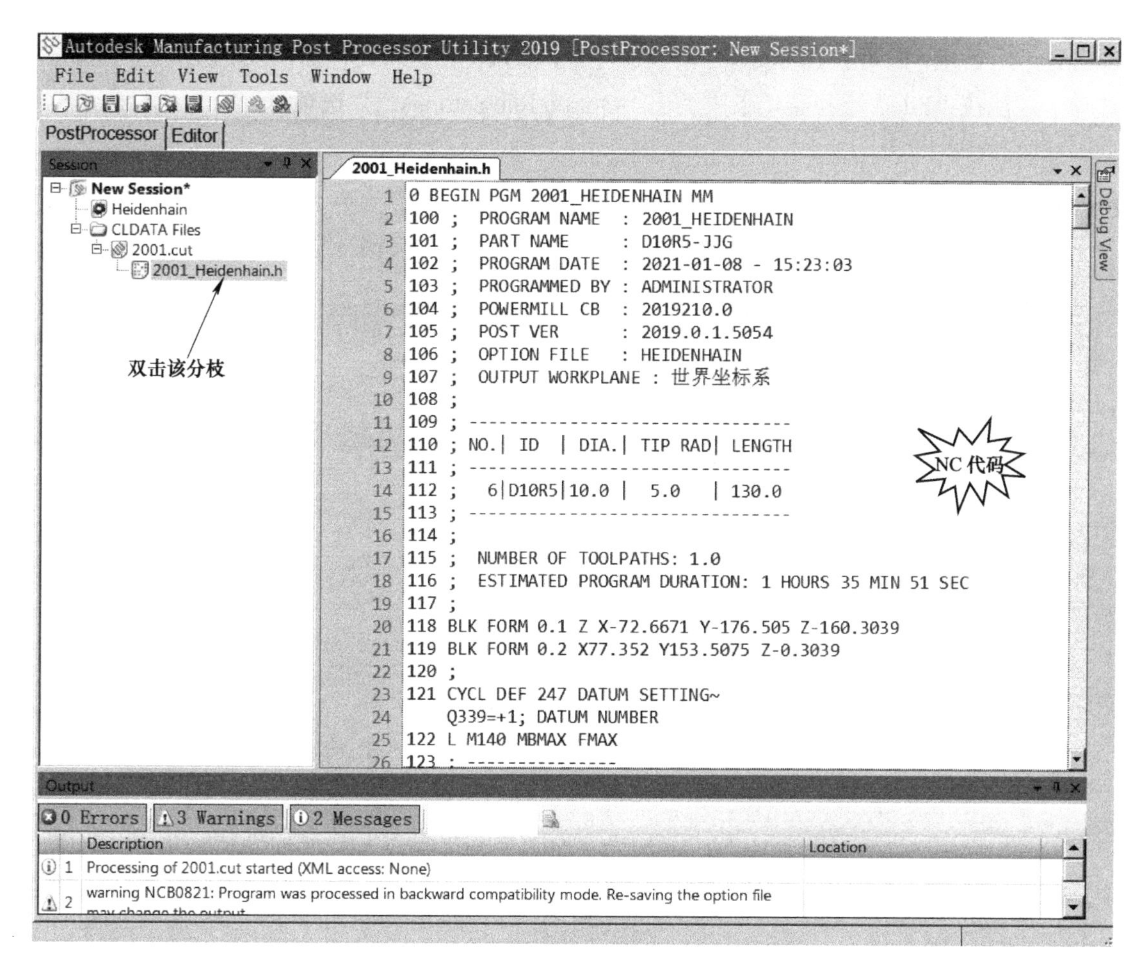

图 2-9　后处理 NC 代码

2.3　Post Processor 机床选项文件设置

机床选项文件（即后处理文件）的设置包括信息设置、初始化参数、保护、程序生成设置、机床运动学设置和格式设置，这些设置统一放置在“Option File Settings”对话框中。

为了具体化参数的含义，选择 Fanuc_3X.pmoptz 机床选项文件为例来讲解，该机床选项文件是 FANUC 数控系统标准三轴加工后处理文件，支持 Fanuc 6m、Fanuc 10m、Fanuc 11m、FanucOM 等规格的系统。

打开 Post Processor 软件，在“PostProcessor”选项卡的“New Session”树枝下，右击“New”分枝，在弹出的快捷菜单条中执行“Open...”，打开“Open Option File”对话框，选择打开 E:\ PostEX\ch01\Fanuc_3X.pmoptz 机床选项文件。

在 Post Processor 软件中，单击“Editor”选项卡，由后处理器切换到后处理文件编辑器，在此环境下，可以创建、编辑机床选项文件的全部内容。

在 Post Processor 软件中，单击“File”→“Option File Settings...”，打开“Option File Settings”对话框，如图 2-10 所示。（请读者注意，输入机床选项文件后，必须切换到“Editor”选项卡才能在“File”下拉菜单条中调出“Option File Settings...”选项。）

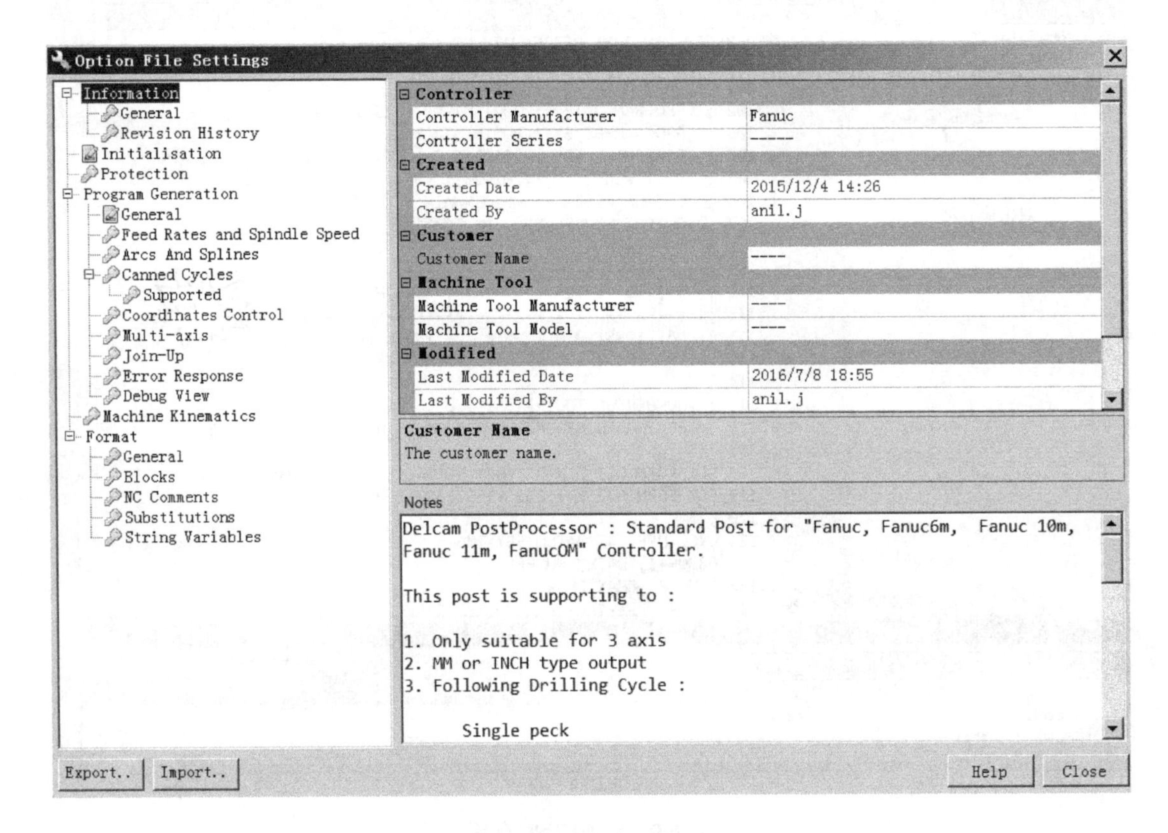

图 2-10 机床选项文件设置对话框

2.3.1 设置后处理文件的信息（Information）

该部分包含有关选项文件自身的信息，并列出对机床选项文件所做的更改。

1. 常规信息（General）

常规信息用于设置机床选项文件的数控系统信息、机床厂商、创建信息和机床用户信息等内容，如图 2-11 所示。

2. 修订历史（Revision History）

修订历史记录对选项文件所做的更改，如更改的原因等信息，如图 2-12 所示。单击左上角的“Add Revision”可以新增修订历史记录。

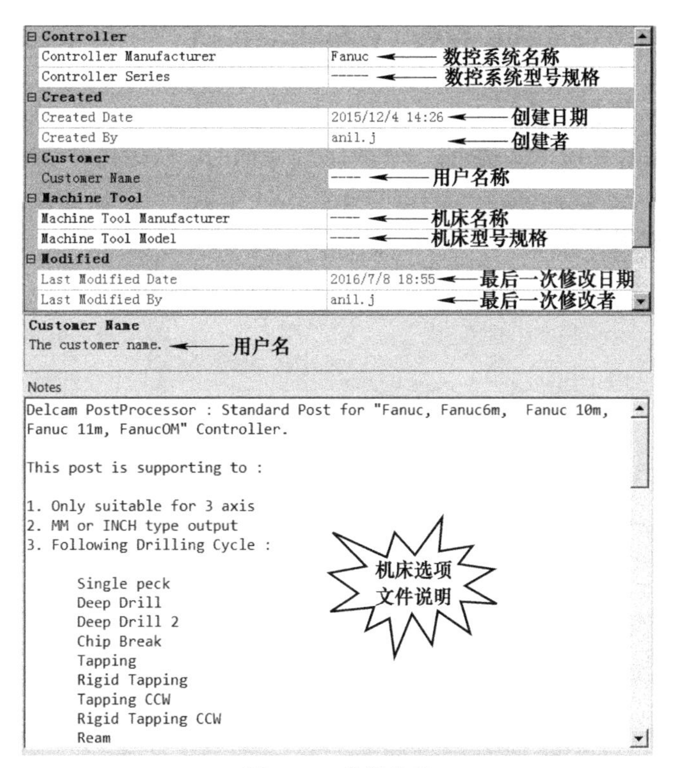

图 2-11　常规信息

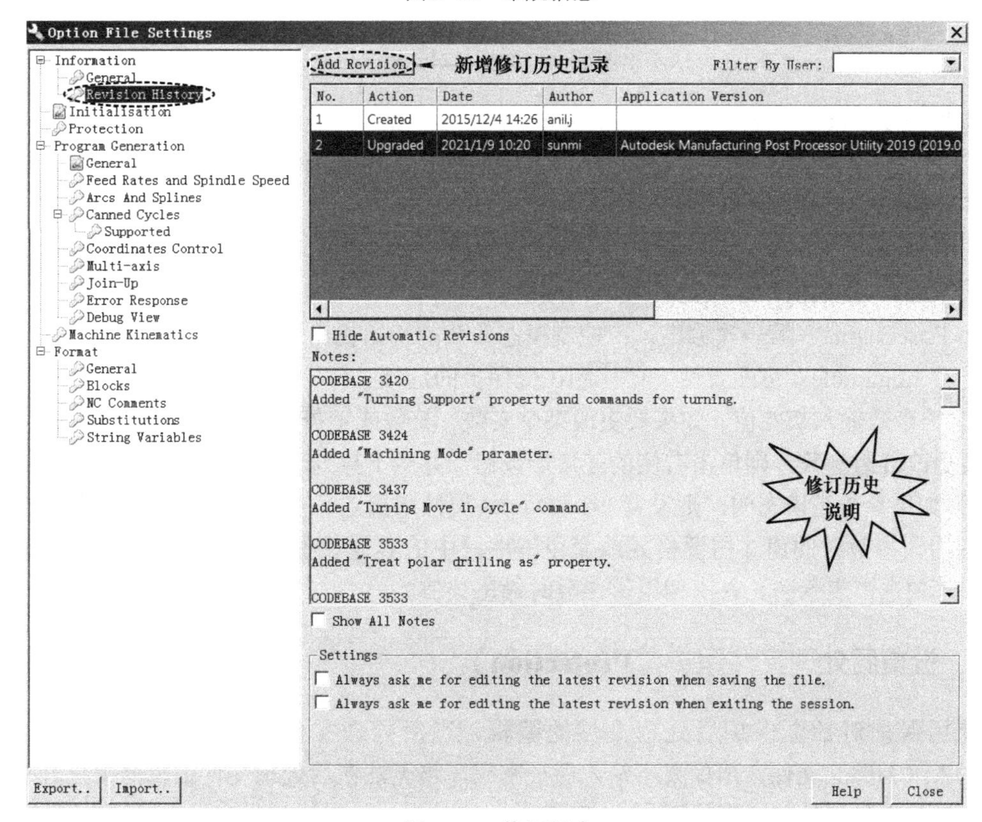

图 2-12　修订历史

2.3.2 设置后处理文件初始化参数（Initialisation）

使用初始化对话框指定必须在后处理开始时设定参数的初始值，如冷却模式和刀具补偿模式等。不同的数控系统，其初始化参数列表是不同的。初始化对话框如图 2-13 所示。

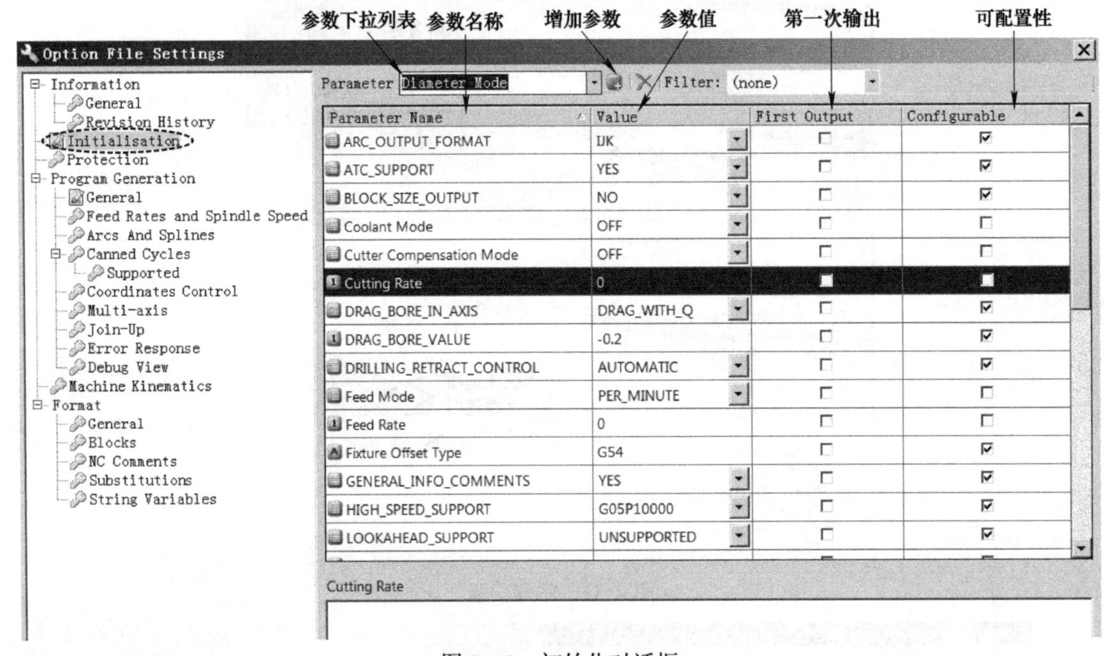

图 2-13　初始化对话框

为某个参数指定一个初始值的操作步骤如下：

1）在 Parameter Diameter Mode 参数下拉列表中选择参数，然后单击添加按钮，初始化参数各列的功能如下：

① Parameter Name（参数名称）：指定参数的名称。

② Value（参数值）：指定参数的初始值。

③ First Output（第一次输出）：控制模态参数的初始输出。

④ Configurable（可配置性）：控制在受保护的选项文件中的可见性。

2）为参数输入初始值。如果要更改某个实数、整数或字符串参数，则改写“Value”框。如果要更改群组参数，则单击右侧的三角形按钮，并从下拉列表中选择一个条目。

3）如果参数是模态的，则设置 First Output 属性来指定其初始输出。勾选，表示输出第一次调用该参数时的值（需要格式或命令程序段中的其他设置），输出该值后，状态重置为否。不勾选，表示防止首次调用该参数时输出该值。

2.3.3 设置后处理文件保护（Protection）

使用保护对话框保护后处理文件的编辑。当后处理文件受到保护时，可以后处理 CLDATA（刀路）文件，但如果不输入保护密码，将无法在后处理文件编辑器中打开它。

后处理文件保护对话框如图 2-14 所示。

图 2-14　后处理文件保护对话框

选择 Password 密码保护，单击“Set password”按钮设置密码，即可保护后处理文件。

2.3.4　设置程序生成参数（Program Generation）

Program Generation 程序生成参数定义后处理运行的全局控制参数，包括常规参数、进给率和主轴转速参数、圆弧和样条插补参数、固定循环指令参数、坐标控制参数、多轴加工参数等，如图 2-15 所示。

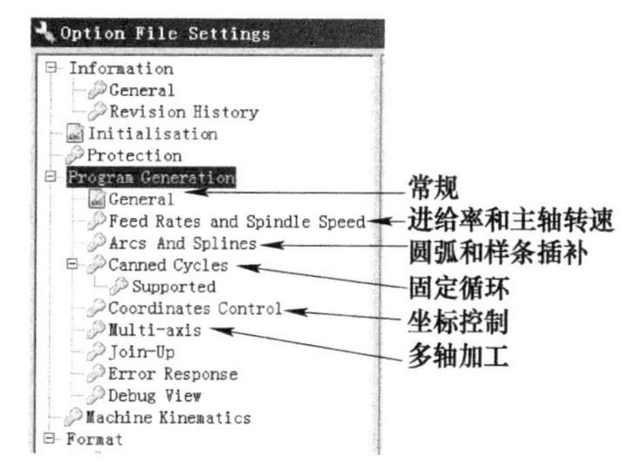

图 2-15　程序生成

1. 设置常规参数（General）

General 对话框用于设置 NC 程序公差、NC 程序扩展名、NC 程序单位等，如图 2-16 所示。

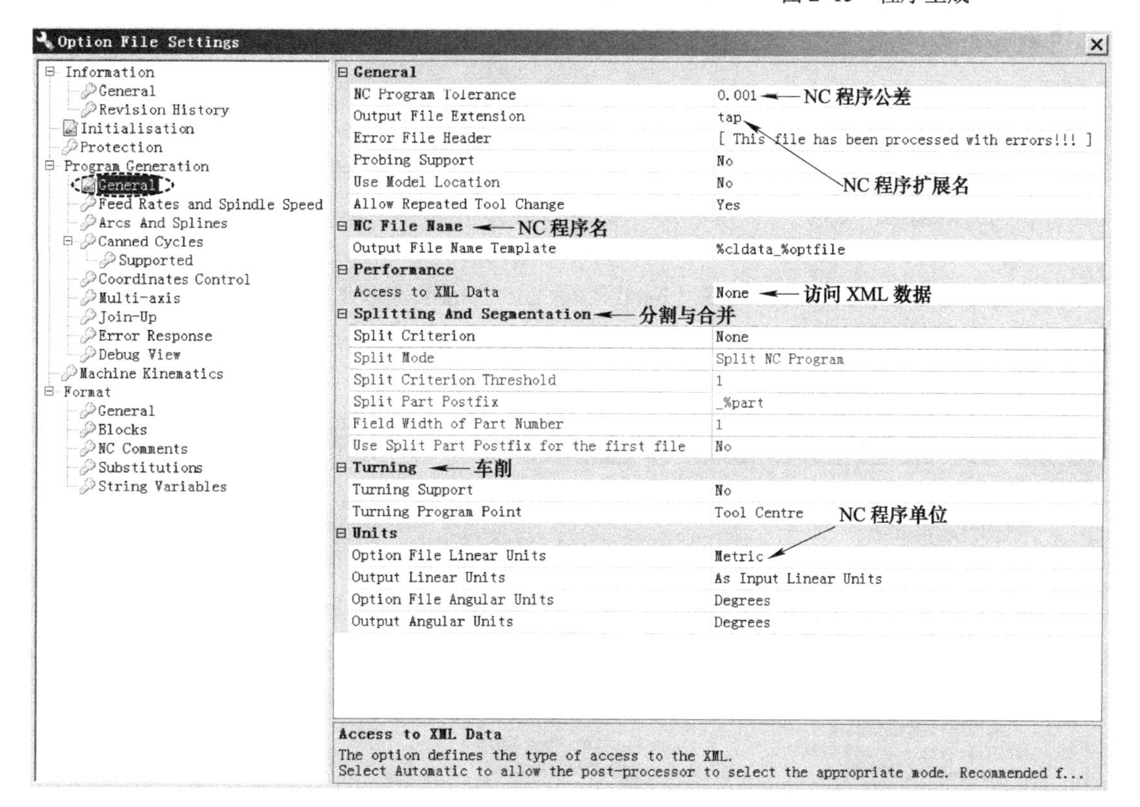

图 2-16　设置后处理文件常规参数

后处理文件常规参数的含义及功能见表 2-1。

表 2-1 后处理文件常规参数的含义及功能

序号	参数	含义及功能	备注
1	NC Program Tolerance	指定用于轨迹计算的总体公差。该公差对多轴的线性化产生的影响最大，但如果线性化已关闭，它也很重要。NC 轨迹的最终公差是 PowerMill 公差再加上所选的 NC 程序公差。因此，如果 PowerMill 公差是 0.025，NC 程序公差设置为使用 CLDATA 公差，则最终公差是 0.050	
2	★ Output File Extension	设置 NC 代码文件的扩展名	常用
3	Error File Header	指定错误输出文件的标题文本	
4	Probing Support	指定测量命令和参数是否可见。对输出并没有直接的影响	
5	Use Model Location	指定是否使用 CAM 系统中的用户工作平面	
6	Allow Repeated Tool Change	指定遇到重复换刀时，加载刀具命令是否被调用	
7	Access to XML Data	指定访问 XML 模型的类型。此选项只是为了满足向后兼容在脚本中使用 XML 的旧选项文件的需要	
8	Split Criterion	指定 NC 输出的分割条件	
9	Option File Linear Units	指定用于在编辑器中输入线性参数值的单位	
10	Output Linear Units	指定用于输出线性参数的单位	
11	Option File Angular Units	指定用于在编辑器中输入角度参数值的单位	
12	Output Angular Units	指定用于输出角度参数的单位	

注：

本书将 Post Processor 软件中常用的、比较重要的参数，用黑体标示，参数前面加注★，同时在备注中标明“常用”或“重要”。

2. 设置进给率和主轴转速参数（Feed Rates and Spindle Speed）

Feed Rates and Spindle Speed 对话框用于设置反时进给率、进给率和主轴转速的最大和最小值等，如图 2-17 所示。

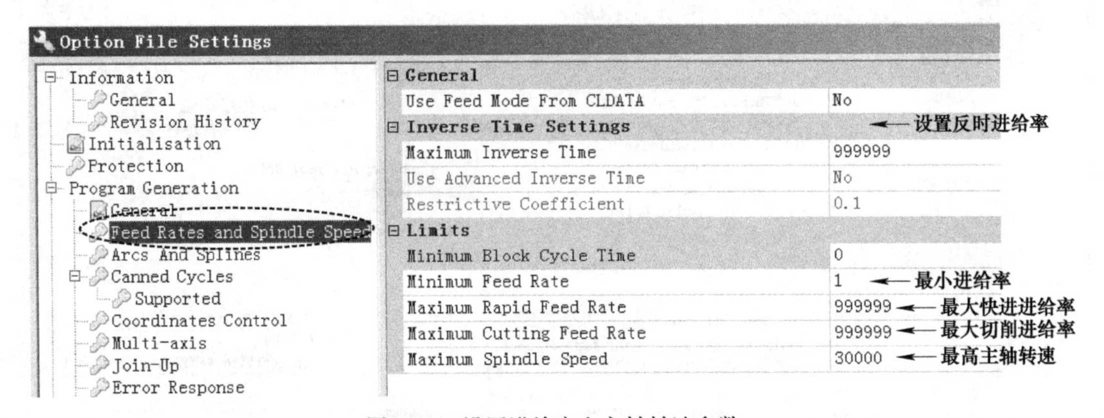

图 2-17 设置进给率和主轴转速参数

3. 设置圆弧和样条插补参数（Arc And Splines）

Arc And Splines 对话框用于设置圆弧和样条插补的输出方式，如圆弧插补指令输出、整圆输出、最小圆弧半径和最大圆弧半径等，如图 2-18 所示。

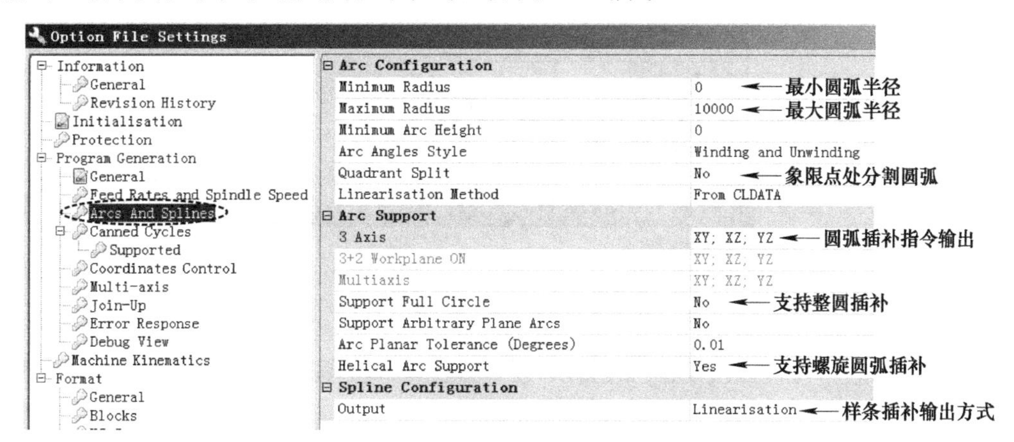

图 2-18　设置圆弧和样条插补参数

圆弧和样条插补参数的含义及功能见表 2-2。

表 2-2　圆弧和样条插补参数的含义及功能

序号	参数	含义及功能	备注
1	Minimum Radius	指定在 NC 程序可用的最小圆弧半径值	
2	Maximum Radius	指定在 NC 程序中最大可能的圆弧半径值	
3	Minimum Arc Height	指定机床控制器所支持的最低膨胀系数。膨胀系数是弧和其弦之间的最大距离	
4	Arc Angles Style	指定圆弧起始角和圆弧终止角的角度样式 有四种不同的角度样式： ① Winding and Unwinding（卷绕与退绕）。从零开始测量角度位置，符号表示测量的方向，角度与当前位置之差的符号表示旋转方向 ② ANSI/EIA RS-274-D。从零开始沿正方向测量角度位置，符号表示旋转方向 ③ Mathematical（数学）。从零开始测量角度位置，符号表示测量和旋转方向 ④ Relative（相对）。从当前位置开始测量角度位置，符号表示测量和旋转方向	
5	Quadrant Split	指定在 NC 程序是否将圆弧按象限进行拆分	
6	Linearisation Method	指定圆弧的线性化方式： ① From CLDATA：线性化由 CAM 系统执行，并包含在已处理的 CLDATA 文件中 ② Calculation：由 Post Processor 执行线性化	
7	★ Arcs Support	圆弧插补指令输出。如果要将圆弧刀路输出为圆弧插补指令，勾选该复选框；如果要将圆弧刀路输出为一系列近似圆弧的直线插补指令，不勾选该复选框	重要
8	Helical Arc Support	螺旋圆弧插补指令输出	
9	Spline Configuration	由于 PowerMill 无法生成样条曲线记录，因此该选项使用 SplineMill 程序将样条曲线添加到 CLDATA 文件中。后处理输出可以采用以下形式之一： ① Linearisation：polygonises 样条 ② Polynomial：生成一个多项式曲线 ③ B-spline：生成贝塞尔曲线	

4. 设置固定循环指令参数（Canned Cycles）

Canned Cycles 对话框用于定义钻孔、攻螺纹类固定循环指令中的各个参数，如图 2-19

所示。

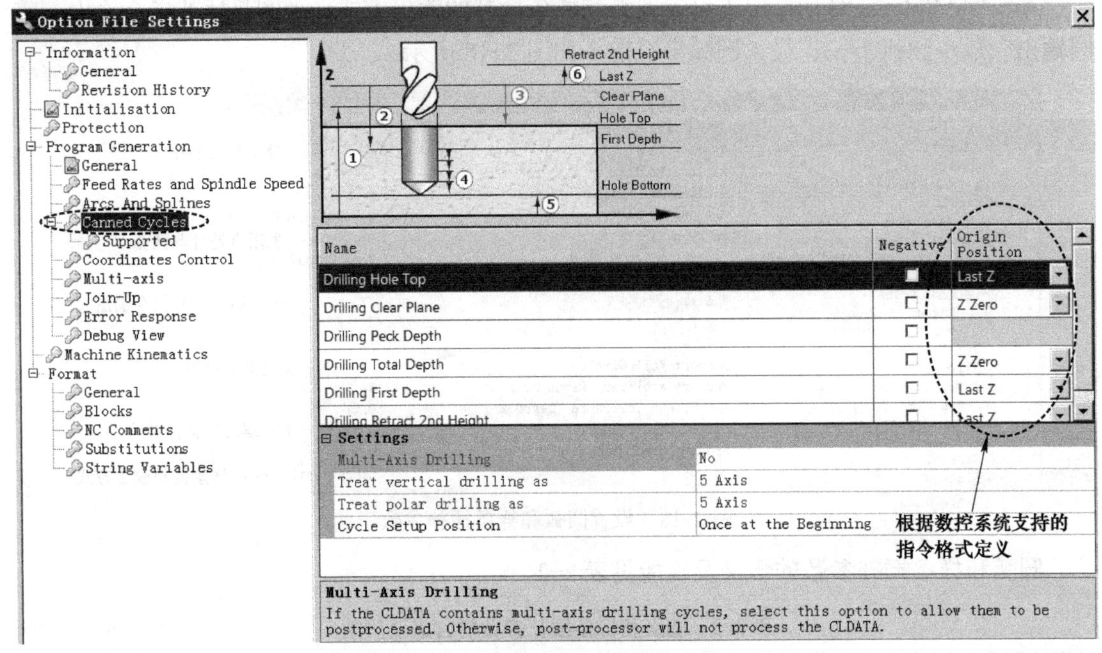

图 2-19　设置固定循环指令参数

固定循环（钻孔、攻螺纹类）指令参数的含义及功能见表 2-3。

表 2-3　固定循环（钻孔、攻螺纹类）指令参数的含义及功能

序号	参数	含义及功能	备注
1	Drilling Hole Top	钻孔顶部，指定刀具与工件表面 Z 位置之间的距离	
2	Drilling Clear Plane	钻孔安全平面	
3	Drilling Peck Depth	钻孔啄钻深度	
4	Drilling Total Depth	钻孔的总深度	
5	Drilling First Depth	第一次钻进深度	
6	Drilling Retract 2nd Height	钻孔收回第二高度，即指定退刀位置的高度	

固定循环指令参数中的位置有以下几种：

① Last Z：刀具路径到达的当前 Z 高度。

② Clear Plane：安全平面 Z 高度。

③ Hole Top：CLDATA 文件中的孔顶 Z 值。

④ Hole Bottom：CLDATA 文件中的孔底 Z 值。

⑤ Z Zero：相当于 NC 程序原点的 Z0。

多轴钻孔固定循环指令参数设置如下：

① Multi-Axis Drilling：多轴钻孔。如果 CLDATA 文件中包括多轴钻孔刀路，设置该选

项为 Yes。Post Processor 使用自动坐标控制（Automatic Coordinate Control，ACC）来处理多轴孔加工循环，如果该功能未激活，多轴钻孔不能使用。

② Treat vertical drilling as：将垂直钻孔视为五轴联动刀路（选择“5 Axis”）或者五轴定位加工刀路（选择“3+2 Axis”）。

在“Canned Cycles”选项下方，单击“Supported”选项，调出“Supported Cycles”支持的固定循环指令对话框，如图 2-20 所示。勾选固定循环指令，表示后处理文件支持该功能。

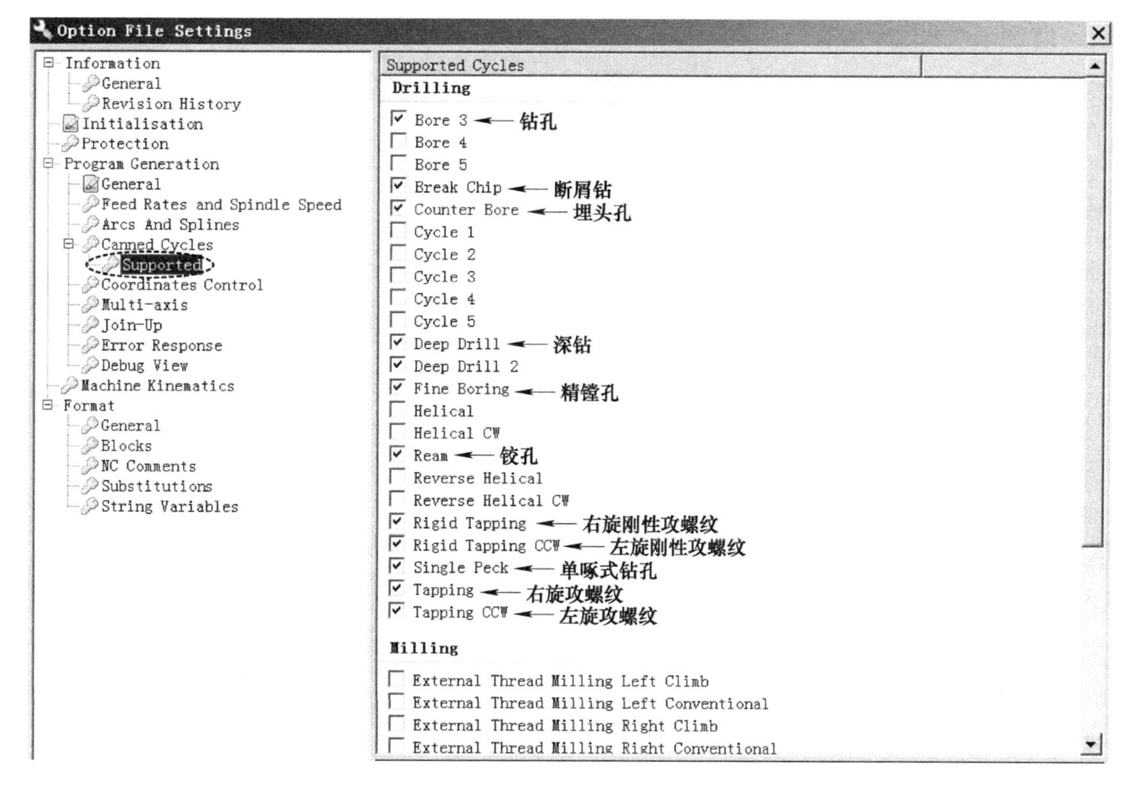

图 2-20 支持的固定循环指令对话框

5. 设置坐标控制参数（Coordinates Control）

Coordinates Control 对话框用来配置 X、Y 和 Z 坐标的计算方式，如图 2-21 所示。

（1）Enable Automatic Coordinate Control（激活自动坐标控制） 勾选该复选框，根据轴模式自动控制坐标轴的输出。强烈建议勾选激活自动坐标控制，以最大化控制多轴和工作平面。这时，使用钻孔时，要特别注意。

（2）Profile（配置文件） 从该复选项中选中一个配置文件，来指定数控系统支持的轴模式。这些配置文件对坐标输出做了预设值。包括以下四个配置文件：

1）Machine with 3 linear axes only：只有三个线性轴的机床，这是最受限制的配置，三轴加工、3+2 轴加工和五轴联动加工等三种加工方式的坐标变换、RTCP 模式功能等均默认设置为 Off（关），如图 2-22 所示。

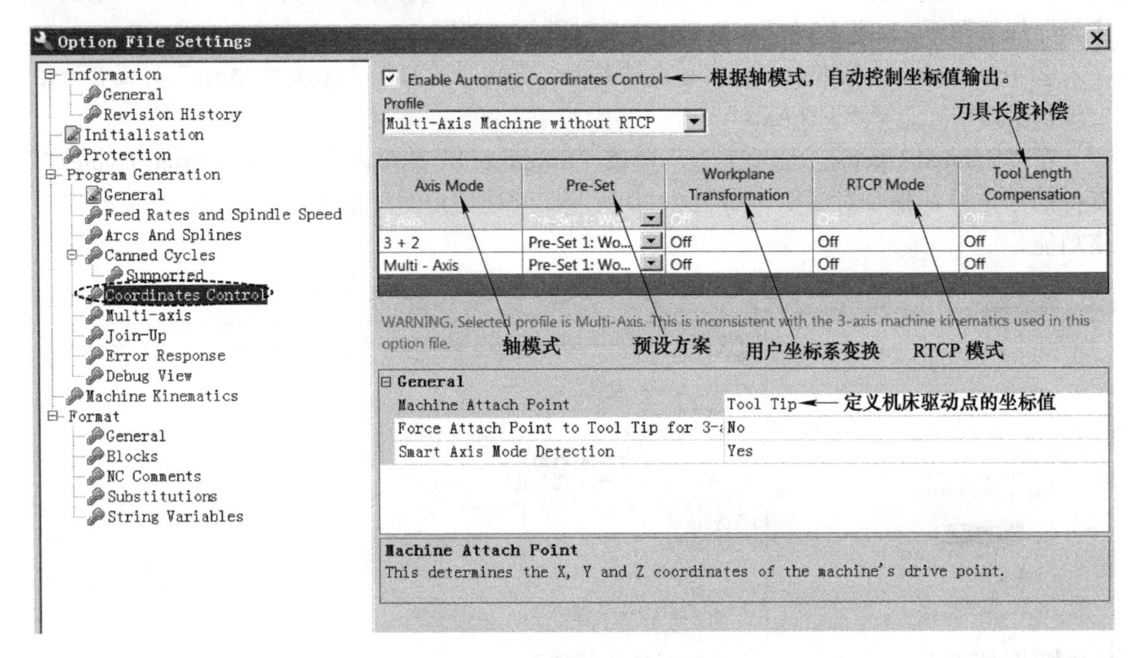

图 2-21　设置坐标控制参数

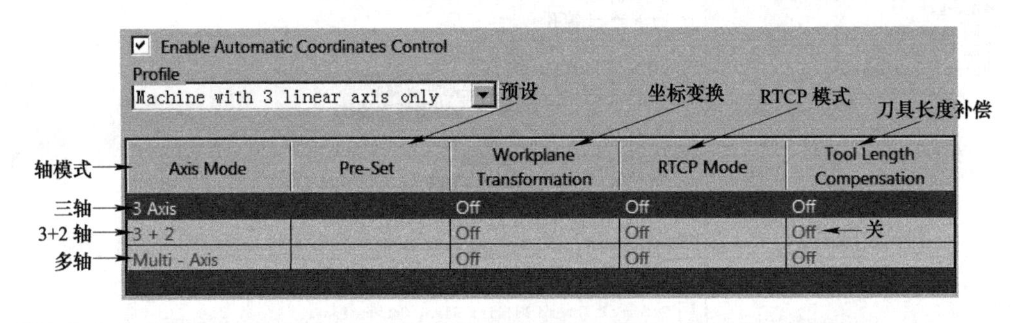

图 2-22　三轴机床配置文件

2）Multi-Axis Machine without RTCP support：不支持 RTCP 的多轴机床，此配置适用于具有旋转轴但不支持 RTCP 的老式多轴机床，如图 2-23 所示。

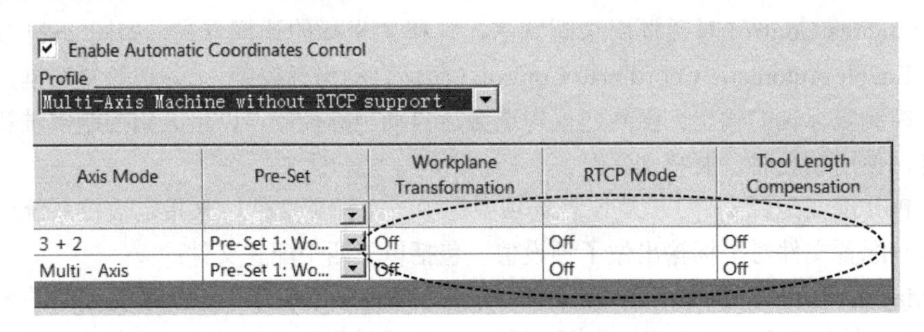

图 2-23　多轴机床无 RTCP 功能配置文件

该配置文件对各种加工方式的预设值见表 2-4。

表 2-4 不支持 RTCP 的多轴机床的轴模式预设值

序号	轴模式	预设值	说明	备注
1	3 Axis	Pre-Set1: Workplane: Off，RTCP: Off，Tool Length Comp:Off	工作平面：关，不支持坐标系旋转功能；RTCP：关，不支持 RTCP 功能；刀具长度补偿：关。此预设可用于所有运动学，因为刀具长度补偿模式没有限制。此预设适用于“一切都关闭”的旧机器	默认
		as 3+2	使用 3+2 轴模式的配置	
2	3+2	Pre-Set1: Workplane: Off，RTCP: Off，Tool Length Comp: Off	工作平面：关，不支持坐标系旋转功能；RTCP：关，不支持 RTCP 功能；刀具长度补偿：关。此预设可用于所有运动学，因为刀具长度补偿模式没有限制。此预设适用于“一切都关闭”的旧机器	默认
		As Multi-Axis	使用 Multi-Axis 轴模式的配置	
3	Multi-Axis	Pre-Set1: Workplane: Off，RTCP: Off，Tool Length Comp: Off	工作平面：关，不支持坐标系旋转功能；RTCP：关，不支持 RTCP 功能；刀具长度补偿：关。此预设可用于所有运动学，因为刀具长度补偿模式没有限制。此预设适用于“一切都关闭”的旧机器	默认

3）Multi-Axis Machine with RTCP support：支持 RTCP 的多轴机床，此配置文件支持旋转刀具中心点（RTCP）设置，如图 2-24 所示。

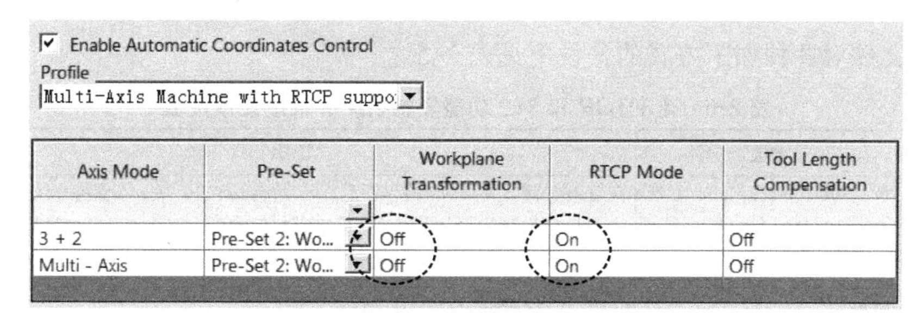

图 2-24 带 RTCP 功能多轴机床配置文件

该配置文件对各种加工方式的预设值见表 2-5。

表 2-5 支持 RTCP 的多轴机床的轴模式预设值

序号	轴模式	预设值	说明	备注
1	3 Axis	Pre-Set1: Workplane: Off, RTCP: Off, Tool Length Comp: Off	工作平面：关，不支持坐标系旋转功能；RTCP：关，不支持 RTCP 功能；刀具长度补偿：关。此预设可用于所有运动学，因为刀具长度补偿模式没有限制。此预设适用于“一切都关闭”的旧机器	默认
		as 3+2	使用 3+2 轴模式的配置	
2	3+2	Pre-Set2: Workplane: Off, RTCP: On, Tool Length Comp: Off	工作平面：关，不支持坐标系旋转变换功能；RTCP：开，支持 RTCP 功能；刀具长度补偿：关	默认
		Pre-Set1: Workplane: Off, RTCP: Off, Tool Length Comp: Off	工作平面：关，不支持坐标系旋转功能；RTCP：关，不支持 RTCP 功能；刀具长度补偿：关。此预设可用于所有运动学，因为刀具长度补偿模式没有限制。此预设适用于“一切都关闭”的旧机器	
		As Multi-Axis	使用 Multi-Axis 轴模式的配置	

（续）

序号	轴模式	预设值	说明	备注
3	Multi-Axis	Pre-Set2: Workplane: Off, RTCP: On, Tool Length Comp: Off	工作平面：关，不支持坐标系旋转变换功能；RTCP：开，支持RTCP功能；刀具长度补偿：关	默认
		Pre-Set1: Workplane: Off, RTCP: Off, Tool Length Comp: Off	工作平面：关，不支持坐标系旋转功能；RTCP：关，不支持RTCP功能；刀具长度补偿：关。此预设可用于所有运动学，因为刀具长度补偿模式没有限制。此预设适用于"一切都关闭"的旧机器	

4）Multi-Axis Machine with RTCP and 3+2 support：支持RTCP和3+2的多轴机床，此配置文件既支持旋转刀具中心点（RTCP）设置（即五轴联动加工），还支持使用用户坐标系来表示坐标（即3+2轴加工）。此配置文件在坐标控制方面提供了最大的灵活性，如图2-25所示。

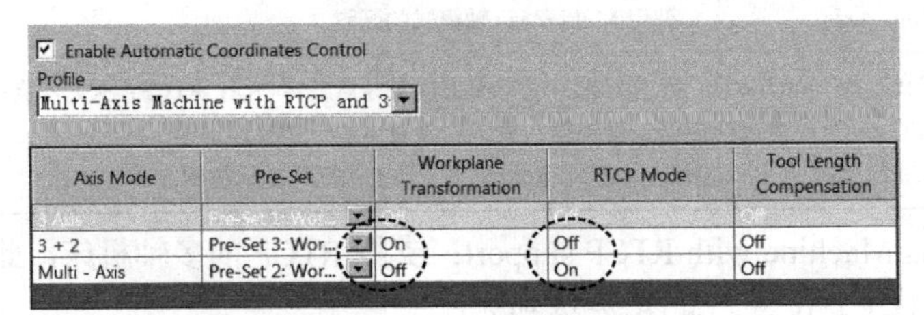

图2-25　带RTCP和3+2功能多轴机床配置文件

该配置文件对各种加工方式的预设值见表2-6。

表2-6　带RTCP和3+2功能多轴机床的轴模式预设值

序号	轴模式	预设值	说明	备注
1	3 Axis	Pre-Set1: Workplane: Off, RTCP: Off, Tool Length Comp: Off	工作平面：关，不支持坐标系旋转功能；RTCP：关，不支持RTCP功能；刀具长度补偿：关。此预设可用于所有运动学，因为刀具长度补偿模式没有限制。此预设适用于"一切都关闭"的旧机器	默认
		as 3+2	使用3+2轴模式的配置	
2	3+2	Pre-Set3: Workplane: On, RTCP: Off, Tool Length Comp: Off	工作平面：开，支持坐标系旋转变换功能；RTCP：关，不支持RTCP功能；刀具长度补偿：关。此预设值允许将用户坐标系用于3+2轴加工刀路的输出。Post Processor会自动为3+2刀路打开和关闭用户坐标系，必须在命令"Set Workplane On"和"Set Workplane Off"中设置用户坐标系打开和关闭代码	默认
		Pre-Set2: Workplane: Off, RTCP: On, Tool Length Comp: Off	工作平面：关，不支持坐标系旋转变换功能；RTCP：开，支持RTCP功能；刀具长度补偿：关	
		Pre-Set1: Workplane: Off, RTCP: Off, Tool Length Comp: Off	工作平面：关，不支持坐标系旋转功能；RTCP：关，不支持RTCP功能；刀具长度补偿：关。此预设可用于所有运动学，因为刀具长度补偿模式没有限制。此预设适用于"一切都关闭"的旧机器	
		As Multi-Axis	使用Multi-Axis轴模式的配置	
3	Multi-Axis	Pre-Set2: Workplane: Off, RTCP: On, Tool Length Comp: Off	工作平面：关，不支持坐标系旋转变换功能；RTCP：开，支持RTCP功能；刀具长度补偿：关。这是RTCP可用时的默认预设值。刀具长度补偿模式状态并不重要，因为输出点始终是刀尖。坐标系旋转变换不适用于Post Processor中的连续多轴加工刀路。必须在命令"Set Multi Axis On"和"Set Multi Axis Off"中设置RTCP功能打开和关闭代码	默认
		Pre-Set1:Workplane: Off, RTCP: Off, Tool Length Comp: Off	工作平面：关，不支持坐标系旋转功能；RTCP：关，不支持RTCP功能；刀具长度补偿：关。此预设可用于所有运动学，因为刀具长度补偿模式没有限制。此预设适用于"一切都关闭"的旧机器	

（3）General（常规设置）

1）Machine Attach Point：机床附加点，确定机床驱动点的 X、Y 和 Z 坐标。后处理的绝大多数计算均取决于机床附加点设置。有以下三个可选项：① Tool Tip：刀尖点，用于绝大多数情况；② Gauge Face：基准面；③ Pivot：转轴中心。

2）Force Attach Point to Tool Tip for 3-axis：设置为 Yes 时，在三轴加工时，强制刀尖点为机床附加点。

3）Smart Axis Mode Detection：设置为 Yes 时，加工轴模式取决于刀路中包含的实际移动的行为；设置为 No 时，基于特殊 CLDATA 刀位文件的旧式刀路轴模式定义。

6. 多轴配置（Multi-axis）

Multi-axis 多轴配置用于定义多轴加工参数。

当"Machine Kinematics"机床运动学对话框中设置为四轴或五轴机床时，Multi-axis 对话框的参数才能被激活。在该对话框中定义多轴加工的基础参数，如是否允许线性多轴移动、旋转轴转角超程的处理方式、用户坐标系的定义等，如图 2-26 所示。

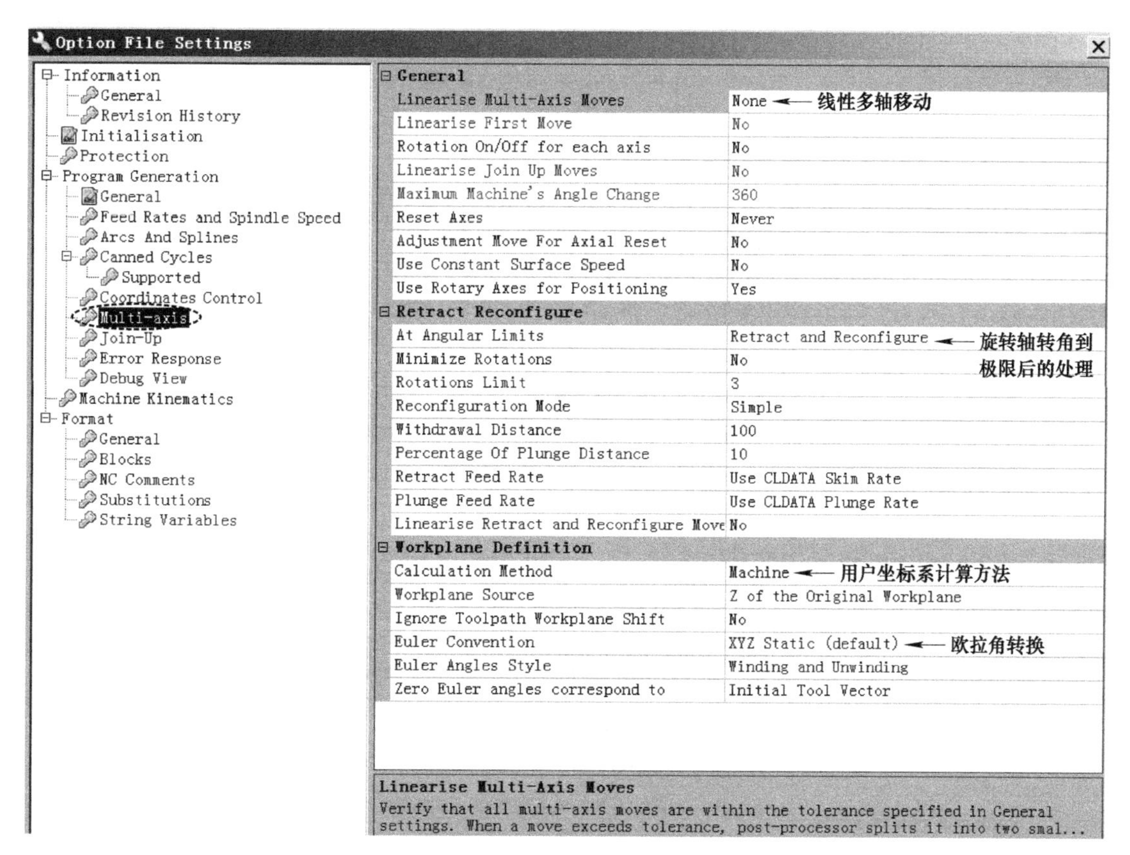

图 2-26　多轴加工对话框

多轴配置参数的含义及功能见表 2-7。

表 2-7　多轴配置参数的含义及功能

序号	参数	含义及功能	备注
	General	定义多轴加工的常规参数	
1	Linearise Multi-Axis Moves	线性化多轴移动，使用此选项来指定如何处理超出控制器公差的移动 None：在 CLDATA 刀位文件所含的原始移动中不增加任何移动 By tool axis：验证所有多轴移动，以确保它们在表 2-1 中 NC Program Tolerance 指定的公差范围内，如果超差，则分割为更小的移动段，通过刀轴实现 By point：验证所有多轴移动，以确保它们在表 2-1 中 NC Program Tolerance 指定的公差范围内，如果超差，则分割为更小的移动段，通过刀位点实现 By tool axis and point：验证所有多轴移动，以确保它们在表 2-1 中 NC Program Tolerance 指定的公差范围内，如果超差，则分割为更小的移动段，通过刀轴和刀位点实现	
2	★ Reset Axes	3+2 或 5 轴加工时，机床旋转轴可能不处于初始状态。例如，双摆头可能位于上一个刀路的最后一个角度状态的位置。若要强制旋转轴复位，则设置此选项 Never：旋转轴不复位 Before Pure 3-axis：只在纯三轴加工前复位旋转轴 Before Any Toolpath：不管轴模式，均复位旋转轴	重要
3	Use Constant Surface Speed	多轴加工移动中，转轴中心与刀尖点不同。刀尖可以以不同的速度达到 CLDATA 文件中指定的进给率。使用此选项可以指定要如何处理曲面速度 Yes：在刀触点使用恒定的进给率 No：不使用任何更正	
	Retract Reconfigure	当旋转轴达到转角极限时，后退及重新配置旋转轴	
4	★ At Angular Limits	旋转轴到转角极限时，处理方式如下： Stop Program：停止程序运行 Reset Angles Only：复位角度，通过一次或多次旋转重置旋转轴的当前值，只用于具有无限旋转角度的旋转工作台。例如，如果机床的旋转工作台是无限转角的，但 NC 控制器将它限制在 −720° 和 720° 之间，在这种情况下，当达到 720° 时，工作台轴的当前值可以重置为 360° 或 0°，而无须撤回刀具和重新配置旋转轴 Retract and Reconfigure：当旋转轴到达角度极限时，刀具沿当前刀轴矢量方向撤回一个距离（在 Withdrawal Distance 中设置），并重新配置旋转轴达到程序中的角度	重要
5	Minimize Rotations	最小化旋转角 No：假设旋转轴 A 具有最小和最大限制 [−720°，+720°]，并且 A 达到值 720°，则重新配置 A 轴为 0° Yes：假设旋转轴 A 具有最小和最大限制 [−720°，+720°]，并且 A 达到值 720°，则重新配置的位置可能导致旋转轴 A 和 B 旋转 180°	
6	Rotations Limit	旋转轴整周 360° 旋转的数量极限	
7	Reconfiguration Mode	重新配置的模式 Simple：刀具沿刀轴矢量方向撤回一个距离后，即重置旋转轴的角度 Manual：刀具沿刀轴矢量方向撤回一个距离并沿机床 Z 轴方向移到安全高度后，再重置旋转轴的角度	
8	★ Withdrawal Distance	旋转轴到达角度极限后，刀具沿刀轴矢量方向撤回的距离 Auto：自动设置，默认为 100 Specify：输入一个值	重要

（续）

序号	参数	含义及功能	备注
9	Percentage Of Plunge Distance	刀具撤回后，再次下切加工，其中的下切段占撤回距离的百分比。如果撤回距离设置为 150，百分比设置为 10%，则下切段距离为 10	
10	Retract Feed Rate	撤回进给率 Use CLDATA Skim Rate：使用 CLDATA 刀位文件中的掠过速度 Specify：输入一个进给率	
11	Plunge Feed Rate	下切进给率	
12	Linearise Retract and Reconfigure Moves	线性化撤回与重新配置移动	
	Workplane Definition	定义 3+2 刀路的用户坐标系	
13	★ Calculation Method	指定 3+2 轴加工时，刀轴矢量的定义方法 Machine：使用方位角和仰角指定刀轴矢量 Euler：使用相对于用户坐标系的 X、Y 和 Z 坐标来定位刀轴	重要
14	Workplane Source	指定用于定义 3+2 刀路用户坐标系的数据。有以下三个选项： Z of the Original Workplane：指定新用户坐标系的 Z 轴对齐原用户坐标系的 Z 轴 Original Workplane：指定的新用户坐标系与原用户坐标系相同 Tool Vector and Orientation：指定的新用户坐标系受限于刀轴矢量	
15	Ignore Toolpath Workplane Shift	指定是否使用刀路用户坐标系的线性部分。设置为 Yes 时，Workplane Origin X，Workplane Origin Y 和 Workplane Origin Z 参数将一直是 0	
16	Euler Convention	选择数控系统的欧拉转换规则	
17	Euler Angles Style	指定参数 Workplane Euler A，Workplane Euler B 和 Workplane Euler C 的角度风格。参见表 2-2 中的圆弧角度样式	

7. 连接配置（Join-Up）

Join-Up 对话框用于定义连接移动，如图 2-27 所示。

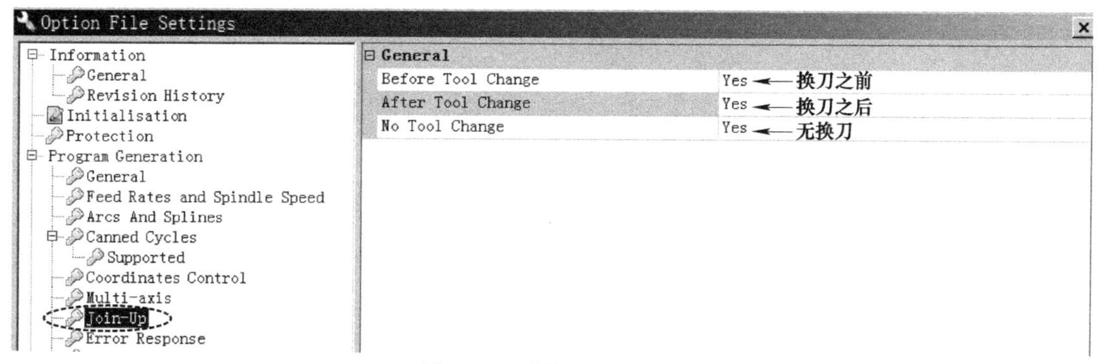

图 2-27　连接配置对话框

8. 错误响应（Error Response）

Error Response 对话框用于定义 Post Processor 发送警告时所采取的动作，如图 2-28 所示。

Option File Settings

警告 忽略

#	Description 描述	Error	Warning 1	2	3	4	Ignore
0059	Type conversion has failed.	⊙	○	○	○	○	○
0096	Parameter isn't initialised.	○	○	○	⊙	○	○
0106	Command inactive.	○	○	○	⊙	○	○
0107	Can't change 'Read Only' parameter.	○	○	○	⊙	○	○
0110	Cannot set 'Parameter' as there is no correspo...	○	○	○	⊙	○	○
0125	Move by Z with cutter compensation.	○	○	○	○	○	⊙
0136	Tapping cycle expansion	⊙	○	○	○	○	○
0248	Retract and Reconfigure has been applied.	○	⊙	○	○	○	○
0251	During a connection move tool directions of tw...	○	○	⊙	○	○	○
0252	Tool directions of two neighbouring positions ...	○	○	⊙	○	○	○

错误

Information
General
Revision History
Initialisation
Protection
Program Generation
General
Feed Rates and Spindle Speed
Arcs And Splines
Canned Cycles
Supported
Coordinates Control
Multi-axis
Join-Up
Error Response
Debug View
Machine Kinematics

图 2-28　错误响应对话框

1）警告可以作为错误输出。在这种情况下，后处理时它将作为错误输出。在创建新选项文件时，默认情况下已将多个警告设置为错误。

2）警告可以作为 1 ～ 4 级别的警告。如果此级别低于应用程序设置中选择的警告级别，则将输出警告。

3）警告可以忽略。在这种情况下，它将不会被输出。

9. 调试模式视图（Debug View）

Debug View 对话框用于定义调试后处理文件时的视图显示界面，如图 2-29 所示。

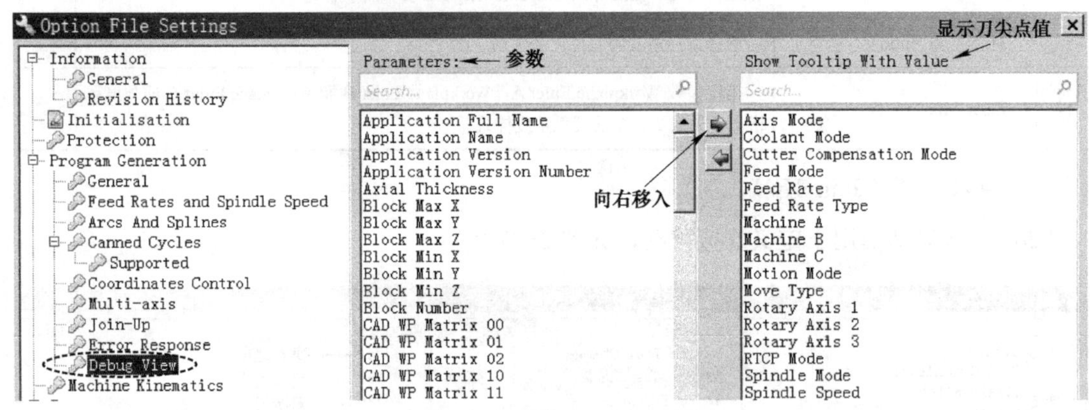

图 2-29　调试模式视图对话框

2.3.5　设置机床运动学参数（Machine Kinematics）

Machine Kinematics 机床运动学对话框用于定义多轴加工机床的各运动轴的配置，这些配置包括轴数目、轴名称、轴方向、轴原点以及轴的运动行程，如图 2-30 所示。

机床的结构型式主要有以下几种：

1. 三轴机床

三轴机床只有 3 根两两相互正交的线性轴，是最常见的数控铣床结构型式，其参数对话框如图 2-31 所示，三轴机床结构预览如图 2-32 所示。

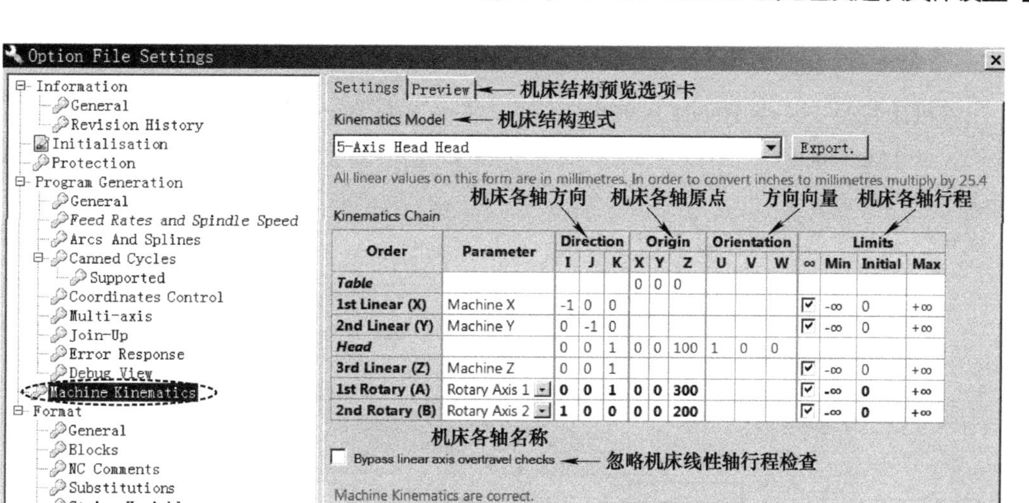

图 2-30　机床运动学对话框

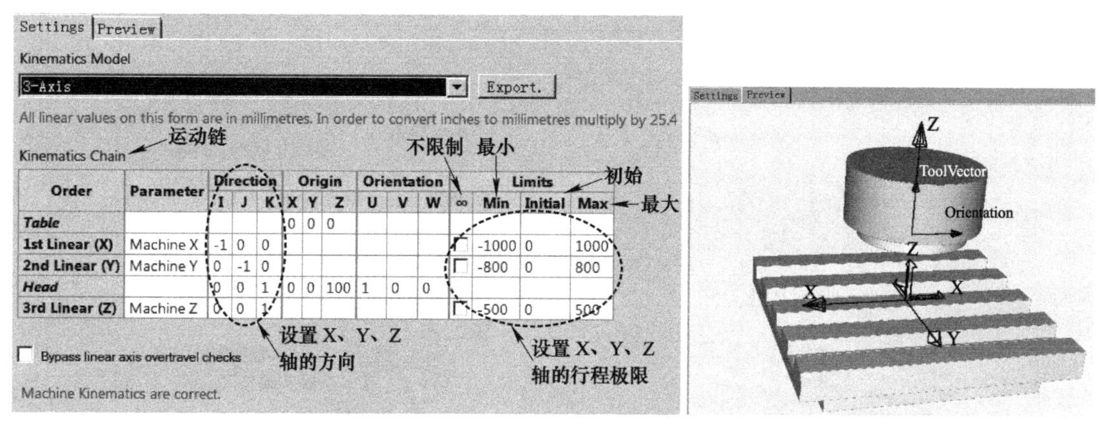

图 2-31　三轴机床参数对话框

图 2-32　三轴机床结构预览

机床运动链各参数的含义及功能见表 2-8。

表 2-8　机床运动链各参数的含义及功能

序号	参数	含义及功能	备注
1	Order	顺序，列出机床的构成元素	
2	Parameter	参数，列出机床每一个轴	
3	★ Direction	方向，指定每一个轴的向量 X 轴对应单位方向矢量 I，Y 轴对应单位方向矢量 J，Z 轴对应单位方向矢量 K。1 表示完全与单位方向矢量重合，正号表示该轴方向与单位方向矢量方向一致，负号表示该轴方向与单位方向矢量方向相反	重要
4	Origin	原点，指定每一个轴的原点位置	
5	Orientation	定向，指定初始向量来定向机床主轴头	
6	★ Limits	限制，指定机床中每一个轴行程的最小值 Min 和最大值 Max。初始值 Inital 指坐标起始点	重要

2. 四轴机床

四轴机床包括4-Axis Head（四轴旋转摆头）和4-Axis Table（四轴旋转台）两种结构型式。

（1）4-Axis Head　4-Axis Head参数对话框如图2-33所示，4-Axis Head结构预览如图2-34所示。

旋转摆头各参数示意如图2-35所示。

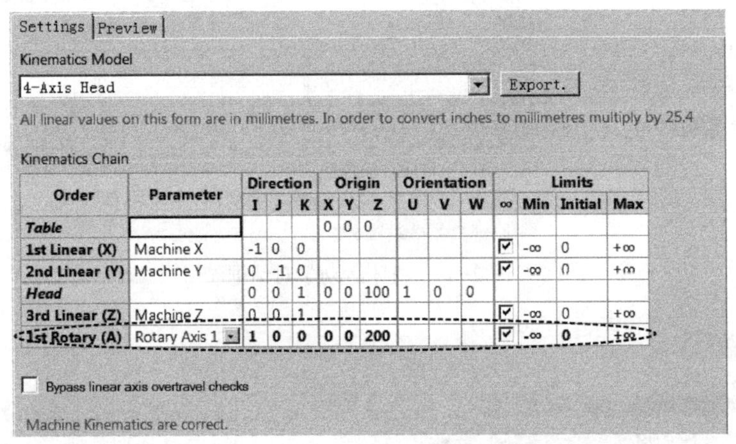

Order	Parameter	Direction			Origin			Orientation			Limits			
		I	J	K	X	Y	Z	U	V	W	∞	Min	Initial	Max
Table					0	0	0							
1st Linear (X)	Machine X	-1	0	0							☑	-∞	0	+∞
2nd Linear (Y)	Machine Y	0	-1	0							☑	-∞	0	+∞
Head		0	0	1	0	0	100	1	0	0				
3rd Linear (Z)	Machine Z	0	0	1							☑	-∞	0	+∞
1st Rotary (A)	Rotary Axis 1	1	0	0	0	0	200				☑	-∞	0	+∞

图2-33　4-Axis Head参数对话框

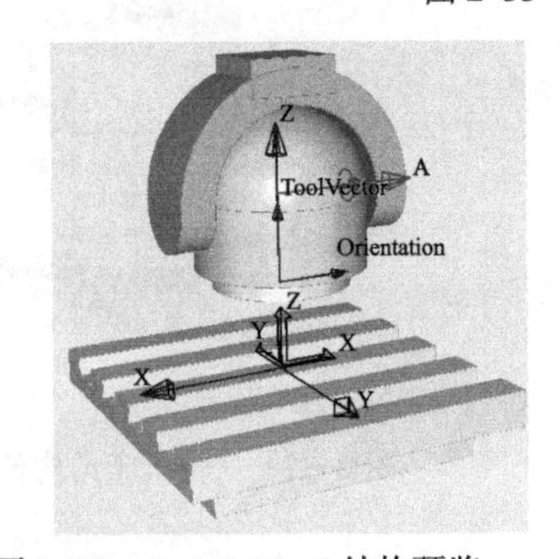

图2-34　4-Axis Head结构预览

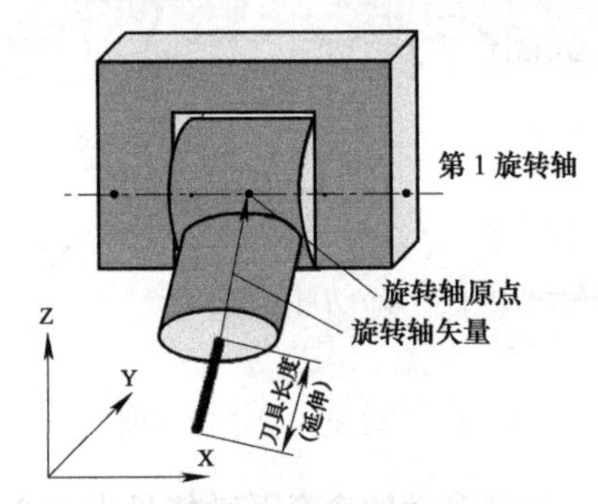

图2-35　旋转摆头各参数示意

1）旋转轴的名称。定义旋转轴的名称通常遵守如下规则：绕X轴的旋转通常被称为A轴，绕Y轴的旋转通常被称为B轴，绕Z轴的旋转通常被称为C轴，如图2-36所示。在Parameter参数列定义轴名称，如图2-37所示。

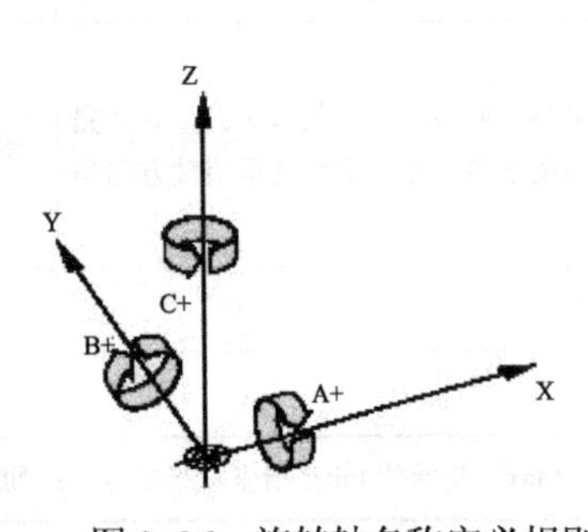

图2-36　旋转轴名称定义规则

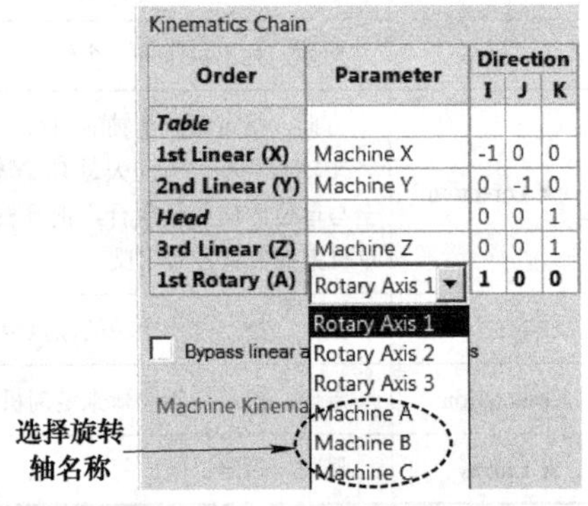

Order	Parameter	Direction		
		I	J	K
Table				
1st Linear (X)	Machine X	-1	0	0
2nd Linear (Y)	Machine Y	0	-1	0
Head		0	0	1
3rd Linear (Z)	Machine Z	0	0	1
1st Rotary (A)	Rotary Axis 1	1	0	0

图2-37　选择旋转轴名称

2）旋转轴的原点。旋转轴连接到刀架上刀具长度开始的点，定义原点时，应确保机床上所有旋转轴为零。

如图 2-35 所示，摆头绕 X 轴旋转，因此它是 A 轴，四轴转头机床参数定义如图 2-38 所示。

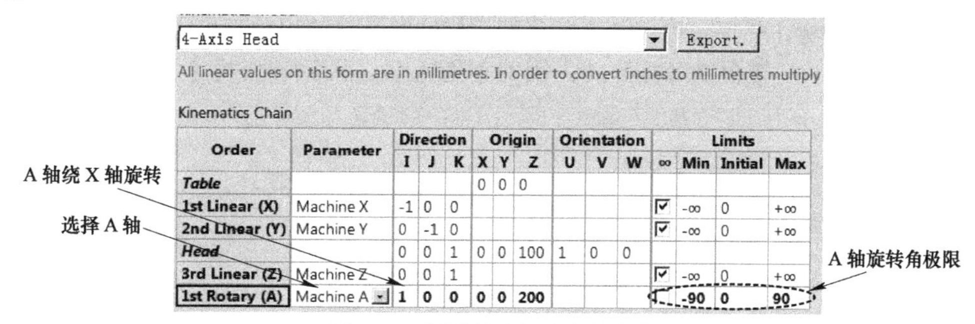
4-Axis Head　Export.

All linear values on this form are in millimetres. In order to convert inches to millimetres multiply

Kinematics Chain

Order	Parameter	Direction			Origin			Orientation			Limits			
		I	J	K	X	Y	Z	U	V	W	∞	Min	Initial	Max
Table					0	0	0							
1st Linear (X)	Machine X	-1	0	0							✓	-∞	0	+∞
2nd Linear (Y)	Machine Y	0	-1	0							✓	-∞	0	+∞
Head		0	0	1	0	0	100	1	0	0				
3rd Linear (Z)	Machine Z	0	0	1							✓	-∞	0	+∞
1st Rotary (A)	Machine A	1	0	0	0	0	200					-90	0	90

图 2-38　四轴转头机床参数定义

（2）4-Axis Table　4-Axis Table 参数对话框如图 2-39 所示，4-Axis Table 结构预览如图 2-40 所示。

旋转台各参数示意如图 2-41 所示。

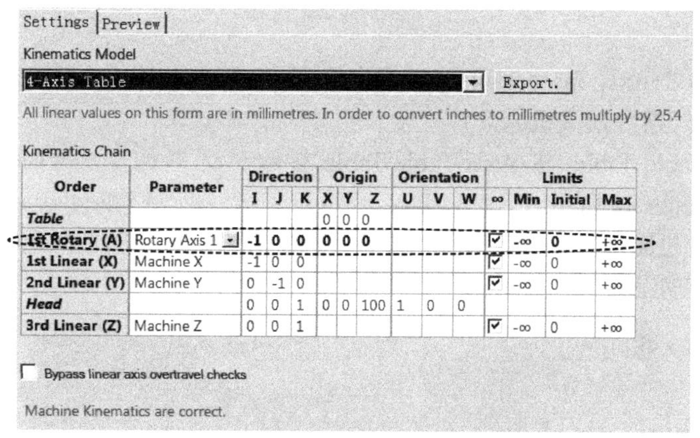
Settings | Preview

Kinematics Model

4-Axis Table　Export.

All linear values on this form are in millimetres. In order to convert inches to millimetres multiply by 25.4

Kinematics Chain

Order	Parameter	Direction			Origin			Orientation			Limits			
		I	J	K	X	Y	Z	U	V	W	∞	Min	Initial	Max
Table					0	0	0							
1st Rotary (A)	Rotary Axis 1	-1	0	0	0	0	0				✓	-∞	0	+∞
1st Linear (X)	Machine X	-1	0	0							✓	-∞	0	+∞
2nd Linear (Y)	Machine Y	0	-1	0							✓	-∞	0	+∞
Head		0	0	1	0	0	100	1	0	0				
3rd Linear (Z)	Machine Z	0	0	1							✓	-∞	0	+∞

Bypass linear axis overtravel checks

Machine Kinematics are correct.

图 2-39　4-Axis Table 参数对话框

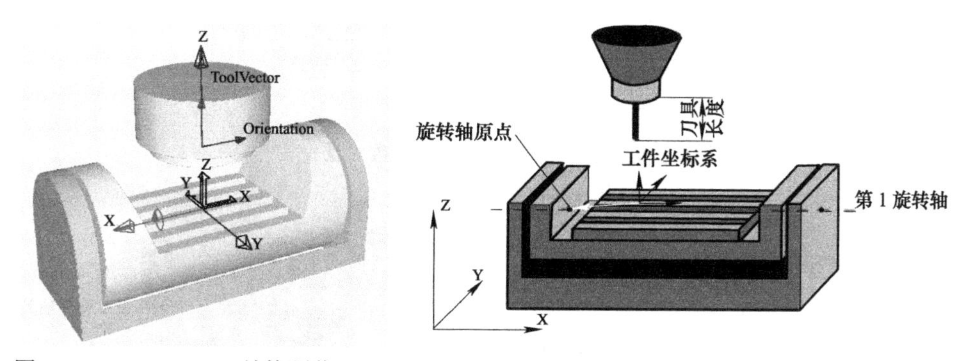

图 2-40　4-Axis Table 结构预览　　　　图 2-41　旋转台各参数示意

旋转轴原点相对于工件坐标系（即 CLDATA 文件中的刀路使用的坐标系）设置。

如果旋转轴设置在机床主轴头部，模型（或零件）在绕该轴旋转时不会改变其在空间中的位置，工件坐标系和机床坐标系之间的位置关系不变。因此，只要正确计算旋转轴原点，就足以将其输出到 NC 程序中。

如果旋转轴设置在工作台侧，则计算会复杂一些。当绕旋转轴旋转时，工件坐标系位置相对于机床坐标系发生变化（零件在空间中旋转）。必须定义这两个坐标系之间的关联，最简单的方法是相对于工件坐标系定义旋转轴原点。在这种情况下，原点默认不会更改其在机床坐标系下的坐标，然后可以跟随工件坐标系旋转并计算其相对于机床坐标系的位置。

如图 2-41 所示，转台绕 X 轴旋转，因此它是 A 轴，四轴转台机床参数定义如图 2-42 所示。

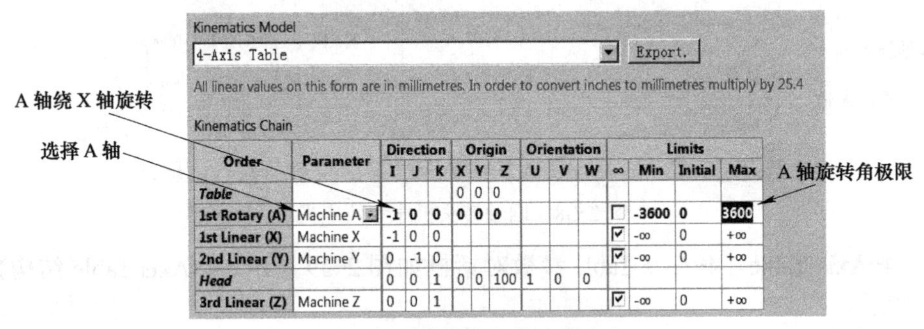

Kinematics Model

4-Axis Table　Export.

All linear values on this form are in millimetres. In order to convert inches to millimetres multiply by 25.4

Kinematics Chain

Order	Parameter	Direction			Origin			Orientation			Limits			
		I	J	K	X	Y	Z	U	V	W	∞	Min	Initial	Max
Table					0	0	0							
1st Rotary (A)	Machine A	-1	0	0	0	0	0				☐	-3600	0	3600
1st Linear (X)	Machine X	-1	0	0							☑	-∞	0	+∞
2nd Linear (Y)	Machine Y	0	-1	0							☑	-∞	0	+∞
Head		0	0	1	0	0	100	1	0	0				
3rd Linear (Z)	Machine Z	0	0	1							☑	-∞	0	+∞

图 2-42　四轴转台机床参数定义

3. 五轴机床

五轴机床分为 5-Axis Table Table（双摆台机床）、5-Axis Head Head（双摆头机床）和 5-Axis Table Head（摆台摆头机床）。

（1）5-Axis Table Table　5-Axis Table Table 参数对话框如图 2-43 所示，5-Axis Table Table 结构预览如图 2-44 所示。

典型的双摆台机床如图 2-45 所示。第 1 个旋转轴（A）的方向是（0，0，1），第 2 个旋转轴（C）的方向是（1，0，0）。

Kinematics Model

5-Axis Table Table　Export.

All linear values on this form are in millimetres. In order to convert inches to millimetres multiply by 25.4

Kinematics Chain

Order	Parameter	Direction			Origin			Orientation			Limits			
		I	J	K	X	Y	Z	U	V	W	∞	Min	Initial	Max
Table					0	0	0							
1st Rotary (A)	Machine C	0	0	-1	0	0	0				☐	-3600	0	3600
2nd Rotary (B)	Machine A	-1	0	0	0	0	0				☐	-90	0	90
1st Linear (X)	Machine X	-1	0	0							☑	-∞	0	+∞
2nd Linear (Y)	Machine Y	0	-1	0							☑	-∞	0	+∞
Head		0	0	1	0	0	100	1	0	0				
3rd Linear (Z)	Machine Z	0	0	1							☑	-∞	0	+∞

图 2-43　5-Axis Table Table 参数对话框

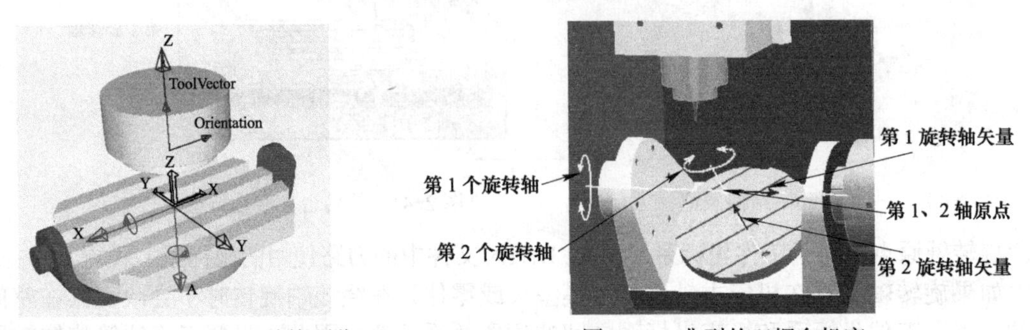

图 2-44　5-Axis Table Table 结构预览　　图 2-45　典型的双摆台机床

第 1 个旋转轴的位置在旋转过程中保持不变，因为它的电动机只是“摇动摇篮”。第 2 个旋转轴的电动机位于“摇篮”内，当“摇篮”倾斜时，其方向改变。

第 2 个旋转轴的原点相对于工件坐标系设置，而第 1 个旋转轴的原点相对于第 2 个旋转轴的原点设置。

如图 2-45 所示双摆台机床，A 轴和 C 轴的轴线相交，这极大地简化了配置，其参数定义如图 2-46 所示。

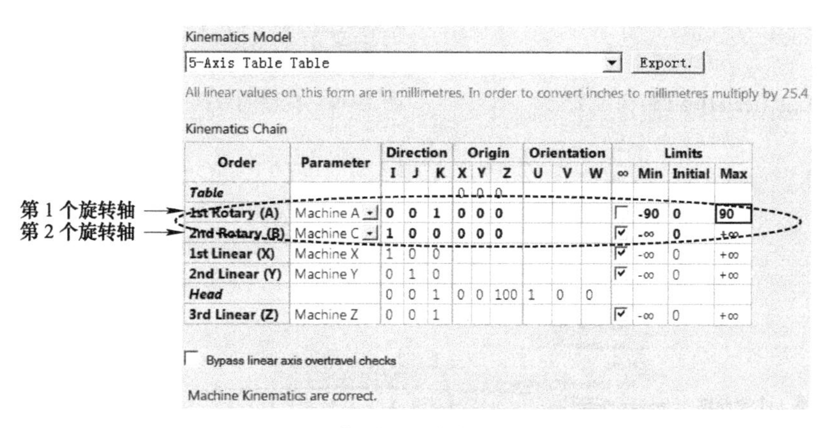

Order	Parameter	Direction			Origin			Orientation			Limits			
		I	J	K	X	Y	Z	U	V	W	∞	Min	Initial	Max
Table					0	0	0							
1st Rotary (A)	Machine A	0	0	1	0	0	0				☐	-90	0	90
2nd Rotary (B)	Machine C	1	0	0	0	0	0				☑	-∞	0	+∞
1st Linear (X)	Machine X	1	0	0							☑	-∞	0	+∞
2nd Linear (Y)	Machine Y	0	1	0							☑	-∞	0	+∞
Head		0	0	1	0	0	100	1	0	0				
3rd Linear (Z)	Machine Z	0	0	1							☑	-∞	0	+∞

图 2-46　典型双摆台机床参数定义

（2）5-Axis Head Head　5-Axis Head Head 参数对话框如图 2-47 所示，5-Axis Head Head 结构预览如图 2-48 所示。

典型的双摆头机床如图 2-49 所示。第 1 个旋转轴（C）的方向是（0，0，1），第 2 个旋转轴（A）的方向是（1，0，0）。注意，第 1 个旋转轴的原点高于两轴的交点。

典型双摆头机床参数定义如图 2-50 所示。

（3）5-Axis Table Head　5-Axis Table Head 参数对话框如图 2-51 所示，5-Axis Table Head 结构预览如图 2-52 所示。

典型的摆台摆头机床如图 2-53 所示。第 1 个旋转轴（C）在工作台上，其方向是（0，0，–1），沿着机床的 Z 轴；第 2 个旋转轴（A）在主轴头端，其方向是（1，0，0），沿着机床的 X 轴。当机器执行任何其他旋转时，两个轴都不会改变方向。

Settings | Preview

Kinematics Model

5-Axis Head Head　Export.

All linear values on this form are in millimetres. In order to convert inches to millimetres multiply by 25.4

Kinematics Chain

Order	Parameter	Direction			Origin			Orientation			Limits			
		I	J	K	X	Y	Z	U	V	W	∞	Min	Initial	Max
Table					0	0	0							
1st Linear (X)	Machine X	-1	0	0							☑	-∞	0	+∞
2nd Linear (Y)	Machine Y	0	-1	0							☑	-∞	0	+∞
Head		0	0	1	0	0	100	1	0	0				
3rd Linear (Z)	Machine Z	0	0	1							☑	-∞	0	+∞
1st Rotary (A)	Rotary Axis 1	0	0	1	0	0	300				☑	-∞	0	+∞
2nd Rotary (B)	Rotary Axis 2	1	0	0	0	0	200				☑	-∞	0	+∞

图 2-47　5-Axis Head Head 参数对话框

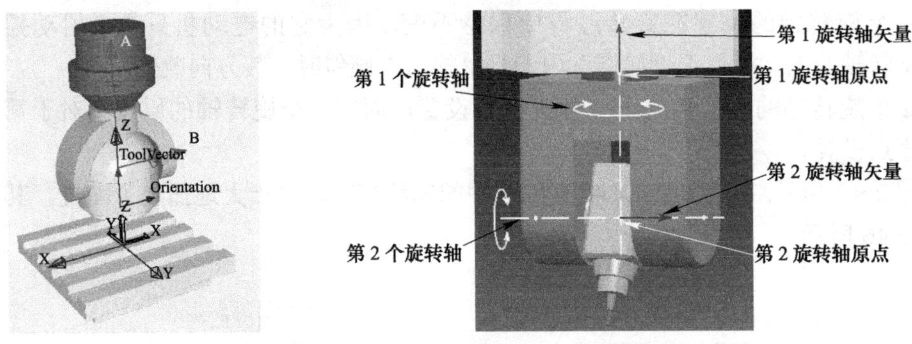

图 2-48　5-Axis Head Head 结构预览　　　图 2-49　典型的双摆头机床

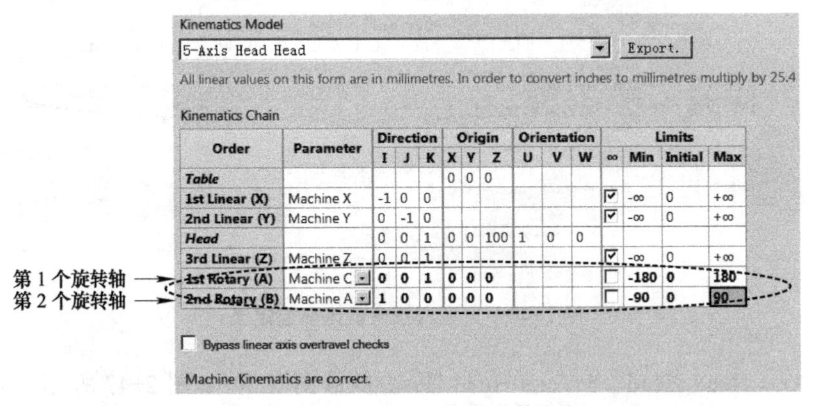

Kinematics Model

5-Axis Head Head　Export.

All linear values on this form are in millimetres. In order to convert inches to millimetres multiply by 25.4

Kinematics Chain

Order	Parameter	Direction			Origin			Orientation			Limits			
		I	J	K	X	Y	Z	U	V	W	∞	Min	Initial	Max
Table					0	0	0							
1st Linear (X)	Machine X	-1	0	0							☑	-∞	0	+∞
2nd Linear (Y)	Machine Y	0	-1	0							☑	-∞	0	+∞
Head		0	0	1	0	0	100	1	0	0				
3rd Linear (Z)	Machine Z	0	0	1							☑	-∞	0	+∞
1st Rotary (A)	Machine C	0	0	1	0	0	0				☐	-180	0	180
2nd Rotary (B)	Machine A	1	0	0	0	0	0				☐	-90	0	90

☐ Bypass linear axis overtravel checks

Machine Kinematics are correct.

图 2-50　典型双摆头机床参数定义

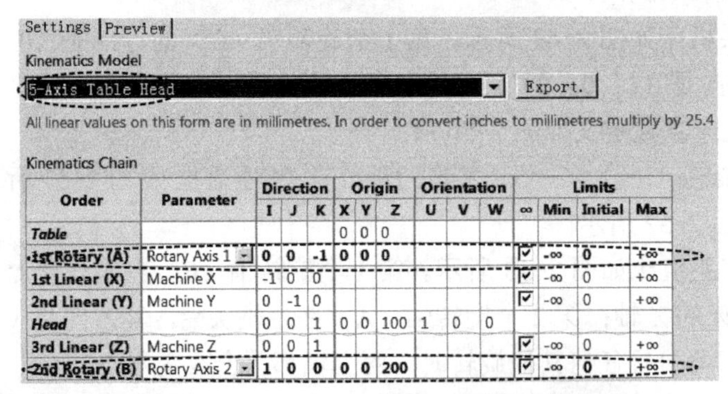

Settings | Preview

Kinematics Model

5-Axis Table Head　Export.

All linear values on this form are in millimetres. In order to convert inches to millimetres multiply by 25.4

Kinematics Chain

Order	Parameter	Direction			Origin			Orientation			Limits			
		I	J	K	X	Y	Z	U	V	W	∞	Min	Initial	Max
Table					0	0	0							
1st Rotary (A)	Rotary Axis 1	0	0	-1	0	0	0				☑	-∞	0	+∞
1st Linear (X)	Machine X	-1	0	0							☑	-∞	0	+∞
2nd Linear (Y)	Machine Y	0	-1	0							☑	-∞	0	+∞
Head		0	0	1	0	0	100	1	0	0				
3rd Linear (Z)	Machine Z	0	0	1							☑	-∞	0	+∞
2nd Rotary (B)	Rotary Axis 2	1	0	0	0	0	200				☑	-∞	0	+∞

图 2-51　5-Axis Table Head 参数对话框

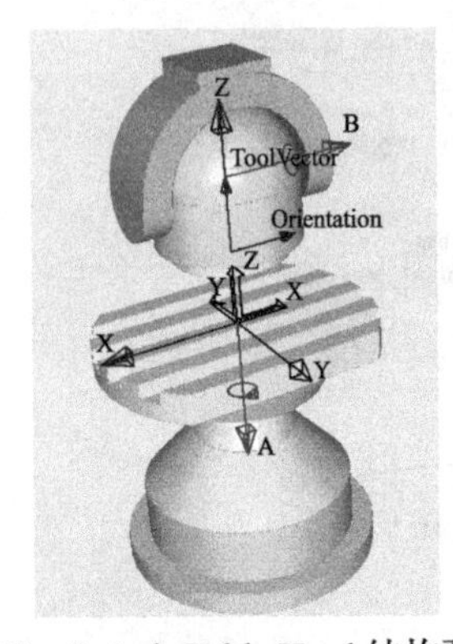

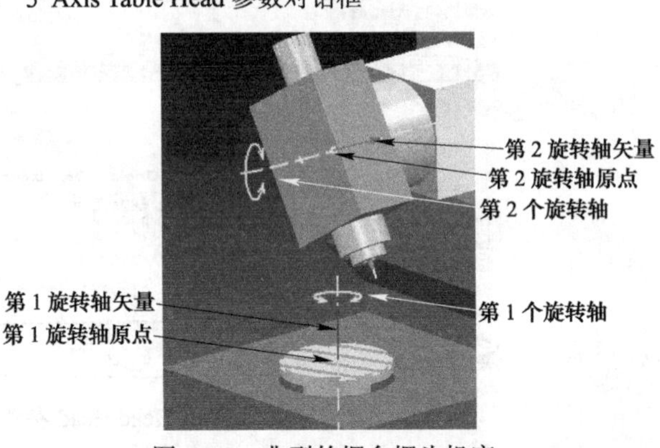

图 2-52　5-Axis Table Head 结构预览　　　图 2-53　典型的摆台摆头机床

典型摆台摆头机床参数定义如图 2-54 所示。

Kinematics Model

5-Axis Table Head　Export.

All linear values on this form are in millimetres. In order to convert inches to millimetres multiply by 25.4

Kinematics Chain

Order	Parameter	Direction			Origin			Orientation			Limits			
		I	J	K	X	Y	Z	U	V	W	∞	Min	Initial	Max
Table					0	0	0							
1st Rotary (A)	Machine C	0	0	-1	0	0	0				☑	-∞	0	+∞
1st Linear (X)	Machine X	-1	0	0							☑	-∞	0	+∞
2nd Linear (Y)	Machine Y	0	-1	0							☑	-∞	0	+∞
Head		0	0	1	0	0	100	1	0	0				
3rd Linear (Z)	Machine Z	0	0	1							☑	-∞	0	+∞
2nd Rotary (B)	Machine A	1	0	0	0	0	200				☐	-90	0	90

第 1 个旋转轴 → 1st Rotary (A)

第 2 个旋转轴 → 2nd Rotary (B)

☐ Bypass linear axis overtravel checks

Machine Kinematics are correct.

图 2-54　典型摆台摆头机床参数定义

2.3.6　设置格式（Format）

Format 用于设置 NC 程序的输出格式，如图 2-55 所示。

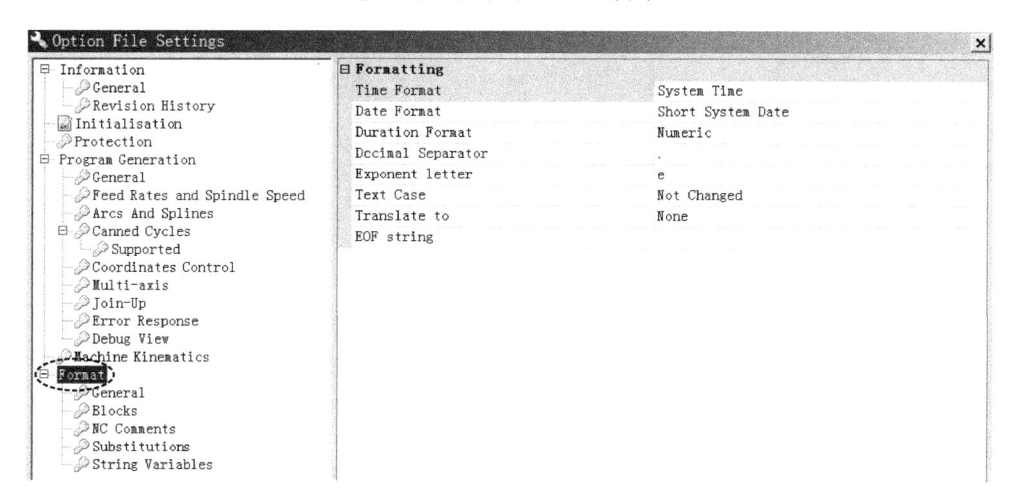

图 2-55　格式对话框

1. 常规设置（General）

常规设置对话框如图 2-56 所示。

2. 设置程序行格式（Blocks）

程序行格式对话框如图 2-57 所示。

3. 设置 NC 注释（NC Comments）

NC 注释对话框如图 2-58 所示。

⊟ Formatting		
Time Format	System Time	时间格式
Date Format	Short System Date	日期格式
Duration Format	Numeric	时长格式
Decimal Separator	.	小数分隔符
Exponent letter	e	指数字符串
Text Case	Not Changed	
Translate to	None	文本翻译
EOF string		回车符和换行符

图 2-56　常规设置对话框

⊟ Blocks		
Output Block Number	Yes	是否输出程序行号
Output Block Numbers For Nested Text	No	是否输出程序行号（嵌套文本）
Output Block Numbers For Tables	No	是否输出程序行号（表格）
Number Of Start Block	0	程序行起始号
Maximum Block Number	9999	程序行最大号
Block Increment	1	程序行号增量
Block End String		程序行结尾字符
Block Items Separator		程序行项目分隔符
Trim Leading Spaces	No	删除前置空格
Output block number each N-th block	Always	

图 2-57　程序行格式对话框

⊟ NC Comments		
Enable NC Comments	Yes	激活 NC 注释
Comment Start		注释开始，例如输入“（”
Comment End		注释结尾，例如输入“）”
Enable Multiline Comments	No	激活多行注释
Comment Text Case	Not Changed	
Translate Comments	Yes	

图 2-58　NC 注释对话框

第 3 章 Post Processor 后处理文件编辑器功能详解

📖 本章知识点

- ✧ 操作 Post Processor 后处理文件编辑器
- ✧ Commands（命令）的功能及操作
- ✧ Formats（格式）的功能及操作
- ✧ Parameters（参数）的功能及操作
- ✧ Structures（结构）的功能及操作
- ✧ Tables（表格）的功能及操作
- ✧ Script（脚本）的功能及操作

在第 2 章中，介绍了机床后处理文件选项设置，涉及适用的数控系统、机床结构、圆弧插补、进给率和主轴转速、程序行格式等方面。一个 NC 程序的具体内容包括程序头、换刀、各类插补指令格式和程序尾等，其详细内容则需要在 Editor 后处理文件编辑器中来设置。

打开 Post Processor 软件，单击“Editor”（后处理文件编辑器）选项卡，切换到后处理文件编辑器，如图 3-1 所示。在后处理文件编辑器中，可以新建或编辑机床选项文件的 Commands（命令）、Parameters（参数）、Formats（格式）、Tables（表格）、Structures（结构）、Text（文本）、Script（脚本）、Documentation（文档）等方面的内容。

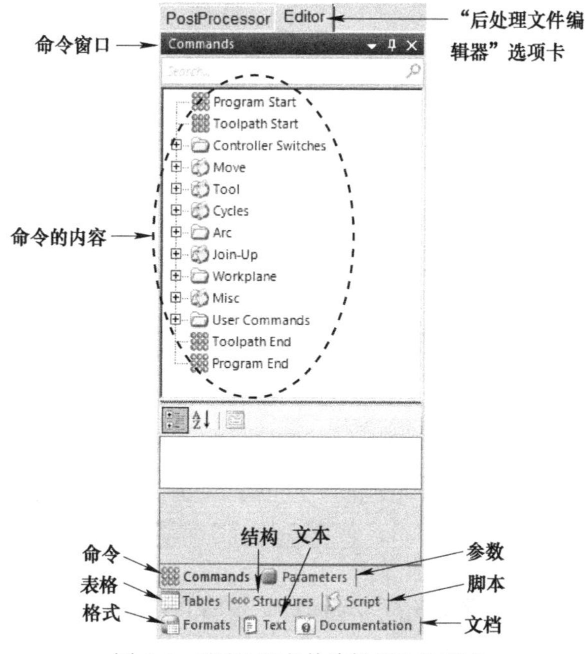

图 3-1 “后处理文件编辑器”选项卡

3.1 设置 NC 程序中的命令（Commands）

“Commands”（命令）用于设置输出 NC 程序中的各类“字”，是创建和修改机床选项文件的关键部分。

在“Editor”选项卡下方，单击“Commands”，打开“Commands”窗口，如图 3-2 所示。

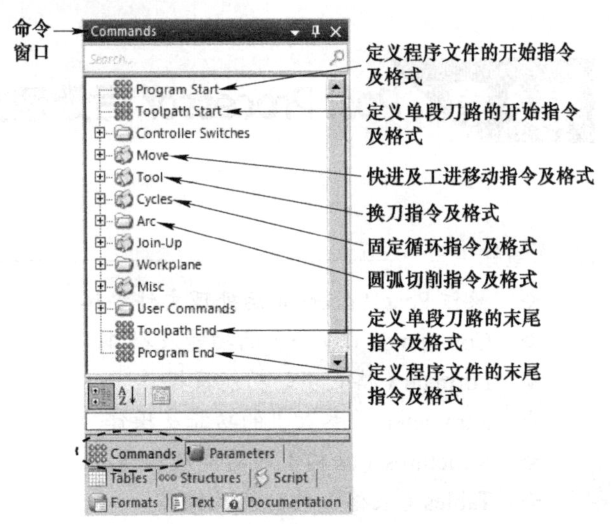

图 3-2 “Commands”窗口

命令有两种类型：

1）通用命令：总是出现在后处理器中，并在需要时从处理过程中调用。

2）用户命令：需要组合输出某些部分。默认情况下不会调用它们，但可以在脚本中使用它们，并将它们嵌套在其他命令中。

命令可以包括 NC 程序中各类程序字，如 G、M 代码，也可以包含注释、条件选择语句等。

“Commands”的操作界面如图 3-3 所示。

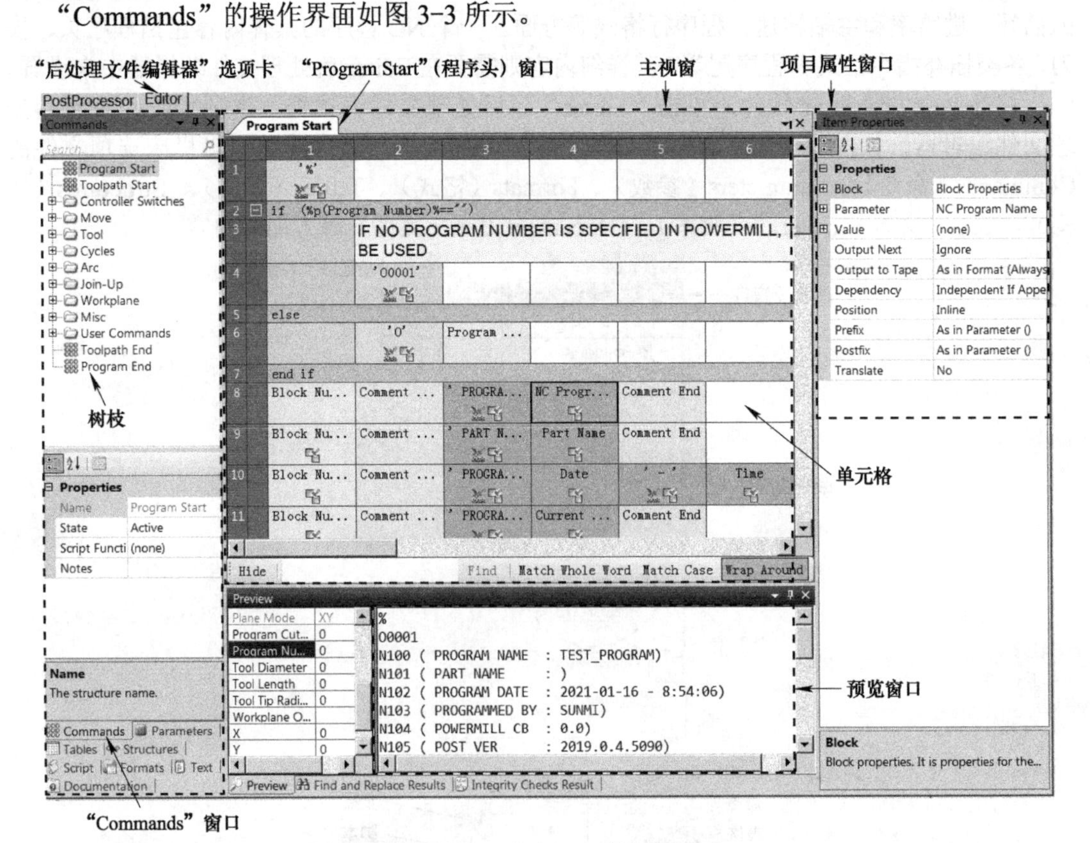

图 3-3 “Commands”的操作界面

NC 程序文件由若干程序段组成，每一个程序段包括若干字符串。通常，一个程序段以一个行号开始，但它可以以任何有回车符的元素开始（如某一个命令）。

操作“Commands”时要用到相应的工具栏，请读者查看第 2 章图 2-4 后处理文件编辑器工具栏。

下面逐一介绍“Commands”窗口里的树枝。

3.1.1　程序头命令（Program Start）

程序头命令用于指定一个 NC 程序文件的开始部分，是每个后处理文件必须指定的内容。

在“Commands”窗口中，右击“Program Start”树枝，弹出的快捷菜单条如图 3-4 所示。

在快捷菜单条中执行“Activate”（激活）（如果是修改后处理文件，“Program Start”已经包含有内容，则它已经被激活了），再次单击“Program Start”树枝，在主视窗中打开“Program Start”窗口，如图 3-5 所示。

图 3-4　右击“Program Start”树枝弹出的快捷菜单条　　　　图 3-5　“Program Start”窗口

在如图 3-5 所示“Program Start”窗口中，可以填入后处理时需要输出的 NC 程序头内容。

输出不同的内容，操作方法分别如下：

（1）输出程序行号　在“Program Start”窗口中，单击第 1 行第 1 列的空白单元格，然后在工具栏中单击“Insert Block”（插入行）按钮，即在第 1 行第 1 列单元格中插入“Block Number”（块号），如图 3-6 所示。单击“Block Number”，再单击软件右侧的“Item Properties”（项目属性）对话框，将它展开，如图 3-7 所示。

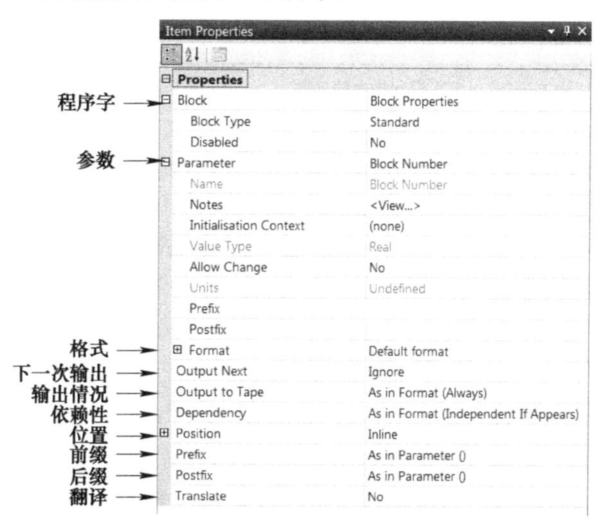

图 3-6　插入程序字　　　　图 3-7　项目属性对话框

视具体的命令、参数或注释，一般需要在项目属性对话框中修改格式、输出情况、依赖性、前缀、后缀等内容。不同的命令、参数、注释，其项目属性对话框呈现的内容是不同的。项目属性对话框的部分参数含义及功能见表 3-1。

表 3-1　项目属性对话框的部分参数含义及功能

序号	参数	含义及功能	备注
1	Block	显示程序字的属性	
2	★ Output to Tape	控制程序字的输出情况： As in Format(Always)：使用 Format 格式中的设置要求来输出 Never：不输出，其标志是 Always：总是输出，其标志是 If Updated：如果该程序字的值发生了更新，就输出，没有更新，就不输出，其标志是 Always Prefix：总是输出其前缀，其标志是	常用
3	★ Output Next	控制程序字的下一次输出情况： Ignore：忽略此命令 Forced：强制下一次输出，不管其他设置，其标志是 Suppressed：无论其他设置如何，总是阻止下次输出值，其标志是	常用
4	★ Dependency	设置依赖性 As in Format(Independent If Appears)：使用 Format 格式中的设置来控制依赖性 Independent If Appears：当程序字出现时，就独立输出，即按照 Output to Tape 的要求来输出，其标志是 Independent If Updated：当程序字的值有更新时，才独立输出，其标志是 Dependent：只有在一条程序行中存在有一个独立程序字输出时，才输出该程序字。当输出注释和进给率时，这个选项非常有用。它的标志是	常用
3	Position	设置输出的位置 Inline：逐程序字输出 Absolute Position：从行开始的绝对位置开始输出值 Insert Spaces：在当前项前插入空格数	
4	★ Prefix	设置输出的前缀	常用
5	★ Postfix	设置输出的后缀	常用
6	Translate	是否翻译	

（2）输出注释　在“Program Start”窗口中，单击空白单元格，然后在工具栏中单击“Insert Text”（插入文字）A 按钮，接着双击该单元格，输入文字，回车即可。

（3）输出 G、M 代码　在“Program Start”窗口中，单击空白单元格，然后在工具栏中选择命令 Command，在其右侧选择具体的命令，例如 Coolant On，即插入打开冷却辅助功能。

（4）输出参数、表格、注释和结构　在“Program Start”窗口中，单击空白单元格，然后在工具栏中分别选择参数 Paramete、表格 Table、注释 Text 和结构 Structur，并在其右侧选择具体的内容，即可填入参数、表格、注释和结构。

（5）设置条件语句　在“Program Start”窗口中，单击空白单元格，然后在工具栏中单击“Insert Condition Statement”（插入条件语句）按钮，即可设置 if…end if 等条件语句。

右击如图 3-6 所示插入的程序字“Block Number”，弹出如图 3-8 所示的快捷菜单条。

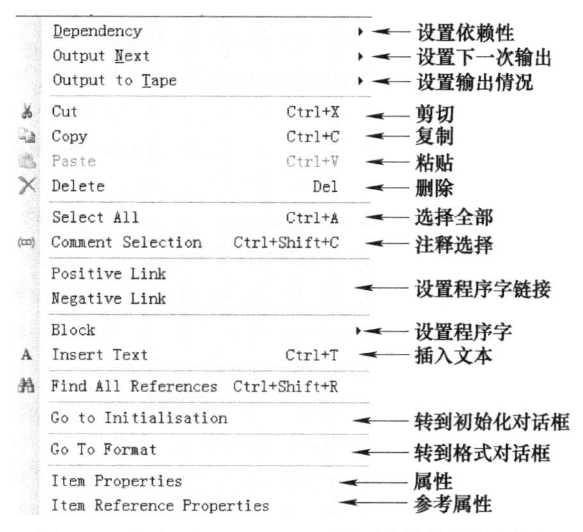

图 3-8　右击“Block Number”弹出的快捷菜单条

图 3-8 中，有关程序字的链接命令如下：

Positive Link：将参数 A 链接到参数 B，仅当 B 有输出时才输出 A。

Negative Link：将参数 A 链接到参数 B，仅当 B 未被输出时才输出 A。

链接两个参数的方法：在一个程序行中，首先右击一个参数，在弹出的快捷菜单条中选择“Positive Link”或“Negative Link”，再单击链接目标参数，两个参数链接后，在第一个参数显示标志∞，右击完成参数链接。参数 Positive Link 链接后，单击标志∞，被链接的参数背景会显示为红色，如图 3-9 所示。参数 Negative Link 链接后，单击标志∞，被链接的参数背景会显示为黄色。

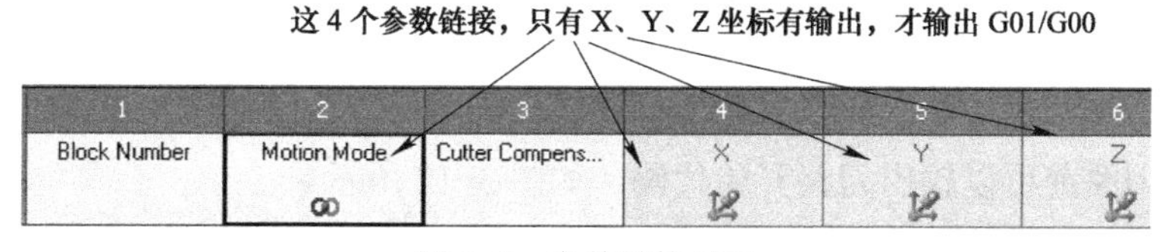

图 3-9　参数链接显示

一个 NC 程序的开头部分，其内容可以是非常灵活的，但一般可设置以下一些输出内容：

1）数控系统的特殊识别字符，如“%”表示使用 FANUC 数控系统程序的起始符。

2）只需为程序定义一次的参数，如 NC 输出程序的名称、输出单位。

3）在程序开头需要定义的任何其他选项，如平面选择、起点、将刀具设置在安全高度 Z、打开冷却、刀具补偿、程序使用的刀具列表等。

例如，Post Pocessor 自带的后处理文件 Fanuc.pmoptz 程序头部分如图 3-10 所示，其输出样式如图 3-11 所示。

Program Start

	1	2	3	4	5	6	7	8
1	'%'							
2	if (%p(Program Number)%=="")							
3		IF NO PROGRAM NUMBER IS SPECIFIED IN POWERMILL, THE FOLLOWING WILL BE USED						
4		'00001'						
5	else							
6		'O'	Program ...					
7	end if							
8	Block Nu...	Comment ...	' PROGRA...	NC Progr...	Comment End			
9	Block Nu...	Comment ...	' PART N...	Part Name	Comment End			
10	Block Nu...	Comment ...	' PROGRA...	Date	' - '	Time	Comment End	
11	Block Nu...	Comment ...	' PROGRA...	Current ...	Comment End			
12	Block Nu...	Comment ...	' POWERM...	CAM Syst...	Comment End			
13	Block Nu...	Comment ...	' POST V...	Product ...	Comment End			
14	Block Nu...	Comment ...	' OPTION...	Optfile ...	Comment End			
15	Block Nu...	Comment ...	' OUTPUT...	Workplan...	Comment End			

输出 %

如果程序号未指定，则输出程序名 O0001，否则输出 O+ 程序号。

注释尾字符，FANUC 数控系统是“）”

注释首字符，FANUC 数控系统是“（”

注释：程序名称

注释：零件名称

编程日期

注释：编程者

注释：编程软件

注释：后处理版本

注释：后处理文件

注释：对刀坐标系

图 3-10　FANUC 数控系统程序头示例

请读者注意，本章只要求能弄懂各命令的含义、功能以及通常包含的内容，具体如何向命令里添加内容，将在第 4 章中介绍。

```
%
O0001
N100 ( PROGRAM NAME   : TEST_PROGRAM)
N101 ( PART NAME      : )
N102 ( PROGRAM DATE   : 2021-01-17 - 18:00:00)
N103 ( PROGRAMMED BY  : SUNMI)
N104 ( POWERMILL CB   : 0.0)
N105 ( POST VER       : 2019.0.4.5090)
N106 ( OPTION FILE    : FANUC)
N107 ( OUTPUT WORKPLANE : )
```

图 3-11　FANUC 数控系统程序头输出样式

3.1.2　刀路开始命令（Toolpath Start）

刀路开始命令是指一条刀路的开始部分代码，因为一个 NC 程序文件可以包含一条或多条刀路，每条刀路前可以输出刀路开始代码，如图 3-12 所示。

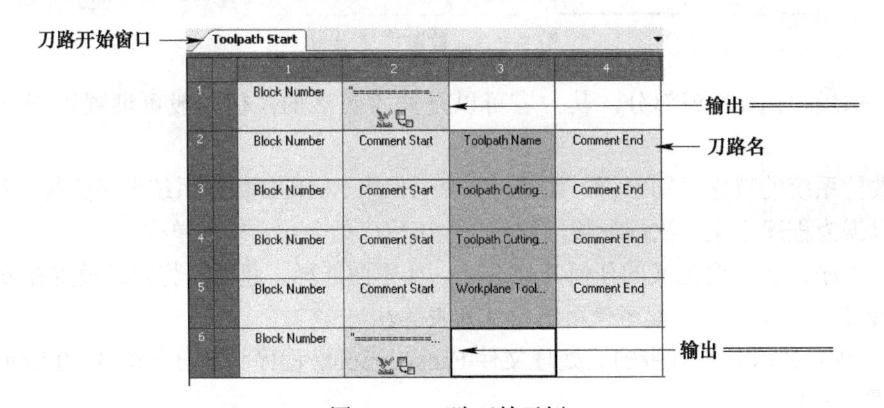

图 3-12　刀路开始示例

注意：

刀路开始命令不是每个后处理文件必须填写的内容。

3.1.3　控制器开关命令（Controller Switches）

控制器开关用于设置刀补、冷却、主轴以及多轴加工的开关指令。在“Commands”窗口中，双击“Controller Switches”（控制器开关）树枝，将它展开，如图 3-13 所示。

（1）Cutter Compensation On/Off（设置刀具补偿开 / 关指令）　右击“Cutter Compensation On”（刀具补偿开）分枝，在弹出的快捷菜单条中执行“Activate”（激活）命令，会打开“Cutter Compensation Mode”（刀具补偿模式）参数，该参数指定从刀具中心的偏移。

一般较少使用这种方式来控制刀具补偿开 / 关，而通常直接使用参数选项卡里的“Cutter Compensation Mode”参数来控制刀补。“Cutter Compensation Mode”参数按以下方法打开设置：在“Editor”选项卡下方，单击“Parameters”，切换到“Parameters”窗口，在该窗口中双击“Controller Switches”树枝，将它展开，单击该树枝下的“Cutter Compensation Mode”参数，在其下的“Properties”（属性）对话框中，单击 States <Edit...> ，展开的界面如图 3-14 所示。

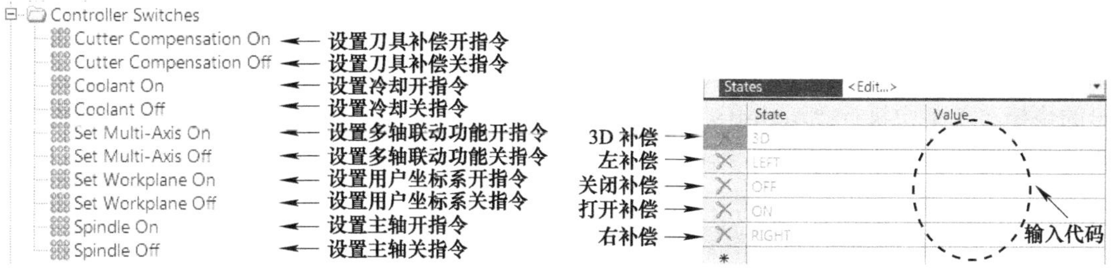

图 3-13　控制器开关树枝　　　图 3-14　“Cutter Compensation Mode”参数

（2）Coolant On/Off（设置冷却开 / 关指令）　右击“Coolant On”（冷却开）分枝，在弹出的快捷菜单条中执行“Activate”命令，会打开“Coolant Mode”（冷却模式）参数。

一般较少使用这种方式来控制冷却开 / 关，而通常直接使用参数选项卡里的“Coolant Mode”参数来控制冷却。“Coolant Mode”参数按以下方法打开设置：在“Editor”选项卡下方，单击“Parameters”，切换到 Parameters”窗口，在该窗口中双击“Controller Switches”树枝，将它展开，单击该树枝下的“Coolant Mode”参数，在其下的“Properties”对话框中，单击 States <Edit...> ，展开的界面如图 3-15 所示。

图 3-15　“Coolant Mode”参数

（3）Set Multi-Axis On（设置多轴联动功能开指令）　右击“Set Multi-Axis On”（设置多轴开）分枝，在弹出的快捷菜单条中执行“Activate”命令。五轴联动刀路需要使用“Set Multi-Axis On”指令。当用户坐标系被禁用或数控系统不提供 3+2 轴加工支持时，

3+2 轴刀路也可以使用该指令。使用该指令可指定仅多轴加工所需的任何条件。

使用该指令时，必须在机床选项文件设置对话框中的“Coordinates Control”（坐标控制）选项卡中选择多轴机床配置文件。

图 3-16 所示为 Heidenhain 数控系统后处理文件设置“Set Multi-Axis On”的样式举例。

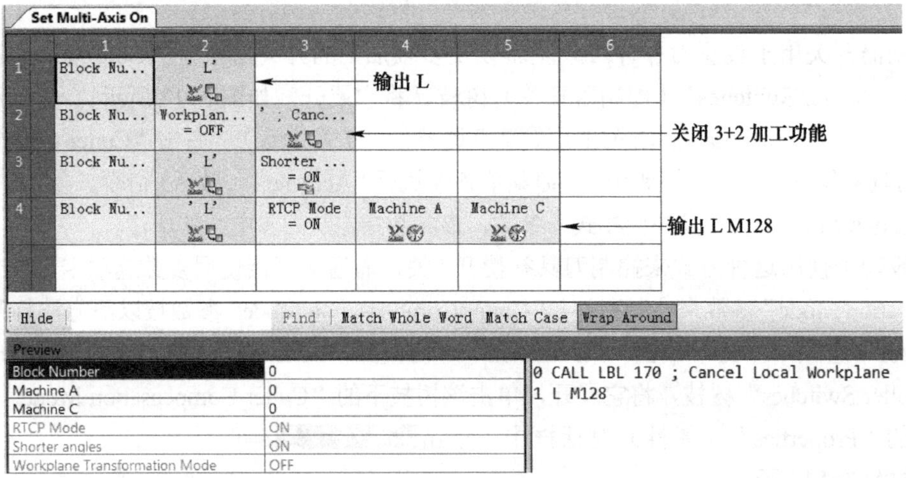

图 3-16 “Set Multi-Axis On”样式举例

（4）Set Multi-Axis Off（设置多轴联动功能关指令） 使用“Set Multi-Axis Off”（设置多轴关）指令取消为多轴加工指定的任何参数设置。右击“Set Multi-Axis Off”分枝，在弹出的快捷菜单条中执行“Activate”命令。图 3-17 所示为 Heidenhain 数控系统后处理文件设置“Set Multi-Axis Off”的样式举例。

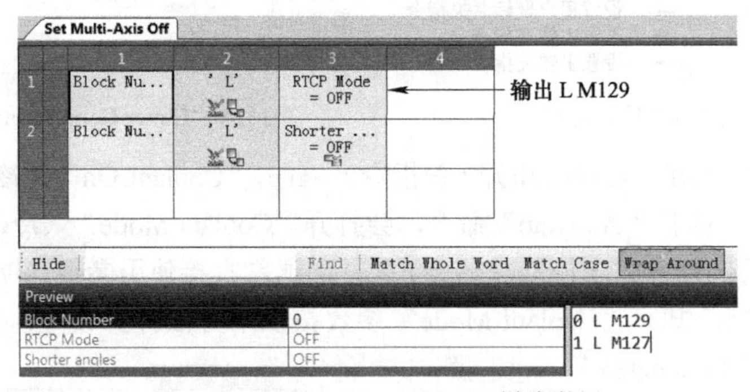

图 3-17 “Set Multi-Axis Off”样式举例

（5）Set Workplane On（设置用户坐标系开指令） 右击“Set Workplane On”（设置用户坐标系开）分枝，在弹出的快捷菜单条中执行“Activate”命令。

当数控系统支持在用户坐标系加工，并且已经在“Coordinates Control”选项卡中指定具有 RTCP 和 3+2 支持的多轴机器的配置文件时，必须激活“Set Workplane On”设置用户坐标系开指令，并指定数控系统使用的用户坐标系加工方法所需的参数。

如果数控系统需要机床角度坐标来指定刀具位置，则必须使用机床角度参数（如 WP machine B 和 WP machine C）设置用户坐标系的原点参数以及方位角和仰角值。

如果数控系统需要 Euler（欧拉）角度来指定刀轴位置，则必须指定用户坐标系的原点参数和 Euler（欧拉）角参数。

图 3-18 所示为 Heidenhain 数控系统后处理文件设置“Set Workplane On”的样式举例。它使用 Euler（欧拉）角度来指定刀轴位置。

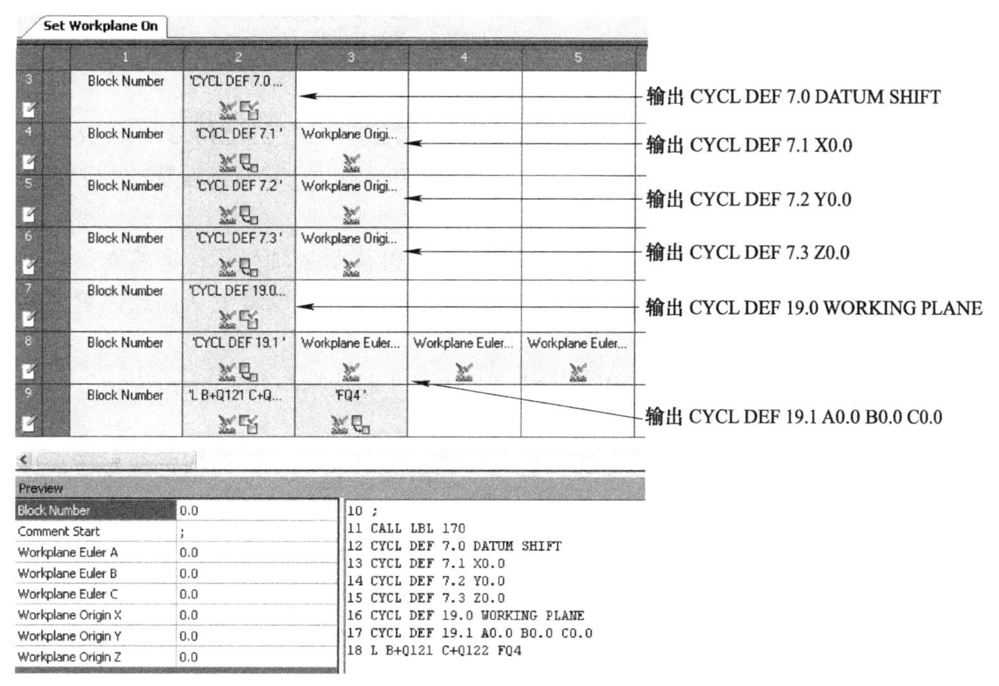

图 3-18 “Set Workplane On”样式举例

（6）Set Workplane Off（设置用户坐标系关指令）　使用“Set Workplane Off”（设置用户坐标系关）指令来取消“Set Workplane On”（设置用户坐标系开）指令中设置的用户坐标系开所需要的参数，以便数控系统可以恢复为使用工件坐标系来输出坐标。

（7）Spindle On/Off（设置主轴开 / 关指令）　右击“Spindle On”（主轴开）分枝，在弹出的快捷菜单条中执行“Activate”命令，会打开“Spindle Mode”（主轴模式）参数。

一般较少使用这种方式来控制主轴开 / 关，而通常直接使用参数选项卡里的“Spindle Mode”参数来控制主轴。“Spindle Mode”参数按以下方法打开设置：在“Editor”选项卡下方，单击“Parameters”，切换到“Parameters”窗口，在该窗口中双击“Controller Switches”树枝，将它展开，单击该树枝下的“Spindle Mode”参数，在其下的“Properties”对话框中，单击 States <Edit...>，展开的界面如图 3-19 所示。

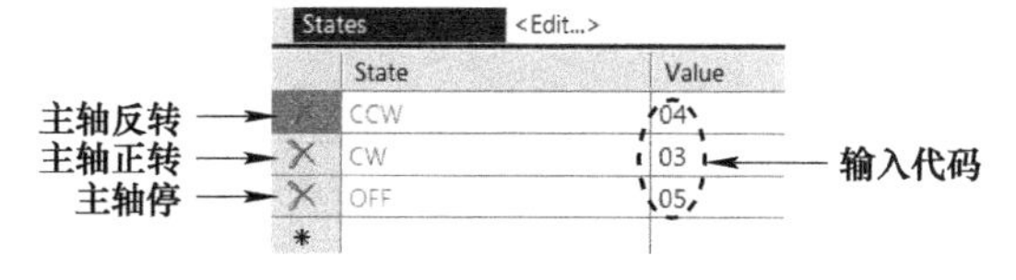

图 3-19 “Spindle Mode”参数展开界面

3.1.4　移动命令（Move）

“Move”（移动）命令用于设置快速定位 G00、直线插补 G01 代码。在“Commands”窗口中，双击“Move”树枝，将它展开，如图 3-20 所示。

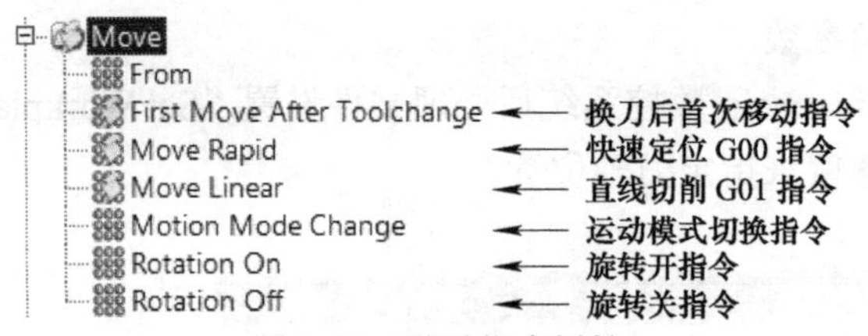

图 3-20　移动指令树枝

（1）First Move After Toolchange（换刀后首次移动指令）　“First Move After Toolchange”（换刀后首次移动）用于指定在一条刀路内换刀后的初始移动。它通常设置控制刀具从切削开始点移动的参数。

请注意，通常，换刀后，先移动 X、Y 轴坐标，再移动 Z 轴坐标，即将 X、Y 轴坐标与 Z 轴坐标分两行输出，以便刀具不会同时三轴联动，这样可以避免从加载位置移动刀具时出现潜在问题。

该命令中还可以插入一些“Initialisation”（初始化）对话框和“Program Start”（程序头）中未设置的参数，例如：

“Spindle Mode”（主轴模式）参数：必须在换刀后首次移动之前指定此参数，以便从 CLDATA 文件中读取其模式。

“Coolant Mode”（冷却模式）参数：此参数必须在主轴打开并达到指定的转速后以及开始切削移动之前指定，然后从 CLDATA 文件中读取其模式。在一些数控系统中，主轴和冷却不能同时打开，为避免此问题，“Spindle Mode”和“Coolant Mode”要分开两行书写。

“Tool Length Compensation Mode”（刀具长度补偿模式）参数：在刀具离开安全高度后设置此参数，以便机床在开始工作前知道刀具长度。

“Cutter Compensation Mode”（刀具补偿模式）参数：必须在开始切削移动之前指定此参数，以便从 CLDATA 文件中读取其模式。

FANUC 数控系统后处理文件“First Move After Toolchange”设置举例如图 3-21 所示。

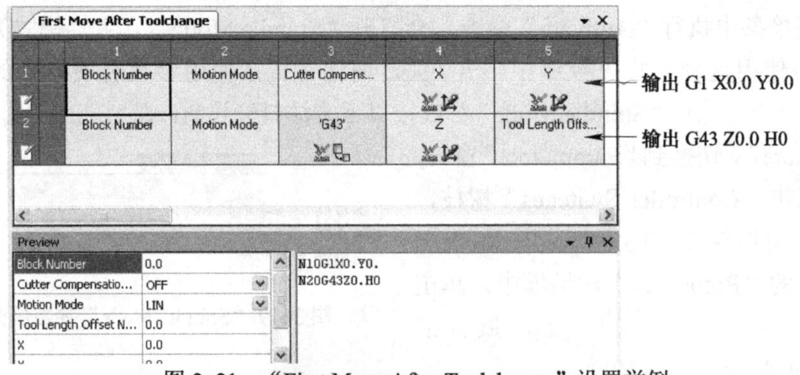

图 3-21　“First Move After Toolchange”设置举例

（2）Move Rapid（设置快速定位 G00 指令）　“Move Rapid”（快速定位）指令用于设置刀路中的快速定位 G00 指令，如图 3-22 所示。

请注意，“Move Rapid”指令用于设置刀具快速定位功能，不用于执行切削功能，因此不需要设置进给率。

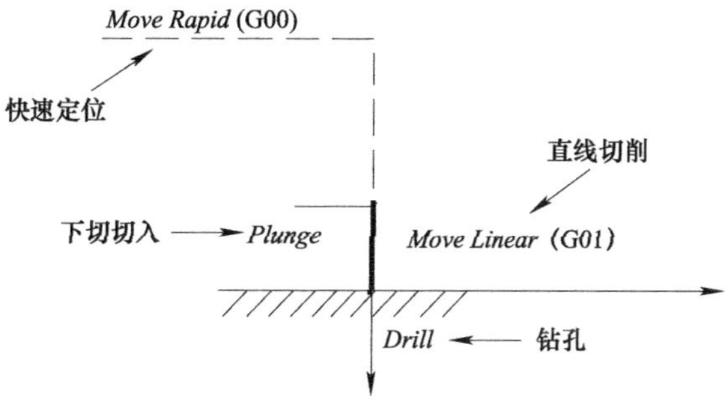

Move Rapid (G00)
快速定位
直线切削
下切切入 *Plunge*
Move Linear（G01）
Drill 钻孔

图 3-22　快速定位指令

通常在指令中使用以下一些典型参数：

“Motion Mode”（移动模式）参数：此参数允许从 CLDATA 文件中读取运动模式。

“Cutter Compensation Mode”（刀具补偿模式）参数：必须在开始切削移动之前指定此参数，以便从 CLDATA 文件中读取其模式。

X，Y，Z：点坐标值。

“Tool Length Offset Number”（刀具长度补偿号）参数：刀具长度补偿号码。

“Coolant Mode”（冷却模式）参数：冷却模式代码。

FANUC 数控系统后处理文件“Move Rapid”G00 指令举例如图 3-23 所示。

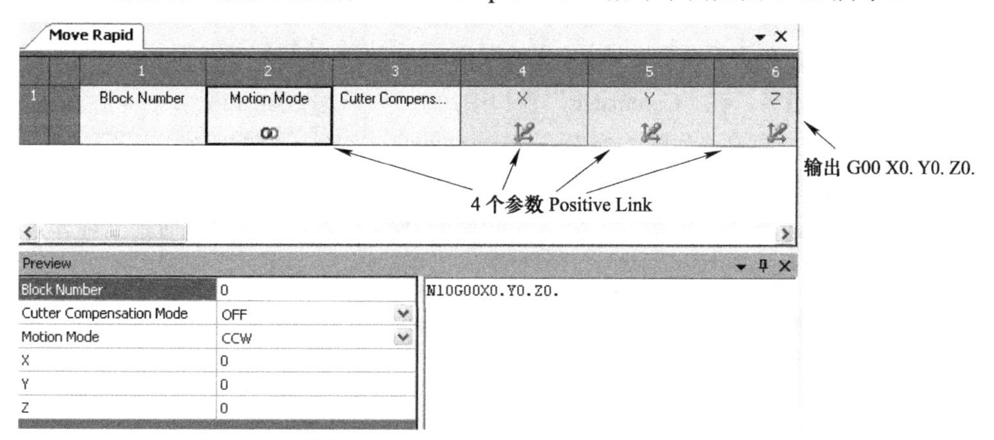

图 3-23　“Move Rapid”G00 指令举例

（3）Move Linear（设置直线切削 G01 指令）　“Move Linear”（直线移动）指令用于设置直线切削 G01 指令。

请注意，“Move Linear”指令用于设置直线切削，必须指定进给率。

该指令中使用的典型参数包括：

“Motion Mode”（移动模式）参数：此参数允许从 CLDATA 文件中读取运动模式。

“Cutter Compensation Mode”（刀具补偿模式）参数：必须在开始切削移动之前指定此参数，以便从 CLDATA 文件中读取其模式。

X，Y，Z：点坐标值。

“Feed Rate”（进给速度）参数：进给率。

Heidenhain 数控系统后处理文件“Move Linear”G01 指令举例如图 3-24 所示。

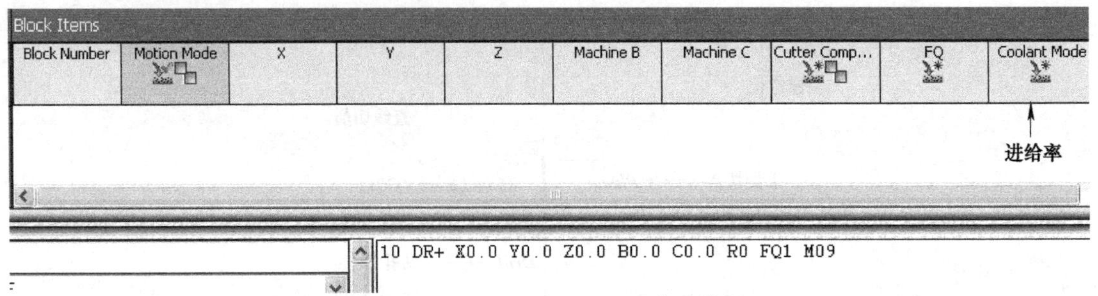

图 3-24 “Move Linear” G01 指令举例

（4）Motion Mode Change（设置运动模式切换指令） 通常不激活使用此功能，仅当需要定义从“Move Rapid”更改为“Move Linear”的运动模式参数时，才需要激活它。

（5）Rotation On（设置旋转开指令） 在改变旋转轴的移动顺序之前执行旋转打开。当机床支持轴夹紧时，此指令可用于解锁旋转轴。

一般在机床旋转等参数中设置夹紧代码，设置为模态，输出该指令。

（6）Rotation Off（设置旋转关指令） 在移动之前执行旋转关闭。当机床支持轴夹紧或禁用反时进给模式时，此指令用于解锁旋转轴。

3.1.5 换刀命令（Tool）

“Tool”（换刀）命令用于设置加工中心首次装刀、换刀以及放刀入库的指令。在“Commands”窗口中，双击“Tool”树枝，将它展开，如图 3-25 所示。

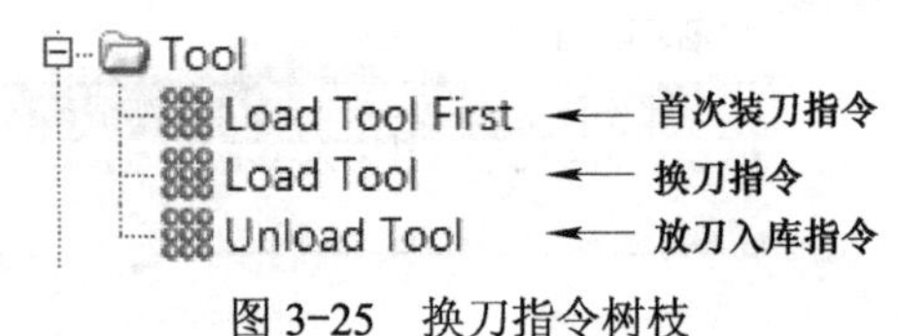

图 3-25 换刀指令树枝

（1）Load Tool First（首次装刀指令） “Load Tool First”（首次加载刀具）指令用于第一次装载刀具到主轴上。该指令通常出现在程序中的第一次移动前。

每个后处理文件必须定义该指令。

该指令中使用的典型参数包括：

“Tool Type”（刀具类型）参数：刀具类型。

“Tool Name”（刀具名称）参数：刀具名称。

“Tool Diameter”（刀具直径）参数：刀具直径。

“Tool Tip Radius”（刀尖圆弧半径）参数：刀尖圆弧半径。

“Tool Length”（刀具长度）参数：刀具长度。

“Tool Number”（刀具编号）参数：刀具编号。

大多数情况下，只需要将上述参数添加到该指令中，但是必须检查每个参数的前缀和后缀是否符合数控系统的要求。

“Load Tool First”指令只在后处理中使用一次，后续换刀是用“Load Tool”（加载刀具）指令。

FANUC 数控系统后处理文件的“Load Tool First”指令举例如图 3-26 所示。

Heidenhain 数控系统后处理文件的“Load Tool First”指令举例如图 3-27 所示。

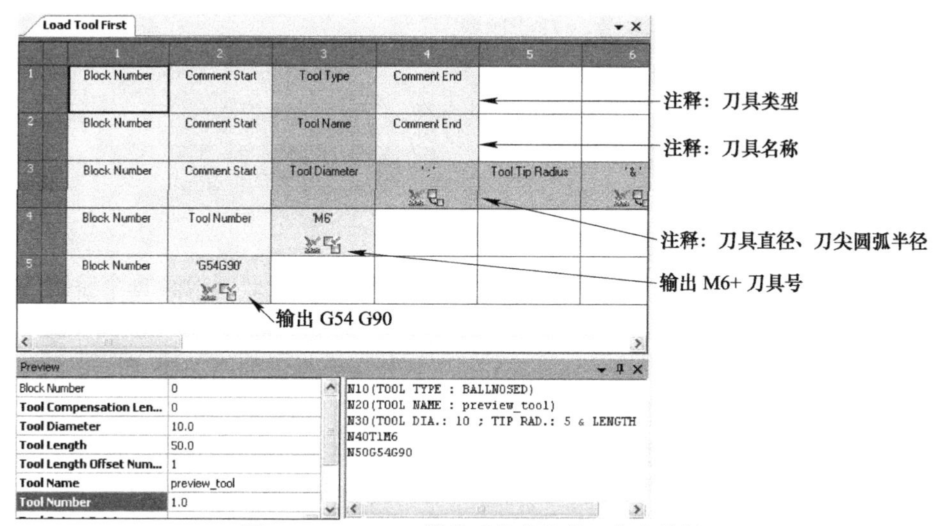

图 3-26　FANUC 数控系统首次装刀指令举例

图 3-27　Heidenhain 数控系统首次装刀指令举例

（2）Load Tool（换刀指令）　“Load Tool”（加载刀具）指令用于程序中出现的换刀控制。该指令与“Load Tool First”（首次加载刀具）指令相类似，但该指令换刀前，通常包括抬起机床 Z 轴到安全高度、停转主轴、关闭冷却、取消刀具长度补偿等指令。

每个后处理文件必须定义该指令。

该指令中使用的典型参数包括：

“Tool Type”（刀具类型）参数：刀具类型。

“Tool Name”（刀具名称）参数：刀具名称。

“Tool Diameter”（刀具直径）参数：刀具直径。

“Tool Tip Radius”（刀尖圆弧半径）参数：刀尖圆弧半径。

“Tool Length”（刀具长度）参数：刀具长度。

“Tool Number”（刀具编号）参数：刀具编号。

大多数情况下，只需要将上述参数添加到该指令中，但是必须检查每个参数的前缀和后缀是否符合数控系统的要求。

FANUC 数控系统后处理文件的“Load Tool”部分指令举例如图 3-28 所示。

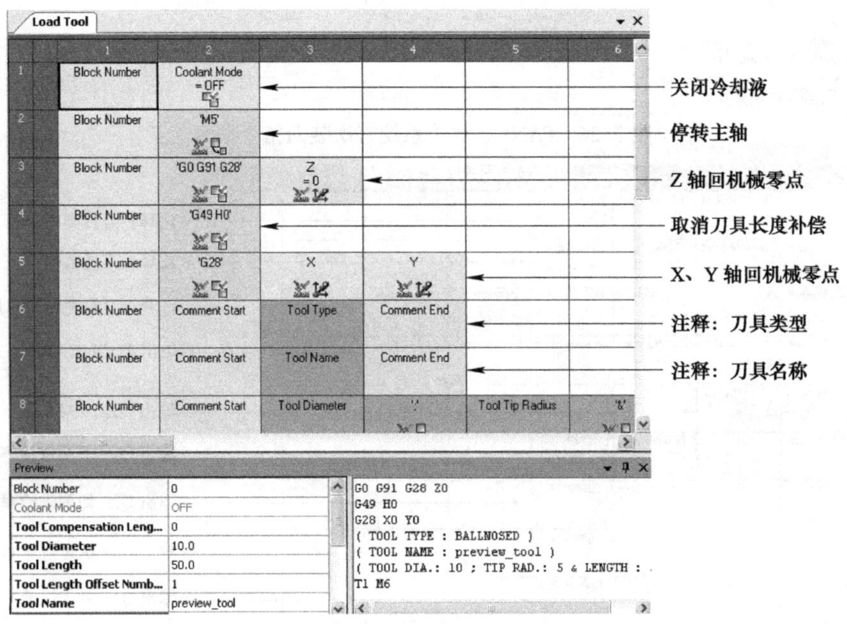

图 3-28　FANUC 数控系统换刀指令举例（部分）

在这个例子中，第 1 行到第 4 行撤回刀具、取消刀具长度补偿、准备换刀。第 5 行到第 9 行与“Load Tool First”指令是相同的，这种情况下，可以在命令管理器中直接将“Load Tool First”分枝拖放到“Load Tool”命令选项卡中的适当位置。

（3）Unload Tool（放刀入库指令）　“Unload Tool”（卸载刀具）指令用于定义将加工中心主轴上的刀具放入刀库，该指令不是后处理文件必须定义的。

3.1.6　固定循环命令（Cycles）

在机床选项文件设置对话框中的“Canned Cycles”（固定循环）树枝下的“Supported”（支持）对话框中，勾选孔加工（如 Deep Drill 钻深孔，如图 3-29 所示）指令，才能在命令管理器中显示“Cycles”（固定循环）命令。

“Cycles”指令用于定义单次啄孔、钻深孔、刚性攻螺纹等孔加工命令。在“Commands”窗口中，双击“Cycles”指令树枝，将它展开，如图 3-30 所示。因为在图 3-29 中只勾选了

“Deep Drill”（钻深孔）、“Single Peck”（单次啄孔）和“Rigid Tapping”（刚性攻丝）三个孔加工指令，则此三个孔加工指令会出现在“Cycles”（固定循环）指令树枝中。

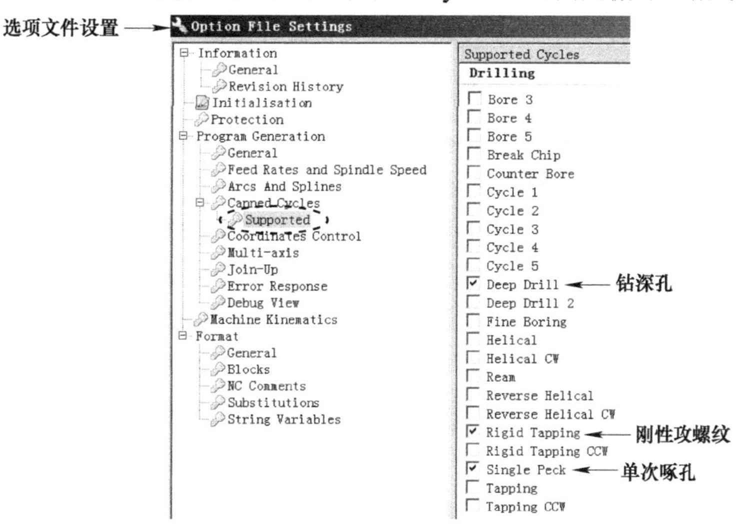

图 3-29　勾选孔加工指令

图 3-30　固定循环指令树枝

（1）Drilling Cycle Start（设置孔加工循环开始指令）“Drilling Cycle Start”（钻孔循环开始）指令用于设置孔加工固定循环的开始参数。常用的参数有“Drilling Peck Depth”（钻孔啄钻深度）、“Drilling Feed Rate”（钻孔进给率）、“Drilling Clear Plane”（钻孔安全平面）、“Drilling Total Depth”（钻孔总深度）等。

（2）Move in Cycle（设置循环内部移动指令）“Move in Cycle”（循环内移动）指令用于指定孔的坐标和在孔之间的刀具移动，然后进行孔加工循环。常用的参数是孔中心坐标 X、Y。

（3）Drilling Cycle End（设置孔加工循环结束指令）　“Drilling Cycle End”（钻孔循环结束）指令包括取消固定循环的参数。

在创建或修改后处理文件时，必须定义并激活所有可能被数控系统使用到的孔加工循环设置命令。包括：

“Single Pecking”（单次啄孔）：钻头进刀一次就结束。

“Deep Drill”（钻深孔）：钻孔分几次进行（多次啄钻）。

“Deep Drill 2”（钻深孔 2）：此命令的使用方式与“Deep Drill”命令相同。它仅在 NC 程序需要支持两个类似的多次啄钻循环时生效。

“Break Chip”（带断屑的孔加工）：钻孔分几次进行（多次啄钻），每次啄钻时均暂停一段时间（用于断屑）。

“Tapping”（攻螺纹）：通过一个攻丝附件，使用指定的螺距加工螺纹。

“Rigid Tapping”（刚性攻螺纹）：使用机床执行攻螺纹。该命令可以在“Thread Pitch”（螺纹螺距）后面指定一个“Cycle Peck Depth”（循环啄孔深度）。

“Ream”（铰孔）：第一个铰孔循环。

“Counter Bore”（背镗孔）：镗孔循环。

“Bore 3”（镗孔 3）、“Bore 4”（镗孔 4）和“Bore 5”（镗孔 5）：这些对应于通常在机床上使用的第三、第四和第五个镗孔循环类型。这些操作随机床的不同而不同。

“Helical”（铣孔）：用一把小刀具镗出一个大孔。类似于摆线铣削，只是摆线铣削加工的是一个槽（其 Z 值无变化），而螺旋加工通过沿 Z 轴下降加工一个孔。

“Reverse Helical”（反向铣孔）：与“Helica”一样，孔从底部向顶部进行背镗。

“Helical Clockwise”（顺时针铣孔）：与“Helical”一样，沿顺时针方向切削。

“Reverse Helical CW”（逆时针铣孔）：与“Helical”一样，沿逆时针方向切削。

FANUC 数控系统“Deep Drill”部分指令举例如图 3-31 所示。

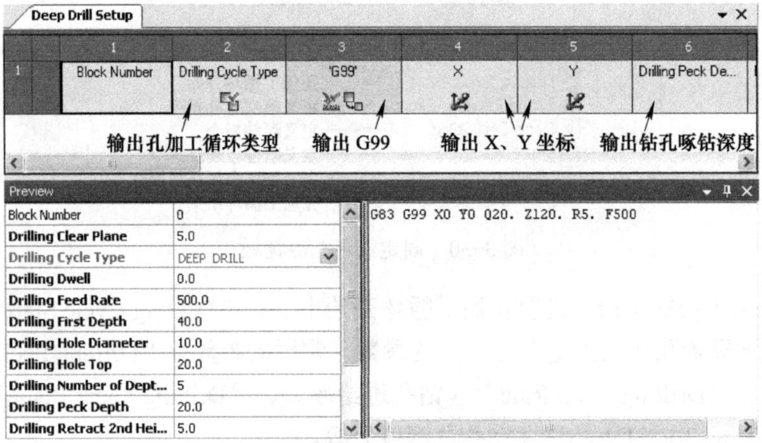

图 3-31　FANUC 数控系统钻深孔指令举例（部分）

在这个例子中，“Drilling Cycle Type”（孔加工循环类型）参数用于设置来自 CLDATA 文件的孔加工代码。FANUC 数控系统代码 G99 是使刀具返回到退刀平面，作为一个文本字符串输出；X、Y 坐标给出第一个循环孔的准确位置，并输出“Drilling Peck Depth”（钻孔啄钻深度）、“Drilling Total Depth”（钻孔总深度）、“Drilling Clear Plane”（钻孔安全平面）和“Drilling Feed Rate”（钻孔进给率）等参数。

3.1.7　圆弧插补命令（Arc）

在机床选项文件设置对话框中的“Arcs And Splines”（圆弧和样条）对话框中，勾选支持 XY、XZ、YZ 平面上圆弧加工，如图 3-32 所示，才能在命令管理器中显示“Arc”（圆弧）插补指令。

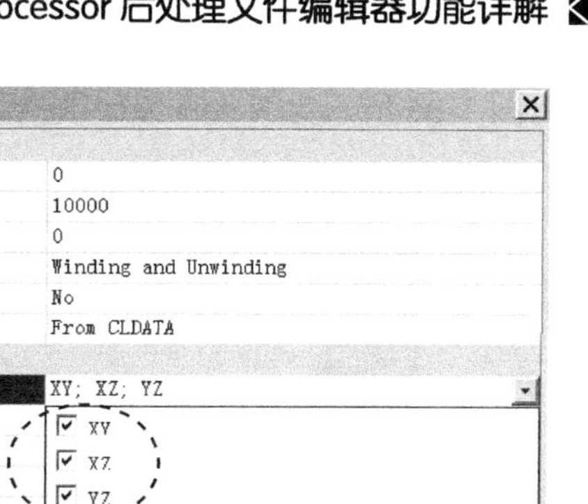

图 3-32　勾选支持圆弧加工

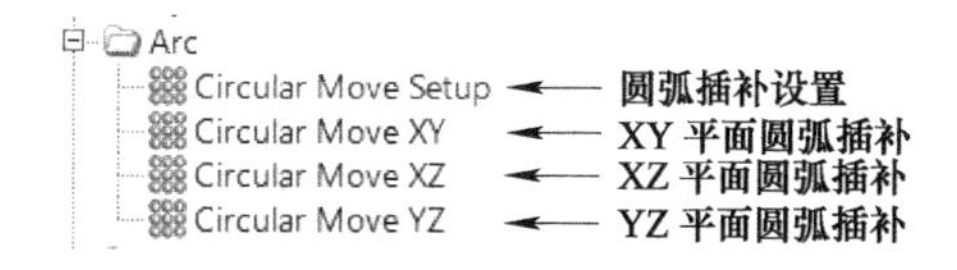

图 3-33　圆弧插补指令树枝

“Arc”（圆弧）插补指令用于控制圆弧移动。在“Commands”窗口中，双击“Arc”插补指令树枝，将它展开，如图 3-33 所示。

（1）Circular Move Setup（圆弧插补设置）“Circular Move Setup”用于设置圆弧插补的预备文本和参数，一般较少使用该功能。

（2）Circular Move XY（XY 平面圆弧插补）“Circular Move XY”用于设置 XZ 平面上的圆弧插补指令。

（3）Circular Move XZ（XZ 平面圆弧插补）“Circular Move XZ”用于设置 XZ 平面上的圆弧插补指令。

（4）Circular Move YZ（YZ 平面圆弧插补）“Circular Move YZ”用于设置 YZ 平面上的圆弧插补指令。

图 3-34 所示为 FANUC 数控系统 YZ 平面圆弧插补指令举例。

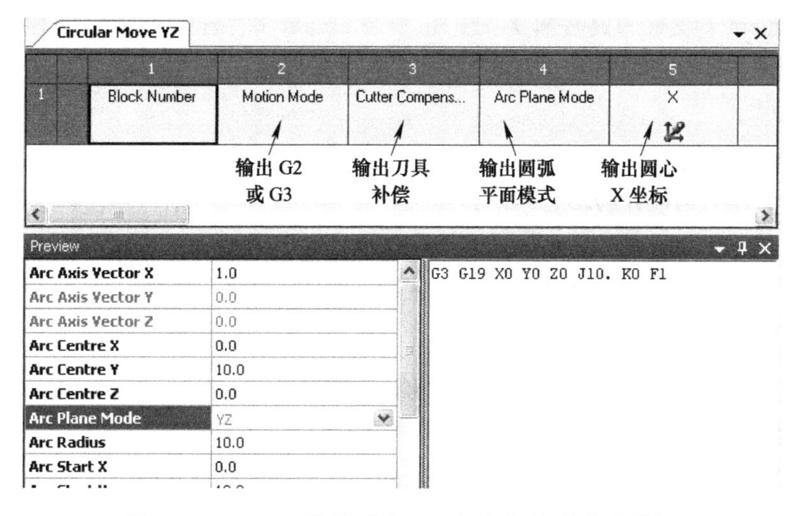

图 3-34　FANUC 数控系统 YZ 平面圆弧插补指令举例

图 3-35 所示为 Heidenhain 数控系统 YZ 平面圆弧插补指令举例。

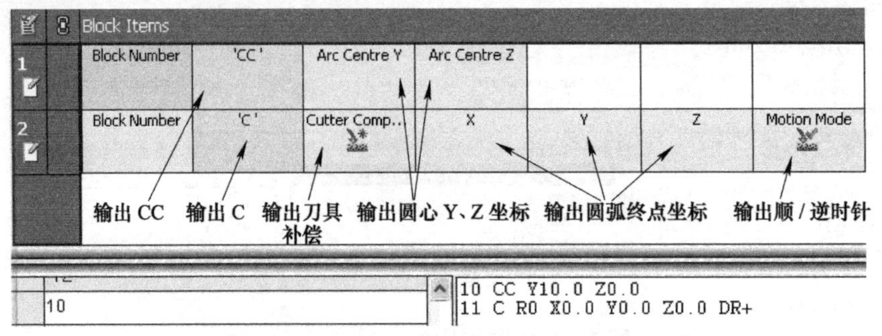

图 3-35　Heidenhain 数控系统 YZ 平面圆弧插补指令举例

在图 3-35 中，CC 是圆心文本字符串，它告诉数控系统圆弧中心 Y、Z 坐标。C 是圆弧终点文本字符串，它告诉数控系统圆弧终点 X、Y、Z 坐标。运动模式（前缀 DR+ 表示逆时针方向加工圆弧）始终输出。

3.1.8　杂项命令（Misc）

“Misc”（杂项）命令用于定义程序中的一些辅助功能，如注释、日期等。在“Commands”窗口中，双击“Misc”指令树枝，将它展开，如图 3-36 所示。

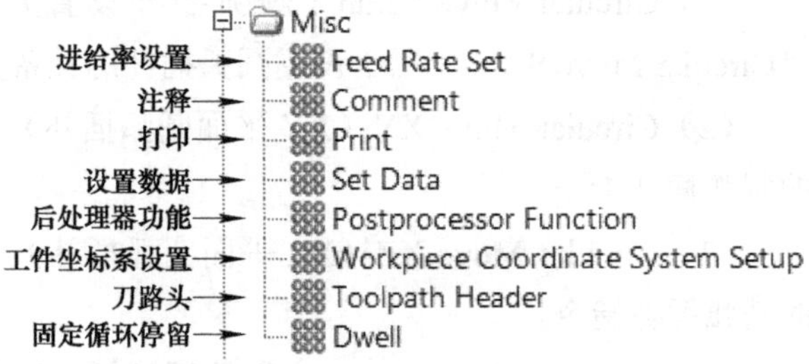

Misc
进给率设置 → Feed Rate Set
注释 → Comment
打印 → Print
设置数据 → Set Data
后处理器功能 → Postprocessor Function
工件坐标系设置 → Workpiece Coordinate System Setup
刀路头 → Toolpath Header
固定循环停留 → Dwell

图 3-36　杂项命令树枝

（1）Feed Rate Set（设置进给率指令）　当 CLDATA 文件中的进给率更改时，可以使用“Feed Rate Set”输出进给率指令。

进给率通常在计算刀具路径时指定，该参数可由 CLDATA 文件自动设置，因此通常不使用此命令来设置刀路的进给率。

（2）Comment（设置刀路注释）　使用“Comment”将注释从 CLDATA 文件传递到 NC 程序。注释由数控系统显示，用于实现编程员与机床操作者的联系，对 NC 程序的实际功能没有影响。

设置刀路注释如图 3-37 所示。

刀路中的注释必须放在数控系统中规定的标识符内。例如，在 FANUC 数控系统中，注释必须用圆括号字符括起来。注释开始符与注释结束符的设置方法如下：在机床选项文件设置对话框中的“Format”（格式）树枝下的“NC Comments”（程序注释）对话框中，输入注释开始符与结束符，如图 3-38 所示。

（3）Postprocessor Function（后处理器功能）　使用“Postprocessor Function”（后处理器功能）命令可以输出 Post Processor 程序不支持的命令，如“Print”（打印）、“Set Data”（设置数据）和“Workpiece Coordinate System Setup”（工件坐标系设置）。通过设置函数值，可以将数控系统特定代码添加到 NC 程序文件中。

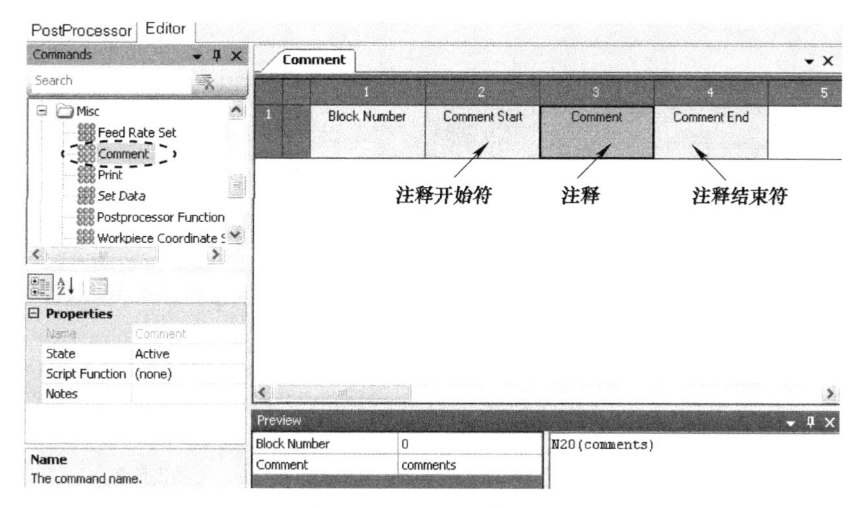

图 3-37 设置刀路注释

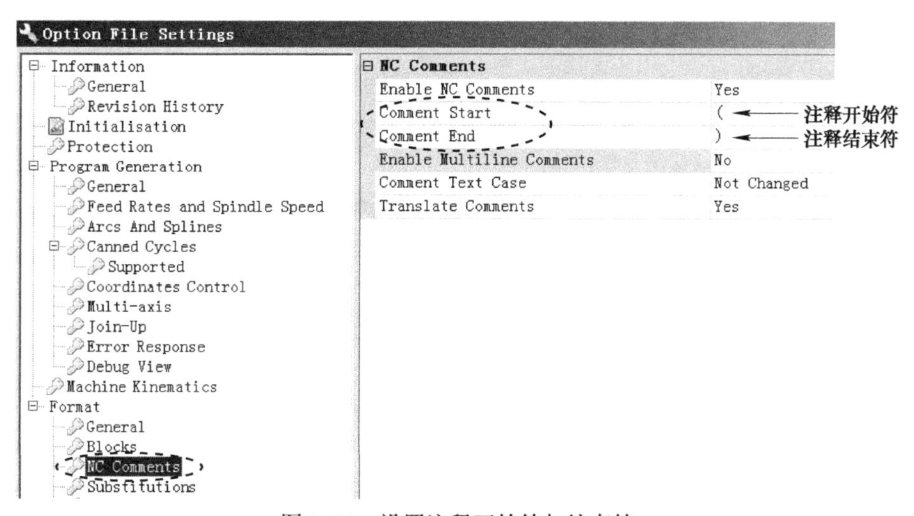

图 3-38 设置注释开始符与结束符

3.1.9 用户自定义命令（User Commands）

Commands（命令）可以分成以下两种类型：

（1）普通命令 普通命令总是会出现在后处理器中，并且根据读取的 CLDATA 文件自动执行，如“Program Start”（程序头）、“Tool”（换刀）等系统命令。

（2）用户自定义命令（User Commands） 用户自定义命令是读者根据需要自己定义的某个功能。在默认状态下，用户自定义命令不会被自动地执行，而需要像参数一样插入到普通命令中使用它们，或者在脚本（Script）中使用它们。

一个用户自定义命令实例如图 3-39 所示，该命令用于输出 FANUC 数控系统的高速加工代码。

其使用方法是，如同参数一样，将它拖入普通命令的单元格里，如图 3-40 所示，将“High Speed”用户自定义命令拖入“Load Tool First”（首次加载刀具）命令单元格中。

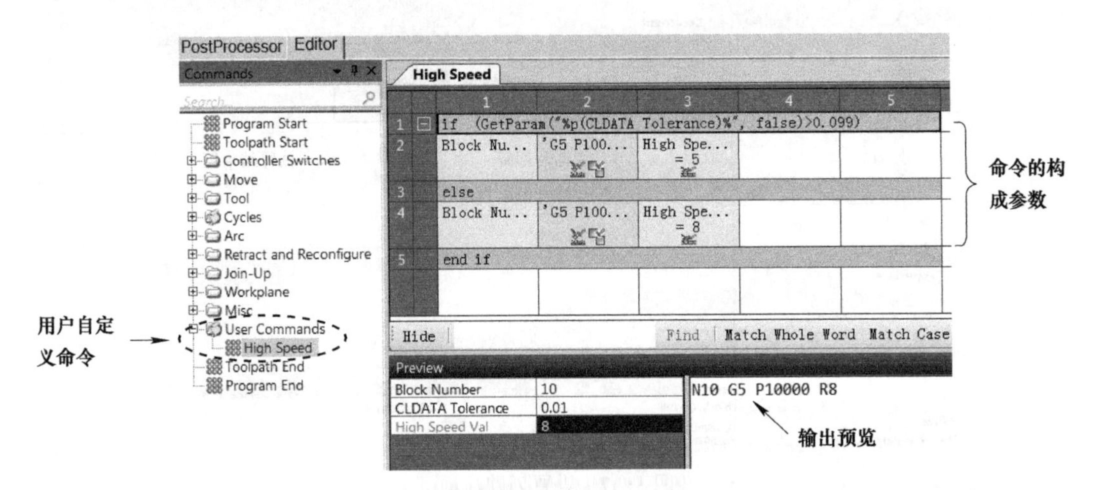

图 3-39　用户自定义命令实例

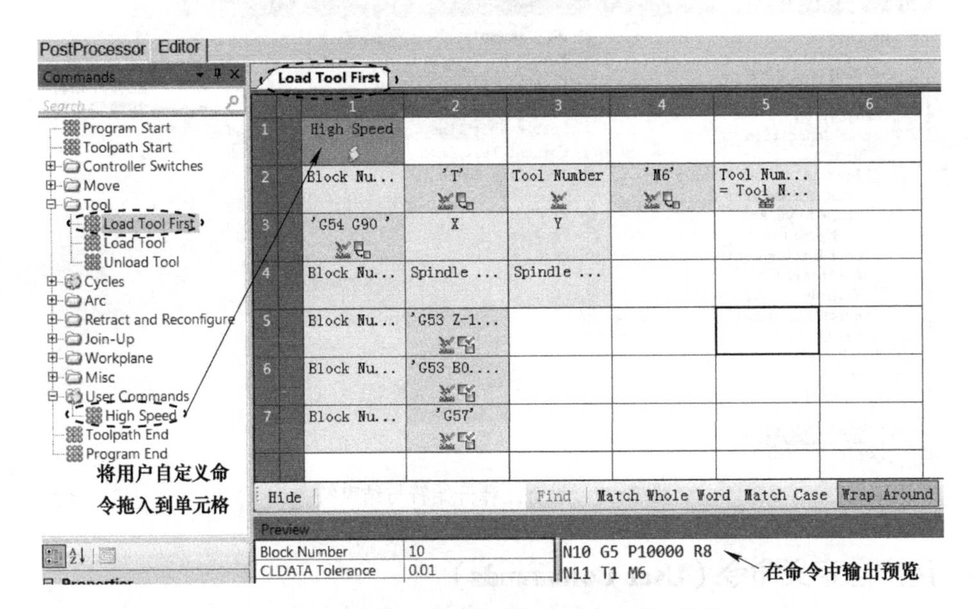

图 3-40　将用户自定义命令拖入首次加载刀具命令

用户自定义命令被拖入普通命令的单元格里后，其背景色为暗黄色，以示与其他参数的区别。

3.1.10　刀路结束命令（Toolpath End）

刀路结束命令是指程序中一条刀路的结束部分代码，一个 NC 文件可以包含一条或多条刀路，每条刀路可以设置输出刀路结束代码，其实例如图 3-41 所示。

同刀路开始命令一样，刀路结束命令也不是每个后处理文件必须填写的内容。

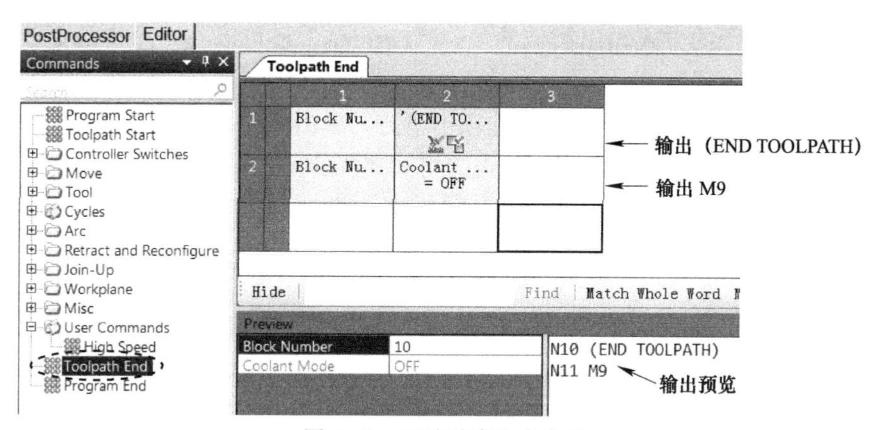

图 3-41　刀路结束命令实例

3.1.11　程序尾命令（Program End）

程序尾命令的主要功能是标记后处理的结束。它是每个程序中的最终命令，每个后处理文件必须设置。

FANUC 数控系统的程序尾命令实例如图 3-42 所示。

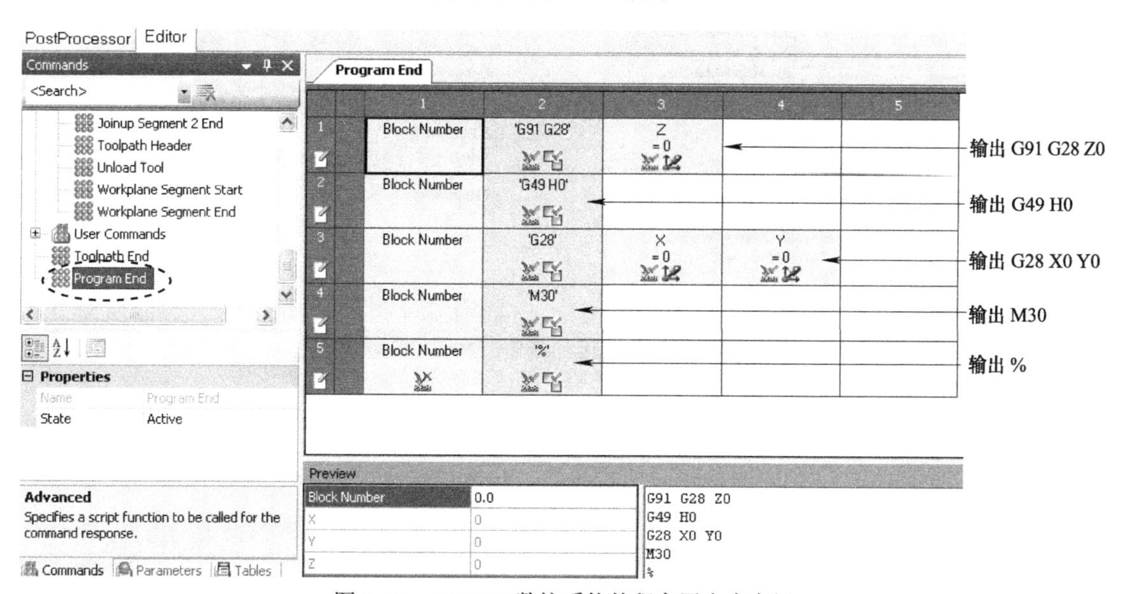

图 3-42　FANUC 数控系统的程序尾命令实例

“Program End”（程序尾）指令非常灵活，需要设置的主要参数如下：

1）程序终止指令，如将刀具回退至安全高度 Z、关闭冷却和取消刀具补偿等。

2）数控系统程序结尾的特殊识别字符，如“%”表示 FANUC 数控系统程序结束。

3.2　设置 NC 程序代码的格式（Formats）

“Formats”（格式）是控制参数输出方式的一组设置。“Formats”可快速将设置应用于参数，以便确保以类似的方式输出类似的值。“Formats”还可以在一个位置更改所有关联参数的输出。

在“Editor”（后处理文件编辑器）选项卡下方，单击“Formats”，切换到“Formats”窗口，Post Processor 软件创建了一种默认的格式“Default format”（默认格式），默认情况下，所有参数均使用该默认格式输出。“Formats”的操作界面如图 3-43 所示。

图 3-43 “Formats”的操作界面

3.2.1 格式的属性

1. Behaviour（行为设置）

默认情况下，行为设置控制与此格式关联的参数的输出方式如图 3-44 所示。

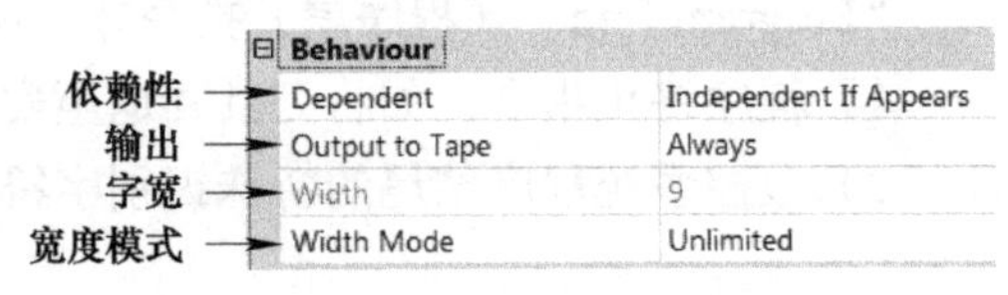

图 3-44 格式的行为设置

（1）Dependent（依赖性）

1）“Independent If Appears”（如果出现就独立输出）：当程序字出现时，就独立输出，其输出与否是由“Output to Tape”（输出到 NC 程序）来控制的，它的标志是。

2）“Independent If Updated”（如果有改变就独立输出）：当程序字的值有改变时，才独立输出，它的标志是。

3）“Dependent”（依赖）：只有在一条程序行中存在有一个独立程序字输出时，才输出该程序字。当输出注释和进给率时，这个选项非常有用。它的标志是。

（2）Output to Tape（输出到 NC 程序）

1）“Never”（从不）：不输出程序字，其标志是。

2）“Always”（总是）：总是输出程序字，其标志是。

3）“If Updated”（如果有改变）：如果该程序字的值发生了改变，就输出，没有改变，就不输出，其标志是。如果一个代码的输出设置为 If Updated，则该参数就是模态代码。

4）“Always Prefix”（前缀输出）：总是输出其前缀，其标志是。

（3）Width（字宽）　指定宽度模式为“最大”或“恒定”时输出值的大小（以字符为单位）。该值必须是介于 1 和 80 之间的数。注意，在计算字宽时，正负号和小数点也算一个字符。

（4）Width Mode（宽度模式）　以字符为单位控制参数值的宽度。

1）“Unlimited”（无限）：使用最小字符数显示完整值。

2）“Maximum”（最大）：将输出的宽度限制为宽度字段中指定的字符数。

3）“Constant Left Align”（左对齐恒定）：以指定宽度左对齐所有值。包含少于指定宽度的字符的值将被填充（默认情况下为空格，选中前导零复选框时为零）。例如，假设字宽设置为 5，X1 将输出为 X00001。

4）“Constant Right Align”（右对齐恒定）：以指定宽度右对齐所有值。包含少于指定宽度的字符的值将被填充（默认情况下为空格，选中前导零复选框时为零）。例如，假设字宽设置为 5，X1 将输出为 X1.000。

2. Imperial Unit Dependent（英制单位）

尺寸为英制单位时，如何输出值，如图 3-45 所示。

（1）“Imperial Decimal Places”（英制小数点位置）　选择小数点分隔符后，使用此行指定显示的小数位数。

（2）“Imperial Scale Factor”（英制比例因子）　尺寸的放大或缩小倍数，通常为 1 倍。

（3）“Imperial Zero String”（英制零字符串）　使用一个字符来表示数字 0，通常默认即为 0。

3. Metric Unit Dependent（米制单位）

尺寸为米制单位时，如何输出值，如图 3-46 所示。

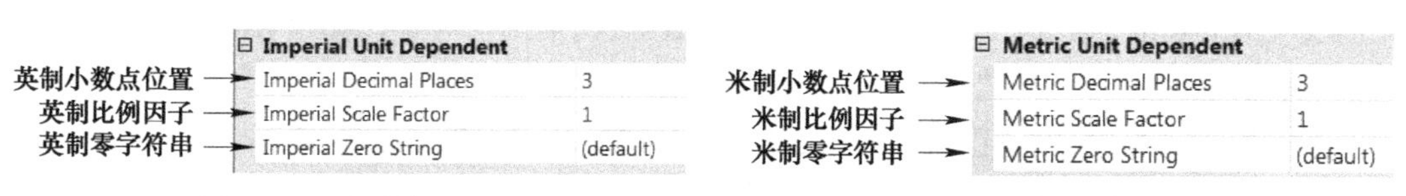

图 3-45　英制单位输出　　图 3-46　米制单位输出

（1）“Metric Decimal Places”（米制小数点位置）　选择小数点分隔符后，使用此行指定显示的小数位数。

（2）“Metric Scale Factor”（米制比例因子） 尺寸的放大或缩小倍数，通常为 1 倍。

（3）“Metric Zero String”（米制零字符串） 使用一个字符来表示数字 0，通常默认即为 0。

4. Properties（属性）

格式的属性，如图 3-47 所示。

5. Value Appearance（值的外观）

指定参数值的外观，如图 3-48 所示。

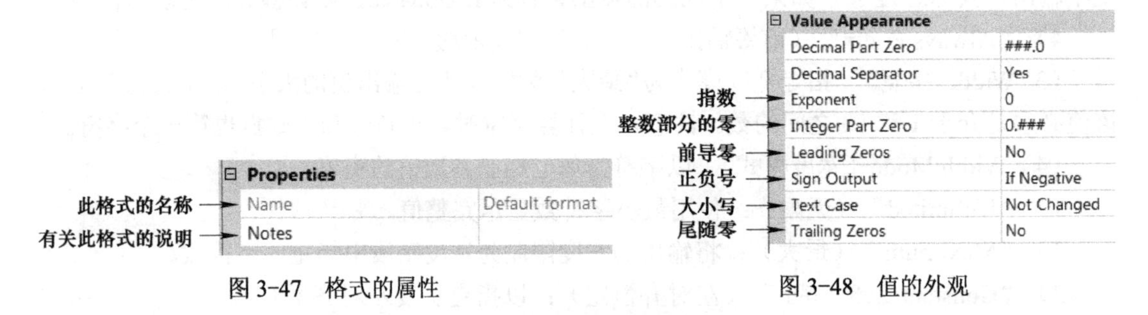

图 3-47 格式的属性　　图 3-48 值的外观

（1）“Decimal Part Zero”（小数部分的零） 指定小数部分的尾随零的数目。有以下 4 个选项：

1）###.000：显示尾随零。如果不选择小数点，则显示为 XXX000。

2）###.0：显示一个尾随零。

3）###.：不显示尾随零，只显示小数点。

4）###：不显示尾随零和小数点。

（2）“Decimal Separator”（小数点分隔符） 选择“Yes”，显示小数点。

（3）“Exponent”（指数） 以指数格式显示数值，输入指数位数。例如，若要将 –23.45 显示为 –02.345e+001，则在“Exponent”栏输入数字 3。

（4）“Integer Part Zero”（整数部分的零） 指定整数值为零的数字的表示方式。有以下 4 个选项：

1）000.###：显示前导零，即便前导零未选中。

2）0.###：显示一个前导零。

3）.###：不显示前导零，只显示小数点。

4）###：不显示前导零和小数点。

（5）“Leading Zeros”（前导零） 选择“Yes”，输出前导零，如“Width”设置为 7，–23.45 将输出为 –023.45。选择“No”，不输出前导零。

（6）“Sign Output”（正负号） 设置正负号的显示。有以下 3 个选项：

1）“If Negative”（如果为负数）：只在负数值前加上“–”号。

2）“Always”（总是）：正数值前显示“+”号，负数值前显示“–”号。

3）“Never”（从不）：数值前不显示正负号。

（7）“Text Case”（大小写） 指定字符大小写。有以下 3 个选项：

1）“Not Changed”（不变）：保持原样。

2）“Upper”（大写）：强制大写。

3）“Lower”（小写）：强制小写。

（8）“Trailing Zeros”（尾随零）　选择“Yes”可使用尾随零填充数字值，最多填充字宽中指定的字符数。例如，如果“Width”设置为 9，则选择“Yes”时，–23.45 输出为 –23.45000。

3.2.2　创建并应用新格式

默认情况下，参数都使用 Post Processor 软件默认的格式“Default format”。而实际情况中，NC 程序中的顺序号、准备功能字、地址符、坐标值等，它们的格式是不一样的。因此，有必要分门别类地创建各类参数对应使用的格式。

创建并应用新格式的步骤如下：

1）在“Formats”窗口中的“Default format”下方空白处右击，在弹出的快捷菜单条中执行“Add Format...”（增加格式），如图 3-49 所示。打开“Add Format”对话框，如图 3-50 所示。

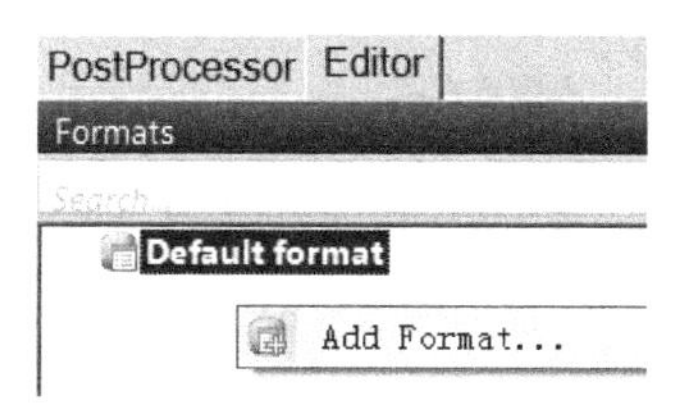

图 3-49　增加格式

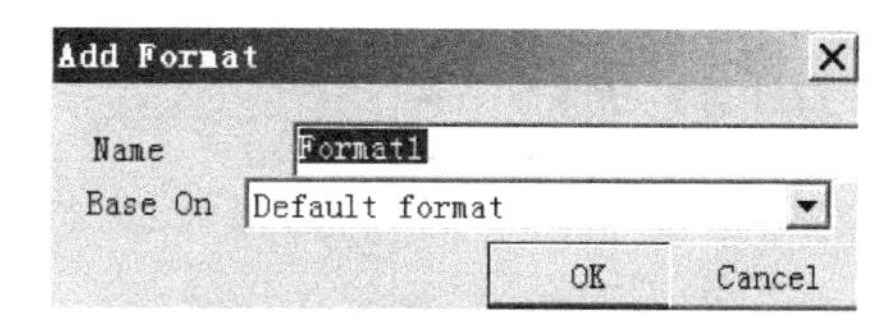

图 3-50　“Add Format”对话框

2）在图 3-50 中的“Name”（名称）栏，输入新格式的名称，如 zuobiao，在“Base On”（基于）栏选择“Default format”，单击“OK”，即基于默认格式创建出一种格式，该格式的名称为 zuobiao。

3）单击 zuobiao 格式，按需要修改格式的设置，如前导零、尾随零等。

4）单击“Default format”格式，在主视窗中显示“Default format”窗口，在该窗口中选择要使用 zuobiao 格式的参数（若要选择多个参数，需要同时按下 <Shift> 键），然后在选中的参数上右击，在弹出的快捷菜单条中执行“Assign To”（安排到）→“zuobiao”，则选中的参数使用 zuobiao 这种新格式。

3.3　后处理文件的参数（Parameters）

3.3.1　系统内置参数及参数的属性

“Parameters”（参数）是后处理命令的主要元素，在“Commands”（命令）中插入参数，能自动输入 CLDATA 文件中的值，并自动输出数控系统的值。

1. 参数的分类

按参数的创建方法来分，Post Processor 中的参数分为系统内置参数和用户自定义参数。系统内置参数已经定义好，可以直接使用，而用户自定义参数需要读者创建。

按参数输出的值来分，可将参数分为以下四种类型：

（1）整数或实数型参数　该类参数名前面的符号是 1。

（2）字符串型参数　该类参数名前面的符号是 A。

（3）时间型参数　该类参数名前面的符号是⌛，用来评估一个任务执行所需的时间。

（4）列表型参数　该类参数名前面的符号是▤，其参数值从列表中选取。

按参数对应的值数目来分，可以将参数分为标准参数（Standard Parameter）和群组参数（Group Parameter）。标准参数对应唯一一个值，而群组参数可以设置多种状态（State），每一种状态对应一个值。

2. Post Processor 内置参数

在“Editor”（后处理文件编辑器）选项卡下方，单击“Parameters”，切换到“Parameters”窗口，全部内置参数如图 3-51 所示。

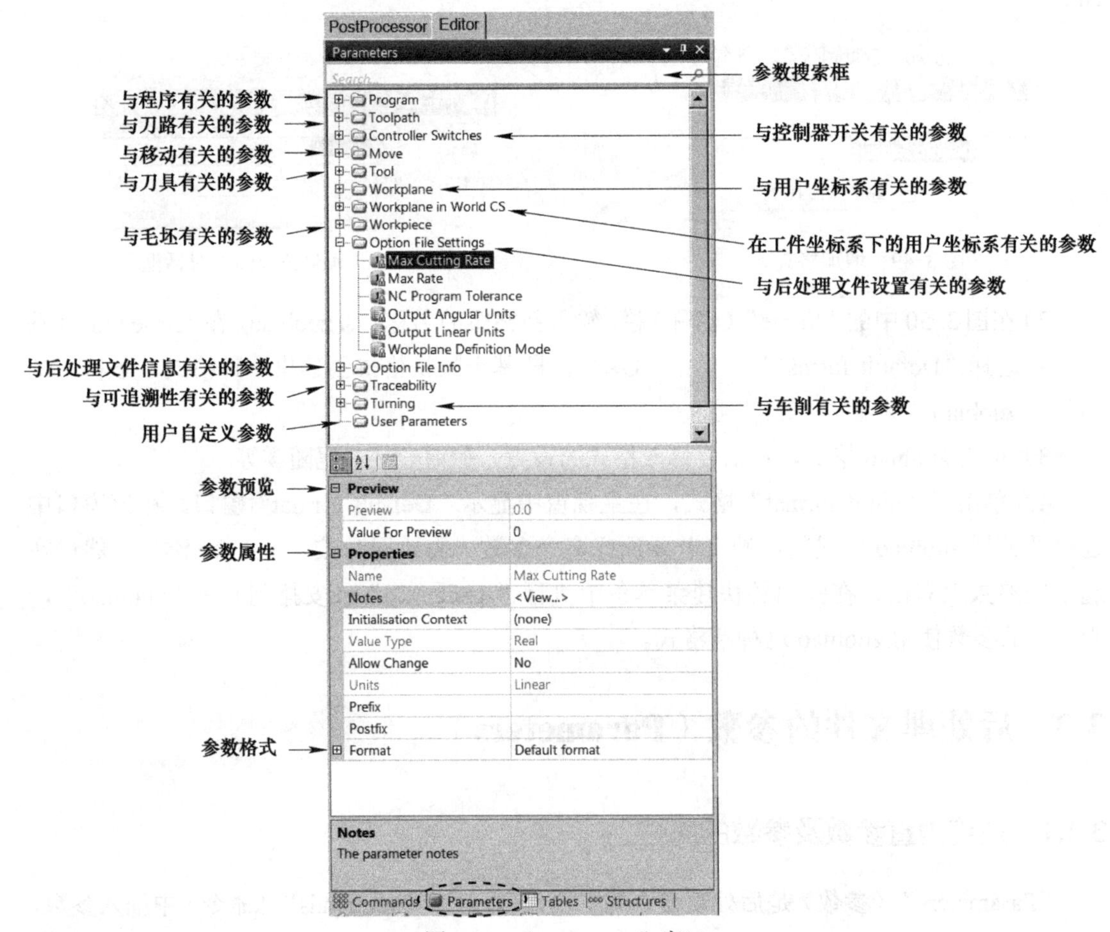

图 3-51 “Parameters”窗口

Post Processor 软件定义的内置参数非常多，Post Processor 内置参数见附录，供读者参考。

3. 向“Commands”中增加参数

向“Commands”中增加参数有以下两种方法：

方法一：在“Editor”选项卡的“Parameters”窗口中，直接选中相应的参数，然后拖动该参数到主视窗中某命令窗口（如“Tool”）的相应单元格内。

方法二：在主视窗的某命令窗口（如“Tool”）中，选中某一单元格，在工具栏中，选中“Parameters”，并从参数列表中选择一个参数，然后单击插入参数。

4. 修改参数的属性

修改参数属性的方法如下：在图 3-51 所示参数选项卡顶部的参数搜索框中，输入参数名，可搜索到参数，然后单击该参数，即可编辑该参数的属性，如图 3-52 所示。

可编辑参数如下属性内容：

1）在“Notes”（注释）栏，可以输入对该参数的说明。

2）在“Format”（格式）列表中，选择该参数使用的格式。

3）在“Value Type”（值类型）列表中，选择参数可以包含的值的类型。

4）在“Prefix”（前缀）栏中，输入参数的前缀，如前缀输入 X，当参数值为 –1.23 时，将输出 X–1.23。

5）在“Postfix”（后缀）栏中，输入参数的后缀。

6）在“States”（状态）栏，输入该参数在不同状态下输出的代码，如主轴旋转参数（Spindle Mode）有三种状态，即顺时针旋转、逆时针旋转和停转，如图 3-53 所示，设置三种状态对应输出的代码。

图 3-52　编辑参数

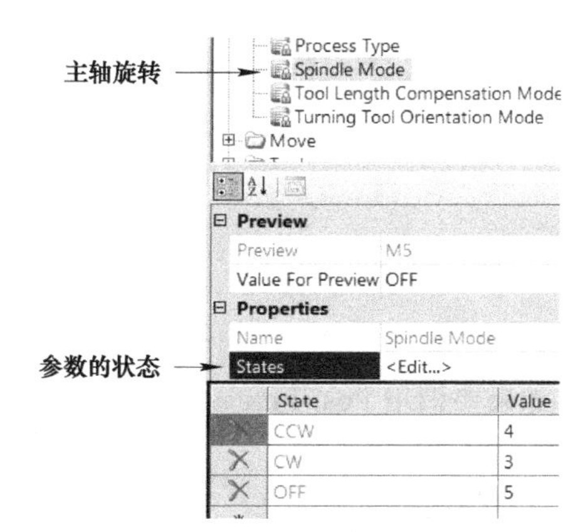

图 3-53　设置参数的状态

3.3.2 创建用户自定义参数

除了使用 Post Processor 预定义好的内置参数外，还可以创建自己的参数，以便在命令中使用，这些参数列在“User Parameters”（用户自定义参数）分枝中。

创建用户自定义参数的步骤如下：

1）在 Post Processor 的“Parameters”窗口中空白处右击，弹出如图 3-54 所示的快捷菜单条。

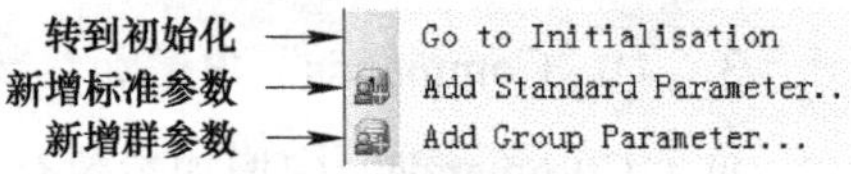

转到初始化 → Go to Initialisation
新增标准参数 → Add Standard Parameter..
新增群参数 → Add Group Parameter...

图 3-54　参数快捷菜单条

“Add Standard Parameter”（新增标准参数）可以创建一个整数型（Integer）、实数型（Real）、字符串型（String）或者时间型（Duration）的参数，而“Add Group Parameter”（新增群参数）将创建一组参数，如图 3-53 所示的主轴旋转参数，包括三种状态，分别对应三个参数，它就是群参数。

2）输入参数的名称。

3）按 3.3.1 节所述编辑参数的属性。

3.3.3　给参数赋值

参数获得其值有以下五种方法：

1）当参数的“Value Type”（值类型）为 none 时，参数从 CLDATA 文件中读入值。

2）当参数的“Value Type”（值类型）为 Explict 时，输入一个确定的值。

3）当参数的“Value Type”（值类型）为 Parameter 时，参数的值为另一个参数的值。

4）当参数的“Value Type”（值类型）为 Function 时，使用脚本功能给参数赋值。

5）当参数的“Value Type”（值类型）为 Expression 时，使用表达式给参数赋值。

1. 使用表达式给参数赋值

1）在“Command”的单元格中插入参数。

2）单击选中该参数，在该参数属性的“Value Type”栏中，选择“Expression”（表达式），如图 3-55 所示。

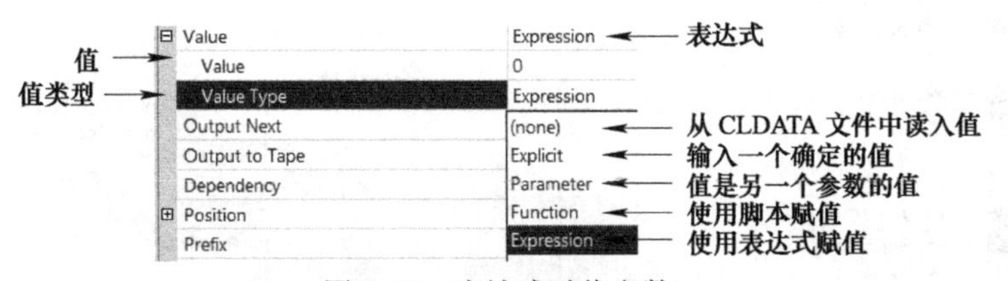

图 3-55　表达式赋值参数

3）在“Value”（值）栏中输入表达式。表达式可以包括以下内容：

① 如果要调用 Post Processor 内置参数或用户自定义参数，需要使用格式：%p(参数名)%。

② 可以使用的数学运算符：+，–，*，/。

③ 可以使用的数学公式：abs，acos，asin，atan，ceil cos，exp，floor，log，max，min，pow，round，sin，sqrt，tan。

例如，可以给参数指定如下表达式：

Feed Rate = max (%p(Feed Rate)%, 100)
X = %p(X)% + %p(User Shift X)%

User X = sin (%p(User Angle)%) * %p(User Radius)%
User Y = GetParamPrevValue("%p(Y)%")

2. 使用脚本功能给参数赋值

1）创建脚本功能。

2）在“Command”的单元格中插入参数。

3）在“Value”（值）列表中，选择 Function 函数。

4）在“Function”（函数）列表中选择相应的脚本，举例如图 3-56 所示。

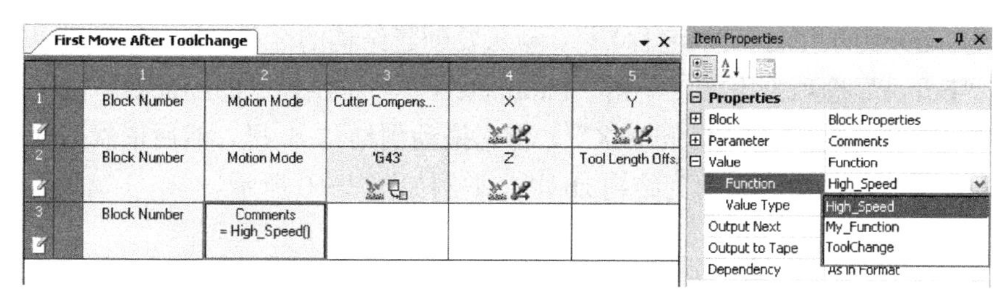

图 3-56　脚本赋值参数

3.4　创建并使用结构（Structures）

“Structures”（结构）是一系列“Parameters”（参数）的组合。当希望向不同的命令块中加入一组相同的参数时非常有用。当多个命令块中都包含同一个“Structures”时，可以通过更改“Structures”同步修改多个命令块。除了只有一行并且没有行号外，“Structures”就像一个简化的命令行，一个日期时间结构举例如图 3-57 所示。

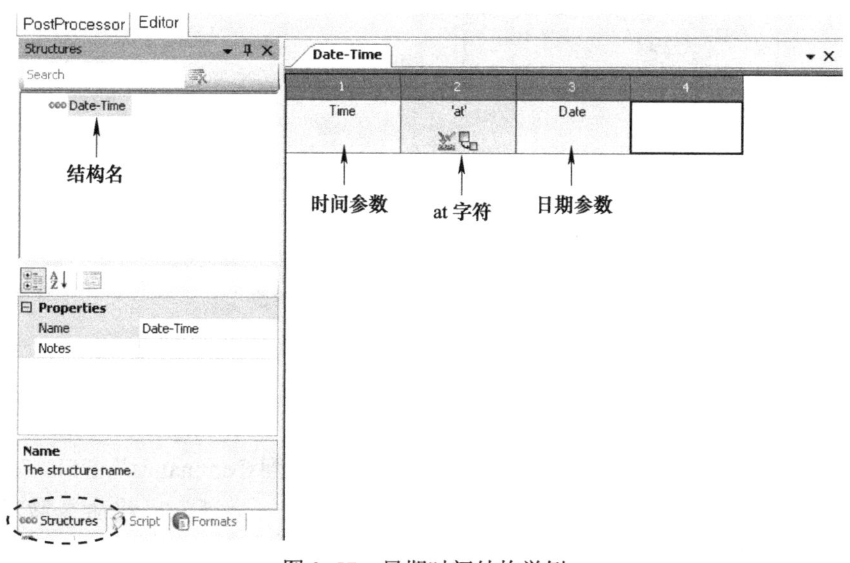

图 3-57　日期时间结构举例

1. 创建结构

1）在“Editor”（后处理文件编辑器）选项卡下方，单击“Structures”，切换到“Structures”

窗口。

2）在“Structures”窗口的空白处右击，弹出如图 3-58 所示的快捷菜单条，选择“Add Structure…”（增加结构），打开如图 3-59 所示的增加结构对话框。

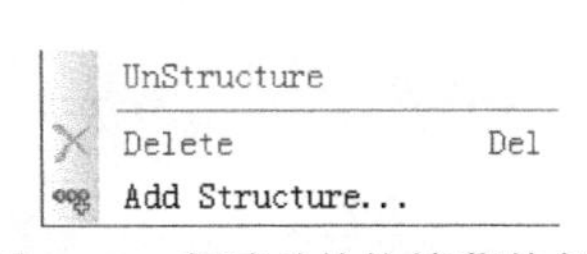

图 3-58 新建结构快捷菜单条

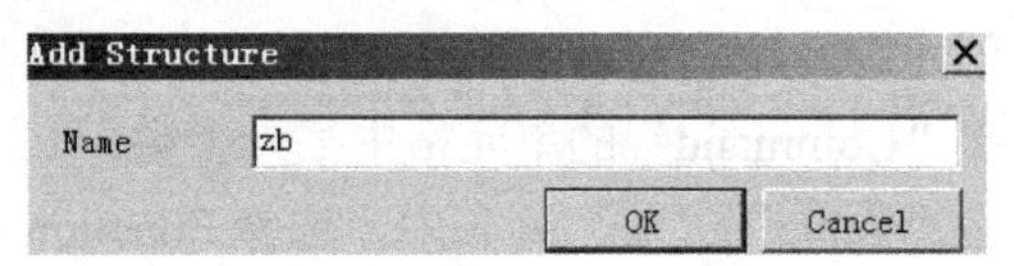

图 3-59 增加结构对话框

3）在图 3-59 中的“Name”（名称）栏，输入要创建结构的名称，如 zb，然后单击“OK”。

4）在“Editor”选项卡下方，单击“Parameters”，切换到“Parameters”窗口。从参数列表中选中相应的参数，如“Machine X”，将它拖动到结构 zb 里，然后依次选择“Machine Y”“Machine Z”，再依次拖动到结构 zb 里，举例如图 3-60 所示。

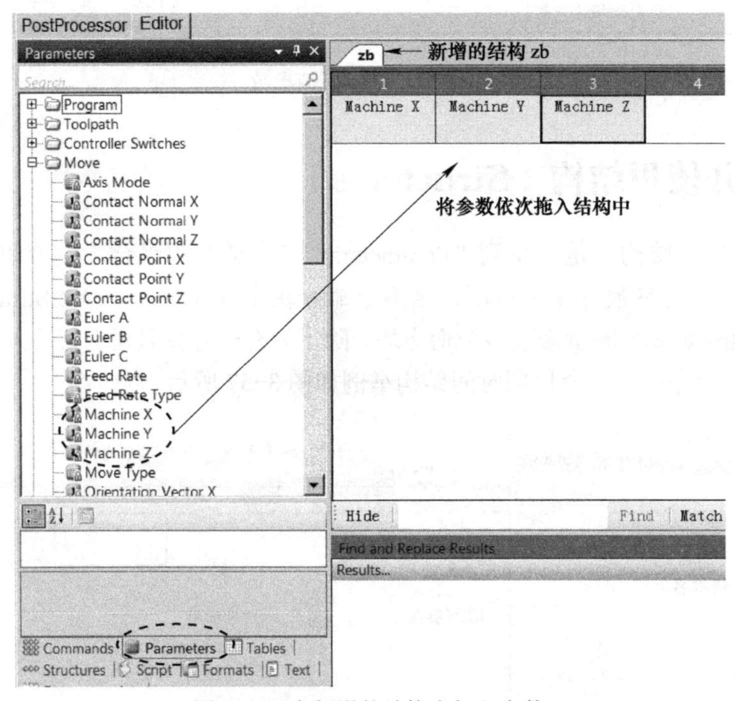

图 3-60 向新增的结构中加入参数

2. 使用结构

结构的使用方法与参数的使用方法基本相同。

1）在“Editor”选项卡下方，单击“Commands”，切换到 Commands”窗口。在该窗口中，右击某一命令，在弹出的快捷菜单条中选择“Activate”（激活），将命令激活，如激活“Program Start”（程序头）。

2）在“Editor”选项卡下方，单击“Structures”，切换到“Structures”窗口。将结构拖动到命令的适当位置，如图 3-61 所示。

结构加入到命令中后，其背景色为橙色。右击该结构，弹出如图 3-62 所示的快捷菜单条。

图 3-61　将结构加入命令

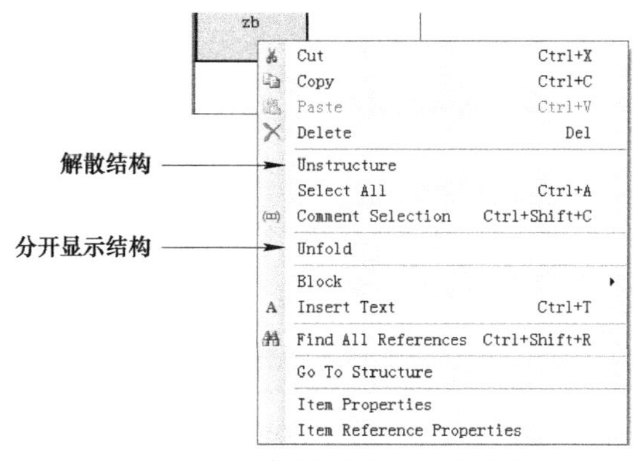

图 3-62　命令中的结构快捷菜单条

选择“Unfold”（分开显示结构），将在命令中分开显示该结构的各个组成参数，如图 3-63 所示。

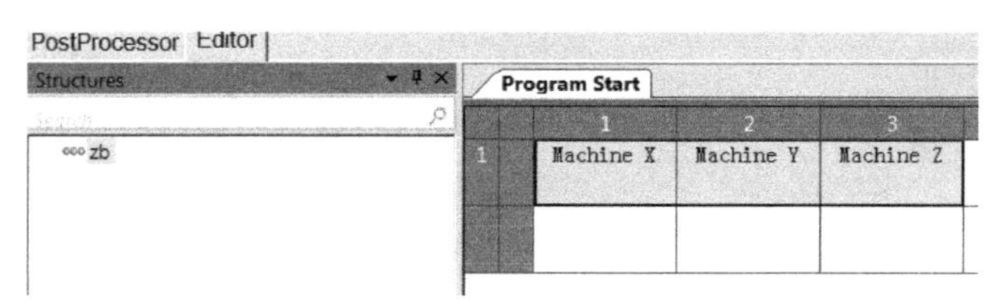

图 3-63　结构分开显示

3.5　在 NC 程序中插入表格（Tables）

表格用于列表显示 NC 程序中的刀具路径信息和所使用的刀具信息，如可以显示刀具路径名称、刀具路径策略、刀具编号、刀具名称、刀具类型、刀具直径、刀具长度等信息，用于与机床操作人员沟通程序的使用。

有两种表格："Tool Tables"（刀具表格），用于列表显示程序中的刀具信息；"Toolpath Tables"（刀具路径表格），用于列表显示程序中的刀具路径信息。可以在"Commands"窗口中的"Program Start"命令里插入"Tool Tables"，在"Commands"窗口中的"Toolpath Start"命令里插入"Toolpath Tables"。

表格的呈现样式有两种：①当在表格属性栏中，设置"Output Mode"（输出模式）为"Whole Program"（整个程序）时，在 NC 程序头部显示出该程序所用的全部刀路和刀具，如图 3-64 所示；②当在表格属性栏中，设置"Output Mode"（输出模式）为"Active Toolpath"（激活刀路）时，在 NC 程序中的每一条刀路前显示该刀路所用刀具，如图 3-65 所示。

```
%
N10 (ToolPath Table)
N20 (--------------------------------------------------------------------------------)
N30 (Tool Number|Tool Name|      Tool Type|Toolpath Name|Toolpath Type|Toolpath Length)
N40 (--------------------------------------------------------------------------------)
N50 (          1|    tool1|        ENDMILL|    toolpath1|    FINISHING|         147.19)
N60 (          3|    tool3|    TIPRADIUSED|    toolpath2|    FINISHING|         147.19)
N70 (          2|    tool2|      BALLNOSED|    toolpath3|    FINISHING|         147.19)
N80 (          2|    tool2|      BALLNOSED|    toolpath4|    FINISHING|         147.19)
N90 (          5|    tool5|    TAPERTIPPED|    toolpath5|    FINISHING|         147.19)
N100(          2|    tool2|      BALLNOSED|    toolpath6|    FINISHING|         147.19)
N110(          4|    tool4|TAPERSPHERICAL|    toolpath7|    FINISHING|         147.19)
N120(          1|    tool1|        ENDMILL|    toolpath8|    FINISHING|         147.19)
N130(          5|    tool5|    TAPERTIPPED|    toolpath9|    FINISHING|         147.19)
N140(          5|    tool5|    TAPERTIPPED|   toolpath10|    FINISHING|         147.19)
N150(--------------------------------------------------------------------------------)
N160(     Total:|         |               |             |             |         1471.9)
N170(--------------------------------------------------------------------------------)
:0001
N180( NC FILE : dicc00325_ascii_Fanuc )
N190( DATE : 17.07.06 & TIME - 10:43:04 )
N200( PMPost VERSION : 4.30 CB0216 )
N210( MACHINE TOOL : --- & MODEL : --- )
N220( CONTROLLER : Fanuc & SERIES : --- )
```

全部刀路和刀具

图 3-64　显示 NC 程序全部刀路和刀具

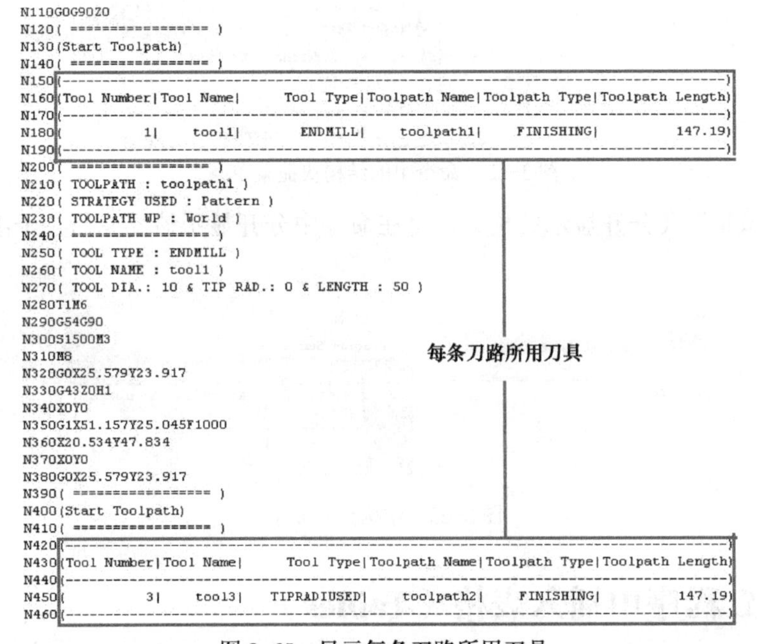

```
N110G0G90Z0
N120( ================ )
N130(Start Toolpath)
N140( ================ )
N150(--------------------------------------------------------------------------------)
N160(Tool Number|Tool Name|      Tool Type|Toolpath Name|Toolpath Type|Toolpath Length)
N170(--------------------------------------------------------------------------------)
N180(          1|    tool1|        ENDMILL|    toolpath1|    FINISHING|         147.19)
N190(--------------------------------------------------------------------------------)
N200( ================ )
N210( TOOLPATH : toolpath1 )
N220( STRATEGY USED : Pattern )
N230( TOOLPATH WP : World )
N240( ================ )
N250( TOOL TYPE : ENDMILL )
N260( TOOL NAME : tool1 )
N270( TOOL DIA.: 10 & TIP RAD.: 0 & LENGTH : 50 )
N280T1M6
N290G54G90
N300S1500M3
N310M8
N320G0X25.579Y23.917
N330G43Z0H1
N340X0Y0
N350G1X51.157Y25.045F1000
N360X20.534Y47.834
N370X0Y0
N380G0X25.579Y23.917
N390( ================ )
N400(Start Toolpath)
N410( ================ )
N420(--------------------------------------------------------------------------------)
N430(Tool Number|Tool Name|      Tool Type|Toolpath Name|Toolpath Type|Toolpath Length)
N440(--------------------------------------------------------------------------------)
N450(          3|    tool3|    TIPRADIUSED|    toolpath2|    FINISHING|         147.19)
N460(--------------------------------------------------------------------------------)
```


图 3-65　显示每条刀路所用刀具

1. 创建表格

1）在“Editor”（后处理文件编辑器）选项卡下方，单击“Tables”（表格），切换到“Tables”窗口。

2）在“Tables”窗口的空白处右击，弹出如图 3-66 所示的快捷菜单条，选择“Add Table...”（增加表格），打开如图 3-67 所示的增加表格对话框。

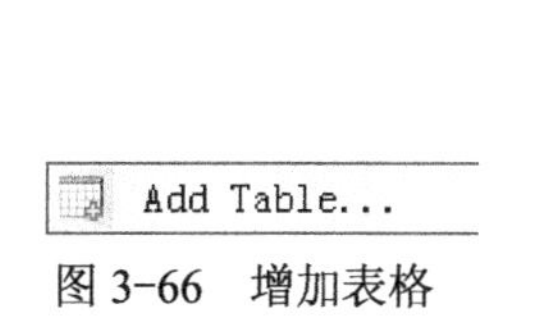

图 3-66 增加表格

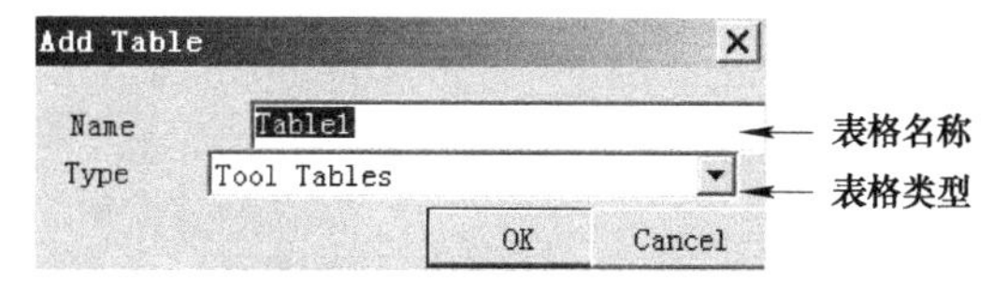

图 3-67 增加表格对话框

在图 3-67 所示增加表格对话框中的类型栏，有两种类型供选择，分别是“Tool Tables”和“Toolpath Tables”。其区别举例说明如下：假如一个 NC 程序中包括 3 条刀路（Toolpath1，Toolpath2 和 Toolpath3），使用了 2 把刀具（Toolpath1、Toolpath2 使用 tool1，Toolpath3 使用 tool2），“Tool Tables”显示样式如图 3-68 所示，“Toolpath Tables”显示样式如图 3-69 所示，可见，“Toolpath Tables”会把刀路与刀具一一对应地完整显示。

```
-----------------------------
| Tool Name | Toolpath Name |
-----------------------------
|     tool1 |     Toolpath1 |
|           |     Toolpath2 |
|     tool2 |     Toolpath3 |
-----------------------------
```

图 3-68 “Tool Tables”显示样式

```
-----------------------------
| Tool Name | Toolpath Name |
-----------------------------
|     tool1 |     Toolpath1 |
|     tool1 |     Toolpath2 |
|     tool2 |     Toolpath3 |
-----------------------------
```

图 3-69 “Toolpath Tables”显示样式

3）在图 3-67 所示增加表格对话框中，单击“OK”按钮，创建空白表格，其属性如图 3-70 所示。

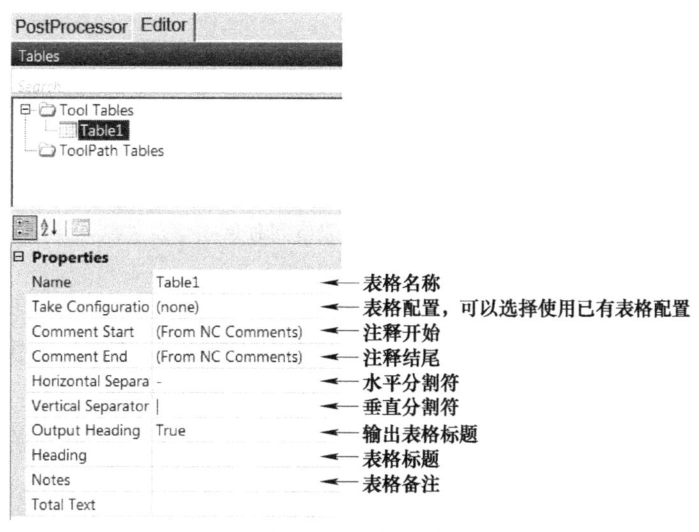

图 3-70 表格属性

4）在工具栏中，增加表格列的内容，如图 3-71 所示。

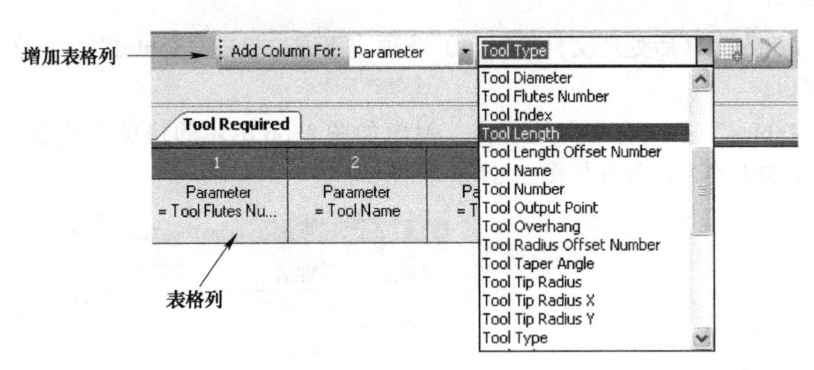

图 3-71　增加表格列内容

2. 使用表格

表格的使用方法与参数的使用方法基本相同。

1）在“Editor”选项卡下方，单击“Commands”，切换到“Commands”窗口。在该窗口中，右击“Program Start”（程序头）树枝，在弹出的快捷菜单条中选择“Activate”（激活），将命令激活，将在主视窗中打开“Program Start”窗口。

2）在“Editor”选项卡下方，单击“Tables”，切换到“Tables”窗口。将表格拖动到命令的适当位置，如图 3-72 所示。

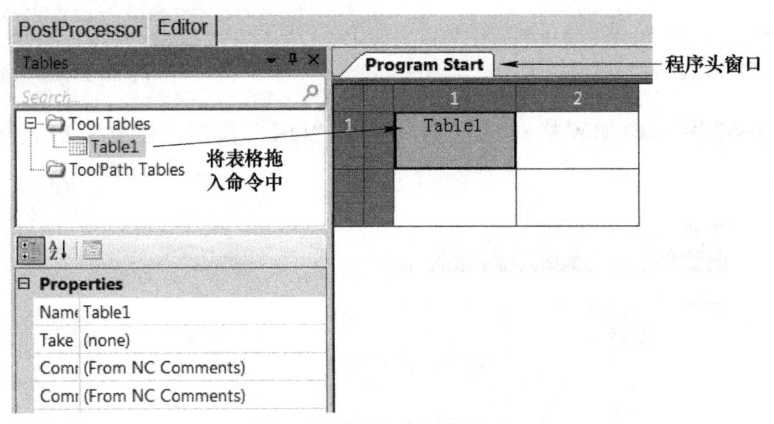

图 3-72　插入表格到命令

3. 编辑表格的列

1）如图 3-72 所示，右击“Program Start”窗口里的 Table1，在弹出的快捷菜单条中选择“Item Properties”（项目属性），调出如图 3-73 所示表格属性对话框，设置表格的输出模式。

2）如图 3-72 所示，右击“Program Start”窗口里的 Table1，在弹出的快捷菜单条中选择“Go To Table”（转到表格），转回到表格窗口，右击表格的某一列，在弹出的快捷菜单条中选择“Item Properties”（项目属性），调出如图 3-74 所示表格列属性对话框，设置表格各列的属性，如列的对齐方式。

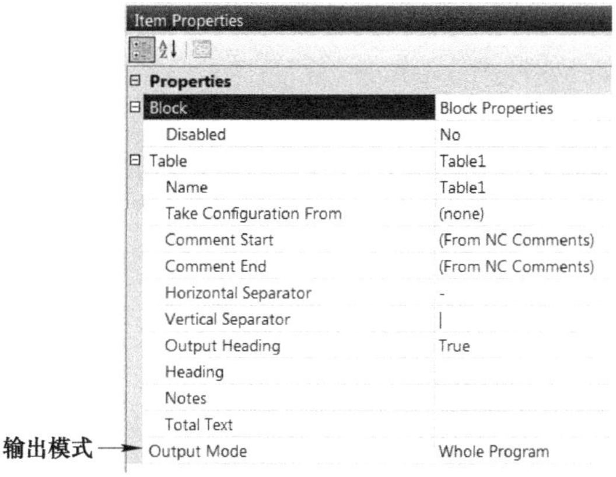

Item Properties

Properties	
Block	Block Properties
Disabled	No
Table	Table1
Name	Table1
Take Configuration From	(none)
Comment Start	(From NC Comments)
Comment End	(From NC Comments)
Horizontal Separator	-
Vertical Separator	|
Output Heading	True
Heading	
Notes	
Total Text	
Output Mode	Whole Program

输出模式→Output Mode

图 3-73　命令环境下的表格属性

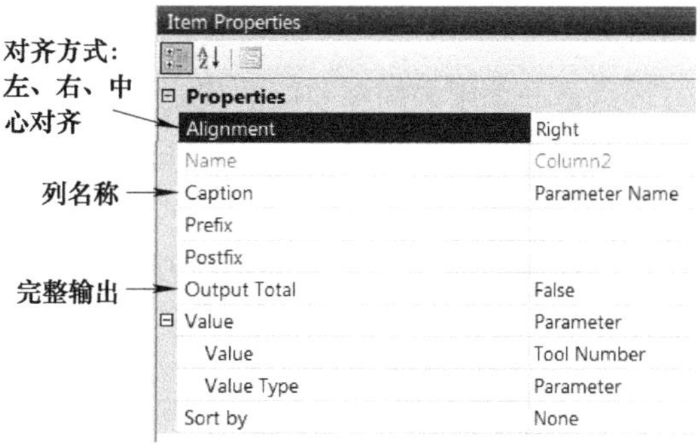

Item Properties

Properties	
Alignment	Right
Name	Column2
Caption	Parameter Name
Prefix	
Postfix	
Output Total	False
Value	Parameter
Value	Tool Number
Value Type	Parameter
Sort by	None

对齐方式：左、右、中心对齐→Alignment
列名称→Caption
完整输出→Output Total

图 3-74　表格各列属性

3.6　创建脚本功能（Script）

“Script”（脚本）基于微软活动脚本技术，支持两种脚本语言：VBScript 和 JScript，使用时只能使用两种脚本中的一种，不能混合使用两种脚本。

3.6.1　JScript 语言概述

默认情况下，Post Processor 使用 JScript 来编写脚本。

JScript 是 Microsoft 公司对 ECMA262 语言规范（ECMAScript 编辑器 3）的一种实现。除了少数例外（为了保持向后兼容），JScript 完全实现了 ECMA 标准。JScript 是一种解释型的、基于对象的脚本语言。尽管与 C++ 这样成熟的面向对象的语言相比，JScript 的功能要弱一些，但对于它的预期用途而言，JScript 的功能已经足够大了。另外，JScript 脚本只能在某个解释器或“宿主”上运行，如 Active Server Pages（ASP）、Internet 浏览器或者 Windows 脚本宿主。

1. 语句

JScript 使用文本方式编写。JScript 程序是语句的集合。一条 JScript 语句相当于英语中的一个完整句子。JScript 语句将表达式组合起来，完成一个任务。

一条语句由一个或多个表达式、关键字或者运算符（符号）组成。典型地，一条语句写一行，尽管一条语句可以超过两行或更多行。两条或更多条语句也可以写在同一行上，语句之间用分号“；”隔开；分号是 JScript 语句的终止字符。下面给出 JScript 语句示例。

```
aBird = "Robin"; // 将文本 “Robin” 赋值给变量 aBird。
var today = new Date(); // 将今天的日期赋值给变量 today。
```

用大括号（{}）括起来的一组 JScript 语句称为一个语句块。分组到一个语句块中的语句通常可当作单条语句处理。

2. 注释

单行的 JScript 注释以一对正斜杠（//）开始。下面给出一个单行注释的示例。

```
aGoodIdea = "Comment your code thoroughly.";  // 这是一个单行注释。
```

多行注释以一个正斜杠加一个星号的组合（/*）开始，并以其逆向顺序（*/）结束。例如：

```
/*
这是一个用来解释前面的代码语句的多行注释。
该语句将一个值赋给 aGoodIdea 变量。
*/
```

建议将所有的注释写为单行注释的语句块。这样以后就能够将大段的代码与多行注释区分开。

3．赋值和相等

JScript 语句给变量赋值使用的符号是“=”，相等使用的符号是“==”。例如：

```
anInteger = 3；
```

JScript 编译器解释本语句的意义为：“将 3 赋给变量 anInteger”或“anInteger 的值为 3”。在比较两个值是否相等时，应使用两个等于号（==）。

4．表达式

JScript 表达式是指 JScript 解释器能够计算生成值的 JScript“短语”。这个值可以是任何有效的 JScript 类型：数字、字符串、对象等。示例如下：

```
var anExpression = 3 * (4 / 5) + 6；
var aSecondExpression = Math.PI * radius * radius；
```

5．变量

变量用来存储、得到并操作脚本中出现的所有的不同值。创建有意义的变量名称，便于别人理解脚本。变量首次使用前，需要声明。使用 var 关键字来进行变量声明。示例如下：

```
var count； // 单个声明。
var count， amount, level； // 用单个 var 关键字声明的多个变量。
var count = 0， amount = 100； // 变量声明并进行变量初始化。
```

JScript 是一种区分大小写的语言，因此变量名称 myCounter 和变量名称 mYCounter 是不一样的。变量的名称可以是任意长度。创建合法的变量名称应遵循如下规则：

1）第一个字符必须是一个 ASCII 字母（大小写均可）或一个下划线 (_)。注意第一个字符不能是数字。

2）后续的字符必须是字母、数字或下划线。

3）变量名称一定不能是保留字。

合法的变量名称示例如下：

```
_pagecount
Part9
Number_Items
```

无效的变量名称示例如下：

```
99Balloons // 不能以数字开头。
Smith&Wesson // “与”符号（&）字符用于变量名称是无效的。
```

当要声明一个变量并进行初始化，但又不想指定任何特殊值时，可以赋值为 JScript 值 null，示例如下：

var bestAge = null;

如果声明了一个变量但没有对其赋值，该变量存在，其值为 JScript 值 undefined。示例如下：

var currentCount;

var finalCount = 1 * currentCount; // finalCount 的值为 NaN，因为 currentCount 为 undefined。

6. JScript 的运算符

JScript 语言使用的运算符见表 3-2。

表 3-2　JScript 的运算符

计算符		逻辑符				位运算符		赋值符		杂项	
描述	符号	描述	符号	描述	符号	描述	符号	描述	符号	描述	符号
负值	–	逻辑非	!	表达式顺序执行	,	按位取反	~	赋值	=	删除	delete
变量加 1	++	值不等于	!=	严格相等	===	表达式向左移位	<<	运算赋值	oP=	返回值	typeof
变量减 1	– –	值或类型不等于	!= =	非严格相等	!==	表达式向右移位	>>			避免返回值	void
乘法	*	小于或等于	<=			无符号右移	>>>			返回布尔值	instanceof
乘法运算，结果赋值给变量	*=	大于或等于	>=			按位异或	^			创建新对象	new
除法	/	等于	==			按位或	|				
除法运算，结果赋值给变量	/ =	按位与	&								
除法运算，返回余数	%	逻辑与	&&								
除法运算，余数赋值给变量	% =	按位与，结果赋值给变量	& =								
加法	+	小于	<								
加法运算，结果赋值给变量	+=	大于	>								
减法	–	逻辑或	||								
减法运算，结果赋值给变量	–=	条件（三元运算符）	?:								

7. JScript 语句

1）变量声明语句（var）。

格式：var variable1 [= value1] [, variable2 [= value2], …]

variable1——变量名称；

value1——变量值。

2）函数终止并返回值语句（return）。

格式：return[()[expression][]];

expression——要从函数返回的值。

3）条件语句（if … 和 if…else…）。

格式：if (condition)

statement1

[else

statement2]

condition——判断条件，必须项；

statement1——condition 是 true 时要执行的语句；

statement2——可选项，condition 是 false 时要执行的语句。

8. JScript 函数

JScript 支持两种函数：一类是语言内部的函数，另一类是自己创建的。JScript 语言包含很多内部函数，一个常用的内部函数是 eval()。该函数可以对以字符串形式表示的任意有效的 JScript 代码求值。eval() 函数有一个参数，该参数就是想要求值的代码。示例如下：

```
var anExpression = "6 * 9 % 7";
var total = eval(anExpression); // 将变量 total 赋值为5。
var yetAnotherExpression = "6 * (9 % 7)";
total = eval(yetAnotherExpression) // 将变量 total 赋值为12。
```

3.6.2 创建脚本

1）在“Editor”（后处理文件编辑器）选项卡下方，单击“Script”，切换到“Script”窗口。

2）在“Script”窗口中，单击“Script”，显示其属性如图 3-75 所示，选择编写脚本的语言，默认语言是 JScript。

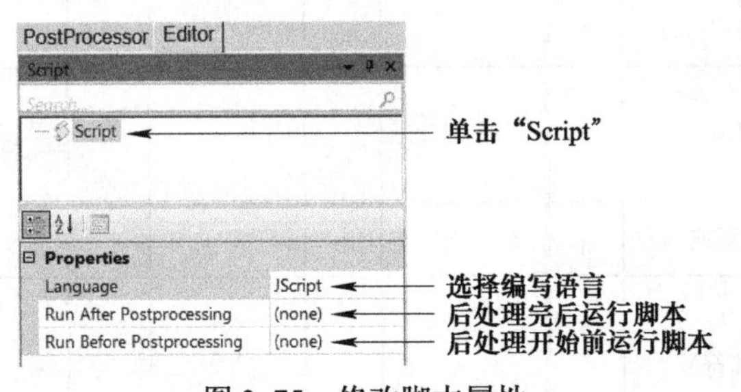

图 3-75 修改脚本属性

3）在“Script”窗口的空白处右击，弹出如图 3-76 所示的快捷菜单条，选择“Add Function...”（增加功能），打开如图 3-77 所示的增加脚本对话框。

图 3-76　增加脚本　　　　图 3-77　增加脚本对话框

4）输入脚本名称后，单击“OK”按钮，即进入脚本编辑窗口，如图 3-78 所示，输入代码。

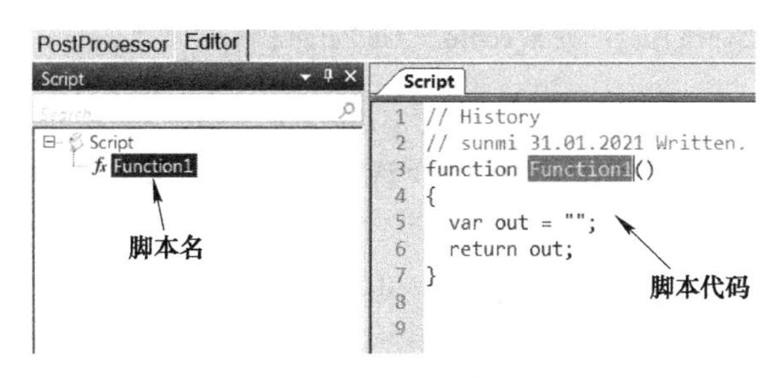

图 3-78　脚本编辑窗口

5）使用脚本。脚本创建完成后，可以像参数、结构、表格一样，直接拖动到命令行中使用。

3.6.3　Post Processor 内部函数

Post Processor 定义了一些内部函数，在编写脚本时，可以直接调用。在工具栏中，单击“Insert Function”（插入函数）按钮，展开内部函数列表如图 3-79 所示。

图 3-79　内部函数列表

常用内部函数介绍如下：

（1）GetParam（获取参数的值） 此函数返回指定参数的值。值类型取决于参数类型。其使用格式如下：

GetParam(parameter [,rounding])

parameter——参数名称字符串；

rounding——布尔值。有两个选项，false：返回未经进位的值；true（默认值）：舍入实数值到该参数所使用格式指定的小数位数。

GetParam 函数的使用示例如下：

comment = GetParam（"%p(comment)%"）；// 返回“注释”参数的字符串值。

x_coord = GetParam("%p(X)%")；或 x_coord = GetParam("%p(X)%",true)；// 返回 X 坐标的四舍五入实值。

x_coord = GetParam("%p(X)%",false)；// 返回 X 坐标的未取整的实值。

（2）SetParam（给参数赋值） 此函数允许设置 Post Processor 内部参数的值。其使用格式如下：

SetParam(a_parameter, a_value [, a_output_mode = 0])

a_parameter——要设置值的参数的名称；

a_value——要设置的值；

a_output_mode——可选项，允许重写“更新”标志。有三个选项，0：不更改（默认值）；1：设置更新；2：设置为不更新。

SetParam 函数的使用示例如下：

SetParam("%p(Comment)%", "example")；// 设置“Comment”（注释）参数值为“example”。

SetParam("%p(Motion Mode)%", "RAP")；// 设置“Motion Mode”（移动模式）参数值为“RAP”（快进）。

SetParam("%p(Spindle Speed)%", 5000)；// 设置“Spindle Speed”（主轴转速）参数值为“5000”。

SetParam("%p(Feed Rate)%", 20000, 2)；// 设置“Feed Rate”（进给率）参数值为“20000”，不更新。

以上是 SetParam 函数的单行示例，下面举两个应用 SetParam 函数的完整例子。

【例 3-1】 Heidenhain 数控系统使用 SetParam 函数根据进给率类型设置 FQ 参数。

进给速度为切入速度、切削速度、掠过速度和最大速度，FQ 分别对应为 1、2、3 或 4，该功能可以与“快速移动”“换刀后第一次移动”“YZ 平面圆弧插补”“XZ 平面圆弧插补”和“XY 平面圆弧插补”命令相关联。

```
function Parametric_Feedrates()  // 脚本名称 Parametric_Feedrates。
{
   var out_str = "";  // 声明变量 out_str。
   if (GetParam("%p(Feed Rate)%") == GetParam("%p(Plunge Rate)%"))  // 判断切入速度。
            SetParam("%p(FQ)%", 1);       // 设置切入速度 FQ=1。
  else if (GetParam("%p(Feed Rate)%") == GetParam("%p(Cutting Rate)%")) // 判断切削速度。
            SetParam("%p(FQ)%", 2);       // 设置切削速度 FQ=2。
else if (GetParam("%p(Feed Rate)%") == GetParam("%p(Skim Rate)%"))  // 判断掠过速度。
            SetParam("%p(FQ)%", 3);        // 设置掠过速度 FQ=3。
else if (GetParam("%p(Feed Rate)%") == GetParam("%p(Max Rate)%"))  // 判断最大速度。
            SetParam("%p(FQ)%", 4);       // 设置最大速度 FQ=4。
   else    SetParam("%p(FQ)%", 1);        // 其他情况，设置速度 FQ=1。
   out_str += StandardResponse("");        // 对指定命令进行后处理并返回其 NC 输出。
   return out_str;   // 终止函数，返回 out_str 值。
  }
```

【例 3-2】 此函数将与“线性移动”命令相关联。它首先返回刀具路径加工方式的值，然后根据该方式的值设置另外两个参数：工作平面转换和刀具长度补偿模式。

```
function Move_Linear_()   // 脚本名称 Move_Linear_。
{
  var res = "";     // 声明变量 res。
  var s_axis_mode = GetParam("%p(Toolpath Axis Mode)%");  // 声明变量且赋值加工方式。
  if (s_axis_mode == "3+2" || s_axis_mode=="3axis") // 判断加工方式为 3+2 或三轴加工。
    {
      SetParam("%p(Workplane Transformation)%", "ON"); // 设置坐标系转换开。
      SetParam("%p(Tool Length Compensation Mode)%", "OFF"); // 设置刀具长度补偿关。
    }
  else if (s_axis_mode=="5axis")// 判断加工方式为五轴联动加工。
    {
      SetParam("%p(Workplane Transformation)%", "OFF"); // 设置坐标系转换关。
      SetParam("%p(Tool Length Compensation Mode)%", "ON"); // 设置刀具长度补偿开。
      }
      res += StandardResponse();
      return res; // 终止函数，返回 res 值。
}
```

（3）GetParamPrevValue（获取参数上一个值）　此函数返回指定参数的上一个值。值类型取决于参数类型。其使用格式如下：

GetParamPrevValue(a_parameter [,a_rounding_mode])

a_parameter——参数名称字符串；

a_rounding_mode——布尔值。有两个选项，false：返回未经进位的值；true（默认值）：舍入实数值到该参数所使用格式指定的小数位数。

GetParamPrevValue 函数的使用示例如下：

```
comment = GetParamPrevValue("%p(Workplane Output Name)%"); //返回以前使用的工作平面的名称。
x_coord = GetParamPrevValue("%p(X)%"); 或
x_coord = GetParamPrevValue("%p(X)%", true);      // 返回上一次移动的 X 坐标的四舍五入实值。
x_coord = GetParamPrevValue("%p(X)%", false);  // 返回上一次移动的 X 坐标的未取整的实值。
```

【例 3-3】 GetParamPrevValue 函数应用举例。该脚本的功能是为避免重复输出类似代码：

```
N100 X10 Y20 Z30 B50 C60
N110 X10 Y20 Z30 B50 C60
```

如果坐标不是受到 UPDATE（更新）的控制，此脚本用于所有的运动命令。如果所有的坐标与上一次的坐标是相同的，那么后处理就会不进行运算。

```
function Move()  // 脚本名称 Move。
{
  if (GetParamPrevValue("%p(X)%", true) != GetParam("%p(X)%", true) ||
      GetParamPrevValue("%p(Y)%", true) != GetParam("%p(Y)%", true) ||
     GetParamPrevValue("%p(Z)%", true) != GetParam("%p(Z)%", true) ||
     GetParamPrevValue("%p(Machine B)%", true) != GetParam("%p(Machine B)%" ,true) ||
```

GetParamPrevValue("%p(Machine C)%", true) != GetParam("%p(Machine C)%", true))　// 判断当前 X、Y、Z、B、C 坐标是否与上一坐标值相等。

```
    {
      return StandardResponse();
    }
    return "";
  }
```

（4）PromptParam（提示设置参数的值） 此函数提示在后处理期间设置参数值。后处理时，PromptParam 函数打开如图 3-80 所示对话框，必须输入参数的值，然后单击“OK”，后处理才能继续。

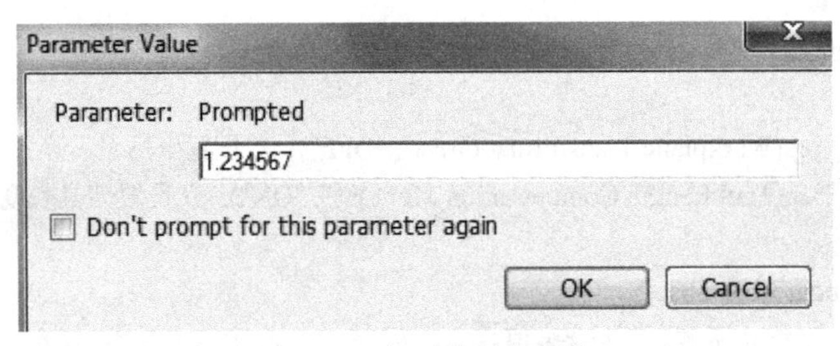

图 3-80　提示设置参数值

其使用格式如下：

PromptParam(a_parameter[, a_value])

a_parameter——参数名称字符串；

a_value——要在对话框中显示的默认值，是可选项。

PromptParam 函数的使用示例如下：

```
function User_Input()   // 脚本名称 User_Input。
{
   var out_str = "";    // 声明变量 out_str。
  PromptParam("%p(Input Offset Value)%");      // 提示输入 Offset 偏置值。
  out_str += StandardResponse("");
  return out_str;
}
```

（5）prompter.AddParam（添加参数到对象） 此函数将指定的参数添加到 prompter 对象。

其使用格式如下：

prompter.AddParam(a_id, [a_value, a_description])

a_id——参数名称字符串；

a_value——要在对话框中显示的默认值，是可选项；

a_description——要在提示对话框中显示的参数说明。

prompter.AddParam 函数的使用示例如下：

prompter.AddParam("%p(Current User)%","TheUser1","This is a description");　// 将“当前用户”参数添加到提示器对话框。

（6）prompter.Clear（删除添加到对象的参数） 此函数删除添加到 prompter 对象的所有参数。

其使用格式如下：

prompter.Clear()；

（7）prompter.Show（显示给对象输入的值） 此函数显示一个对话框，其中的参数已添加到 prompter 对象。在处理之前，可以在对话框中更改这些参数的值。

其使用格式如下：

prompter.Show([a_text, a_title])

　　a_text——要在对话框中显示的自定义文本；

　　a_title——要显示的对话框的自定义标题。

prompter.Show 函数的使用示例如下：

```
function Function1()   // 脚本名称 Function1。
{
   prompter.AddParam("%p(Current User)%");  // 提示给参数 Current User 输入值。
   prompter.Show();    // 显示给参数 Current User 输入的值。
   return StandardResponse();
}
```

（8）StandardResponse（标准处理） 标准处理会一个接一个地解析命令块中的项目。此函数对指定命令进行后处理并返回其NC输出（如果未指定命令，则从当前命令返回输出）。其使用格式如下：

StandardResponse([a_command = ""])

　　a_command——命令名。

【例 3-4】StandardResponse 函数应用举例。一个名为 Parametric_Feedrates 的函数。在以下命令中调用该函数：快速移动、换刀后第一次移动、YZ 平面内圆弧插补、XZ 平面内圆弧插补和XY平面内圆弧插补，并使用Qdef函数输出Heidenhain数控系统的参数进给率。脚本末尾的 StandardResponse（）函数确保输出命令块。

```
 function Parametric_Feedrates()     // 脚本名称 Parametric_Feedrates。
{
  var FR = GetParam("%p(Feed Rate)%");    // 声明变量 FR 且赋值进给率。
  var FQ;        // 声明变量 FQ。
  if (FR == GetParam("%p(Plunge Rate)%"))    // 判断进给率为切入进给率。
{
     FQ = 1;       // 变量 FQ 赋值为 1。
  }
else if (FR == GetParam("%p(Cutting Rate)%"))    // 判断进给率为切削进给率。
 {
     FQ = 2;    // 变量 FQ 赋值为 2。
  }
 else if (FR == GetParam("%p(Skim Rate)%"))  // 判断进给率为掠过进给率。
 {
     FQ = 3;    // 变量 FQ 赋值为 3。
  }
else if (FR == GetParam("%p(Max Rate)%"))  // 判断进给率为最大进给率。
```

```
  {
      FQ = 4;    // 变量 FQ 赋值为 4。
  }
Else
  {
      FQ = 1;  // 其余情况，变量 FQ 赋值为 1。
  }
  SetParam("%p(FQ)%", FQ);  // 给 FQ 参数赋值。
 return StandardResponse("");
}
```

（9）AdvancedResponse（高级处理） 此函数执行与引用的命令关联的脚本函数并返回其值。如果调用的命令没有指定的脚本，则 AdvancedResponse 返回引用命令的 NC 输出。其使用格式如下：

AdvancedResponse(a_command)

a_command——命令名。

Post Processor 软件执行脚本（Script）和命令（Command）的顺序如下：

1）假如命令块（Command Block）没有包括与之关联的脚本，Post Processor 执行命令块中定义的项目（Items）并生成相应的 NC 输出。这个缺省的行为和脚本的 StandardResponse() 等效。

2）假如命令块（Command Block）定义了与之关联的脚本，则运行脚本程序。假如脚本中定义了 StandardResponse()，那么 Post Processor 仍旧像上面所说的那样根据命令块中的定义进行输出；假如脚本中定义了 AdvancedResponse()，那么 Post Processor 将按照 AdvancedResponse() 参考到的命令中关联的脚本进行输出。

（10）GetCoordinate（获取坐标值） 此函数用于返回在指定坐标系中输出到 NC 程序文件的坐标参数的最后一个值。其使用格式如下：

GetCoordinate(a_parameter, a_coord_represent_id, [a_rounding])

a_parameter——参数名称；

a_coord_represent_id——坐标系代码，0 表示 NC 程序输出坐标系，1 表示模型坐标系，2 表示使用多轴转换的机床坐标系，3 表示用户坐标系，4 表示 CAD 坐标系。

GetCoordinate 函数的使用示例如下：

x_coord = GetCoordinate("%p(X)%", 2);   // 返回机床坐标系的 X 值。

x_coord = GetCoordinate("%p(X)%", 0)；或 x_coord = GetParam("%p(X)%")；// 返回 NC 程序输出坐标系的 X 值。

第4章 从零起步创建 FANUC 数控系统三轴后处理文件

📖 本章知识点

- ✧ FANUC 数控系统及其代码体系
- ✧ 创建及编辑后处理文件的操作方法
- ✧ 新建命令、格式、表格、参数的操作方法
- ✧ 输出 NC 文件中各类代码的操作方法
- ✧ 创建并使用用户自定义参数
- ✧ 使用条件判断语句决定代码输出
- ✧ 孔加工类固定循环代码输出
- ✧ 调试后处理文件

通常情况下，很少从零开始创建后处理文件，这样工作量比较大，也容易出错。但是，为了掌握输出 NC 文件中各类代码的操作方法，出于学习的目的，通过创建一个全新的后处理文件是很有帮助的。掌握了从零开始创建后处理文件的方法后，后续根据已有后处理文件来修改订制后处理文件将变得十分容易。

在创建具体数控机床（含具体数控系统）的后处理文件前，需要从机床说明书上获得以下信息：机构结构、坐标系统和正负运动方向、各坐标轴的行程限制和原点位置、各坐标轴的进给速度限制、主轴旋转速度限制、主轴头限制 / 范围，还需要从机床数控系统编程手册上获得以下信息：程序的总体格式、程序名格式、程序段格式、程序头和程序尾格式、G 代码和 M 代码、其他代码、机床制造商自定义的代码、程序注释格式等。

4.1 FANUC 数控系统及其代码体系

1. FANUC 数控系统

FANUC 数控系统以其性能和可靠性著称，广泛应用于各类数控机床。

目前，市面上使用的 FANUC 数控系统有众多型号，有必要了解其版本迭代历史。FANUC 公司创建于 1956 年，1959 年首先推出了电液步进电动机，后来逐步发展以硬件为主的开环数控系统。1976 年、1979 年分别推出数控系统 5 和 6，1980 年在系统 6 的基础上推出了简化版系统 3 和增强版系统 9。1984 年推出数控系统 10、11 和 12，开始使用大规模集成电路、光纤通信技术、PLC 编程等。1985 年推出数控系统 0，采用高速 32 位微处理器，体积小、价格低，广泛应用于小型机床。1987 年推出数控系统 15，采用了数字伺服单元、数字主轴单元和纯电子式绝对位置编码器。1990 年、1991 年、1992 年和 1993 年分别推出数控系统

16、18、20 和 21，其中系统 16 最多可控制 8 轴，实现 6 轴联动；系统 18 最多可控制 6 轴，实现 4 轴联动；系统 21 最多可控制 4 轴，实现 4 轴联动。1996 年推出数控系统 16i、18i，它们是具有网络控制功能的超小型 CNC 系统；1998 年推出数控系统 15i，最多可控制 24 轴，实现 24 轴联动，应用于高性能、复合型机床；2001 年推出数控系统 0i，其由系统 21 简化而来，目前仍然广泛应用于小型经济型机床，带 i 系列的数控系统均具有较强的网络控制功能；2004 年推出数控系统 30i，最多可控制 32 轴，其中 24 轴联动，主要应用于高性能复合机床、五轴机床和生产线。

2. FANUC 数控系统的程序格式

（1）程序格式及命名　FANUC 数控系统加工程序第一行是“%”，第二行是程序名，后续行是若干个程序段，程序结束指令是“M02”“M30”或“M99”，最后一行是“%”。

程序名称以字母“O”开头，后跟 4 个或 4 个以内的自然数字，如“O7465”“O325”“O11”等都是符合规范的程序名称。

（2）程序段格式　一个程序段是由若干个程序“字”组成的，程序“字”通常由英文字母和后面的数字组成，英文字母又称为地址符，程序段的格式详见第 1 章。需要注意的是，如果在程序段前加一个斜杠（“/”），将跳过此程序段的执行。

（3）程序注释　FANUC 数控系统加工程序注释以“（”开始，以“）”结束。

3. FANUC 数控系统的代码体系

（1）准备功能代码（G 功能）　FANUC 数控系统不同的型号，支持的 G 代码有所区别，表 4-1 所列为 FANUC 数控系统各型号均支持的常用 G 代码。

表 4-1　FANUC 数控系统的常用 G 代码

G 代码	组别	解释	G 代码	组别	解释
*G00	01	定位（快速移动）	G73	09	高速深孔钻循环
G01		直线进给	G74		左螺旋切削循环
G02		顺时针切圆弧	G76		精镗孔循环
G03		逆时针切圆弧	*G80		取消固定循环
G04	00	暂停	G81		中心钻循环
*G17	02	选择 XY 平面	G82		反镗孔循环
G18		选择 XZ 平面	G83		深孔钻削循环
G19		选择 YZ 平面	G84		右螺旋切削循环
G28	00	机床返回原点	G85		镗孔循环
G30		机床返回第二原点	G86		镗孔循环
*G40	07	取消刀具直径偏移	G87		反向镗孔循环
G41		刀具半径左偏移	G88		镗孔循环
G42		刀具半径右偏移	G89		镗孔循环
*G43	08	刀具长度正方向偏移	*G90	03	使用绝对值命令
*G44		刀具长度负方向偏移	G91		使用相对值命令
*G49		取消刀具长度偏移	G54 ～ G59		设置工件坐标系
*G94	05	每分钟进给	G98	10	固定循环返回起始点
G95		每转进给	*G99		返回固定循环点

注：带 * 的代码表示开机时会初始化。

（2）辅助功能代码（M代码）　数控机床的M代码主要由机床硬件制造商设定。表4-2所列为FANUC数控系统各型号均支持的常用M代码。

表4-2　FANUC数控系统的常用M代码

代码	说明	代码	说明
M00	程序停	M01	选择停止
M02	程序结束（复位）	M03	主轴正转（CW）
M04	主轴反转（CCW）	M05	主轴停
M06	换刀	M08	切削液开
M09	切削液关	M19	主轴定向停止
M30	程序结束（复位）并回到开头	M98	子程序调用
M99	子程序结束		

（3）进给率代码（F代码）　F代码用来指令进给量，该代码为模态代码。其格式是F__（单位为mm/min或r/min）。

（4）主轴转速代码（S代码）　S代码用来指令主轴转速，该代码为模态代码。其格式是S__（单位为r/min）。

（5）刀具号代码（T代码）　T代码用来指令刀具号。其格式是T××，其中××表示刀盘工位号。

（6）刀具长度补偿号代码（H代码）　H代码用来设置刀具长度补偿号。其格式是H××，其中××表示刀具长度补偿寄存器编号。

（7）刀具半径补偿号代码（D代码）　D代码用来设置刀具半径补偿号。其格式是D××，其中××表示刀具半径补偿寄存器编号。

4.2　创建FANUC数控系统三轴加工后处理文件

4.2.1　新建后处理文件

1. 打开Post Processor软件

在Windows操作系统中，单击“开始”→“所有程序”→“Autodesk Manufacturing Post Processor Utility 2019”→“Manufacturing Post Processor Utility 2019”，打开Post Processor软件。

2. 新建后处理文件

在Post Processor软件中，单击“File”（文件）→“New”（新建）→“Option File”（选项文件），Post Processor会自动切换到“Editor”（后处理文件编辑器）状态。新建后处理文件为空白状态，因此所有设置都是默认设置。

4.2.2　输出程序头代码

1. 激活程序头命令

在“Editor”（后处理文件编辑器）选项卡下方，单击“Commands”，打开“Commands”

窗口，在该窗口中，右击“Program Start”树枝，在弹出的快捷菜单条中执行“Activate”，如图 4-1 所示。

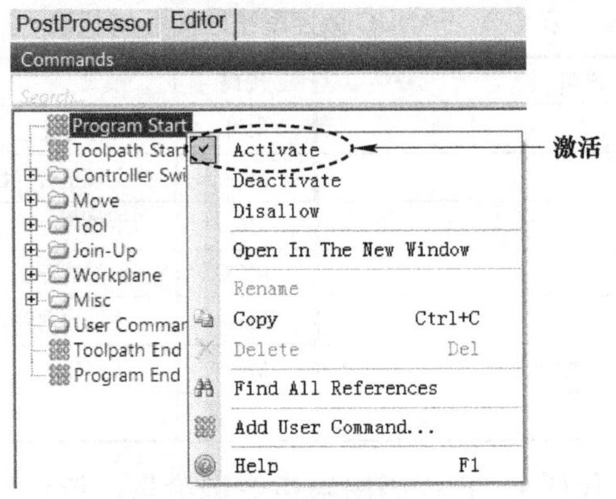

图 4-1　激活程序头

所有命令在激活前都是灰色的。需要注意的是，在默认情况下钻孔固定循环指令设置为不可用，因此在后处理钻孔刀路时，会输出错误信息。

2. 加载程序头窗口

单击“Program Start”树枝，在主视窗中打开“Program Start”窗口，如图 4-2 所示。

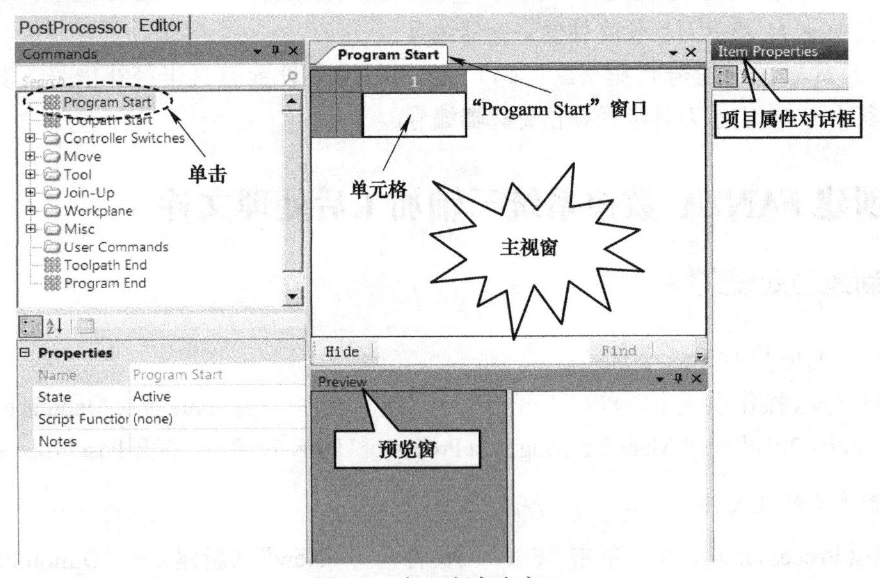

图 4-2　打开程序头窗口

如图 4-2 所示，主视窗中的程序头命令此时是空白的，因此预览窗口也没有输出，接下来填入参数和文本等内容。

3. 插入 % 文本

在工具栏中，单击插入块按钮，在第 1 行第 1 列单元格中插入一个“Block Number”（块号）程序行号，接着在工具栏中单击插入文本按钮 A，在第 1 行第 2 列单元格中插入一个文本输出块，如图 4-3 所示。

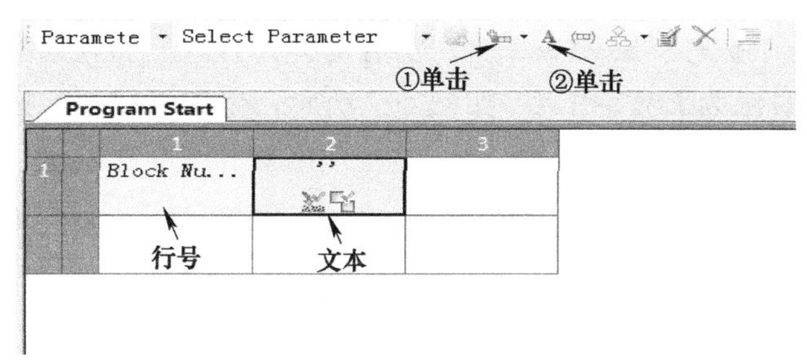

图 4-3　插入行号及文本

双击第 1 行第 2 列的文本块，输入 %，回车。

注意：

1）FANUC 数控系统通常需要以 % 来表示程序的开始。

2）在命令里，文本是用单引号' '括起来的。

4. 插入程序号参数

在“Program Start”窗口中，单击第 2 行第 1 列的空白单元格，然后在工具栏中单击插入块按钮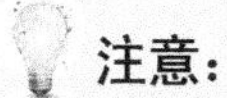，在第 2 行第 1 列单元格中插入一个“Block Number”程序行号，开始一段新程序行，此时光标会自动跳转到第 2 行第 2 列的空白单元格。

在工具栏中，选择“Parameter”，在下拉列表中，选择“Program Number”（程序号）参数，如图 4-4 所示，会在第 2 行第 2 列单元格中插入程序号参数，如图 4-5 所示。

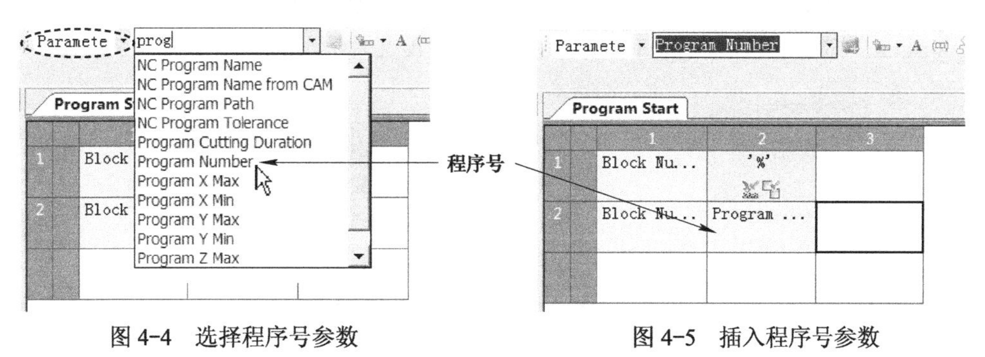

图 4-4　选择程序号参数　　　图 4-5　插入程序号参数

注意：

当参数名称已知时，这种选择参数的方法很好用，后面还会介绍其他插入参数的方法。

4.2.3　首次调试后处理文件

1. 进入后处理模式

在 Post Processor 软件中，单击“PostProcessor”（后处理器）选项卡，切换到后处理模式。

如图 4-6 所示，在“New Session”（新章节）树枝下，右击“New”（新建）分枝，在弹出的快捷菜单条中执行“Save as...”（另存为），打开“另存为”对话框，输入文件名为“ex1”，保存目录为 E:\PostEX，如图 4-7 所示，单击“保存”按钮，将刚刚新建的后处理文件保存起来。

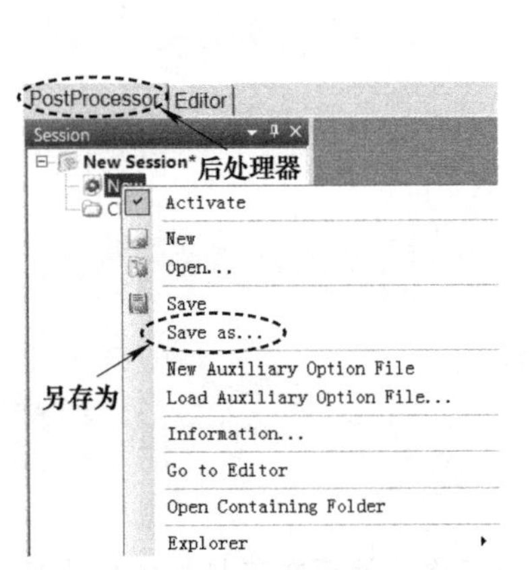

图 4-6　另存后处理文件

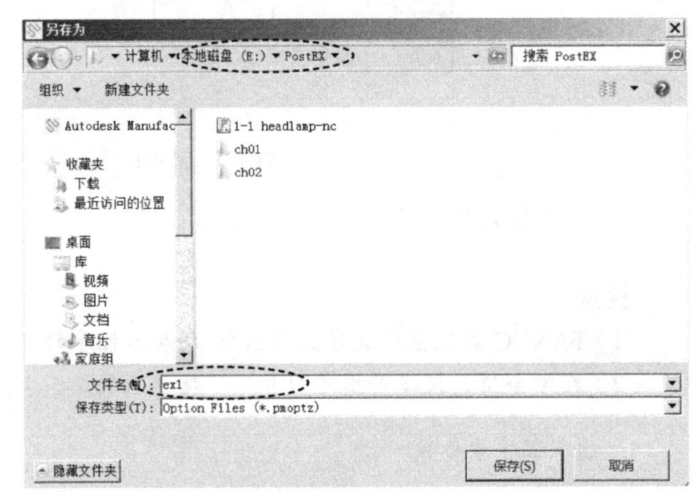

图 4-7　保存后处理文件

2. 加载 CLDATA 文件并进行调试

1）复制文件到本地磁盘。用手机扫描前言中的“实例源文件”二维码，下载并复制文件夹“Source\ch04”到“E:\PostEX”目录下。然后，将 E:\PostEX\ch04\3ax.cut 文件拖到“New Session”树枝下的“CLDATA Files”（CLDATA 文件）分枝下，如图 4-8 所示。

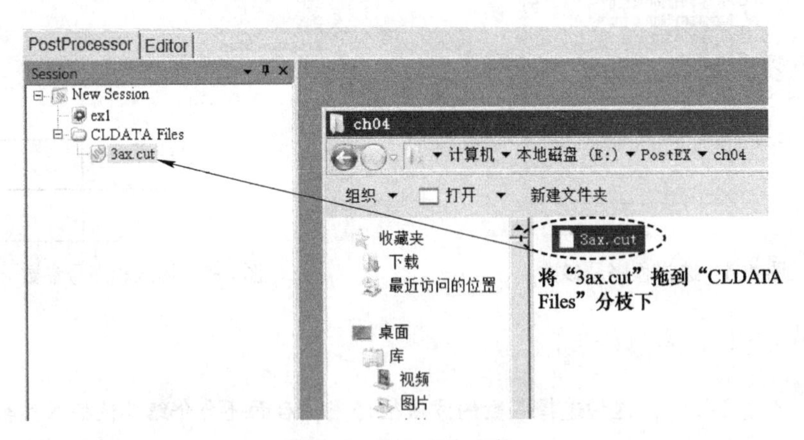

图 4-8　拖入刀位文件

2）在“PostProcessor”选项卡内，右击“CLDATA Files”分枝下的“3ax.cut”文件，在弹出的快捷菜单条中执行“Process as Debug”（调试模式后处理），如图 4-9 所示，系统会在“3ax.cut”分枝下生成一个名为“3ax_ex1.tap”的 NC 程序文件和一个名为“3ax_ex1.tap.dppdbg”的调试文件，如图 4-10 所示。

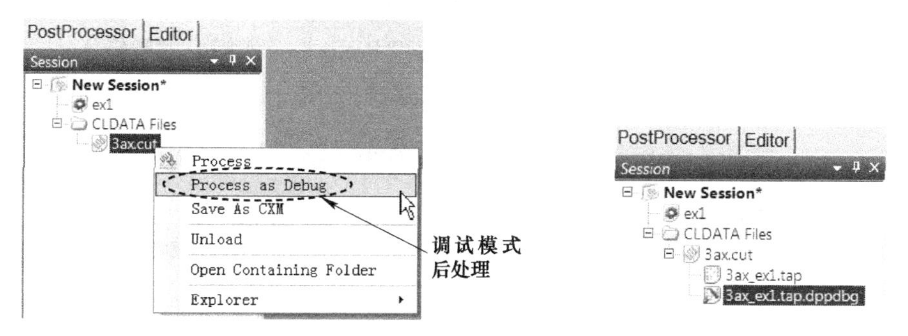

图 4-9　选择调试后处理　　　　图 4-10　生成两个文件

单击“3ax_ex1.tap.dppdbg”调试文件，在主视窗中显示其内容，如图 4-11 所示。

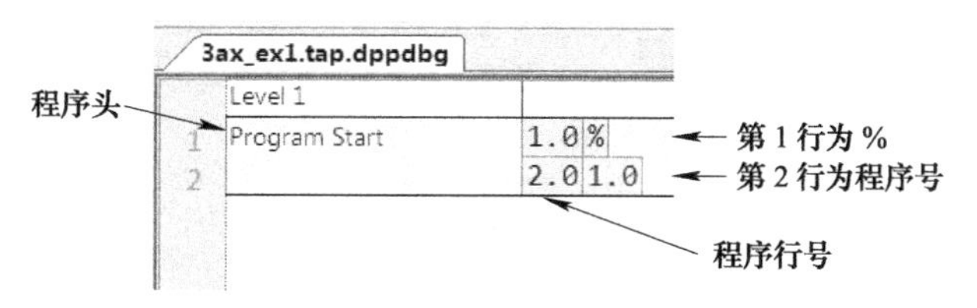

图 4-11　调试文件内容

如图 4-11 所示，到目前为止，只定义了后处理文件的程序头命令，因此后处理器只完成了刀位文件的程序头部分后处理。图 4-11 中的程序行号并不符合 FANUC 数控系统的格式要求，下面来调整。

4.2.4　创建和应用程序行号及格式

1．修改程序行号的前缀和后缀

通过在前缀区域输入文本，可以将文本添加到参数的开头，并在后缀区域将文本添加到参数的结尾。

1）在 Post Processor 软件中，单击“Editor”选项卡，切换到后处理文件编辑器模式。在“Commands”窗口中单击“Program Start”树枝，在主视窗中打开“Program Start”窗口。在该窗口中单击“Block Number”程序行号参数，如图 4-12 所示。

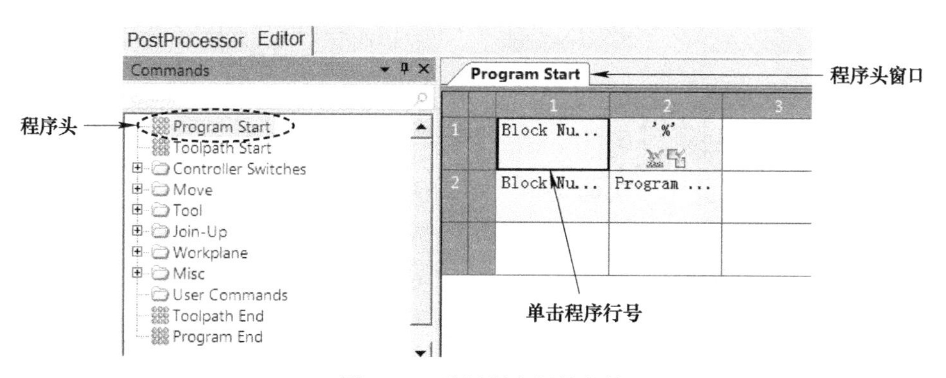

图 4-12　选择程序行号参数

2）在主视窗右侧，单击“Item Properties”（项目属性），打开项目属性对话框。在该对话框中，双击“Parameter”树枝，将它展开，在“Prefix”（前缀）栏中输入大写字母 N，然后回车，在“Postfix”（后缀）栏中输入空格，然后回车，如图 4-13 所示。

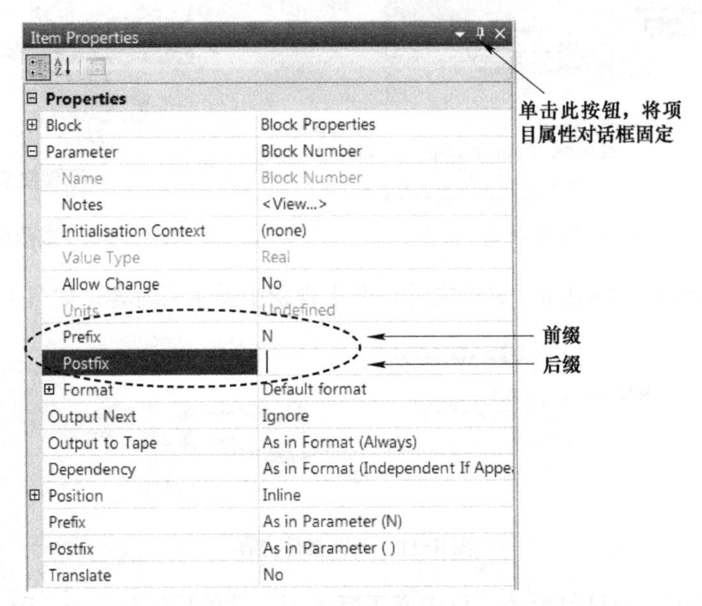

图 4-13　修改程序行号属性

在预览窗口，可见程序行号已经更改，如图 4-14 所示。

如图 4-14 所示，程序行号已经有前缀 N 和后缀空格，但 FANUC 数控系统的程序行号是不带小数的，下面来调整。

2. 创建程序行号的格式

1）在“Editor”选项卡下方，单击“Formats”，打开“Formats”窗口，如图 4-15 所示。

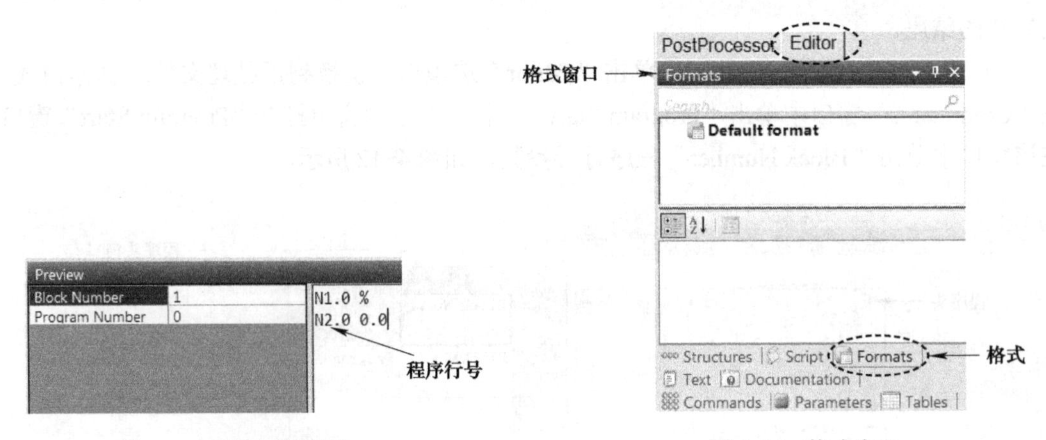

图 4-14　程序行号预览　　　　图 4-15　格式窗口

2）在“Formats”窗口中的“Default format”（默认格式）下方空白处右击，在弹出的快捷菜单条中执行“Add Format…”（增加格式），打开增加格式对话框，在“Name”（名称）栏输入“hanghao”，如图 4-16 所示，单击“OK”按钮。

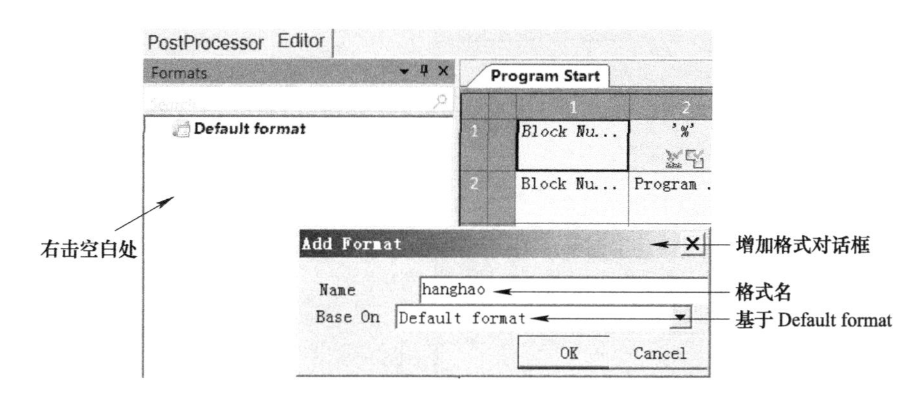

图 4-16　增加格式

3）在“Formats”窗口中，单击“Default format”，在主视窗中打开“Default format”窗口，在该窗口中找到参数“Block Number”，右击该参数，在弹出的快捷菜单条中执行“Assign To”（安排到）→“hanghao”，如图 4-17 所示。

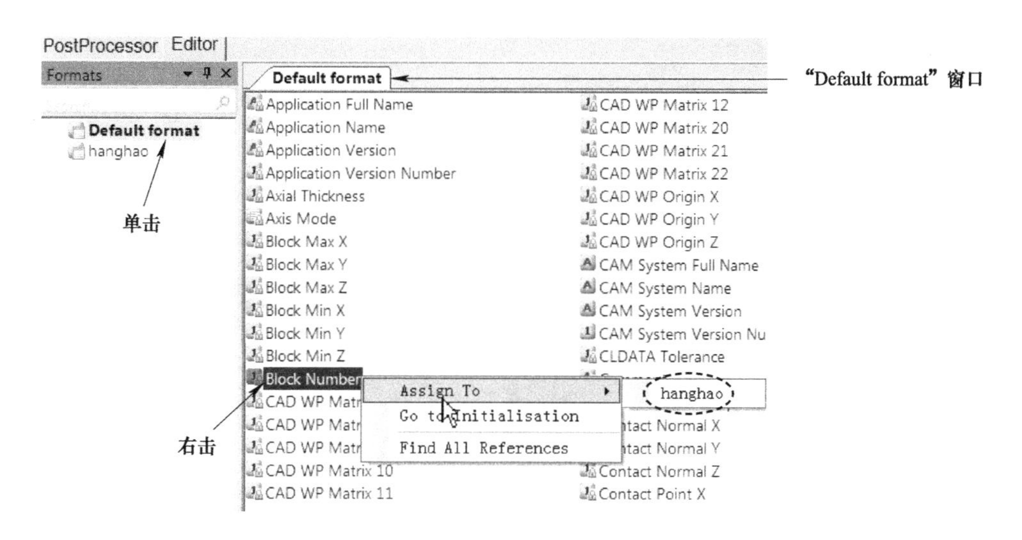

图 4-17　增加参数到“hanghao”格式

4）在“Formats”窗口中，单击“hanghao”，在主视窗中打开“hanghao”窗口，可见参数“Block Number”已经增加到“hanghao”格式中。按图 4-18 所示修改“hanghao”格式的属性：①选择“Dependent”（依赖），将“hanghao”格式的行为改为依赖，这意味着只有在同一程序行中有另一个参数输出时，才会输出程序行号；②选择“###”，程序行号不会输出小数点和小数。

5）在“Editor”选项卡下方，单击“Commands”，切换到“Commands”窗口，单击“Program Start”树枝，在主视窗中打开“Program Start”窗口，此时，在预览窗口可见程序行号已经符合 FANUC 数控系统的要求，如图 4-19 所示。

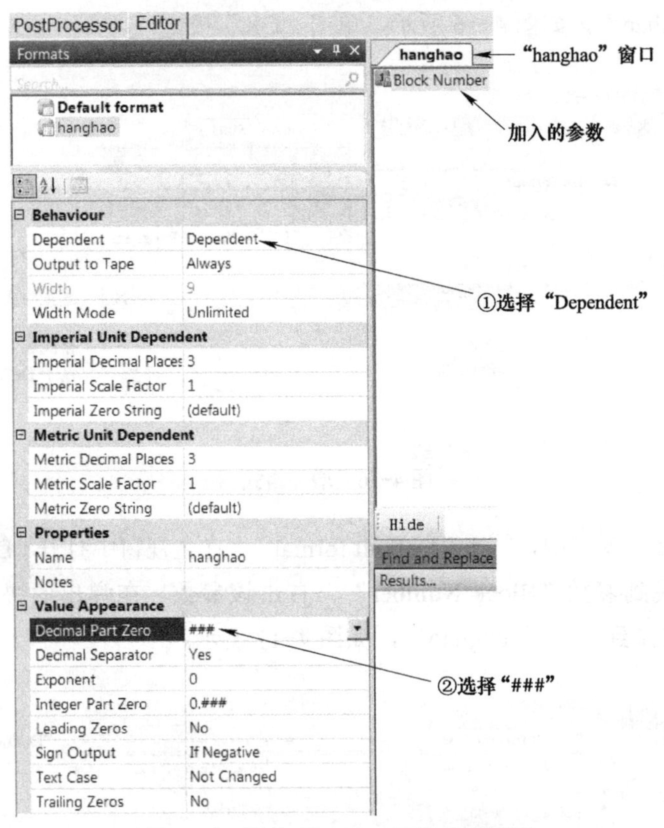

图 4-18　修改"hanghao"格式的属性

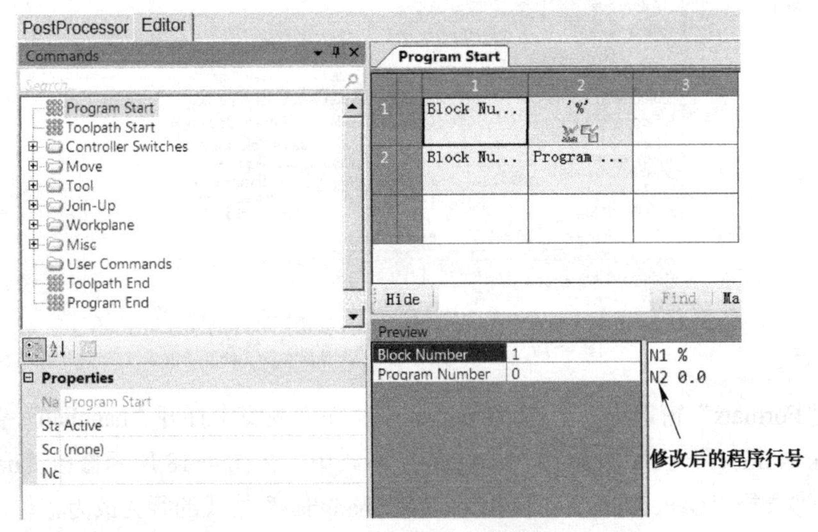

图 4-19　修改后的程序行号

4.2.5　输出程序名

通过修改程序号创建 NC 程序名的步骤如下：

1）在"Editor"选项卡下方，单击"Formats"，切换到"Formats"窗口，参照 4.2.4

节第 2 步第 2）小步的操作方法，基于“Default format”格式，创建一种新的格式，其名称为“chengxuhao”。

2）参照 4.2.4 节第 2 步第 3）小步的操作方法，将参数“Program Number”加入到“chengxuhao”格式中，如图 4-20 所示。

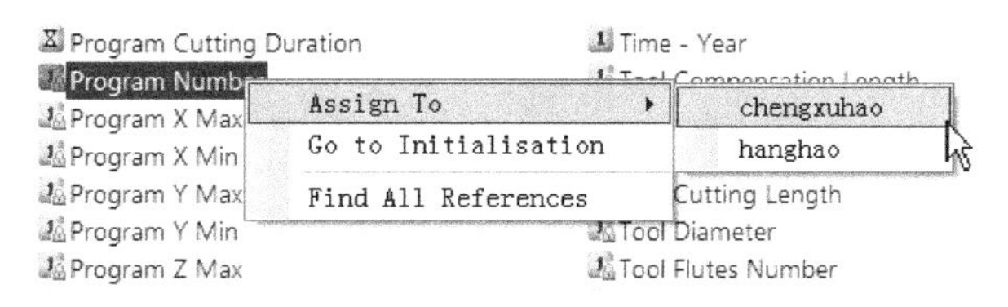

图 4-20　增加参数到“chengxuhao”格式

3）参照 4.2.4 节第 2 步第 4）小步的操作方法，按图 4-21 所示修改“chengxuhao”格式的属性：①设置字宽最大位数为 4 位，即只会输出 4 位数；②选择“###”，不会输出小数点和小数；③前导零选择“Yes”，表示会输出前导零。

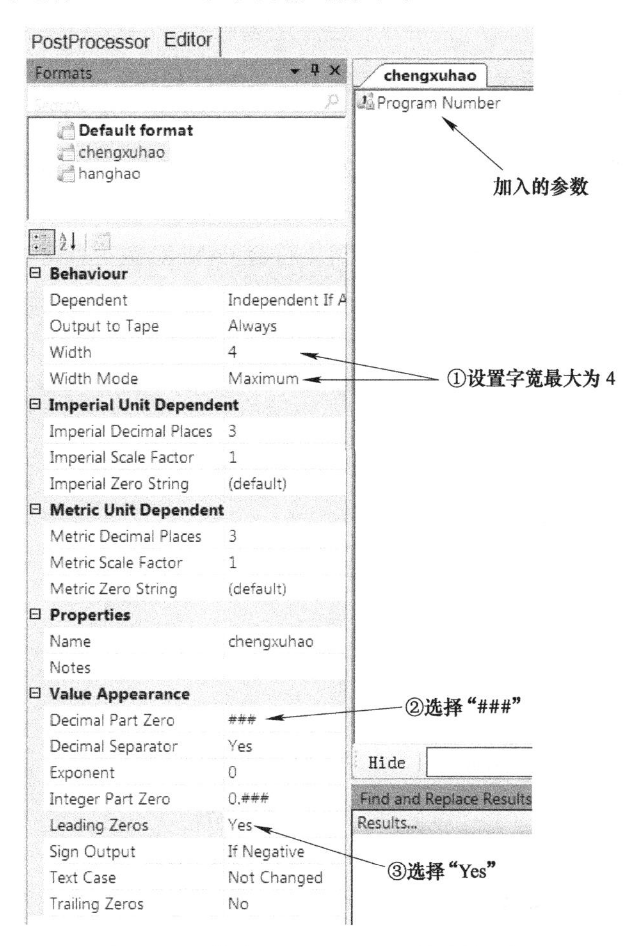

图 4-21　修改“chengxuhao”格式的属性

4）在“Editor”选项卡下方，单击“Commands”，切换到“Commands”窗口，单击“Program Start”树枝，在主视窗中打开“Program Start”窗口，此时，在预览窗口可见程序号的形式已经改变，如图 4-22 所示。

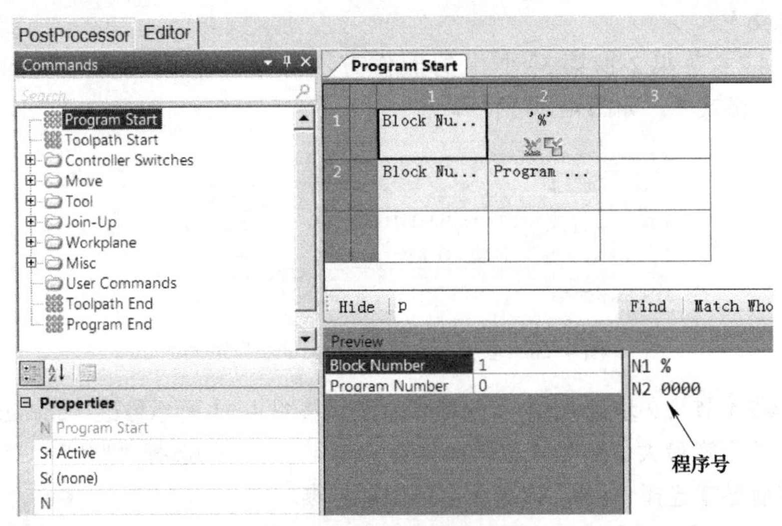

图 4-22　程序号已经修改

因为 FANUC 数控系统要求 NC 程序名为大写字母 O 后跟 4 个数字，因此接下来为程序号增加前缀。

5）在“Program Start”窗口中，单击第 2 行第 2 列的“Program Number”参数，在主视窗右侧的“Item Properties”对话框中，双击“Parameter”树枝，将它展开，在“Prefix”栏中输入大写字母 O，然后回车，如图 4-23 所示，可见符合 FANUC 数控系统的程序名已经创建。

图 4-23　修改程序号属性

4.2.6　输出程序头注释部分

1. 增加编程员注释

在“Program Start”窗口中，单击第 3 行第 1 列的空白单元格，然后在工具栏中单击插入块按钮，在第 3 行第 1 列单元格中插入一个“Block Number”程序行号，开始新的一行。

在“Editor”选项卡下方，单击“Parameters”，切换到“Parameters”窗口，双击“Tracea bility”（可追溯性）树枝，将它展开，拖动“Traceability”树枝下的“Current User”（当前用户）到“Program Start”窗口中第 3 行第 2 列单元格，如图 4-24 所示。

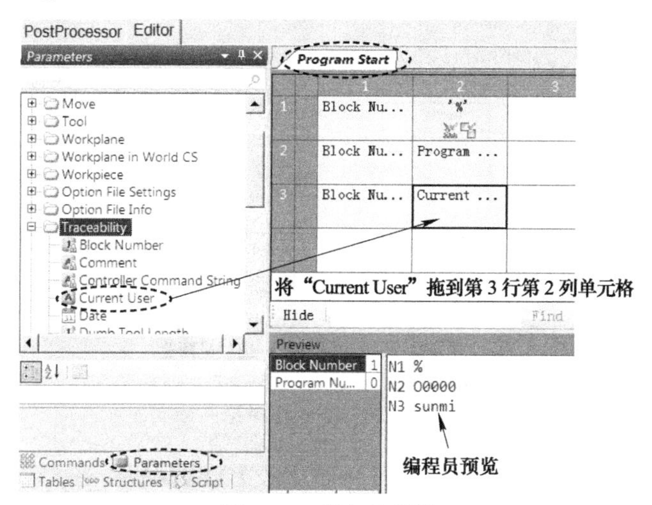

图 4-24　增加编程员

此时，注意图 4-24 中编程员预览，FANUC 数控系统要求所有的注释用圆括号括起来，下面来调整。

在 Post Processor 软件下拉菜单条中，单击“File”→“Option File Settings...”（选项文件设置），打开选项文件设置对话框，按图 4-25 所示设置注释符号。

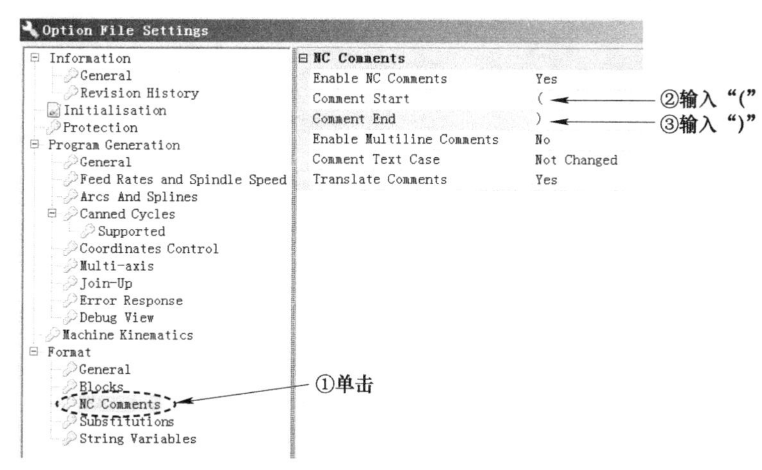

图 4-25　设置注释符号

单击“Close”（关闭）按钮，关闭选项文件设置对话框。

在“Program Start”窗口中，单击第 3 行第 2 列“Current User”单元格，然后在工具栏中单击插入注释符按钮，如图 4-26 所示。

在 Program Start 窗口中，右击第 3 行第 3 列“Current User”单元格，在弹出的快捷菜单条中执行“Item Properties”，打开“Item Properties”对话框。在该对话框中，双击“Parameter”树枝，将它展开，在“Prefix”栏中输入注释“bianchengyuan：”，然后回车，如图 4-27 所示。

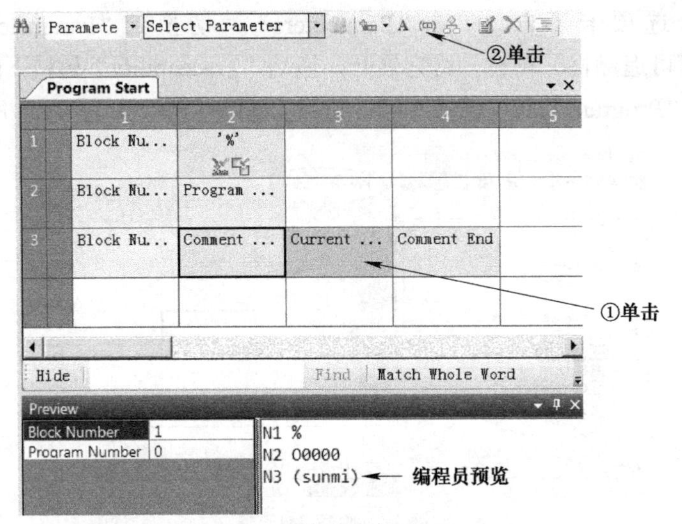

图 4-26　插入注释符

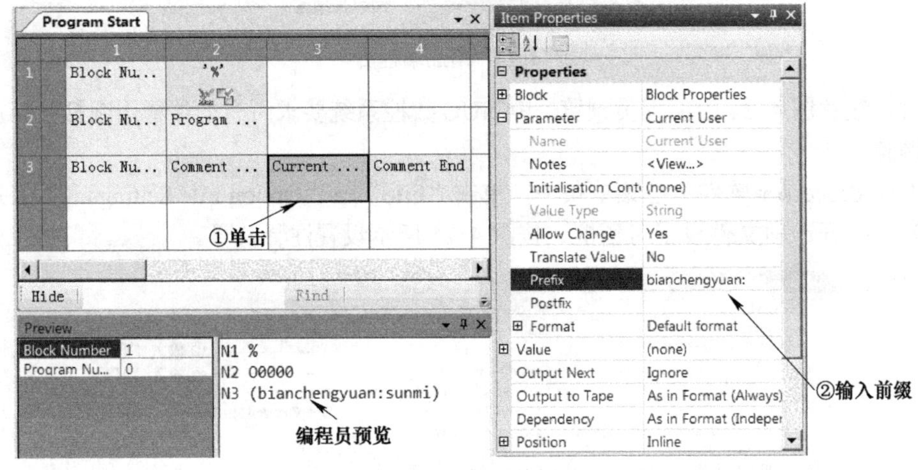

图 4-27　加入前缀

2. 调试后处理文件（一）

在 Post Processor 软件中，单击“PostProcessor”选项卡，切换到后处理模式。

在“PostProcessor”选项卡内，右击“CLDATA Files”分枝下的“3ax.cut”文件，在弹出的快捷菜单条中执行“Process as Debug”（调试模式后处理），单击“3ax_ex1.tap.dppdbg”调试文件，在主视窗中显示其内容，如图 4-28 所示。

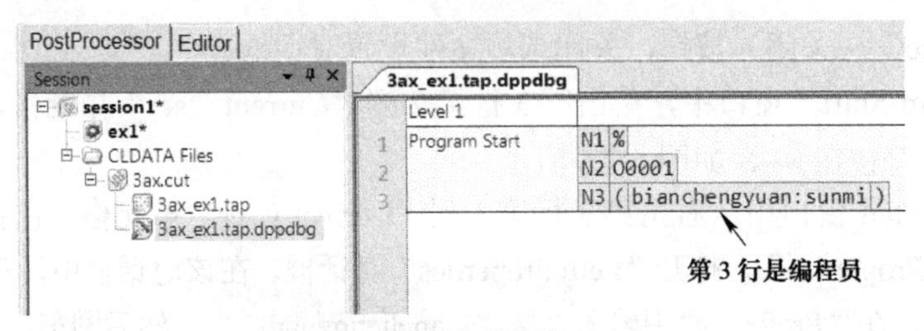

图 4-28　调试文件内容（一）

3. 增加项目名称注释

在 Post Processor 软件中，单击“Editor”选项卡，切换到后处理文件编辑器模式。

在“Program Start”窗口中，单击第 4 行第 1 列的空白单元格，然后在工具栏中单击插入块按钮，在第 4 行第 1 列单元格中插入一个“Block Number”程序行号，开始新的一行。接着在工具栏中单击插入文本按钮，在第 4 行第 2 列单元格中插入一个文本输出块。双击第 4 行第 2 列单元格，输入“xiangmuming：”，回车，如图 4-29 所示。

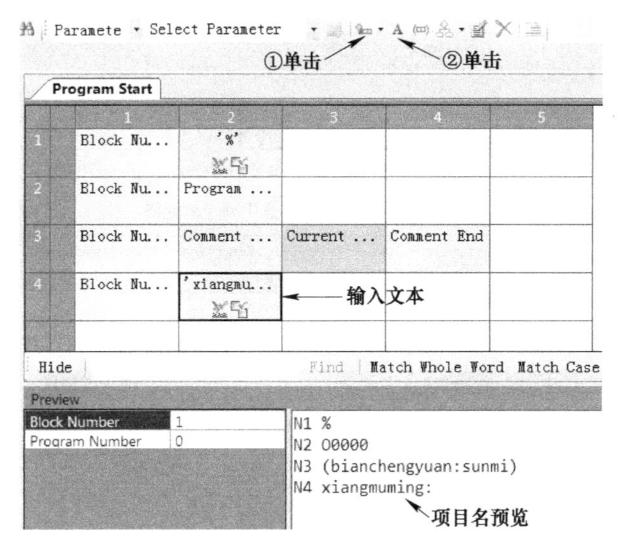

图 4-29　插入项目名前缀

在“Editor”选项卡下方，单击“Parameters”，打开“Parameters”窗口，在该窗口中，双击“Program”（程序）树枝，将它展开，拖动“Program”树枝下的“Project Name”（项目名）到“Program Start”窗口中第 4 行第 3 列单元格，如图 4-30 所示。

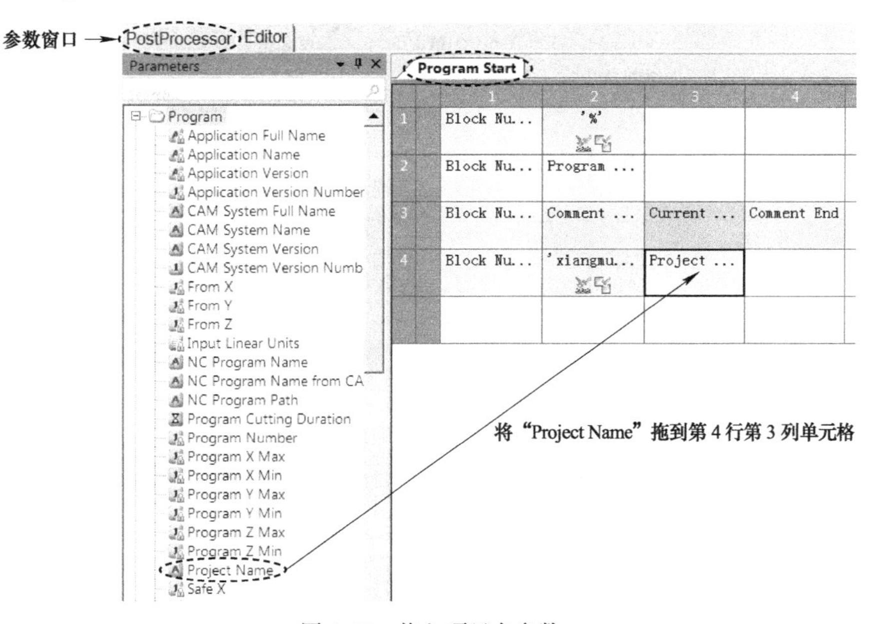

图 4-30　拖入项目名参数

在“Program Start”窗口中，按下 <Shift> 键，单击选中第 4 行第 2 列和第 3 列的两个单元格，然后在工具栏中单击插入注释符按钮，如图 4-31 所示。

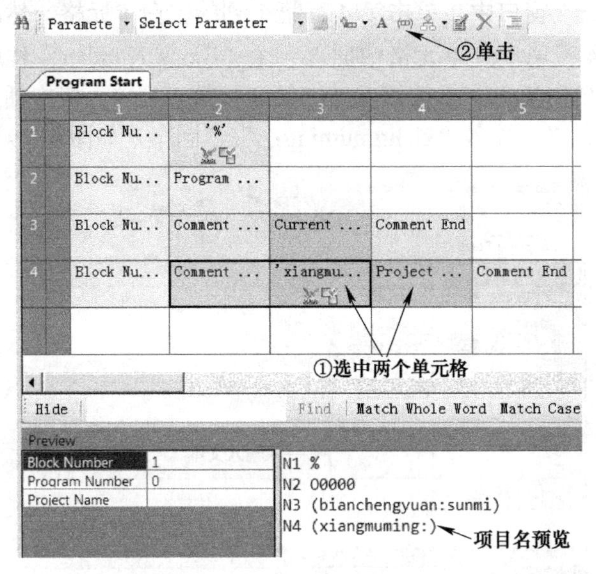

图 4-31　项目名加入括号

4. 增加编程坐标系（对刀坐标系）注释

在“Program Start”窗口中，单击第 5 行第 1 列的空白单元格，然后在工具栏中单击插入块按钮，在第 5 行第 1 列单元格中插入一个“Block Number”程序行号，开始新的一行。接着在工具栏中单击插入文本按钮 A，在第 5 行第 2 列单元格中插入一个文本输出块。双击第 5 行第 2 列单元格，输入“zuobiaoxi：”，回车，如图 4-32 所示。

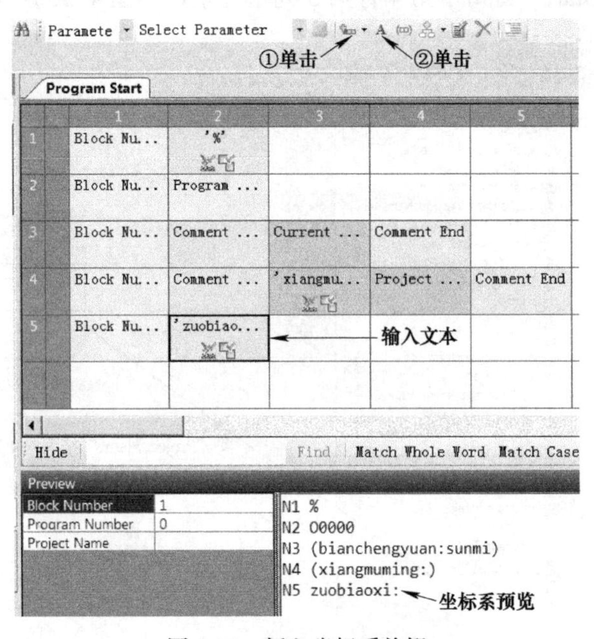

图 4-32　插入坐标系前缀

在“Parameters”窗口，双击“Workplane”（坐标系）树枝，将它展开，拖动“Workplane”树枝下的“Workplane Output Name”（坐标系输出名称）到“Program Start”窗口中第 5 行第 3 列单元格，如图 4-33 所示。

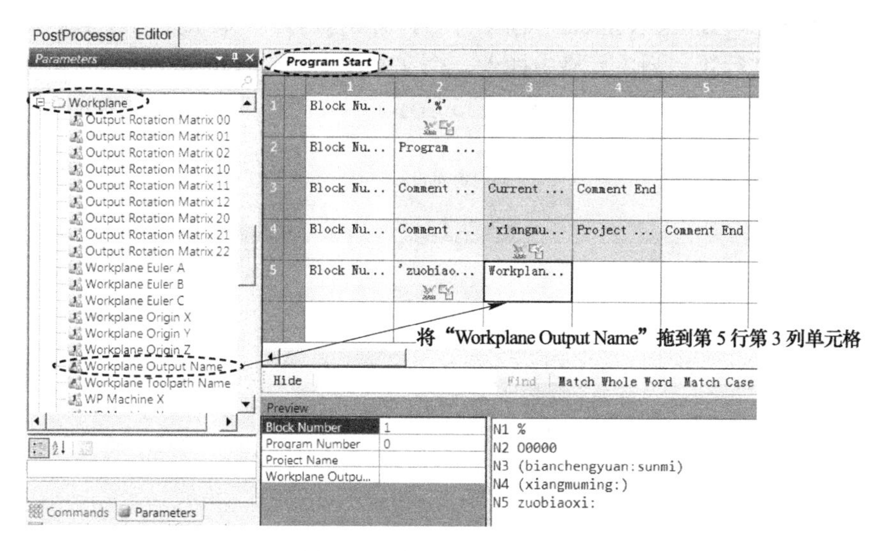

图 4-33　拖入坐标系名参数

在“Program Start”窗口中，按下 <Shift> 键，单击选中第 5 行第 2 列和第 3 列的两个单元格，然后在工具栏中单击插入注释符按钮，如图 4-34 所示。

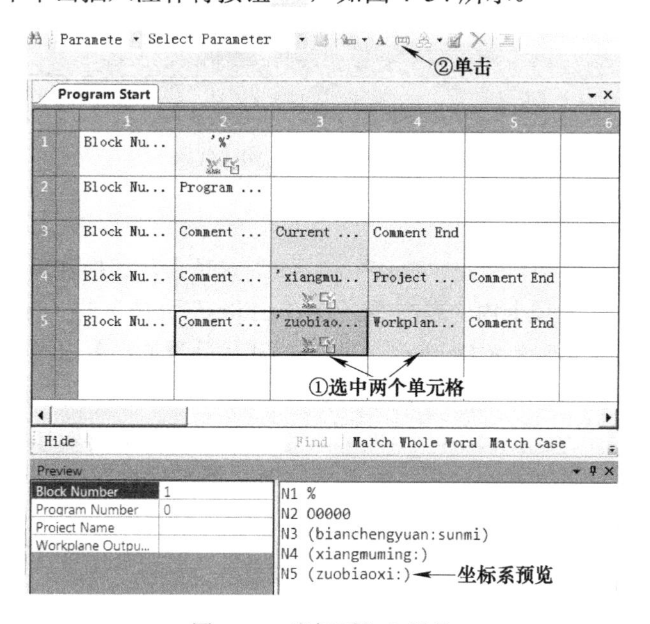

图 4-34　坐标系加入括号

5. *增加 NC 程序的初始化代码*

在“Program Start”窗口中，单击第 6 行第 1 列的空白单元格，然后在工具栏中单击插入块按钮，在第 6 行第 1 列单元格中插入一个“Block Number”程序行号，开始新的一行。接着在工具栏中单击插入文本按钮A，在第6行第2列单元格中插入一个文本输出块。双击第6行第2列单元格，输入“G91G28Z0.0”，回车，如图4-35所示。

单击第7行第1列的空白单元格，然后在工具栏中单击插入块按钮，在第7行第1列单元格中插入一个“Block Number”程序行号，开始新的一行。接着在工具栏中单击插入文本按钮A，在第7行第2列单元格中插入一个文本输出块。双击第7行第2列单元格，输入“G90G80G40G49G54”，回车，如图4-35所示。

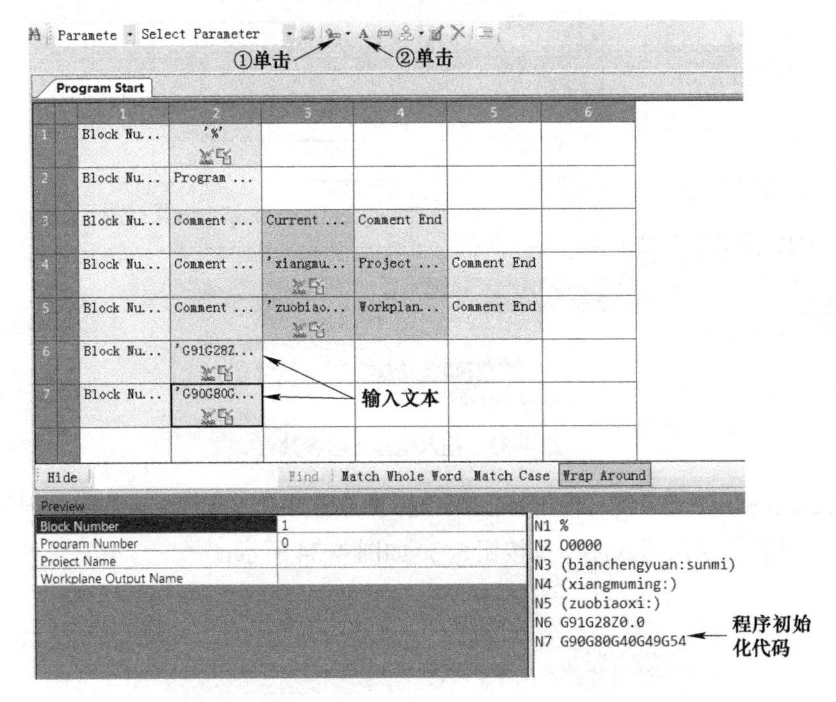

图4-35 插入程序初始化代码

6. 调试后处理文件（二）

在Post Processor软件中，单击“PostProcessor”选项卡，切换到后处理模式。

在“PostProcessor”选项卡内，右击“CLDATA Files”分枝下的“3ax.cut”文件，在弹出的快捷菜单条中执行“Process as Debug”（调试模式后处理），单击“3ax_ex1.tap.dppdbg”调试文件，在主视窗中显示其内容，如图4-36所示。

如图4-36所示，第6、7行是FANUC数控系统NC程序的初始化代码。运行到第6行时，机床Z轴回零（最高位置），运行到第7行时，绝对坐标定位，取消固定循环、刀具补偿，使用G54工件坐标系。

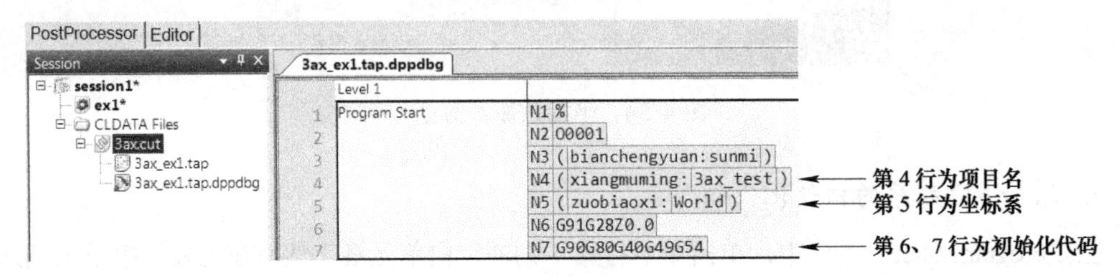

图4-36 调试文件内容（二）

4.2.7　输出 G01/G00 代码

1. 增加直线切削命令（G01）

（1）激活“Move Linear”（直线切削）命令　在 Post Processor 软件中，单击“Editor”选项卡，切换到后处理文件编辑器模式。

在“Editor”选项卡下方，单击“Commands”，切换到“Commands”窗口，在该窗口中，双击“Move”（移动）树枝，将它展开。右击“Move Linear”分枝，在弹出的快捷菜单条中执行“Activate”，将它激活。接着双击“Move Linear”分枝，在主视窗中显示“Move Linear”窗口，如图 4-37 所示。

图 4-37　激活直线切削命令

在后处理 CLDATA 文件时，系统将自动触发后处理器中的相应命令。

（2）插入 X、Y、Z 坐标参数　在“Move Linear”窗口中，单击第 1 行第 1 列的空白单元格，然后在工具栏中单击插入块按钮，在第 1 行第 1 列单元格中插入一个“Block Number”程序行号，开始新的一行。

在工具栏中，选择“Parameter”，在下拉列表中选择“X”参数，如图 4-38 所示，会在第 1 行第 2 列单元格中插入 X 坐标，如图 4-39 所示。

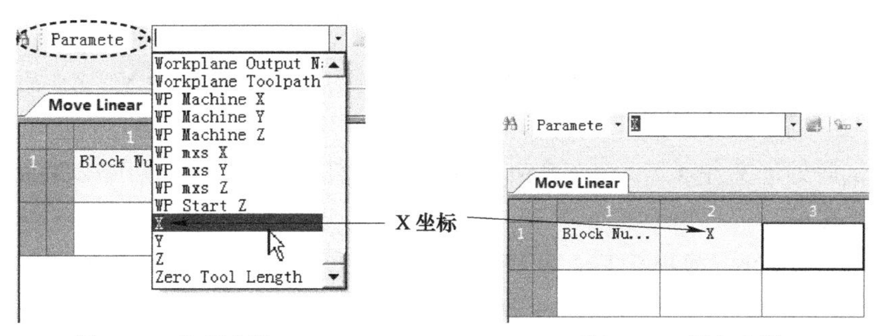

图 4-38　选择参数 X　　　　图 4-39　插入参数 X

然后选择“Y”参数，会在第 1 行第 3 列单元格中插入 Y 坐标，接着选择“Z”参数，会在第 1 行第 4 列单元格中插入 Z 坐标，如图 4-40 所示。

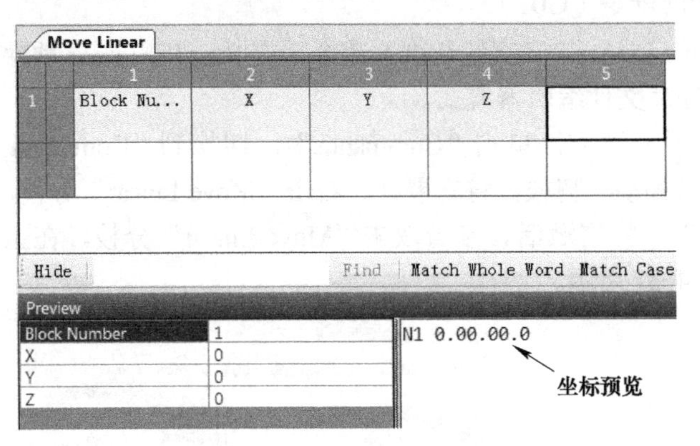

图 4-40　插入参数 Y 和 Z

注意：

图 4-40 中坐标预览没有输出 X、Y、Z，这是不符合数控系统要求的，下面来调整。

（3）给坐标加入前缀和后缀　在“Move Linear”窗口中，单击第 1 行第 2 列单元格中的“X”参数，在主视窗右侧，单击“Item Properties”，打开项目属性对话框。在该对话框中，双击“Parameter”树枝，将它展开，在“Prefix”栏中输入大写字母 X，然后回车，在“Postfix”栏中输入空格，然后回车，如图 4-41 所示。

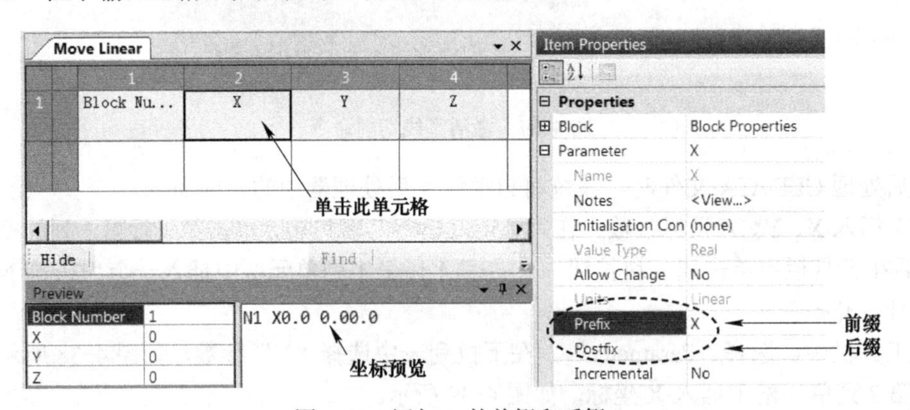

图 4-41　添加 X 的前缀和后缀

参照此操作，依次单击“Y”“Z”参数，分别添加它们的前缀为 Y、Z，后缀为空格，结果如图 4-42 所示。

（4）调试后处理文件（一）　在 Post Processor 软件中，单击“PostProcessor”选项卡，切换到后处理模式。

在“PostProcessor”选项卡内，右击“CLDATA Files”分枝下的“3ax.cut”文件，在弹出的快捷菜单条中执行“Process as Debug”（调试模式后处理），单击“3ax_ex1.tap.dppdbg”调试文件，在主视窗中显示其内容，如图 4-43 所示。

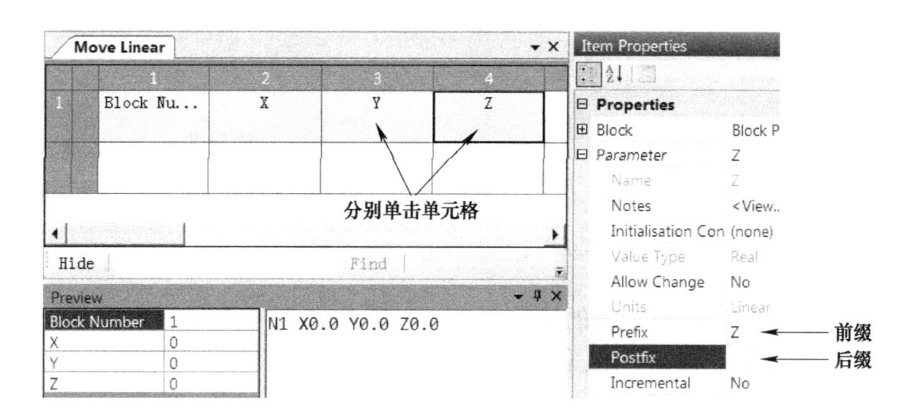

图 4-42　添加 Y、Z 的前缀和后缀

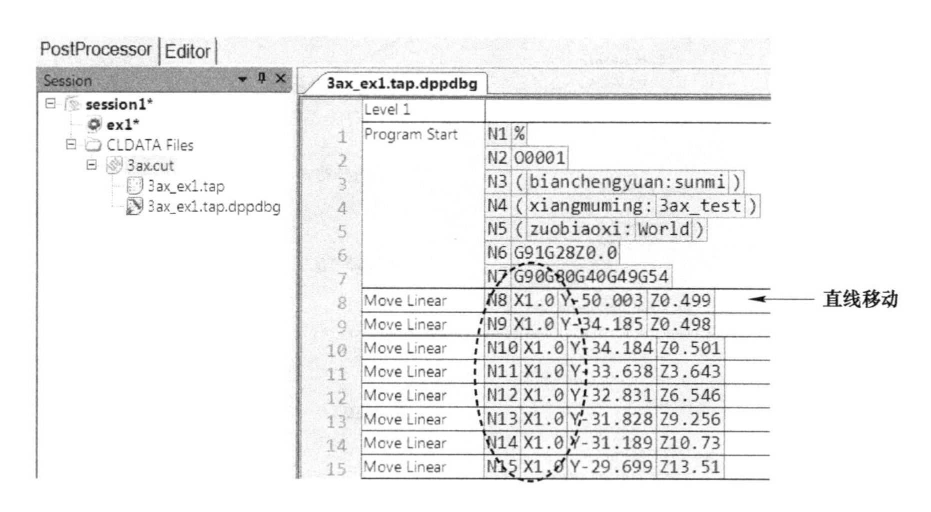

图 4-43　调试文件内容（一）

注意：

图 4-44 中的 X 坐标，从 N8 行开始，X 坐标值均为相同的 1.0，因为坐标在数控系统指令中是模态代码，相同坐标可以只输出一次，从而节约存储空间，下面来调整。

（5）修改 X、Y、Z 坐标参数的格式　在 Post Processor 软件中，单击“Editor”选项卡，切换到后处理文件编辑器模式。

在“Editor”选项卡下方，单击“Formats”，切换到“Formats”窗口，参照 4.2.4 节第 2 步第 2）小步的操作方法，基于“Default format”格式，创建一种新的格式，其名称为“zbgs”。

参照 4.2.4 节第 2 步第 3）小步的操作方法，按住 <Shift> 键，选中参数“X”“Y”“Z”，将它们加入到“zbgs”格式中，如图 4-44 所示。

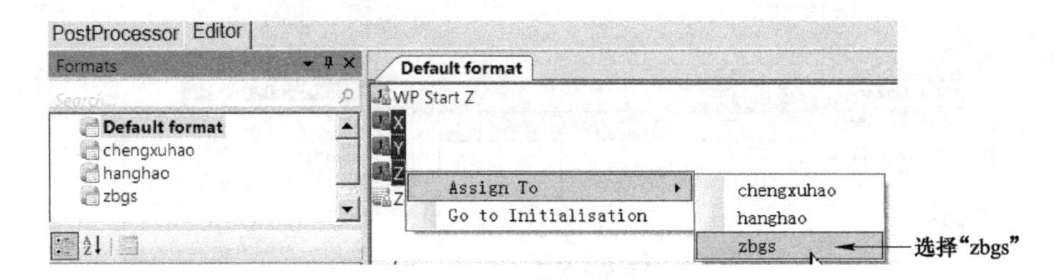

图 4-44　增加参数到“zbgs”格式

参照 4.2.4 节第 2 步第 4）小步的操作方法，按图 4-45 所示修改“zbgs”格式的属性：①选择“zbgs”属性；②选择“If Updated”（如果更新），只有坐标值发生了改变，才会输出新的坐标值。

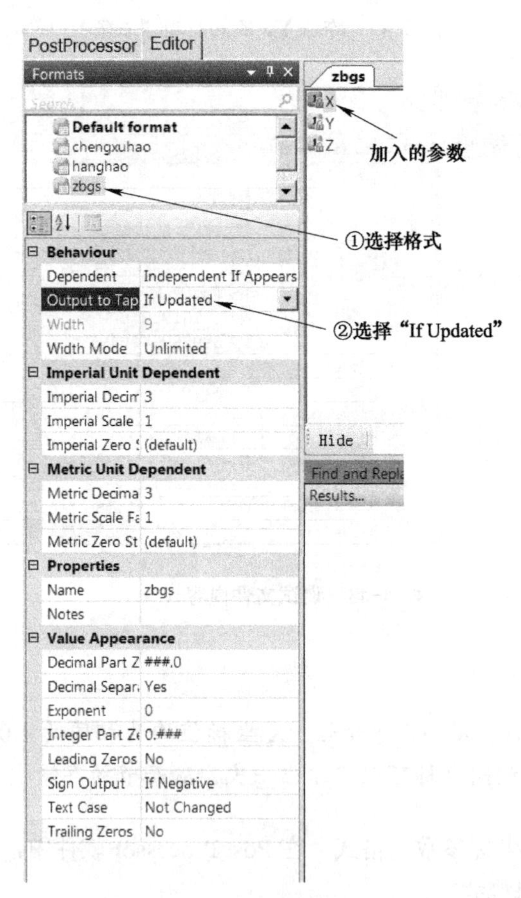

图 4-45　修改“zbgs”格式的属性

（6）调试后处理文件（二）　在 Post Processor 软件中，单击“PostProcessor”选项卡，切换到后处理模式。

在“PostProcessor”选项卡内，右击“CLDATA Files”分枝下的“3ax.cut”文件，在弹出的快捷菜单条中执行“Process as Debug”（调试模式后处理），单击“3ax_ex1.tap.dppdbg”调试文件，在主视窗中显示其内容，如图 4-46 所示。

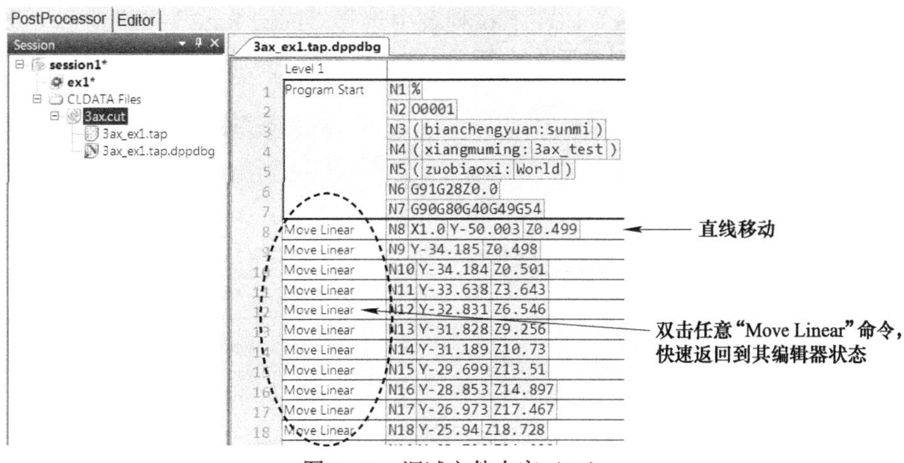

图 4-46　调试文件内容（二）

注意：

图 4-46 中 X 坐标已经不再输出重复的相同坐标值。但问题是，直线移动程序行首没有 G00 或 G01 指令，下面来调整。

（7）插入移动类型参数　在图 4-46 中，双击任意"Move Linear"文本，可以快速返回到命令编辑状态。

在"Move Linear"窗口中，单击第 1 行第 2 列单元格中的"X"参数，然后在工具栏中选择"Parameter"，在下拉列表中选择"Motion Modc"（移动类型）参数，如图 4-47 所示，会在第 1 行第 2 列单元格中插入"Motion Mode"参数，如图 4-48 所示。

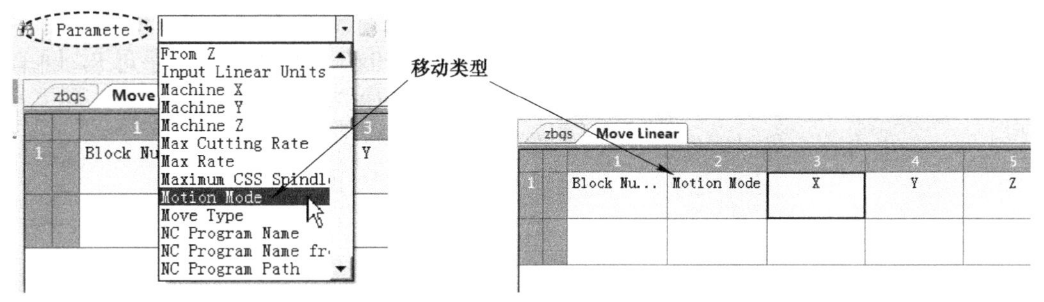

图 4-47　选择"Motion Mode"参数　　　　图 4-48　插入"Motion Mode"参数

单击第 1 行第 2 列单元格中的"Motion Mode"参数，在主视窗右侧的"Item Properties"对话框中，双击"Parameter"树枝，将它展开。在"States"（状态）栏，单击其右侧的展开按钮 States <Edit...>，按图 4-49 所示输入各类切削代码。然后，在"Postfix"（后缀）栏中输入空格，回车，如图 4-50 所示。

如图 4-49 所示，"LIN"表示直线切削，使用 G01 代码；"RAP"表示快速定位，使用 G00 代码；"CW"表示顺时针圆弧切削，使用 G02 代码；"CCW"表示逆时针圆弧切削，使用 G03 代码。

在数控加工中，对于切削指令，其后必须给出进给率 F 代码，下面来调整。

（8）插入进给率参数　在"Move Linear"窗口中，单击第 1 行第 6 列的空白单元格，然后在工具栏中选择“Parameter”，在下拉列表中选择“Feed Rate”（进给率）参数，如图 4-51 所示，会在第 1 行第 6 列单元格中插入“Feed Rate”参数，如图 4-52 所示。

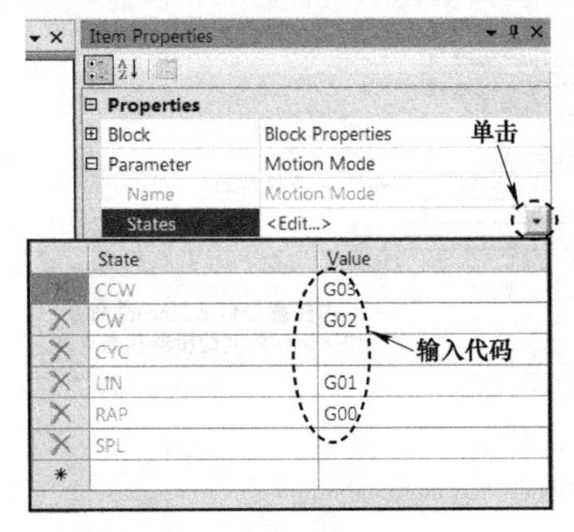

图 4-49 输入各类切削代码

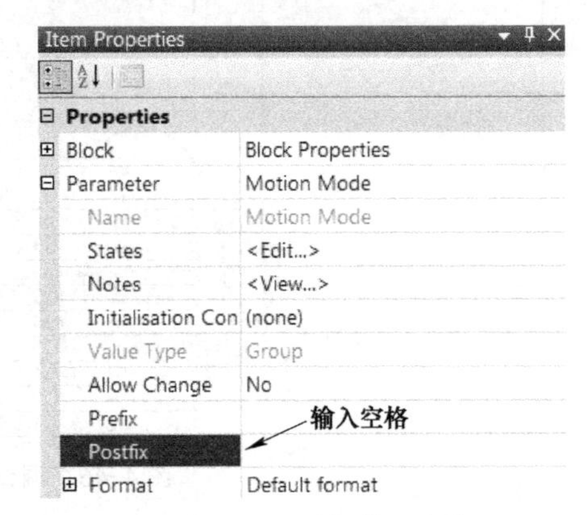

图 4-50 后缀输入空格

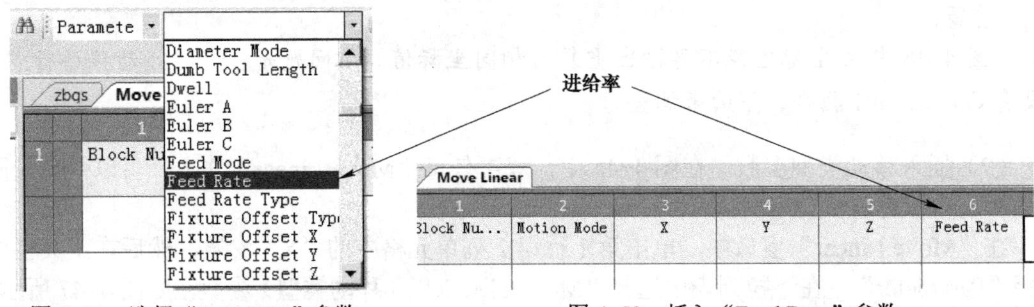

图 4-51 选择“Feed Rate”参数　　图 4-52 插入“Feed Rate”参数

单击第 1 行第 6 列单元格中的“Feed Rate”参数，在主视窗右侧的“Item Properties”对话框中，双击“Parameter”树枝下，将它展开，在“Prefix”栏中输入大写字母 F，回车，然后在“Formats”栏，选择已经定义好的格式“zbgs”，如图 4-53 所示。

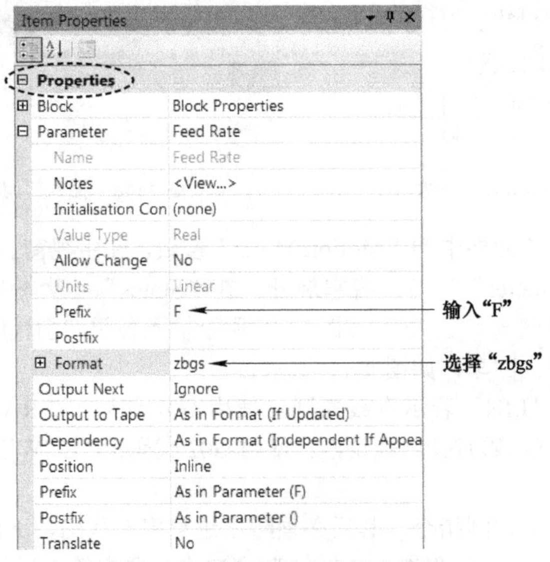

图 4-53 输入进给率前缀和格式

2. 增加快速定位命令（G00）

如果 CLDATA 文件中的运动模式是“Rapid”（快速定位），则后处理器会自动触发“Move Rapid”（快速定位）命令。

（1）激活“Move Rapid”（快速定位）命令　在“Commands”窗口中，右击“Move Rapid”分枝，在弹出的快捷菜单条中执行“Activate”，将它激活。接着右击“Move Rapid”分枝，在弹出的快捷菜单条中执行“Open In The New Window”（在新窗口中打开），这样会在主视窗中同时显示“Move Linear”窗口和“Move Rapid”窗口，可以方便地在主视窗中切换不同的窗口，如图 4-54 所示。

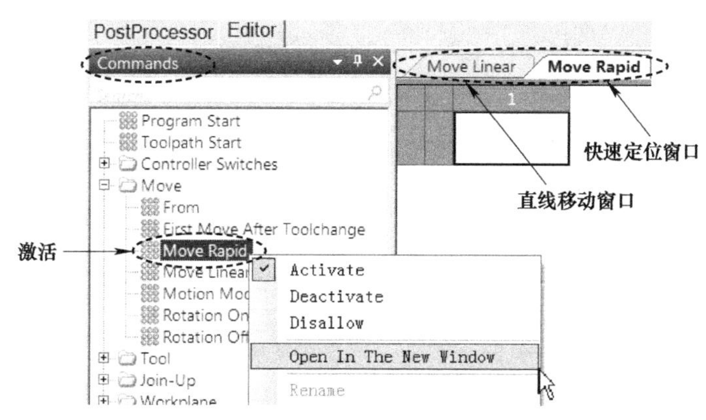

图 4-54　激活快速定位命令

（2）复制粘贴命令　在“Commands”窗口中，单击“Move Linear”分枝，在主视窗中显示“Move Linear”窗口。按住 <Shift> 键不放，依次单击第 1 行第 1 列单元格“Block Number”至第 1 行第 5 列单元格“Z”，将它们选中。在选中的任一单元格上右击，在弹出的快捷菜单条中执行“Copy”（复制）。

在“Commands”窗口中，单击“Move Rapid”分枝，在主视窗中显示“Move Rapid”窗口。在该窗口中，右击第 1 行第 1 列的空白单元格，在弹出的快捷菜单条中执行“Paste”（粘贴），如图 4-55 所示。其结果如图 4-56 所示。

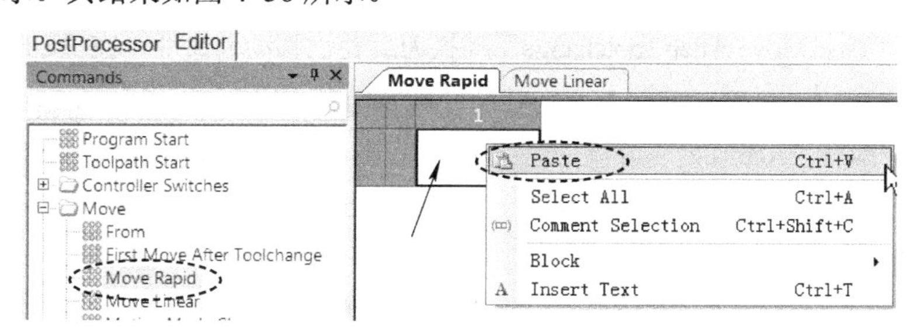

图 4-55　粘贴命令

Move Rapid　Move Linear

	1	2	3	4	5	6
1	Block Nu...	Motion Mode	X	Y	Z	

图 4-56　快速定位命令

（3）调试后处理文件　在 Post Processor 软件中，单击“PostProcessor”选项卡，切换到后处理模式。

在“PostProcessor”选项卡内，右击“CLDATA Files”分枝下的“3ax.cut”文件，在弹出的快捷菜单条中执行“Process as Debug”（调试模式后处理），单击“3ax_ex1.tap.dppdbg”调试文件，在主视窗中显示其内容，如图 4-57 所示。

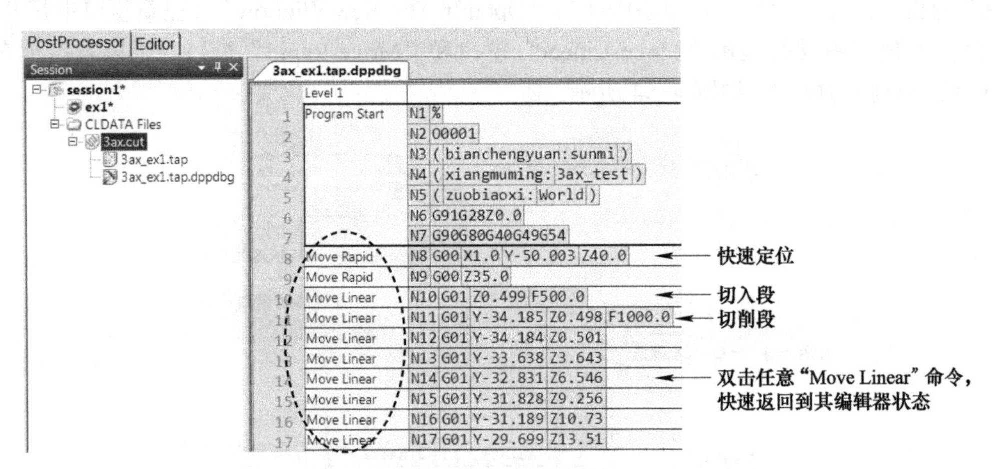

图 4-57　调试文件内容

注意：

图 4-57 中第 8 行的快速定位指令 X、Y、Z 坐标出现在同一行，这意味着会出现刀具相对于工件走空间直线快速定位的现象，这是不太安全的。下面通过增加换刀后的首次移动命令来调整。

3. 增加换刀后的首次移动命令

在图 4-57 中，双击任意“Move Linear”文本，可以快速返回到命令编辑状态。

（1）激活“First Move After Toolchange”（换刀后首次移动）命令　在“Editor”选项卡的“Commands”窗口中，右击“First Move After Toolchange”（换刀后首次移动）分枝，在弹出的快捷菜单条中执行“Activate”，将它激活。接着右击“First Move After Toolchange”分枝，在弹出的快捷菜单条中执行“Open In The New Window”，在主视窗中显示“First Move After Toolchange”窗口。

（2）复制粘贴命令　在“Commands”窗口中，单击“Move Linear”分枝，在主视窗中显示“Move Linear”窗口。按住 <Shift> 键不放，依次单击第 1 行第 1 列单元格“Block Number”至第 1 行第 5 列单元格“Z”，将它们选中。在选中的任一单元格上右击，在弹出的快捷菜单条中执行“Copy”（复制）。

在“Commands”窗口中，单击“First Move After Toolchange”分枝，在主视窗中显示“First Move After Toolchange”窗口。在该窗口中，右击第 1 行第 1 列的空白单元格，在弹出的快捷菜单条中执行“Paste”（粘贴），结果如图 4-58 所示。

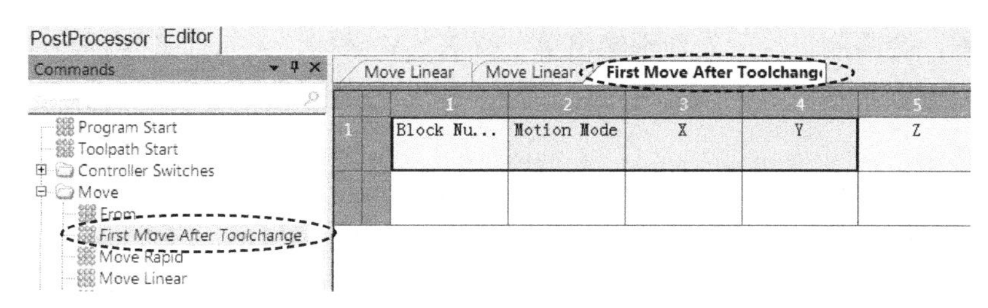

图 4-58　换刀后首次移动命令

（3）修改 Z 坐标的输出位置　在“First Move After Toolchange”窗口中，单击第 2 行第 1 列的空白单元格，然后在工具栏中单击插入块按钮，在第 2 行第 1 列单元格中插入一个“Block Number”程序行号，开始新的一行。

在“First Move After Toolchange”窗口中，单击选中第 1 行第 5 列的单元格 Z，按住它不放，将其拖动到第 2 行第 2 列的空白单元格中，如图 4-59 所示。

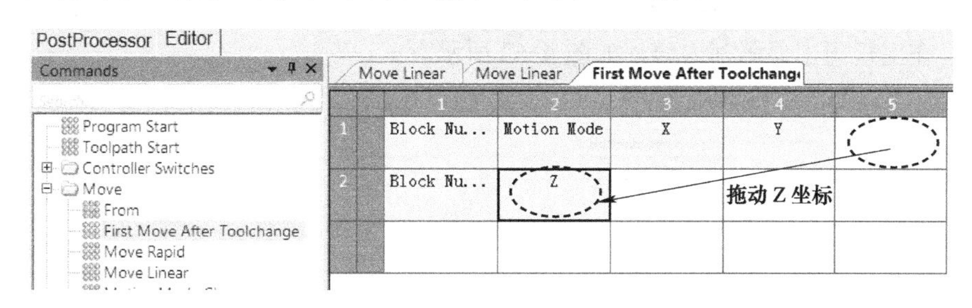

图 4-59　拖动 Z 坐标

在“First Move After Toolchange”窗口中，右击第 1 行第 3 列的单元格 X，在弹出的快捷菜单条中执行“Output to Tape”（输出到 NC 程序）→“Always”（始终），如图 4-60 所示。

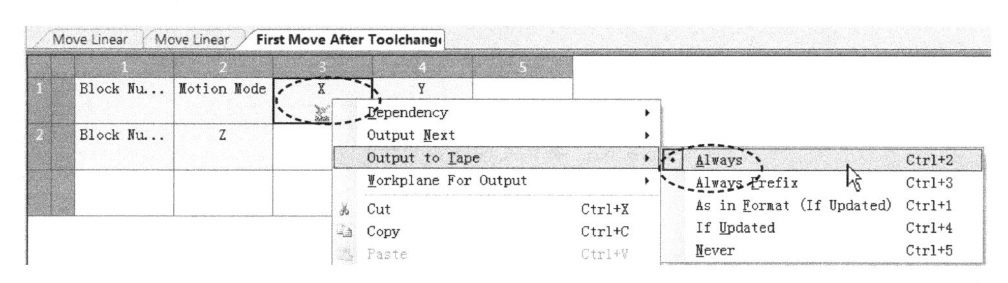

图 4-60　修改 X 坐标属性

重复上面的操作，将第 1 行第 4 列的单元格 Y 和第 2 行第 2 列的单元格 Z 的“Output to Tape”也设置为“Always”，如图 4-61 所示。

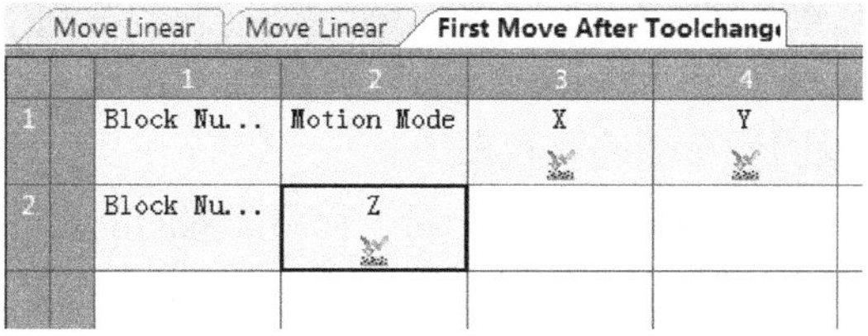

图 4-61　修改 Y、Z 坐标属性

这样设置，会强制每次后处理都输出第一行 X、Y 坐标，第二行 Z 坐标。

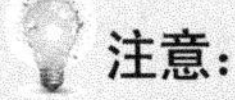

注意：

X、Y、Z 坐标修改“Output to Tape”为“Always”后，会出现一个图标 。这种方式修改 X、Y、Z 参数的属性，仅仅在当前“First Move After Toolchange”窗口有效（会强制输出 X、Y、Z 坐标），不会改变 X、Y、Z 参数在其他窗口的属性（在“Move Linear”和“Move Rapid”窗口中，还是坐标有变化才输出新值）。如果是修改 X、Y、Z 参数的格式，则会全局性地修改参数的属性。

（4）调试后处理文件（一）　在 Post Processor 软件中，单击“PostProcessor”选项卡，切换到后处理模式。

在“PostProcessor”选项卡内，右击“CLDATA Files”分枝下的“3ax.cut”文件，在弹出的快捷菜单条中执行“Process as Debug”（调试模式后处理），单击“3ax_ex1.tap.dppdbg”调试文件，在主视窗中显示其内容，如图 4-62 所示。

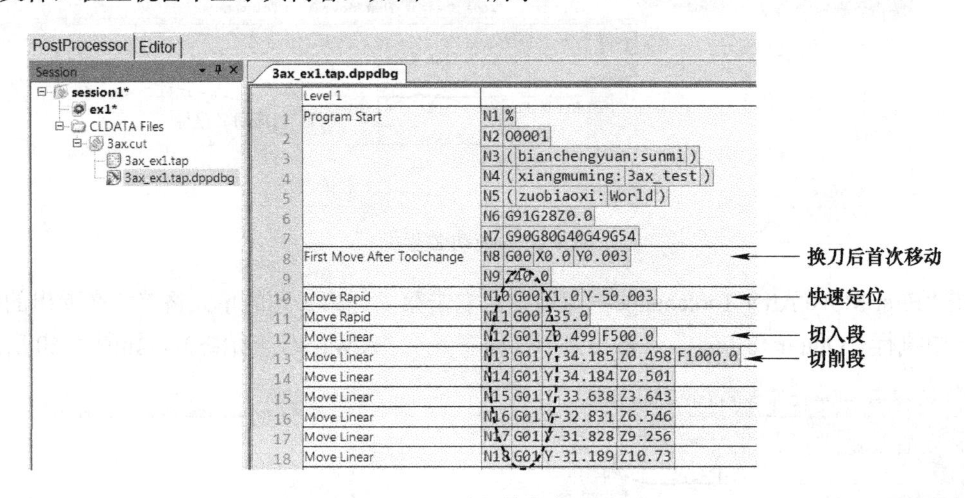

图 4-62　调试文件内容（一）

注意：

图 4-62 中第 8 行，机床会首先快速定位 X、Y 坐标，然后再移动 Z 坐标，这样可以提高操作机床的安全性。

在图 4-62 所示的虚线框中，G00 和 G01 都是模态代码，相同的代码只需要给出一次，这样可以少用存储空间，下面来调整。

（5）修改“Move Linear”和“Move Rapid”的属性　在图 4-62 中，双击任意“Move Linear”文本，可以快速返回到命令编辑状态。

在主视窗的“Move Linear”窗口中，右击第 1 行第 2 列的单元格“Motion Mode”（移动模式），在弹出的快捷菜单条中执行“Output to Tape”→“If Updated”（如果有改变才输出），如图 4-63 所示。

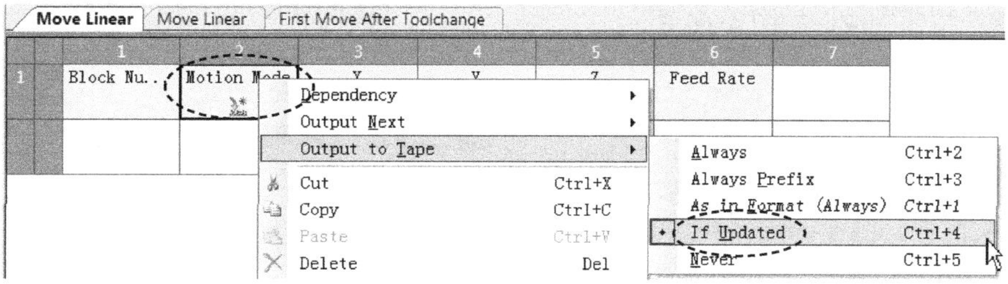

图 4-63　修改“Motion Mode”属性

在“Editor”选项卡的“Commands”窗口中，单击“Move Rapid”分枝，在主视窗中显示“Move Rapid”窗口。右击第 1 行第 2 列的单元格“Motion Mode”，在弹出的快捷菜单条中执行“Output to Tape”→“If Updated”。

（6）调试后处理文件（二）　在 Post Processor 软件中，单击“PostProcessor”选项卡，切换到后处理模式。

在“PostProcessor”选项卡内，右击“CLDATA Files”分枝下的“3ax.cut”文件，在弹出的快捷菜单条中执行“Process as Debug”（调试模式后处理），单击“3ax_ex1.tap.dppdbg”调试文件，在主视窗中显示其内容，如图 4-64 所示。

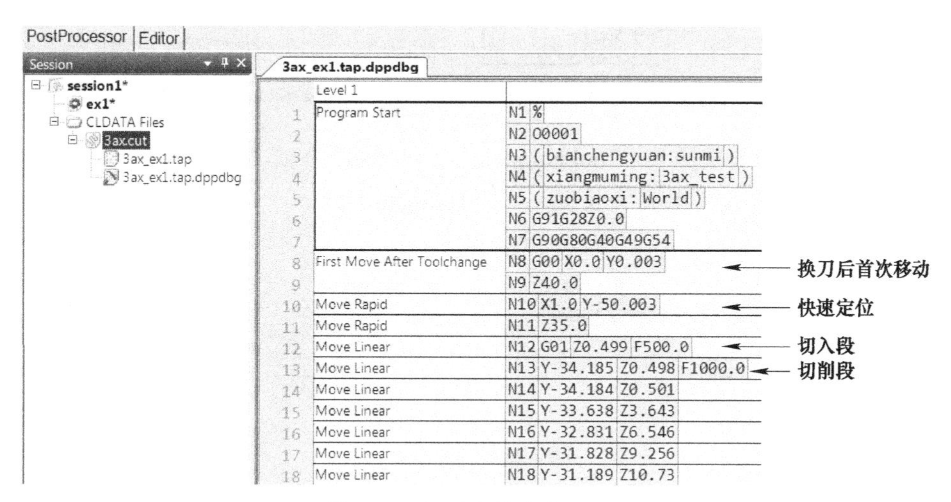

图 4-64　调试文件内容（二）

4.2.8　输出表格

表格用于创建 NC 程序中使用的所有刀具和（或）刀路的列表。使程序使用者一眼就能直观地看清楚该 NC 程序要用到哪些刀具、有哪些刀路、如何装刀等。

在图 4-64 中，双击任意“Move Linear”文本，可以快速返回到命令编辑状态。

1. 创建表格

在“Editor”选项卡下方，单击“Tables”（表格），切换到“Tables”窗口。在“Tables”窗口中，右击“Tool Tables”（刀具表格）树枝，在弹出的快捷菜单条中执行“Add Table...”（增加表格），如图 4-65 所示。在打开的“Add Table”对话框中，输入刀具表格名称“daoju”，单击“OK”按钮完成，如图 4-66 所示。

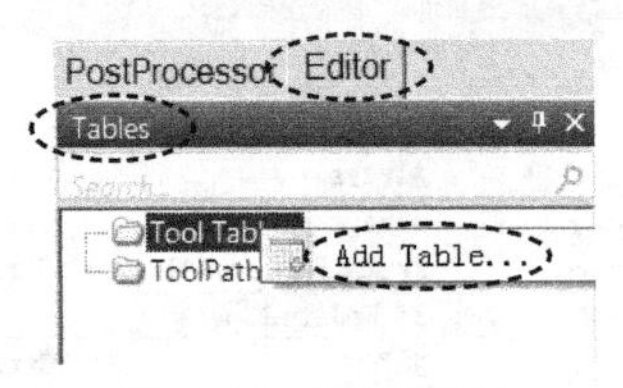

图 4-65 增加表格

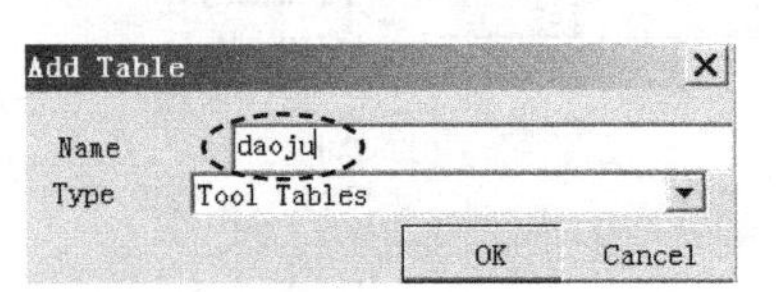

图 4-66 命名表格

2. 插入参数

在工具栏中，选择“Parameter”，在下拉列表中选择“Tool Name”（刀具名称）参数，如图 4-67 所示，会在第 1 行第 1 列单元格中插入“Tool Name”参数，如图 4-68 所示。

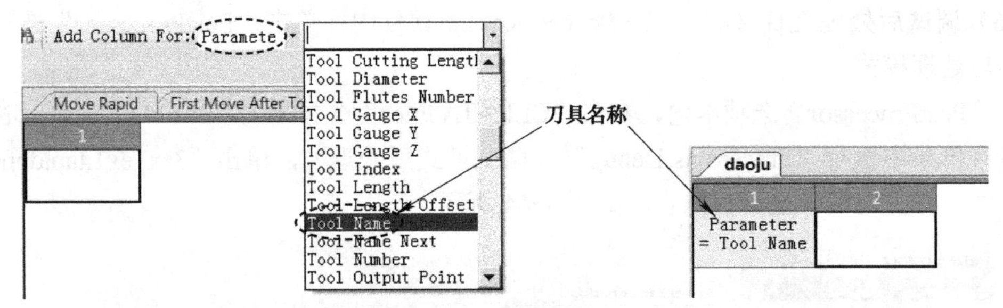

图 4-67 选择参数“Tool Name”　　图 4-68 插入参数“Tool Name”

参照此操作，分别依次插入“Tool Number”（刀具编号）、“Tool Type”（刀具类型）、“Tool Overhang”（刀具伸出夹头长度）、“Toolpath Name”（刀路名称）等四个参数，如图 4-69 所示。

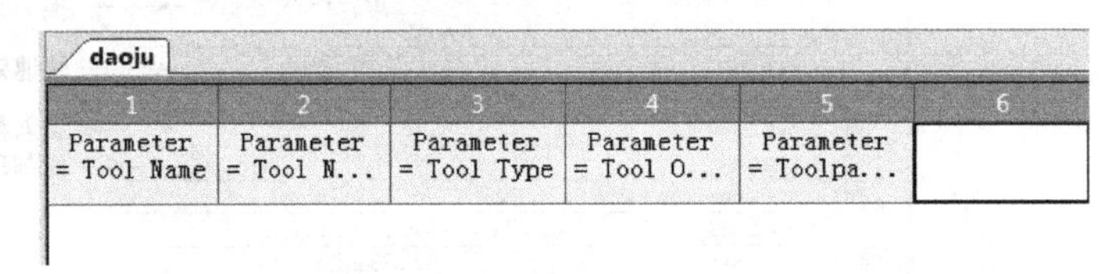

图 4-69 插入其他 4 个参数

3. 插入表格到程序头

在“Editor”选项卡下方，单击“Commands”，切换到“Commands”窗口。在该窗口中，单击“Program Start”（程序头），在主视窗中调出“Program Start”窗口，单击选中第 8 行第 1 列的空白单元格，然后在工具栏中选择“Table”，在下拉列表中选择“daoju”表格，如图 4-70 所示，会在第 8 行第 1 列单元格中插入“daoju”表格，预览如图 4-71 所示。

4. 调试后处理文件

在 Post Processor 软件中，单击“PostProcessor”选项卡，切换到后处理模式。

在“PostProcessor”选项卡内，右击“CLDATA Files”分枝下的“3ax.cut”文件，在弹出的快捷菜单条中执行“Process as Debug”（调试模式后处理），单击“3ax_ex1.tap.dppdbg”调试文件，在主视窗中显示其内容，如图 4-72 所示。

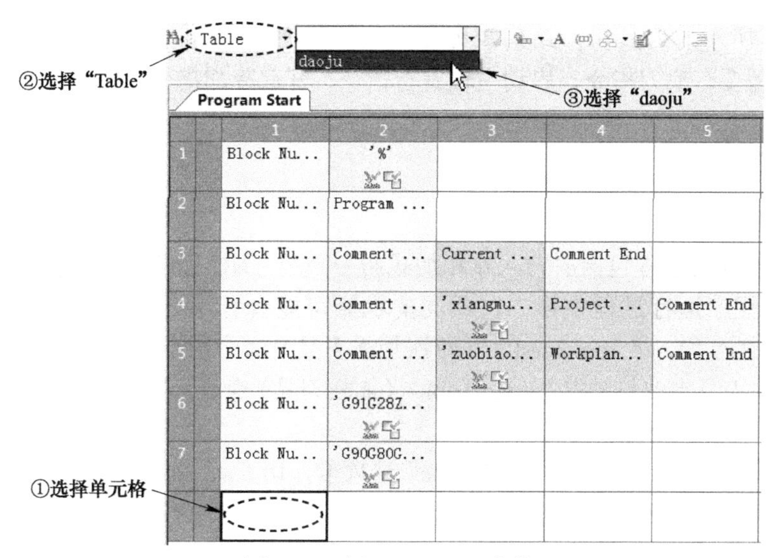

图 4-70　插入“daoju”表格

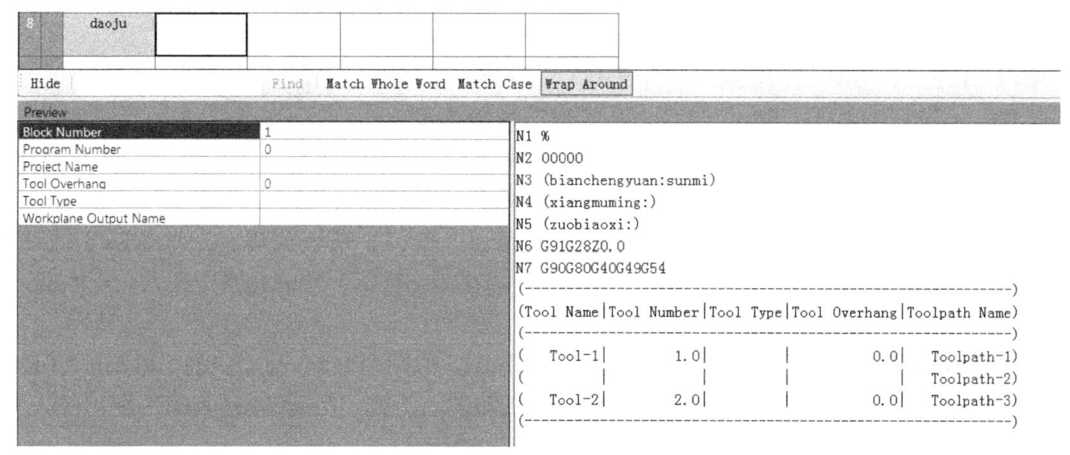

图 4-71　表格预览

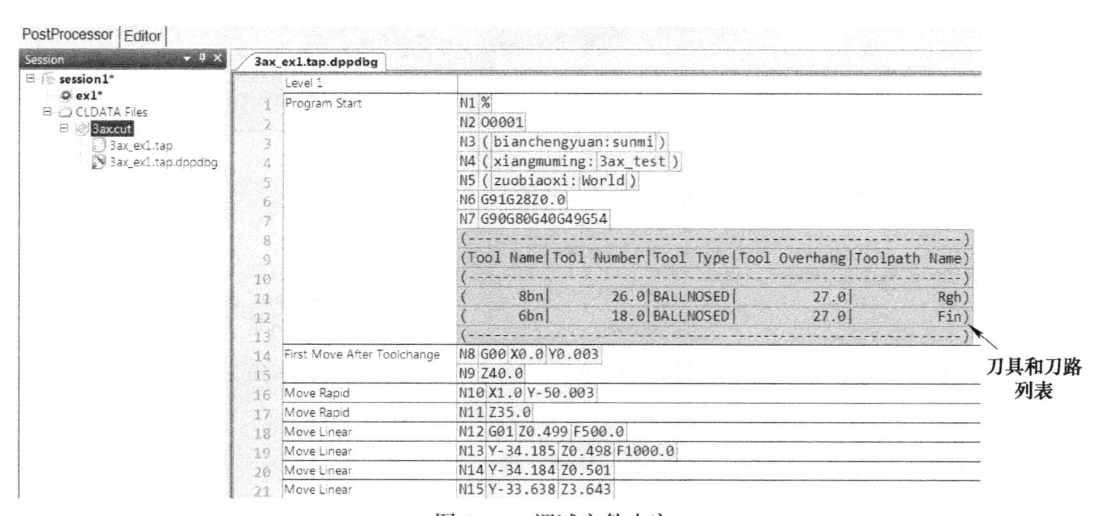

图 4-72　调试文件内容

由图 4-72 所示的刀具和刀路列表可见，该程序使用了两把刀具，有两条刀具路径，因此，程序中需要有换刀指令、启动主轴旋转指令、开启冷却指令以及刀具长度补偿指令。

4.2.9 输出换刀 T 指令

1. 输出初次换刀命令

加工中心的换刀过程包括放刀入库和加载新刀具等。NC 程序里使用多把刀具加工时，第一次装刀和程序运行过程中换刀，不同的机床可能会有不一样的要求。因此，在 Post Processor 软件中，“Load Tool First”（首次加载刀具）命令用于 CLDATA 文件中第一个刀具更改。随后的刀具更改将触发“Load Tool”（加载刀具）命令。“Unload Tool”（卸载刀具）命令用于定义放刀入库的指令。

在 Post Processor 软件中，单击“Editor”选项卡，切换到后处理文件编辑器模式。

（1）激活换刀相关命令　在“Commands”窗口中，双击“Tool”树枝，将它展开，右击“Load Tool First”分枝，在弹出的快捷菜单条中执行“Activate”，将它激活；右击“Load Tool”分枝，在弹出的快捷菜单条中执行“Activate”，将它激活；右击“Unload Tool”分枝，在弹出的快捷菜单条中执行“Activate”，将它激活，如图 4-73 所示。

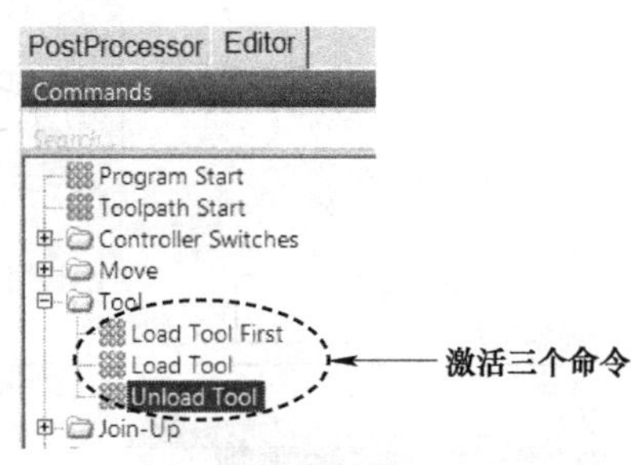

图 4-73　激活换刀命令

（2）插入首次加载刀具代码　在“Commands”窗口中的“Tool”树枝下，单击“Load Tool First”分枝，在主视窗中显示“Load Tool First”窗口。在该窗口中，单击第 1 行第 1 列的空白单元格，在工具栏中单击插入块按钮，在第 1 行第 1 列单元格中插入一个“Block Number”程序行号，开始新的一行。

在“Editor”选项卡下方，单击“Parameters”，切换到“Parameters”窗口。双击“Tool”树枝，将它展开，拖动“Tool”树枝下的“Tool Number”到“Load Tool First”窗口第 1 行第 2 列单元格中，如图 4-74 所示。

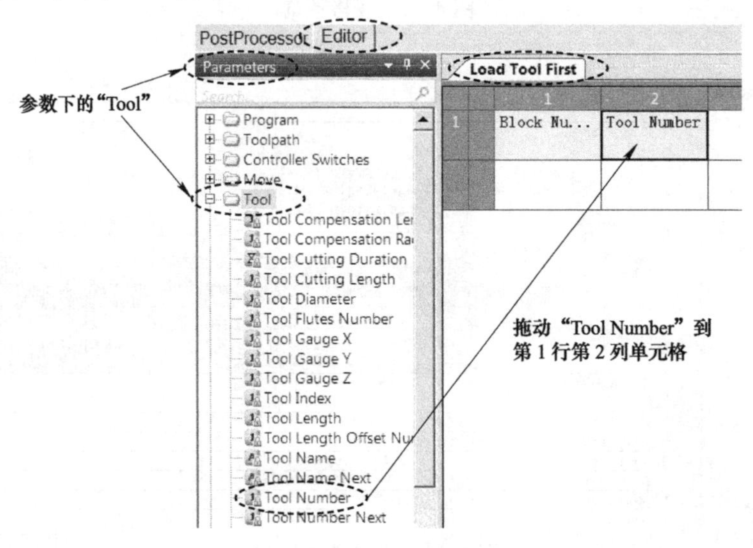

图 4-74　插入刀具编号参数

在“Load Tool First”窗口中，单击第 1 行第 3 列的空白单元格，接着在工具栏中单击插入文本按钮A，在第 1 行第 3 列单元格中插入一个文本输出块。双击第 1 行第 3 列单元格，输入“M6”，回车，如图 4-75 所示。

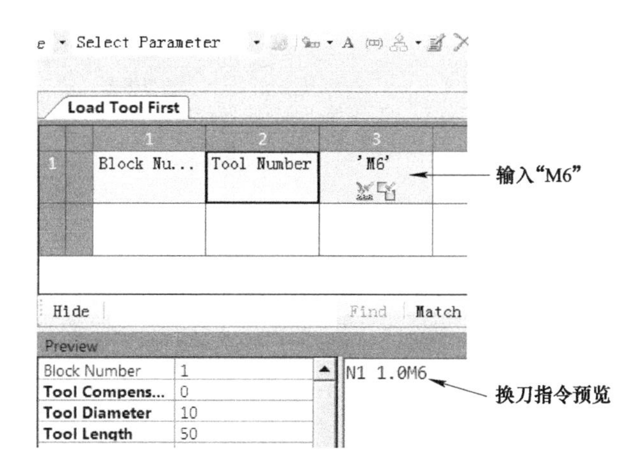

图 4-75　输入换刀指令

如图 4-75 所示换刀指令预览，需要给刀具编号新建一种格式并加入前缀、后缀才符合 FANUC 数控系统的要求。

（3）修改刀具编号格式及属性　在“Editor”选项卡中，单击“Formats”，切换到“Formats”窗口，参照 4.2.4 节第 2 步第 2）小步的操作方法，基于“Default format”格式，创建一种新的格式，其名称为“daohao”。

参照 4.2.4 节第 2 步第 3）小步的操作方法，选中参数“Tool Number”，将它加入到“daohao”格式中，如图 4-76 所示。

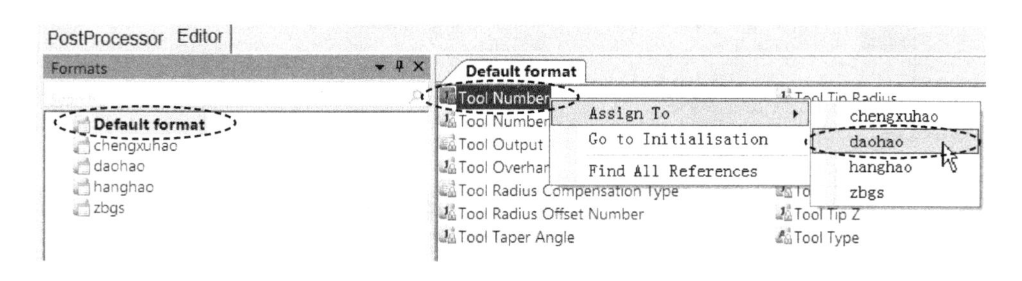

图 4-76　增加参数到“daohao”格式

参照 4.2.4 节第 2 步第 4）小步的操作方法，按图 4-77 所示修改“daohao”格式的属性。

在“Editor”选项卡中，单击“Commands”，切换到“Commands”窗口，单击“Load Tool First”，在主视窗中显示“Load Tool First”窗口，在该窗口中，单击第 1 行第 2 列单元格“Tool Number”，在主视窗右侧，单击“Item Properties”（项目属性），打开项目属性对话框。在该对话框中，双击“Parameter”树枝，将它展开，在“Prefix”（前缀）栏中输入大写字母 T，然后回车，在“Postfix”（后缀）栏中输入空格，然后回车，如图 4-78 所示。

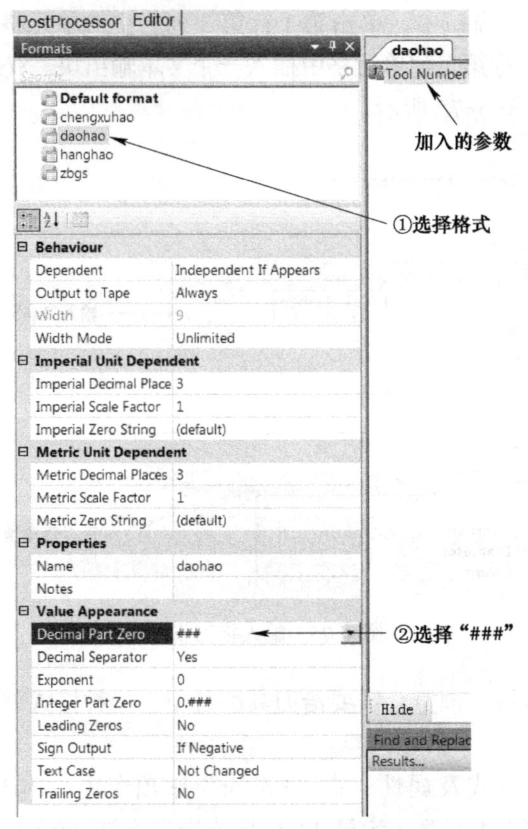

图 4-77　修改“daohao”格式的属性

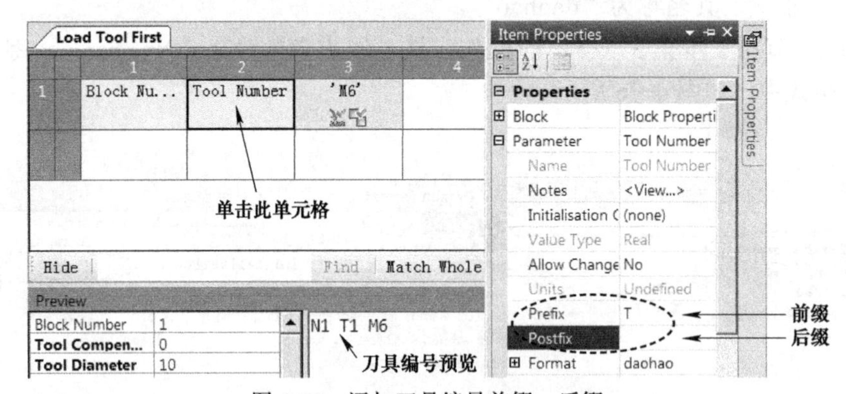

图 4-78　添加刀具编号前缀、后缀

2. 输出后续换刀命令

（1）插入参数　NC 程序中，第 2 次，…，第 *n* 次换刀，使用“Load Tool”来定义加载刀具指令。

在“Editor”选项卡的“Commands”窗口中，单击“Load Tool”分枝，在主视窗中显示“Load Tool”窗口。在该窗口中，单击第 1 行第 1 列的空白单元格，在工具栏中单击插入块按钮，在第 1 行第 1 列单元格中插入一个“Block Number”程序行号，开始新的一行。接着在工具栏中单击插入文本按钮，在第 1 行第 2 列单元格中插入一个文本输出块。双击第 1 行第 2 列单元格，输入“huandao：”，回车，如图 4-79 所示。

单击选中第 1 行第 3 列的空白单元格。在“Editor”选项卡下方，单击“Parameters”，切换到“Parameters”窗口。拖动“Tool”树枝下的“Tool Number”到“Load Tool”窗口第 1 行第 3 列单元格中，如图 4-79 所示。

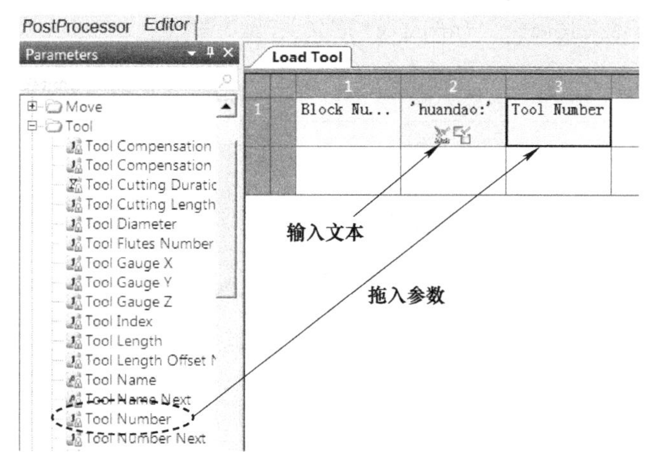

图 4-79　插入后续换刀注释内容

在“Load Tool”窗口中，按下 <Shift> 键，单击选中第 1 行第 2 列和第 3 列的两个单元格，然后在工具栏中单击插入注释符按钮 (▭)，如图 4-80 所示。

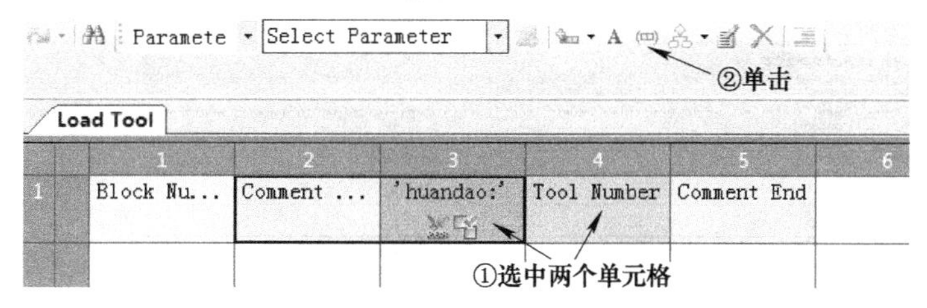

图 4-80　注释加入括号

然后复制指令到“Load Tool”命令：在“Editor”选项卡的“Commands”窗口中，单击“Load Tool First”分枝，在主视窗中显示“Load Tool First”窗口。按住 <Shift> 键不放，依次单击第 1 行第 1 列单元格“Block Number”至第 1 行第 3 列单元格“M6”，将它们选中。在选中的任一单元格上右击，在弹出的快捷菜单条中执行“Copy”（复制）。

在“Editor”选项卡的“Commands”窗口中，单击“Load Tool”分枝，在主视窗中显示“Load Tool”窗口。在该窗口中，右击第 2 行第 1 列的空白单元格，在弹出的快捷菜单条中执行“Paste”（粘贴），结果如图 4-81 所示。

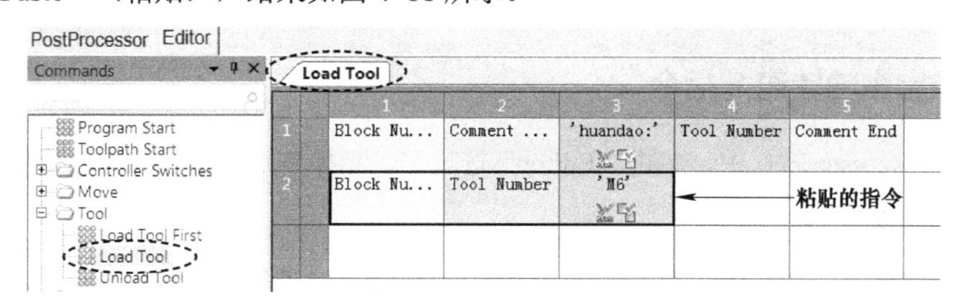

图 4-81　粘贴的指令

（2）调试后处理文件　在 Post Processor 软件中，单击“PostProcessor”选项卡，切换到后处理模式。

在“PostProcessor”选项卡内，右击“CLDATA Files”分枝下的“3ax.cut”文件，在弹出的快捷菜单条中执行“Process as Debug”（调试模式后处理），单击“3ax_ex1.tap.dppdbg”调试文件，在主视窗中显示其内容，如图 4-82 所示。

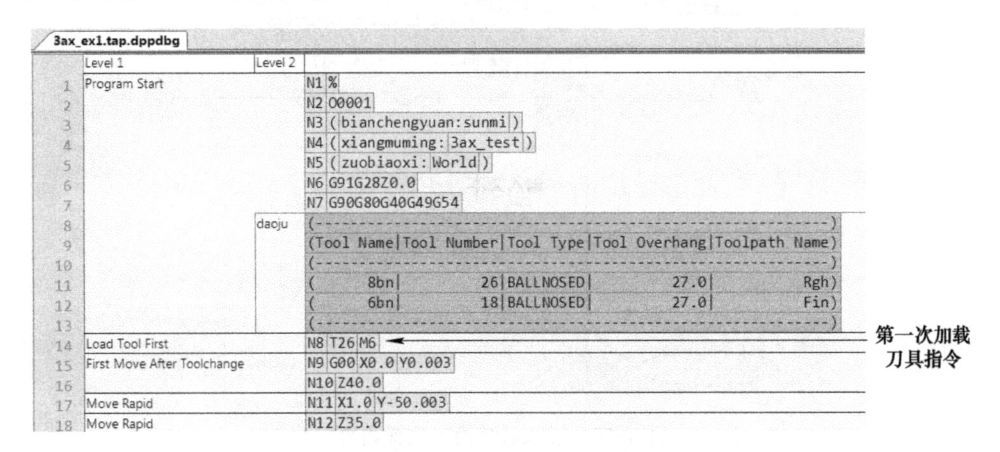

图 4-82　调试文件内容（一）

向下拉动滑条到第 108 行，显示第二次换刀指令，如图 4-83 所示。

3ax_ex1.tap.dppdbg

	Level 1	Level 2	
105	Move Linear		N99 Y5.306 Z30.05
106	Move Rapid		N100 G00 Z40.0
107	Move Rapid		N101 X1.0 Y-50.003
	Unload Tool		
108	Load Tool		N102 (huandao:T18)
109			N103 T18 M6
110	First Move After Toolchange		N104 G00 X1.0 Y-50.003
111			N105 Z40.0
112	Move Rapid		N106 Z35.0
113	Move Linear		N107 G01 Z-0.001 F500.0

第二次换刀指令

图 4-83　调试文件内容（二）

如图 4-82 所示，第一次换刀，使用“Load Tool First”命令进行后处理；如图 4-83 所示，第二次换刀，使用“Load Tool”命令进行后处理。

机床换刀完成后，需要开启主轴旋转、打开冷却、调用刀具长度补偿。下面逐一来完成。

4.2.10　输出主轴转速 S 指令

在 Post Processor 软件中，单击“Editor”选项卡，切换到后处理文件编辑器模式。

1. *激活主轴旋转开关命令*

在“Commands”窗口中，双击“Controller Switches”（控制器开关）树枝，将它展开，右击“Spindle On”（开启主轴）分枝，在弹出的快捷菜单条中执行“Activate”，将它激活；

右击“Spindle Off”（关闭主轴）分枝，在弹出的快捷菜单条中执行“Activate”，将它激活，如图4-84所示。

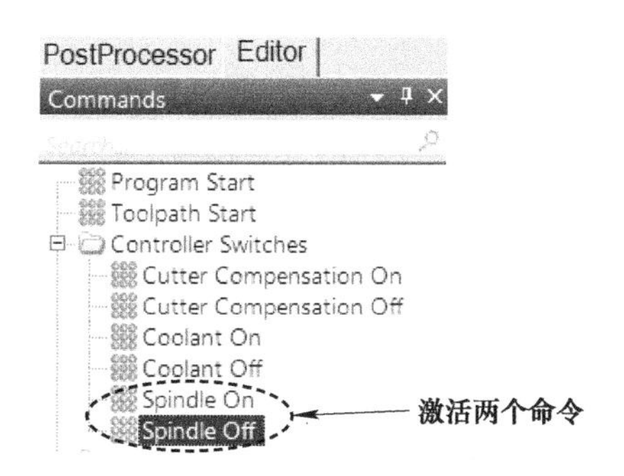

图4-84　激活主轴开关命令

2. 插入主轴开代码

在“Commands”窗口中的“Controller Switches”树枝下，单击“Spindle On”分枝，在主视窗中显示“Spindle On”窗口。在该窗口中，单击第1行第1列的空白单元格，在工具栏中单击插入块按钮，在第1行第1列单元格中插入一个“Block Number”程序行号，开始新的一行。

在“Editor”选项卡下方，单击“Parameters”，切换到“Parameters”窗口。双击“Controller Switches”树枝，将它展开，拖动“Controller Switches”树枝下的“Spindle Mode”（主轴模式）到“Spindle On”窗口第1行第2列单元格中，如图4-85所示。

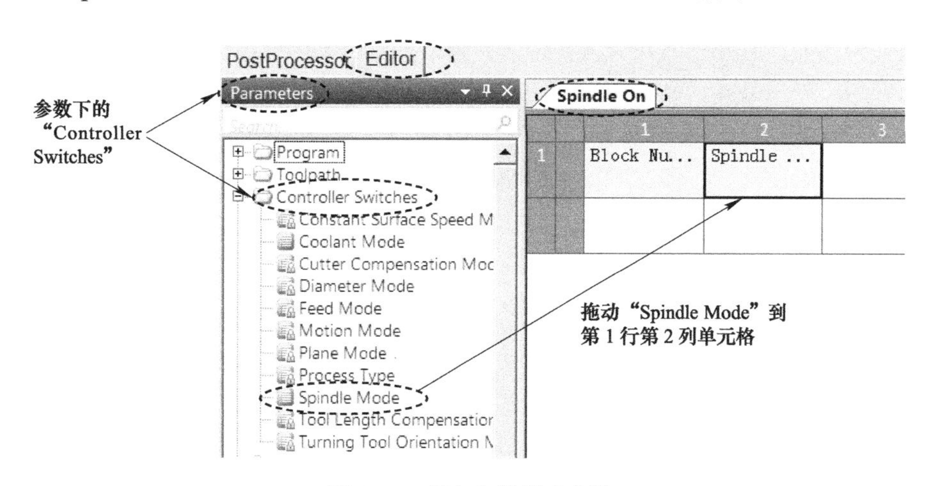

图4-85　插入主轴模式参数

单击第1行第2列单元格中的“Spindle Mode”参数，在主视窗右侧的“Item Properties”对话框中，双击“Parameter”树枝，将它展开。在“States”（状态）栏，单击其右侧的展开按钮 States <Edit...>，按图4-86所示输入主轴开关代码。然后，在“Prefix”（前缀）栏中输入大写字母M，在“Postfix”（后缀）栏中输入空格，回车，如图4-87所示。

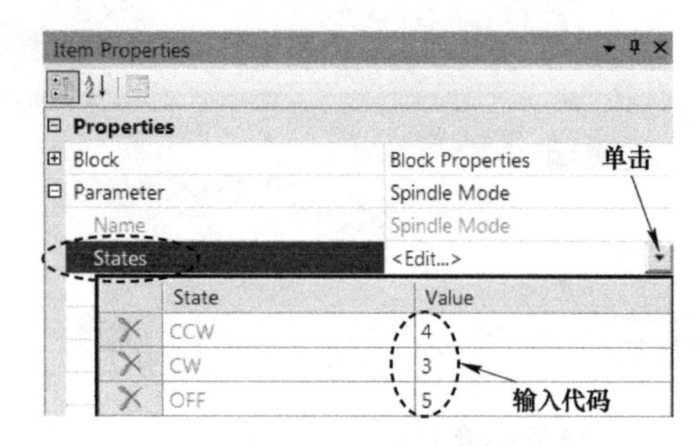

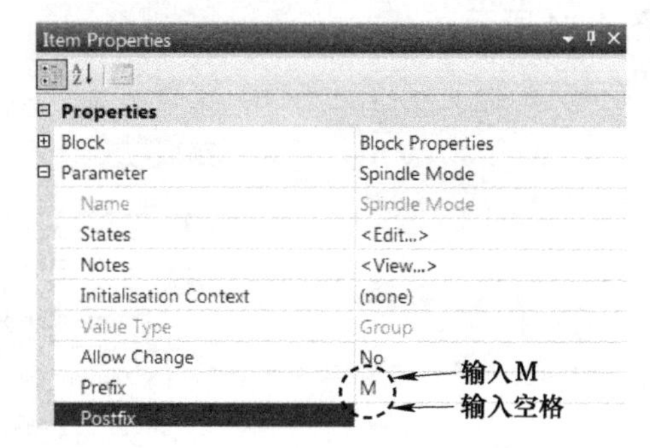

图 4-86　输入主轴开关代码

图 4-87　输入前缀、后缀

如图 4-86 所示，“CCW”表示逆时针旋转，使用 M4 代码；“CW”表示顺时针旋转，使用 M3 代码；“OFF”表示主轴停转，使用 M5 代码。

在“Parameters”窗口中，双击“Move”（移动）树枝，将它展开，拖动“Move”树枝下的“Spindle Speed”（主轴转速）到“Spindle On”窗口第 1 行第 3 列单元格中，如图 4-88 所示。

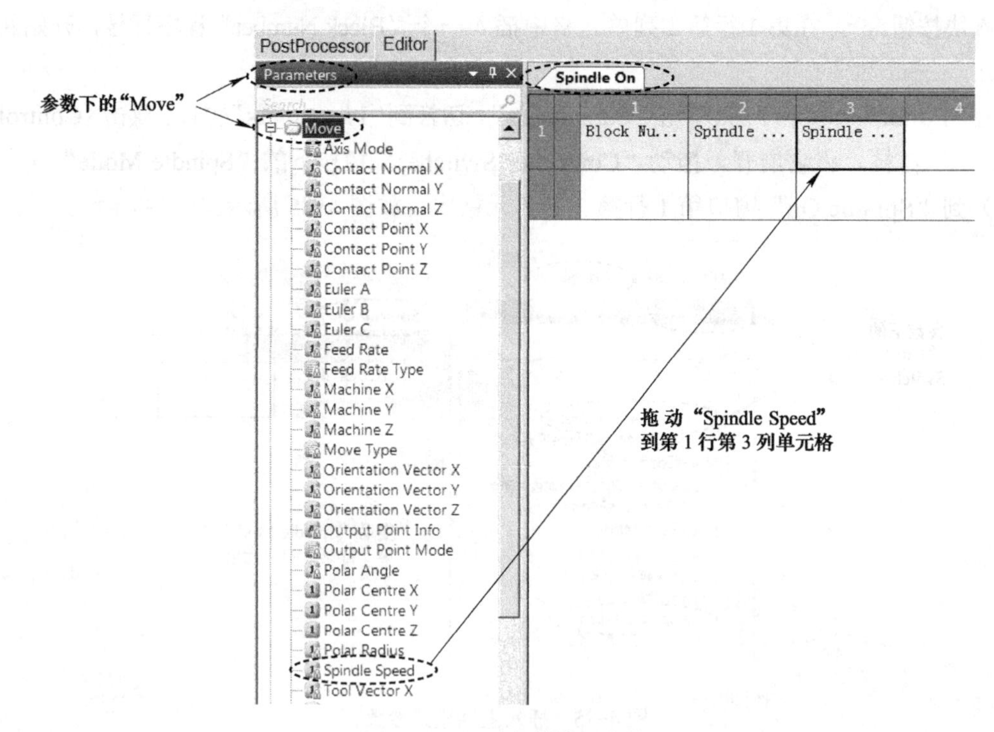

图 4-88　插入主轴转速参数

单击“Spindle On”窗口中第 1 行第 3 列单元格中的“Spindle Speed”参数，在主视窗右侧的“Item Properties”对话框中，在“Prefix”栏中输入大写字母 S，在“Postfix”栏中输入空格，然后回车，在“Format”（格式）栏选择“daohao”，如图 4-89 所示。

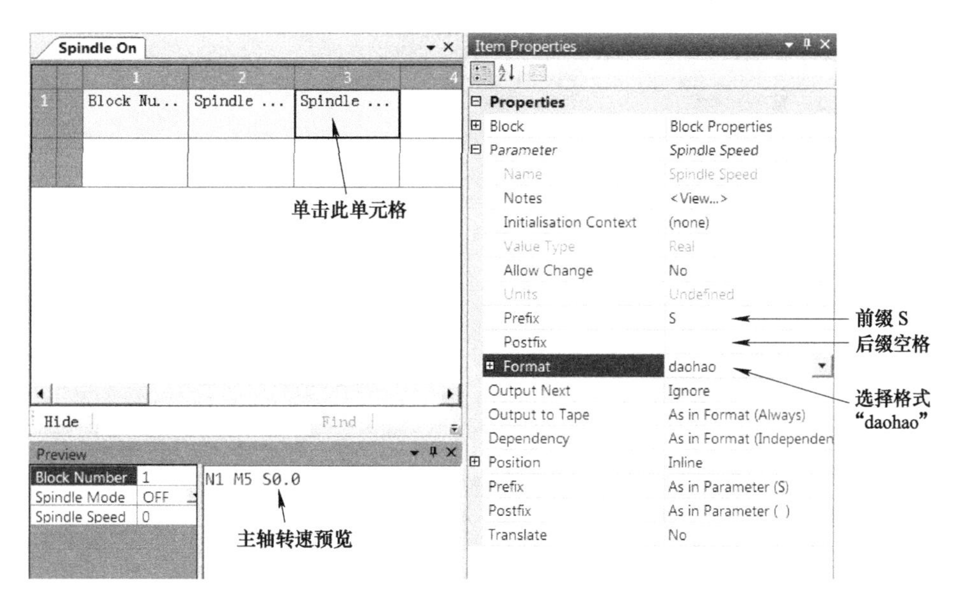

图 4-89　修改主轴转速的属性

3. 设置主轴关代码

在“Spindle On”窗口中，按下 <Shift> 键，选择第 1 行第 1 列和第 2 列两个单元格，在选中的任一单元格上右击，在弹出的快捷菜单条中执行“Copy”。

在“Editor”选项卡中，单击“Commands”，切换到“Commands”窗口，单击“Spindle Off”分枝，在主视窗中显示“Spindle Off”窗口。在该窗口中，右击第 1 行第 1 列的空白单元格，在弹出的快捷菜单条中执行“Paste”，结果如图 4-90 所示。

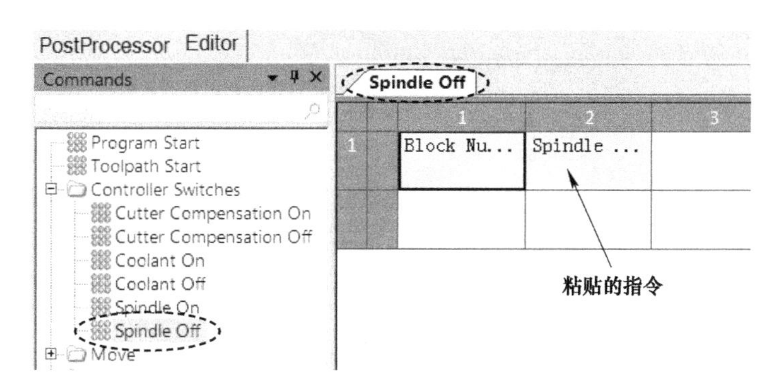

图 4-90　粘贴的指令

对于“Spindle Off”命令而言，它的“Spindle Mode”（主轴模式）只有一种状态，即停转 M5，应在“Spindle Mode”的属性中指定。在“Spindle Off”窗口中，单击第 1 行第 2 列单元格中的“Spindle Mode”参数，在主视窗右侧的“Item Properties”对话框中，按图 4-91 所示修改其预设值。

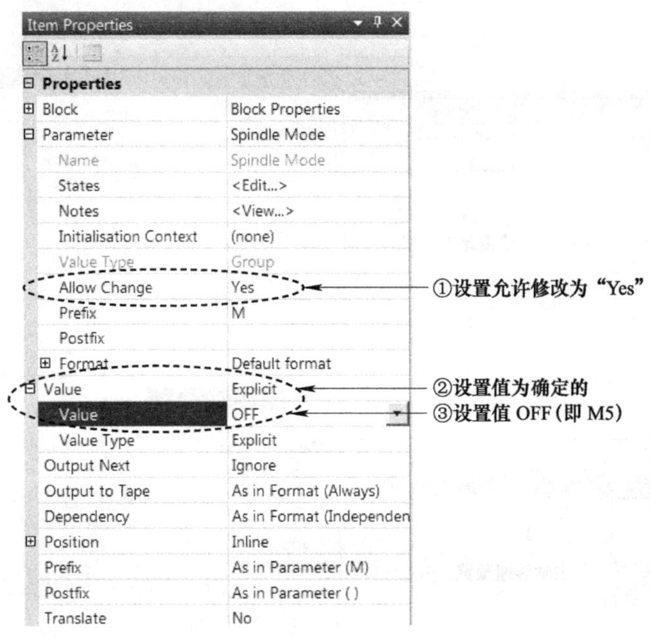

图 4-91　设置主轴关预设值

4. 调试后处理文件

在 Post Processor 软件中，单击“PostProcessor”选项卡，切换到后处理模式。

在“PostProcessor”选项卡内，右击“CLDATA Files”分枝下的“3ax.cut”文件，在弹出的快捷菜单条中执行“Process as Debug”（调试模式后处理），单击“3ax_ex1.tap.dppdbg”调试文件，在主视窗中显示其内容，如图 4-92 所示。

3ax_ex1.tap.dppdbg

	Level 1	Level 2	
1	Program Start		N1 %
2			N2 O0001
3			N3 (bianchengyuan:sunmi)
4			N4 (xiangmuming:3ax_test)
5			N5 (zuobiaoxi:World)
6			N6 G91G28Z0.0
7			N7 G90G80G40G49G54
8		daoju	(---)
9			(Tool Name|Tool Number|Tool Type|Tool Overhang|Toolpath Name)
10			(---)
11			(8bn| 26|BALLNOSED| 27.0| Rgh)
12			(6bn| 18|BALLNOSED| 27.0| Fin)
13			(---)
14	Load Tool First		N8 T26 M6
15	Spindle On		N9 M3 S1500 ← 主轴旋转指令
16	First Move After Toolchange		N10 G00 X0.0 Y0.003
17			N11 Z40.0
18	Move Rapid		N12 X1.0 Y-50.003
19	Move Rapid		N13 Z35.0
20	Move Linear		N14 G01 Z0.499 F500.0

图 4-92　调试文件内容

在 PowerMill 软件中编程时，需要设置主轴的转速，在 CLDATA 文件中会有打开主轴的记录，这样 Post Processor 软件在后处理 CLDATA 文件时，会触发“Spindle On”命令，但在编程时，一般不会设置关闭主轴指令，因此在对 CLDATA 文件进行后处理时，不会触发“Spindle Off”指令，而需要在其他命令中手工添加进去。

如图 4-92 所示，主轴旋转开启后，意味着要进行切削加工，这时，通常需要开启冷却。下面来插入冷却代码。

4.2.11　输出冷却 M 指令

在 Post Processor 软件中，单击“Editor”选项卡，切换到后处理文件编辑器模式。

1. 激活冷却开关命令

在“Commands”窗口中，双击“Controller Switches”（控制器开关）树枝，将它展开，右击“Coolant On”（开启冷却）分枝，在弹出的快捷菜单条中执行“Activate”，将它激活；右击“Coolant Off”（关闭冷却）分枝，在弹出的快捷菜单条中执行“Activate”，将它激活，如图 4-93 所示。

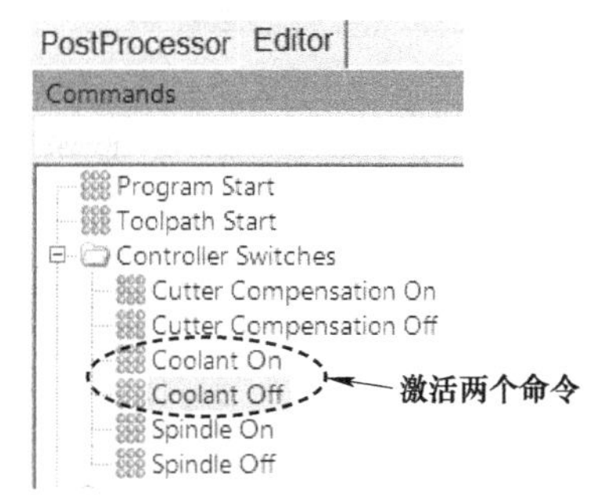

图 4-93　激活冷却开命令

2. 插入冷却开代码

在“Commands”窗口中的“Controller Switches”树枝下，单击“Coolant On”分枝，在主视窗中显示“Coolant On”窗口。在该窗口中，单击第 1 行第 1 列的空白单元格，在工具栏中单击插入块按钮，在第 1 行第 1 列单元格中插入一个“Block Number”程序行号，开始新的一行。

在“Editor”选项卡下方，单击“Parameters”，切换到“Parameters”窗口。双击“Controller Switches”树枝，将它展开，拖动“Controller Switches”树枝下的“Coolant Mode”（冷却模式）到“Coolant On”窗口第 1 行第 2 列单元格中，如图 4-94 所示。

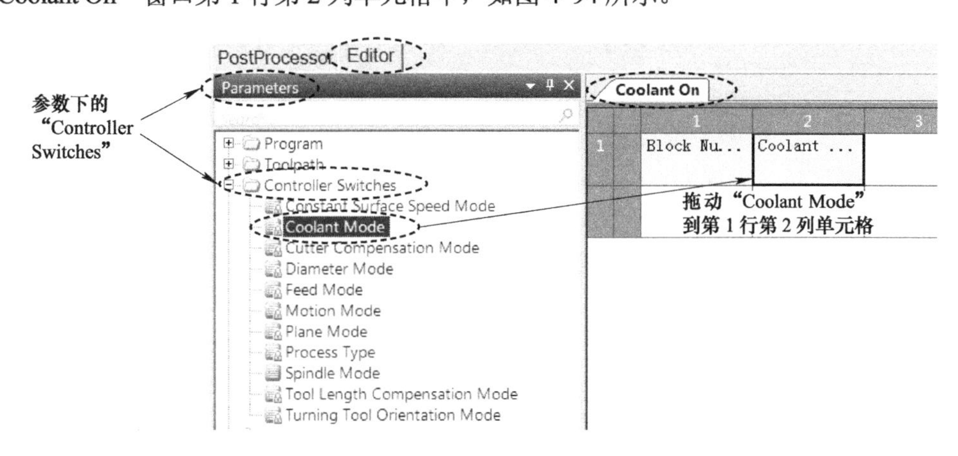

图 4-94　插入冷却模式参数

单击第 1 行第 2 列单元格中的“Coolant Mode”参数，在主视窗右侧的“Item Properties”对话框中，双击“Parameter”树枝，将它展开。在“States”栏，单击其右侧的展开按钮 States <Edit...>，按图 4-95 所示输入冷却开关代码。然后，在“Prefix”栏中输入大写字母 M，在“Postfix”栏中输入空格，回车，如图 4-96 所示。

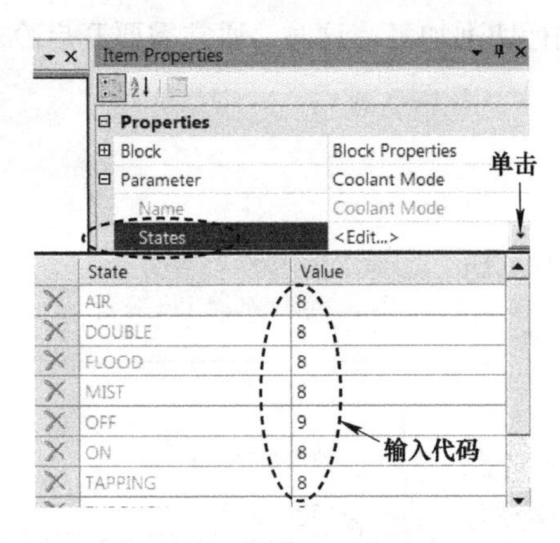

图 4-95　输入冷却开关代码

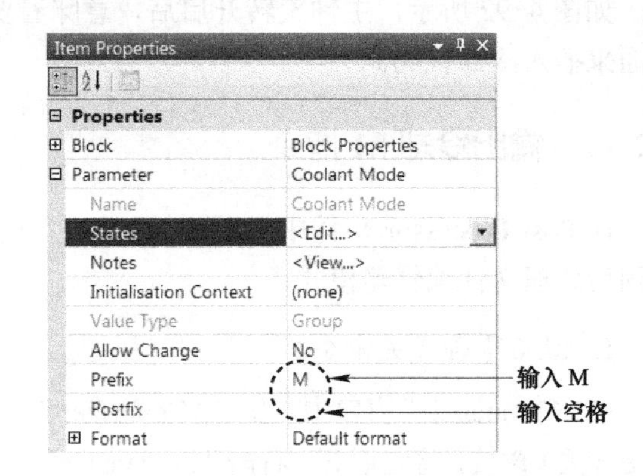

图 4-96　输入前缀、后缀

如图 4-95 所示，“AIR”表示气冷，“DOUBLE”表示气液双冷，“FLOOD”表示液冷，“MIST”表示雾冷，“OFF”表示冷却关，“ON”表示冷却开。通常情况下，冷却开用 M8 指令，冷却关用 M9 指令，具体的冷却方式要查阅机床说明书，一般是由机床厂家自定义的。本例中，各种冷却方式都设置为 M8。

3. 设置冷却关代码

在“Coolant On”窗口中，按下 <Shift> 键，选择第 1 行第 1 列和第 2 列两个单元格，在选中的任一单元格上右击，在弹出的快捷菜单条中执行“Copy”。

在“Editor”选项卡中，单击“Commands”，切换到“Commands”窗口，单击“Coolant Off”分枝，在主视窗中显示“Coolant Off”窗口。在该窗口中，右击第 1 行第 1 列的空白单元格，在弹出的快捷菜单条中执行“Paste”，结果如图 4-97 所示。

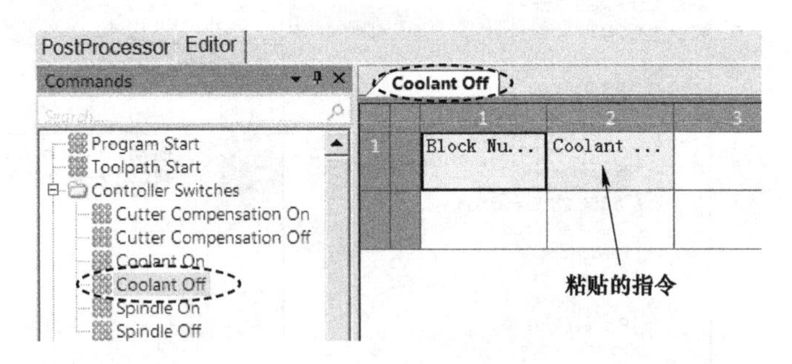

图 4-97　粘贴的指令

对于“Coolant Off”命令而言，它的“Coolant Mode”（冷却模式）只有一种状态，即关闭冷却 M9，应在“Coolant Mode”的属性中指定。在“Coolant Off”窗口中，单击第 1 行第 2 列单元格中的“Coolant Mode”参数，在主视窗右侧的“Item Properties”对话框中，按图 4-98 所示修改其预设值。

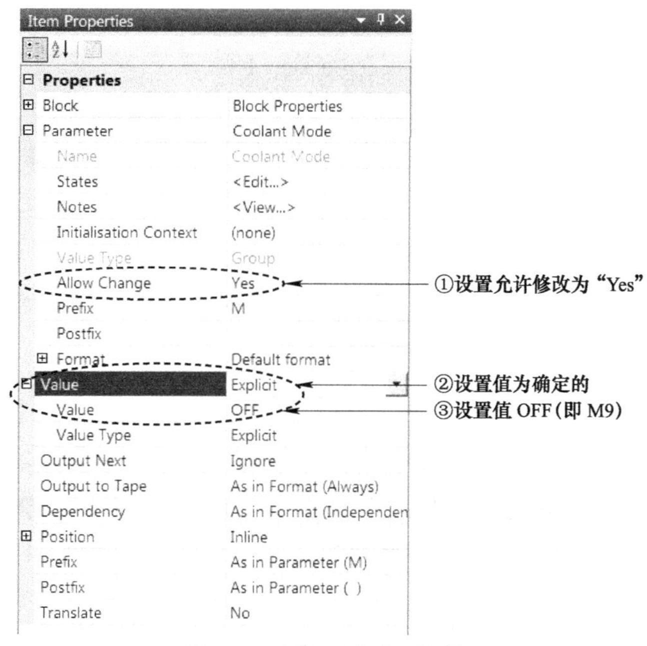

图 4-98　设置冷却关预设值

4. 调试后处理文件

在 Post Processor 软件中，单击“PostProcessor”选项卡，切换到后处理模式。

在“PostProcessor”选项卡内，右击“CLDATA Files”分枝下的“3ax.cut”文件，在弹出的快捷菜单条中执行“Process as Debug”（调试模式后处理），单击“3ax_ex1.tap.dppdbg”调试文件，在主视窗中显示其内容，如图 4-99 所示。

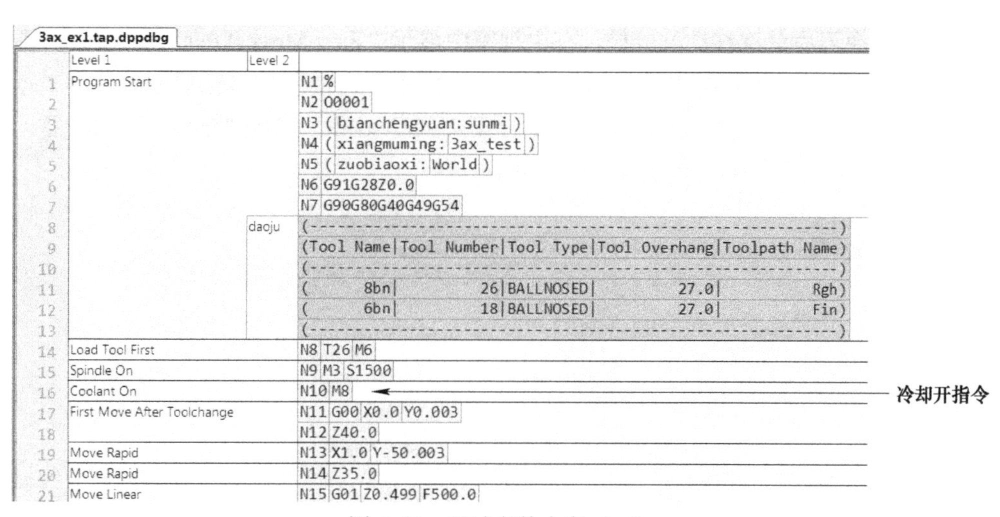

图 4-99　调试文件内容（一）

向下拉动滑条到第 109 行，显示在换刀之前，机床关闭冷却，换刀完成之后，主轴旋转，接着又开启冷却，如图 4-100 所示。

3ax_ex1.tap.dppdbg

	Level 1	Level 2	
104	Move Linear		N98 Y13.103 Z27.864
105	Move Linear		N99 Y9.98 Z28.994
106	Move Linear		N100 Y8.392 Z29.416
107	Move Linear		N101 Y5.306 Z30.05
108	Move Rapid		N102 G00 Z40.0
109	Coolant Off		N103 M9 ←换刀之前关闭冷却
110	Move Rapid		N104 X1.0 Y-50.003
	Unload Tool		
111	Load Tool		N105 (huandao: T18)
112			N106 T18 M6 ←换刀
113	Spindle On		N107 M3 S1500
114	Coolant On		N108 M8 ←主轴旋转后开启冷却
115	First Move After Toolchange		N109 G00 X1.0 Y-50.003
116			N110 Z40.0

图 4-100 调试文件内容（二）

在 PowerMill 软件中编程时，需要设置冷却状态（打开或关闭），在 CLDATA 文件中会有相关记录，这样 Post Processor 软件在后处理 CLDATA 文件时，会自动触发“Coolant On”和“Coolant Off”命令。这些命令还可以作为子命令，像参数一样，直接拖入其他命令行中来使用。

如图 4-99、图 4-100 所示，在换刀之后，机床执行第一个 Z 坐标移动时，应该加入刀具长度补偿代码，下面来添加。

4.2.12 输出刀具长度补偿 H 指令

在 Post Processor 软件中，单击“Editor”选项卡，切换到后处理文件编辑器模式。

1. *修改换刀后首次移动命令*

在“Commands”窗口中，双击“Move”（移动）树枝，将它展开，单击“First Move After Toolchange”（换刀后首次移动）分枝，在主视窗中显示“First Move After Toolchange”窗口。

单击第 2 行第 2 列单元格中的 Z 参数，在工具栏中单击插入文本按钮，在第 2 行第 2 列单元格中插入一个文本输出块。双击第 2 行第 2 列单元格，输入“G43 ”（注意：G43 后面输入一个空格），回车，如图 4-101 所示。

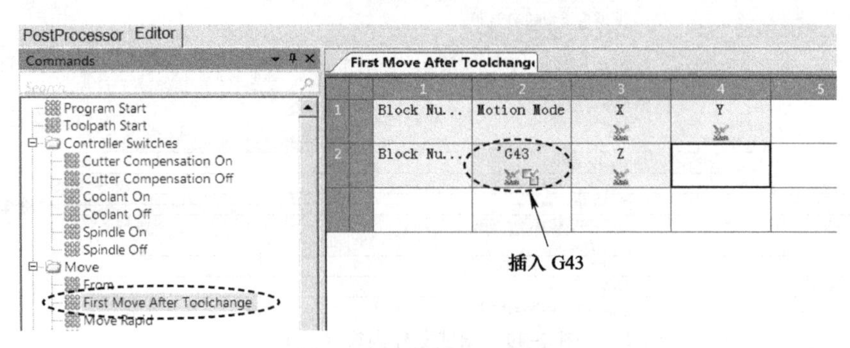

图 4-101 插入 G43 代码

单击选中第 2 行第 4 列的空白单元格。在“Editor”选项卡下方，单击“Parameters”，切换到“Parameters”窗口，双击“Tool”（刀具）树枝，将它展开，将该树枝下的“Tool Length Offset Number”（刀具长度补偿号）参数拖入第 2 行第 4 列空白单元格中，如图 4-102 所示。

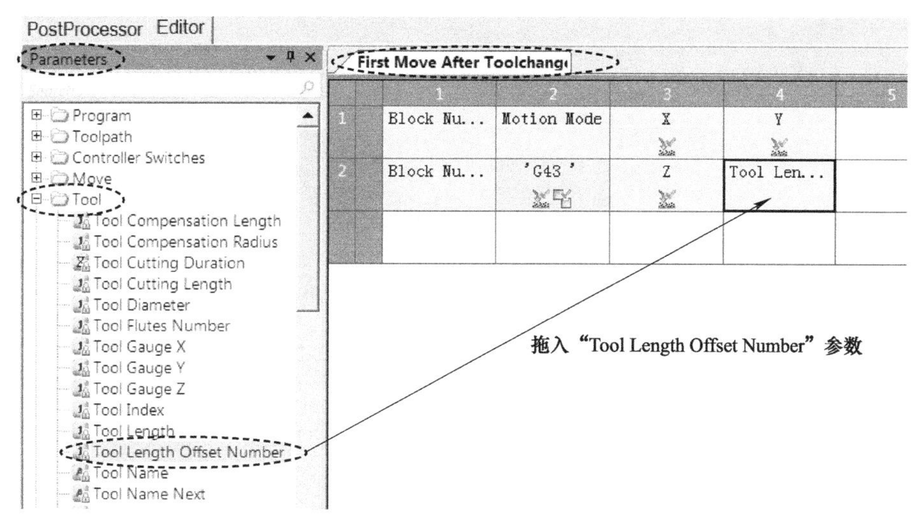

图 4-102　拖入刀具长度补偿参数

单击选中第 2 行第 4 列单元格“Tool Length Offset Number”，在主视窗右侧的“Item Properties”对话框中，在“Prefix”栏中输入大写字母 H，在“Postfix”（后缀）栏中输入空格，然后回车，在“Format”（格式）栏选择“daohao”，如图 4-103 所示。

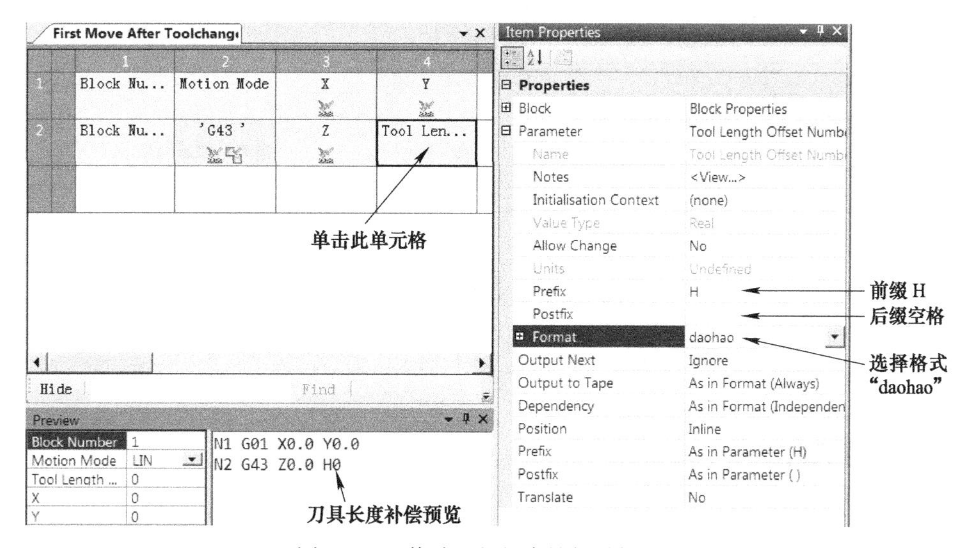

图 4-103　修改刀具长度补偿号的属性

2. 调试后处理文件

在 Post Processor 软件中，单击“PostProcessor”选项卡，切换到后处理模式。

在“PostProcessor”选项卡内，右击“CLDATA Files”分枝下的“3ax.cut”文件，在弹出的快捷菜单条中执行“Process as Debug”（调试模式后处理），单击“3ax_ex1.tap.dppdbg”

调试文件，在主视窗中显示其内容，如图 4-104 所示。

3ax_ex1.tap.dppdbg

	Level 1	Level 2	
1	Program Start		N1 %
2			N2 O0001
3			N3 (bianchengyuan:sunmi)
4			N4 (xiangmuming:3ax_test)
5			N5 (zuobiaoxi:World)
6			N6 G91G28Z0.0
7			N7 G90G80G40G49G54
8		daoju	(---)
9			(Tool Name|Tool Number|Tool Type|Tool Overhang|Toolpath Name)
10			(---)
11			(8bn| 26|BALLNOSED| 27.0| Rgh)
12			(6bn| 18|BALLNOSED| 27.0| Fin)
13			(---)
14	Load Tool First		N8 T26 M6
15	Spindle On		N9 M3 S1500
16	Coolant On		N10 M8
17	First Move After Toolchange		N11 G00 X0.0 Y0.003
18			N12 G43 Z40.0 H26
19	Move Rapid		N13 X1.0 Y-50.003
20	Move Rapid		N14 Z35.0
21	Move Linear		N15 G01 Z0.499 F500.0
22	Move Linear		N16 Y-34.185 Z0.498 F1000.0

刀具编号 26

刀具长度补偿指令，26 号刀使用 H26

图 4-104　调试文件内容（一）

向下拉动滑条到第 111 行，显示第二次换刀之后，机床执行第一个 Z 坐标移动时，加入了对应刀具的新的刀具长度补偿指令，如图 4-105 所示。

3ax_ex1.tap.dppdbg

	Level 1	Level 2	
106	Move Linear		N100 Y8.392 Z29.416
107	Move Linear		N101 Y5.306 Z30.05
108	Move Rapid		N102 G00 Z40.0
109	Coolant Off		N103 M9
110	Move Rapid		N104 X1.0 Y-50.003
	Unload Tool		
111	Load Tool		N105 (huandao: T18)
112			N106 T18 M6
113	Spindle On		N107 M3 S1500
114	Coolant On		N108 M8
115	First Move After Toolchange		N109 G00 X1.0 Y-50.003
116			N110 G43 Z40.0 H18
117	Move Rapid		N111 Z35.0
118	Move Linear		N112 G01 Z-0.001 F500.0
119	Move Linear		N113 Y-32.858 F1000.0

换刀，刀具编号 18

刀具长度补偿指令，18 号刀使用 H18

图 4-105　调试文件内容（二）

4.2.13　输出卸载刀具代码

大部分加工中心在执行 M6 T*n* 指令时，其调用的换刀子程序会关闭主轴旋转、关闭冷却并使 Z 轴移动到换刀位置。但也有一些加工中心，在执行 M6 T*n* 换刀指令之前，要求 Z 轴回零，关闭主轴和冷却。这类指令可以写在“Unload Tool”（卸载刀具）指令里。

在 Post Processor 软件中，单击“Editor”选项卡，切换到后处理文件编辑器模式。

1．插入卸载刀具命令

在“Editor”选项卡的“Commands”窗口中，双击“Tool”树枝，将它展开，单击“Unload

Tool”（卸载刀具）分枝，在主视窗中打开“Unload Tool”窗口。在该窗口中，单击第 1 行第 1 列的空白单元格，在工具栏中单击插入块按钮，在第 1 行第 1 列单元格中插入一个“Block Number”程序行号，开始新的一行。接着在工具栏中单击插入文本按钮，在第 1 行第 2 列单元格中插入一个文本输出块。双击第 1 行第 2 列单元格，输入“G91G28Z0.0”，回车，如图 4-106 所示。

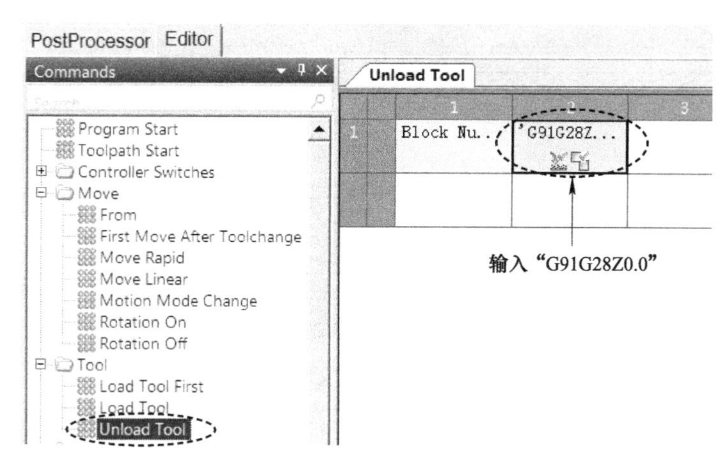

图 4-106　输入“G91G28Z0.0”

单击选中第 2 行第 1 列的空白单元格。在“Commands”窗口中，双击“Controller Switches”（控制器开关）树枝，将它展开，将该树枝下的“Spindle Off”（关闭主轴）拖入第 2 行第 1 列空白单元格中，如图 4-107 所示。

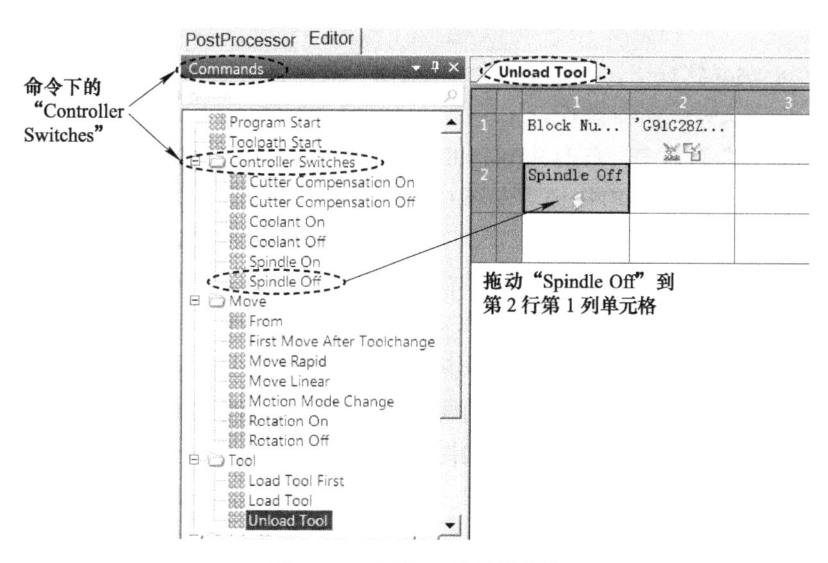

图 4-107　插入主轴关闭命令

2. 调试后处理文件

在 Post Processor 软件中，单击“PostProcessor”选项卡，切换到后处理模式。

在“PostProcessor”选项卡内，右击“CLDATA Files”分枝下的“3ax.cut”文件，在弹出

的快捷菜单条中执行“Process as Debug”（调试模式后处理），单击“3ax_ex1.tap.dppdbg”调试文件，在主视窗中，下拉右侧滑块到第 111 行，显示其内容，如图 4-108 所示。

3ax_ex1.tap.dppdbg

	Level 1	Level 2	
106	Move Linear		N100 Y8.392 Z29.416
107	Move Linear		N101 Y5.306 Z30.05
108	Move Rapid		N102 G00 Z40.0
109	Coolant Off		N103 M9
110	Move Rapid		N104 X1.0 Y-50.003
111	Unload Tool		N105 G91G28Z0.0
112		Spindl...	N106 M5
113	Load Tool		N107 (huandao: T18)
114			N108 T18 M6
115	Spindle On		N109 M3 S1500
116	Coolant On		N110 M8
117	First Move After Toolchange		N111 G00 X1.0 Y-50.003
118			N112 G43 Z40.0 H18
119	Move Rapid		N113 Z35.0
120	Move Linear		N114 G01 Z-0.001 F500.0
121	Move Linear		N115 Y-32.858 F1000.0

换刀之前，Z 轴回零，主轴停转

图 4-108　调试文件内容

如图 4-108 所示，换刀之前 Z 轴回零，使用了 G91 相对坐标指令，而后续的坐标是 G90 绝对坐标指令，因此，需要在新刀路之前加入 G90 指令，可以使用“Toolpath Start”（刀路开始）命令来设置。

4.2.14　输出刀路开始代码

1. *激活刀路开始命令并插入指令*

在 Post Processor 软件中，单击“Editor”选项卡，切换到后处理文件编辑器模式。

在“Commands”窗口中，右击“Toolpath Start”（刀路开始）树枝，在弹出的快捷菜单条中执行“Activate”，将它激活，如图 4-109 所示。

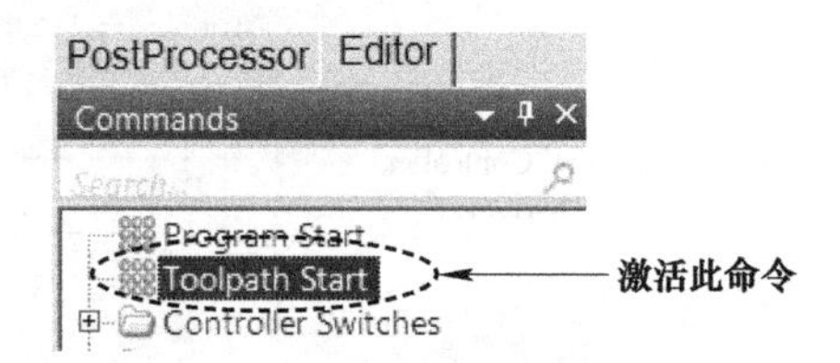

图 4-109　激活刀路开始命令

接着单击“Toolpath Start”树枝，在主视窗中打开“Toolpath Start”窗口。在该窗口中，单击第 1 行第 1 列的空白单元格，在工具栏中单击插入块按钮，在第 1 行第 1 列单元格中插入一个“Block Number”程序行号，开始新的一行。接着在工具栏中单击插入文本按钮，在第 1 行第 2 列单元格中插入一个文本输出块。双击第 1 行第 2 列单元格，输入“G90　”，（注意：G90 后面有一个空格），回车，如图 4-110 所示。

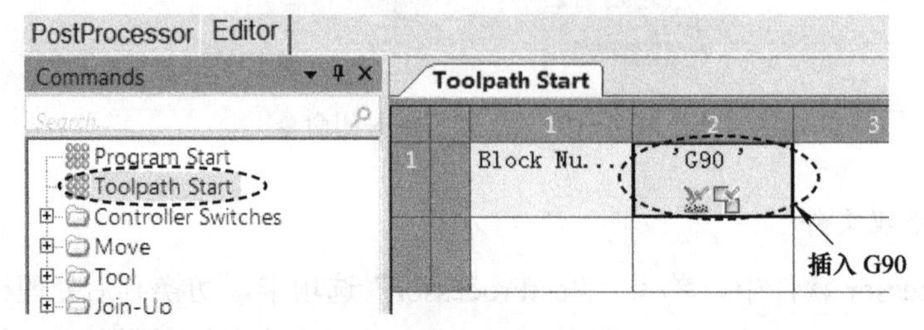

图 4-110　插入 G90 代码

2. 调试后处理文件

在 Post Processor 软件中，单击“PostProcessor”选项卡，切换到后处理模式。

在“PostProcessor”选项卡内，右击“CLDATA Files”分枝下的“3ax.cut”文件，在弹出的快捷菜单条中执行“Process as Debug”（调试模式后处理），单击“3ax_ex1.tap.dppdbg”调试文件，在主视窗中，下拉右侧滑块到第 118 行，显示其内容，如图 4-111 所示。

3ax_ex1.tap.dppdbg

	Level 1	Level 2	
108	Move Linear		N102 Y5.306 Z30.05
109	Move Rapid		N103 G00 Z40.0
110	Coolant Off		N104 M9
111	Move Rapid		N105 X1.0 Y-50.003
112	Unload Tool		N106 G91G28Z0.0
113		Spindle...	N107 M5
114	Load Tool		N108 (huandao: T18)
115			N109 T18 M6
116	Spindle On		N110 M3 S1500
117	Coolant On		N111 M8
118	Toolpath Start		N112 G90
119	First Move After Toolchange		N113 G00 X1.0 Y-50.003
120			N114 G43 Z40.0 H18
121	Move Rapid		N115 Z35.0
122	Move Linear		N116 G01 Z-0.001 F500.0
123	Move Linear		N117 Y-32.858 F1000.0

换刀之前，Z 轴回零，使用了 G91 相对坐标指令

使用 G90 绝对坐标指令

图 4-111　调试文件内容（一）

继续下拉右侧滑块到第 270 行（最后一行），如图 4-112 所示，这是程序的结尾，可见输出了关闭冷却、Z 轴回零、主轴停转等指令，还需要增加 M30 程序结束代码。

3ax_ex1.tap.dppdbg

	Level 1	Level 2	
264	Move Linear		N258 Y-32.85 Z0.001
265	Move Linear		N259 Y-32.851 Z0.0
266	Move Linear		N260 Y-50.003
267	Move Rapid		N261 G00 Z40.0
268	Coolant Off		N262 M9
269	Unload Tool		N263 G91G28Z0.0
270		Spindle...	N264 M5

程序结尾部分

图 4-112　调试文件内容（二）

4.2.15　输出程序尾代码

在 Post Processor 软件中，单击“Editor”选项卡，切换到后处理文件编辑器模式。

1. 激活程序尾命令并插入指令

在“Commands”窗口中，右击“Program End”（程序尾）树枝，在弹出的快捷菜单条中执行“Activate”，将它激活，如图 4-113 所示。

图 4-113　激活程序尾命令

接着单击“Program End”树枝，在主视窗中打开“Program End”窗口。在该窗口中，单击第 1 行第 1 列的空白单元格，在工具栏中单击插入块按钮，在第 1 行第 1 列单元格中插入一个“Block Number”程序行号，开始新的一行。接着在工具栏中单击插入文本按钮A，在第 1 行第 2 列单元格中插入一个文本输出块。双击第 1 行第 2 列单元格，输入“M30 ”，注意 M30 后面有一个空格。单击选中第 2 行第 1 列单元格，在工具栏中单击插入文本按钮A，在第 2 行第 1 列单元格中插入一个文本输出块。双击第 2 行第 1 列单元格，输入“%”，如图 4-114 所示。

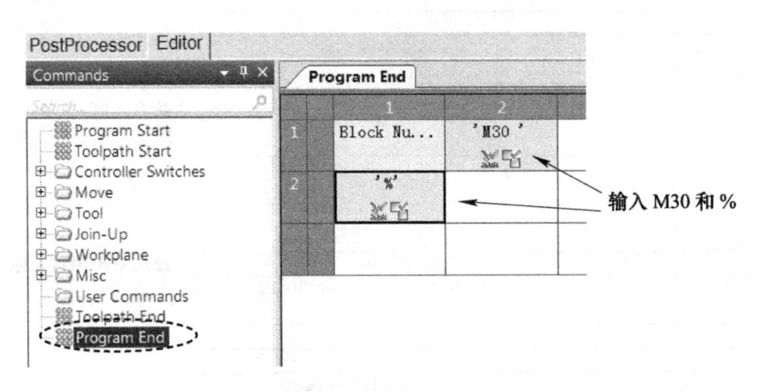

图 4-114　输入M 30 和 %

2. 调试后处理文件

在 Post Processor 软件中，单击“PostProcessor”选项卡，切换到后处理模式。

在“PostProcessor”选项卡内，右击“CLDATA Files”分枝下的“3ax.cut”文件，在弹出的快捷菜单条中执行“Process as Debug”（调试模式后处理），单击“3ax_ex1.tap.dppdbg”调试文件，在主视窗中，下拉右侧滑块到第 272 行（最后一行），显示其内容，如图 4-115 所示。

3ax_ex1.tap.dppdbg

	Level 1	Level 2			
266	Move Linear		N260	Y-50.003	
267	Move Rapid		N261	G00	Z40.0
268	Coolant Off		N262	M9	
269	Unload Tool		N263	G91G28Z0.0	
270		Spindle...	N264	M5	
271	Program End		N265	M30	
272			%		

程序尾指令

图 4-115　调试文件内容

本例中调试后处理使用的“3ax.cut”文件，不含圆弧切削移动。但刀路中往往会包括圆弧切削移动，因此，下面介绍激活圆弧移动命令，并使用含有圆弧移动的“3ax-yuan.cut”文件来调试后处理文件。

4.2.16　输出 G02/G03 指令

在 Post Processor 软件中，单击“Editor”选项卡，切换到后处理文件编辑器模式。

若要激活圆弧移动命令，则需要先在选项文件设置中勾选圆弧移动支持选项。

1. 勾选圆弧移动支持选项

在Post Processor软件中，单击“File”（文件）→“Option File Settings...”（选项文件设置），打开选项文件设置对话框。单击“Arcs And Splines”（圆弧和样条）树枝，在“Arc Support”（圆弧支持）→“3 Axis”（3轴）中，勾选“XY”，如图4-116所示。即后处理文件能支持后处理三轴加工中XY平面上的圆弧切削指令。

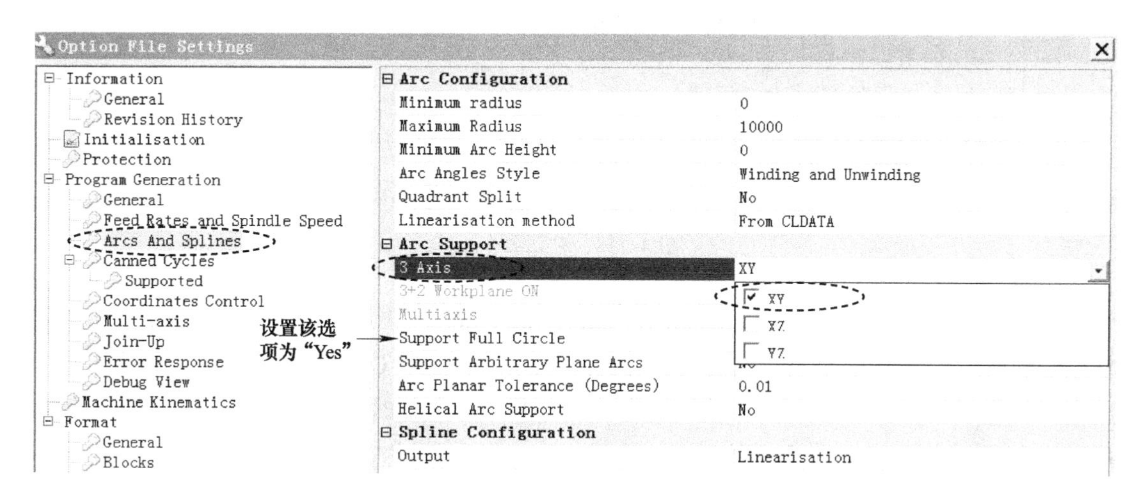

图4-116　勾选圆弧支持

勾选圆弧移动支持选项后，“Editor”选项卡中的“Commands”窗口会增加“Arc”（圆弧）树枝。

2. 激活圆弧切削命令并插入指令

在“Commands”窗口中，双击“Arc”树枝，将它展开。右击该树枝下的“Circular Move XY”（XY平面圆弧切削）分枝，在弹出的快捷菜单条中执行“Activate”（激活），将它激活，如图4-117所示。

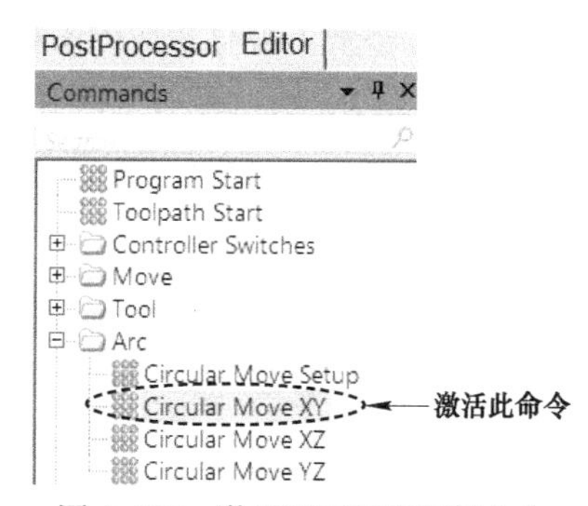

图4-117　激活平面圆弧切削命令

在“Editor”选项卡的“Commands”窗口中，双击“Move”（移动）树枝，将它展开。单击该树枝下的“Move Rapid”（快速定位）分枝，在主视窗中显示“Move Rapid”窗口。按住<Shift>键不放，依次单击第1行第1列单元格“Block Number”（块号）至第1行第5列单元格“Z”，将它们选中。在选中的任一单元格上右击，在弹出的快捷菜单条中执行“Copy”（复制）。

在“Editor”选项卡的“Commands”窗口中，单击“Arc”树枝下的“Circular Move XY”分枝，在主视窗中打开“Circular Move XY”窗口。在该窗口中，右击第1行第1列的空白单元格，在弹出的快捷菜单条中执行“Paste”（粘贴），如图4-118所示。

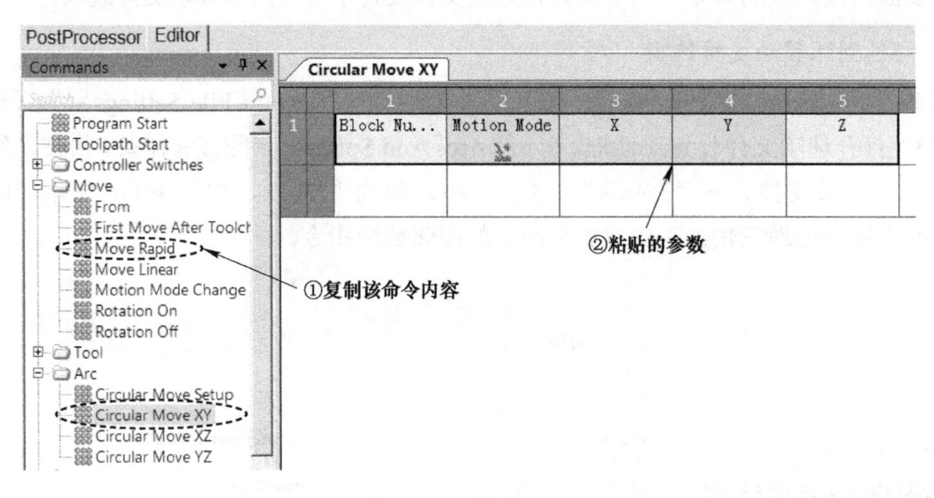

图 4-118 粘贴命令

在“Circular Move XY”窗口中，按住 <Shift> 键不放，单击选中第 1 行第 2、3、4 列单元格，然后在任一单元格上右击，在弹出的快捷菜单条中执行“Output To Tape”（输出到 NC 程序）→“Always”（总是），这样在后处理 CLDATA 文件时，只要遇到圆弧移动，就保持输出 G02/G03、X、Y 三个参数。

在“Circular Move XY”窗口中，单击选中第 1 行第 5 列单元格 Z 参数，然后右击该单元格，在弹出的快捷菜单条中执行“Output To Tape”（输出到 NC 程序）→“If Updated”（如果有更新才输出）。设置 Z 参数仅在更新时才输出的原因是，在具有 Z 输出的 2D 圆弧中可能会导致问题，但对于 3D 或螺旋圆弧，需要 Z 输出，且仅在值更改时才会获得输出。设置好之后，参数下会有相应的图标，如图 4-119 所示。

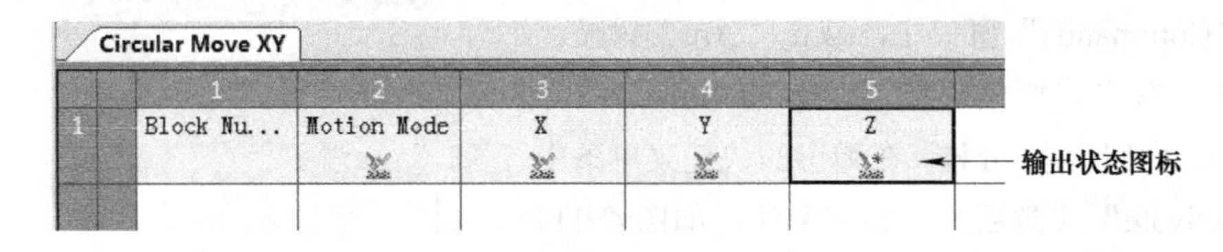

图 4-119 设置参数的输出状态

3. 拖入圆弧切削半径指令

在“Editor”选项卡中，单击“Parameters”，切换到“Parameters”窗口。双击“Arc”树枝，将它展开，拖动“Arc”树枝下的“Arc Radius”（圆弧半径）到“Circular Move XY”窗口第 1 行第 6 列单元格中，如图 4-120 所示。

单击第 1 行第 6 列单元格中的“Arc Radius”参数，在主视窗右侧的“Item Properties”对话框中，在“Prefix”（前缀）栏输入大写字母 R，在“Postfix”（后缀）栏输入空格，回车，选择格式为 zbgs，如图 4-121 所示。

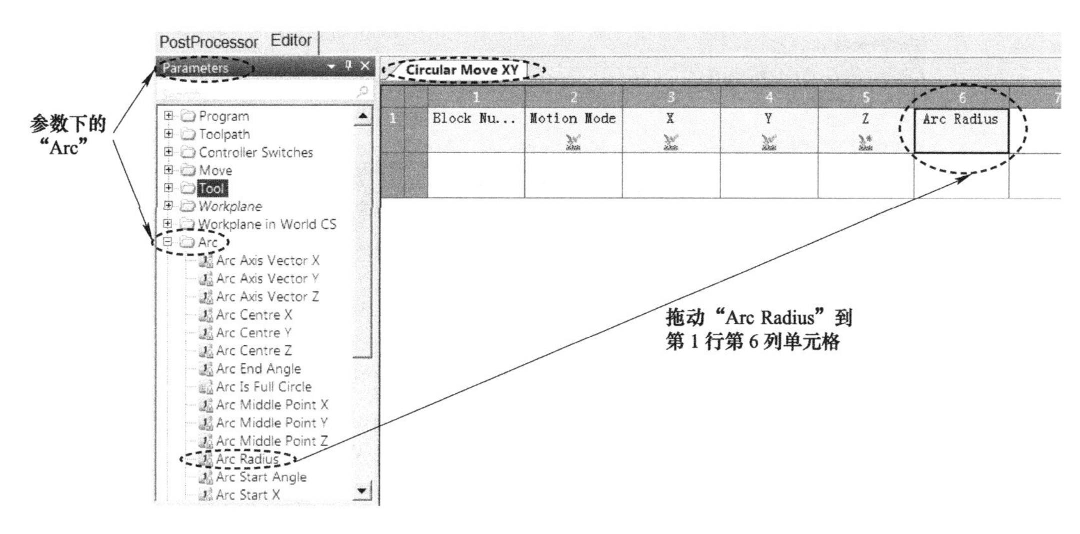

图 4-120　插入圆弧半径参数

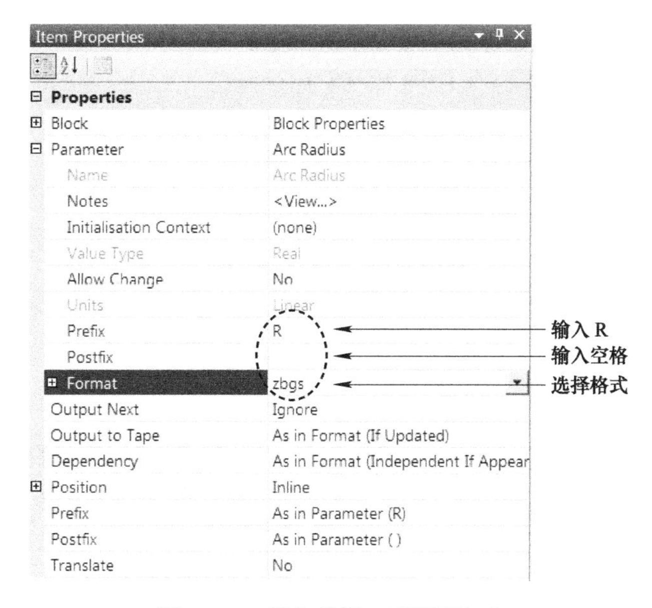

图 4-121　输入前缀、后缀及格式

4. 调试后处理文件（一）

在 Post Processor 软件中，单击“PostProcessor”选项卡，切换到后处理模式。

打开计算机的资源管理器，将 E:\PostEX\ch04\3ax-yuan.cut 文件拖到“session1”树枝下的“CLDATA Files”分枝下，如图 4-122 所示。

拖入后软件会弹出如图 4-123 所示提示对话框，提示选项文件已经更改，是否保存改变，单击“是”按钮。

在“PostProcessor”选项卡内，右击“CLDATA Files”分枝下的“3ax-yuan.cut”文件，在弹出的快捷菜单条中执行“Process as Debug”（调试模式后处理），单击“3ax-yuan_ex1.tap.dppdbg”调试文件，在主视窗中，下拉右侧滑块到第 75 行，显示其内容，如图 4-124 所示。

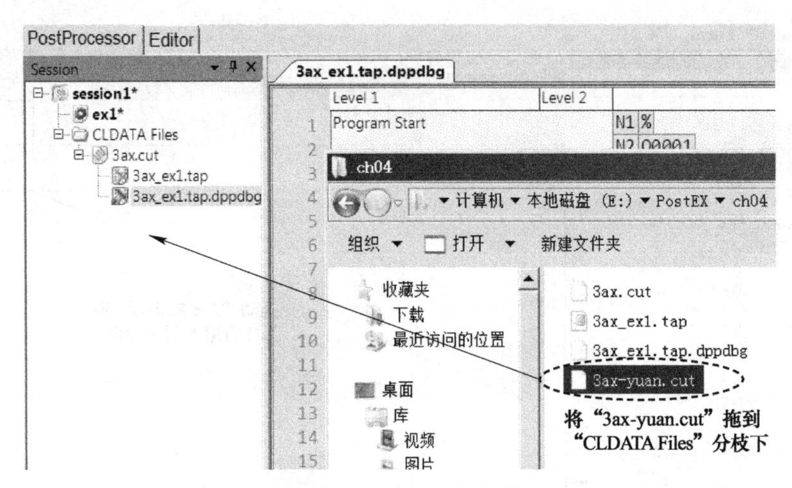

图 4-122　拖入刀位文件

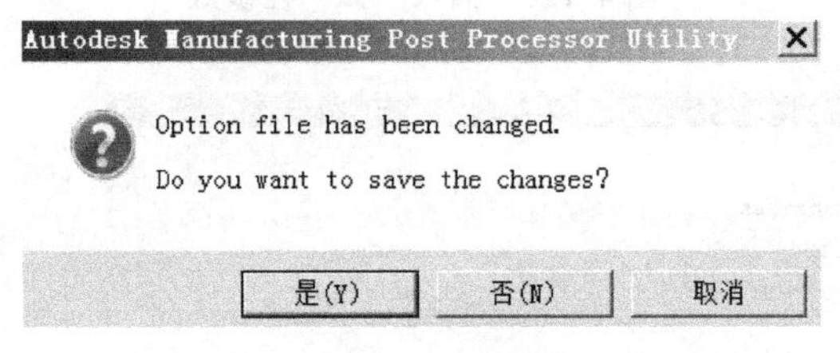

图 4-123　提示信息

3ax-yuan_ex1.tap.dppdbg

	Level 1	Level 2				
70	Move Linear		N65	X100.758	Z-22.286	
71	Move Linear		N66	X101.969	Z-23.273	
72	Move Linear		N67	X103.162	Z-24.287	
73	Move Linear		N68	X103.971	Z-25.0	
	Move Linear					
74	Move Linear		N69	X150.006		
75	Circular Move XY		N70	G03	X155.006	Y-44.997 R5.0
76	Circular Move XY		N71	G03	X150.006	Y-39.997
77	Move Linear		N72	G01		
78	Move Linear		N73	X103.971		
79	Move Linear		N74	X103.97		

圆弧切削指令

直线切削指令

图 4-124　调试文件内容（一）

如图 4-124 所示，后处理出来的 NC 代码文件中，已经包括有 G03 圆弧切削指令，圆弧半径使用 R 来指定。

在数控加工中，圆弧半径使用 I、J 来指定也是常见的情况。下面来调整参数，使圆弧半径用 I、J 来指定。

5. 设置圆弧半径 I、J 输出

在 Post Processor 软件中，单击“Editor”选项卡，切换到后处理文件编辑器模式。

在“Editor”选项卡的“Commands”窗口中，单击“Arc”树枝下的“Circular Move XY”分枝，在主视窗中打开“Circular Move XY”窗口。单击选中第 1 行第 6 列单元格“Arc Radius”参数，按键盘上的 <Delete> 键，将它删除。

在“Editor”选项卡中，单击“Parameters”，切换到“Parameters”窗口。双击“Arc”树枝，将它展开，拖动“Arc”树枝下的“Arc Centre X”（圆弧中心 X 坐标）到“Circular Move XY”窗口第 1 行第 6 列单元格中，然后拖动“Arc”树枝下的“Arc Centre Y”（圆弧中心 Y 坐标）到“Circular Move XY”窗口第 1 行第 7 列单元格中，如图 4-125 所示。

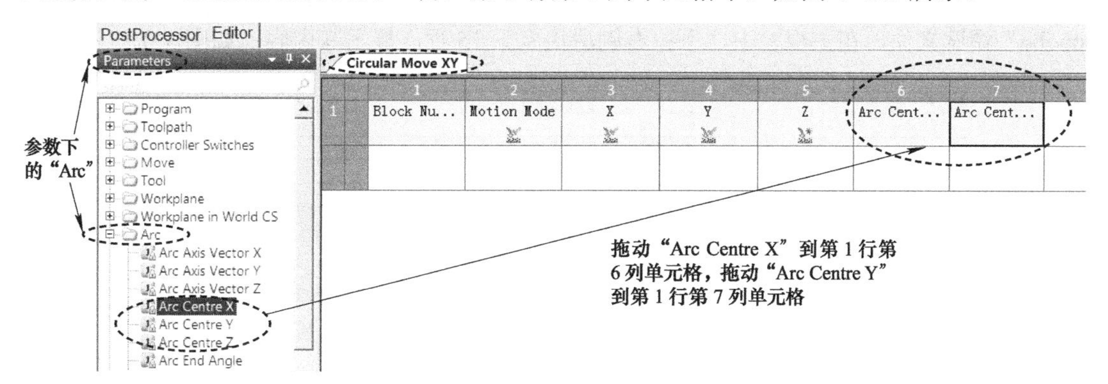

图 4-125　插入圆弧半径 IJ

单击第 1 行第 6 列单元格中的“Arc Centre X”参数，在主视窗右侧的“Item Properties”对话框中，在“Prefix”栏输入大写字母 I，在“Postfix”栏输入空格，回车，设置“Incremental”（增量的）为“Yes”，选择格式为 zbgs，设置“Output To Tape”（输出到 NC 程序）为“Always”（总是），设置“Incrementality”（递增）为“Yes”，如图 4-126 所示。

单击第 1 行第 7 列单元格中的“Arc Centre Y”参数，在主视窗右侧的“Item Properties”对话框中，在“Prefix”栏输入大写字母 J，在“Postfix”栏输入空格，回车，设置“Incremental”（增量的）为“Yes”，选择格式为 zbgs，设置“Output To Tape”（输出到 NC 程序）为“Always”（总是），设置“Incrementality”（递增）为“Yes”。

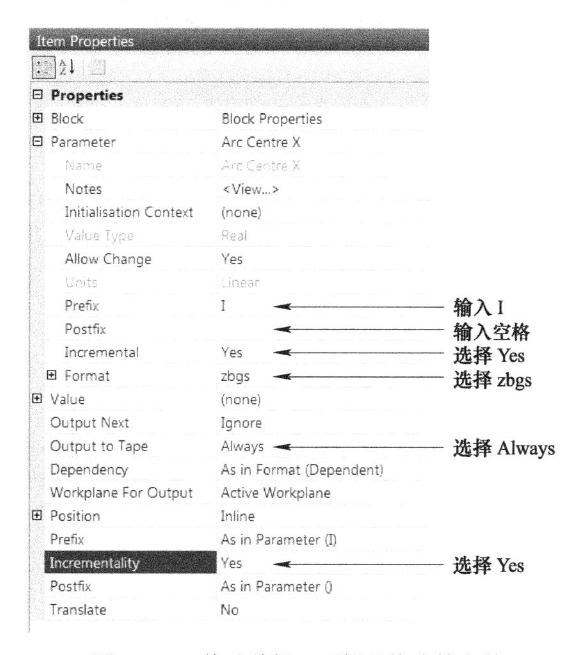

图 4-126　修改前缀、后缀及格式等参数

6. 调试后处理文件（二）

在 Post Processor 软件中，单击“PostProcessor”选项卡，切换到后处理模式。

在“PostProcessor”选项卡内，右击“CLDATA Files”分枝下的“3ax-yuan.cut”文件，在弹出的快捷菜单条中执行“Process as Debug”（调试模式后处理），单击“3ax-yuan_ex1.tap.dppdbg”调试文件，在主视窗中，下拉右侧滑块到第 75 行，显示其内容，如图 4-127 所示。

3ax-yuan_ex1.tap.dppdbg

	Level 1	Level 2						
70	Move Linear		N65	X100.758	Z-22.286			
71	Move Linear		N66	X101.969	Z-23.273			
72	Move Linear		N67	X103.162	Z-24.287			
73	Move Linear		N68	X103.971	Z-25.0			
	Move Linear							
74	Move Linear		N69	X150.006				
75	Circular Move XY		N70	G03	X155.006	Y-44.997	I150.006	J-44.997
76	Circular Move XY		N71	G03	X150.006	Y-39.997		
77	Move Linear		N72	G01				
78	Move Linear		N73	X103.971				
79	Move Linear		N74	X103.97				

图 4-127　调试文件内容（二）

如图 4-127 所示，后处理出来的 NC 代码文件中，G03 圆弧切削指令的圆弧半径使用 I、J 来指定。

如果 R 和 I、J 这两种类型的圆弧半径指定样式可以由编程员在后处理前，通过简单地选择一个选项，就能选择使用两种样式中的一种，后处理文件使用起来就很方便。

使用条件判断语句可以实现上述目的，方法是：先创建一个群组类型的用户自定义参数 bjys，设置其状态为 I、J 和 R 两种，在选项文件设置中可以选择该参数为 R 或 I、J，然后在命令中使用条件判断语句来选择圆弧半径的输出样式。

4.2.17　使用条件判断语句 if…end if 控制代码输出

1. 创建用户自定义参数

在 Post Processor 软件中，单击“Editor”选项卡，切换到后处理文件编辑器模式。

在“Editor”选项卡中的“Parameters”窗口，右击“User Parameters”（用户自定义参数），在弹出的快捷菜单条中执行“Add Group Parameter…”（增加群组参数），打开“Add Group Parameter”对话框，按图 4-128 所示设置群组参数。

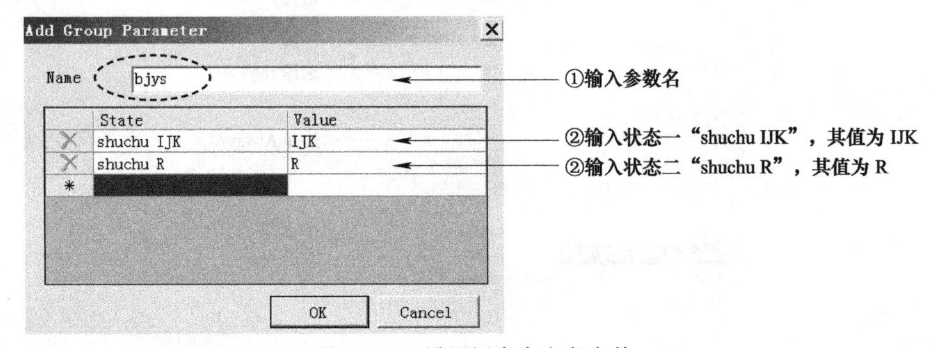

图 4-128　设置用户自定义参数

单击“OK”按钮，完成创建用户自定义参数。

2. 预设用户自定义参数值

在 Post Processor 软件中，单击“File”→“Option File Settings…”，打开选项文件设置对话框。

单击“Initialisation”（初始化）树枝，按图 4-129 所示设置用户自定义参数 bjys 的初始值为 shuchu R。

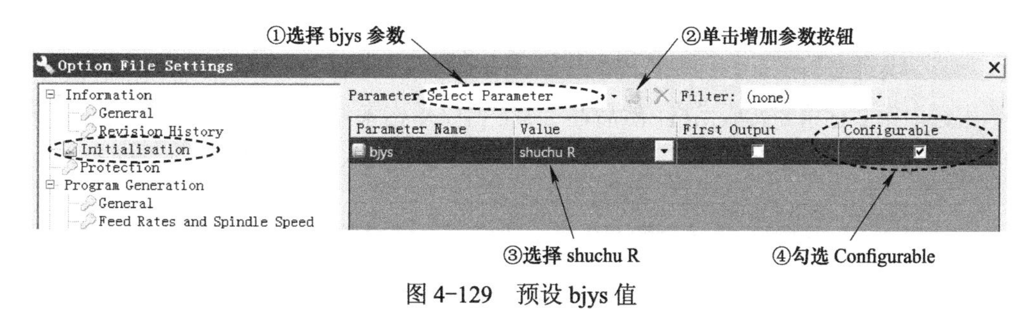

图 4-129 预设 bjys 值

单击“Close”（关闭）按钮，关闭选项文件设置对话框。

3. 使用条件判断语句

在主视窗的“Circular Move XY”窗口中，单击选中第 1 行第 1 列单元格，然后在工具栏中，单击条件语句按钮右侧的小三角形，在展开的下拉菜单条中选择“if（…）”，如图 4-130 所示。

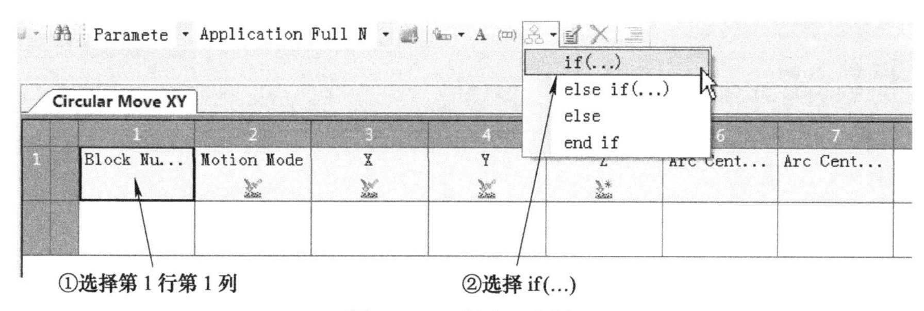

图 4-130 插入 if 语句

插入 if 语句后的界面如图 4-131 所示。

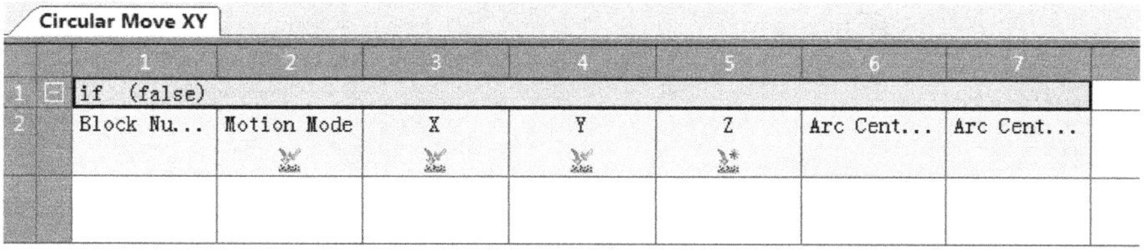

图 4-131 插入 if 语句后的界面

双击第 1 行 if (false) 语句，将“false”删除，然后输入 %p(bjys)%=="shuchu IJK"（注意字母大小写及空格），回车，如图 4-132 所示。在输入的表达式 %p(bjys)%=="shuchu IJK" 中，

bjys 是刚刚创建的用户自定义参数，Post Processor 使用参数的格式是 %p(参数名)%，== 表示等于，此行表达式意思即当参数 bjys 的值等于 shuchu IJK 时。

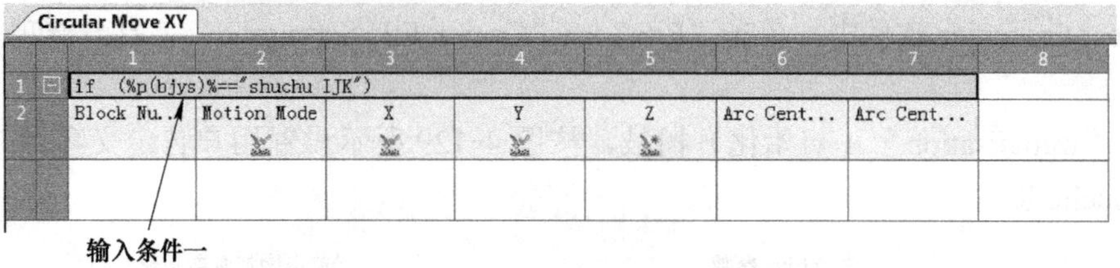

Circular Move XY

	1	2	3	4	5	6	7	8
1	if (%p(bjys)%=="shuchu IJK")							
2	Block Nu...	Motion Mode	X	Y	Z	Arc Cent...	Arc Cent...	

输入条件一

图 4-132　输入条件一

单击选中第 2 行第 8 列单元格，然后在工具栏中，单击条件语句按钮 右侧的小三角形，在展开的下拉菜单条中选择“else if（...）”，将在第 3 行插入 else if 语句，如图 4-133 所示。

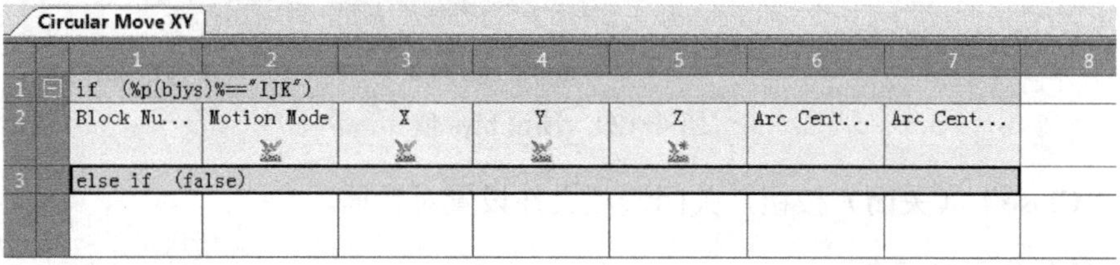

Circular Move XY

	1	2	3	4	5	6	7	8
1	if (%p(bjys)%=="IJK")							
2	Block Nu...	Motion Mode	X	Y	Z	Arc Cent...	Arc Cent...	
3	else if (false)							

图 4-133　插入 else if 语句后的界面

双击第 3 行 else if (false) 语句，将“false”删除，然后输入 %p(bjys)%=="shuchu R"，回车，如图 4-134 所示。

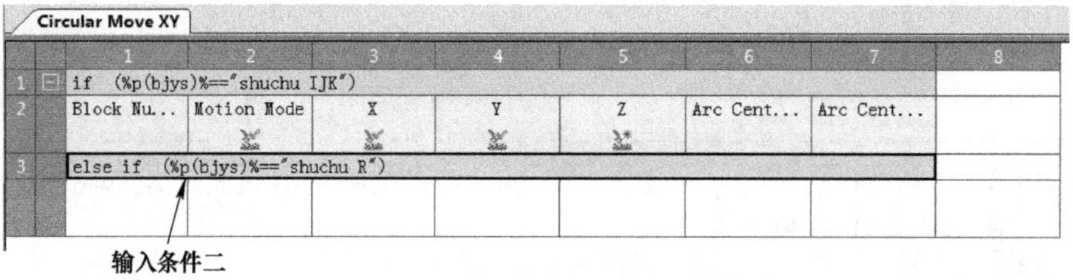

Circular Move XY

	1	2	3	4	5	6	7	8
1	if (%p(bjys)%=="shuchu IJK")							
2	Block Nu...	Motion Mode	X	Y	Z	Arc Cent...	Arc Cent...	
3	else if (%p(bjys)%=="shuchu R")							

输入条件二

图 4-134　输入条件二

按下 <Shift> 键，单击选中第 2 行第 1 列至第 2 行第 7 列单元格，然后在任意选中的单元格上右击，在弹出的快捷菜单条中执行“Copy”。

单击选中第 4 行第 1 列的空白单元格，然后右击该单元格，在弹出的快捷菜单条中执行“Paste”，如图 4-135 所示。

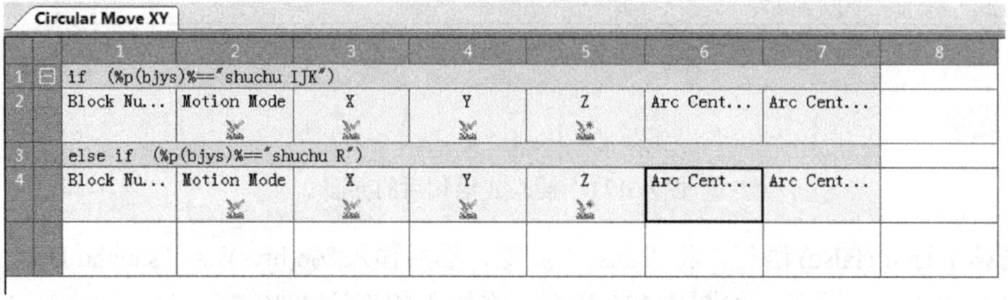

Circular Move XY

	1	2	3	4	5	6	7	8
1	if (%p(bjys)%=="shuchu IJK")							
2	Block Nu...	Motion Mode	X	Y	Z	Arc Cent...	Arc Cent...	
3	else if (%p(bjys)%=="shuchu R")							
4	Block Nu...	Motion Mode	X	Y	Z	Arc Cent...	Arc Cent...	

图 4-135　复制粘贴命令参数

单击选中第 4 行第 6 列单元格，按键盘上的 <Delete> 键，将它删除；单击选中第 4 行第 7 列单元格，按键盘上的 <Delete> 键，将它删除。

单击选中第 4 行第 6 列单元格，在“Editor”选项卡中的“Parameters”窗口，双击“Arc”树枝，将它展开，拖动“Arc”树枝下的“Arc Radius”到“Circular Move XY”窗口第 4 行第 6 列单元格中，如图 4-136 所示。

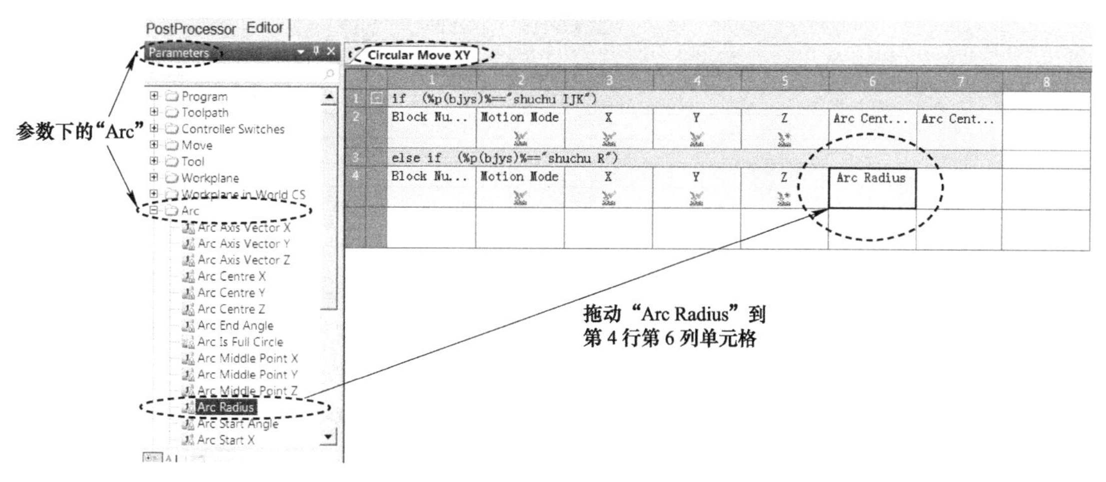

图 4-136　插入圆弧半径参数

“Arc Radius”参数的前缀、后缀及格式之前修改过，系统会保留上述修改。

单击选中第 4 行第 8 列单元格，然后在工具栏中，单击条件语句按钮右侧的小三角形，在展开的下拉菜单条中选择“end if”，将在第 5 行插入 end if 语句，如图 4-137 所示。

Circular Move XY

	1	2	3	4	5	6	7	8
1	if (%p(bjys)%=="shuchu IJK")							
2	Block Nu...	Motion Mode	X	Y	Z	Arc Cent...	Arc Cent...	
3	else if (%p(bjys)%=="shuchu R")							
4	Block Nu...	Motion Mode	X	Y	Z	Arc Radius		
5	end if							

图 4-137　插入 end if 语句后的界面

如图 4-137 所示，第 1 行 if（%p(bjys)%=="shuchu IJK"），用于判断参数 bjys 的初始化值是否等于 shuchu IJK，如果 bjys 的参数值是 shuchu IJK，则执行第 2 行，圆弧半径输出 I、J 样式。第 3 行 else if（%p(bjys)%=="shuchu R"），用于判断参数 bjys 的初始化值是否等于 shuchu R，如果 bjys 的参数值是 shuchu R，则执行第 4 行，圆弧半径输出 R 样式。第 5 行 end if 是一个必须与 if 配套使用的语句，表示条件语句结束。

后处理之前，在选项文件设置对话框中设置 bjys 的初始化值。

4. 调试后处理文件

在 Post Processor 软件中，单击“PostProcessor”选项卡，切换到后处理模式。

在“PostProcessor”选项卡内，右击“CLDATA Files”分枝下的“3ax-yuan.cut”文件，在

弹出的快捷菜单条中执行“Process as Debug”（调试模式后处理），单击“3ax-yuan_ex1.tap.dppdbg”调试文件，在主视窗中，下拉右侧滑块到第 75 行，显示其内容，如图 4-138 所示。

3ax-yuan_ex1.tap.dppdbg

	Level 1	Level 2							
70	Move Linear		N65	X100.758	Z-22.286				
71	Move Linear		N66	X101.969	Z-23.273				
72	Move Linear		N67	X103.162	Z-24.287				
73	Move Linear		N68	X103.971	Z-25.0				
	Move Linear								
74	Move Linear		N69	X150.006					
75	Circular Move XY		N70	G03	X155.006	Y-44.997	R5.0		圆弧切削指令
76	Circular Move XY		N71	G03	X150.006	Y-39.997			圆弧切削指令
77	Move Linear		N72	G01					
78	Move Linear		N73	X103.971					直线切削指令
79	Move Linear		N74	X103.97					

图 4-138　调试文件内容（一）

如图 4-138 所示，因为在图 4-129 所示的参数初始化设置中，将 bjys 设置为 shuchu R，所以后处理的 NC 代码中，圆弧切削指令是用 R 表示半径的。

在 Post Processor 软件中，单击“Editor”选项卡，切换到后处理文件编辑器模式。

在 Post Processor 软件中，单击“File”→“Option File Settings...”，打开选项文件设置对话框。

单击“Initialisation”（初始化）树枝，按图 4-139 所示设置用户自定义参数 bjys 的初始值为 shuchu IJK。

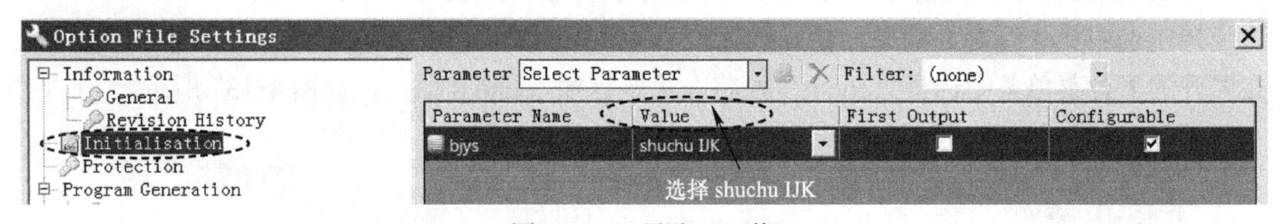

图 4-139　预设 bjys 值

单击“Close”（关闭）按钮，关闭选项文件设置对话框。

在 Post Processor 软件中，单击“PostProcessor”选项卡，切换到后处理模式。

在“PostProcessor”选项卡内，右击“CLDATA Files”分枝下的“3ax-yuan.cut”文件，在弹出的快捷菜单条中执行“Process as Debug”（调试模式后处理），单击“3ax-yuan_ex1.tap.dppdbg”调试文件，在主视窗中，下拉右侧滑块到第 75 行，显示其内容，如图 4-140 所示。

3ax-yuan_ex1.tap.dppdbg

	Level 1	Level 2							
70	Move Linear		N65	X100.758	Z-22.286				
71	Move Linear		N66	X101.969	Z-23.273				
72	Move Linear		N67	X103.162	Z-24.287				
73	Move Linear		N68	X103.971	Z-25.0				
	Move Linear								
74	Move Linear		N69	X150.006					
75	Circular Move XY		N70	G03	X155.006	Y-44.997	I150.006	J-44.997	圆弧切削指令
76	Circular Move XY		N71	G03	X150.006	Y-39.997			圆弧切削指令
77	Move Linear		N72	G01					
78	Move Linear		N73	X103.971					直线切削指令
79	Move Linear		N74	X103.97					
80	Move Linear		N75	X103.251	Z-24.364				
81	Move Linear		N76	X102.059	Z-23.347				

图 4-140　调试文件内容（二）

如图4-140所示，因为在图4-139所示的参数初始化设置中，将bjys设置为shuchu IJK，所以后处理的NC代码中，圆弧切削指令是用I、J表示半径的。

根据条件语句来判断输出何种代码，是很有用处的，在后处理文件中经常会用到，必须掌握。

4.2.18 输出孔加工类固定循环代码

在机械加工中，钻孔（包括钻中心孔、钻孔、深钻）、镗孔（粗镗、精镗）和攻螺纹是常见的工步内容。下面来设置此类孔加工固定循环指令的输出参数。

1. *孔加工固定循环指令格式*

在创建孔加工后处理命令前，需要充分理解孔加工类固定循环指令中各代码的意义。在FANUC数控系统中，常用的几个孔加工固定循环指令的格式简要归纳如下。

（1）G81钻浅通孔、中心孔循环指令

指令格式：G81 G △△ X__ Y__ Z__ R__ F__

式中　X、Y——孔的位置坐标；

Z——孔底的Z坐标，即钻孔深度；

R——参考平面高度；

F——进给速度（mm/min）。

G △△可以是G98或G99，G98与G99均为模态代码，G98表示钻孔循环结束后刀具返回初始平面，是缺省方式，G99表示钻孔循环结束后刀具返回参考平面。

该指令一般用于加工孔深小于5倍直径的孔。

（2）G82钻不通孔（孔底暂停）循环指令

指令格式：G82 G △△ X__ Y__ Z__ R__ P__ F__

式中　P——钻头在孔底的暂停时间（ms）。

其余各参数的意义同G81。

该指令在孔底加进给暂停动作，即当钻头加工到孔底位置时，刀具不做进给运动，并保持旋转状态，使孔底更光滑。G82一般用于扩孔与沉头孔加工。

（3）G83钻深孔循环指令

指令格式：G83 G △△ X__ Y__ Z__ R__ Q__ F__

式中　Q——每次进给深度。

其余各参数的意义同G81。

对于孔深大于5倍直径孔的加工，属于深孔加工，不利于排屑，故采用间断进给（分多次进给），每次进给深度为Q，最后一次进给深度≤Q，退刀量为d（由数控系统参数设定），直到孔底为止。

（4）G84刚性攻螺纹（右旋）循环指令

指令格式：S__；

G94/G95；

G84 G △△ X__ Y__ Z__ R__ F__

式中　S——主轴转速；

G94——转速单位是mm/min；

G95——转速单位是 mm/r；

F——进给速度 = 主轴转速 × 螺纹螺距。

其余各参数的意义同 G81。

刚性攻螺纹过程要求主轴转速 S 与进给速度 F 成严格的比例关系。

（5）G85 粗镗孔加工循环指令

指令格式：G85 G △△ X__ Y__ Z__ R__ F__

式中　各参数的意义同 G81。

（6）G76 精镗孔加工循环指令

指令格式：G76 G △△ X__ Y__ Z__ R__ P__ Q__ F__

式中　P——暂停时间（ms）；

Q——偏移量。

其余各参数的意义同 G81。

G76 与 G85 的区别是，G76 在孔底有三个动作：进给暂停、主轴准停（定向停止）、刀具沿镗刀刀尖的反向后撤偏移量 Q，然后快速退出。这样可保证刀具不划伤孔的表面。

2. 输出钻孔命令

钻孔刀具轨迹可以输出为固定循环指令或者是多个 G00/G01 直线移动指令，其设置在 PowerMill 软件中，计算钻孔刀路时，是否勾选“钻孔循环输出”，如图 4-141 所示。

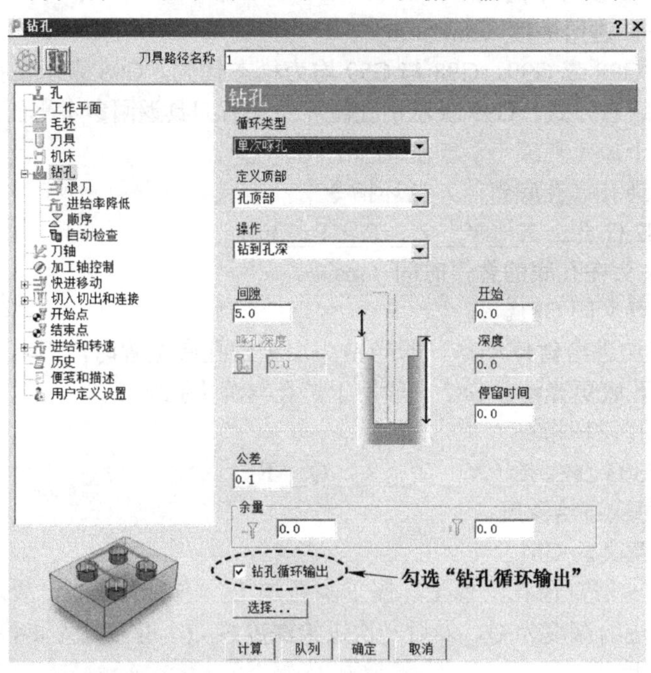

图 4-141　计算钻孔刀路

如果后处理文件中没有激活和设置固定循环命令，即便在 PowerMill 软件钻孔刀路计算中勾选了“钻孔循环输出”，Post Processor 还是会将钻孔刀路输出为多个 G00/G01 直线移动指令，下面使用“3ax-zk.cut”文件来试验一次。

“3ax-zk.cut”文件中包括两条刀路，第一条是钻浅孔刀路，其刀路计算参数和刀路如图 5-142 所示，钻孔直径为 5.2mm，孔深为 20mm。

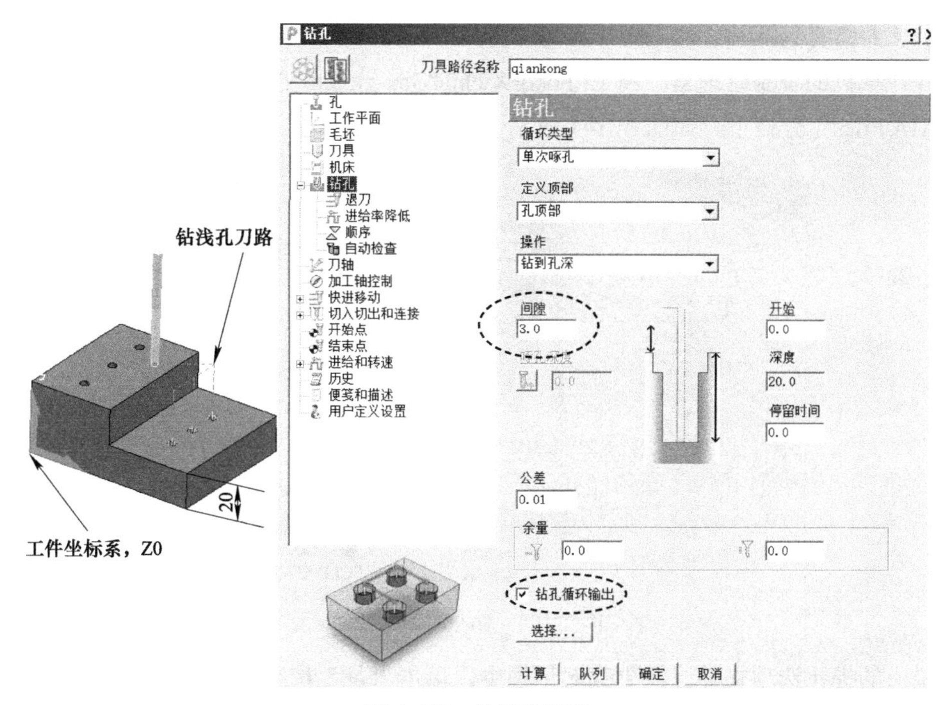

图 4-142　钻浅孔刀路

第二条是钻深孔刀路，其刀路计算参数和刀路如图 4-143 所示，钻孔直径为 5.2mm，孔深为 40mm。

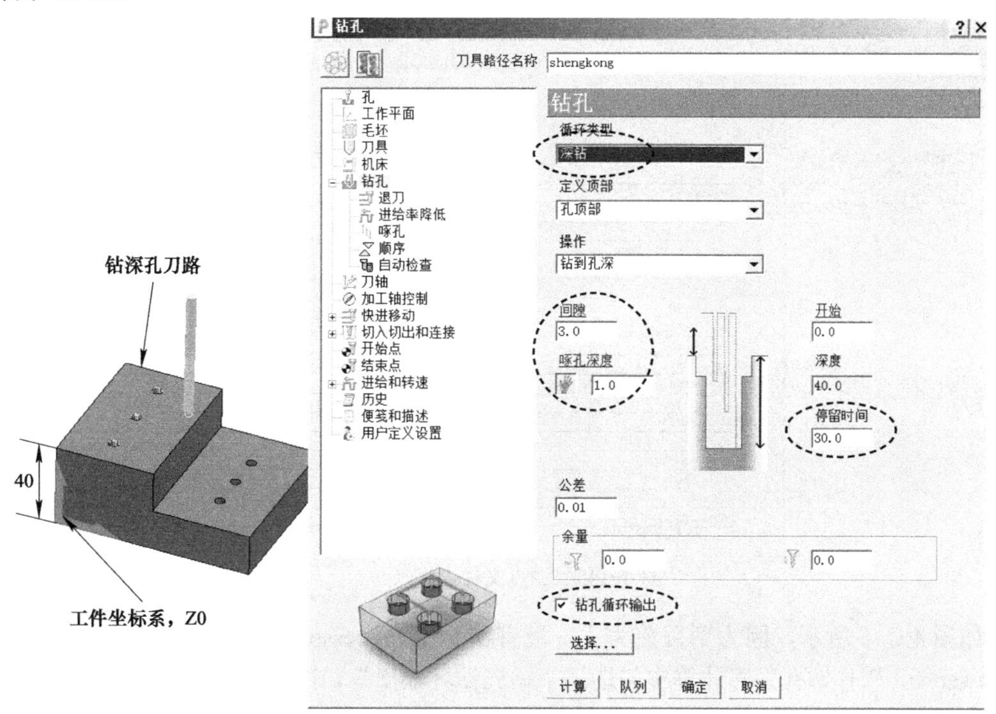

图 4-143　钻深孔刀路

（1）调试后处理文件（一）　在 Post Processor 软件中，单击“PostProcessor”选项卡，

切换到后处理模式。

打开计算机的资源管理器，将 E:\PostEX\ch04\3ax-zk.cut 文件拖到“session1”树枝下的“CLDATA Files”分枝下，如图 4-144 所示。

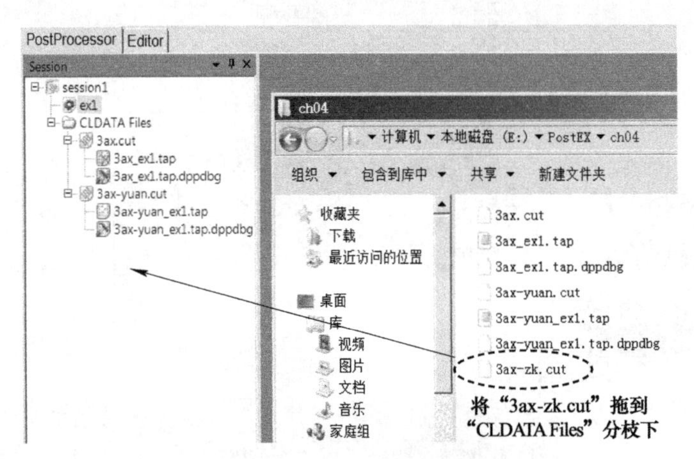

图 4-144　拖入刀位文件

在弹出的提示选项文件已经更改对话框中，单击“是”按钮。

在“PostProcessor”选项卡内，右击“CLDATA Files”分枝下的“3ax-zk.cut”文件，在弹出的快捷菜单条中执行“Process as Debug”（调试模式后处理），单击“3ax-zk_ex1.tap.dppdbg”调试文件，在主视窗中显示其内容，如图 4-145 所示。

	Level 1	Level 2	3ax-zk_ex1.tap.dppdbg
10			(--)
11			(dr5.2| 6| DRILL| | qiankong)
12			(| | | | shengkong)
13			(--)
14	Load Tool First		N8 T6 M6
15	Spindle On		N9 M3 S1500
16	Coolant On		N10 M8
17	Toolpath Start		N11 G90
18	First Move After Toolchange		N12 G00 X50.0 Y40.0
19			N13 G43 Z50.0 H6
20	Move Rapid		N14 X75.0 Y58.0
21	Move Rapid		N15 Z23.0
22	Move Linear		N16 G01 Z0.0 F1000.0
23	Move Rapid		N17 G00 Z50.0
24	Move Rapid		N18 Y40.0
25	Move Rapid		N19 Z23.0
26	Move Linear		N20 G01 Z0.0
27	Move Rapid		N21 G00 Z50.0
28	Move Rapid		N22 Y22.0
29	Move Rapid		N23 Z23.0
30	Move Linear		N24 G01 Z0.0
31	Move Rapid		N25 G00 Z50.0
32	Move Rapid		N26 X50.0 Y40.0
33	Toolpath Start		N27 G90

图 4-145　调试文件内容（一）

如图 4-145 所示，因为到目前为止，没有在 Post Processor 中定义钻孔命令，所以即便在 PowerMill 软件钻孔刀路计算中勾选了“钻孔循环输出”，Post Processor 还是将钻孔刀路输出为了多个 G00/G01 直线移动指令来完成钻孔，但此 NC 程序过长，占用数控系统内存，如果使用固定循环指令，则很短几行即可完成钻孔，这是开发固定循环指令的初衷。下面来激活并设置钻孔命令。

（2）选项文件设置　在 Post Processor 软件中，单击“Editor”选项卡，切换到后处理文件编辑器模式。

在 Post Processor 软件中，单击“File”→“Option File Settings…”，打开选项文件设置对话框。单击“Canned Cycles”（固定循环）树枝，按图 4-146 所示设置所有参数的“Origin Position”（原点）为“Z Zero”（Z0）。

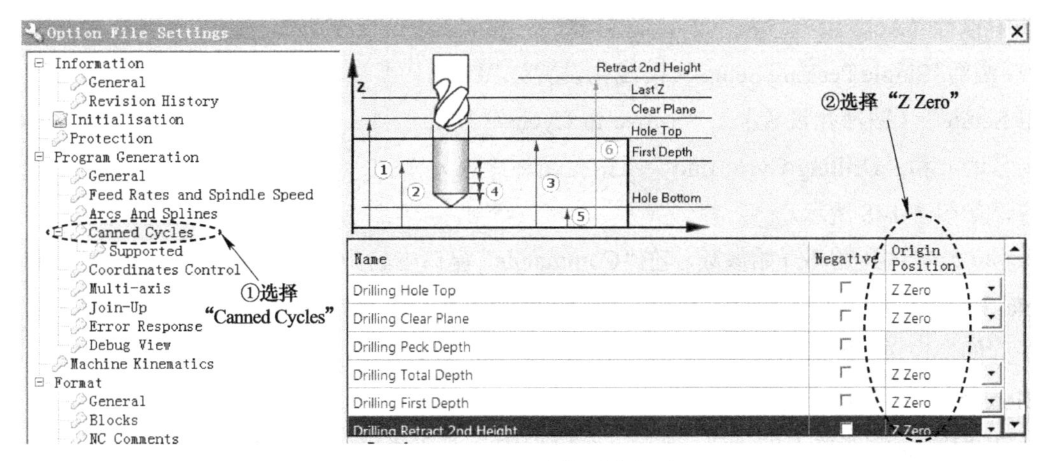

图 4-146　设置参数原点位置

某些数控系统，需要相对于孔顶来定义钻孔深度和安全平面，但在此例中，将它们都设置为 Z0，这意味着上述参数将相对于工件坐标系的 Z 轴零点输出。

单击“Canned Cycles”树枝下的“Supported”（支持）分枝，勾选“Single Peck”（浅钻）、“Deep Drill”（深钻），如图 4-147 所示。

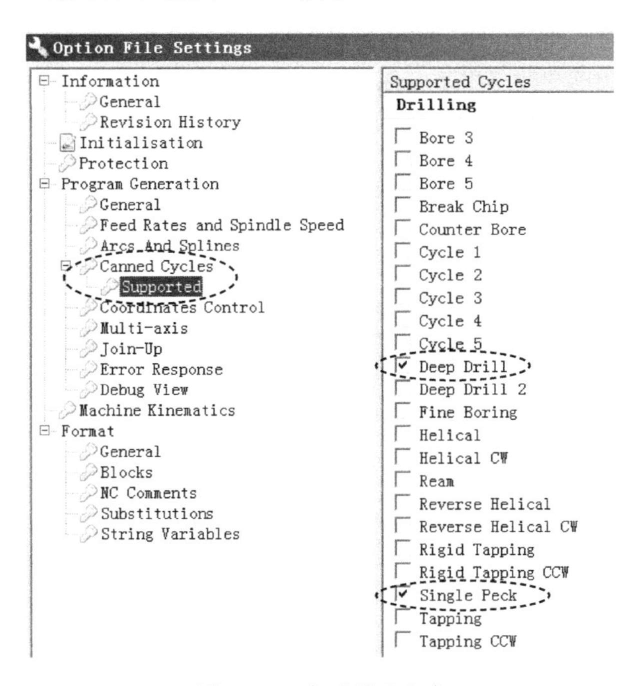

图 4-147　勾选钻孔方式

单击“Close”（关闭）按钮，关闭选项文件设置对话框。

（3）激活固定循环命令　在“Commands”窗口中，双击“Cycles”（循环）树枝，将它展开，右击“Drilling Cycle Start”（钻孔循环开始）分枝，在弹出的快捷菜单条中执行“Activate”（激活），将它激活。重复此操作，激活“Single Pecking Setup”（钻浅孔设置）、“Deep Drill Setup”（钻深孔设置）、“Move in Cycle”（循环内移动）和“Drilling Cycle End”（钻孔循环结束）命令，如图 4-148 所示。

图 4-148　激活固定循环命令

（4）设置钻孔循环开始参数　在“Commands”窗口中的“Cycles”树枝下，单击“Drilling Cycle Start”分枝，在主视窗中显示“Drilling Cycle Start”窗口。在该窗口中，单击第 1 行第 1 列的空白单元格，在工具栏中单击插入块按钮，在第 1 行第 1 列单元格中插入一个“Block Number”程序行号，开始新的一行。

在“Editor”选项卡的“Commands”窗口中，双击“Move”树枝，将它展开。单击该树枝下的“First Move After Toolchange”（换刀后首次移动）分枝，在主视窗中显示“First Move After Toolchange”窗口。按住 <Shift> 键不放，依次单击第 1 行第 1 列单元格“Block Number”至第 2 行第 4 列单元格“Tool Length Offset Number”（刀具长度补偿号），将两行命令选中。在选中的任一单元格上右击，在弹出的快捷菜单条中执行“Copy”。

在“Editor”选项卡的“Commands”窗口中，单击“Cycles”树枝下的“Drilling Cycle Start”分枝，在主视窗中显示“Drilling Cycle Start”窗口。在该窗口中，右击第 1 行第 1 列的空白单元格，在弹出的快捷菜单条中执行“Paste”，如图 4-149 所示。

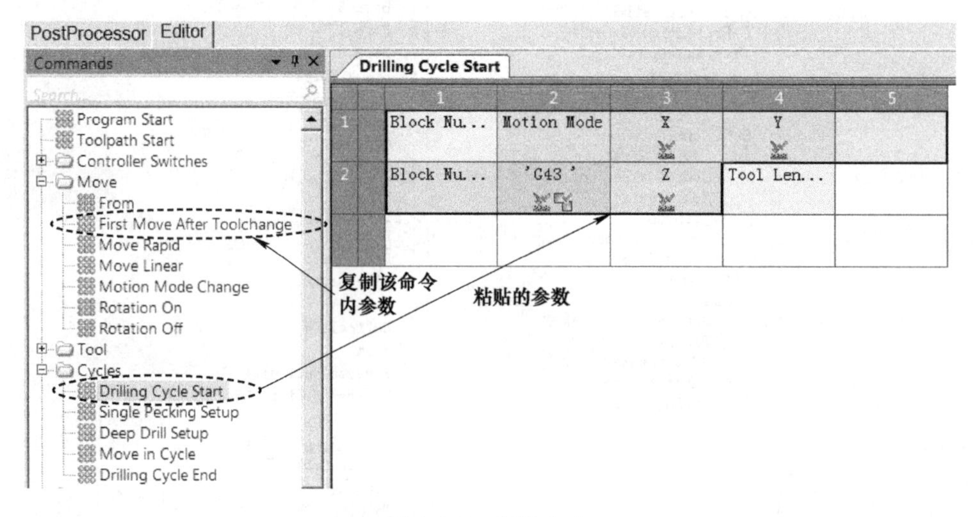

图 4-149　粘贴命令

如图 4-149 所示，单击选中第 2 行第 2 列单元格“G43”，按键盘上的 <Delete> 键，将它删除，单击选中第 2 行第 4 列单元格“Tool Length Offset Number”，按键盘上的 <Delete> 键，将它删除，其结果如图 4-150 所示。

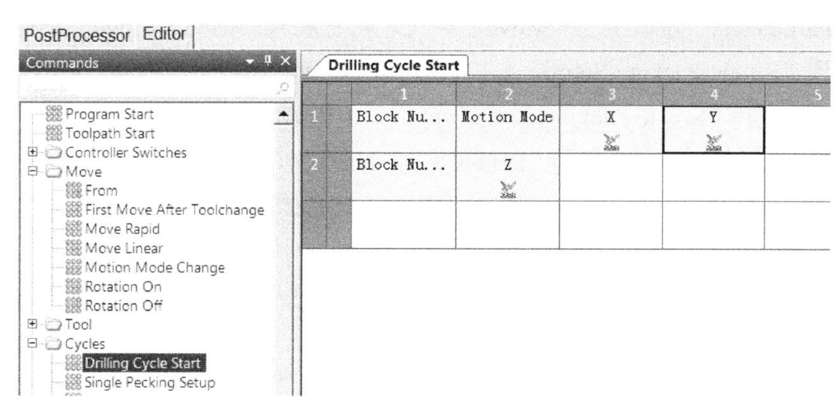

图 4-150　删除部分参数后的界面

单击选中第 1 行第 3 列单元格 X 参数，然后右击该单元格，在弹出的快捷菜单条中执行“Output to Tape”→“As in Format（If Updated）”[同格式中一样（如果有更新才输出）]；单击选中第 1 行第 4 列单元格 Y 参数，然后右击该单元格，在弹出的快捷菜单条中执行“Output to Tape”→“As in Format（If Updated）”；单击选中第 2 行第 2 列单元格 Z 参数，然后右击该单元格，在弹出的快捷菜单条中执行“Output to Tape”→“As in Format（If Updated）”，更改后如图 4-151 所示。

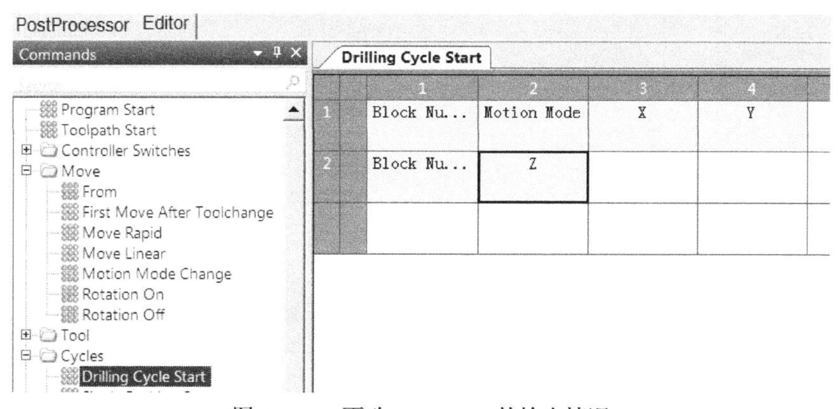

图 4-151　更改 X、Y、Z 的输出情况

（5）设置单次啄孔（钻浅孔）参数　在“Editor”选项卡的“Commands”窗口中，单击“Cycles”树枝下的“Single Pecking Setup”分枝，在主视窗中显示“Single Pecking Setup”窗口。在该窗口中，单击第 1 行第 1 列的空白单元格，在工具栏中单击插入块按钮，在第 1 行第 1 列单元格中插入一个“Block Number”程序行号，开始新的一行。

在“Editor”选项卡中，单击“Parameters”，切换到“Parameters”窗口。双击“Canned Cycles”树枝，将它展开，拖动“Canned Cycles”树枝下的“Drilling Cycle Type”（钻孔循

环类型）到“Single Pecking Setup”窗口第 1 行第 2 列单元格中。拖动“Canned Cycles”树枝下的“Drilling Retract Mode”（钻孔撤回模式）到“Single Pecking Setup”窗口第 1 行第 3 列单元格中。

双击“Parameters”窗口中的“Move”树枝，将它展开，拖动“Move”树枝下的“X”（X 坐标）到“Single Pecking Setup”窗口第 1 行第 4 列单元格中。拖动“Move”树枝下的“Y”（Y 坐标）到“Single Pecking Setup”窗口第 1 行第 5 列单元格中。

拖动“Canned Cycles”树枝下的“Drilling Clear Plane”（钻孔安全平面）到“Single Pecking Setup”窗口第 1 行第 6 列单元格中。拖动“Canned Cycles”树枝下的“Drilling Total Depth”（钻孔深度）到“Single Pecking Setup”窗口第 1 行第 7 列单元格中。拖动“Canned Cycles”树枝下的“Drilling Feed Rate”（钻孔进给速度）到“Single Pecking Setup”窗口第 1 行第 8 列单元格中，其结果如图 4-152 所示。

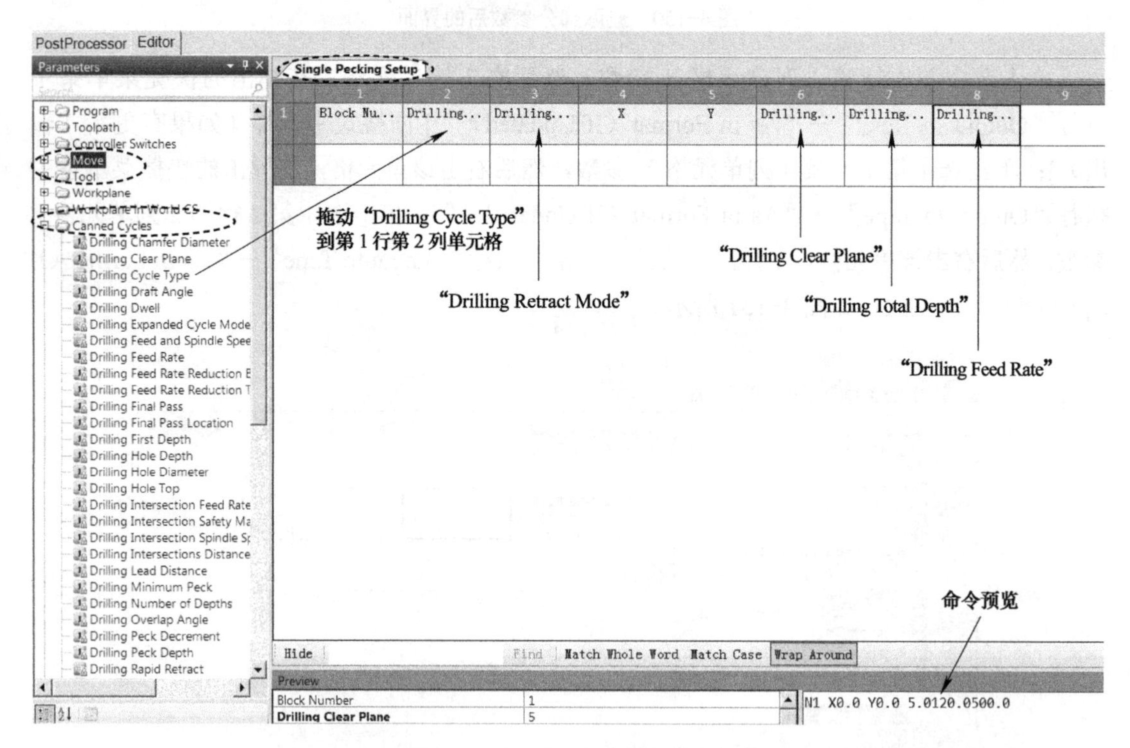

图 4-152　插入浅钻命令参数

单击第 1 行第 2 列单元格中的“Drilling Cycle Type”参数，在主视窗右侧的“Item Properties”对话框中，双击“Parameter”（参数）树枝，将它展开，在“Prefix”栏输入大写字母 G，在“Postfix”栏输入空格，回车，如图 4-153 所示。

在“States”（状态）栏，单击其右侧的展开按钮 States <Edit...>，按图 4-154 所示输入各类钻孔固定循环代码。

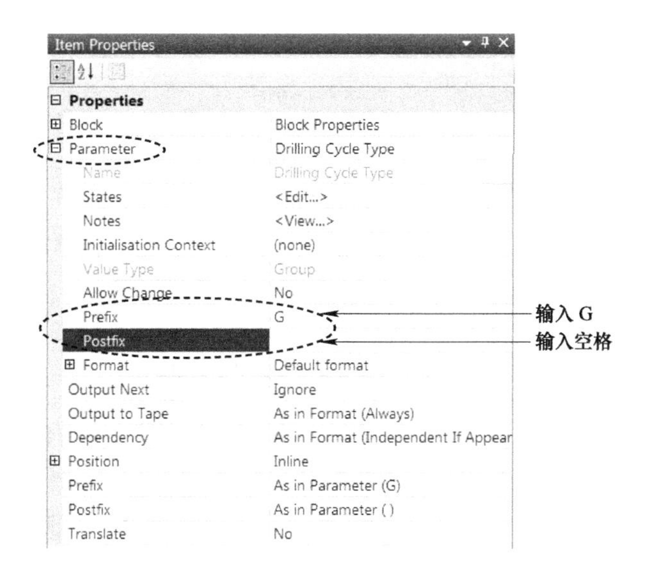

图 4-153　输入前缀、后缀

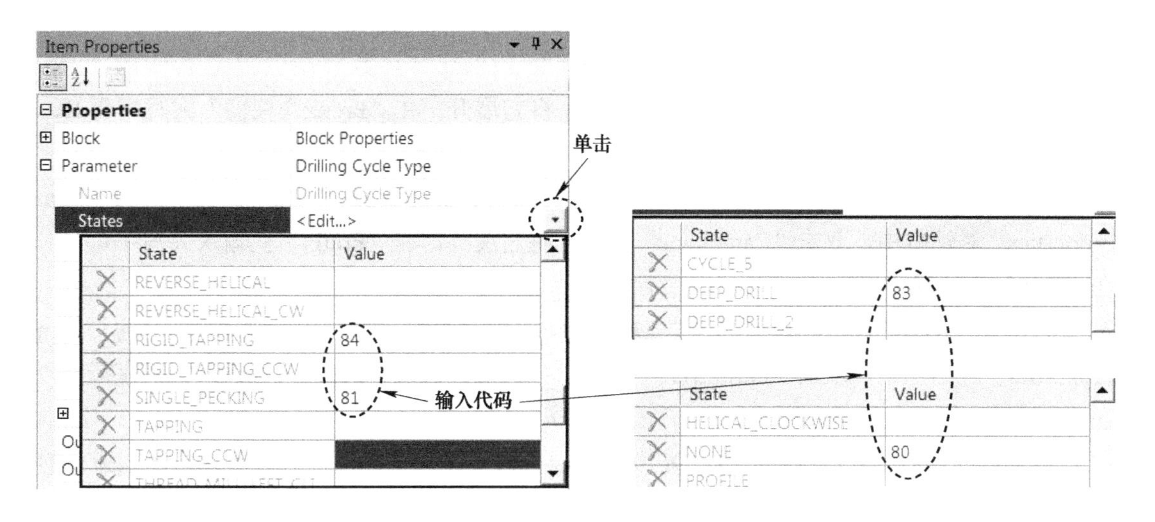

图 4-154　输入各类钻孔固定循环代码

如图 4-154 所示，“SINGLE_PECKING”表示钻浅孔，使用 G81 代码；“RIGID_TAPPING”表示刚性攻螺纹，使用 G84 代码；“DEEP_DRILL”表示钻深孔，使用 G83 代码；“NONE”表示取消固定循环，使用 G80 代码。

单击第 1 行第 3 列单元格中的“Drilling Retract Mode”参数，在主视窗右侧的“Item Properties”对话框中，双击“Parameter”树枝，将它展开，在“Prefix”栏输入大写字母 G，在“Postfix”栏输入空格，回车。

在“States”栏，单击其右侧的展开按钮 States <Edit...> ，按图 4-155 所示输入钻孔撤回模式代码（G98、G99）。

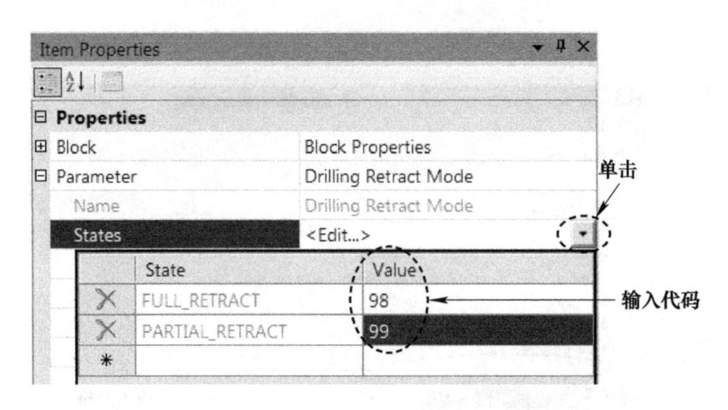

图 4-155　输入钻孔撤回模式代码

如图 4-155 所示，“FULL_RETRACT”表示撤回到初始平面，使用 G98 代码；“PARTIAL_RETRACT”表示撤回到参考平面，使用 G99 代码。

单击选中第 1 行第 4 列单元格 X 参数，然后右击该单元格，在弹出的快捷菜单条中执行“Output to Tape”→“Always”，强制每个孔位都输出 X 坐标。

单击选中第 1 行第 5 列单元格 Y 参数，然后右击该单元格，在弹出的快捷菜单条中执行“Output to Tape”→“Always”，强制每个孔位都输出 Y 坐标。

单击第 1 行第 6 列单元格中的“Drilling Clear Plane”参数，在主视窗右侧的“Item Properties”对话框中，双击“Parameter”树枝，将它展开，在“Prefix”栏输入大写字母 R，在“Postfix”栏输入空格，回车。

单击第 1 行第 7 列单元格中的“Drilling Total Depth”参数，在主视窗右侧的“Item Properties”对话框中，双击“Parameter”树枝，将它展开，在“Prefix”栏输入大写字母 Z，在“Postfix”栏输入空格，回车。

单击第 1 行第 8 列单元格中的“Drilling Feed Rate”参数，在主视窗右侧的“Item Properties”对话框中，双击“Parameter”树枝，将它展开，在“Prefix”栏输入大写字母 F，在“Postfix”栏输入空格，回车。

单击选中第 1 行第 8 列单元格“Drilling Feed Rate”参数，然后右击该单元格，在弹出的快捷菜单条中执行“Output to Tape”→“Always”，强制输出钻孔的进给速度 F 值。

（6）设置钻深孔参数　钻深孔参数比钻浅孔参数多了“Drilling Peck Depth”（单次啄孔深度）和“Drilling Dwell”（孔底停留时间）两项。

在“Single Pecking Setup”（钻浅孔设置）窗口中，按住 <Shift> 键不放，单击选中第 1 行第 1 列单元格“Block Number”至第 1 行第 8 列单元格“Drilling Feed Rate”，将该行命令选中。在选中的任一单元格上右击，在弹出的快捷菜单条中执行“Copy”。

在“Editor”选项卡中，单击“Commands”，切换到“Commands”窗口。

在“Editor”选项卡的“Commands”窗口中，单击“Cycles”树枝下的“Deep Drill Setup”（钻深孔设置）分枝，在主视窗中显示“Deep Drill Setup”窗口。在该窗口中，右击第 1 行第 1 列的空白单元格，在弹出的快捷菜单条中执行“Paste”，如图 4-156 所示。

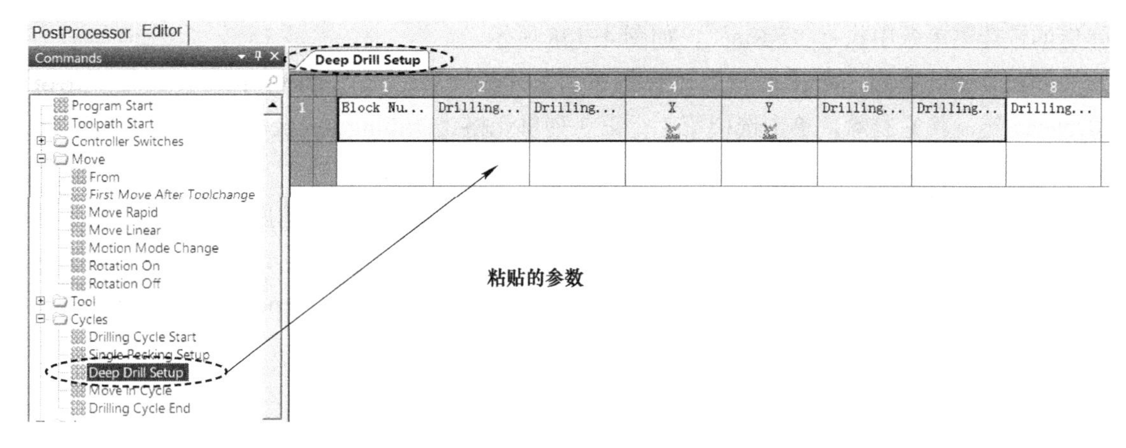

图 4-156　粘贴命令

在“Editor”选项卡中，单击“Parameters”，切换到“Parameters”窗口。拖动“Canned Cycles”树枝下的“Drilling Peck Depth”（单次啄孔深度）到“Deep Drill Setup”窗口第 1 行第 8 列单元格里，将在“Drilling Feed Rate”参数前插入该参数；拖动“Canned Cycles”树枝下的“Drilling Dwell”（孔底停留时间）到“Deep Drill Setup”窗口第 1 行第 9 列单元格里，将在“Drilling Feed Rate”参数前插入该参数，其结果如图 4-157 所示。

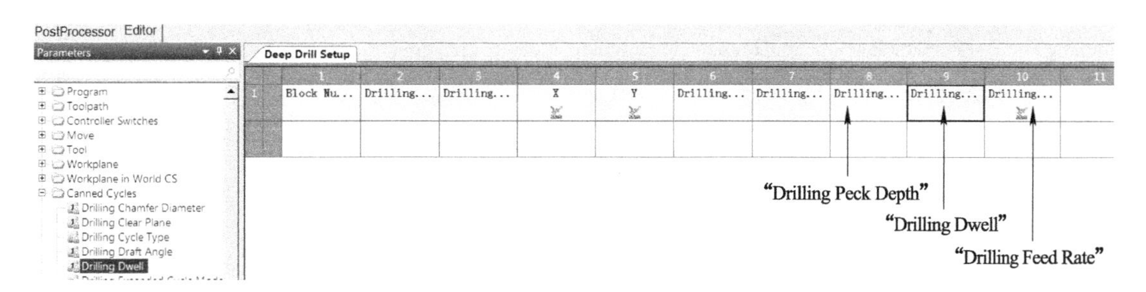

图 4-157　插入参数

单击第 1 行第 8 列单元格中的“Drilling Peck Depth”参数，在主视窗右侧的“Item Properties”对话框中，双击“Parameter”树枝，将它展开，在“Prefix”栏输入大写字母 Q，在“Postfix”栏输入空格，回车。

单击第 1 行第 9 列单元格中的“Drilling Dwell”参数，在主视窗右侧的“Item Properties”对话框中，双击“Parameter”树枝，将它展开，在“Prefix”栏输入大写字母 P，在“Postfix”栏输入空格，回车。

（7）设置循环内移动参数　在“Deep Drill Setup”窗口中，按住 <Shift> 键不放，单击选中第 1 行第 1 列单元格“Block Number”至第 1 行第 5 列单元格“Y”，将该命令行的部分参数选中。在选中的任一单元格上右击，在弹出的快捷菜单条中执行“Copy”。

在“Editor”选项卡中，单击“Commands”，切换到“Commands”窗口。

在“Commands”窗口中，单击“Cycles”树枝下的“Move in Cycle”（循环内移动）分枝，在主视窗中显示“Move in Cycle”窗口。在该窗口中，右击第 1 行第 1 列的空白单元格，在弹出的快捷菜单条中执行“Paste”，如图 4-158 所示。

如图 4-158 所示，单击选中第 1 行第 2 列单元格“Drilling Cycle Type”，按键盘上的 <Delete> 键，将它删除，单击选中第 1 行第 3 列单元格“Drilling Retract Mode”，按键盘上的 <Delete> 键，将它删除。

单击选中第 1 行第 2 列单元格 X 参数，然后右击该单元格，在弹出的快捷菜单条中执行“Output to Tape”→“As in Format（If Updated）”；单击选中第 1 行第 3 列单元格 Y 参数，然后右击该单元格，在弹出的快捷菜单条中执行“Output to Tape”→“As in Format（If Updated）”，完成后如图 4-159 所示。

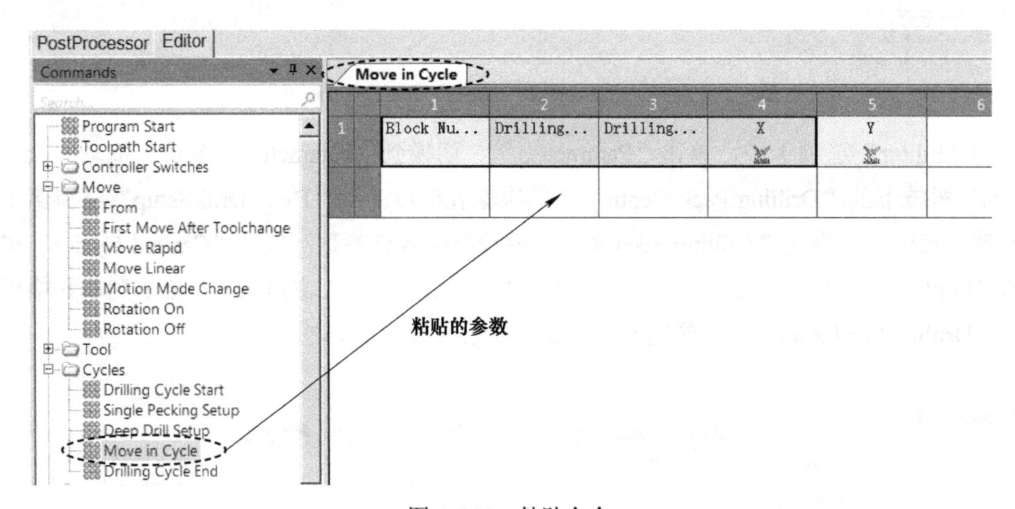

图 4-158　粘贴命令

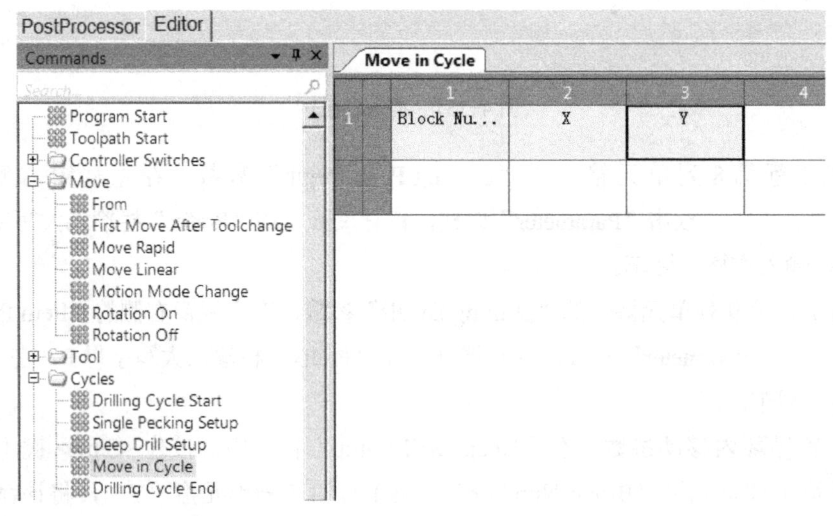

图 4-159　编辑后的循环内移动命令

（8）设置钻孔循环结束参数　在“Editor”选项卡的“Commands”窗口中的“Cycles”树枝下，单击“Drilling Cycle End”（钻孔循环结束）分枝，在主视窗中显示“Drilling Cycle End”窗口。在该窗口中，单击第 1 行第 1 列的空白单元格，在工具栏中单击插入块按钮，在第

1 行第 1 列单元格中插入一个“Block Number”程序行号，开始新的一行。

在“Editor”选项卡中，单击“Parameters”，切换到“Parameters”窗口。拖动“Canned Cycles”树枝下的“Drilling Cycle Type”到“Drilling Cycle End”窗口第 1 行第 2 列单元格中，如图 4-160 所示。

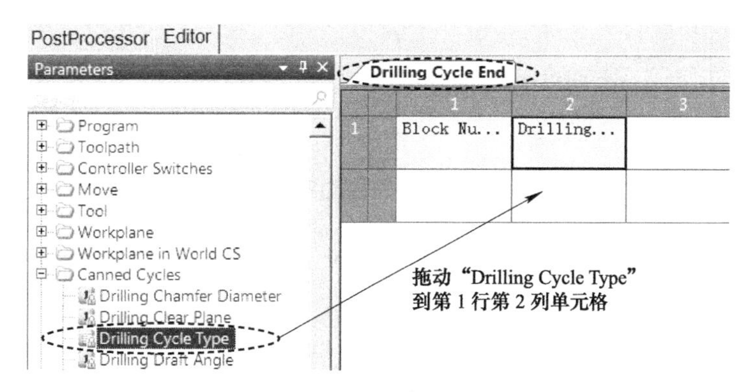

图 4-160　插入循环结束参数

单击第 1 行第 2 列单元格中的“Drilling Cycle Type”参数，在主视窗右侧的“Item Properties”对话框中，设置“Allow Change”（允许改变）参数为“Yes”，“Value”（值）为“Explicit”（确定的）、“NONE”，如图 4-161 所示。

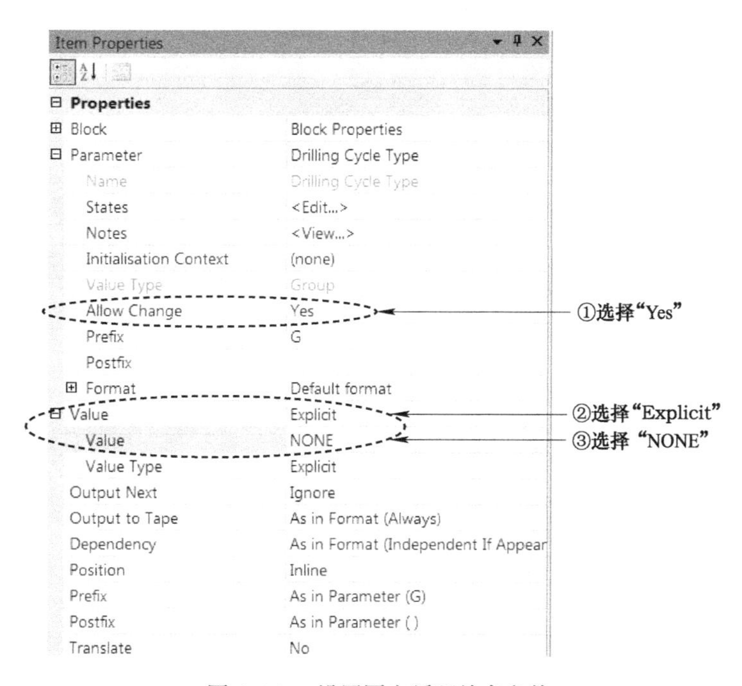

图 4-161　设置固定循环结束参数

单击选中第 1 行第 2 列单元格“Drilling Cycle Type”参数，然后右击该单元格，在弹出的快捷菜单条中执行“Output to Tape”→“Always”，强制输出钻孔循环结束代码，完成如图 4-162 所示。

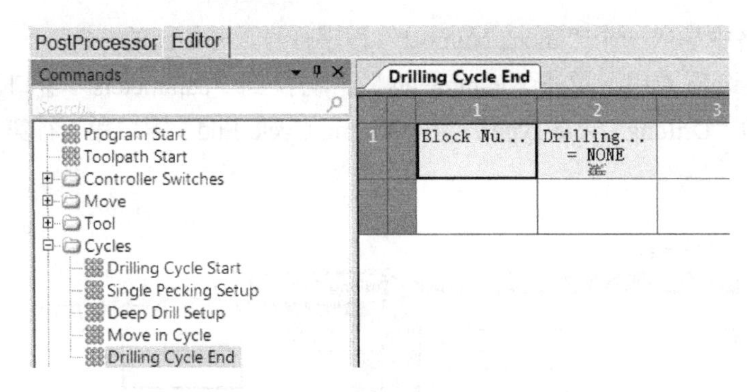

图 4-162　修改后的钻孔循环结束代码

（9）调试后处理文件（二）　在 Post Processor 软件中，单击“PostProcessor”选项卡，切换到后处理模式。

在“PostProcessor”选项卡内，右击“CLDATA Files”分枝下的“3ax-zk.cut”文件，在弹出的快捷菜单条中执行“Process as Debug”（调试模式后处理），单击“3ax-zk_ex1.tap.dppdbg”调试文件，在主视窗中显示其内容，如图 4-163 所示。

3ax-zk_ex1.tap.dppdbg

	Level 1	Level 2	
10			(---)
11			(dr5.2 | 6 | DRILL | | qiankong)
12			(| | | | shengkong)
13			(---)
14	Load Tool First		N8 T6 M6
15	Spindle On		N9 M3 S1500
16	Coolant On		N10 M8
17	Toolpath Start		N11 G90
18	First Move After Toolchange		N12 G00 X50.0 Y40.0
19			N13 G43 Z50.0 H6
20	Move Rapid		N14 X75.0 Y58.0
21	Drilling Cycle Start		N15
22	Single Pecking Setup		N16 G81 G98 X75.0 Y58.0 R23.0 Z0.0 F1000.0 ← 钻第一个浅孔，注意对应刀路里的 R、Z 值
	Move in Cycle		
23	Move in Cycle		N17 Y40.0 ← 钻第二个浅孔
24	Move in Cycle		N18 Y22.0 ← 钻第三个浅孔
25	Drilling Cycle End		N19 G80
26	Move Rapid		N20 G00 X50.0 Y40.0
27	Toolpath Start		N21 G90
	Move Rapid		
28	Move Rapid		N22 X23.0 Y65.0
29	Drilling Cycle Start		N23
30	Deep Drill Setup		N24 G83 G98 X23.0 Y65.0 R43.0 Z0.0 Q1.0 P30.0 F1000.0 ← 钻第一个深孔，注意对应刀路里的 R、Z、Q、P 值
	Move in Cycle		
31	Move in Cycle		N25 Y40.0 ← 钻第二个深孔
32	Move in Cycle		N26 Y15.0 ← 钻第三个深孔
33	Drilling Cycle End		N27 G80
34	Coolant Off		N28 M9

图 4-163　调试文件内容（二）

（10）设置刚性攻螺纹参数　启动刚性攻螺纹命令 G84 之前，先启用 G95 每转进给指令，然后在钻深孔命令的基础上增加“Drilling Thread Pitch”（攻螺纹螺距）参数。

注意，某些加工中心在刚性攻螺纹时，有特殊要求，如启动主轴旋转不是用 M3 指令，而是用 M29 或其他指令，此时，应查阅机床编程说明书。

在 Post Processor 软件中，单击“Editor”选项卡，切换到后处理文件编辑器模式。

在 Post Processor 软件中，单击“File”→“Option File Settings…”，打开选项文件设置对话框。单击“Canned Cycles”树枝下的“Supported”分枝，勾选“Rigid Tapping”（刚性攻螺纹），如图 4-164 所示。

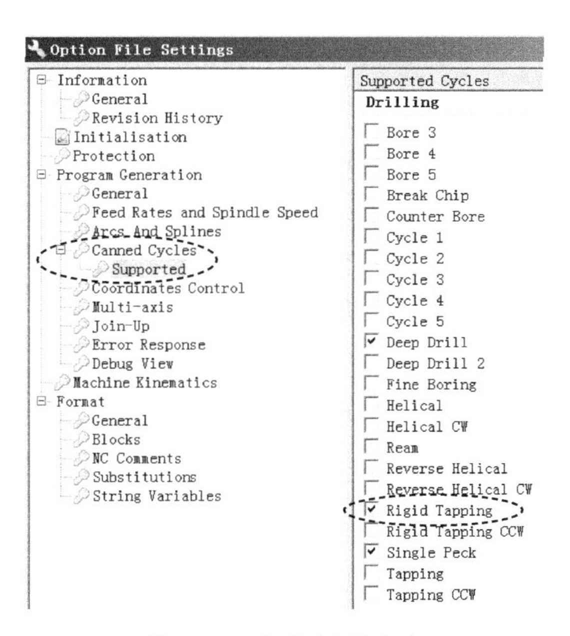

图 4-164　勾选攻螺纹方式

单击“Close”（关闭）按钮，关闭选项文件设置对话框。

在“Commands”窗口中，双击“Cycles”树枝，将它展开，右击“Rigid Tapping Setup”（刚性攻螺纹设置）分枝，在弹出的快捷菜单条中执行“Activate”，将它激活。

在“Commands”窗口中的“Cycles”树枝下，单击“Rigid Tapping Setup”分枝，在主视窗中显示“Rigid Tapping Setup”窗口。在该窗口中，单击第 1 行第 1 列的空白单元格，在工具栏中单击插入块按钮，在第 1 行第 1 列单元格中插入一个“Block Number”程序行号，开始新的一行。然后，在工具栏中单击插入文本按钮，在第 1 行第 2 列单元格中插入一个文本输出块。双击第 1 行第 2 列单元格，输入 G95。

在“Commands”窗口中的“Cycles”树枝下，单击“Deep Drill Setup”（钻深孔设置）窗口，在主视窗中显示“Deep Drill Setup”窗口，按住 <Shift> 键不放，单击选中第 1 行第 1 列单元格“Block Number”至第 1 行第 9 列单元格“Drilling Dwell”（孔底停留时间），将该命令行的部分参数选中。在选中的任一单元格上右击，在弹出的快捷菜单条中执行“Copy”。

在“Commands”窗口中的“Cycles”树枝下，单击“Rigid Tapping Setup”分枝，在主视窗中显示“Rigid Tapping Setup”窗口。在该窗口中，右击第 2 行第 1 列的空白单元格，在弹出的快捷菜单条中执行“Paste”，如图 4-165 所示。

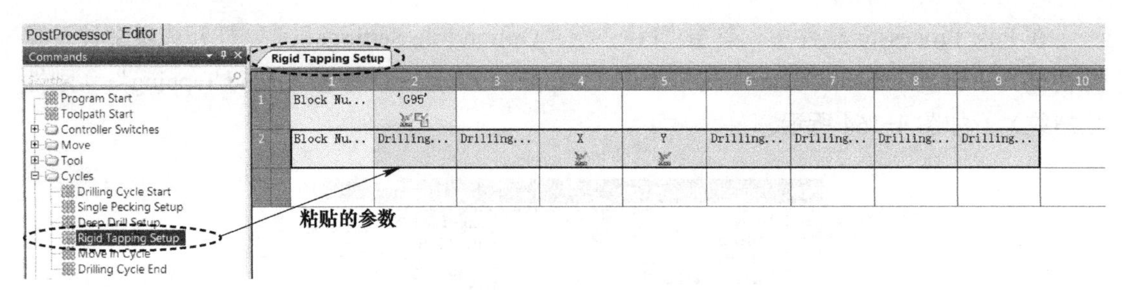

图 4-165　粘贴命令

在“Editor”选项卡中，单击“Parameters”，切换到“Parameters”窗口。拖动“Canned Cycles”树枝下的“Drilling Thread Pitch”（攻螺纹螺距）参数到“Rigid Tapping Setup”窗口第 1 行第 10 列单元格里，如图 4-166 所示。

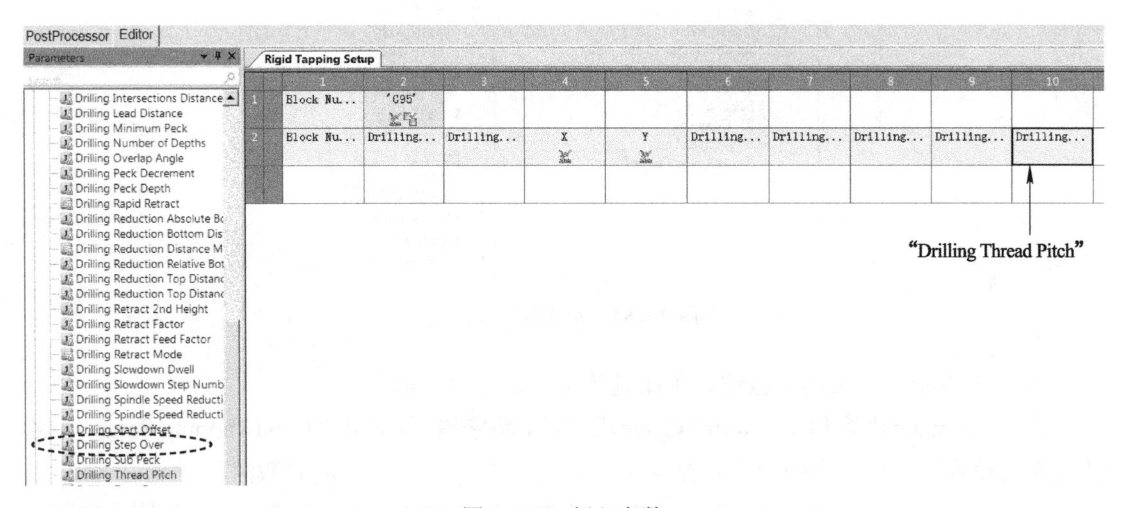

图 4-166　插入参数

单击第 1 行第 10 列单元格中的“Drilling Thread Pitch”参数，在主视窗右侧的“Item Properties”对话框中，双击“Parameter”树枝，将它展开，在“Prefix”栏输入大写字母 F，在“Postfix”栏输入空格，回车。

右击第 1 行第 10 列单元格“Drilling Thread Pitch”参数，在弹出的快捷菜单条中执行“Output to Tape”→“Always”，强制输出攻螺纹螺距代码，完成如图 4-167 所示。

Rigid Tapping Setup

	1	2	3	4	5	6	7	8	9	10
1	Block Nu...	'G95'								
2	Block Nu...	Drilling...	Drilling...	X	Y	Drilling...	Drilling...	Drilling...	Drilling...	Drilling...

图 4-167　修改后的刚性攻螺纹代码

（11）调试后处理文件（三）　使用“3ax-gs.cut”文件来调试后处理文件。“3ax-gs.cut”文件中只含用刚性攻螺纹刀路，其刀路计算参数和刀路如图 4-168 所示，丝锥选用 M6，螺距为 1mm，转速为 50r/min，进给速度为 50mm/min。

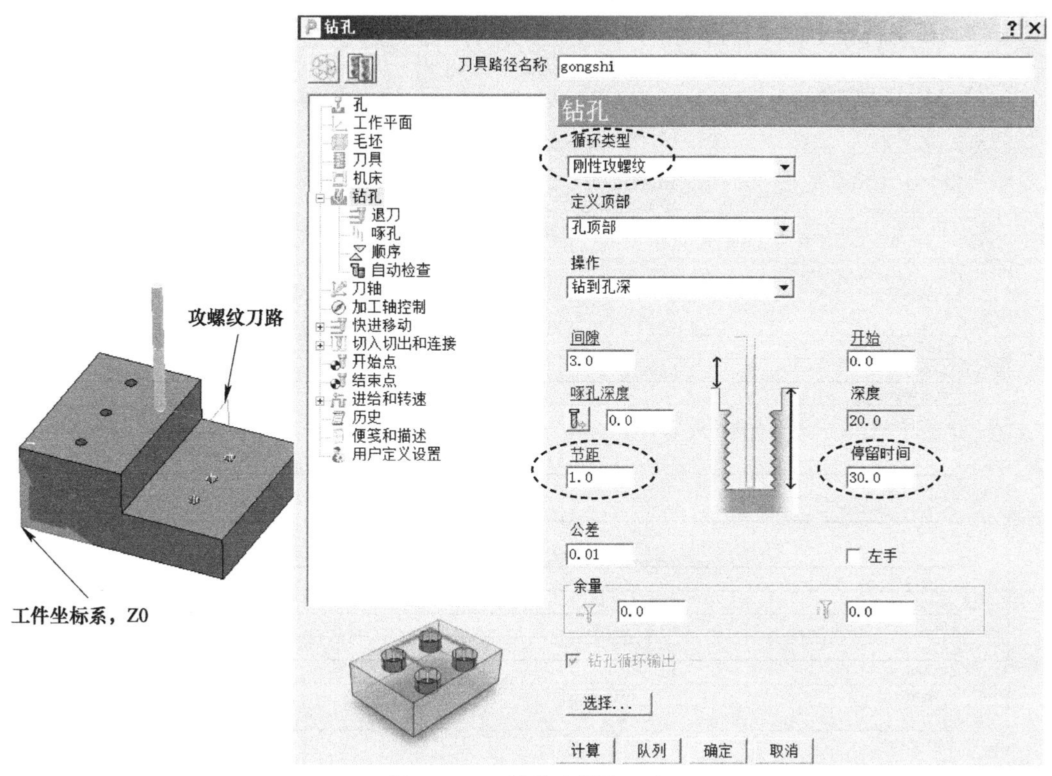

图 4-168　刚性攻螺纹刀路

在 Post Processor 软件中，单击“PostProcessor”选项卡，切换到后处理模式。

打开计算机的资源管理器，将 E:\PostEX\ch04\3ax-gs.cut 文件拖到“session1”树枝下的“CLDATA Files”分枝下，如图 4-169 所示。

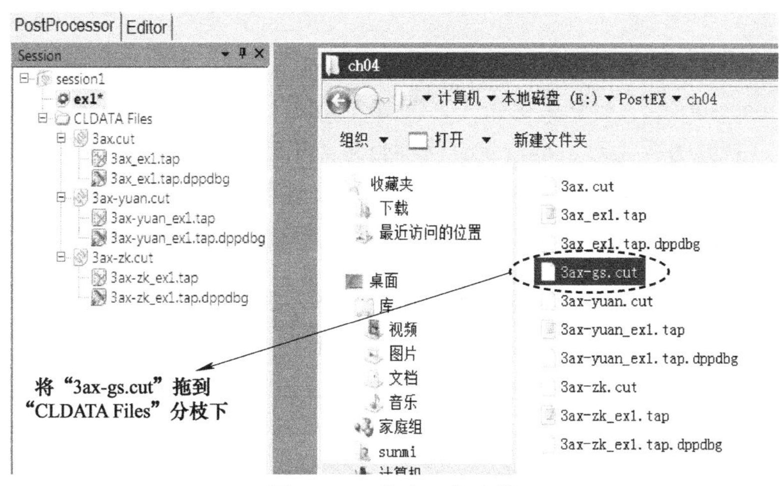

图 4-169　拖入刀位文件

在弹出的提示选项文件已经更改对话框中，单击“是”按钮。

在“PostProcessor”选项卡内，右击“CLDATA Files”分枝下的“3ax-gs.cut”文件，在弹出的快捷菜单条中执行“Process as Debug”（调试模式后处理），单击“3ax-gs_ex1.tap.dppdbg”

调试文件，在主视窗中显示其内容，如图 4-170 所示。

3ax-gs_ex1.tap.dppdbg

	Level 1	Level 2	
4			N4 (xiangmuming: drill)
5			N5 (zuobiaoxi: 世界坐标系)
6			N6 G91G28Z0.0
7			N7 G90G80G40G49G54
8		daoju	(---)
9			(Tool Name|Tool Number|Tool Type|Tool Overhang|Toolpath Name)
10			(---)
11			(sz6| 7| TAP| | gongshi)
12			(---)
13	Load Tool First		N8 T7 M6
14	Spindle On		N9 M3 S50
15	Coolant On		N10 M8
16	Toolpath Start		N11 G90
17	First Move After Toolchange		N12 G00 X50.0 Y40.0
18			N13 G43 Z50.0 H7
19	Move Rapid		N14 X75.0
20	Drilling Cycle Start		N15
21	Rigid Tapping Setup		N16 G95
22			N17 G84 G98 X75.0 Y40.0 R23.0 Z0.0 Q20.0 P30.0 F1.0
	Move in Cycle		
23	Move in Cycle		N18 Y58.0
24	Move in Cycle		N19 Y22.0
25	Drilling Cycle End		N20 G80
26	Coolant Off		N21 M9
27	Unload Tool		N22 G91G28Z0.0
28		Spindle...	N23 M5
29	Program End		N24 M30

图 4-170　调试文件内容（三）

刚性攻螺纹指令比较特殊，如果 CLDATA 文件中含有刚性攻螺纹刀路，而后处理文件中却没有激活并设置“Rigid Tapping Setup”（刚性攻螺纹设置），则后处理时会出现报错。

4.2.19　保存后处理文件和项目文件

1. 另存三轴加工后处理文件

在 Post Processor 软件下拉菜单条中，单击“File”→“Save Option File as…”（另存后处理文件），打开另存为对话框，定位保存目录到 E:\PostEX\，输入机床选项文件名称为 3X，注意后处理文件的扩展名为 pmoptz。此后处理文件可以在 PowerMill 软件中直接调用。

2. 另存后处理项目文件

后处理项目文件包括后处理文件、CLDATA 文件、调试文件等。

在 Post Processor 软件下拉菜单条中，单击“File”→“Save Session as…”（另存项目文件），打开另存为对话框，定位保存目录到 E:\PostEX\，输入后处理项目文件名称为 xm-3x，注意后处理项目文件的扩展名为 pmp。此后处理项目文件可以在 Post Processor 软件中直接打开，对后处理文件进行修改。

第5章 从零起步创建 Heidenhain 数控系统三轴后处理文件

📖 本章知识点

- ✧ Heidenhain 数控系统及其代码体系
- ✧ 创建及编辑后处理文件的操作方法
- ✧ 新建命令、格式、表格、参数的操作方法
- ✧ 输出 NC 文件中各类代码的操作方法
- ✧ 创建用户自定义参数并使用表达式给参数赋值
- ✧ 使用条件判断语句决定代码输出
- ✧ 孔加工类固定循环代码输出
- ✧ 调试后处理文件

Post Processor 软件已经创建好了一个 Heidenhain 数控系统的三轴加工后处理文件，该文件放置在 C:\用户\公用\公用文档\Autodesk\Manufacturing Post Processor Utility 2019\Generic 文件夹内，名称为 Heidenhain.pmoptz。Heidenhain 数控系统自有的加工代码与 ISO 代码有较大的区别，从零开始创建一个后处理文件，能帮助读者快速掌握修改已有 Heidenhain.pmoptz 后处理文件的方法。

5.1 Heidenhain 数控系统及其代码体系

1. Heidenhain 数控系统

Heidenhain 数控系统是德国约翰内斯·海德汉博士公司（DR. JOHANNES HEIDENHAIN）的产品，以其高精度著称于业界，广泛应用于各类高精度五轴联动加工中心。

该公司源自 1889 年威廉·海德汉创建的金属蚀刻工厂，最初生产刻度尺，不久后生产机床光学位置测量系统，20 世纪 60 年代生产光电扫描直线光栅尺和角度编码器，20 世纪 70 年代至今，已成为机床数控系统和驱动系统的重要制造商。

1981 年推出 TNC 145 系统，是该公司第一代轮廓加工数控系统，1983 年推出 TNC 150 系统，1984 年推出 TNC 155 系统，1987 年推出 TNC 355 系统，1988 年推出 TNC 407 及 TNC 415 系统，1993 年推出 TNC 426C/P 系统，1997 年推出 TNC 426m 及 TNC 430 系统，2001 年推出 iTNC 530 系统，2003 年推出运行于 Windows 2000 的 iTNC 530 系统，2004 年推出带 smarT.NC 的 iTNC 530 系统，iTNC 530 数控系统广泛应用于加工中心，其数据处理速度比以前的 TNC 系列产品快 8 倍。2008 年推出的 TNC 620 是紧凑型数控系统，适用于镗铣类机床，支持 3+1 个控制轴；2011 年推出的 TNC 640 系统是 iTNC 530 的升级产品，特别适用于高性能铣削类机床，同时也是海德汉第一款实现车铣复合的数控系统。

2. Heidenhain 数控系统的程序格式

Heidenhain 数控系统的 NC 加工程序有 Heidenhain 标准和 ISO 标准两种。Heidenhain 标准的程序代码更为丰富，本章按 Heidenhain 标准代码来展开介绍。

（1）程序格式及命名　Heidenhain 数控系统加工程序第一行是“BEGIN PGM 程序名 MM”，后接定义毛坯形状代码 BLK FORM 0.1 Z X_Y_Z_（毛坯左下角点坐标），BLK FORM 0.2X_Y_Z_（毛坯右上角点坐标），后续行是若干个程序段，程序结束指令是“M30”，最后一行是“END PGM 程序名 MM”。

Heidenhain 标准的加工程序名称以“h”为扩展名结束，ISO 标准的程序名称以“1”为扩展名结束。

Heidenhain 数控系统的子程序以 LBL × 命名，其中 × 是 1 ～ 254 之间的数字，以 LBL 0 结束子程序，使用 CALL LBL × 来调用子程序。

（2）程序段格式　一个程序段是由若干个程序“字”组成的，程序“字”通常由英文字母和后面的数字组成。完整的程序段格式如图 5-1 所示。

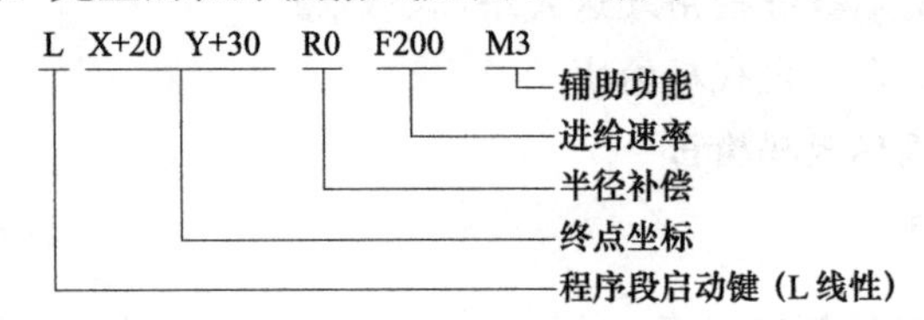

图 5-1　完整的程序段格式

（3）程序注释　Heidenhain 数控系统加工程序注释以“；”开始。

3. Heidenhain 数控系统的代码体系

（1）准备功能代码　Heidenhain 数控系统的常用准备功能代码见表 5-1。

表 5-1　Heidenhain 数控系统的常用准备功能代码

Heidenhain 格式代码	对应的 ISO 格式代码	说明
X/IX	G90/G91	绝对 / 相对坐标
L X_ Y_ Z_	G01 X_ Y_ Z_	直线切削
L X_ Y_ CHF_	G01 X_ Y_，C_	倒直角
L X_ Y_ RND_	G01 X_ Y_，R_	倒圆角
CR X_ Y_ R_ DR–	G02 X_ Y_ I_ J_	顺时针切圆弧
CR X_ Y_ R_ DR+	G03 X_ Y_ I_ J_	逆时针切圆弧
CC X_ Y_ LP PR_ PA_	G16/G15	直线极坐标
CYCL DEF 10.0 ROTATION CYCL DEF 10.1 ROT+35.（逆时针旋转 35°）	G68/G69	坐标系旋转（2D）
CYCL DEF 11.0 SCALING CYCL DEF 11.1 SCL 0.75（原来的 0.75）		比例缩放
CYCL DEF 9.0 DWELL TIME CYCL DEF 9.1 DWELL 0.5	G04	程序暂停
CYCL DEF 13.0 ORIENTATION CYCL DEF 13.1 ANGLE 90（主轴定位到 90°）		主轴定位

（续）

Heidenhain 格式代码	对应的 ISO 格式代码	说明
L M140 MB MAX		机床 Z 轴回到最高点
CYCL DEF 247 DATUM SETTING～ Q339=+1		调用 1 号坐标系
CYCL DEF 32.0 TOLERANCE CYCL DEF 32.1 T0.05		程序执行公差
BLK FORM		定义毛坯形状
CYCL DEF 7.0 DATUM SHIFT CYCL DEF 7.1 X+60.（X 轴移动量） CYCL DEF 7.2 Y+40.（Y 轴移动量）		坐标系平移
CYCL DEF 19.0 WORKING PLANE CYCL DEF 19.1　A+60　C+30		3+2 轴加工（TNC 430 及以前的系统）
CYCL DEF 19.0 WORKING PLANE CYCL DEF 19.1　A+0　C+0 CYCL DEF 19.0 WORKING PLANE CYCL DEF 19.1		取消 3+2 轴加工
PLANE SPATIAL SPA+27 SPB+0 SPC+45		3+2 轴加工（iTNC 530 系统）
PLANE RESET		复位倾斜平面加工

（2）辅助功能代码（M 代码）　数控机床的 M 代码主要由机床硬件制造商设定。表 5-2 所列为 Heidenhain 数控系统各型号均支持的常用 M 代码。

表 5-2　Heidenhain 数控系统的常用 M 代码

代码	说明	代码	说明
M00	程序停止，主轴停，切削液关	M01	选择性程序停止运行
M02	在 M00 基础上，转到程序行 1	M03	主轴正转（CW）
M04	主轴反转（CCW）	M05	主轴停
M08	切削液开	M09	切削液关
M13	主轴沿顺时针方向转动，切削液打开	M14	主轴沿逆时针方向转动，切削液打开
M19	主轴定位	M30	程序结束（复位）并回到开头
M114	倾斜轴加工时自动补偿机床几何特征	M115	复位 M114
M116	旋转轴角度进给率（mm/min）	M117	复位 M116
M126	C 轴最短路径	M127	取消 C 轴最短路径
M128	激活 RTCP 功能	M129	取消 RTCP 功能
M136	主轴每转进给	M137	复位 M136

（3）进给率代码（F 代码）　F 代码用来指定进给量，该代码为模态代码。其格式是 F__（单位为 mm/min 或 r/min）。

（4）主轴转速代码（S 代码）　S 代码用来指定主轴转速，该代码为模态代码。其格式是 S__（单位为 r/min）。

（5）刀具调用代码（TOOL CALL 代码）　TOOL CALL 代码用来指定机床调用刀具。其格式是 TOOL CALL ×× Z，其中 ×× 表示刀盘工位号。

（6）刀具长度补偿代码（L 代码）　L 代码用来设置刀具长度补偿。

（7）刀具半径补偿代码（R 代码）　R 代码用来设置刀具半径补偿。

5.2 创建 Heidenhain 数控系统三轴加工后处理文件

按表 5-3 所列代码文件的输出样式创建后处理文件。

表 5-3 Heidenhain 数控系统三轴加工代码样本

程序	说明
0 BEGIN PGM 3x_ex-heid MM	程序名
1 ; bianchengyuan: sunmi	注释
2 ; jichuang: xxx1160	
3 ; zuobiaoxi: 世界坐标系	
; --	刀具刀路表格
; Tool Name|Tool Number|Tool Type|Tool Diameter|Tool Overhang|Toolpath Name	
; --	
; d20r10| 5|BALLNOSED| 20.0| | 1	
; --	
4 ; daolushu: 1.0	注释
5 ; gongshi: 0 hours 0 min 34 sec	
6 BLK FORM 0.1 Z X-60.009 Y-50.003 Z-25.0	定义毛坯
7 BLK FORM 0.2 X150.006 Y50.008 Z30.0	
8 CYCL DEF 247 DATUM SETTING~	定义坐标系
9 Q339=+1; DATUM NUMBER	
10 L M140 MBMAX FMAX	Z 轴回零
11 ; -------------	刀路开始说明
12 ; daolukaishi:1	
13 ; -------------	
14 Q1=500.0; qieru	进给率定义
15 Q2=1000.0; qiexue	
16 Q3=3000.0; lueguo	
17 TOOL CALL 5 Z S1500 DL+0.0 DR+0.0	调刀
18 M03	
19 L X44.999 Y0.003 FMAX	
20 L Z40.0 FMAX	
21 M08	
22 CYCL DEF 32.0 TOLERANCE	开启高速加工
23 CYCL DEF 32.1 T0.01	
24 CYCL DEF 32.2 HSC-MODE:0 TA0.5	
25 L X-60.0088 Y-49.9975 R0 FQ3	直线切削
26 L Z35.0	
27 L Z0.0 FQ1	
28 L X4.2603 Z-0.0048 FQ2	
29 L X10.4837 Z-0.0375	
201 L X150.0063	
202 CC X150.0063 Y-44.9975	圆弧切削
203 C X155.0063 Y-44.9975 DR+	
204 CC X150.0063 Y-44.9975	
205 C X150.0063 Y-39.9975 DR+	
206 L X103.9713	
207 L X103.9704 Z-24.9999	
259 L X-11.0052 Z0.0001	
260 L X-60.0088 Z0.0	
261 L Z40.0 FQ3	
265 M09	关闭切削液
266 M05	主轴停转
267 L M140 MBMAX FMAX	Z 轴回零
268 CYCL DEF 32.0 TOLERANCE	关闭高速加工
269 CYCL DEF 32.1	
270 CYCL DEF 32.2	
271 M30	程序结束
272 END PGM 3AX MM	程序尾

5.2.1　新建后处理文件

1. 打开 Post Processor 软件

在 Windows 操作系统中，单击“开始”→“所有程序”→“Autodesk Manufacturing Post Processor Utility 2019”→“*Manufacturing Post Processor Utility 2019*”，打开 Post Processor 软件。

2. 新建后处理文件

在 Post Processor 软件中，单击“File”（文件）→“New”（新建）→“Option File”（选项文件），Post Processor 会自动切换到”Editor”（后处理文件编辑器）状态。新建后处理文件为空白状态，因此所有设置都是默认设置。

5.2.2　输出程序头代码

1. 激活程序头命令

单击“Editor”（后处理文件编辑器）选项卡下方的“Commands”（命令），打开“Commands”窗口，在该窗口中，右击“Program Start”（程序头）树枝，在弹出的快捷菜单条中执行“Activate”（激活）。

2. 打开程序头窗口

单击“Program Start”树枝，在主视窗中打开“Program Start”窗口。

3. 输出 BEGIN PGM

在工具栏中，单击插入块按钮，在第 1 行第 1 列单元格中插入一个“Block Number”（块号）程序行号，接着在工具栏中单击插入文本按钮 A，在第 1 行第 2 列单元格中插入一个文本输出块。

双击第 1 行第 2 列的文本块，输入　BEGIN PGM　，回车。注意，BEGIN PGM 字母前后均输入空格。

4. 插入程序号参数和单位参数

在“Editor”选项卡中，单击“Parameters”（参数），切换到“Parameters”窗口，双击“Program”（程序），将它展开，拖动“NC Program Name”（NC 程序名）到“Program Start”窗口中第 1 行第 3 列单元格；拖动“Input Linear Units”（输入线性单位）到“Program Start”窗口中第 1 行第 4 列单元格，如图 5-2 所示。

右击第 1 行第 3 列单元格“NC Program Name”，在弹出的快捷菜单条中选择“Item Properties”（项目属性），打开项目属性对话框。在该对话框中，双击“Parameter”树枝，将它展开，在“Postfix”（后缀）栏输入空格，然后回车。

右击第 1 行第 4 列单元格“Input Linear Units”，在弹出的快捷菜单条中选择“Item Properties”，打开项目属性对话框。在该对话框中，单击“States”（状态）栏右侧的三角形按钮，在展开的对话框中输入“Value”（值），如图 5-3 所示。

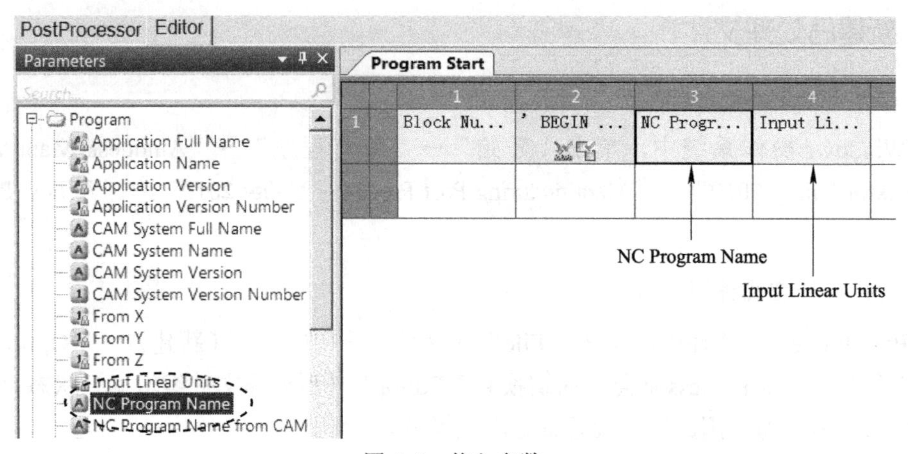

图 5-2　拖入参数

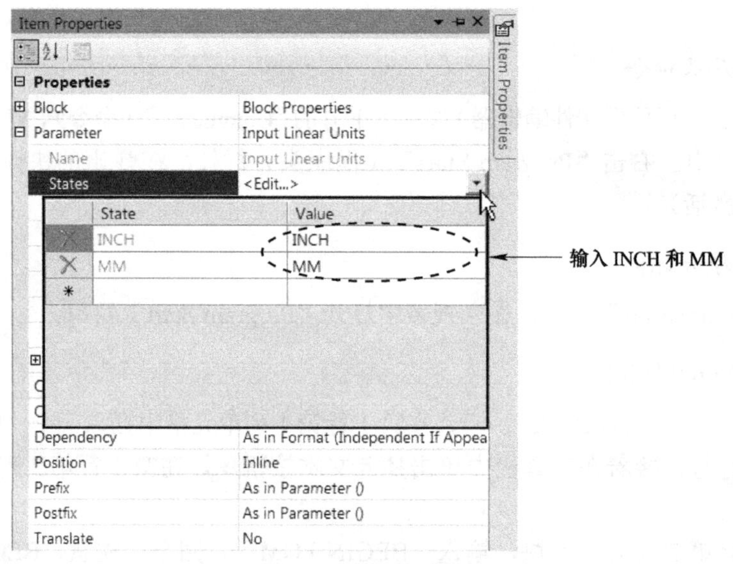

图 5-3　输入状态值

5.2.3　首次调试后处理文件

1. 进入后处理模式

在 Post Processor 软件中，单击“PostProcessor”（后处理器）选项卡，切换到后处理模式。

在“New Session”（新章节）树枝下，右击“New”（新建）分枝，在弹出的快捷菜单条中执行“Save as...”（另存为），打开“另存为”对话框，输入文件名为“ex-heid”，保存目录为 E:\PostEX，单击“保存”按钮，将刚刚新建的后处理文件保存起来。

2. 加载 CLDATA 文件并进行调试

1）复制文件到本地磁盘。用手机扫描前言中的“实例源文件”二维码，下载并复制文件夹“Source\ch05”到“E:\PostEX”目录下，然后将 E:\PostEX\ch05\3x.cut 文件拖到

“New Session”树枝下的“CLDATA Files”（刀位文件）分枝下。

2）在“PostProcessor”选项卡内，右击“CLDATA Files”分枝下的“3x.cut”文件，在弹出的快捷菜单条中执行“Process as Debug”（调试模式后处理），系统会在“3x.cut”分枝下生成一个名为“3x_ex-heid.tap”的 NC 程序文件和一个名为“3x_ex-heid.tap.dppdbg”的调试文件。

单击“3x_ex-heid.tap.dppdbg”调试文件，在主视窗中显示其内容，如图 5-4 所示。

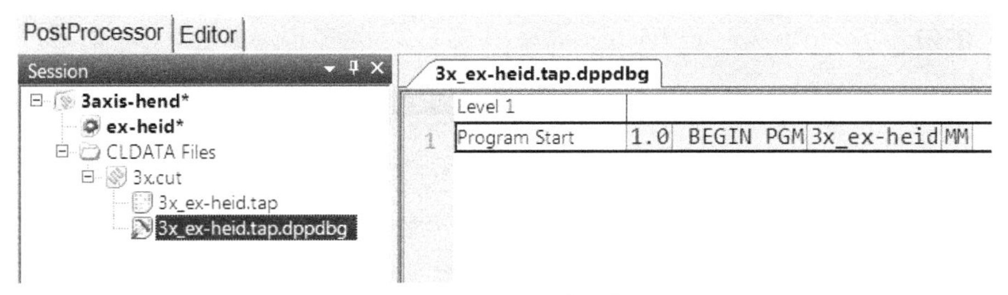

图 5-4　调试文件内容

如图 5-4 所示，到目前为止，只定义了后处理文件的程序头命令，因此后处理器只完成了刀位文件程序头部分的后处理。图 5-4 中的程序行号并不符合 Heidenhain 数控系统的格式要求，下面来调整。

5.2.4　创建和应用程序行号及格式

1. 修改程序行号的起始值

在 Post Processor 软件中，单击“Editor”选项卡，切换到后处理文件编辑器模式。

在 Post Processor 软件下拉菜单条中，单击“File”→“Option File Settings…”（选项文件设置），打开选项文件设置对话框，按图 5-5 所示设置程序行号起始值。

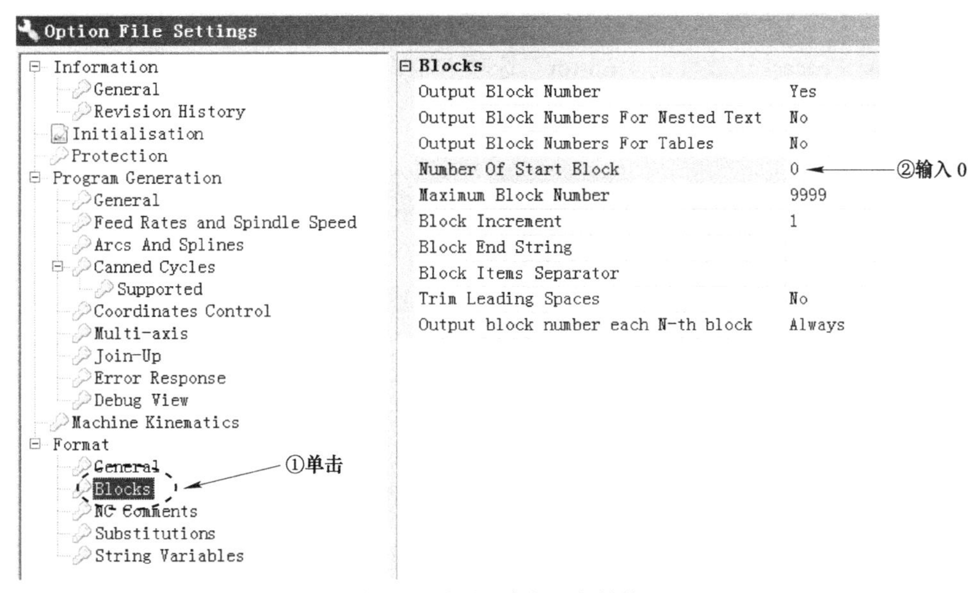

图 5-5　设置程序行号起始值

单击“Close”（关闭）按钮，关闭选项文件设置对话框。

2. 修改程序行号的后缀

在 Post Processor 软件的“Editor”选项卡的“Commands”窗口中，单击“Program Start”树枝，在主视窗中打开“Program Start”窗口。在该窗口中右击“Block Number”（块号），在弹出的快捷菜单条中执行“Item Properties”，打开项目属性对话框。在该对话框中，双击“Parameter”树枝，将它展开，在“Postfix”栏输入空格，然后回车，如图 5-6 所示。

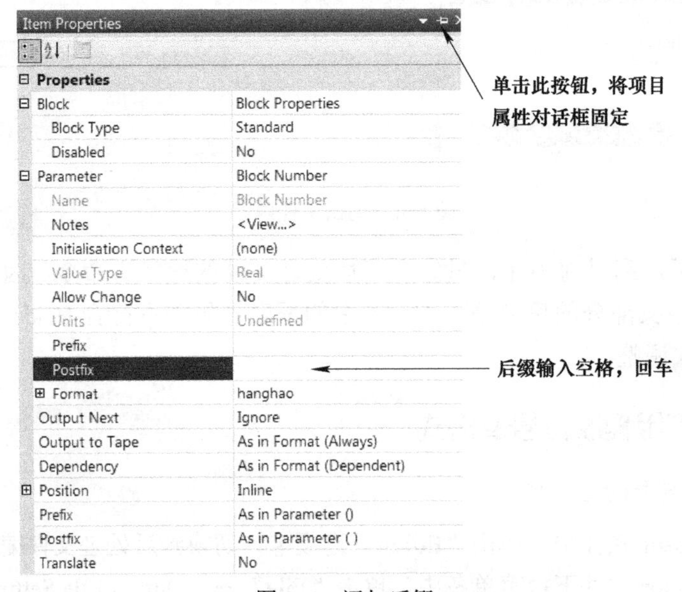

图 5-6　添加后缀

3. 创建程序行号的格式

1）在 Post Processor 软件的“Editor”选项卡中，单击“Formats”（格式），切换到“Formats”窗口，如图 5-7 所示。

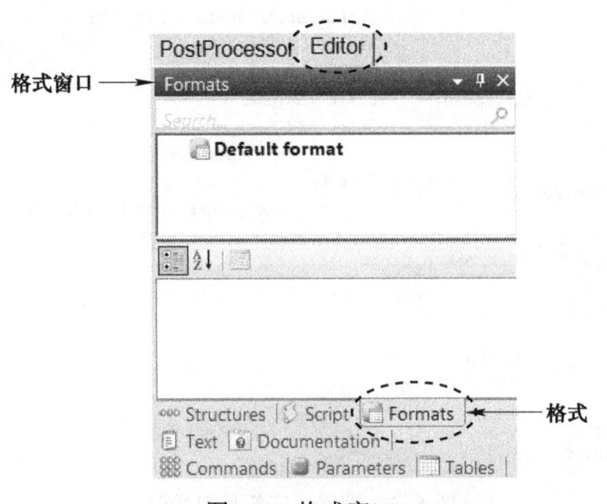

图 5-7　格式窗口

2）在“Formats”窗口中的“Default format”（默认格式）下方空白处，右击，在弹出的快捷菜单条中执行“Add Format…”（增加格式），打开增加格式对话框，在“Name”（名称）栏输入“hanghao”，如图 5-8 所示，单击“OK”按钮。

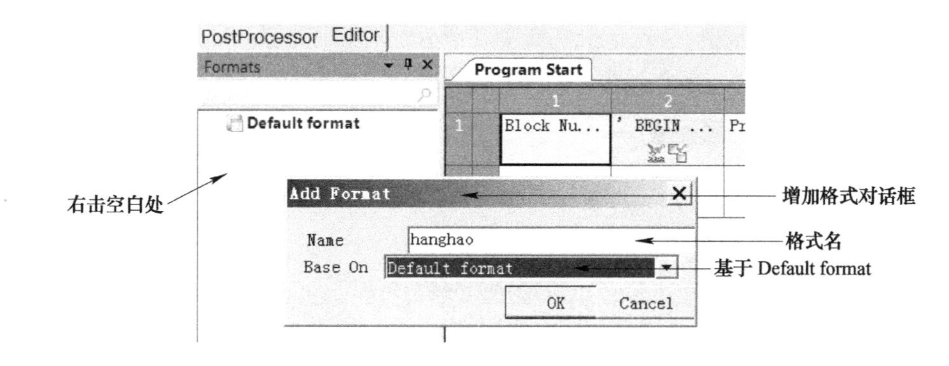

图 5-8　增加格式“hanghao”

3）在“Formats”窗口中，单击“Default format”，在主视窗中打开“Default format”窗口，在该窗口中找到参数“Block Number”，右击该参数，在弹出的快捷菜单条中执行“Assign To”（安排到）→“hanghao”，如图 5-9 所示。

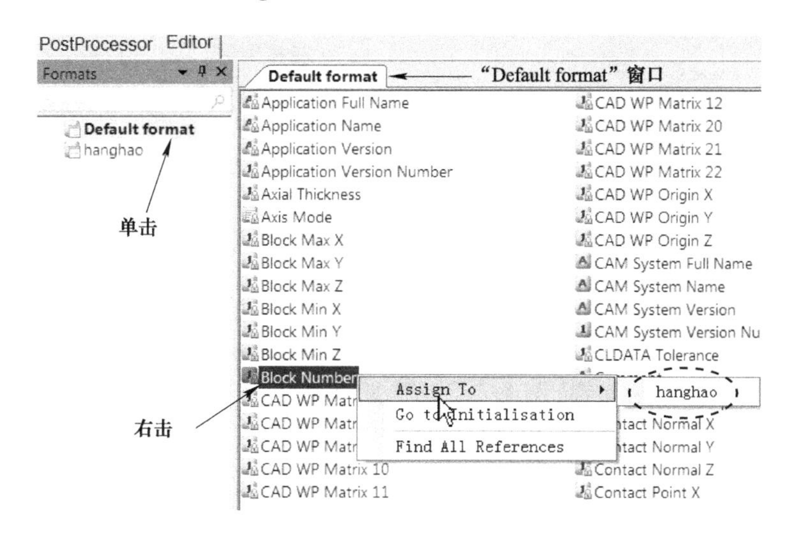

图 5-9　增加参数到“hanghao”格式

4）在“Formats”窗口中，单击“hanghao”，在主视窗中打开“hanghao”窗口，可见参数“Block Number”已经增加到“hanghao”格式中。按图 5-10 所示修改“hanghao”格式的属性：①选择“Dependent”（依赖），将“hanghao”格式的行为改为 Dependent，这意味着只有在同一程序行中有另一个参数输出时，才会输出程序行号；②选择“###”，程序行号不会输出小数点和小数。

5）在“Editor”选项卡中，单击“Commands”，切换到“Commands”窗口，单击“Program Start”树枝，在主视窗中打开“Program Start”窗口，此时，在预览窗口可见程序行号已经符合 Heidenhain 数控系统的要求，如图 5-11 所示。

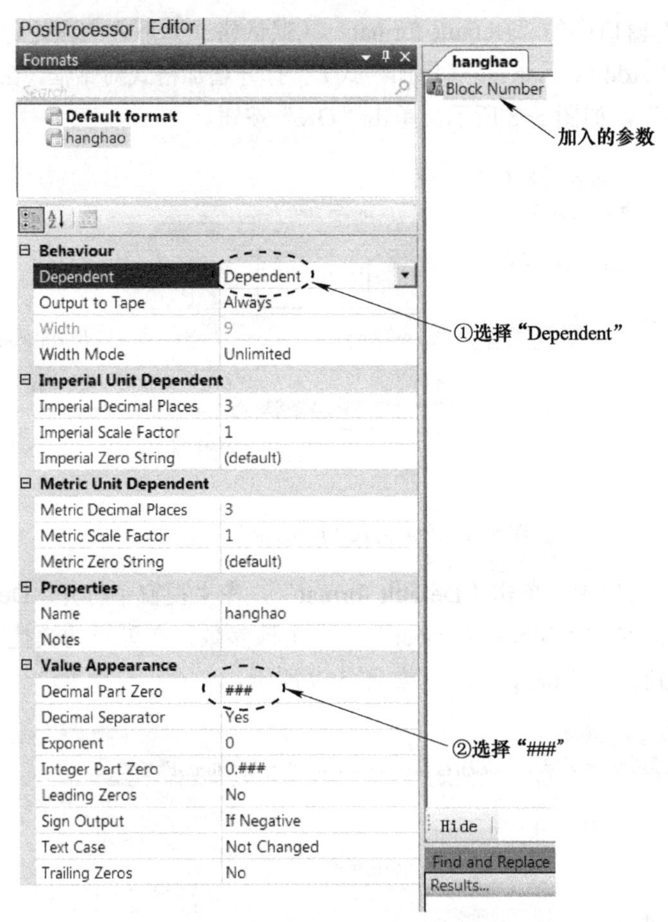

图 5-10 修改“hanghao”格式的属性

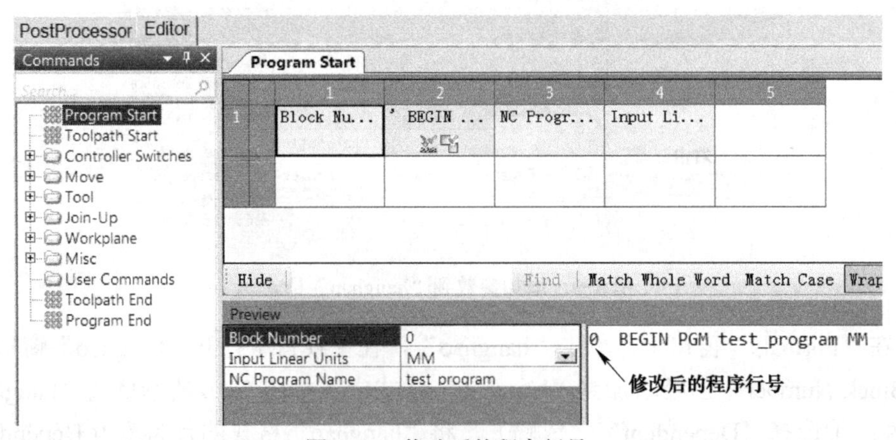

图 5-11 修改后的程序行号

5.2.5 输出程序头部分

1. 增加编程员注释

在主视窗的“Program Start”窗口中，单击第 2 行第 1 列单元格，在工具栏中单击插入块按钮，在第2行第1列单元格中插入一个“Block Number”程序行号，开始新的一行。接着在工具栏中单击插入文本按钮，在第2行第2列单元格中插入一个文本输出块。

双击第2行第2列单元格，输入“bianchengyuan:”，然后回车，如图5-12所示。

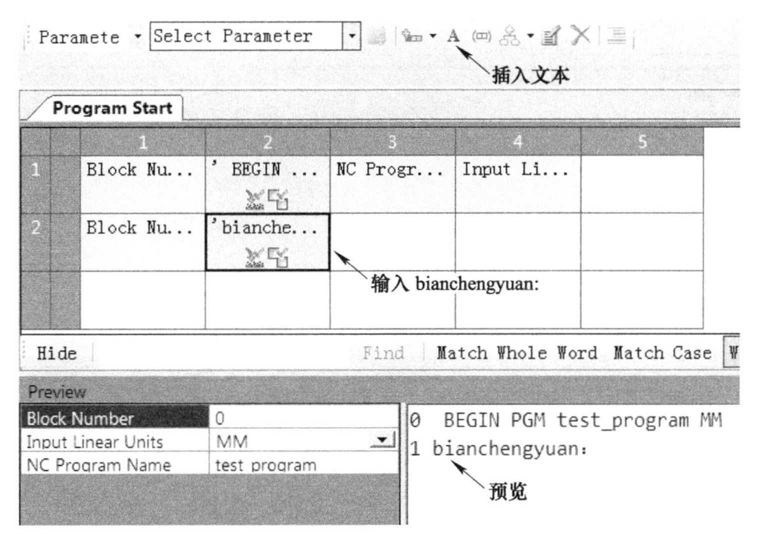

图5-12 插入编程员前缀

在“Editor”选项卡中，单击“Parameters”，切换到“Parameters”窗口，双击“Traceability”（可追溯性）树枝，将它展开，拖动“Traceability”树枝下的“Current User”（当前用户）到“Program Start”窗口中第2行第3列单元格，如图5-13所示。

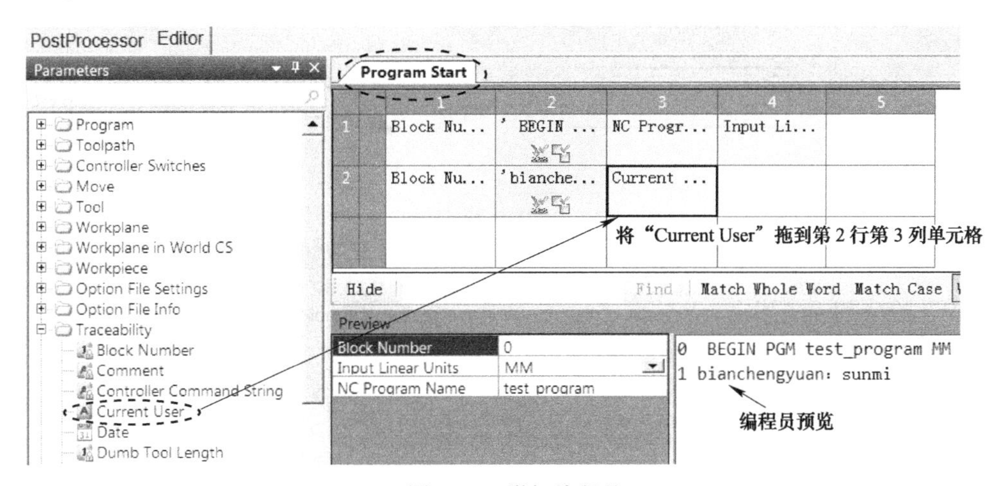

图5-13 增加编程员

此时，注意图5-13中编程员预览，Heidenhain数控系统要求所有的注释以分号（；）开头。下面来调整。

在Post Processor软件中，单击“File”→“Option File Settings…”，打开选项文件设置对话框，按图5-14所示设置注释符号。

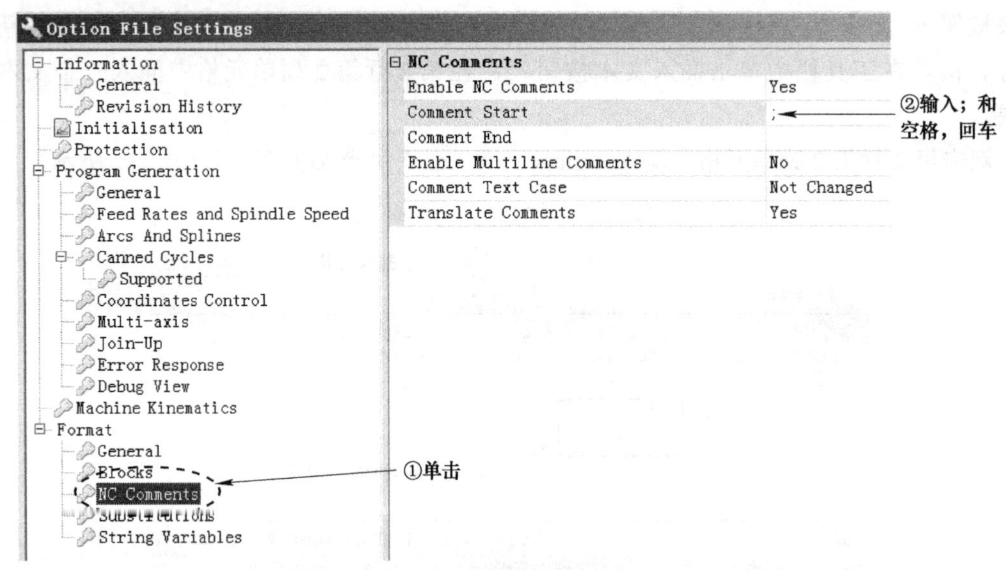

图 5-14　设置注释符号

单击“Close”（关闭）按钮，关闭选项文件设置对话框。

在主视窗的“Program Start”窗口中，按住 <Shift> 键不放，单击选中第 2 行第 2 列和第 3 列单元格，然后在工具栏中单击插入注释符按钮，如图 5-15 所示。

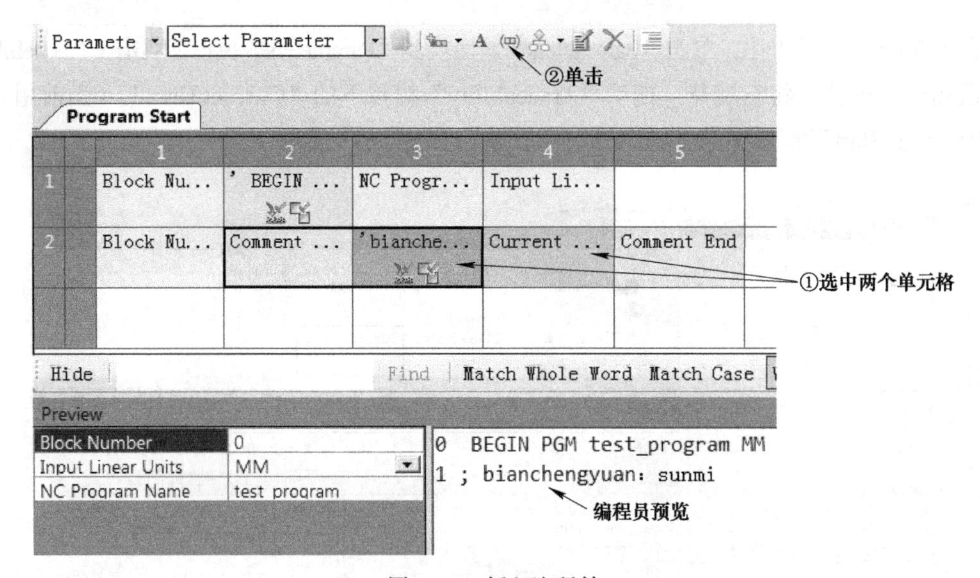

图 5-15　插入注释符

2. 调试后处理文件（一）

在 Post Processor 软件中，单击“PostProcessor”选项卡，切换到后处理模式。

在“PostProcessor”选项卡内，右击“CLDATA Files”分枝下的“3x.cut”文件，在弹出的快捷菜单条中执行“Process as Debug”（调试模式后处理），待后处理完成后，单击“3x_ex-heid.tap.dppdbg”调试文件，在主视窗中显示其内容，如图 5-16 所示。

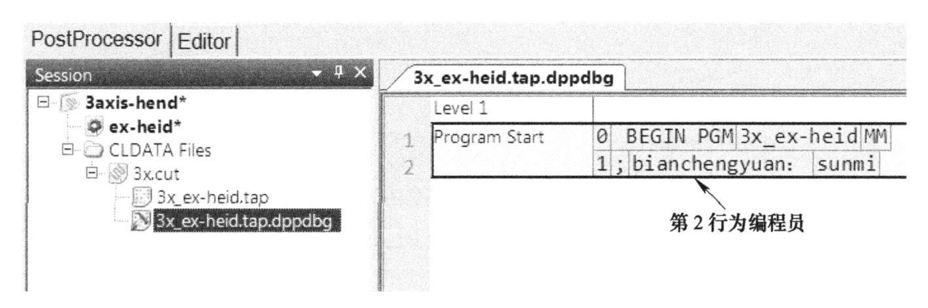

图 5-16　调试文件内容（一）

3. 输出所用机床

在 Post Processor 软件中，单击“Editor”选项卡，切换到后处理文件编辑器模式。

在“Program Start”窗口中，单击第 3 行第 1 列单元格，在工具栏中单击插入块按钮，在第 3 行第 1 列单元格中插入一个“Block Number”程序行号，开始新的一行。接着在工具栏中单击插入文本按钮，在第 3 行第 2 列单元格中插入一个文本输出块。

双击第 3 行第 2 列单元格，输入“jichuang：”，回车。

在“Parameters”窗口中，双击“Option File Info”（选项文件信息）树枝，将它展开，拖动“Option File Info”树枝下的“Optfile Machine Tool Manufacturer”（机床制造商）参数到“Program Start”窗口中第 3 行第 3 列单元格；拖动“Optfile Machine Tool Model”（机床型号）参数到“Program Start”窗口中第 3 行第 4 列单元格，如图 5-17 所示。

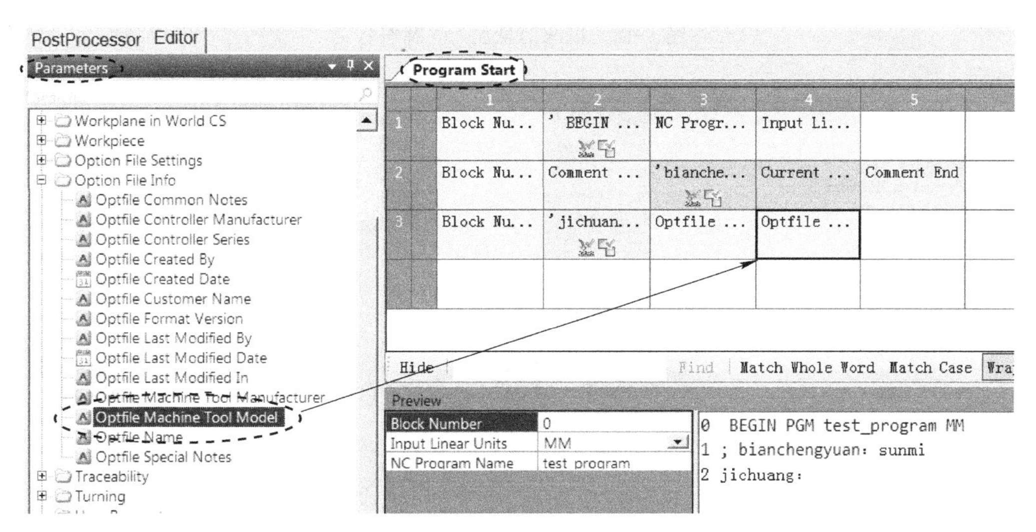

图 5-17　拖入机床信息参数

在主视窗的“Program Start”窗口中，按下 <Shift> 键，单击选中第 3 行第 2 列、第 3 列和第 4 列的三个单元格，然后在工具栏中单击插入注释符按钮，如图 5-18 所示。

机床制造商和机床型号需要在“Option File Settings”（选项文件设置）对话框中设置。在 Post Processor 软件下拉菜单中，单击“File”→“Option File Settings...”，打开选项文件设置对话框。选择“Information”（信息）树枝下的“General”（通用），按图 5-19 所示设置参数。

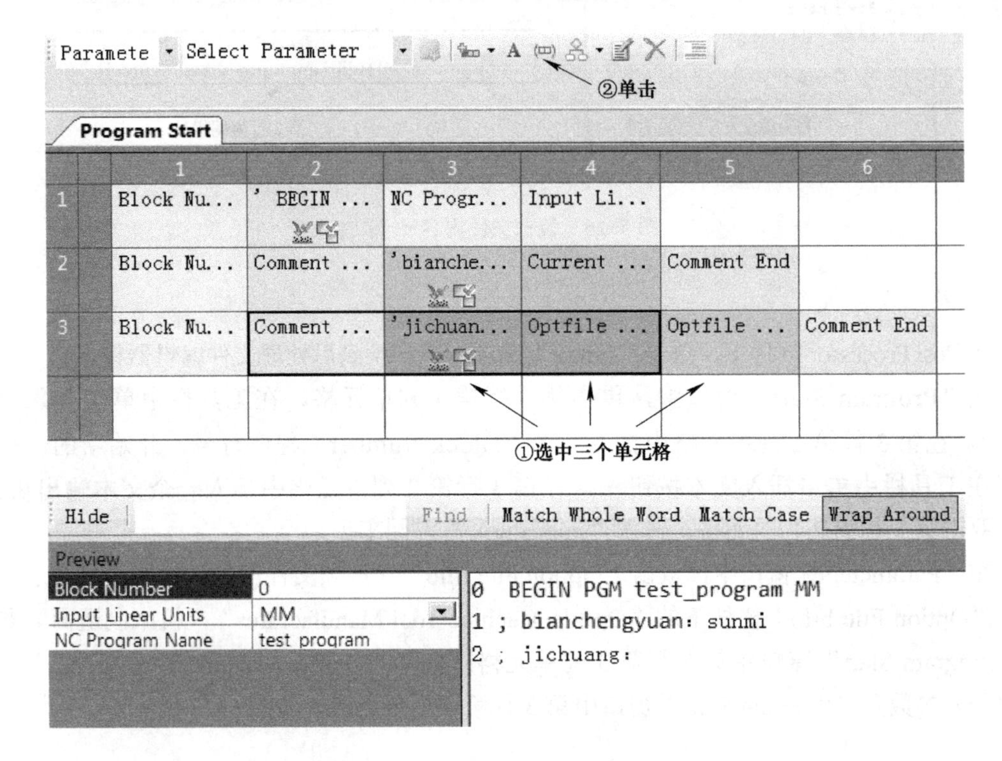

图 5-18　机床信息加入注释符号

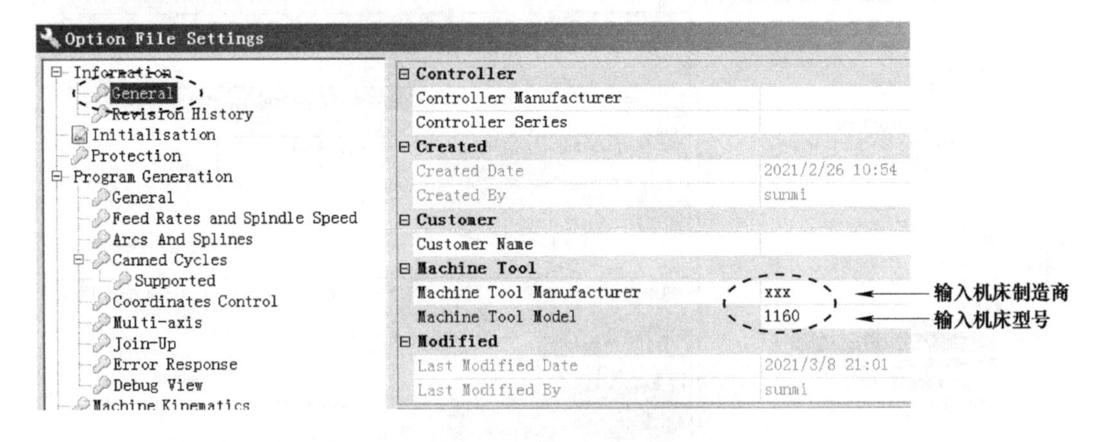

图 5-19　输入机床型号

单击“Close”（关闭）按钮，关闭选项文件设置对话框。

4. 增加编程坐标系（对刀坐标系）注释

在主视窗的“Program Start”窗口中，单击第 4 行第 1 列单元格，在工具栏中单击插入块按钮，在第 4 行第 1 列单元格中插入一个“Block Number”程序行号，开始新的一行。接着在工具栏中单击插入文本按钮，在第 4 行第 2 列单元格中插入一个文本输出块。

双击第 4 行第 2 列单元格，输入“zuobiaoxi：”，回车，如图 5-20 所示。

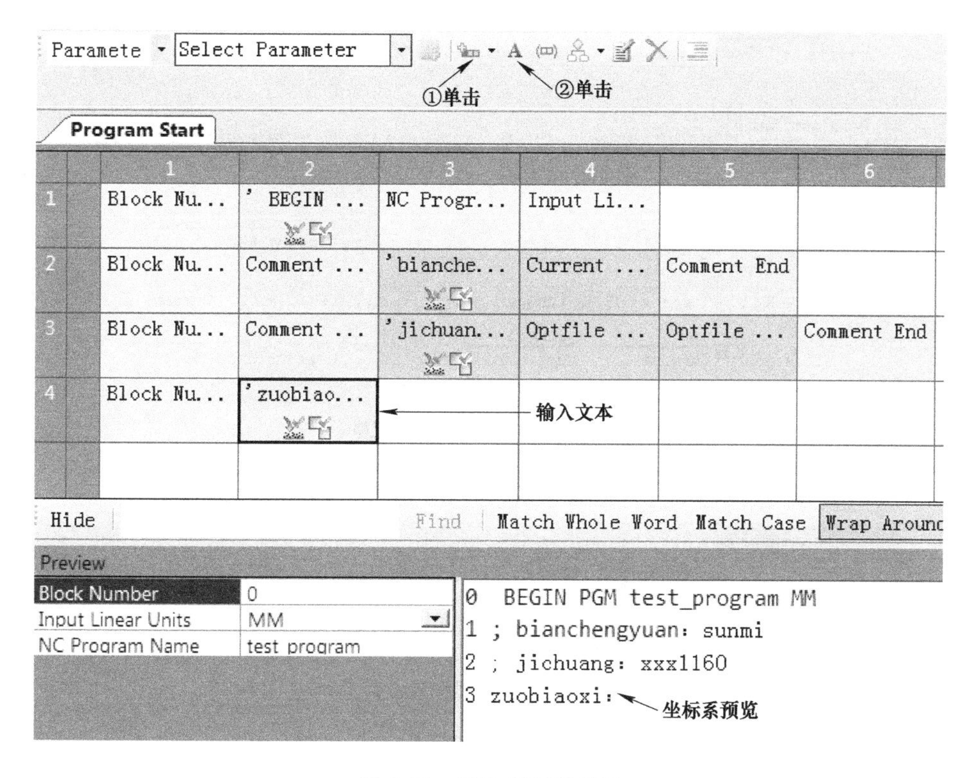

图 5-20　插入坐标系前缀

在“Parameters”窗口，双击“Workplane”（坐标系）树枝，将它展开，拖动“Workplane”树枝下的“Workplane Output Name”（坐标系输出名称）到“Program Start”窗口中第 4 行第 3 列单元格，如图 5-21 所示。

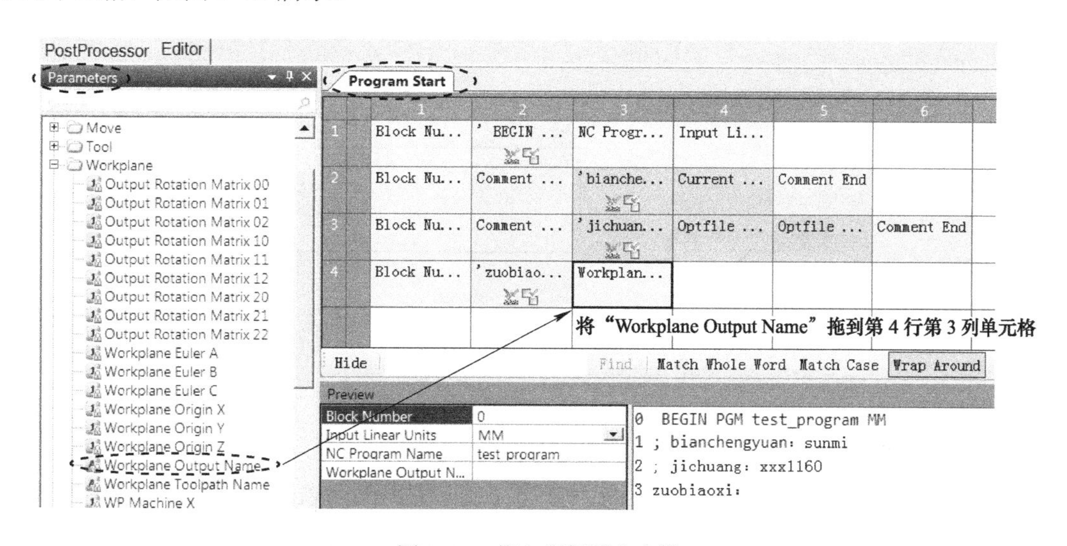

图 5-21　拖入坐标系名参数

在主视窗的“Program Start”窗口中，按下 <Shift> 键，单击选中第 4 行第 2 列和第 3

列的两个单元格，然后在工具栏中单击插入注释符按钮，如图 5-22 所示。

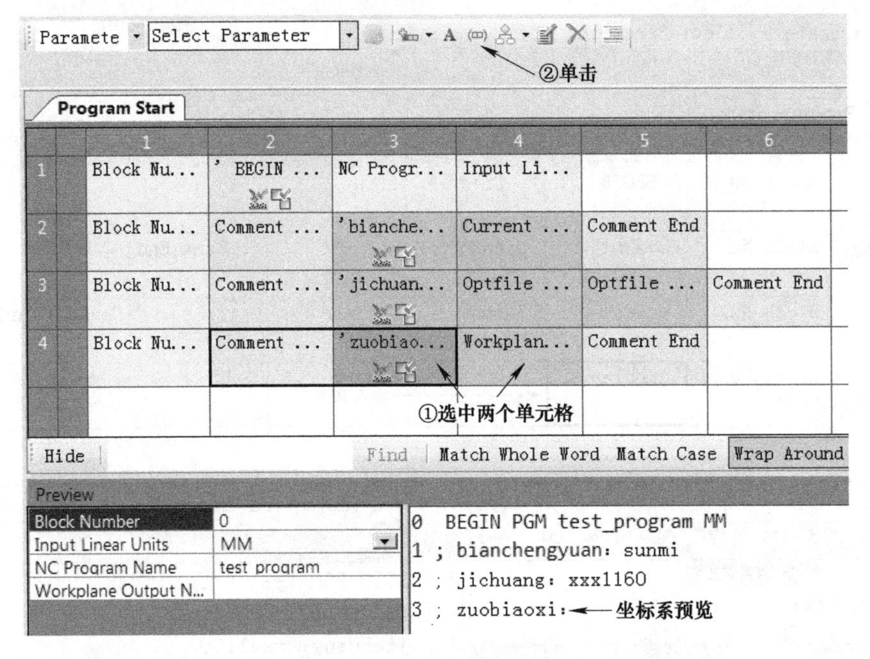

图 5-22 坐标系加入注释

5. 调试后处理文件（二）

在 Post Processor 软件中，单击“PostProcessor”选项卡，切换到后处理模式。

在“PostProcessor”选项卡内，右击“CLDATA Files”分枝下的“3x.cut”文件，在弹出的快捷菜单条中执行“Process as Debug”（调试模式后处理），待后处理完成后，单击“3x_ex-heid.tap.dppdbg”调试文件，在主视窗中显示其内容，如图 5-23 所示。

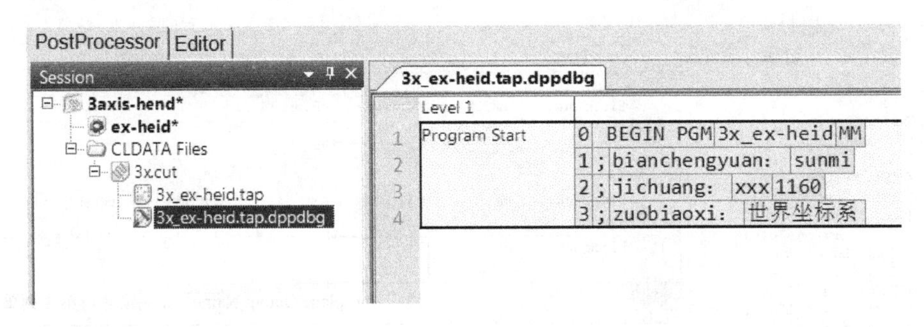

图 5-23 调试文件内容（二）

6. 输出表格

表格用于创建 NC 程序中使用的所有刀具和（或）刀路的列表，使程序使用者一眼就能直观地看清楚该 NC 程序要用到哪些刀具、有哪些刀路、如何装刀等。

在 Post Processor 软件中，单击“Editor”选项卡，切换到后处理文件编辑器模式。

（1）创建表格 在“Editor”选项卡中，单击“Tables”（表格），切换到“Tables”窗口。

在“Tables”窗口中，右击“Tool Tables”（刀具表格）树枝，在弹出的快捷菜单条中执行“Add Table…”（增加表格），如图 5-24 所示。在打开的“Add Table”对话框中，输入刀具表格名称“daoju”，单击“OK”按钮完成，如图 5-25 所示。

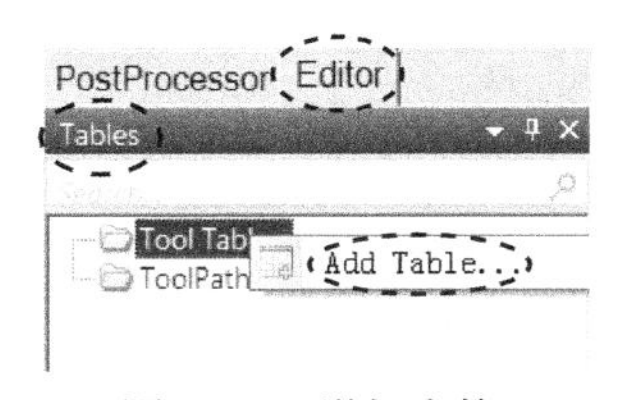

图 5-24　增加表格

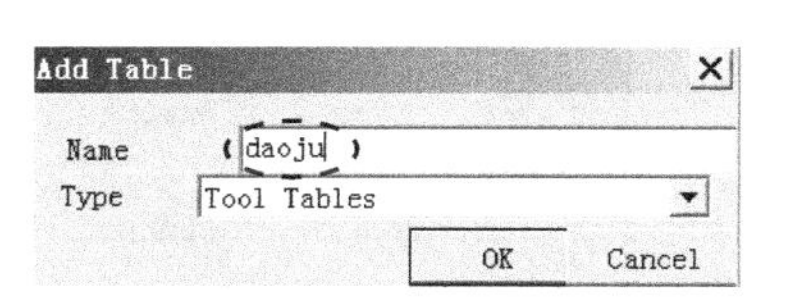

图 5-25　命名表格

（2）插入参数　在工具栏中，选择“Parameter”，在下拉列表中选择“Tool Name”（刀具名称）参数，如图 5-26 所示，会在第 1 行第 1 列单元格中插入“Tool Name”参数，如图 5-27 所示。

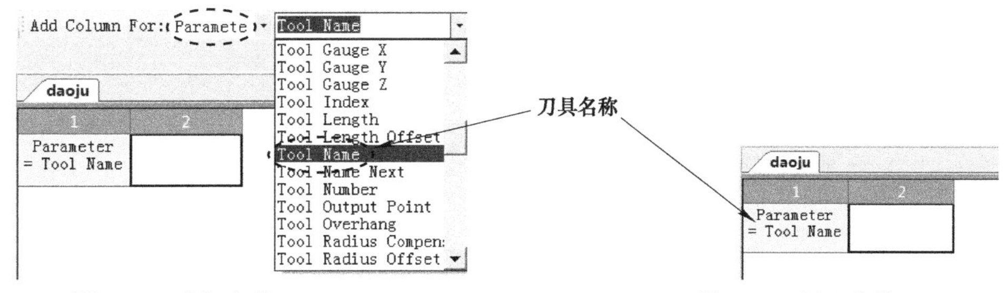

图 5-26　选择参数“Tool Name”　　图 5-27　插入参数“Tool Name”

参照此操作，分别依次插入“Tool Number”（刀具编号）、“Tool Type”（刀具类型）、“Tool Diameter”（刀具直径）、“Tool Overhang”（刀具伸出夹头长度）、“Toolpath Name”（刀路名称）等五个参数，如图 5-28 所示。

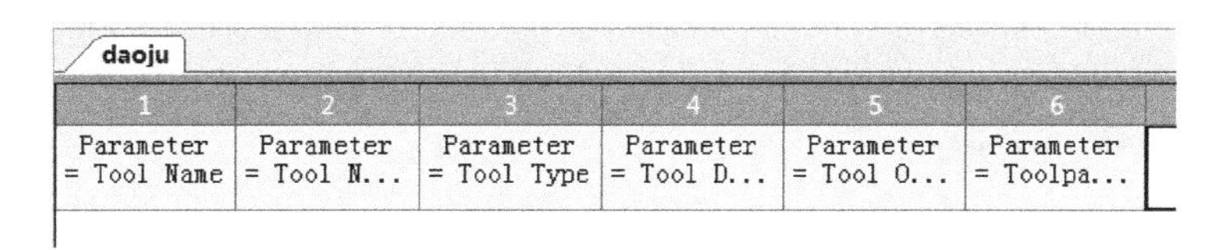

图 5-28　插入其他 5 个参数

（3）插入表格到程序头　在“Editor”选项卡中，单击“Commands”，切换到“Commands”窗口。在该窗口中，单击“Program Start”，在主视窗中调出“Program Start”窗口，单击选中第 5 行第 1 列的空白单元格，然后在工具栏中选择“Table”，在下拉列表中选择“daoju”表格，如图 5-29 所示，会在第 5 行第 1 列单元格中插入“daoju”表格，预览如图 5-30 所示。

（4）调试后处理文件　在 Post Processor 软件中，单击“PostProcessor”选项卡，切换到后处理模式。

在“PostProcessor”选项卡内，右击“CLDATA Files”分枝下的“3x.cut”文件，在弹出的快捷菜单条中执行“Process as Debug”（调试模式后处理），待后处理完成后，单击“3x_ex-heid.tap.dppdbg”调试文件，在主视窗中显示其内容，如图 5-31 所示。

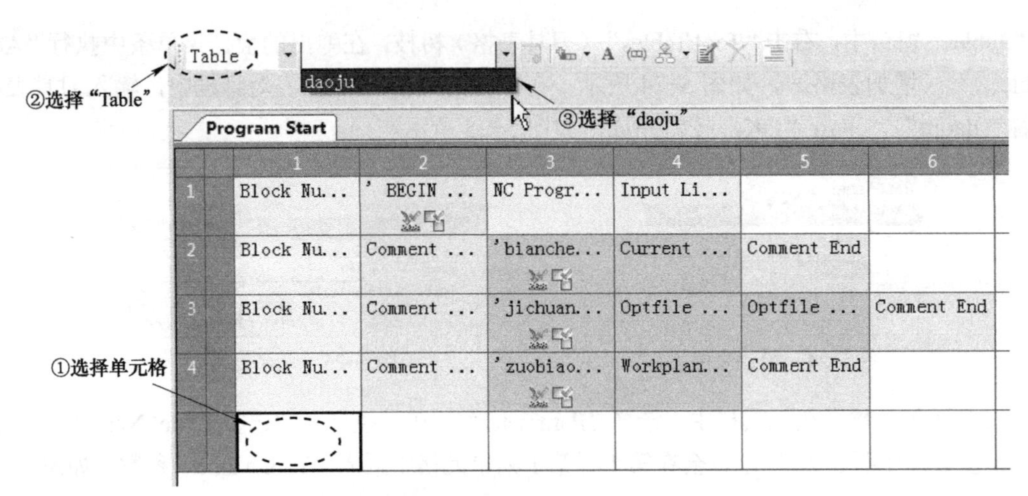

图 5-29　插入“daoju”表格

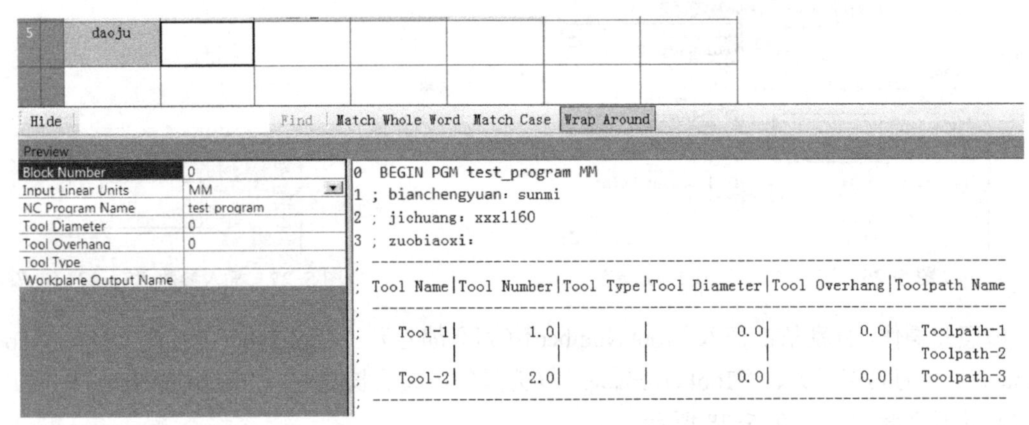

图 5-30　表格预览

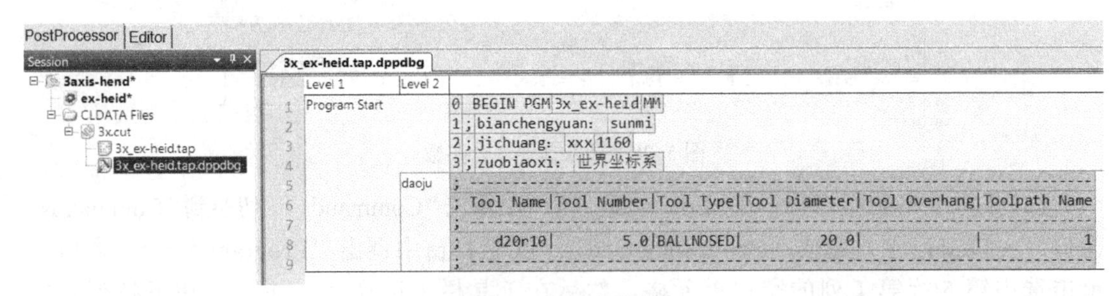

图 5-31　调试文件内容

由图 5-31 所示的刀具和刀路列表可见，该程序使用了 1 把刀具，有 1 条刀具路径。

7. 输出刀路数目注释

在 Post Processor 软件中，单击“Editor”选项卡，切换到后处理文件编辑器模式。

（1）创建用户自定义参数　在“Editor”选项卡中，单击“Parameters”，切换到“Parameters”窗口。在该窗口中，右击“User Parameters”（用户自定义参数），在弹出的快捷菜单条中执行“Add Standard Parameter...”（增加标准参数），打开“Add Standard Parameter”对话框，按图 5-32 所示设置参数。

单击“OK”按钮，完成创建用户自定义参数。

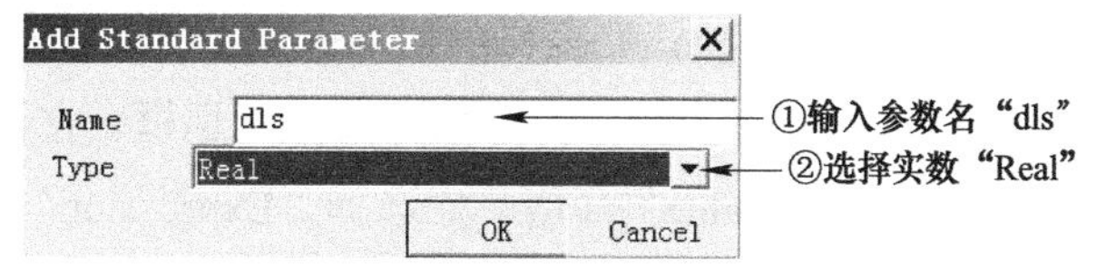

图 5-32　设置标准参数

（2）插入刀路数前缀　在“Editor”选项卡中，单击“Commands”，切换到“Commands”窗口。在主视窗的“Program Start”窗口中，单击第 6 行第 1 列单元格，在工具栏中单击插入块按钮，在第 6 行第 1 列单元格中插入一个“Block Number”程序行号，开始新的一行。接着在工具栏中单击插入文本按钮，在第 6 行第 2 列单元格中插入一个文本输出块。

双击第 6 行第 2 列单元格，输入“daolushu：”，回车，如图 5-33 所示。

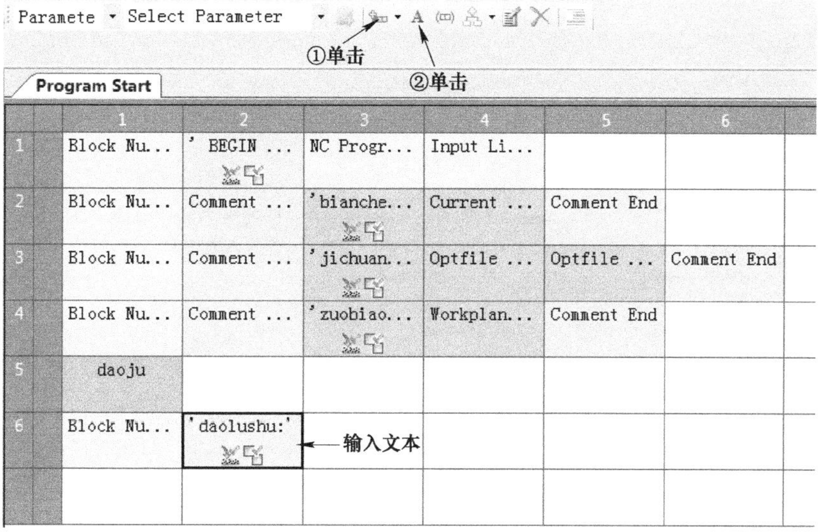

图 5-33　插入刀路数前缀

（3）使用表达式给自定义参数赋值　在“Editor”选项卡中，单击“Parameters”，切换到“Parameters”窗口。在“Parameters”窗口，拖动“User Parameters”树枝下的“dls”到“Program Start”窗口中第 6 行第 3 列单元格，如图 5-34 所示。

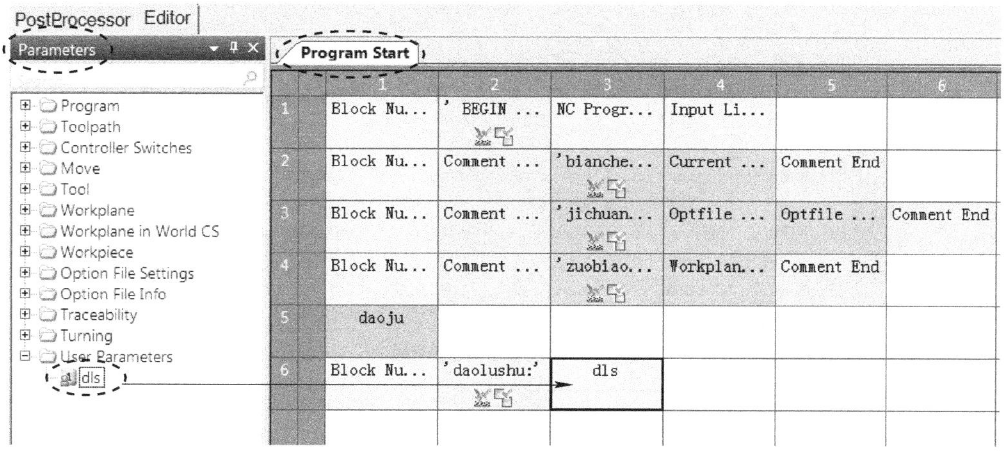

图 5-34　拖入自定义参数 dls

在“Program Start”窗口中，右击第 6 行第 3 列单元格“dls”，在弹出的快捷菜单条中执行“Item Properties”，打开项目属性对话框。在该对话框中，双击“Value”（值）树枝，将它展开，在“Value”（值）栏选择“Expression”（表达式），在下一行的“Value”（值）栏输入“program.Toolpaths.Count”，然后回车，如图 5-35 所示。

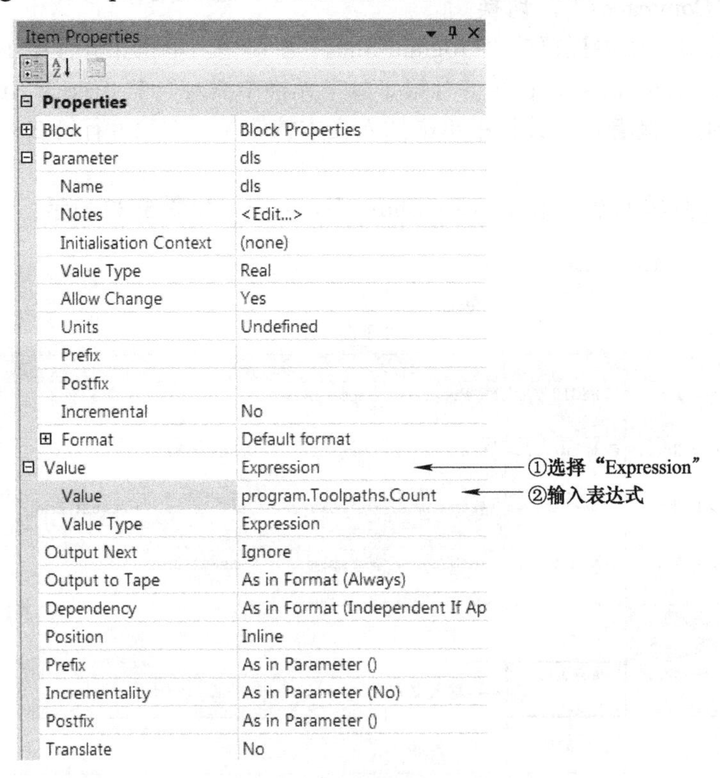

图 5-35　给自定义参数赋值

在主视窗的“Program Start”窗口中，按下 <Shift> 键，单击选中第 6 行第 2 列和第 3 列的两个单元格，然后在工具栏中单击插入注释符按钮，如图 5-36 所示。

Paramete　Select Parameter　②单击

Program Start

	1	2	3	4	5	6
1	Block Nu...	' BEGIN ...	NC Progr...	Input Li...		
2	Block Nu...	Comment ...	'bianche...	Current ...	Comment End	
3	Block Nu...	Comment ...	'jichuan...	Optfile ...	Optfile ...	Comment End
4	Block Nu...	Comment ...	'zuobiao...	Workplan...	Comment End	
5	daoju					
6	Block Nu...	Comment ...	'daolushu:'	dls = progra...	Comment End	

①选中两个单元格

图 5-36　刀路数加入注释

8. 输出刀路加工时间

在主视窗的“Program Start”窗口中，单击第 7 行第 1 列单元格，在工具栏中单击插入块按钮，在第 7 行第 1 列单元格中插入一个“Block Number”程序行号，开始新的一行。接着在工具栏中单击插入文本按钮，在第 7 行第 2 列单元格中插入一个文本输出块。

双击第 7 行第 2 列单元格，输入“gongshi：”，回车，如图 5-37 所示。

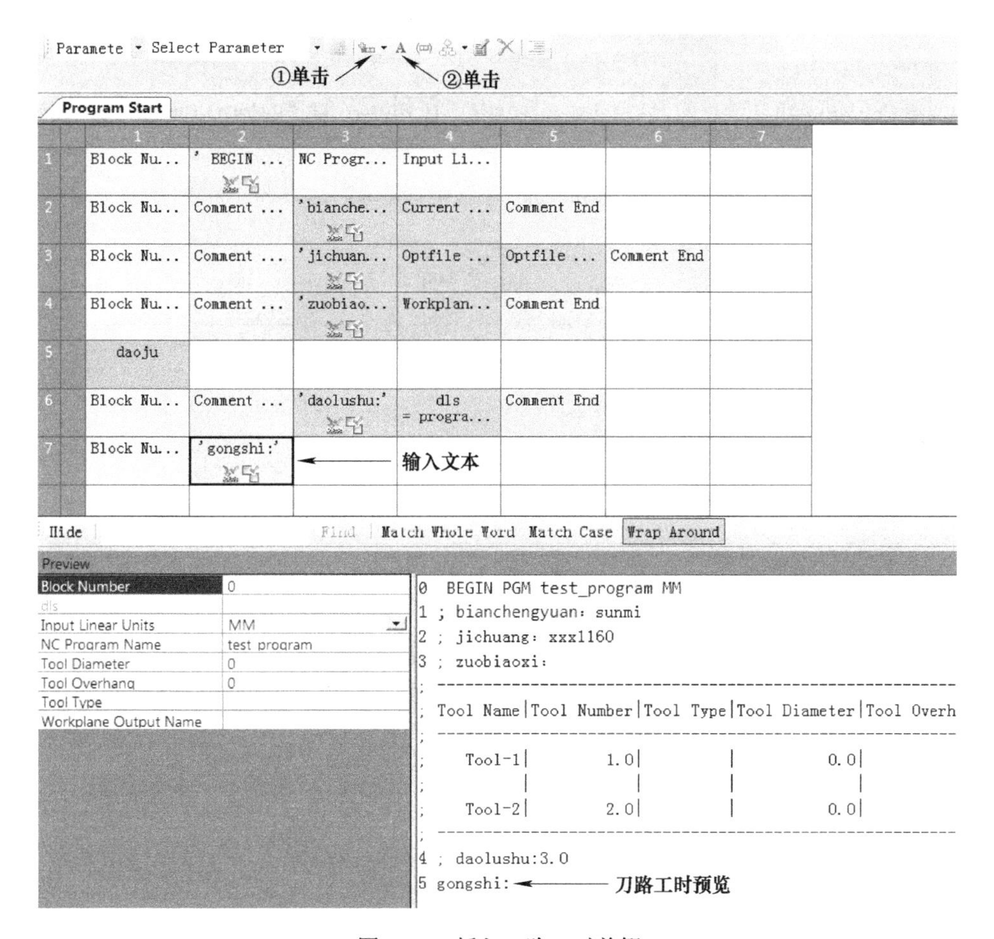

图 5-37　插入刀路工时前缀

在“Parameters”窗口，双击“Toolpath”（刀路）树枝，将它展开，拖动“Toolpath”树枝下的“Toolpath Cutting Duration”（刀路切削时间）到“Program Start”窗口中第 7 行第 3 列单元格，如图 5-38 所示。

在主视窗的“Program Start”窗口中，按下 <Shift> 键，单击选中第 7 行第 2 列和第 3 列的两个单元格，然后在工具栏中单击插入注释符按钮，如图 5-39 所示。

PostProcessor Editor

Parameters

Program

Toolpath

Axial Thickness

CLDATA Tolerance

Cutting Direction

Cutting Rate

Fixture Offset Type

Fixture Offset X

Fixture Offset Y

Fixture Offset Z

Plunge Rate

Skim Distance

Skim Rate

Stepdown

Stepover

Thickness

Toolpath Cutting Duration

Toolpath Cutting Strategy

Toolpath Index

Program Start

	1	2	3	4	5	6
1	Block Nu...	' BEGIN ...	NC Progr...	Input Li...		
2	Block Nu...	Comment ...	'bianche...	Current ...	Comment End	
3	Block Nu...	Comment ...	'jichuan...	Optfile ...	Optfile ...	Comment End
4	Block Nu...	Comment ...	'zuobiao...	Workplan...	Comment End	
5	daoju					
6	Block Nu...	Comment ...	'daolushu:'	dls = progra...	Comment End	
7	Block Nu...	'gongshi:'	Toolpath...			

将“Toolpath Cutting Duration”拖到第7行第3列单元格

图 5-38　拖入刀路工时参数

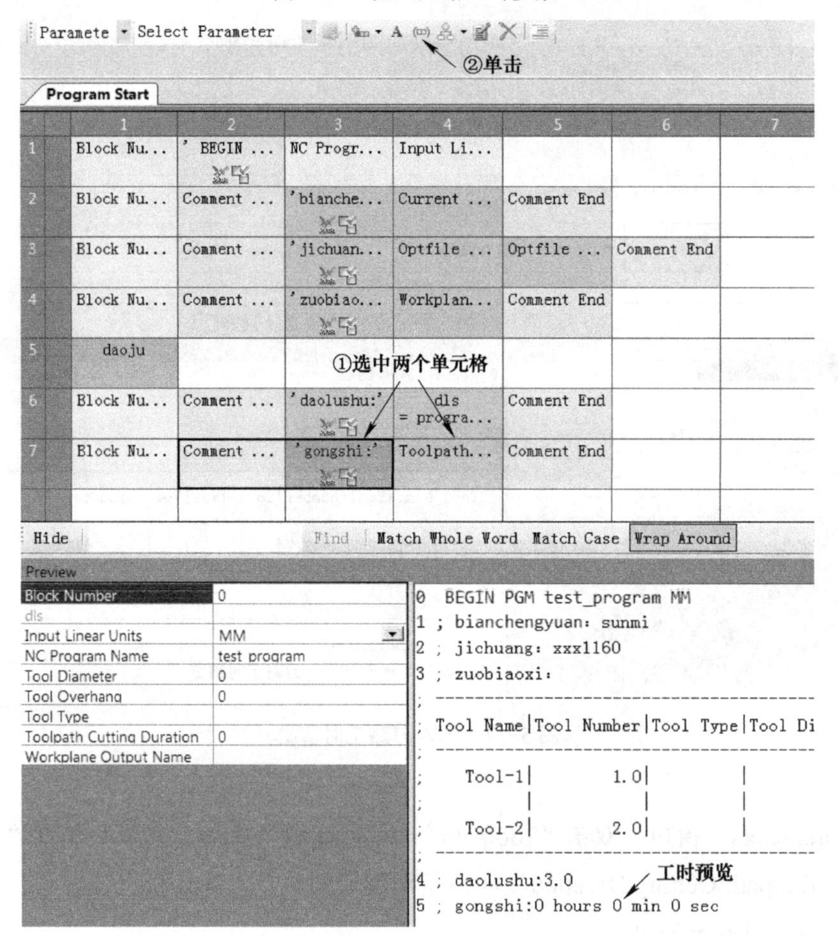

图 5-39　刀路工时加入注释

9. 调试后处理文件（三）

在 Post Processor 软件中，单击“PostProcessor”选项卡，切换到后处理模式。

在“PostProcessor”选项卡内，右击“CLDATA Files”分枝下的“3x.cut”文件，在弹出的快捷菜单条中执行“Process as Debug”（调试模式后处理），待后处理完成后，单击“3x_ex-heid.tap.dppdbg”调试文件，在主视窗中显示其内容，如图 5-40 所示。

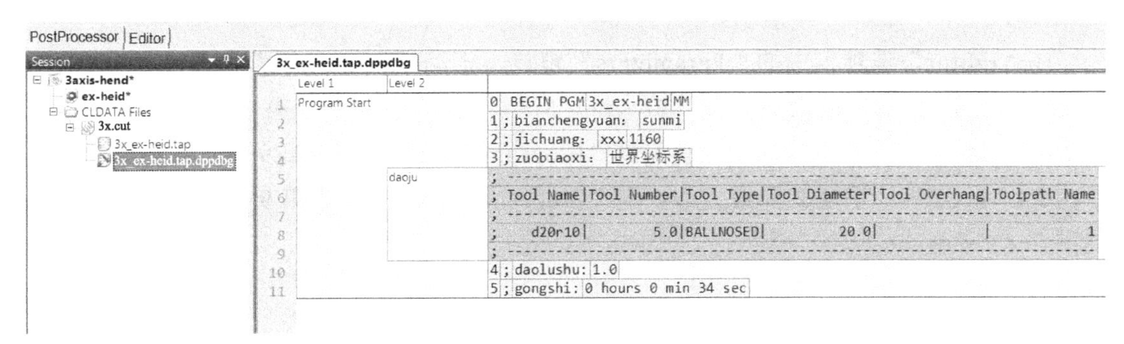

图 5-40　调试文件内容（三）

10. 输出毛坯尺寸范围

在 Post Processor 软件中，单击“Editor”选项卡，切换到后处理文件编辑器模式。

（1）输出　BLK FORM 0.1 Z X_Y_Z_　在主视窗的“Program Start”窗口中，单击第 8 行第 1 列单元格，在工具栏中单击插入块按钮，在第 8 行第 1 列单元格中插入一个“Block Number”程序行号，开始新的一行。接着在工具栏中单击插入文本按钮，在第 8 行第 2 列单元格中插入一个文本输出块。

双击第 8 行第 2 列单元格，输入“BLK FORM 0.1 Z”，回车，注意 BLK 前输入空格，Z 后输入空格，如图 5-41 所示。

在“Editor”选项卡中，单击“Parameters”，切换到“Parameters”窗口。在“Parameters”窗口，拖动“Workpiece”（毛坯）树枝下的“Block Min X”（毛坯 X 向最小值）到“Program Start”窗口中第 8 行第 3 列单元格，拖动“Block Min Y”（毛坯 Y 向最小值）到“Program Start”窗口中第 8 行第 4 列单元格，“Block Min Z”（毛坯 Z 向最小值）到“Program Start”窗口中第 8 行第 5 列单元格，如图 5-42 所示。

在“Program Start”窗口中，右击第 8 行第 3 列单元格“Block Min X”，在弹出的快捷菜单条中执行“Item Properties”，打开项目属性对话框。在该对话框中，双击“Parameter”树枝，将它展开，在“Prefix”栏输入 X，然后回车，在“Postfix”栏输入空格，然后回车，如图 5-43 所示。

单击第 8 行第 4 列单元格“Block Min Y”，在“Item Properties”对话框中的“Parameter”树枝下，在“Prefix”栏输入 Y，然后回车，在“Postfix”栏输入空格，然后回车。

单击第 8 行第 5 列单元格“Block Min Z”，在“Item Properties”对话框中的“Parameter”树枝下，在“Prefix”栏输入 Z，然后回车，在“Postfix”栏输入空格，然后回车。

（2）输出　BLK FORM 0.2 X_Y_Z_　在主视窗的“Program Start”窗口中，单击第 9 行第 1 列单元格，在工具栏中单击插入块按钮，在第 9 行第 1 列单元格中插入一个“Block

Number”程序行号，开始新的一行。接着在工具栏中单击插入文本按钮 A，在第 9 行第 2 列单元格中插入一个文本输出块。

双击第 9 行第 2 列单元格，输入“BLK FORM 0.2”，回车，注意 BLK 前输入空格，0.2 后输入空格，如图 5-44 所示。

在“Editor”选项卡中的“Parameters”窗口，拖动“Workpiece”树枝下的“Block Max X”（毛坯 X 向最大值）到“Program Start”窗口中第 9 行第 3 列单元格，拖动“Block Max Y”（毛坯 Y 向最大值）到“Program Start”窗口中第 9 行第 4 列单元格，“Block Max Z”（毛坯 Z 向最大值）到“Program Start”窗口中第 9 行第 5 列单元格，如图 5-45 所示。

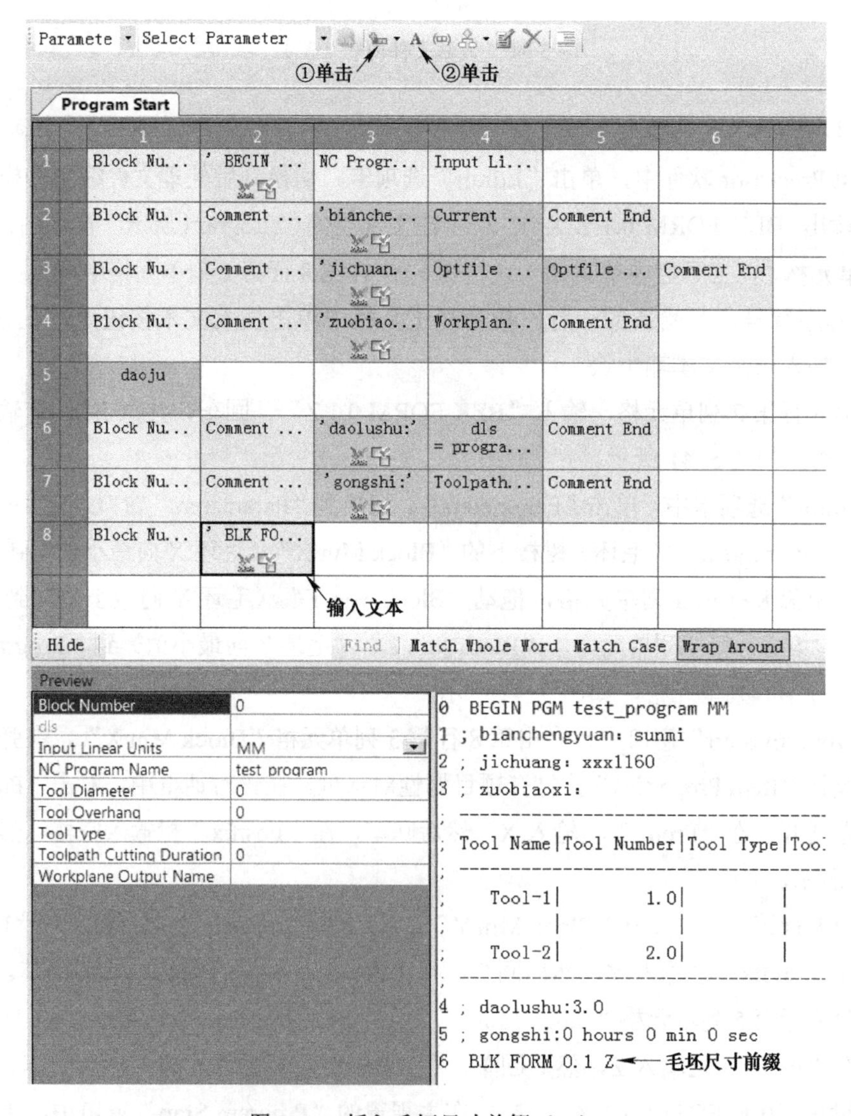

图 5-41　插入毛坯尺寸前缀（一）

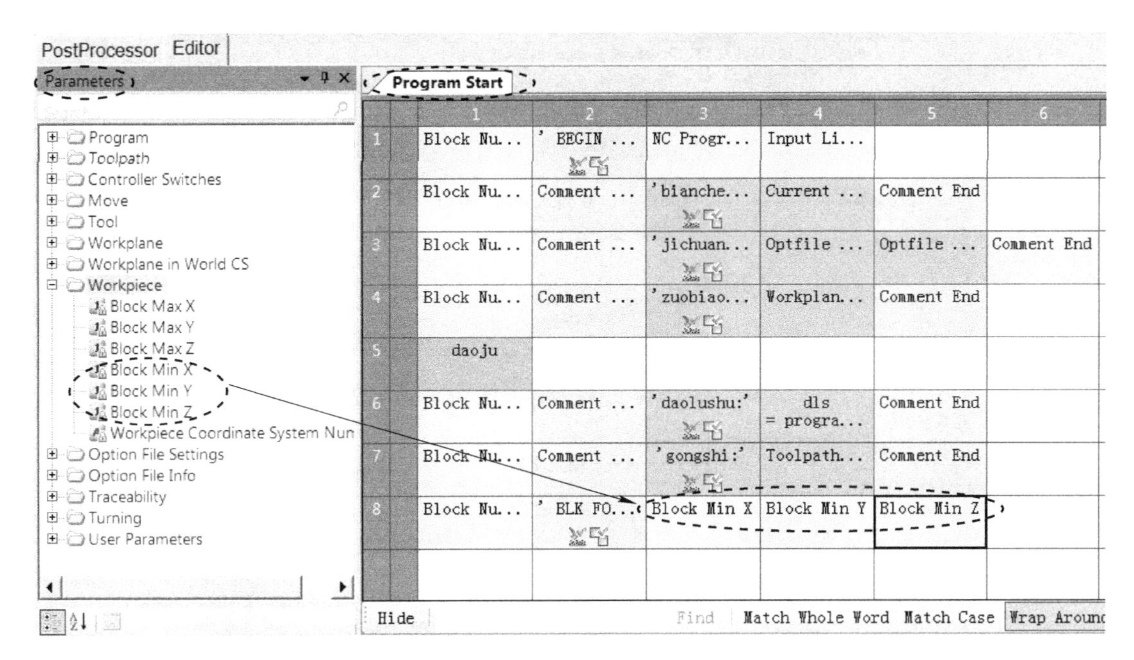

图 5-42　拖入 Block Min X 等 3 个参数

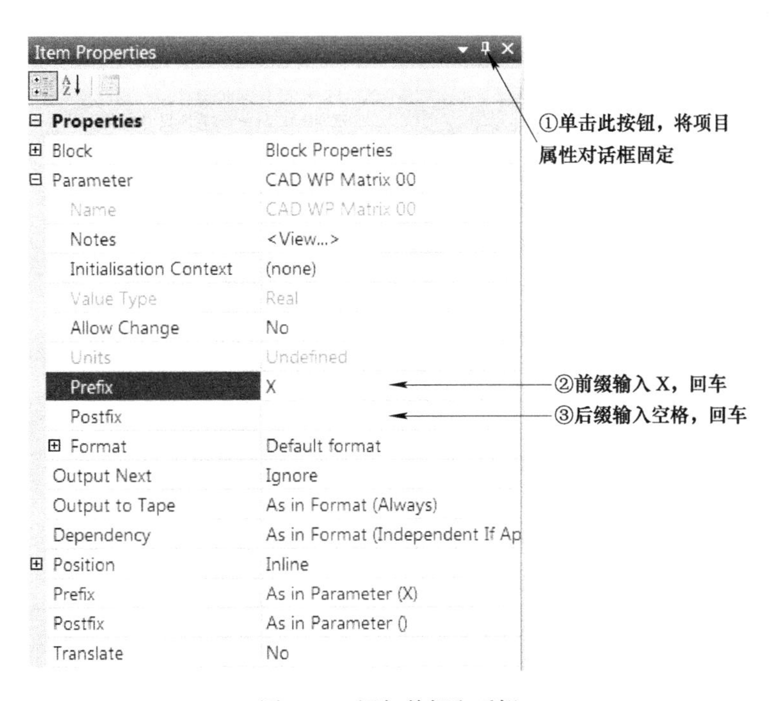

图 5-43　添加前缀和后缀

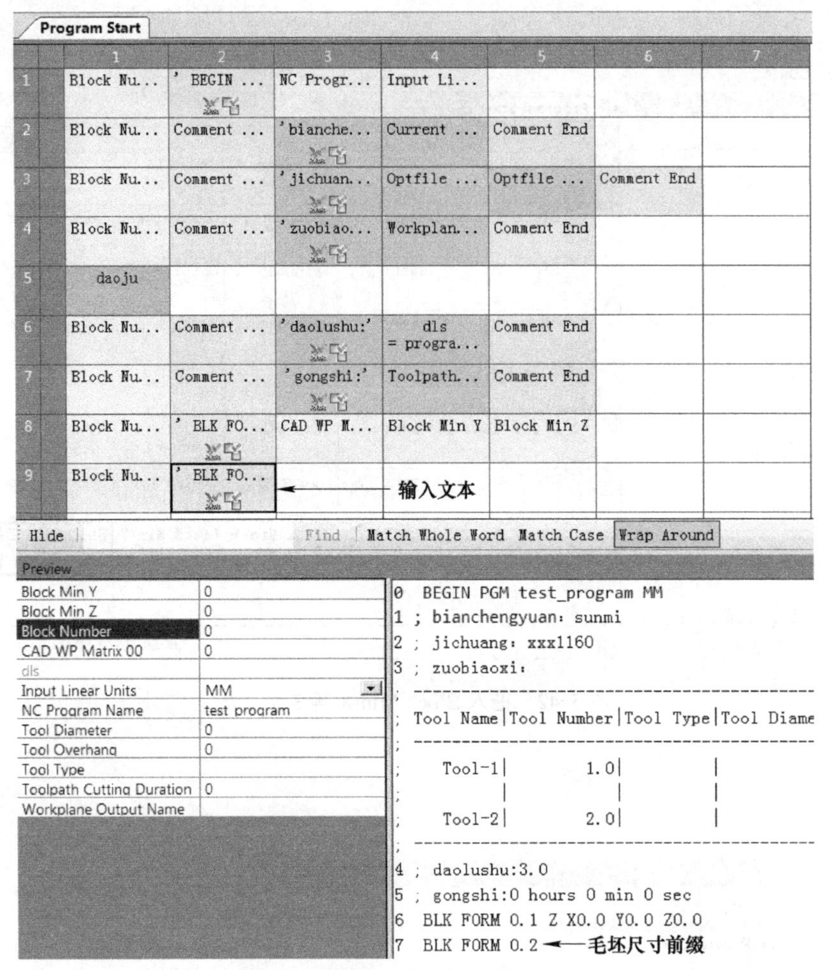

图 5-44 插入毛坯尺寸前缀（二）

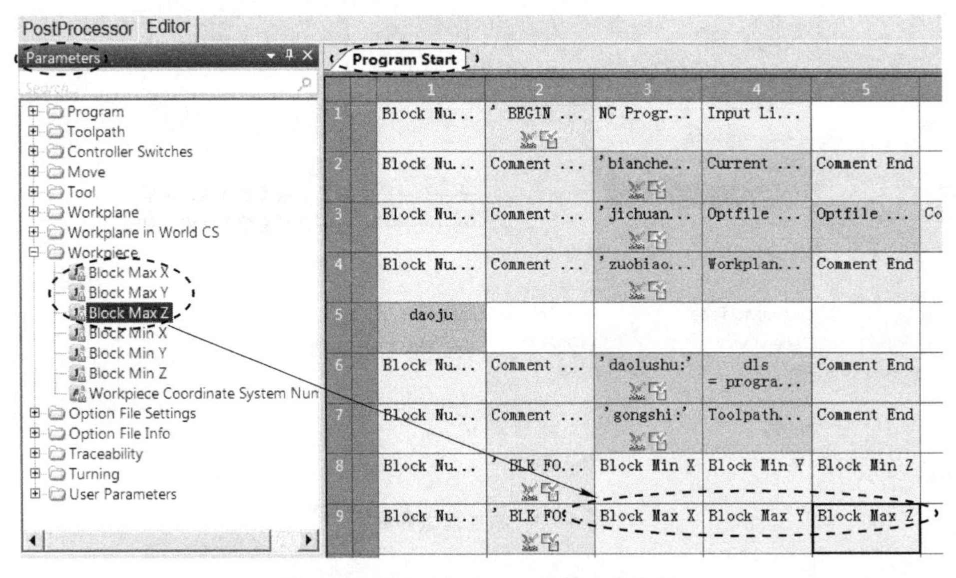

图 5-45 拖入 Block Max X 等 3 个参数

单击第9行第3列单元格“Block Max X”，在“Item Properties”对话框中的“Parameter”树枝下，在“Prefix”栏输入X，然后回车，在“Postfix”栏输入空格，然后回车。

单击第9行第4列单元格“Block Max Y”，在“Item Properties”对话框中的“Parameter”树枝下，在“Prefix”栏输入Y，然后回车，在“Postfix”栏输入空格，然后回车。

单击第9行第5列单元格“Block Max Z”，在“Item Properties”对话框中的“Parameter”树枝下，在“Prefix”栏输入Z，然后回车，在“Postfix”栏输入空格，然后回车。

11. 调试后处理文件（四）

在Post Processor软件中，单击“PostProcessor”选项卡，切换到后处理模式。

在“PostProcessor”选项卡内，右击“CLDATA Files”分枝下的“3x.cut”文件，在弹出的快捷菜单条中执行“Process as Debug”（调试模式后处理），待后处理完成后，单击“3x_ex-heid.tap.dppdbg”调试文件，在主视窗中显示其内容，如图5-46所示。

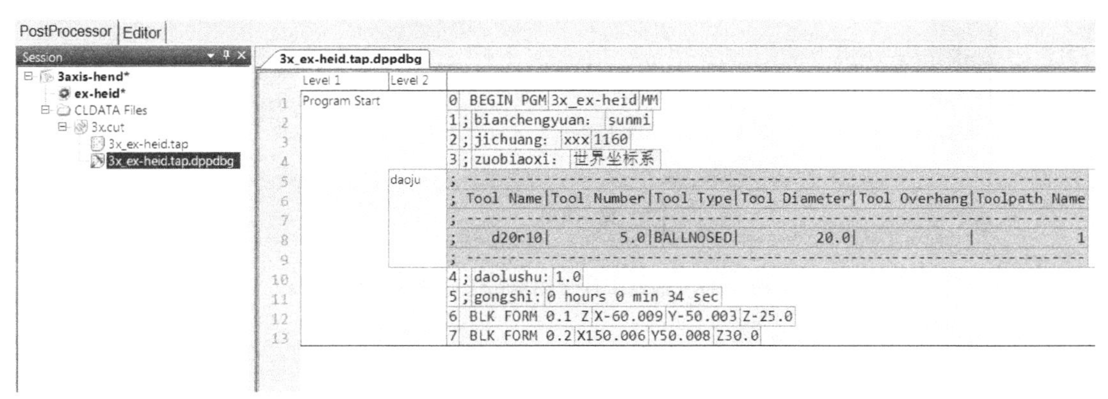

图5-46 调试文件内容（四）

12. 输出工件坐标系和Z轴回最高点代码

在Post Processor软件中，单击“Editor”选项卡，切换到后处理文件编辑器模式。

在“Program Start”窗口中，单击第10行第1列单元格，在工具栏中单击插入块按钮，在第10行第1列单元格中插入一个“Block Number”程序行号，开始新的一行。接着在工具栏中单击插入文本按钮，在第10行第2列单元格中插入一个文本输出块。

双击第10行第2列单元格，输入“ CYCL DEF 247 DATUM SETTING~”，回车，注意CYCL前输入空格，如图5-47所示。

在“Program Start”窗口中，单击第11行第1列单元格，在工具栏中单击插入块按钮，在第11行第1列单元格中插入一个“Block Number”程序行号，开始新的一行。接着在工具栏中单击插入文本按钮，在第11行第2列单元格中插入一个文本输出块。

双击第11行第2列单元格，输入“Q339=+1”，回车，注意Q339前输入空格，如图5-48所示。

Paramete Select Parameter

①单击 ②单击

Program Start

	1	2	3	4	5	6
1	Block Nu...	' BEGIN ...	NC Progr...	Input Li...		
2	Block Nu...	Comment ...	'bianche...	Current ...	Comment End	
3	Block Nu...	Comment ...	'jichuan...	Optfile ...	Optfile ...	Comment End
4	Block Nu...	Comment ...	'zuobiao...	Workplan...	Comment End	
5	daoju					
6	Block Nu...	Comment ...	'daolushu:'	dls = progra...	Comment End	
7	Block Nu...	Comment ...	'gongshi:'	Toolpath...	Comment End	
8	Block Nu...	' BLK FO...	Block Min X	Block Min Y	Block Min Z	
9	Block Nu...	' BLK FO...	Block Max X	Block Max Y	Block Max Z	
10	Block Nu...	' CYCL D...	输入文本			

图 5-47 插入工件坐标系相关命令（一）

Paramete Select Parameter

①单击 ②单击

Program Start

	1	2	3	4	5	6
3	Block Nu...	Comment ...	'jichuan...	Optfile ...	Optfile ...	Comment End
4	Block Nu...	Comment ...	'zuobiao...	Workplan...	Comment End	
5	daoju					
6	Block Nu...	Comment ...	'daolushu:'	dls = progra...	Comment End	
7	Block Nu...	Comment ...	'gongshi:'	Toolpath...	Comment End	
8	Block Nu...	' BLK FO...	Block Min X	Block Min Y	Block Min Z	
9	Block Nu...	' BLK FO...	Block Max X	Block Max Y	Block Max Z	
10	Block Nu...	' CYCL D...				
11	Block Nu...	' Q339=+1'	输入文本			

图 5-48 插入工件坐标系相关命令（二）

单击选中第 11 行第 3 列的空白单元格，然后在工具栏中单击插入文本按钮，在第 11 行第 3 列单元格中插入一个文本输出块。

双击第 11 行第 3 列单元格，输入“DATUM NUMBER”，回车，注意 DATUM 前输入空格。

单击选中第 11 行第 3 列单元格，然后在工具栏中单击插入注释符按钮，如图 5-49 所示。

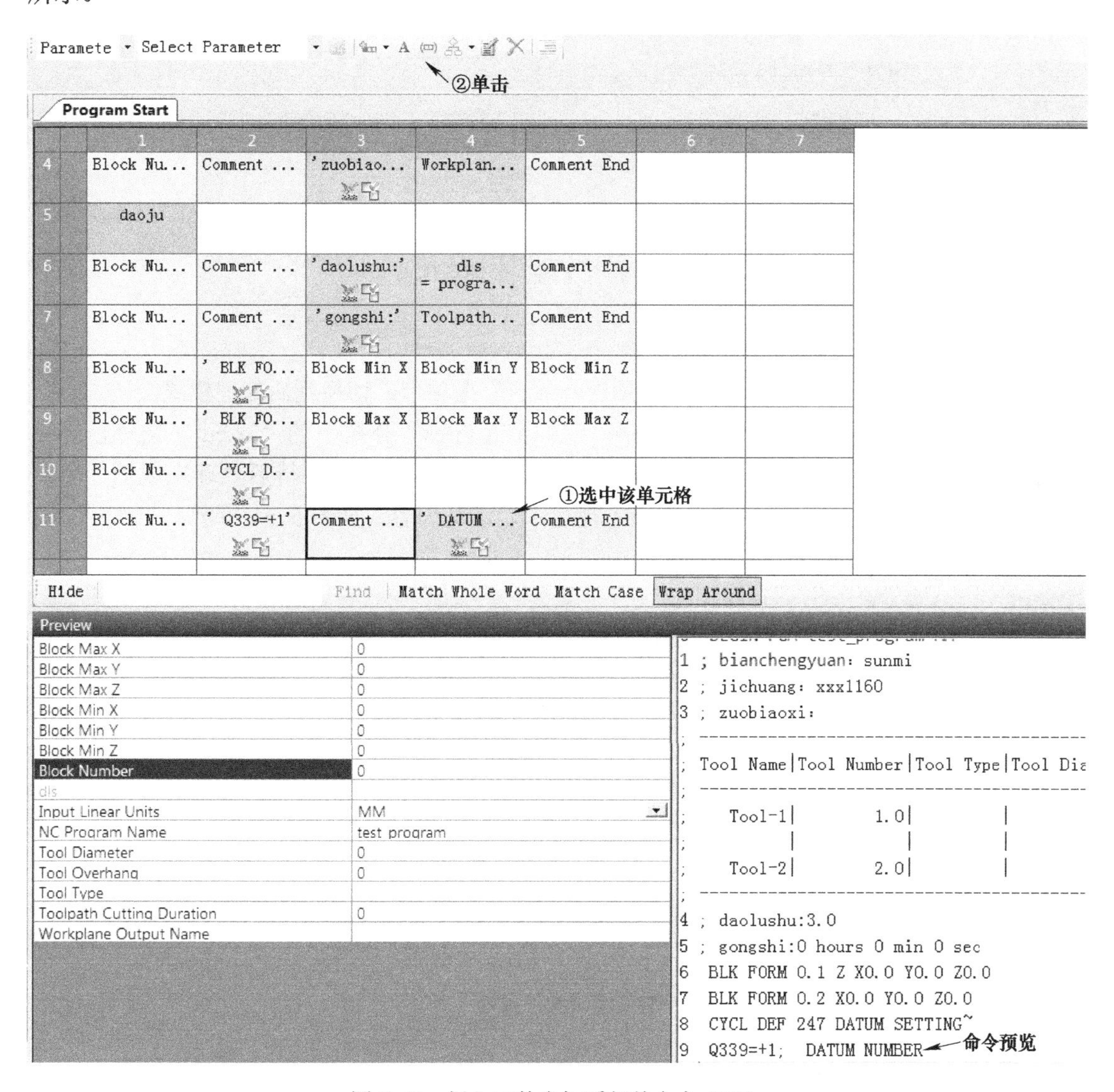

图 5-49　插入工件坐标系相关命令（三）

在“Program Start”窗口中，单击第 12 行第 1 列单元格，在工具栏中单击插入块按钮，在第 12 行第 1 列单元格中插入一个“Block Number”程序行号，开始新的一行。接着在工具栏中单击插入文本按钮，在第 12 行第 2 列单元格中插入一个文本输出块。

双击第 12 行第 2 列单元格，输入“ L M140 MBMAX FMAX”，回车，注意 L 前输入空格，如图 5-50 所示。

Program Start

	1	2	3	4	5
6	Block Nu...	Comment ...	'daolushu:'	dls = progra...	Comment End
7	Block Nu...	Comment ...	'gongshi:'	Toolpath...	Comment End
8	Block Nu...	' BLK FO...	Block Min X	Block Min Y	Block Min Z
9	Block Nu...	' BLK FO...	Block Max X	Block Max Y	Block Max Z
10	Block Nu...	' CYCL D...			
11	Block Nu...	' Q339=+1'	Comment ...	' DATUM ...	Comment End
12	Block Nu...	' L M140... ← 输入文本			

图 5-50　插入 Z 轴回最高点代码

13. 调试后处理文件（五）

在 Post Processor 软件中，单击“PostProcessor”选项卡，切换到后处理模式。

在“PostProcessor”选项卡内，右击“CLDATA Files”分枝下的“3x.cut”文件，在弹出的快捷菜单条中执行“Process as Debug”（调试模式后处理），待后处理完成后，单击“3x_ex-heid.tap.dppdbg”调试文件，在主视窗中显示其内容，如图 5-51 所示。

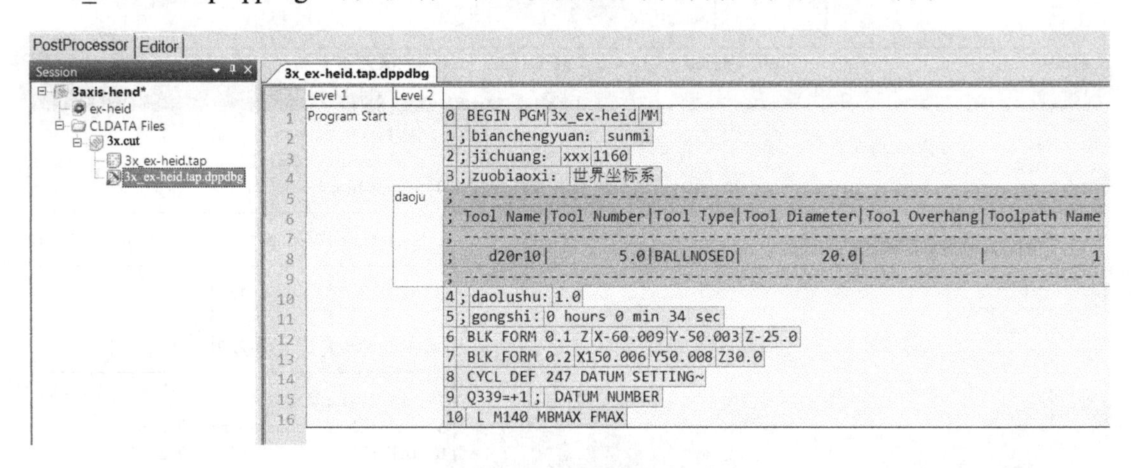

图 5-51　调试文件内容（五）

5.2.6　输出刀路头部分

1. 输入注释和参数

在 Post Processor 软件中，单击“Editor”选项卡，切换到后处理文件编辑器模式。

在“Editor”选项卡的“Commands”窗口中，双击“Misc”（辅助功能）树枝，将它展开，右击“Toolpath Header”（刀路头）分枝，在弹出的快捷菜单条中执行“Activate”（激活），将输出刀路头功能激活。

单击“Toolpath Header”分枝，在主视窗中显示“Toolpath Header”窗口。在该窗口中，单击第 1 行第 1 列单元格，在工具栏中单击插入块按钮，在第 1 行第 1 列单元格中插入一个“Block Number”程序行号，开始新的一行。接着在工具栏中单击插入文本按钮，在第 1 行第 2 列单元格中插入一个文本输出块。

双击第 1 行第 2 列单元格，输入“-----------”，回车。接着，单击选中第 1 行第 2 列单元格，然后在工具栏中单击插入注释符按钮，如图 5-52 所示。

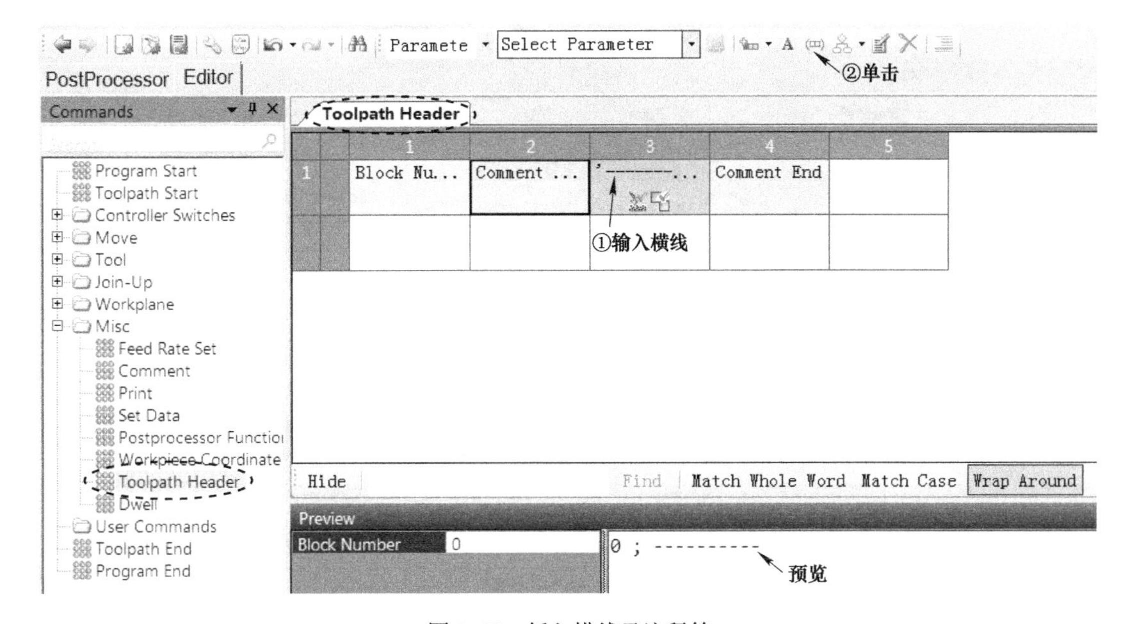

图 5-52　插入横线及注释符

在“Toolpath Header”窗口中，单击第 2 行第 1 列单元格，在工具栏中单击插入块按钮，在第 2 行第 1 列单元格中插入一个“Block Number”程序行号，开始新的一行。接着在工具栏中单击插入文本按钮，在第 2 行第 2 列单元格中插入一个文本输出块。

双击第 2 行第 2 列单元格，输入“daolukaishi:”，回车。

在“Editor”选项卡中，单击“Parameters”，切换到“Parameters”窗口。在“Parameters”窗口，拖动“Toolpath”（刀路）树枝下的“Toolpath Name”（刀路名称）到“Toolpath Header”窗口中第 2 行第 3 列单元格，如图 5-53 所示。

接着，按下键盘上的 <Shift> 键，单击选中第 2 行第 2 列和第 3 列单元格，然后在工具栏中单击插入注释符按钮，如图 5-54 所示。

如图 5-54 所示，右击第 1 行第 1 列单元格，在弹出的快捷菜单条中执行“Block”（块）→“Select”（选择），将整行选中。再次右击第 1 行第 1 列单元格，在弹出的快捷菜单条中执行“Copy”（复制）。

右击第 3 行第 1 列单元格，在弹出的快捷菜单条中执行“Paste”（粘贴），结果如图 5-55 所示。

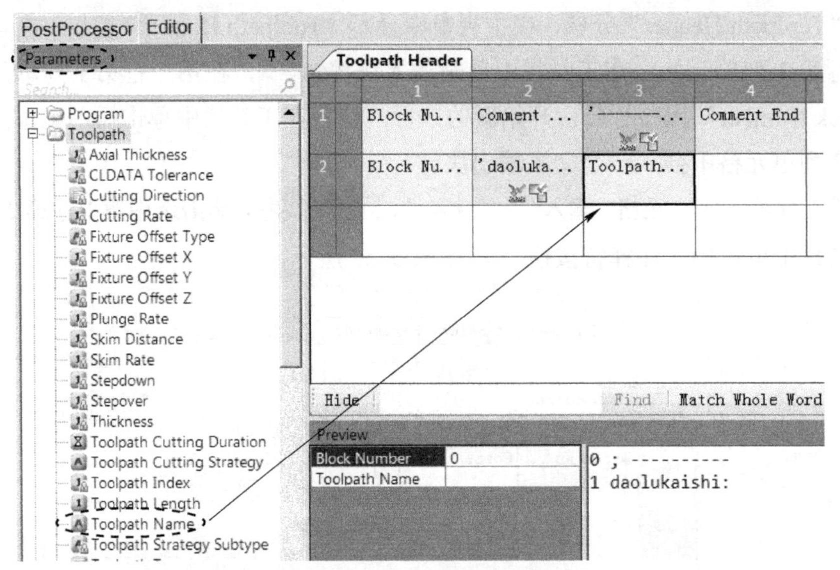

图 5-53　插入刀路名称参数

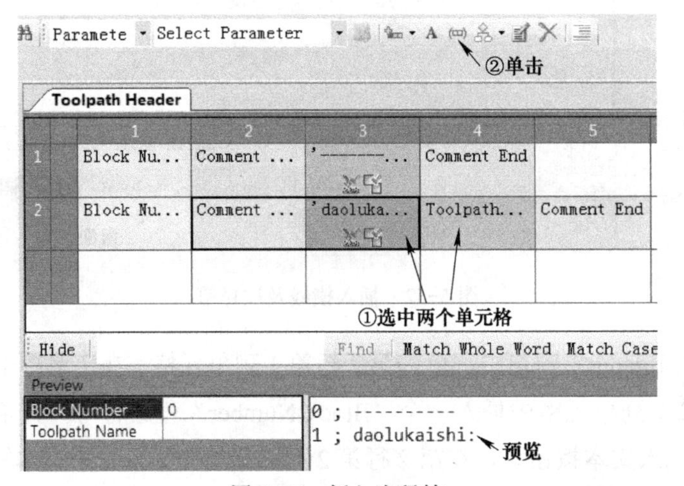

图 5-54　插入注释符

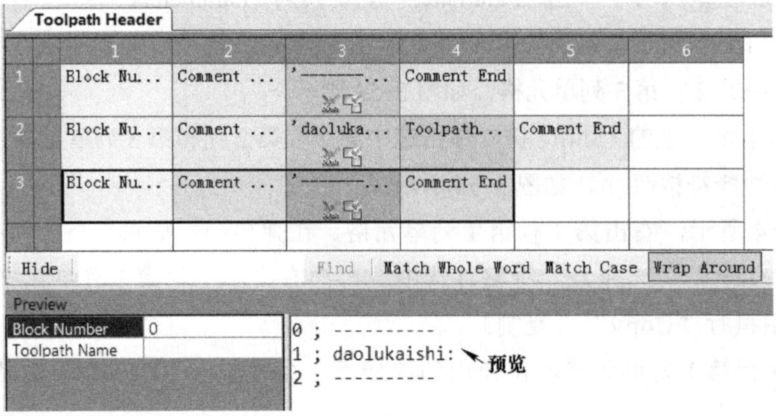

图 5-55　将第 1 行复制到第 3 行

2. 调试后处理文件

在 Post Processor 软件中，单击“PostProcessor”选项卡，切换到后处理模式。

（1）加入含有两条刀路的刀位文件　右击“CLDATA Files”分枝，在弹出的快捷菜单条中执行“Add CLDATA...”（增加刀位文件），打开“打开”对话框，选择打开 E:\PostEX\ch05\3x-2.cut 文件。

（2）后处理刀位文件　在“PostProcessor”选项卡内，右击“CLDATA Files”分枝下的“3x-2.cut”文件，在弹出的快捷菜单条中执行“Process as Debug”（调试模式后处理），系统会在“3x-2.cut”分枝下生成一个名为“3x-2_ex-heid.tap”的“NC”程序文件和一个名为“3x-2_ex-heid.tap.dppdbg”的调试文件。

单击“3x-2_ex-heid.tap.dppdbg”调试文件，在主视窗中显示其内容，如图 5-56 所示。

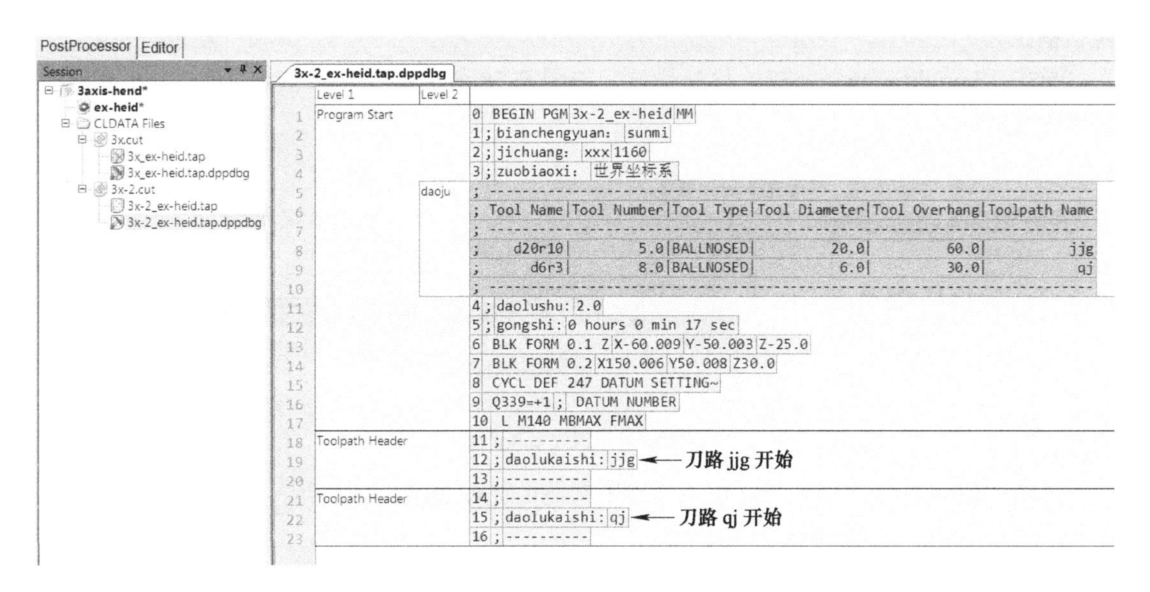

图 5-56　调试文件内容

如图 5-56 所示，在每一条刀路开始前，均输出刀路开始注释。

5.2.7 输出参数化进给率

1. 创建参数化进给率开关参数

创建一个群组参数，当其值为 YES 时，输出参数化进给率；当其值为 NO 时，输出常规的进给率。

在 Post Processor 软件中，单击“Editor”选项卡，切换到后处理文件编辑器模式。

在“Editor”选项卡中的“Parameters”窗口，右击“User Parameters”（用户自定义参数），在弹出的快捷菜单条中执行“Add Group Parameter...”（增加群组参数），打开“Add Group Parameter”对话框，按图 5-57 所示设置群组参数。

单击“OK”按钮，完成创建用户自定义参数。

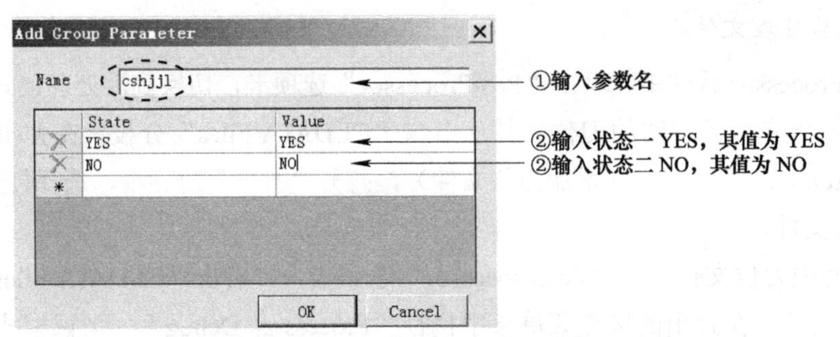

图 5-57　设置用户自定义参数

2. 预设用户自定义参数值

在 Post Processor 软件中，单击“File”→“Option File Settings...”，打开选项文件设置对话框。

单击“Initialisation”（初始化）树枝，按图 5-58 所示设置用户自定义参数 cshjjl 的初始值为 YES。

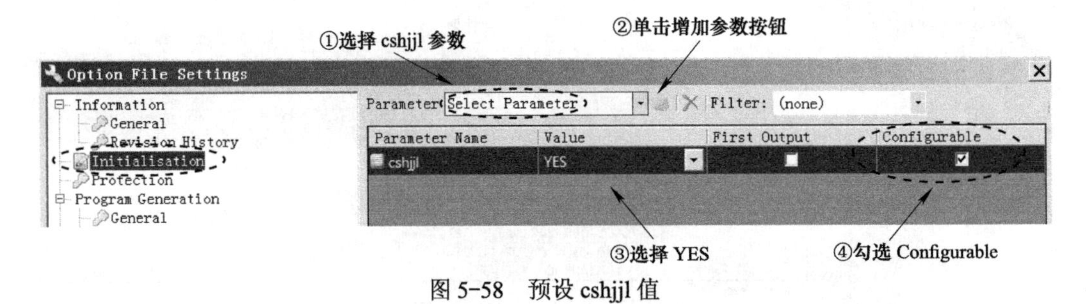

图 5-58　预设 cshjjl 值

单击“Close”（关闭）按钮，关闭选项文件设置对话框。

3. 输出参数化进给率 Q1、Q2、Q3

在“Editor”选项卡中，单击“Commands”，切换到“Commands”窗口。

右击“User Commands”（用户自定义命令）树枝，在弹出的快捷菜单条中执行“Add User Command”（增加用户自定义命令），打开“Add Command”（增加命令）对话框，设置命令名称为“sccshjjl”（输出参数化进给率），如图 5-59 所示，单击“OK”按钮完成。

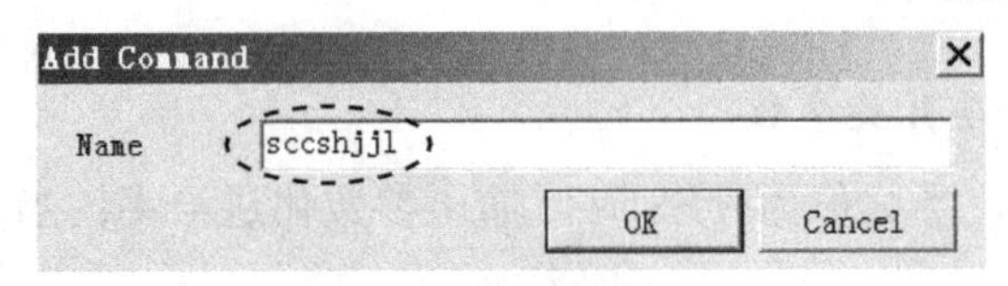

图 5-59　输入命令名

在“User Commands”树枝下，右击“sccshjjl”分枝，在弹出的快捷菜单条中执行“Activate”，将该命令激活。

在主视窗的“sccshjjl”窗口中，单击选中第 1 行第 1 列单元格，然后在工具栏中单击条件语句按钮右侧的小三角形，在展开的下拉菜单条中选择“if（...）”，如图 5-60 所示。

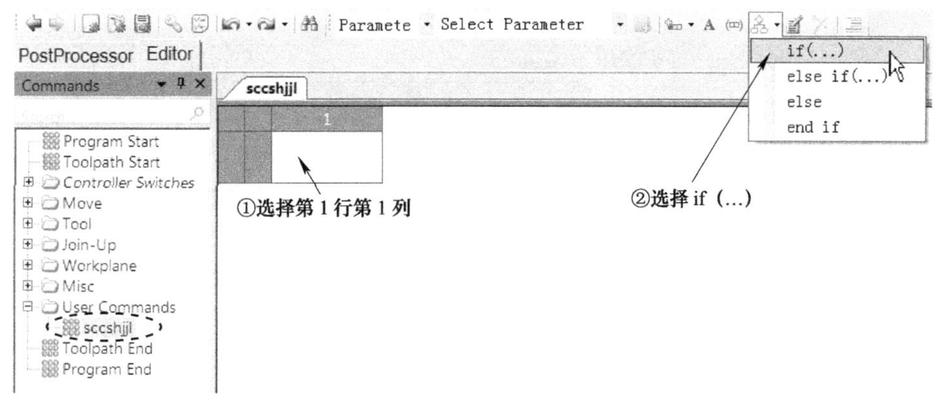

图5-60　插入if语句

双击第1行if (false)语句，将“false”删除，然后输入%p (cshjjl)%==”YES”，回车，如图5-61所示。在输入的表达式%p (cshjjl)%==”YES”中，cshjjl是刚刚创建的用户自定义参数，==表示等于，此行表达式意思即当参数cshjjl的值等于YES时。

sccshjjl

	1	2	3	4
1	if (%p(cshjjl)%=="YES")			

图5-61　插入判断条件

在主工具栏中，单击显示条件判断语句退格格式按钮，不显示条件判断语句下的退格。否则，在if语句下面的行首，系统会空出第一个单元格。

在“sccshjjl”窗口中，单击第2行第1列单元格，在工具栏中单击插入块按钮，在第2行第1列单元格中插入一个“Block Number”程序行号，开始新的一行。接着在工具栏中单击插入文本按钮A，在第2行第2列单元格中插入一个文本输出块。

双击第2行第2列单元格，输入“ Q1=”，回车，注意Q前输入空格。

在“Editor”选项卡中，单击“Parameters”，切换到“Parameters”窗口。在“Parameters”窗口，拖动“Toolpath”树枝下的“Plunge Rate”（切入进给率）到“sccshjjl”窗口中第2行第3列单元格，如图5-62所示。

单击第2行第4列的空白单元格，在工具栏中单击插入文本按钮A，在第2行第4列单元格中插入一个文本输出块。双击第2行第4列单元格，输入“qieru”，回车。再次单击选中第2行第4列单元格，然后在工具栏中单击插入注释符按钮，在“qieru”前插入注释符号，如图5-63所示。

在“sccshjjl”窗口中，单击第3行第1列单元格，在工具栏中单击插入块按钮，在第3行第1列单元格中插入一个“Block Number”程序行号，开始新的一行。接着在工具栏中单击插入文本按钮A，在第3行第2列单元格中插入一个文本输出块。

双击第3行第2列单元格，输入“ Q2=”，回车，注意Q前输入空格。

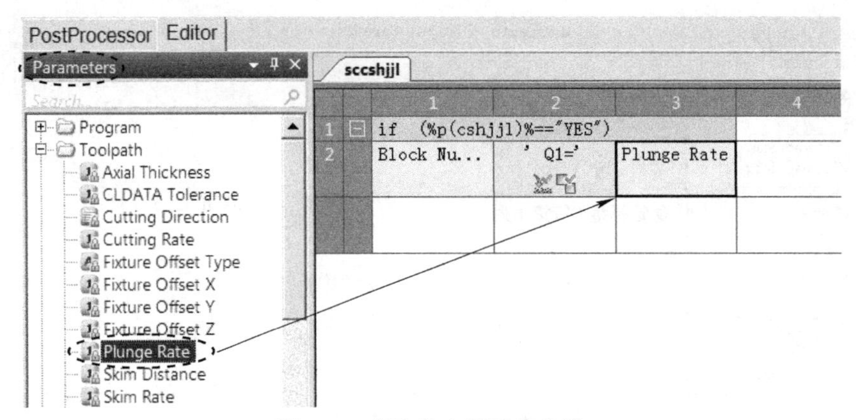

图 5-62　插入切入进给率参数

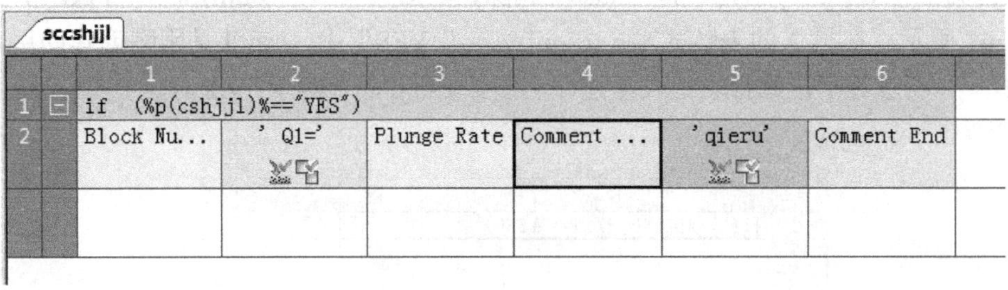

图 5-63　插入注释符（一）

在“Editor”选项卡中，单击“Parameters”，切换到“Parameters”窗口。在“Parameters”窗口，拖动“Toolpath”树枝下的“Cutting Rate”（切削进给率）到“sccshjjl”窗口中第 3 行第 3 列单元格，如图 5-64 所示。

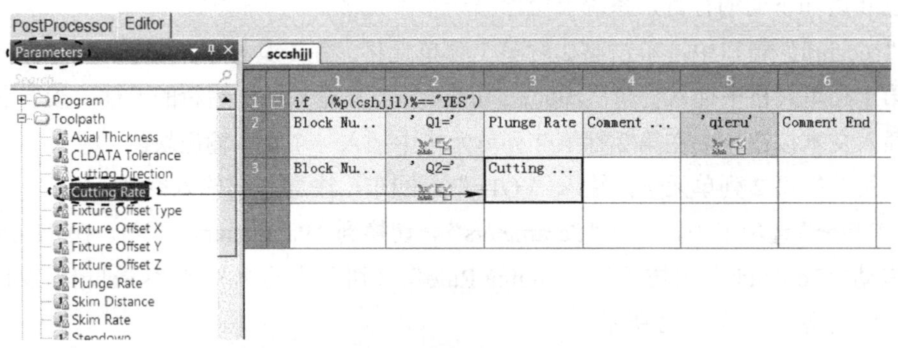

图 5-64　插入切削进给率参数

单击第 3 行第 4 列的空白单元格，在工具栏中单击插入文本按钮 A，在第 3 行第 4 列单元格中插入一个文本输出块。双击第 3 行第 4 列单元格，输入“qiexue”，回车。再次单击选中第 3 行第 4 列单元格，然后在工具栏中单击插入注释符按钮，在“qiexue”前插入注释符号，如图 5-65 所示。

在“sccshjjl”窗口中，单击第 4 行第 1 列单元格，在工具栏中单击插入块按钮，在第 4 行第 1 列单元格中插入一个“Block Number”程序行号，开始新的一行。接着在工具栏中单击插入文本按钮 A，在第 4 行第 2 列单元格中插入一个文本输出块。

双击第 4 行第 2 列单元格，输入“ Q3=”，回车，注意 Q 前输入空格。

sccshjjl

	1	2	3	4	5	6	7
1	if (%p(cshjjl)%=="YES")						
2	Block Nu...	' Q1='	Plunge Rate	Comment ...	'qieru'	Comment End	
3	Block Nu...	' Q2='	Cutting ...	Comment ...	'qiexue'	Comment End	

图 5-65　插入注释符（二）

在“Editor”选项卡中，单击“Parameters”，切换到“Parameters”窗口。在“Parameters”窗口，拖动“Toolpath”树枝下的“Skim Rate”（掠过进给率）到“sccshjjl”窗口中第 4 行第 3 列单元格，如图 5-66 所示。

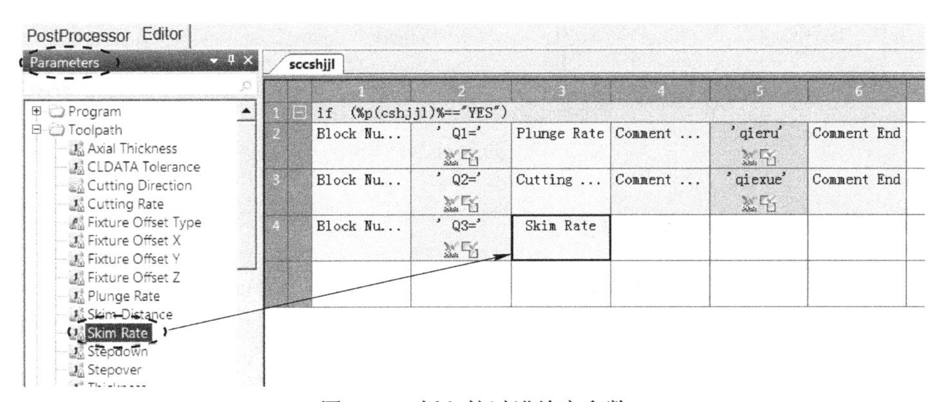

图 5-66　插入掠过进给率参数

单击第 4 行第 4 列的空白单元格，在工具栏中单击插入文本按钮，在第 4 行第 4 列单元格中插入一个文本输出块。双击第 4 行第 4 列单元格，输入“lueguo”，回车。再次单击选中第 4 行第 4 列单元格，然后在工具栏中单击插入注释符按钮，在“lueguo”前插入注释符号，如图 5-67 所示。

单击选中第 5 行第 1 列的空白单元格，然后在工具栏中单击条件语句按钮右侧的小三角形，在展开的下拉菜单条中选择“end if”，将在第 5 行插入 end if 语句，如图 5-68 所示。

sccshjjl

	1	2	3	4	5	6	7
1	if (%p(cshjjl)%=="YES")						
2	Block Nu...	' Q1='	Plunge Rate	Comment ...	'qieru'	Comment End	
3	Block Nu...	' Q2='	Cutting ...	Comment ...	'qiexue'	Comment End	
4	Block Nu...	' Q3='	Skim Rate	Comment ...	'lueguo'	Comment End	

图 5-67　插入注释符（三）

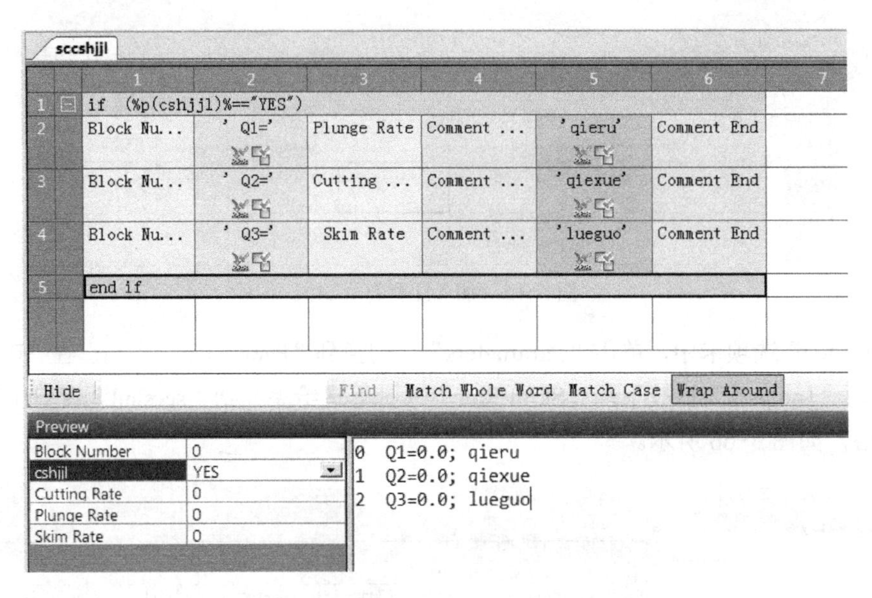

图 5-68 插入 end if 语句

4. 将用户自定义命令加至其他命令

在“Editor”选项卡中，单击“Commands”，切换到“Commands”窗口。单击“Misc”（辅助功能）树枝下的“Toolpath Header”（刀路头）分枝，在主视窗中显示“Toolpath Header”窗口。

拖动“User Commands”树枝下的“sccshjjl”到“Toolpath Header”窗口第 4 行第 1 列空白单元格中，如图 5-69 所示。

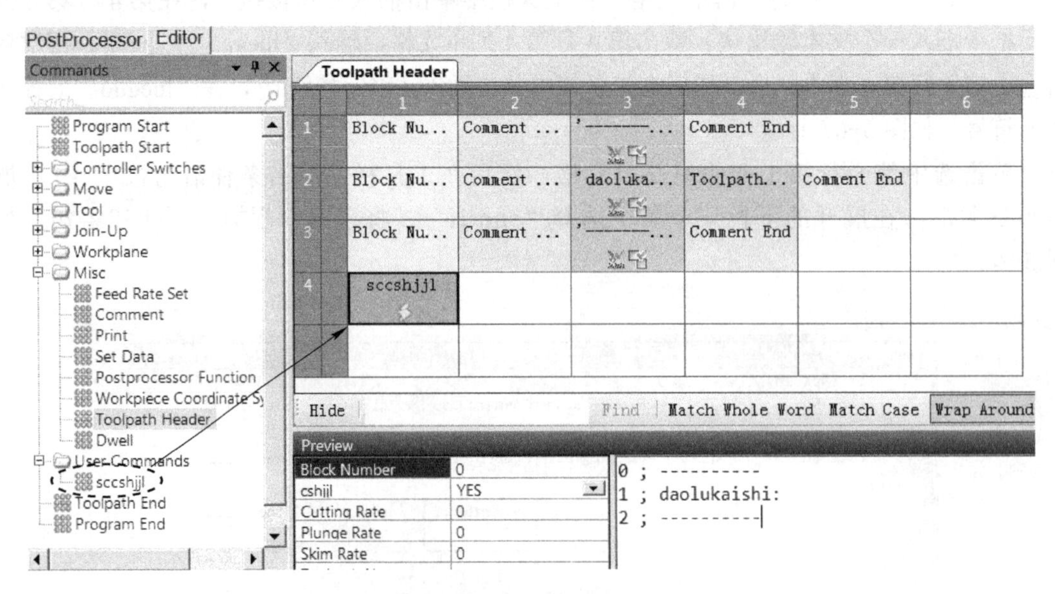

图 5-69 拖入自定义命令

5. 调试后处理文件

在 Post Processor 软件中，单击“PostProcessor”选项卡，切换到后处理模式。

在“PostProcessor”选项卡内，右击“CLDATA Files”分枝下的“3x-2.cut”文件，在弹出的快捷菜单条中执行“Process as Debug”（调试模式后处理），待后处理完成后，单击“3x-2_ex-heid.tap.dppdbg”调试文件，在主视窗中显示其内容，如图 5-70 所示。

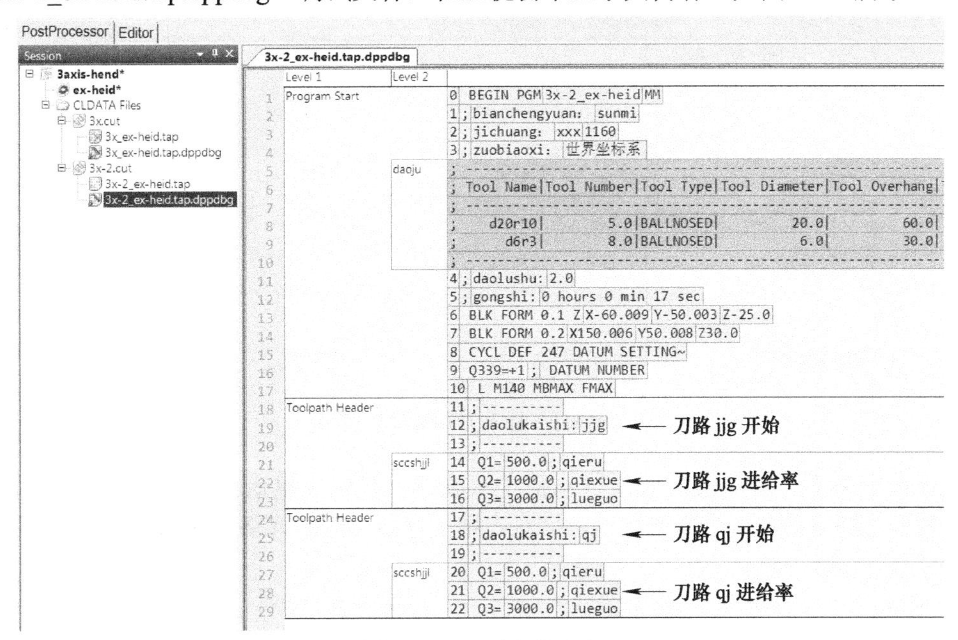

图 5-70 调试文件内容

5.2.8 输出首次装载刀具代码

在 Post Processor 软件中，单击“Editor”选项卡，切换到后处理文件编辑器模式。

1. 在首次装载刀具命令中输入代码

在“Editor”选项卡的“Commands”窗口中，双击“Tool”（刀具）树枝，将它展开，右击该树枝下的“Load Tool First”（首次装载刀具）分枝，在弹出的快捷菜单条中执行“Activate”，将该命令激活。

单击“Load Tool First”分枝，在主视窗中显示“Load Tool First”窗口。在该窗口中，单击选中第 1 行第 1 列的空白单元格，然后在工具栏中单击插入块按钮，在第 1 行第 1 列单元格中插入一个“Block Number”程序行号，开始新的一行。接着在工具栏中单击插入文本按钮 A ，在第 1 行第 2 列单元格中插入一个文本输出块。

双击第 1 行第 2 列单元格，输入“ TOOL CALL ”，回车，注意 TOOL 前输入空格，CALL 后输入空格。

在“Editor”选项卡中，单击“Parameters”，切换到“Parameters”窗口。在“Parameters”窗口，拖动“Tool”树枝下的“Tool Number”（刀具编号）到“Load Tool First”窗口中第 1 行第 3 列单元格，如图 5-71 所示。

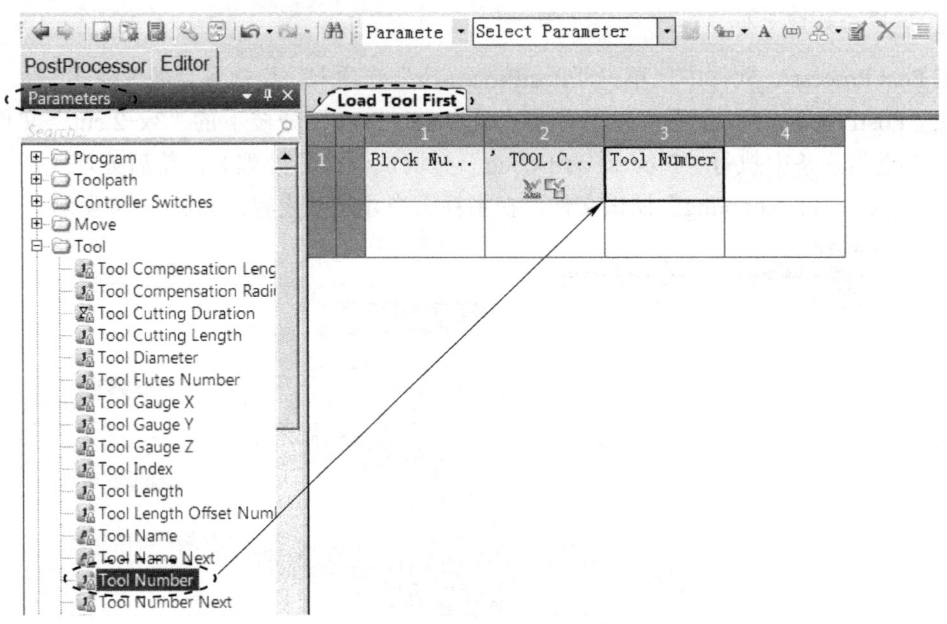

图 5-71　插入刀具编号参数

单击选中第 1 行第 4 列的空白单元格，然后在工具栏中单击插入文本按钮 A，在第 1 行第 4 列单元格中插入一个文本输出块。双击第 1 行第 4 列单元格，输入“ Z ”，回车，注意 Z 前后均输入空格。

在“Editor”选项卡的“Parameters”窗口中，双击“Move”（移动）树枝，将它展开，拖动“Move”树枝下的“Spindle Speed”（主轴转速）到“Load Tool First”窗口中第 1 行第 5 列单元格，如图 5-72 所示。

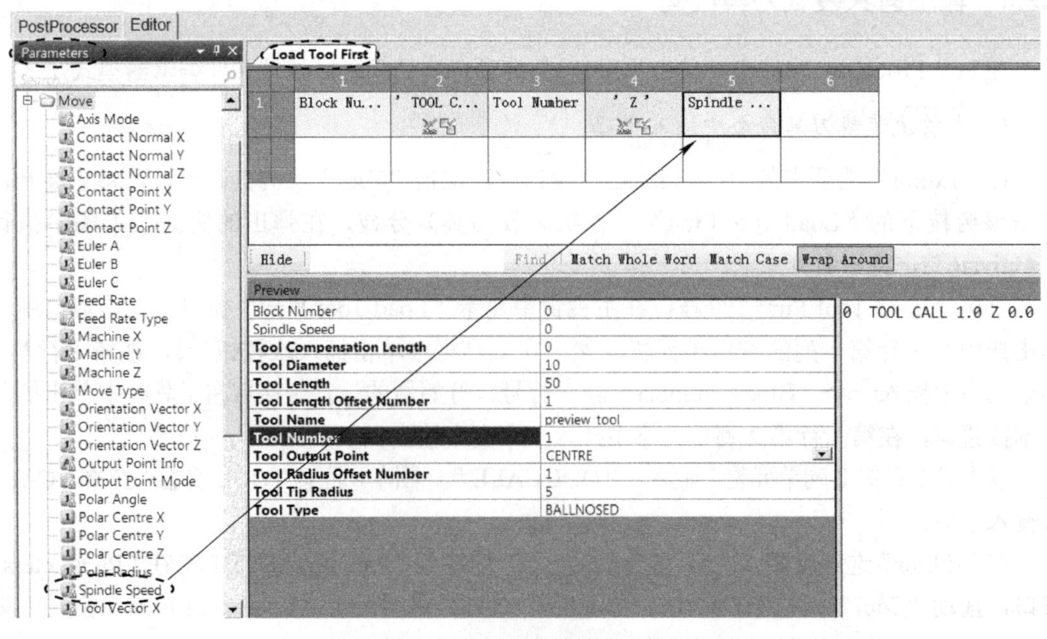

图 5-72　插入主轴转速参数

右击第 1 行第 5 列单元格“Spindle Speed”，在弹出的快捷菜单条中执行“Item Properties”，打开项目属性对话框。在该对话框中，双击“Parameter”树枝，将它展开，在“Prefix”栏输入 S，然后回车，在“Postfix”栏输入空格，然后回车，如图 5-73 所示。

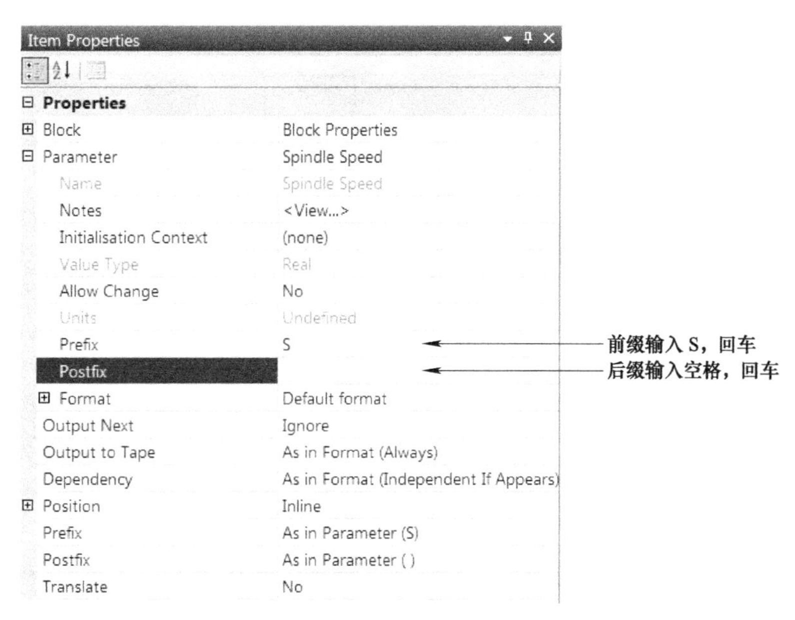

图 5-73　添加前缀和后缀

在“Editor”选项卡的“Parameters”窗口中，拖动“Tool”树枝下的“Tool Compensation Length”（刀具长度补偿）到“Load Tool First”窗口中第 1 行第 6 列单元格；拖动“Tool”树枝下的“Tool Compensation Radius”（刀具半径补偿）到“Load Tool First”窗口中第 1 行第 7 列单元格，如图 5-74 所示。

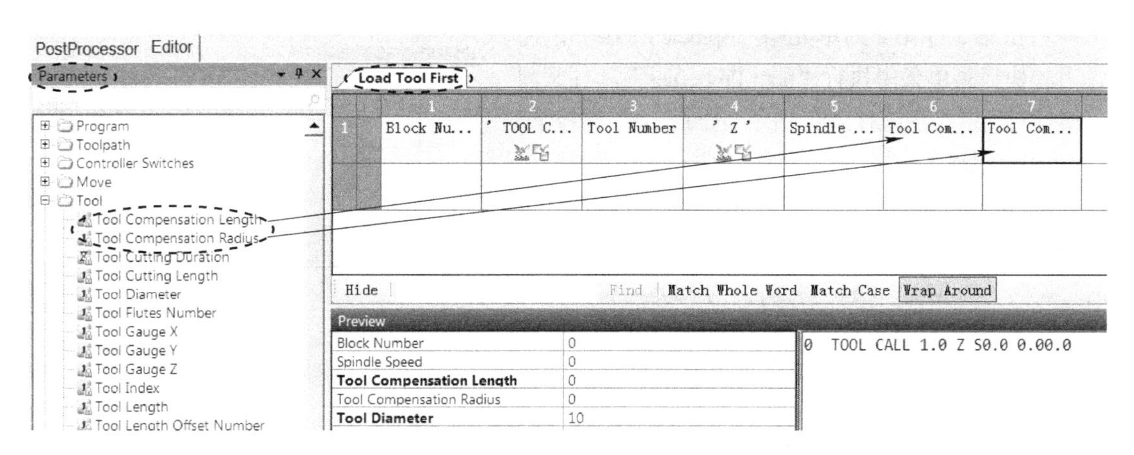

图 5-74　插入刀具补偿参数

右击第 1 行第 6 列单元格“Tool Compensation Length”，在弹出的快捷菜单条中执行“Item Properties”，打开项目属性对话框。在该对话框中的“Parameter”树枝下，在“Prefix”栏输入 DL，然后回车，在“Postfix”栏输入空格，然后回车。

右击第 1 行第 7 列单元格“Tool Compensation Radius”，在弹出的快捷菜单条中执行“Item Properties”，打开项目属性对话框。在该对话框中的“Parameter”树枝下，在“Prefix”栏输入 DR，然后回车，在“Postfix”栏输入空格，然后回车，结果如图 5-75 所示。

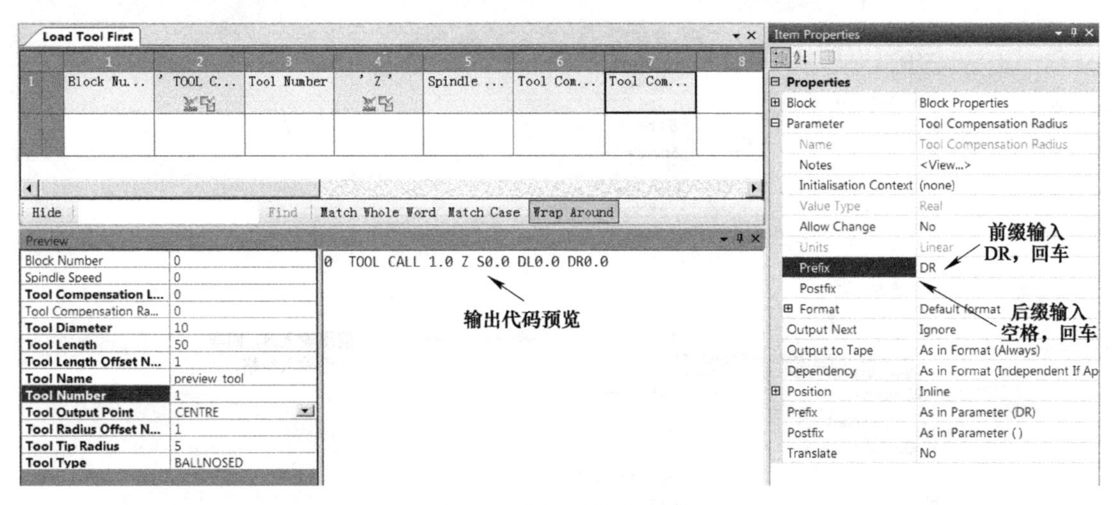

图 5-75　添加前缀和后缀

在“Load Tool First”窗口中，单击选中第 2 行第 1 列的空白单元格，然后在工具栏中单击插入块按钮，在第 2 行第 1 列单元格中插入一个“Block Number”程序行号，开始新的一行。

在“Editor”选项卡的“Parameters”窗口中，双击“Controller Switches”（控制器开关）树枝，将它展开。拖动该树枝下的“Spindle Mode”（主轴模式）到“Load Tool First”窗口中第 2 行第 2 列单元格。

右击第 2 行第 2 列单元格“Spindle Mode”，在弹出的快捷菜单条中执行“Item Properties”，打开项目属性对话框。在该对话框中的“Parameter”树枝下，在“Prefix”栏输入空格，然后回车。单击“States”（状态）栏右侧的三角形按钮，展开状态设置对话框，按图 5-76 所示设置 CCW（逆时针旋转）为 M04，CW（顺时针旋转）为 M03，OFF（停转）为 M05。

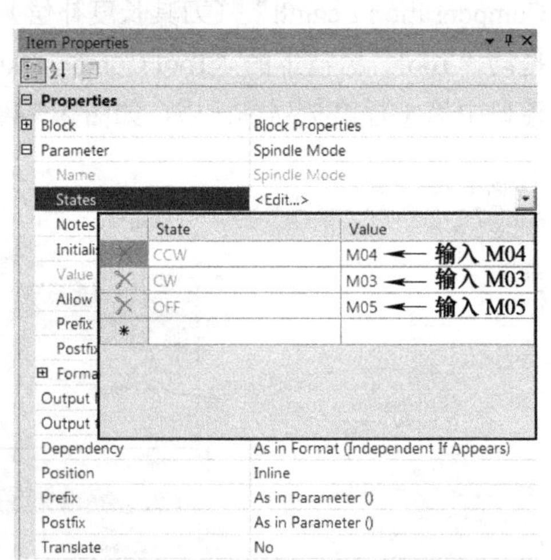

图 5-76　设置主轴模式代码

输出的刀具编号和主轴转速都应为整数，刀具长度补偿和刀具半径补偿应该带有正负符号，因此需要为这些参数分别创建格式。

2. *为参数创建格式*

在“Editor”选项卡中，单击“Formats”（格式），切换到“Formats”窗口。

在“Formats”窗口中的“Default format”（默认格式）下方空白处，右击，在弹出的快捷菜单条中执行“Add Format...”（增加格式），打开增加格式对话框，在“Name”（名称）栏输入

“zssc”，“Base On”（基于）选择“Default format”，如图 5-77 所示，单击“OK”按钮。

在“Formats”窗口中，单击“Default format”，在主视窗中打开“Default format”窗口，在该窗口中找到参数“Tool Number”，右击该参数，在弹出的快捷菜单条中执行“Assign To”（安排到）→“zssc”。同样找到参数“Spindle Speed”，右击该参数，在弹出的快捷菜单条中执行“Assign To”→“zssc”，如图 5-78 所示。

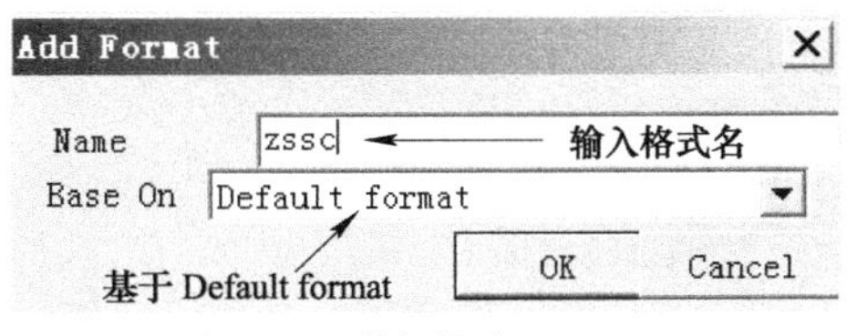

图 5-77　增加格式“zssc”

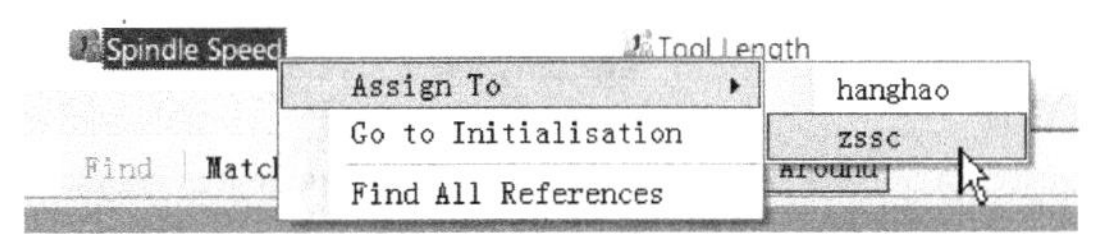

图 5-78　增加参数到“zssc”格式

在“Formats”窗口中，单击“zssc”，在主视窗中打开“zssc”窗口，可见参数“Tool Number”和“Spindle Speed”已经增加到“zssc”格式中。按图 5-79 所示修改“zssc”格式的属性：“Decimal Part Zero”（小数点零）设置为“###”，即不输出小数部分。

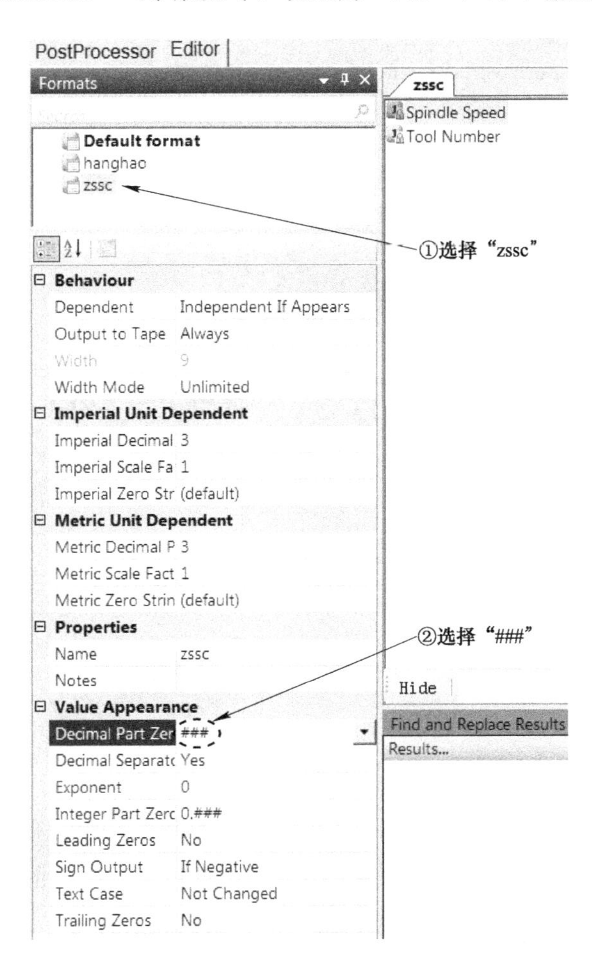

图 5-79　修改格式“zssc”的属性

参照上述操作方法，创建另一种新格式。在“Name”栏输入“fuhao”，“Base On”选择“Default format”。

将参数“Tool Compensation Length”和“Tool Compensation Radius”添加到新格式“fuhao”中。然后按图 5-80 所示修改“fuhao”格式的属性：设置“Sign Output”（符号输出）为“Always”（总是），会强制输出参数的正负符号。

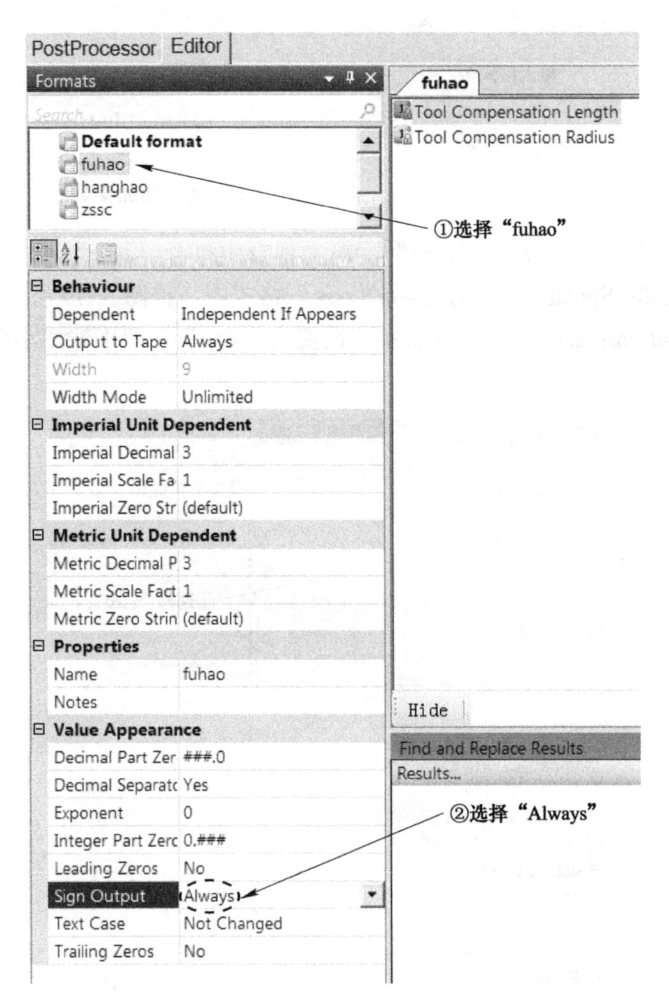

图 5-80　修改格式“fuhao”的属性

3. 调试后处理文件

在 Post Processor 软件中，单击“PostProcessor”选项卡，切换到后处理模式。

在“PostProcessor”选项卡内，右击“CLDATA Files”分枝下的“3x-2.cut”文件，在弹出的快捷菜单条中执行“Process as Debug”（调试模式后处理），待后处理完成后，单击“3x-2_ex-heid.tap.dppdbg”调试文件，在主视窗中显示其内容，如图 5-81 所示。

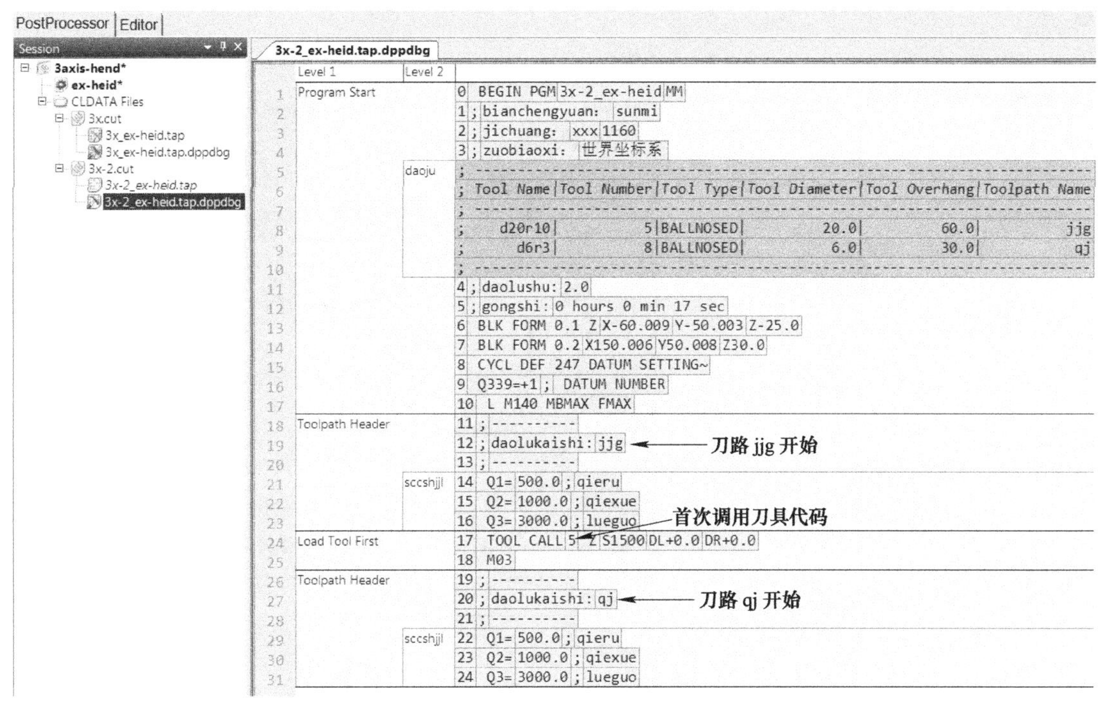

图 5-81　调试文件内容

5.2.9　输出后续换刀代码

在 Post Processor 软件中，单击“Editor”选项卡，切换到后处理文件编辑器模式。

1. 复制首次装载刀具命令参数到后续装载刀具命令中

在“Editor”选项卡中，单击“Commands”，打开“Commands”窗口。在该窗口中，双击“Tool”树枝，将它展开，右击该树枝下的“Load Tool”（装载刀具）分枝，在弹出的快捷菜单条中执行“Activate”，将该命令激活。

单击“Load Tool First”（首次装载刀具）分枝，在主视窗中显示“Load Tool First”窗口。右击第 1 行第 1 列单元格，在弹出的快捷菜单条中执行“Select All”（选择所有），再次右击第 1 行第 1 列单元格，在弹出的快捷菜单条中执行“Copy”（复制）。

单击“Tool”树枝下的“Load Tool”分枝，在主视窗中显示“Load Tool”窗口。右击第 1 行第 1 列单元格，在弹出的快捷菜单条中执行“Paste”（粘贴），将首次装载刀具命令参数复制到后续装载刀具命令中。

2. 调试后处理文件

在 Post Processor 软件中，单击“PostProcessor”选项卡，切换到后处理模式。

在“PostProcessor”选项卡内，右击“CLDATA Files”分枝下的“3x-2.cut”文件，在弹出的快捷菜单条中执行“Process as Debug”（调试模式后处理），待后处理完成后，单击“3x-2_ex-heid.tap.dppdbg”调试文件，在主视窗中显示其内容，如图 5-82 所示。

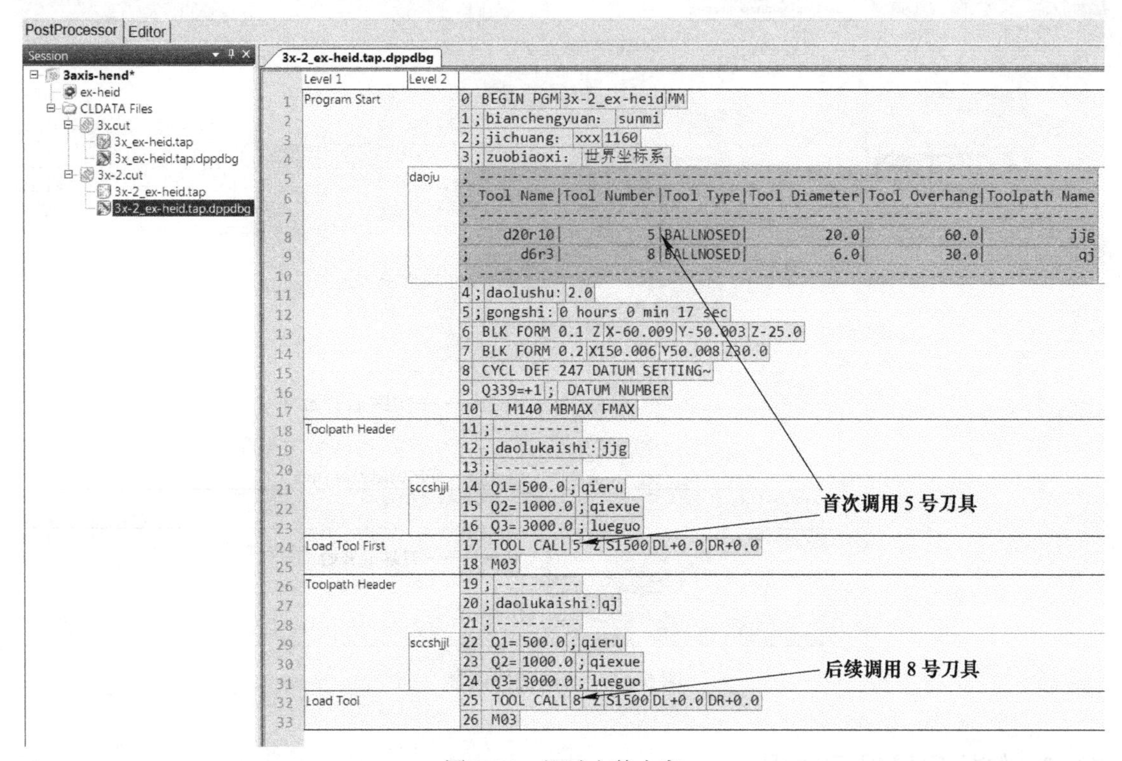

图 5-82　调试文件内容

5.2.10　输出卸载刀具代码

在 Post Processor 软件中，单击“Editor”选项卡，切换到后处理文件编辑器模式。

1. *设置卸载刀具代码*

在“Editor”选项卡的“Commands”窗口中，右击“Tool”树枝下的“Unload Tool”（卸载刀具）分枝，在弹出的快捷菜单条中执行“Activate”，将该命令激活。

单击“Unload Tool”分枝，在主视窗中显示“Unload Tool”窗口。在该窗口中，单击选中第 1 行第 1 列的空白单元格，然后在工具栏中单击插入块按钮，在第 1 行第 1 列单元格中插入一个“Block Number”程序行号，开始新的一行。

在“Editor”选项卡中，单击“Parameters”，切换到“Parameters”窗口。在该窗口中，双击“Controller Switches”（控制器开关）树枝，将它展开。拖动该树枝下的“Coolant Mode”（冷却模式）到“Unload Tool”窗口中第 1 行第 2 列单元格。

右击第 1 行第 2 列单元格“Coolant Mode”，在弹出的快捷菜单条中执行“Item Properties”，打开项目属性对话框。在该对话框中的“Parameter”树枝下，在“Prefix”栏输入空格，然后回车。单击“States”（状态）栏右侧的三角形按钮，展开状态设置对话框，按图 5-83 所示设置 OFF（冷却关）为 M09，FLOOD（水冷）为 M08。

然后按图 5-84 所示设置输出冷却关闭。

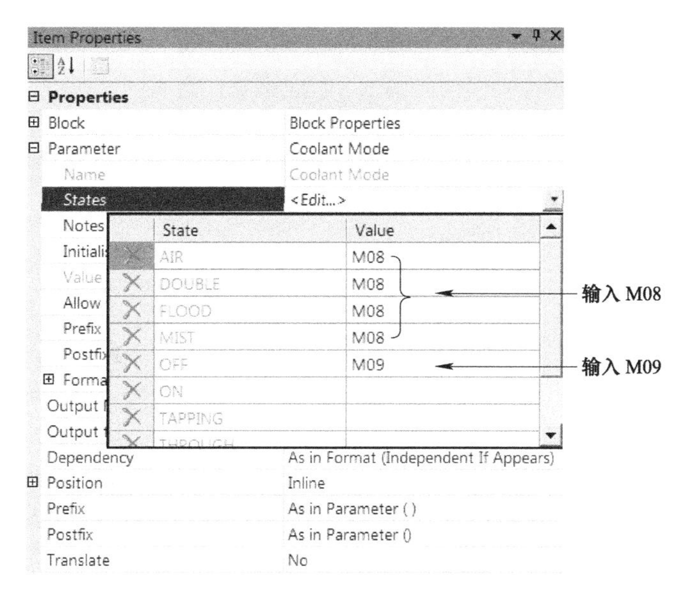

图 5-83　设置冷却模式代码

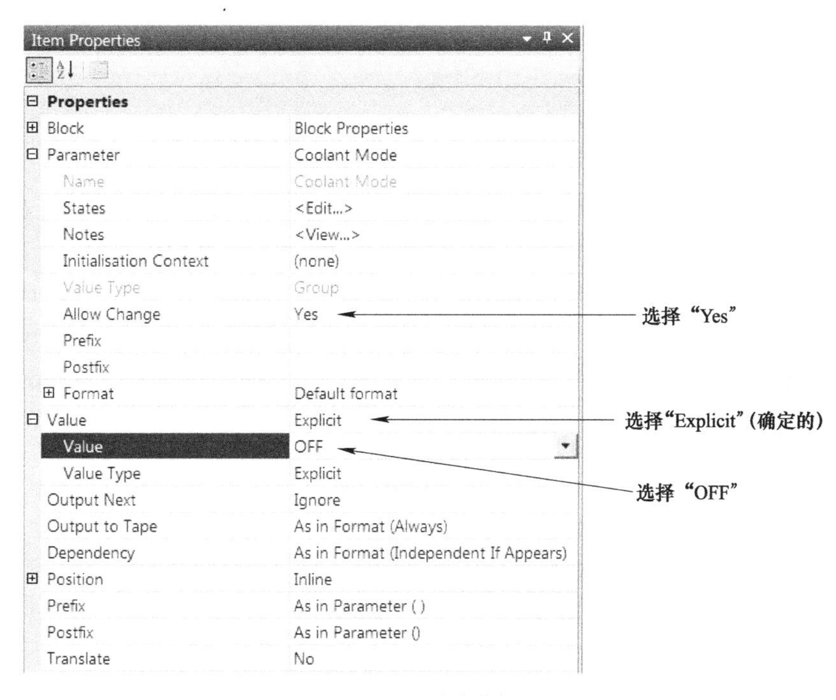

图 5-84　设置冷却模式输出 M09

在“Unload Tool”窗口中，单击选中第 2 行第 1 列的空白单元格，然后在工具栏中单击插入块按钮，在第 2 行第 1 列单元格中插入一个“Block Number”程序行号，开始新的一行。

在“Editor”选项卡的“Parameters”窗口中，拖动“Controller Switches”（控制器开关）树枝下的“Spindle Mode”（主轴模式）到“Unload Tool”窗口中第 2 行第 2 列单元格。

右击第 2 行第 2 列单元格“Spindle Mode”，在弹出的快捷菜单条中执行“Item Properties”，打开项目属性对话框。按图 5-85 所示设置输出主轴停止。

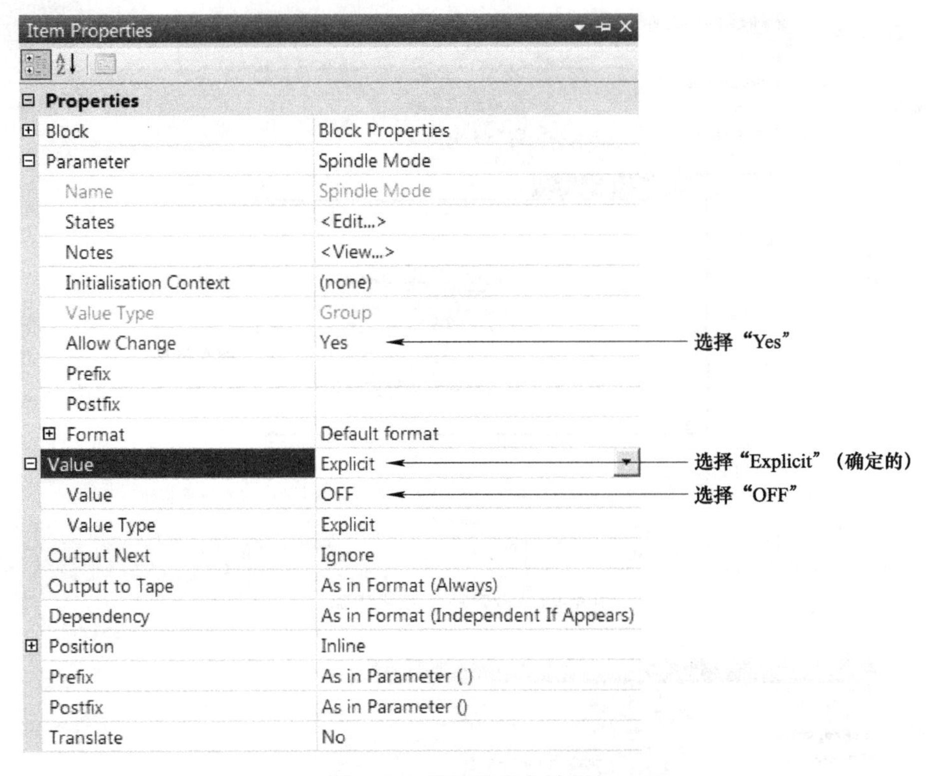

图 5-85　设置输出主轴停止

在“Editor”选项卡中，单击“Commands”，切换到“Commands”窗口。在该窗口中，单击“Program Start”（程序头）树枝，在主视窗中显示“Program Start”窗口。在该窗口中，右击第 12 行第 1 列单元格，在弹出的快捷菜单条中执行“Block”（块）→“Select”（选择），将该行选中。再次右击第 12 行第 1 列单元格，在弹出的快捷菜单条中执行“Copy”（复制）。

在“Commands”窗口中，单击“Unload Tool”分枝，在主视窗中显示“Unload Tool”窗口，右击第 3 行第 1 列的空白单元格，在弹出的快捷菜单条中执行“Paste”（粘贴），将代码“ L M140 MBMAX FMAX ”复制过来，完成后的结果如图 5-86 所示。

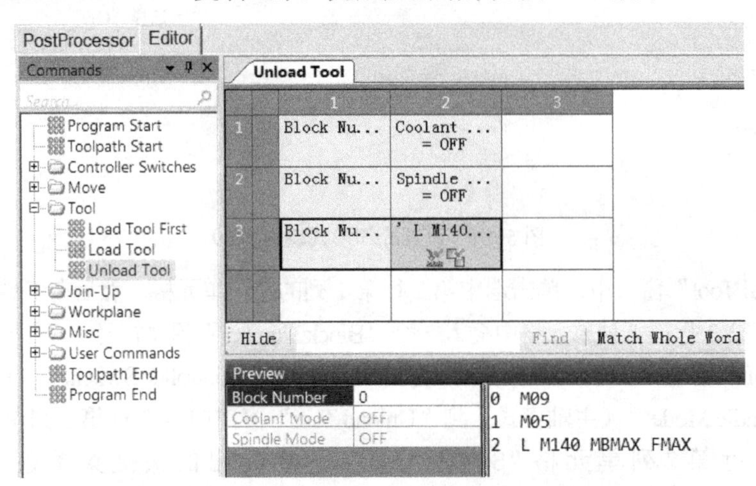

图 5-86　卸载刀具代码

2. 调试后处理文件

在Post Processor软件中，单击“PostProcessor”选项卡，切换到后处理模式。

在“PostProcessor”选项卡内，右击“CLDATA Files”分枝下的“3x-2.cut”文件，在弹出的快捷菜单条中执行“Process as Debug”（调试模式后处理），待后处理完成后，单击“3x-2_ex-heid.tap.dppdbg”调试文件，在主视窗中显示其内容，如图5-87所示。

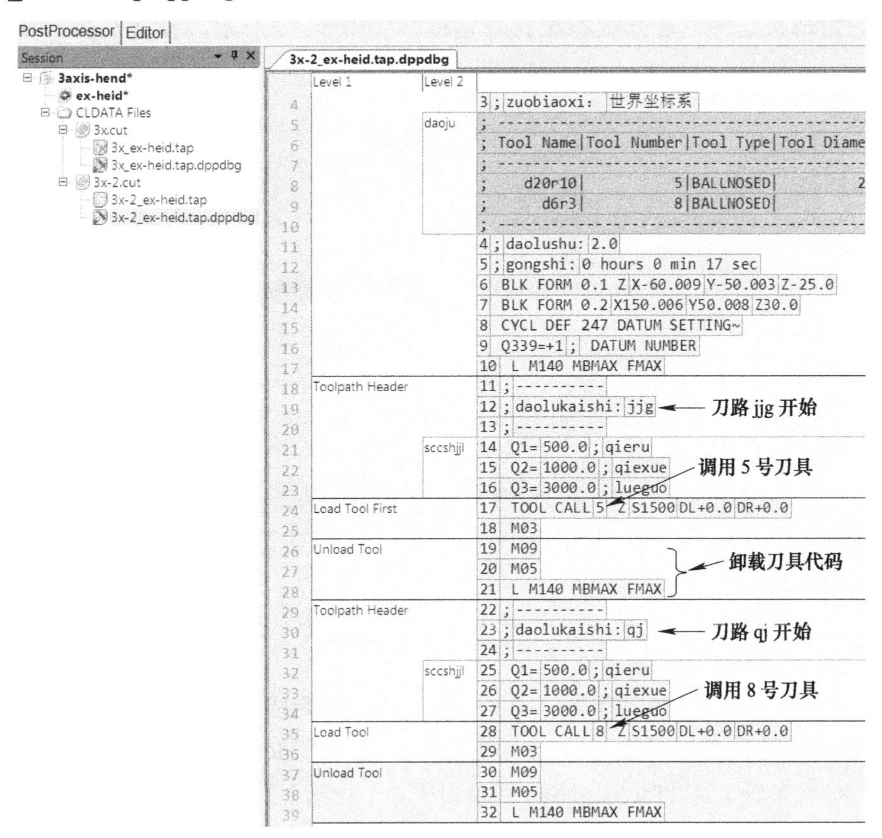

图5-87　调试文件内容

5.2.11　输出单条刀路开始代码

为NC程序中的每一条刀路输出开始代码。

在Post Processor软件中，单击“Editor”选项卡，切换到后处理文件编辑器模式。

1. 输出X、Y坐标定位移动代码

在“Editor”选项卡的“Commands”窗口中，右击“Toolpath Start”（刀路开始）树枝，在弹出的快捷菜单条中执行“Activate”，将该命令激活。

单击“Toolpath Start”树枝，在主视窗中显示“Toolpath Start”窗口。在该窗口中，单击选中第1行第1列的空白单元格，然后在工具栏中单击插入块按钮，在第1行第1列单元格中插入一个“Block Number”程序行号，开始新的一行。

在“Editor”选项卡中，单击“Parameters”，切换到“Parameters”窗口。在该窗口中，

双击“Controller Switches”树枝，将它展开。拖动该树枝下的“Motion Mode”（运动模式）到“Toolpath Start”窗口中第 1 行第 2 列单元格，如图 5-88 所示。

右击第 1 行第 2 列单元格“Motion Mode”，在弹出的快捷菜单条中执行“Item Properties”，打开项目属性对话框。在该对话框中的“Parameter”树枝下，在“Prefix”栏输入空格，然后回车，在“Postfix”栏输入空格，然后回车。单击“States”（状态）栏右侧的三角形按钮，展开状态设置对话框，按图 5-89 所示，设置圆弧、直线运动的代码。

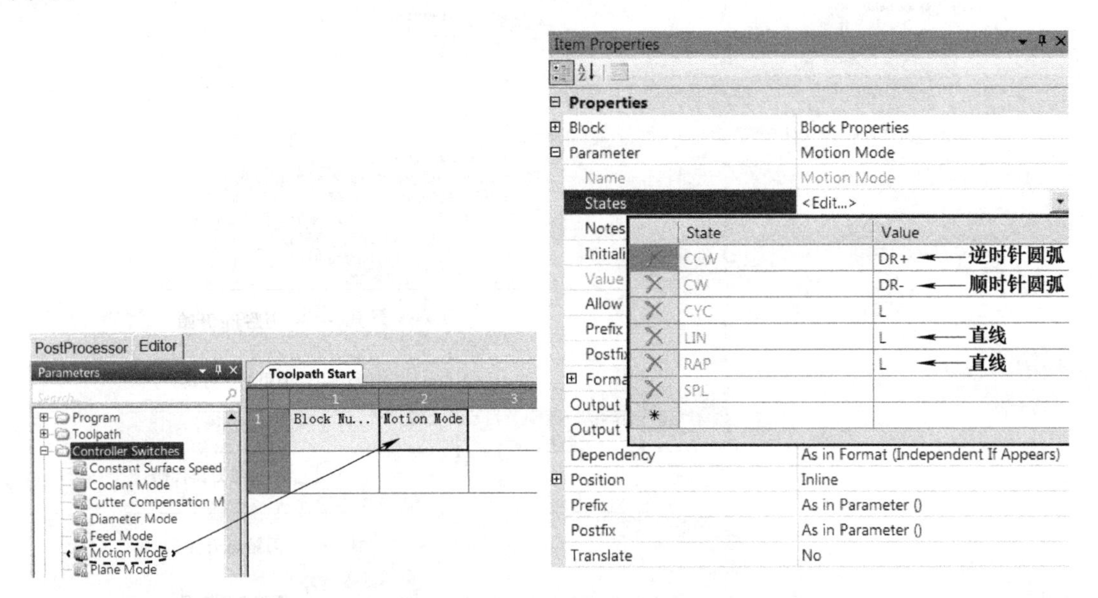

图 5-88　插入运动模式参数　　　　图 5-89　设置运动模式代码

在“Editor”选项卡的“Parameters”窗口中，双击“Move”树枝，将它展开。拖动该树枝下的“X”（X 轴）到“Toolpath Start”窗口中第 1 行第 3 列单元格；拖动该树枝下的“Y”（Y 轴）到“Toolpath Start”窗口中第 1 行第 4 列单元格，如图 5-90 所示。

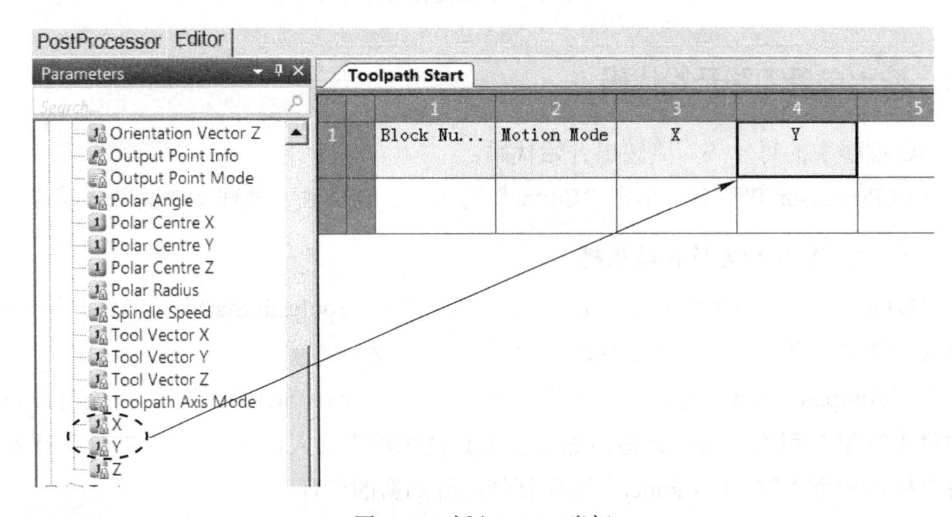

图 5-90　插入 X、Y 坐标

右击第 1 行第 3 列单元格“X”，在弹出的快捷菜单条中执行“Item Properties”，打开项目属性对话框。在该对话框中的“Parameter”树枝下，在“Prefix”栏输入 X，然后回车，在“Postfix”栏输入空格，然后回车。

右击第 1 行第 4 列单元格“Y”，在弹出的快捷菜单条中执行“Item Properties”，打开项目属性对话框。在该对话框中的“Parameter”树枝下，在“Prefix”栏输入 Y，然后回车，在“Postfix”栏输入空格，然后回车。

2. 创建进给率自定义参数 FQ

在“Editor”选项卡中，单击“Parameters”，切换到“Parameters”窗口。在该窗口中，右击“User Parameters”（用户自定义参数），在弹出的快捷菜单条中执行“Add Standard Parameter...”（增加标准参数），打开“Add Standard Parameter”对话框，按图 5-91 所示设置参数。

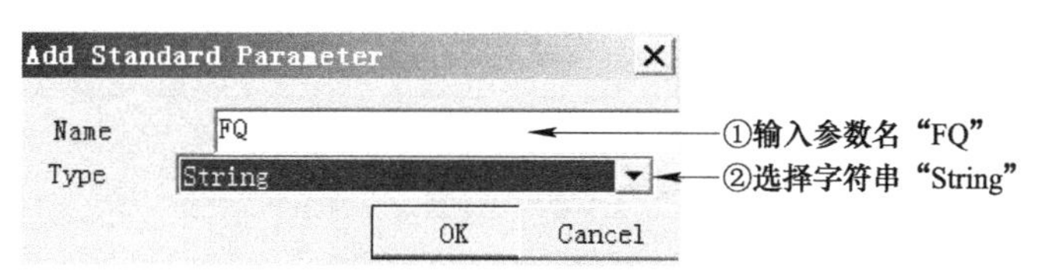

图 5-91　设置标准参数

单击“OK”按钮，完成创建用户自定义参数。

拖动自定义参数“FQ”到“Toolpath Start”窗口中第 1 行第 5 列单元格，如图 5-92 所示。

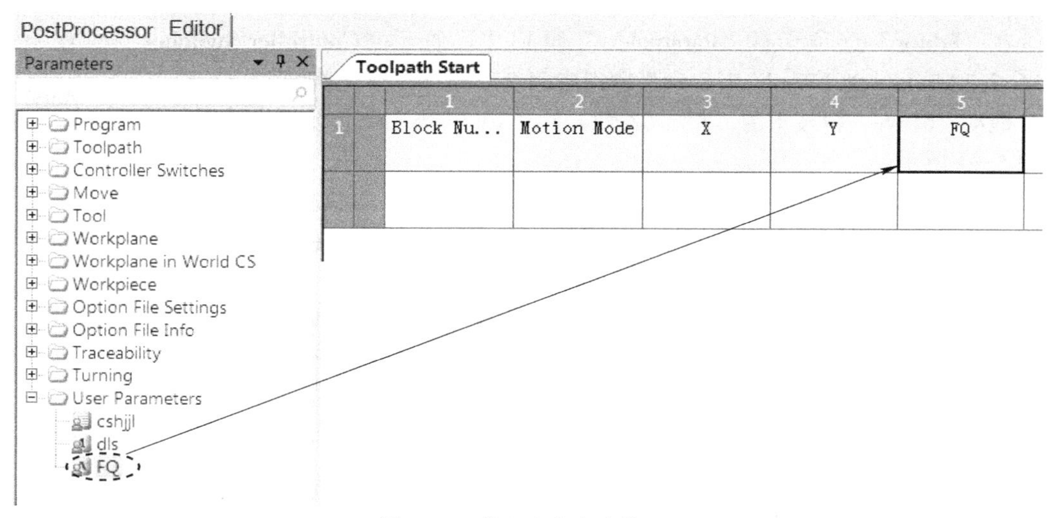

图 5-92　拖入自定义参数 FQ

右击第 1 行第 5 列单元格“FQ”，在弹出的快捷菜单条中执行“Item Properties”，打开项目属性对话框。在该对话框中的“Parameter”树枝下，在“Prefix”栏输入 F，然后回车，在“Postfix”栏输入空格，然后回车，设置其值为“MAX”，如图 5-93 所示。

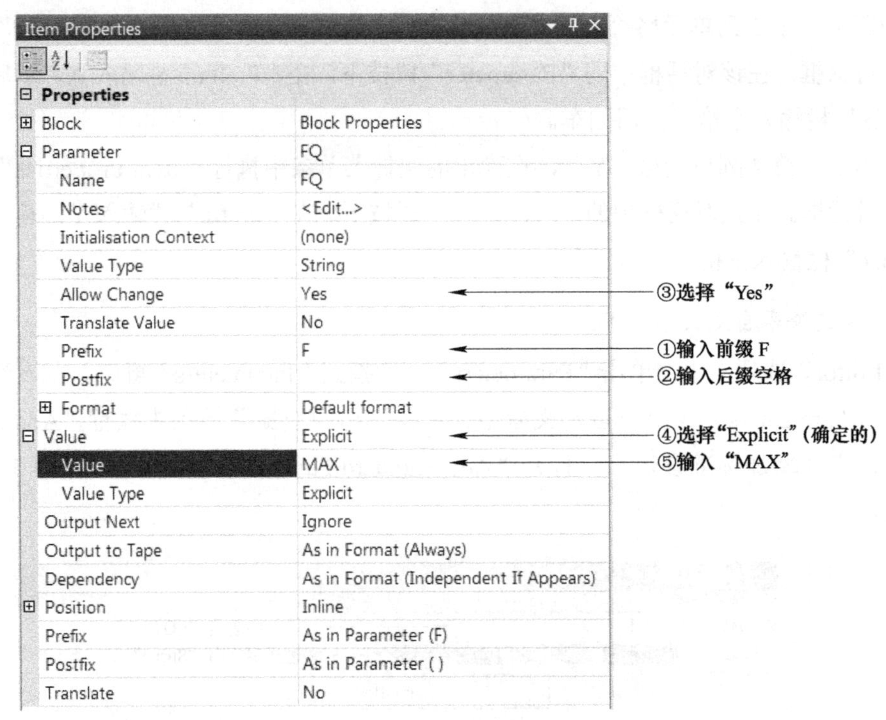

图 5-93　设置自定义参数 FQ 的属性

3. 输出 Z 坐标快速下移代码

在“Toolpath Start”窗口中，单击选中第 2 行第 1 列的空白单元格，然后在工具栏中单击插入块按钮，在第 2 行第 1 列单元格中插入一个“Block Number”程序行号，开始新的一行。

在“Editor”选项卡的“Parameters”窗口中，拖动“Controller Switches”树枝下的“Motion Mode”到“Toolpath Start”窗口中第 2 行第 2 列单元格。

拖动“Move”树枝下的“Z”（Z 轴）到“Toolpath Start”窗口中第 2 行第 3 列单元格，如图 5-94 所示。

右击第 2 行第 3 列单元格“Z”，在弹出的快捷菜单条中执行“Item Properties”，打开项目属性对话框。在该对话框中的“Parameter”树枝下，在“Prefix”栏输入 Z，然后回车，在“Postfix”栏输入空格，然后回车。

右击第 1 行第 5 列单元格“FQ”，在弹出的快捷菜单条中执行“Copy”（复制）。

右击第 2 行第 4 列空白单元格，在弹出的快捷菜单条中执行“Paste”（粘贴）。

4. 设置强制输出参数

右击第 1 行第 3 列单元格“X”，在弹出的快捷菜单条中执行“Output to Tape”（输出到 NC 程序）→“Always”（总是）。

右击第 1 行第 4 列单元格“Y”，在弹出的快捷菜单条中执行“Output to Tape”→“Always”。

右击第 1 行第 5 列单元格“FQ”，在弹出的快捷菜单条中执行“Output to Tape”→“Always”。

右击第 2 行第 3 列单元格“Z”，在弹出的快捷菜单条中执行“Output to Tape”→“Always”。

右击第 2 行第 4 列单元格“FQ”，在弹出的快捷菜单条中执行“Output to Tape”→“Always”。

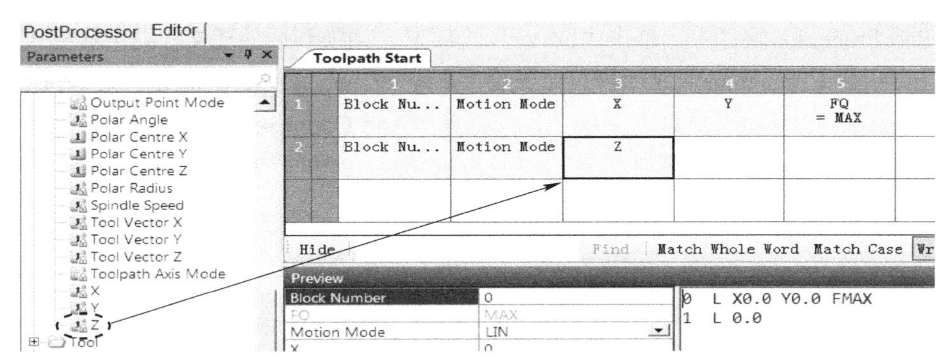

图 5-94　插入运动模式和 Z 参数

5. 调试后处理文件

在 Post Processor 软件中，单击“PostProcessor”选项卡，切换到后处理模式。

在“PostProcessor”选项卡内，右击“CLDATA Files”分枝下的“3x-2.cut”文件，在弹出的快捷菜单条中执行“Process as Debug”（调试模式后处理），待后处理完成后，单击“3x-2_ex-heid.tap.dppdbg”调试文件，在主视窗中显示其内容，如图 5-95 所示。

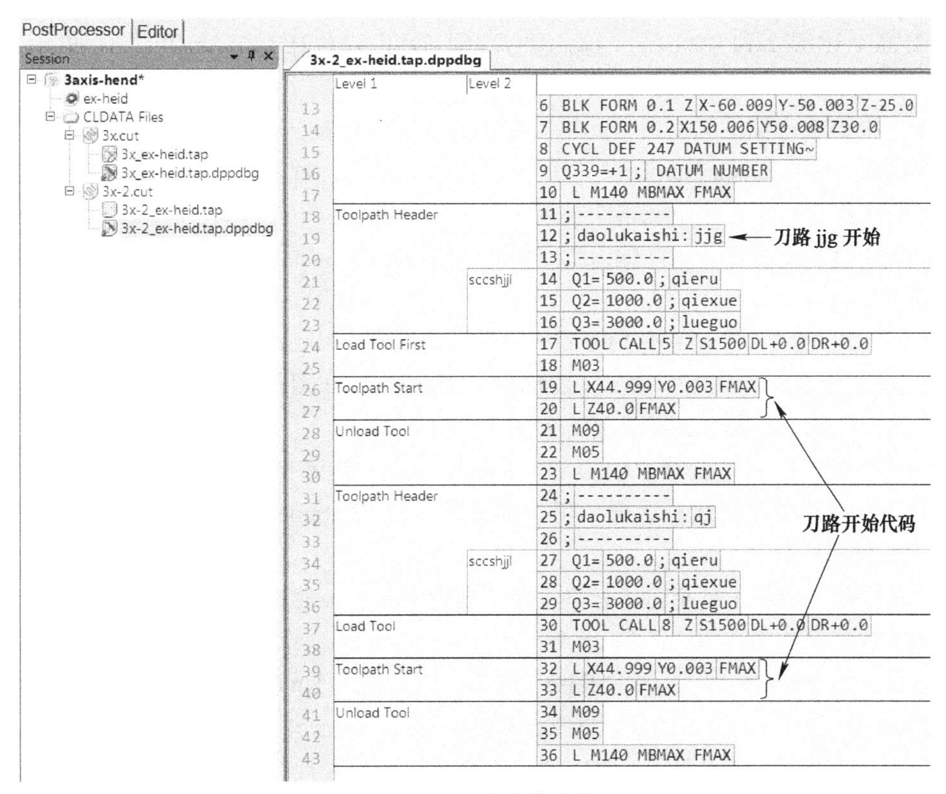

图 5-95　调试文件内容

5.2.12 输出高速加工代码

高速加工代码可以用于多个命令中，因此可将高速加工代码创建为用户自定义命令。

1. 创建用户自定义命令

在 Post Processor 软件中，单击“Editor”选项卡，切换到后处理文件编辑器模式。

右击“User Commands”（用户自定义命令）树枝，在弹出的快捷菜单条中执行“Add User Command”（增加用户自定义命令），打开“Add Command”（增加命令）对话框，设置命令名称为“gsjg”（高速加工），如图 5-96 所示，单击“OK”按钮完成。

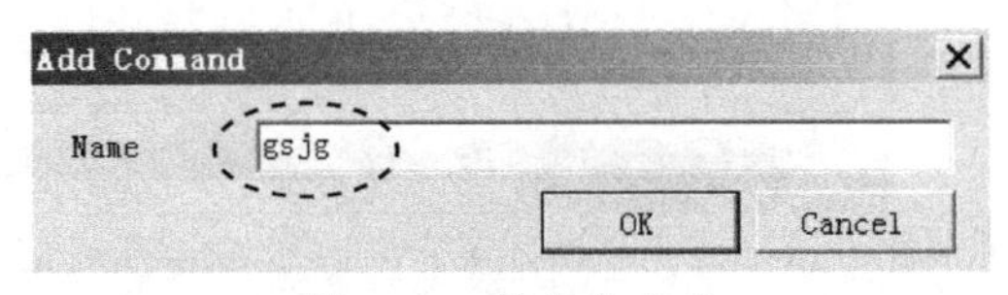

图 5-96 输入命令名

在“User Commands”树枝下，右击“gsjg”分枝，在弹出的快捷菜单条中执行“Activate”，将该命令激活。

在主视窗的“gsjg”（高速加工）窗口中，单击选中第 1 行第 1 列空白单元格，在工具栏中单击插入块按钮，在第 1 行第 1 列单元格中插入一个“Block Number”程序行号，开始新的一行。接着在工具栏中单击插入文本按钮，在第 1 行第 2 列单元格中插入一个文本输出块。

双击第 1 行第 2 列单元格，输入“ CYCL DEF 32.0 TOLERANCE ”，回车，注意 CYCL 前输入空格。

单击选中第 2 行第 1 列空白单元格，在工具栏中单击插入块按钮，在第 2 行第 1 列单元格中插入一个“Block Number”程序行号，开始新的一行。接着在工具栏中单击插入文本按钮，在第 2 行第 2 列单元格中插入一个文本输出块。

双击第 2 行第 2 列单元格，输入“ CYCL DEF 32.1 ”，回车，注意 CYCL 前输入空格，32.1 后输入空格。

在“Editor”选项卡中，单击“Parameters”，切换到“Parameters”窗口。在“Parameters”窗口，拖动“Toolpath”分枝下的“CLDATA Tolerance”（刀位文件公差）到“gsjg”（高速加工）窗口中第 2 行第 3 列单元格，如图 5-97 所示。

右击第 2 行第 3 列单元格“CLDATA Tolerance”，在弹出的快捷菜单条中执行“Item Properties”，打开项目属性对话框。在该对话框中的“Parameter”树枝下，在“Prefix”栏输入 T，然后回车。

单击选中第 3 行第 1 列空白单元格，在工具栏中单击条件语句按钮右侧的小三角形，在展开的下拉菜单条中选择“if（...）”。

双击第 3 行 if (false) 语句，将“false”删除，然后输入 %p (CLDATA Tolerance)%>0.02，回车，如图 5-98 所示。在输入的表达式 %p (CLDATA Tolerance)%>0.02 中，CLDATA Tolerance 是刀路公差，当其值大于 0.02mm 时，通常为粗加工刀路，此行表达式可以理解为当刀路为粗加工刀路时。

在“gsjg”窗口中，单击第 4 行第 1 列空白单元格，在工具栏中单击插入块按钮，在第 4 行第 1 列单元格中插入一个“Block Number”程序行号，开始新的一行。接着在工具栏中单击插入文本按钮 A，在第 4 行第 2 列单元格中插入一个文本输出块。

双击第 4 行第 2 列单元格，输入“ CYCL DEF 32.2 ”，回车，注意 CYCL 前输入空格，32.2 后输入空格。

单击第 4 行第 3 列空白单元格，接着在工具栏中单击插入文本按钮 A，在第 4 行第 3 列单元格中插入一个文本输出块。

双击第 4 行第 3 列单元格，输入“HSC-MODE:1 TA2”，回车，如图 5-99 所示。

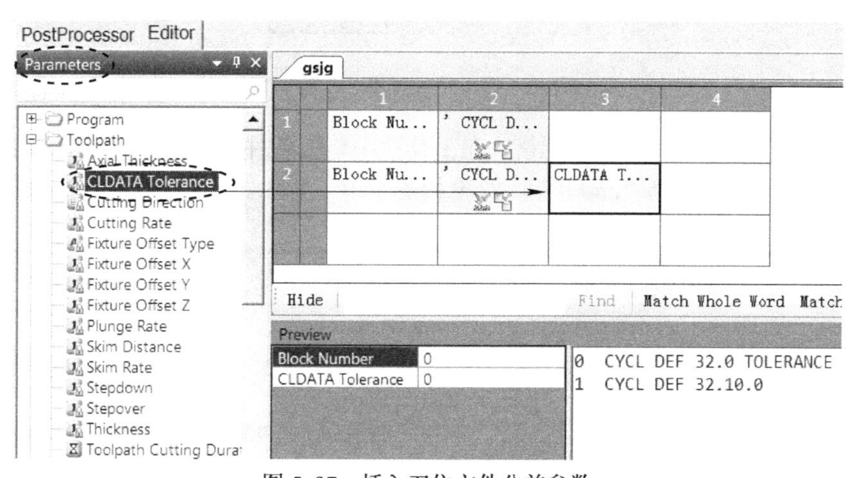

图 5-97　插入刀位文件公差参数

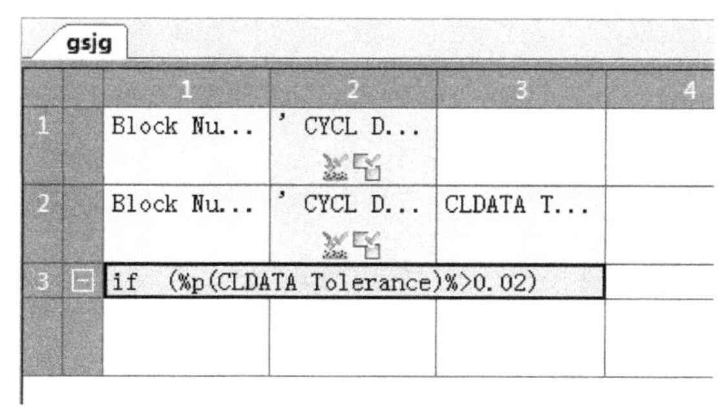

图 5-98　插入判断条件

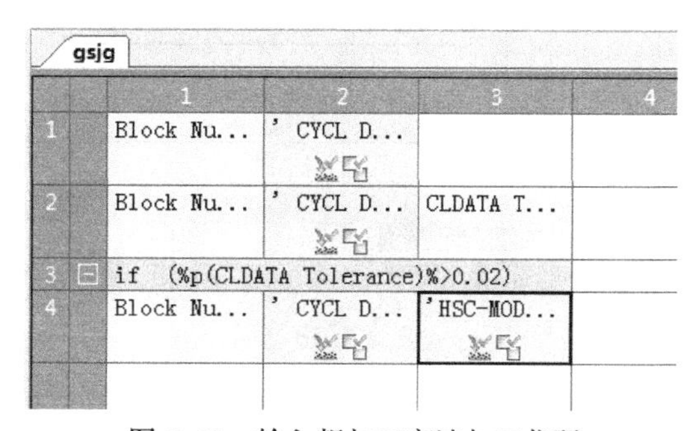

图 5-99　输入粗加工高速加工代码

单击选中第 5 行第 1 列空白单元格，在工具栏中单击条件语句按钮右侧的小三角形，在展开的下拉菜单条中选择“else”。

在“gsjg”窗口中，单击第 6 行第 1 列空白单元格，在工具栏中单击插入块按钮，在第 6 行第 1 列单元格中插入一个“Block Number”程序行号，开始新的一行。接着在工具栏中单击插入文本按钮 A，在第 6 行第 2 列单元格中插入一个文本输出块。

双击第 6 行第 2 列单元格，输入“ CYCL DEF 32.2 ”，回车，注意 CYCL 前输入空格，32.2 后输入空格。

单击第 6 行第 3 列空白单元格，接着在工具栏中单击插入文本按钮 A，在第 6 行第 3 列单元格中插入一个文本输出块。

双击第 6 行第 3 列单元格，输入“HSC-MODE:0 TA0.5”，回车，如图 5-100 所示。

gsjg

	1	2	3	4
1	Block Nu...	' CYCL D...		
2	Block Nu...	' CYCL D...	CLDATA T...	
3	if (%p(CLDATA Tolerance)%>0.02)			
4	Block Nu...	' CYCL D...	'HSC-MOD...	
5	else			
6	Block Nu...	' CYCL D...	'HSC-MOD...	

图 5-100 输入精加工高速加工代码

单击选中第 7 行第 1 列空白单元格，在工具栏中单击条件语句按钮右侧的小三角形，在展开的下拉菜单条中选择“end if”，结果如图 5-101 所示。

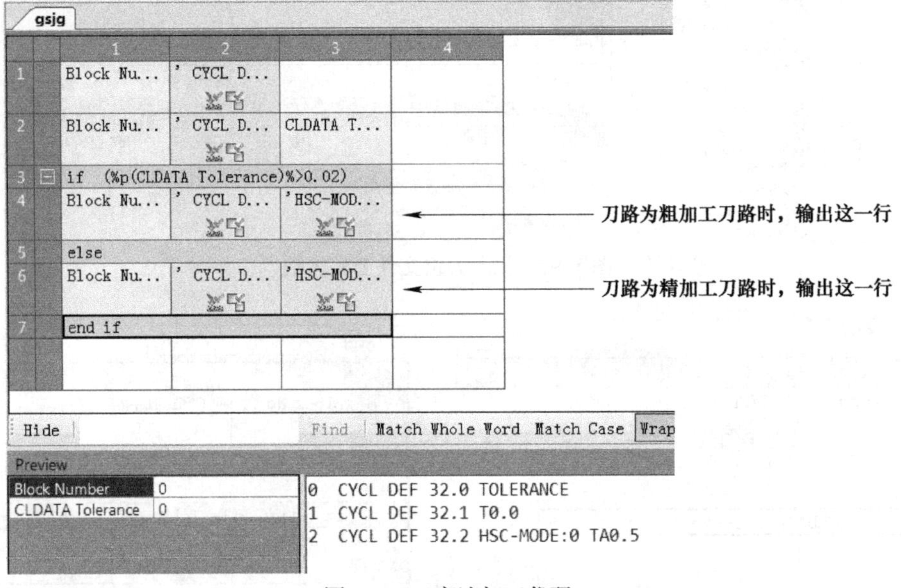

图 5-101 高速加工代码

2. 将用户自定义命令加至其他命令

在“Editor”选项卡中，单击“Commands”，切换到“Commands”窗口。单击“Toolpath Start”（刀路开始）树枝，在主视窗中显示“Toolpath Start”窗口。

拖动“User Commands”树枝下的“gsjg”到““Toolpath Start”窗口第 3 行第 1 列的空白单元格中，如图 5-102 所示。

3. 调试后处理文件

在 Post Processor 软件中，单击“PostProcessor”选项卡，切换到后处理模式。

在“PostProcessor”选项卡内，右击“CLDATA Files”分枝下的“3x-2.cut”文件，在弹出的快捷菜单条中执行“Process as Debug”（调试模式后处理），待后处理完成后，单击“3x-2_ex-heid.tap.dppdbg”调试文件，在主视窗中显示其内容，如图 5-103 所示。

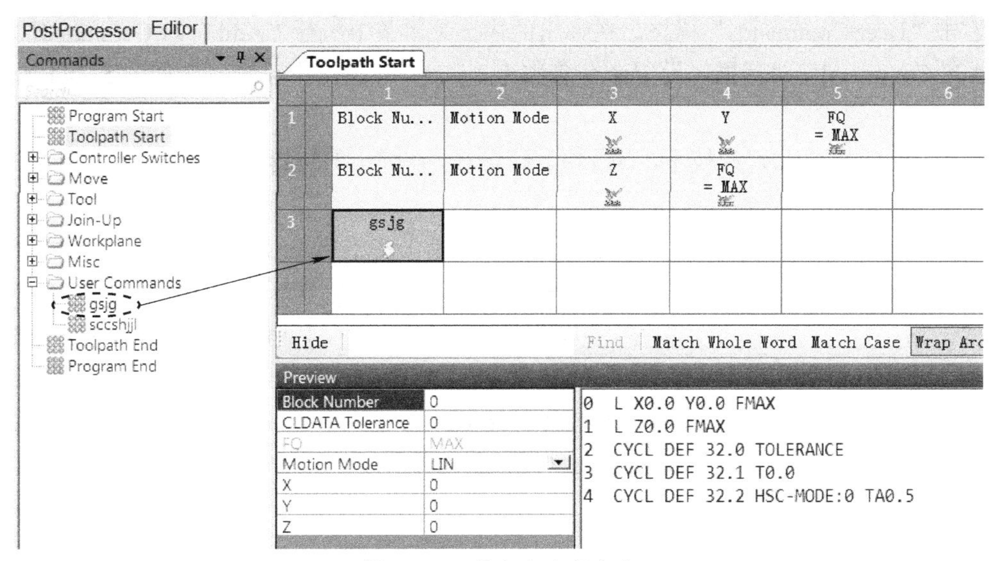

图 5-102　拖入自定义命令

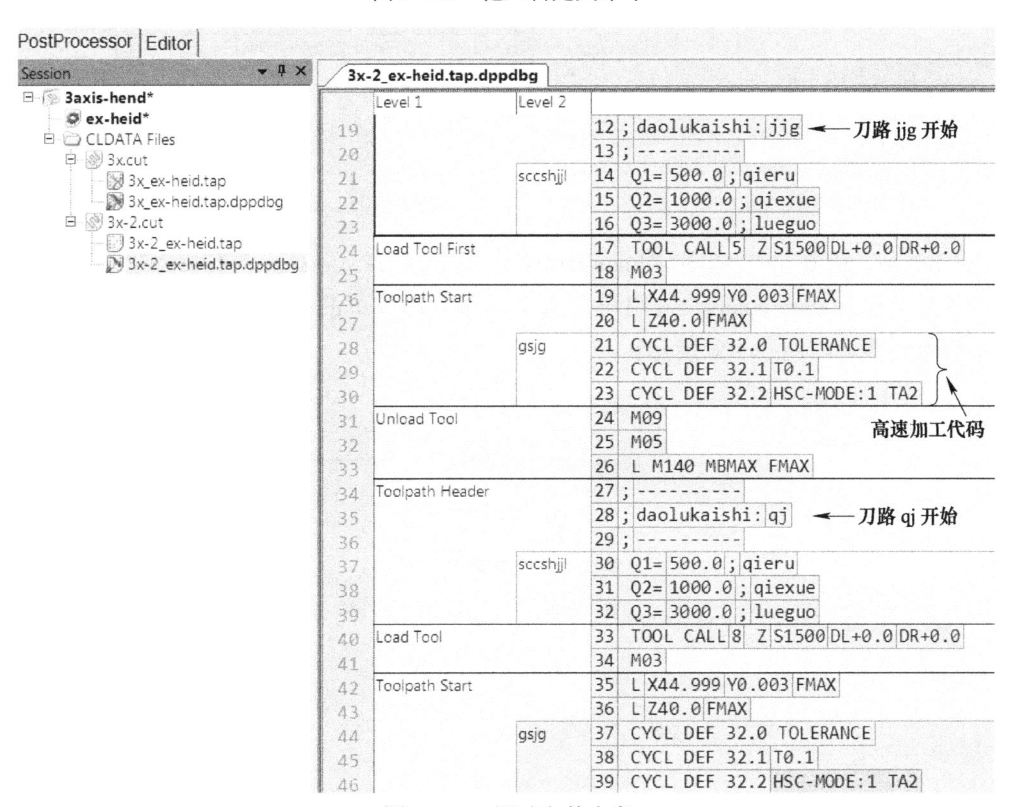

图 5-103　调试文件内容

5.2.13　输出直线切削代码

1. 设置参数化进给率参数 FQ

在 Post Processor 软件中，单击“Editor”选项卡，切换到后处理文件编辑器模式。

右击“User Commands”树枝，在弹出的快捷菜单条中执行“Add User Command”，打开“Add Command”对话框，设置命令名称为“jjlsz”（进给率设置），如图 5-104 所示，单击“OK”按钮完成。

在“User Commands”树枝下，右击“jjlsz”分枝，在弹出的快捷菜单条中执行“Activate”，将该命令激活。

在主视窗的“jjlsz”（进给率设置）窗口中，单击选中第 1 行第 1 列单元格，然后在工具栏中单击条件语句按钮右侧的小三角形，在展开的下拉菜单条中选择“if（...）”。

双击第 1 行 if (false) 语句，将“false”删除，然后输入 %p (Feed Rate)%==%p (Plunge Rate)%，回车，如图 5-105 所示。在输入的表达式 %p (Feed Rate)%==%p (Plunge Rate)% 中，%p (Feed Rate)% 是调取系统内部参数 Feed Rate（进给率），== 表示等于，%p (Plunge Rate)% 是调取系统内部参数 Plunge Rate（切入进给率），此行表达式意思即当 CLDATA 刀位文件中的进给率为切入进给率时。

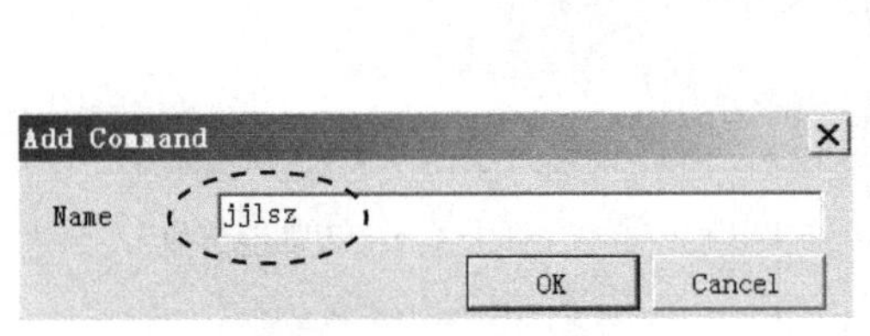

图 5-104　输入命令名

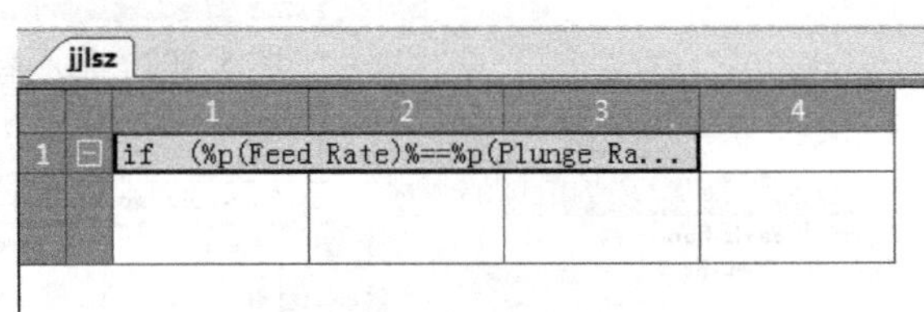

图 5-105　插入切入进给率判断条件

在“Editor”选项卡中，单击“Parameters”，切换到“Parameters”窗口。在“Parameters”窗口，拖动“User Parameters”（用户自定义参数）树枝下的“FQ”到“jjlsz”窗口中第 2 行第 1 列单元格，如图 5-106 所示。

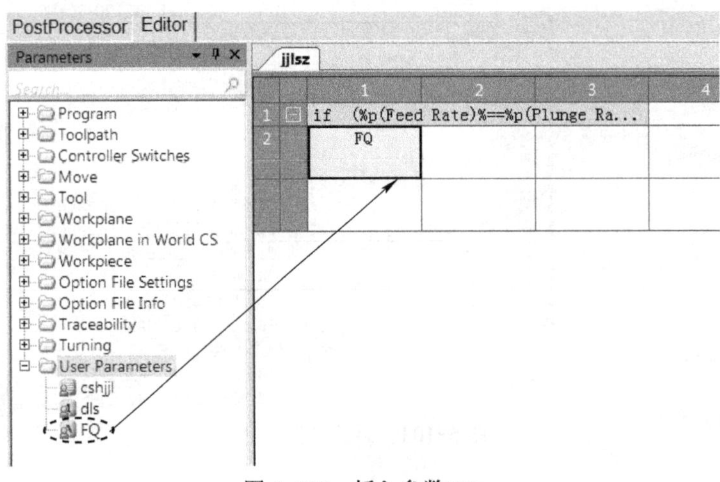

图 5-106　插入参数 FQ

右击第 2 行第 1 列单元格“FQ”，在弹出的快捷菜单条中执行“Item Properties”，打开项目属性对话框。在该对话框中，设置“Value”（值）为“Explicit”（确定的），输入其值为 Q1，设置“Output to Tape”（输出到 NC 程序）为“Never”（从不），如图 5-107 所示。

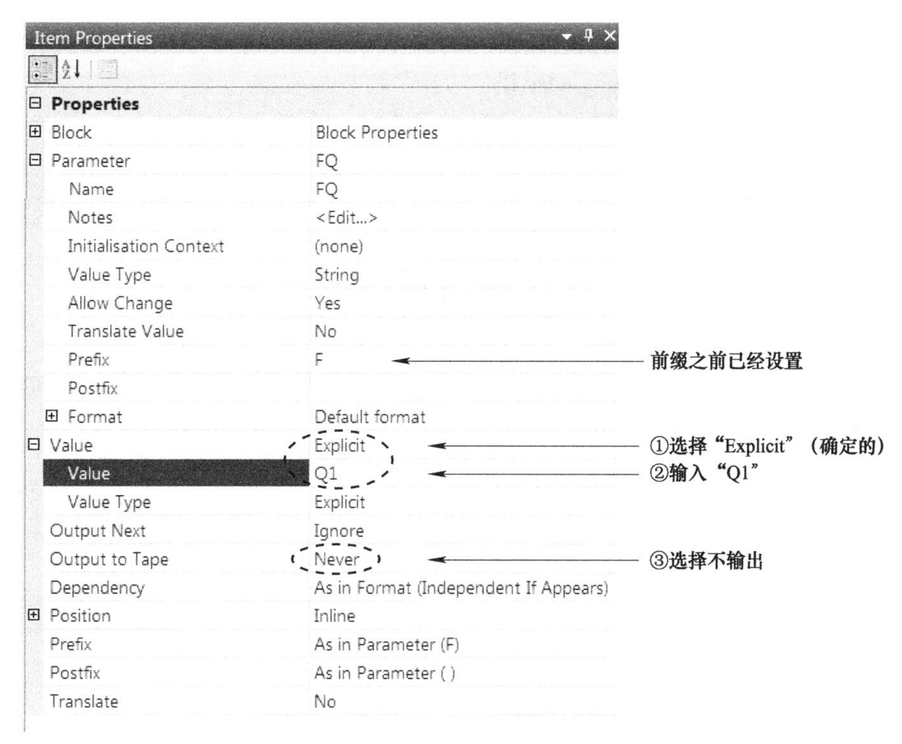

图 5-107　设置参数 FQ=Q1

接着单击选中第 3 行第 1 列空白单元格，然后在工具栏中单击条件语句按钮右侧的小三角形，在展开的下拉菜单条中选择“else if（...）”。

双击第 3 行 else if (false) 语句，将“false”删除，然后输入 %p (Feed Rate)%==%p (Cutting Rate)%，回车，如图 5-108 所示。在输入的表达式 %p (Feed Rate)%==%p (Cutting Rate)% 中，%p (Cutting Rate)% 是调取系统内部参数 Cutting Rate（切削进给率），此行表达式意思即当 CLDATA 刀位文件中的进给率为切削进给率时。

右击第 2 行第 1 列单元格“FQ”，在弹出的快捷菜单条中执行“Copy”。

右击第 4 行第 1 列空白单元格，在弹出的快捷菜单条中执行“Paste”。

再次右击第 4 行第 1 列单元格“FQ”，在弹出的快捷菜单条中执行“Item Properties”，打开项目属性对话框。在该对话框中将“Value”（值）由“Q1”修改为“Q2”，完成后如图 5-109 所示。

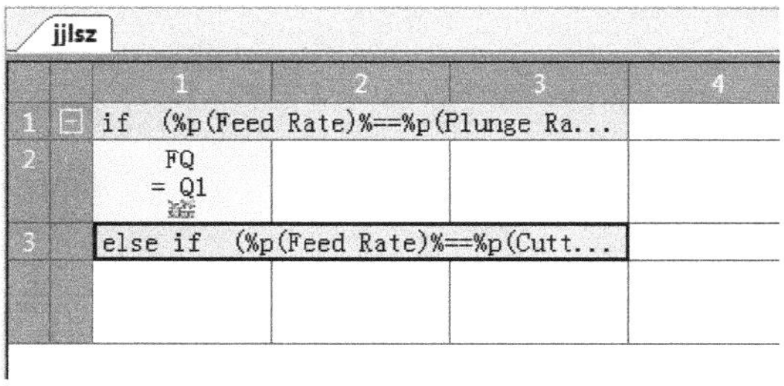

jjlsz
1　if　(%p(Feed Rate)%==%p(Plunge Ra...
2　FQ = Q1
3　else if　(%p(Feed Rate)%==%p(Cutt...

图 5-108　插入切削进给率判断条件

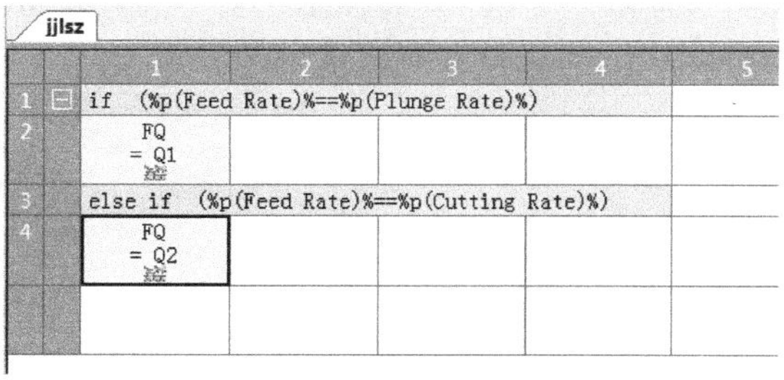

jjlsz
1　if　(%p(Feed Rate)%==%p(Plunge Rate)%)
2　FQ = Q1
3　else if　(%p(Feed Rate)%==%p(Cutting Rate)%)
4　FQ = Q2

图 5-109　复制粘贴并修改参数 FQ（一）

单击选中第 5 行第 1 列空白单元格，然后在工具栏中单击条件语句按钮 右侧的小三角形，在展开的下拉菜单条中选择“else if（…）”。

双击第 5 行 else if (false) 语句，将“false”删除，然后输入 %p(Feed Rate)%==%p(Skim Rate)%，回车，如图 5-110 所示。在输入的表达式 %p(Feed Rate)%==%p(Skim Rate)% 中，%p(Skim Rate)% 是调取系统内部参数 Skim Rate（掠过进给率），此行表达式意思即当 CLDATA 刀位文件中的进给率为掠过进给率时。

右击第 2 行第 1 列单元格“FQ”，在弹出的快捷菜单条中执行“Copy”。

右击第 6 行第 1 列空白单元格，在弹出的快捷菜单条中执行“Paste”。

再次右击第 6 行第 1 列单元格“FQ”，在弹出的快捷菜单条中执行“Item Properties”，打开项目属性对话框。在该对话框中将“Value”（值）由“Q1”修改为“Q3”，完成后如图 5-111 所示。

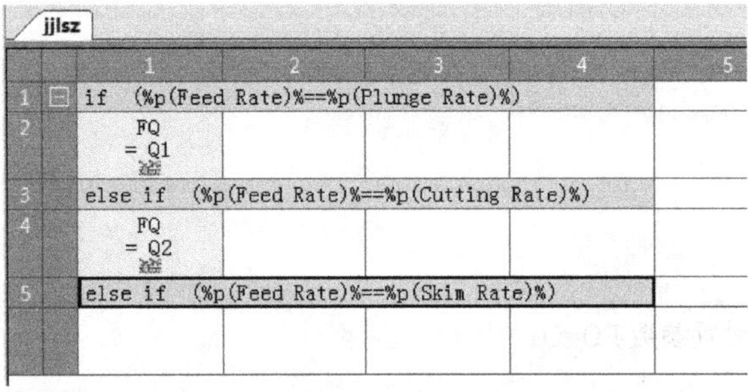

图 5-110　插入掠过进给率判断条件

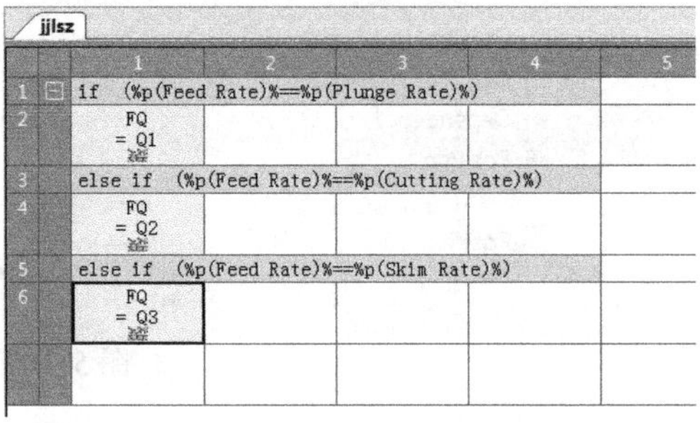

图 5-111　复制粘贴并修改参数 FQ（二）

单击选中第 7 行第 1 列空白单元格，然后在工具栏中单击条件语句按钮 右侧的小三角形，在展开的下拉菜单条中选择“else if（…）”。

双击第 7 行 else if (false) 语句，将“false”删除，然后输入 %p(Feed Rate)%==%p(Max Rate)%||%p(Feed Rate)%==%p(Max Cutting Rate)%，回车，如图 5-112 所示。注意，符号 || 使用键盘上 <Shift+\> 键输入。

在输入的表达式 %p(Feed Rate)%==%p(Max Rate)%||%p(Feed Rate)%==%p(Max Cutting Rate)% 中，%p(Max Rate)% 是调取系统内部参数 Max Rate（机床最大进给率），%p(Max Cutting Rate)% 是调取系统内部参数 Max Cutting Rate（最大切削进给率），|| 表示或者，此行表达式意思即当 CLDATA 刀位文件中的进给率为机床最大进给率或者最大切削进给率时。

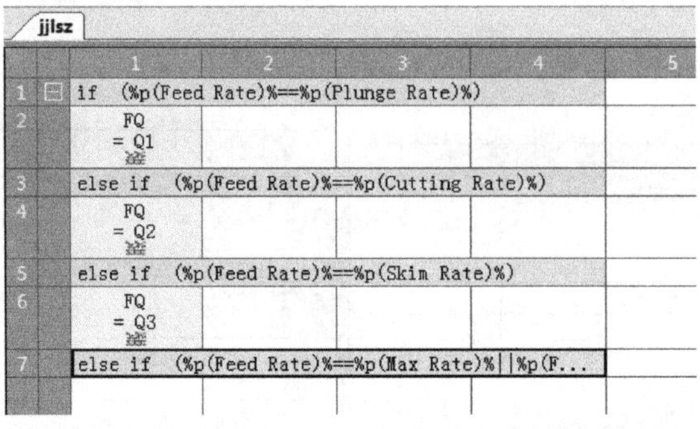

图 5-112　插入机床最大进给率或者最大切削进给率判断条件

右击第 2 行第 1 列单元格“FQ”，在弹出的快捷菜单条中执行“Copy”。

右击第 8 行第 1 列空白单元格，在弹出的快捷菜单条中执行“Paste”。

再次右击第 8 行第 1 列单元格“FQ”，在弹出的快捷菜单条中执行“Item Properties”，打开项目属性对话框。在该对话框中将“Value”（值）由“Q1”修改为“MAX”，完成后如图 5-113 所示。

jjlsz

	1	2	3	4	5	6
1	if (%p(Feed Rate)%==%p(Plunge Rate)%)					
2	FQ = Q1					
3	else if (%p(Feed Rate)%==%p(Cutting Rate)%)					
4	FQ = Q2					
5	else if (%p(Feed Rate)%==%p(Skim Rate)%)					
6	FQ = Q3					
7	else if (%p(Feed Rate)%==%p(Max Rate)%||%p(Feed Rate)%==%p(Max Cuttin...					
8	FQ = MAX					

图 5-113　复制粘贴并修改参数 FQ（三）

单击选中第 9 行第 1 列空白单元格，然后在工具栏中单击条件语句按钮右侧的小三角形，在展开的下拉菜单条中选择“end if”，结果如图 5-114 所示。

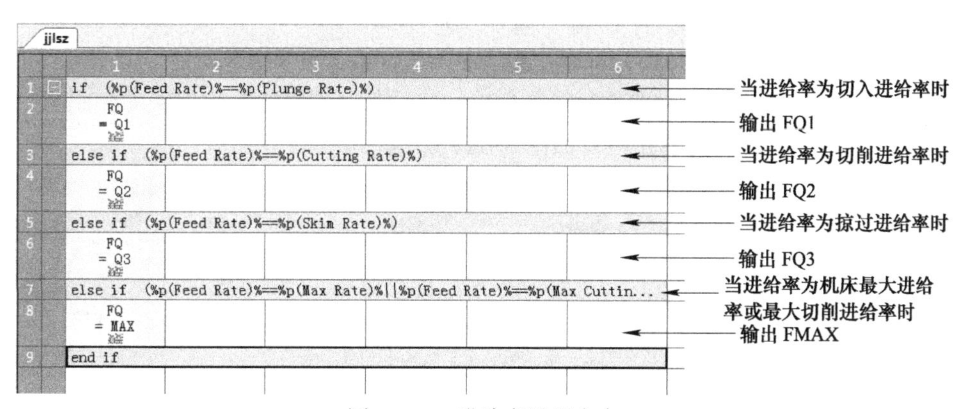

图 5-114　进给率设置命令

2. 设置直线移动命令

在“Editor”选项卡中，单击“Commands”，切换到“Commands”窗口。在“Commands”窗口中，双击“Move”树枝，将它展开。右击该树枝下的“Move Linear”（直线移动）分枝，在弹出的快捷菜单条中执行“Activate”，将该命令激活。

单击“Move Linear”分枝，在主视窗中显示“Move Linear”窗口。拖动“User Commands”树枝下的“jjlsz”（进给率设置）命令到“Move Linear”窗口中第 1 行第 1 列空白单元格，如图 5-115 所示。

在“Move Linear”窗口中，单击选中第 2 行第 1 列空白单元格，然后在工具栏中单击插入块按钮，在第 2 行第 1 列单元格中插入一个“Block Number”程序行号，开始新的一行。

在“Editor”选项卡中，单击“Parameters”，切换到“Parameters”窗口。在该窗口中，双击“Controller Switches”（控制器开关）树枝，将它展开。拖动该树枝下的“Motion Mode”（运动模式）到“Move Linear”窗口中第 2 行第 2 列单元格，如图 5-116 所示。

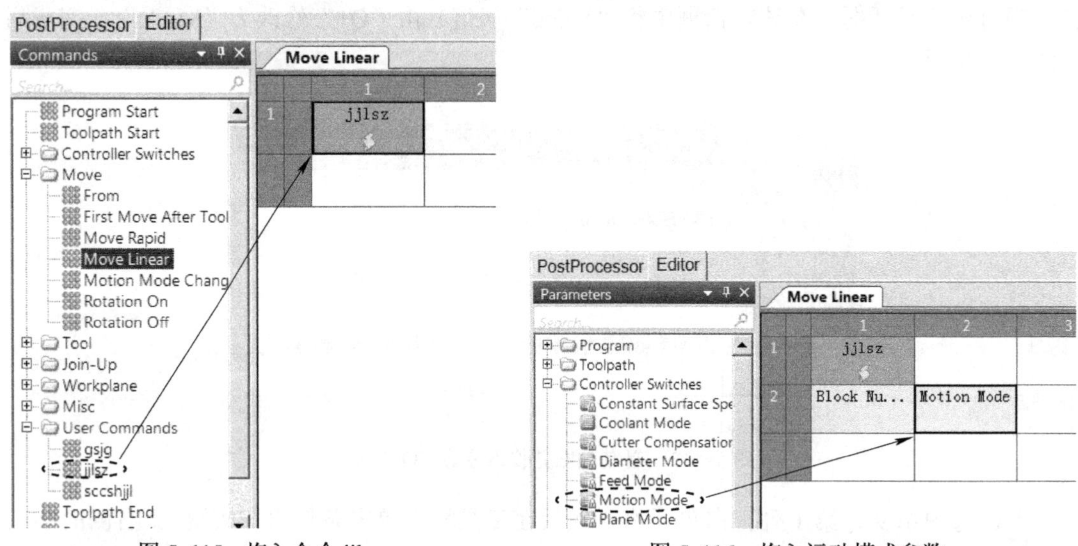

图 5-115　拖入命令 jjlsz　　　　图 5-116　拖入运动模式参数

在“Editor”选项卡的“Parameters”窗口中，双击“Move”树枝，将它展开。拖动该树枝下的“X”（X 轴）到“Move Linear”窗口中第 2 行第 3 列单元格，拖动该树枝下的“Y”（Y 轴）到“Move Linear”窗口中第 2 行第 4 列单元格，拖动该树枝下的“Z”（Z 轴）到“Move Linear”窗口中第 2 行第 5 列单元格，如图 5-117 所示。

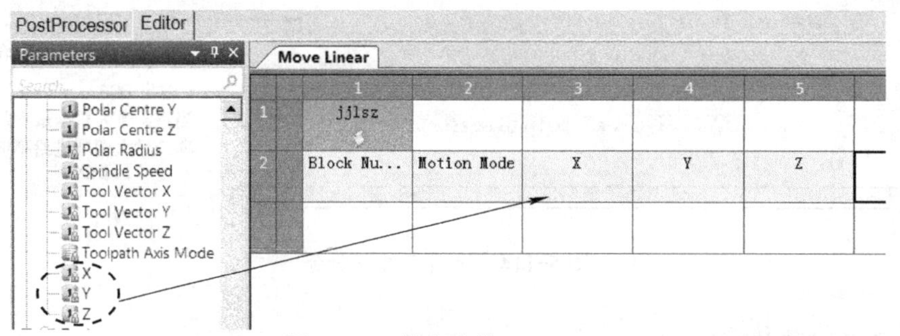

图 5-117　拖入参数 X、Y、Z

在“Parameters”窗口中，拖动“Controller Switches”树枝下的“Cutter Compensation Mode”（刀具补偿模式）到“Move Linear”窗口中第 2 行第 6 列单元格，如图 5-118 所示。

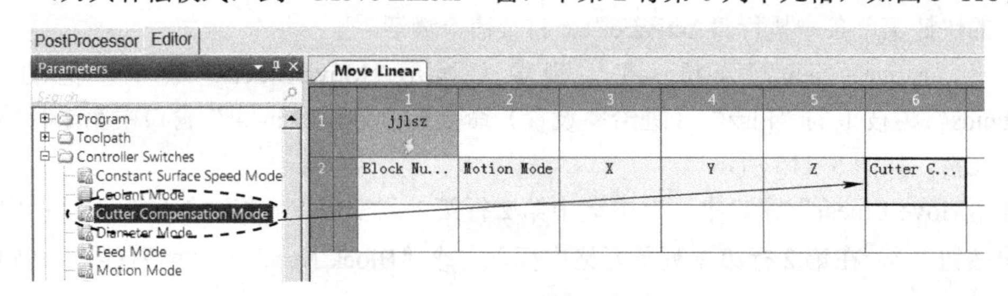

图 5-118　拖入刀具补偿模式参数

右击第 2 行第 6 列单元格“Cutter Compensation Mode”，在弹出的快捷菜单条中执行“Item Properties”，打开项目属性对话框。在该对话框中的“Parameter”树枝下，在“Prefix”栏输入 R，然后回车，在“Postfix”栏输入空格，然后回车。设置“Output to Tape”为“If Updated”（如果有更新），“Dependency”（依赖性）为“Dependent”（依赖的）。单击“States”（状态）栏右侧的三角形按钮，展开状态设置对话框，按图 5-119 所示设置刀补的代码。

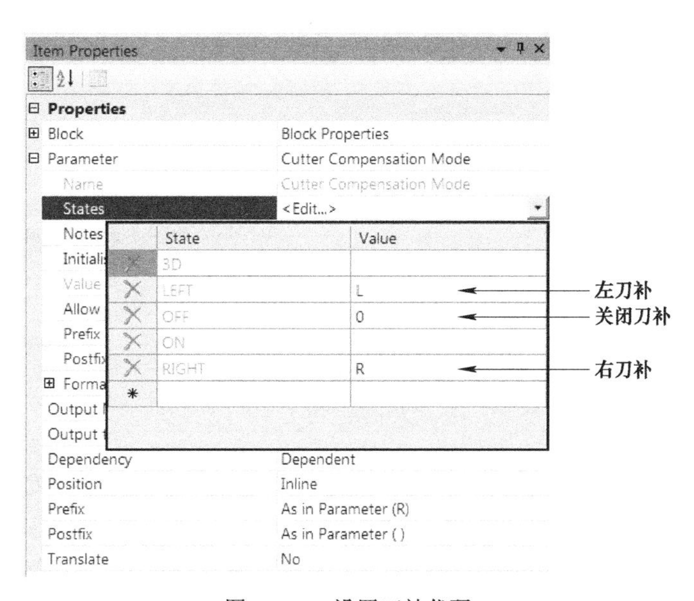

图 5-119　设置刀补代码

在“Parameters”窗口中，双击“User Parameters”（用户自定义参数）树枝，将它展开。拖动该树枝下的“FQ”到“Move Linear”窗口中第 2 行第 7 列单元格，如图 5-120 所示。

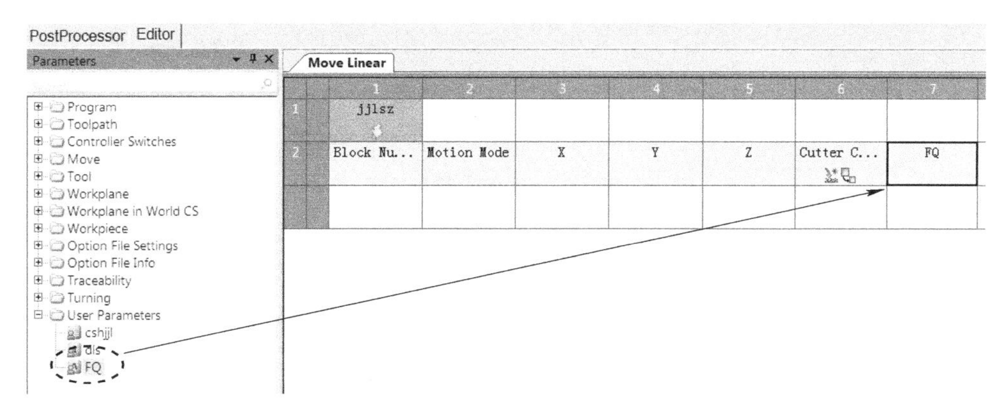

图 5-120　插入进给率

右击第 2 行第 7 列单元格“FQ”，在弹出的快捷菜单条中执行“Item Properties”，打开项目属性对话框。在该对话框中，设置“Output to Tape”为“If Updated”，“Dependency”为“Dependent”，如图 5-121 所示。

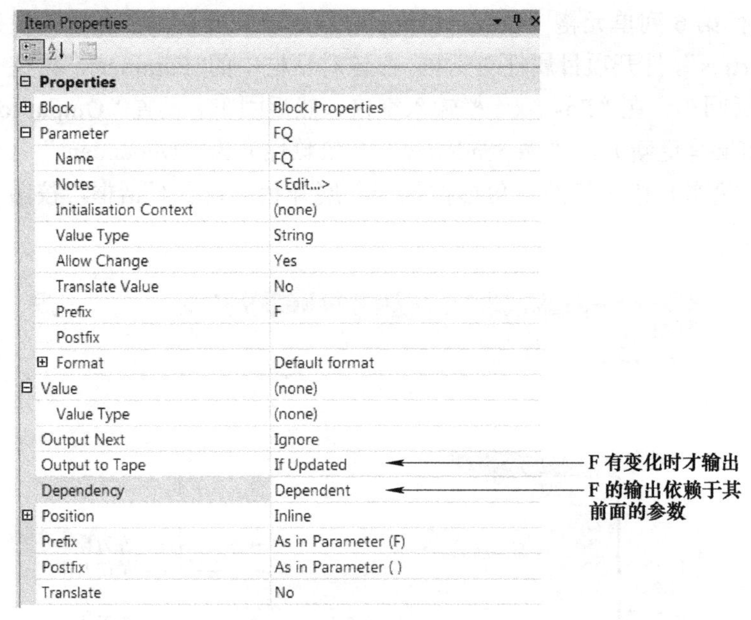

图 5-121 修改进给率属性

3. 调试后处理文件

在 Post Processor 软件中，单击“PostProcessor”选项卡，切换到后处理模式。

在“PostProcessor”选项卡内，右击“CLDATA Files”分枝下的“3x-2.cut”文件，在弹出的快捷菜单条中执行“Process as Debug”（调试模式后处理），待后处理完成后，单击“3x-2_ex-heid.tap.dppdbg”调试文件，在主视窗中显示其内容，如图 5-122 所示。

如图 5-122 所示，刀路起始点和切入点的 X、Y、Z 坐标差距比较大，因此还应该输出快速定位命令。此外，Y-49.997 重复出现，为节约存储空间，需要设置输出属性。

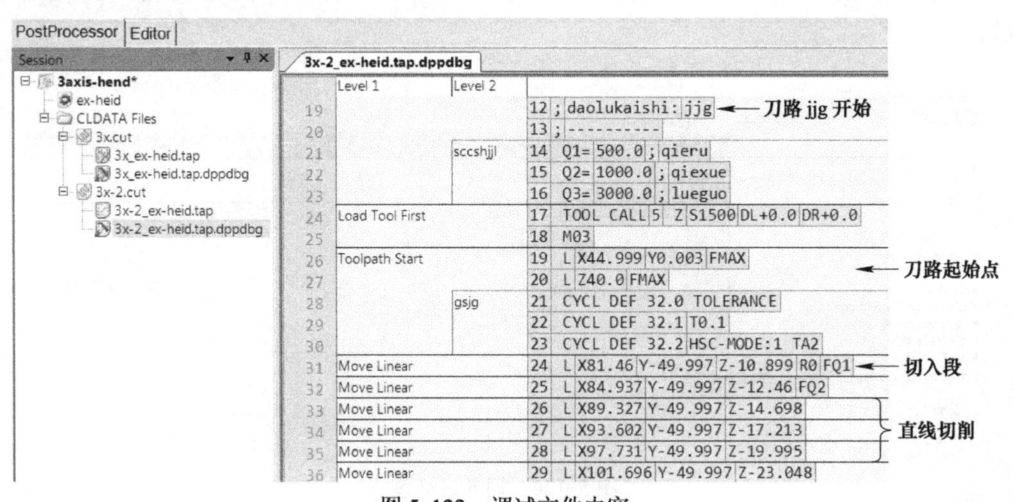

图 5-122 调试文件内容

4. 修改命令中参数的输出属性

在 Post Processor 软件中，单击“Editor”选项卡，切换到后处理文件编辑器模式。

在主视窗的“Move Linear”窗口中，右击第 2 行第 3 列单元格“X”，在弹出的快捷菜单条中执行“Output to Tape”→“If Updated”；右击第 2 行第 4 列单元格“Y”，在弹出的快捷菜单条中执行“Output to Tape”→“If Updated”；右击第 2 行第 5 列单元格“Z”，在弹出的快捷菜单条中执行“Output to Tape”→“If Updated”；右击第 2 行第 2 列单元格“Motion Mode”，在弹出的快捷菜单条中执行“Dependency”→“Dependent”。

5. 对比调试结果

在 Post Processor 软件中，单击“PostProcessor”选项卡，切换到后处理模式。

在“PostProcessor”选项卡内，右击“CLDATA Files”分枝下的“3x-2.cut”文件，在弹出的快捷菜单条中执行“Process as Debug”（调试模式后处理），待后处理完成后，右击“3x-2_ex-heid.tap.dppdbg”调试文件，在弹出的快捷菜单条中执行“Compare”（对比），在主视窗中显示修改前后内容的变化，如图 5-123 所示。

3x-2_ex-heid.tap.dppdbg

Previous 修改前

	Level 1	Level 2	
24	Load Tool First		17 TOOL CALL 5 Z S1500 DL+0.0 DR+0.0
25			18 M03
26	Toolpath Start		19 L X44.999 Y0.003 FMAX
27			20 L Z40.0 FMAX
28		gsjg	21 CYCL DEF 32.0 TOLERANCE
29			22 CYCL DEF 32.1 T0.1
30			23 CYCL DEF 32.2 HSC-MODE:1 TA2
31	Move Linear		24 L X81.46 Y-49.997 Z-10.899 R0 FQ1
32	Move Linear		25 L X84.937 Y-49.997 Z-12.46 FQ2
33	Move Linear		26 L X89.327 Y-49.997 Z-14.698
34	Move Linear		27 L X93.602 Y-49.997 Z-17.213
35	Move Linear		28 L X97.731 Y-49.997 Z-19.995
36	Move Linear		29 L X101.696 Y-49.997 Z-23.048
37	Move Linear		30 L X103.964 Y-49.997 Z-24.998
38	Move Linear		31 L X103.972 Y-49.997 Z-25.0
39	Move Linear		32 L X150.006 Y-49.997 Z-25.0
40	Move Linear		33 L X150.006 Y-49.997 Z-25.0
41	Move Linear		34 L X151.475 Y-49.777 Z-25.0
42	Move Linear		35 L X152.912 Y-49.067 Z-25.0

重复出现　重复

修改后 Current

	Level 1	Level 2	
23			16 Q3= 3000.0 ; lueguo
24	Load Tool First		17 TOOL CALL 5 Z S1500 DL+0.0 DR+0.0
25			18 M03
26	Toolpath Start		19 L X44.999 Y0.003 FMAX
27			20 L Z40.0 FMAX
28		gsjg	21 CYCL DEF 32.0 TOLERANCE
29			22 CYCL DEF 32.1 T0.1
30			23 CYCL DEF 32.2 HSC-MODE:1 TA2
31	Move Linear		24 L X81.46 Y-49.997 Z-10.899 R0 FQ1
32	Move Linear		25 L X84.937 Z-12.46 FQ2
33	Move Linear		26 L X89.327 Z-14.698
34	Move Linear		27 L X93.602 Z-17.213
35	Move Linear		28 L X97.731 Z-19.995
36	Move Linear		29 L X101.696 Z-23.048
37	Move Linear		30 L X103.964 Z-24.998
38	Move Linear		31 L X103.972 Z-25.0
39	Move Linear		32 L X150.006
40	Move Linear		33 L X151.475 Y-49.777
41	Move Linear		34 L X152.912 Y-49.067

图 5-123　对比调试文件内容

如图 5-123 所示，后处理文件经过修改后，已经不再输出重复的坐标代码。

5.2.14　输出快速定位移动代码

1. 设置快速定位移动命令参数

通过复制直线移动命令后，修改部分参数得到快速定位移动命令。

在 Post Processor 软件中，单击“Editor”选项卡，切换到后处理文件编辑器模式。

在主视窗的“Move Linear”窗口中，右击第 1 行第 1 列单元格“jjlsz”，在弹出的快捷菜单条中执行“Select All”（选择所有）。

再次右击第 1 行第 1 列单元格“jjlsz”，在弹出的快捷菜单条中执行“Copy”。复制“Move Linear”窗口中的全部内容。

在“Editor”选项卡中，单击“Commands”，切换到“Commands”窗口。在该窗口中的“Move”树枝下，右击“Move Rapid”（快速移动）分枝，在弹出的快捷菜单条中执行“Activate”，将该命令激活。

单击“Move Rapid”分枝，在主视窗中显示“Move Rapid”窗口。

右击“Move Rapid”窗口中的第 1 行第 1 列空白单元格，在弹出的快捷菜单条中执行“Paste”，结果如图 5-124 所示。

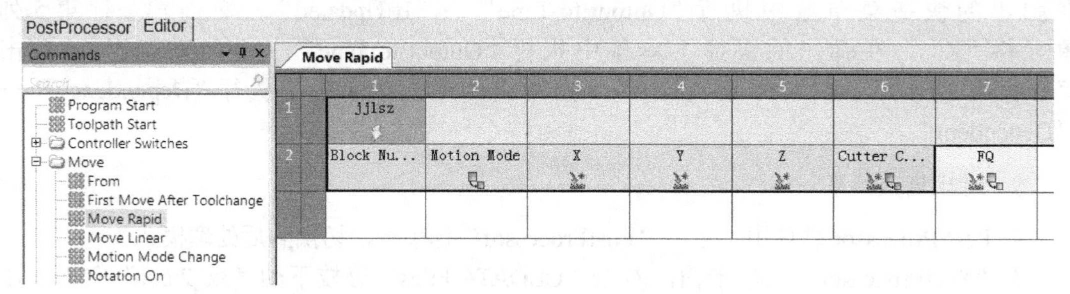

图 5-124　复制粘贴参数到“Move Rapid”

如图 5-124 所示，首先单击第 2 行第 1 列单元格“Block Number”，然后右击第 2 行第 1 列单元格“Block Number”，在弹出的快捷菜单条中执行“Block”（块）→“Select”（选择）。

再右击第 2 行第 1 列单元格“Block Number”，在弹出的快捷菜单条中执行“Copy”。

右击第 3 行第 1 列空白单元格，在弹出的快捷菜单条中执行“Paste”，结果如图 5-125 所示。

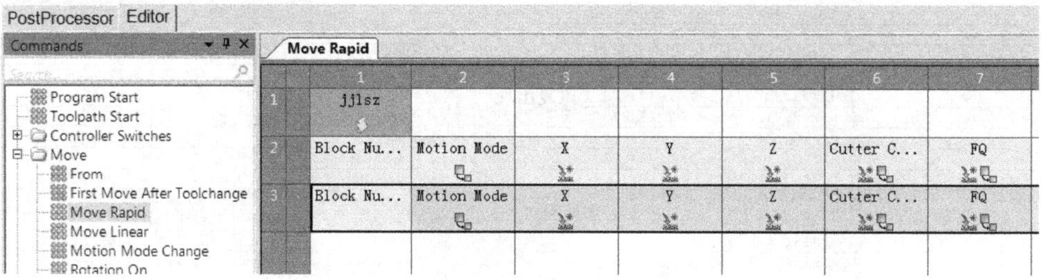

图 5-125　Move Rapid 命令增加参数

接下来删除多余的参数。

如图 5-125 所示，单击选择第 2 行第 5 列单元格“Z”，然后按键盘上的 <Delete> 键，将它删除；单击选择第 3 行第 3 列单元格“X”，然后按键盘上的 <Delete> 键，将它删除；单击选择第 3 行第 4 列单元格“Y”，然后按键盘上的 <Delete> 键，将它删除；单击选择第 3 行第 6 列单元格“Cutter Compensation Mode”，然后按键盘上的 <Delete> 键，将它删除，编辑后的结果如图 5-126 所示。

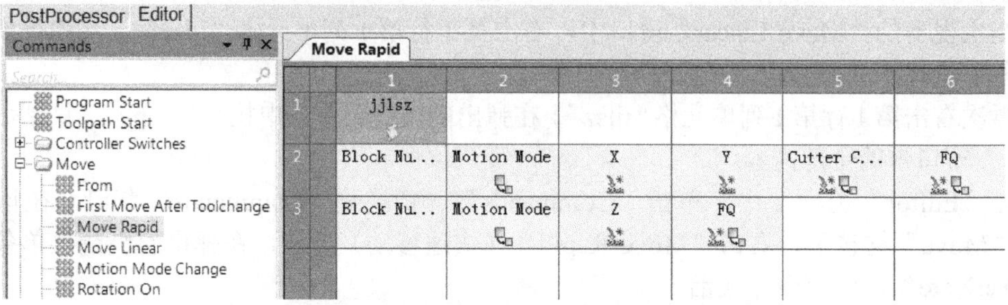

图 5-126　删除 Move Rapid 命令部分参数

2. 调试后处理文件

在 Post Processor 软件中，单击“PostProcessor”选项卡，切换到后处理模式。

在“PostProcessor”选项卡内，右击“CLDATA Files”分枝下的“3x-2.cut”文件，在弹出的快捷菜单条中执行“Process as Debug”（调试模式后处理），待后处理完成后，单击“3x-2_ex-heid.tap.dppdbg”调试文件，在主视窗中显示其内容，如图 5-127 所示。

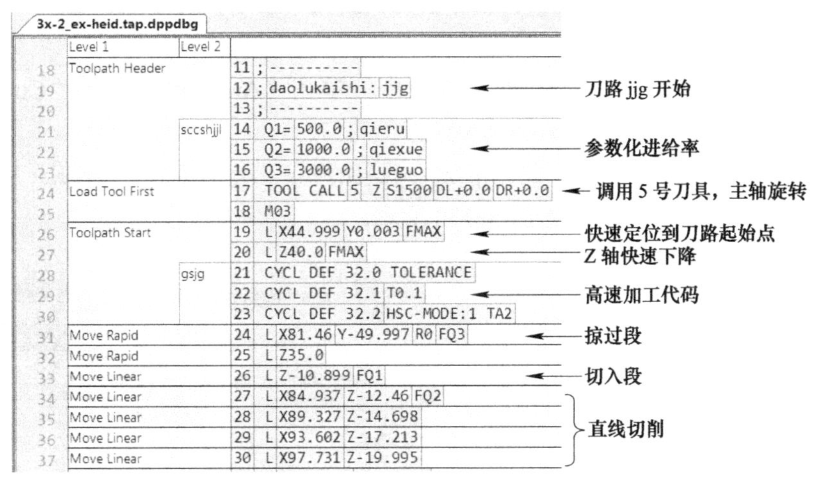

图 5-127　调试文件内容

5.2.15　输出圆弧切削代码

在 Post Processor 软件中，单击“Editor”选项卡，切换到后处理文件编辑器模式。

若要激活圆弧移动命令，则需要先在选项文件设置中勾选圆弧移动支持选项。

1. 勾选圆弧移动支持选项

在 Post Processor 软件中，单击“File”（文件）→“Option File Settings…”（选项文件设置），打开选项文件设置对话框。单击“Arcs And Splines”（圆弧和样条）树枝，在“Arc Support”（圆弧支持）→“3 Axis”（3 轴）中，勾选“XY”，如图 5-128 所示。即后处理文件能支持后处理三轴加工中 XY 平面上的圆弧切削指令。

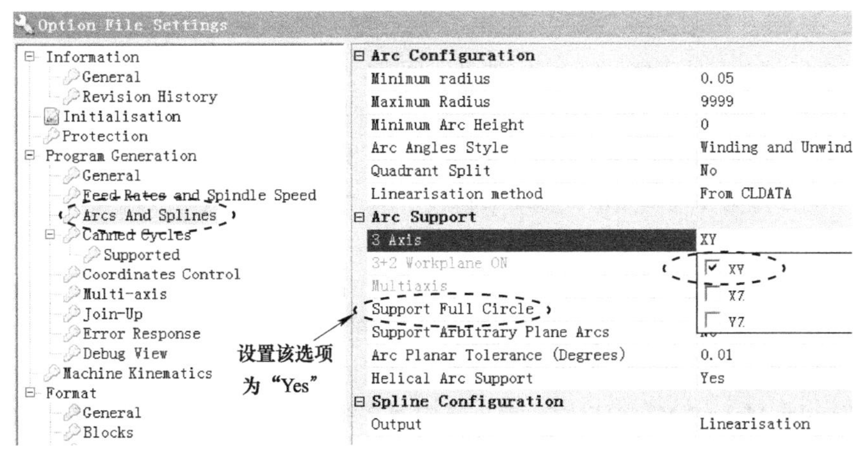

图 5-128　勾选圆弧支持

勾选圆弧移动支持选项后，“Editor”选项卡中的“Commands”窗口会增加“Arc”（圆弧）树枝。

2. 激活圆弧切削命令并插入指令

在“Commands”窗口中，双击“Arc”树枝，将它展开。右击该树枝下的“Circular Move XY”（XY 平面圆弧切削）分枝，在弹出的快捷菜单条中执行“Activate”，将它激活，如图 5-129 所示。

在“Editor”选项卡的“Commands”窗口中，单击“Arc”树枝下的“Circular Move XY”分枝，在主视窗中打开“Circular Move XY”窗口。

拖动“User Commands”树枝下的“jjlsz”（进给率设置）命令到“Circular Move XY”窗口中第 1 行第 1 列空白单元格，如图 5-130 所示。

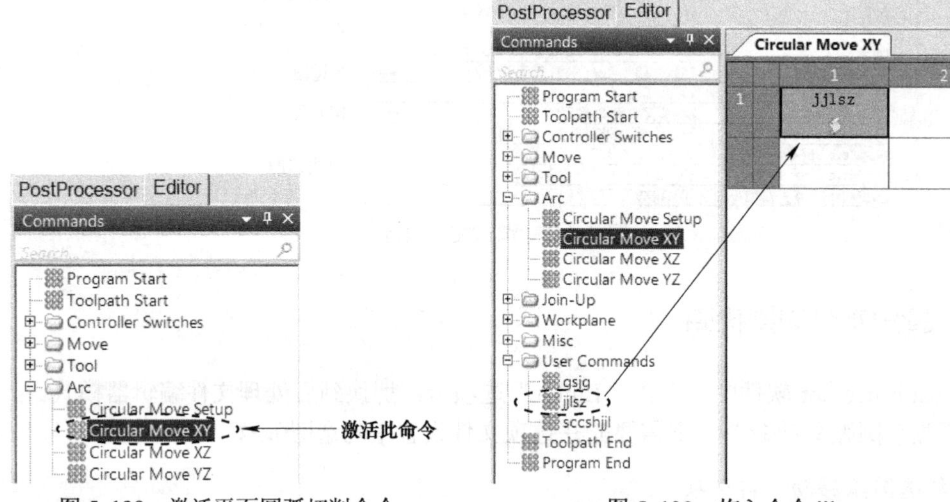

图 5-129 激活平面圆弧切削命令　　图 5-130 拖入命令 jjlsz

在“Circular Move XY”窗口中，单击选中第 2 行第 1 列空白单元格，然后在工具栏中单击插入块按钮，在第 2 行第 1 列单元格中插入一个“Block Number”程序行号，开始新的一行。接着在工具栏中单击插入文本按钮，在第 2 行第 2 列单元格中插入一个文本输出块。

双击第 2 行第 2 列单元格，输入“ CC ”，回车，注意 CC 前输入空格，CC 后输入空格。

在“Editor”选项卡中，单击“Parameters”，打开“Parameters”窗口。双击“Arc”树枝，将它展开，拖动该树枝下的“Arc Centre X”（圆弧中心的 X 坐标）到“Circular Move XY”窗口中第 2 行第 3 列单元格；拖动该树枝下的“Arc Centre Y”（圆弧中心的 Y 坐标）到“Circular Move XY”窗口中第 2 行第 4 列单元格，如图 5-131 所示。

右击第 2 行第 3 列单元格“Arc Centre X”，在弹出的快捷菜单条中执行“Item Properties”，打开项目属性对话框。在该对话框中的“Parameter”树枝下，在“Prefix”栏输入 X，然后回车，在“Postfix”栏输入空格，然后回车。

在“Circular Move XY”窗口中，单击选中第 3 行第 1 列空白单元格，然后在工具栏中单击插入块按钮，在第 3 行第 1 列单元格中插入一个“Block Number”程序行号，开始新的一行。接着在工具栏中单击插入文本按钮 A ，在第 3 行第 2 列单元格中插入一个文本输出块。

双击第 3 行第 2 列单元格，输入“ C ”，回车，注意 C 前输入空格，C 后输入空格。

在“Editor”选项卡的“Parameters”窗口中，双击“Controller Switches”树枝，将它展开。拖动该树枝下的“Cutter Compensation Mode”（刀具补偿模式）到“Circular Move XY”窗口中第 3 行第 3 列单元格。

在“Parameters”窗口中，双击“Move”树枝，将它展开。拖动该树枝下的“X”（X 轴）到“Circular Move XY”窗口中第 3 行第 4 列单元格，拖动该树枝下的“Y”（Y 轴）到“Circular Move XY”窗口中第 3 行第 5 列单元格，如图 5-132 所示。

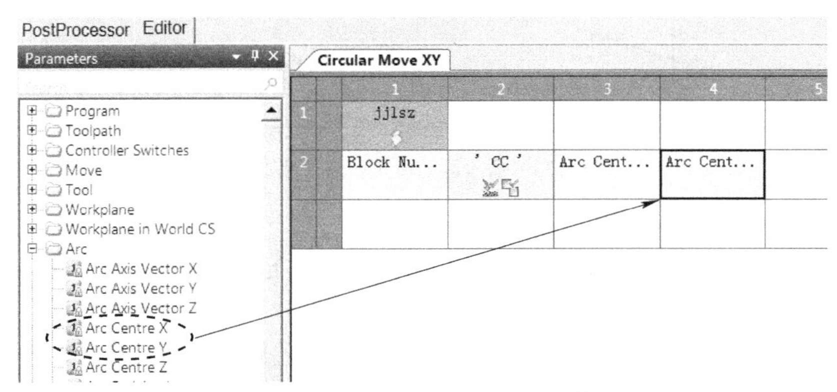

图 5-131　拖入圆弧中心坐标参数

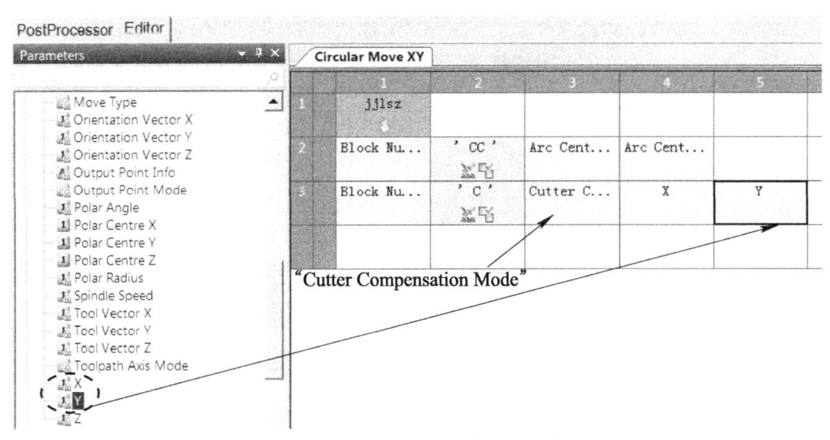

图 5-132　拖入刀具补偿模式和坐标参数

在“Circular Move XY”窗口中，右击第 3 行第 3 列单元格“Cutter Compensation Mode”，在弹出的快捷菜单条中执行“Output to Tape”→“If Updated”；右击第 3 行第 4 列单元格“X”，在弹出的快捷菜单条中执行“Output to Tape”→“Always”；右击第 3 行第 5 列单元格“Y”，在弹出的快捷菜单条中执行“Output to Tape”→“Always”。

在“Parameters”窗口中，拖动“Controller Switches”树枝下的“Motion Mode”到“Circular Move XY”窗口中第 3 行第 6 列单元格。

在“Parameters”窗口中，双击“User Parameters”树枝，将它展开。拖动该树枝下的“FQ”到“Circular Move XY”窗口中第 3 行第 7 列单元格，结果如图 5-133 所示。

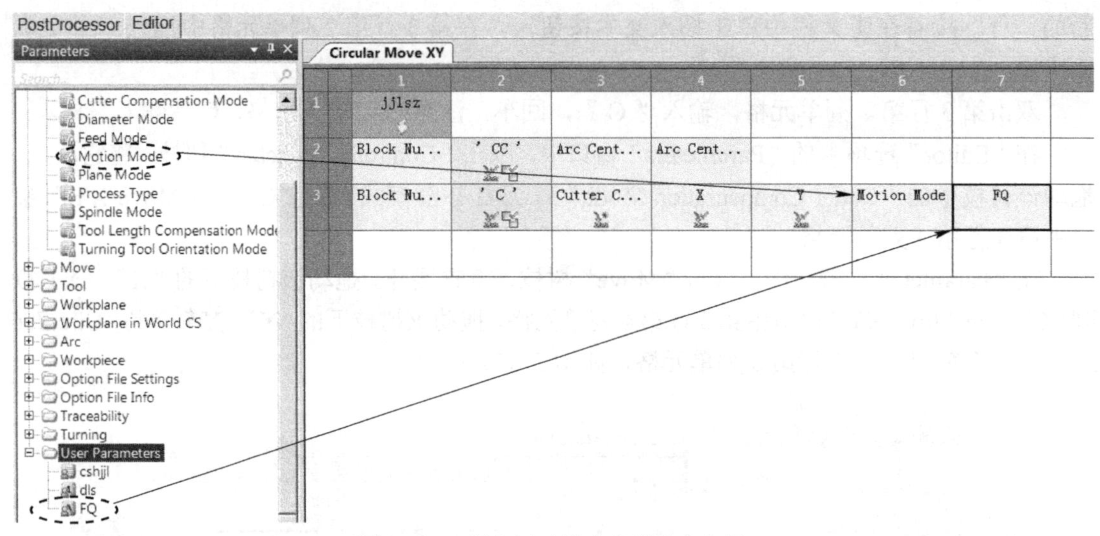

图 5-133 插入运动模式和进给率参数

3. 调试后处理文件

在 Post Processor 软件中，单击“PostProcessor”选项卡，切换到后处理模式。

在“PostProcessor”选项卡内，右击“CLDATA Files”分枝下的“3x-2.cut”文件，在弹出的快捷菜单条中执行“Process as Debug”（调试模式后处理），待后处理完成后，单击“3x-2_ex-heid.tap.dppdbg”调试文件，在主视窗中显示其内容，如图 5-134 所示。

3x-2_ex-heid.tap.dppdbg

	Level 1	Level 2	
19			12 ; daolukaishi: jjg （刀路 jjg 开始）
20			13 ; ----------
21		sccshjjl	14 Q1= 500.0 ; qieru
22			15 Q2= 1000.0 ; qiexue
23			16 Q3= 3000.0 ; lueguo
24	Load Tool First		17 TOOL CALL 5 Z S1500 DL+0.0 DR+0.0
25			18 M03
26	Toolpath Start		19 L X44.999 Y0.003 FMAX
27			20 L Z40.0 FMAX
28		gsjg	21 CYCL DEF 32.0 TOLERANCE
29			22 CYCL DEF 32.1 T0.1
30			23 CYCL DEF 32.2 HSC-MODE:1 TA2
31	Move Rapid		24 L X81.46 Y-49.997 R0 FQ3
32	Move Rapid		25 L Z35.0
33	Move Linear		26 L Z-10.899 FQ1
34	Move Linear		27 L X84.937 Z-12.46 FQ2
35	Move Linear		28 L X89.327 Z-14.698
36	Move Linear		29 L X93.602 Z-17.213
37	Move Linear		30 L X97.731 Z-19.995
38	Move Linear		31 L X101.696 Z-23.048
39	Move Linear		32 L X103.964 Z-24.998
40	Move Linear		33 L X103.972 Z-25.0
41	Move Linear		34 L X150.006
42	Circular Move XY		35 CC X150.006 Y-44.997 （圆弧中心坐标）
43			36 C X155.006 Y-44.997 DR+ FQ2 （圆弧切削代码）
44	Circular Move XY		37 CC X150.006 Y-44.997
45			38 C X150.006 Y-39.997 DR+ FQ2

图 5-134 圆弧切削调试文件内容

5.2.16 输出孔加工类固定循环代码

在 Post Processor 软件中，单击“Editor”选项卡，切换到后处理文件编辑器模式。

1. 勾选支持固定循环输出选项

在 Post Processor 软件中，单击“File”→“Option File Settings…”，打开选项文件设置对话框。

单击“Canned Cycles”（固定循环）树枝下的“Supported”（支持）分枝，勾选“Single Peck”（单次啄孔）、“Rigid Tapping”（刚性攻螺纹），如图 5-135 所示。

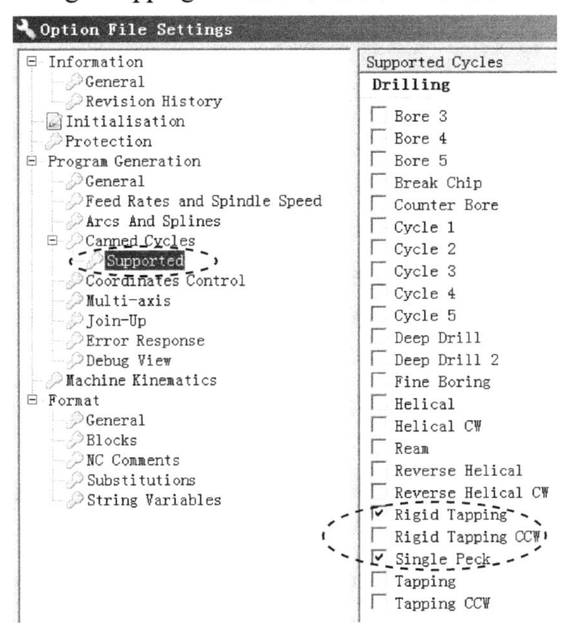

图 5-135　勾选输出的孔加工方式

单击“Canned Cycles”树枝，按图 5-136 所示设置孔加工原点位置参数。

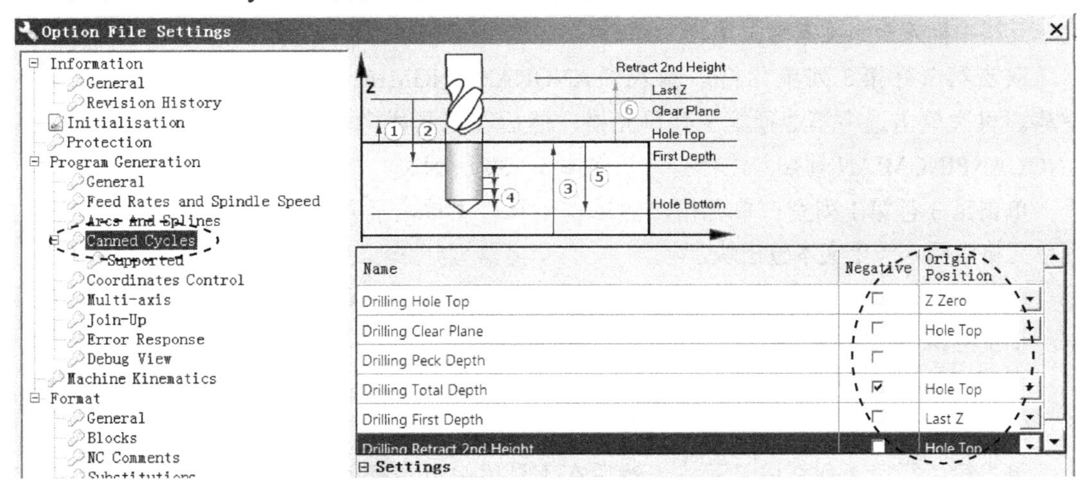

图 5-136　设置孔加工原点位置参数

单击“Close”（关闭）按钮，关闭选项文件设置对话框。

2. 激活固定循环命令

在“Commands”窗口中，双击“Cycles”（循环）树枝，将它展开，右击“Single

Pecking Setup”（钻浅孔设置）分枝，在弹出的快捷菜单条中执行“Activate”，将它激活。重复此操作，激活“Drilling Cycle Start”（钻孔循环开始）、“Rigid Tapping Setup”（刚性攻螺纹设置）、“Move in Cycle”（循环内移动）、“Drilling Cycle End”（钻孔循环结束）命令，如图 5-137 所示。

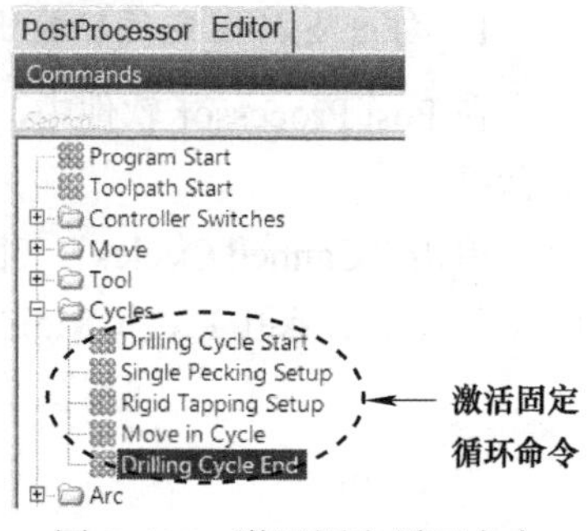

图 5-137　激活固定循环命令

3. 设置单次啄孔（钻浅孔）固定循环参数

在“Commands”窗口的“Cycles”树枝下，单击“Single Pecking Setup”分枝，在主视窗中显示“Single Pecking Setup”窗口。在该窗口中，单击第 1 行第 1 列空白单元格，然后在工具栏中单击插入块按钮，在第 1 行第 1 列单元格中插入一个“Block Number”程序行号，开始新的一行。接着在工具栏中单击插入文本按钮A，在第 1 行第 2 列单元格中插入一个文本输出块。

双击第 1 行第 2 列单元格，输入“ CYCL DEF 200 DRILLING~ ”，回车，注意 CYCL 前输入空格。

单击第 2 行第 1 列空白单元格，然后在工具栏中单击插入文本按钮A，在第 2 行第 1 列单元格中插入一个文本输出块。

双击第 2 行第 1 列单元格，输入“   Q200= ”，回车，注意 Q 前输入三个空格，= 后输入一个空格。

在“Editor”选项卡中，单击“Parameters”，切换到“Parameters”窗口。双击“Canned Cycles”树枝，将它展开，拖动“Drilling Clear Plane”（钻孔安全平面）到“Single Pecking Setup”窗口第 2 行第 2 列单元格中。

单击第 2 行第 3 列空白单元格，然后在工具栏中单击插入文本按钮A，在第 2 行第 3 列单元格中插入一个文本输出块。

双击第 2 行第 3 列单元格，输入“ ANQUANPINGMIAN ”，回车，注意 A 前输入空格。再次单击选中第 2 行第 3 列单元格，然后在工具栏中单击插入注释符按钮，在 ANQUANPINGMIAN 前插入注释符号，如图 5-138 所示。

单击第 3 行第 1 列空白单元格，然后在工具栏中单击插入文本按钮A，在第 3 行第 1 列单元格中插入一个文本输出块。

双击第 3 行第 1 列单元格，输入“   Q201= ”，回车，注意 Q 前输入三个空格，= 后输入一个空格。

在“Editor”选项卡的“Parameters”窗口中，拖动“Drilling Total Depth”（钻孔总深度）到“Single Pecking Setup”窗口第 3 行第 2 列单元格中。

单击第 3 行第 3 列空白单元格，然后在工具栏中单击插入文本按钮A，在第 3 行第 3 列单元格中插入一个文本输出块。

双击第 3 行第 3 列单元格，输入“ ZONGSHENDU ”，回车，注意 Z 前输入空格。再次单击选中第 3 行第 3 列单元格，然后在工具栏中单击插入注释符按钮，在 ZONGSHENDU 前插入注释符号，如图 5-139 所示。

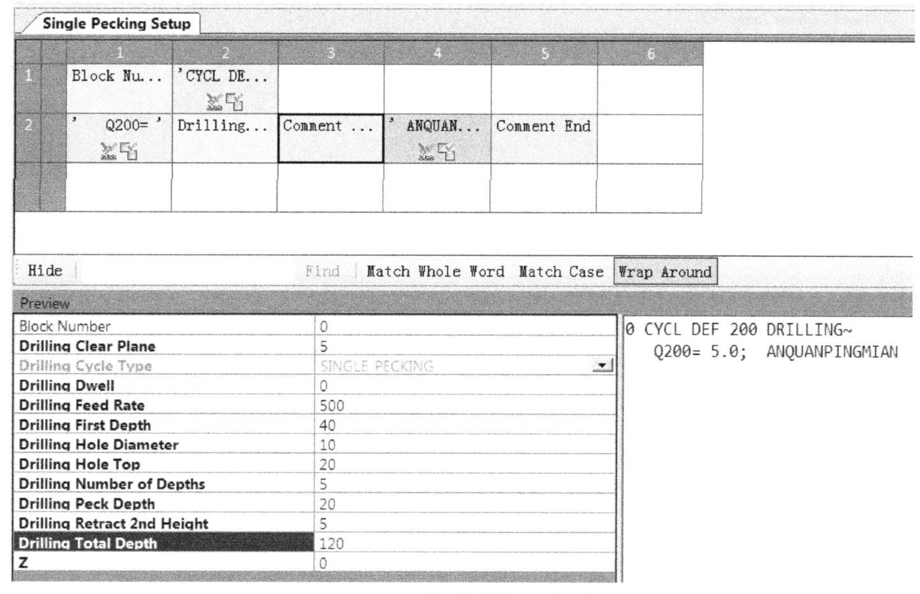

图 5-138　设置浅钻安全平面

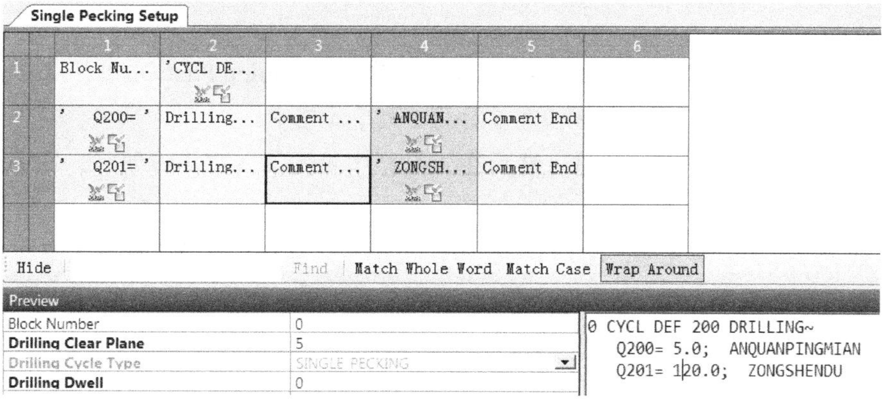

图 5-139　设置浅钻总深度

单击第 4 行第 1 列空白单元格，然后在工具栏中单击插入文本按钮，在第 4 行第 1 列单元格中插入一个文本输出块。

双击第 4 行第 1 列单元格，输入“　Q206= ”，回车，注意 Q 前输入三个空格，= 后输入一个空格。

在“Editor”选项卡的“Parameters”窗口中，拖动“Drilling Feed Rate”（钻孔进给率）到“Single Pecking Setup”窗口第 4 行第 2 列单元格中。

单击第 4 行第 3 列空白单元格，然后在工具栏中单击插入文本按钮，在第 4 行第 3 列单元格中插入一个文本输出块。

双击第 4 行第 3 列单元格，输入“ JINGJILU”，回车，注意 J 前输入空格。再次单击选中第 4 行第 3 列单元格，然后在工具栏中单击插入注释符按钮，在 JINGJILU 前插入注释符号，如图 5-140 所示。

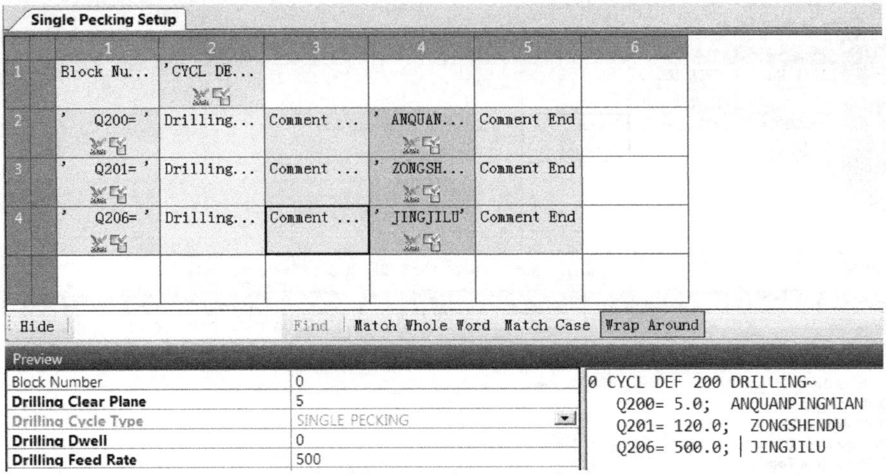

图 5-140　设置浅钻进给率

单击第 5 行第 1 列空白单元格，然后在工具栏中单击插入文本按钮 A，在第 5 行第 1 列单元格中插入一个文本输出块。

双击第 5 行第 1 列单元格，输入“　Q202= ”，回车，注意 Q 前输入三个空格，= 后输入一个空格。

在“Editor”选项卡的“Parameters”窗口中，拖动“Drilling First Depth”（钻孔第一次深度）到“Single Pecking Setup”窗口第 5 行第 2 列单元格中。

单击第 5 行第 3 列空白单元格，然后在工具栏中单击插入文本按钮 A，在第 5 行第 3 列单元格中插入一个文本输出块。

双击第 5 行第 3 列单元格，输入“ 1st SHENDU”，回车，注意 1 前输入空格。再次单击选中第 5 行第 3 列单元格，然后在工具栏中单击插入注释符按钮，在 1st SHENDU 前插入注释符号，如图 5-141 所示。

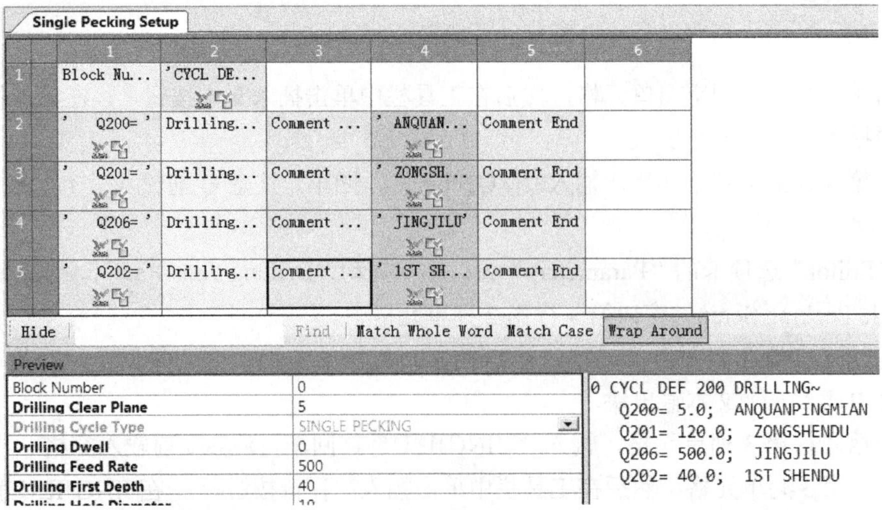

图 5-141　设置浅钻第一次深度

单击第 6 行第 1 列空白单元格，然后在工具栏中单击插入文本按钮 A，在第 6 行第 1 列单元格中插入一个文本输出块。

双击第 6 行第 1 列单元格，输入“　Q210= ”，回车，注意 Q 前输入三个空格，= 后输入一个空格。

在“Editor”选项卡的“Parameters”窗口中，拖动“Drilling Dwell”（孔底停留时间）到“Single Pecking Setup”窗口第 6 行第 2 列单元格中。

单击第 6 行第 3 列空白单元格，然后在工具栏中单击插入文本按钮 A，在第 6 行第 3 列单元格中插入一个文本输出块。

双击第 6 行第 3 列单元格，输入“ TINGLIUSHIJIAN”，回车，注意 T 前输入空格。再次单击选中第 6 行第 3 列单元格，然后在工具栏中单击插入注释符按钮，在 TINGLIUSHIJIAN 前插入注释符号，如图 5-142 所示。

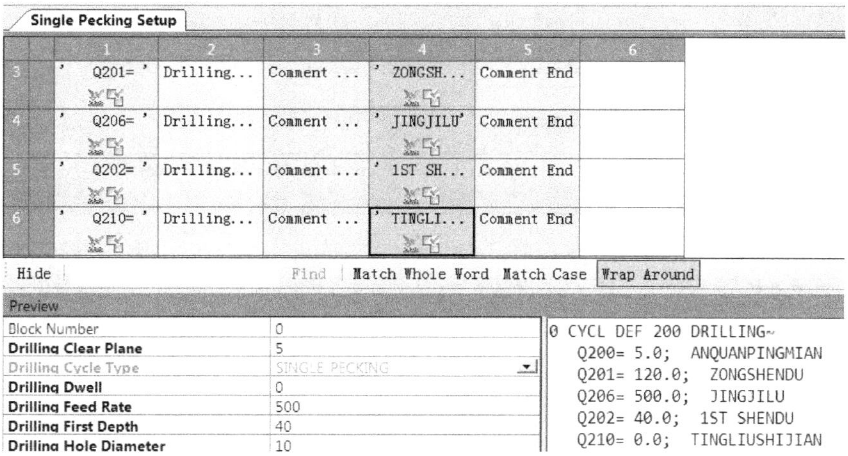

图 5-142　设置浅钻孔底停留时间

单击第 7 行第 1 列空白单元格，然后在工具栏中单击插入文本按钮 A，在第 7 行第 1 列单元格中插入一个文本输出块。

双击第 7 行第 1 列单元格，输入“　Q203= ”，回车，注意 Q 前输入三个空格，= 后输入一个空格。

在“Editor”选项卡的“Parameters”窗口中，拖动“Drilling Hole Top”（钻孔顶面）到“Single Pecking Setup”窗口第 7 行第 2 列单元格中。

单击第 7 行第 3 列空白单元格，然后在工具栏中单击插入文本按钮 A，在第 7 行第 3 列单元格中插入一个文本输出块。

双击第 7 行第 3 列单元格，输入“ KONGDING”，回车，注意 K 前输入空格。再次单击选中第 7 行第 3 列单元格，然后在工具栏中单击插入注释符按钮，在 KONGDING 前插入注释符号，如图 5-143 所示。

单击第 8 行第 1 列空白单元格，然后在工具栏中单击插入文本按钮 A，在第 8 行第 1 列单元格中插入一个文本输出块。

双击第 8 行第 1 列单元格，输入“　Q204= ”，回车，注意 Q 前输入三个空格，= 后输入一个空格。

在“Editor”选项卡的“Parameters”窗口中，拖动“Drilling Retract 2nd Height”（钻孔后撤第二高度）到“Single Pecking Setup”窗口第 8 行第 2 列单元格中。

单击第 8 行第 3 列空白单元格，然后在工具栏中单击插入文本按钮 A，在第 8 行第 3 列单元格中插入一个文本输出块。

双击第 8 行第 3 列单元格，输入“ 2 GAODU”，回车，注意 2 前输入空格。再次单击选中第 8 行第 3 列单元格，然后在工具栏中单击插入注释符按钮，在 2 GAODU 前插入注释符号，如图 5-144 所示。

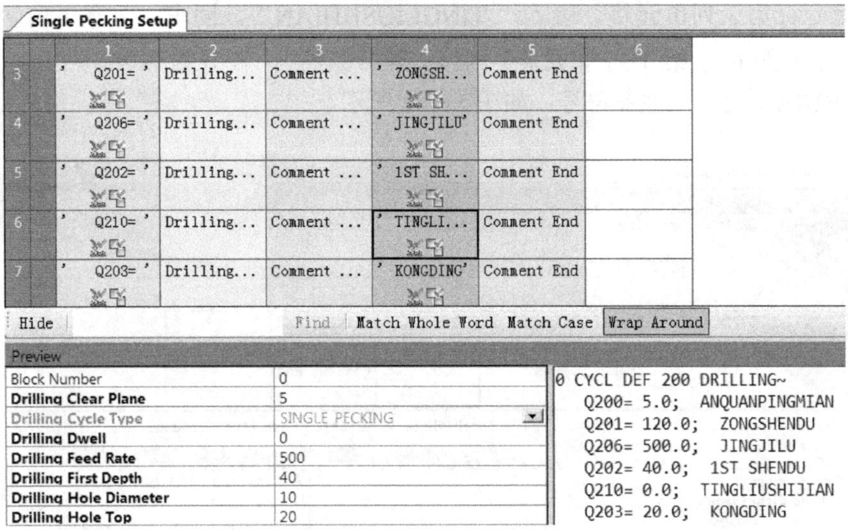

Single Pecking Setup

	1	2	3	4	5	6
3	' Q201= '	Drilling...	Comment ...	' ZONGSH...	Comment End	
4	' Q206= '	Drilling...	Comment ...	' JINGJILU'	Comment End	
5	' Q202= '	Drilling...	Comment ...	' 1ST SH...	Comment End	
6	' Q210= '	Drilling...	Comment ...	' TINGLI...	Comment End	
7	' Q203= '	Drilling...	Comment ...	' KONGDING'	Comment End	

Hide　Find　Match Whole Word　Match Case　Wrap Around

Preview

Block Number	0
Drilling Clear Plane	5
Drilling Cycle Type	SINGLE PECKING
Drilling Dwell	0
Drilling Feed Rate	500
Drilling First Depth	40
Drilling Hole Diameter	10
Drilling Hole Top	20

```
0 CYCL DEF 200 DRILLING~
  Q200= 5.0;  ANQUANPINGMIAN
  Q201= 120.0;  ZONGSHENDU
  Q206= 500.0;  JINGJILU
  Q202= 40.0;  1ST SHENDU
  Q210= 0.0;  TINGLIUSHIJIAN
  Q203= 20.0;  KONGDING
```

图 5-143　设置浅钻孔顶面

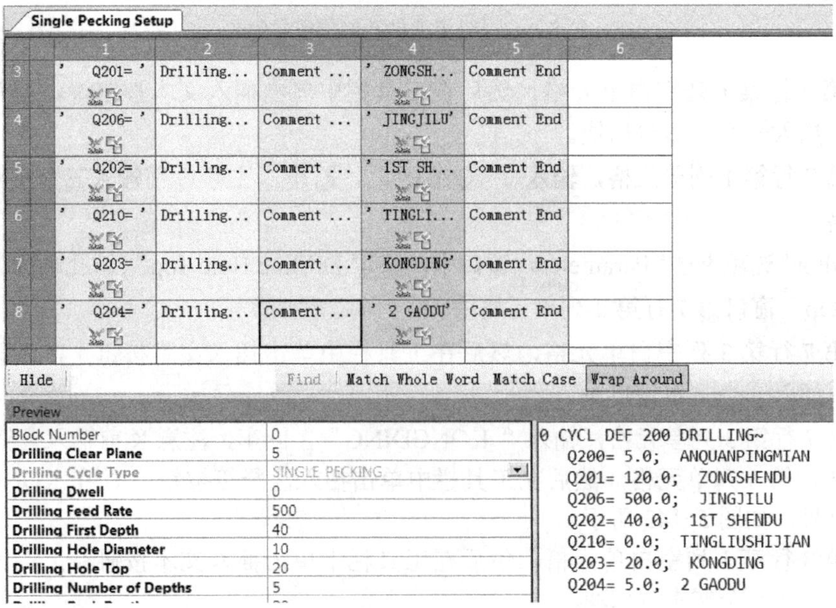

Single Pecking Setup

	1	2	3	4	5	6
3	' Q201= '	Drilling...	Comment ...	' ZONGSH...	Comment End	
4	' Q206= '	Drilling...	Comment ...	' JINGJILU'	Comment End	
5	' Q202= '	Drilling...	Comment ...	' 1ST SH...	Comment End	
6	' Q210= '	Drilling...	Comment ...	' TINGLI...	Comment End	
7	' Q203= '	Drilling...	Comment ...	' KONGDING'	Comment End	
8	' Q204= '	Drilling...	Comment ...	' 2 GAODU'	Comment End	

Hide　Find　Match Whole Word　Match Case　Wrap Around

Preview

Block Number	0
Drilling Clear Plane	5
Drilling Cycle Type	SINGLE PECKING
Drilling Dwell	0
Drilling Feed Rate	500
Drilling First Depth	40
Drilling Hole Diameter	10
Drilling Hole Top	20
Drilling Number of Depths	5

```
0 CYCL DEF 200 DRILLING~
  Q200= 5.0;  ANQUANPINGMIAN
  Q201= 120.0;  ZONGSHENDU
  Q206= 500.0;  JINGJILU
  Q202= 40.0;  1ST SHENDU
  Q210= 0.0;  TINGLIUSHIJIAN
  Q203= 20.0;  KONGDING
  Q204= 5.0;  2 GAODU
```

图 5-144　设置浅钻孔后撤第二高度

单击第9行第1列空白单元格，然后在工具栏中单击插入文本按钮A，在第9行第1列单元格中插入一个文本输出块。

双击第9行第1列单元格，输入“   Q211= ”，回车，注意Q前输入三个空格，=后输入一个空格。

在“Editor”选项卡的“Parameters”窗口中，拖动“Drilling Dwell”（孔底停留时间）到“Single Pecking Setup”窗口第9行第2列单元格中。

单击第9行第3列空白单元格，然后在工具栏中单击插入文本按钮A，在第9行第3列单元格中插入一个文本输出块。

双击第9行第3列单元格，输入“ D TINGLIUSHIJIAN”，回车，注意D前输入空格。再次单击选中第9行第3列单元格，然后在工具栏中单击插入注释符按钮，在D TINGLIUSHIJIAN前插入注释符号，如图5-145所示。

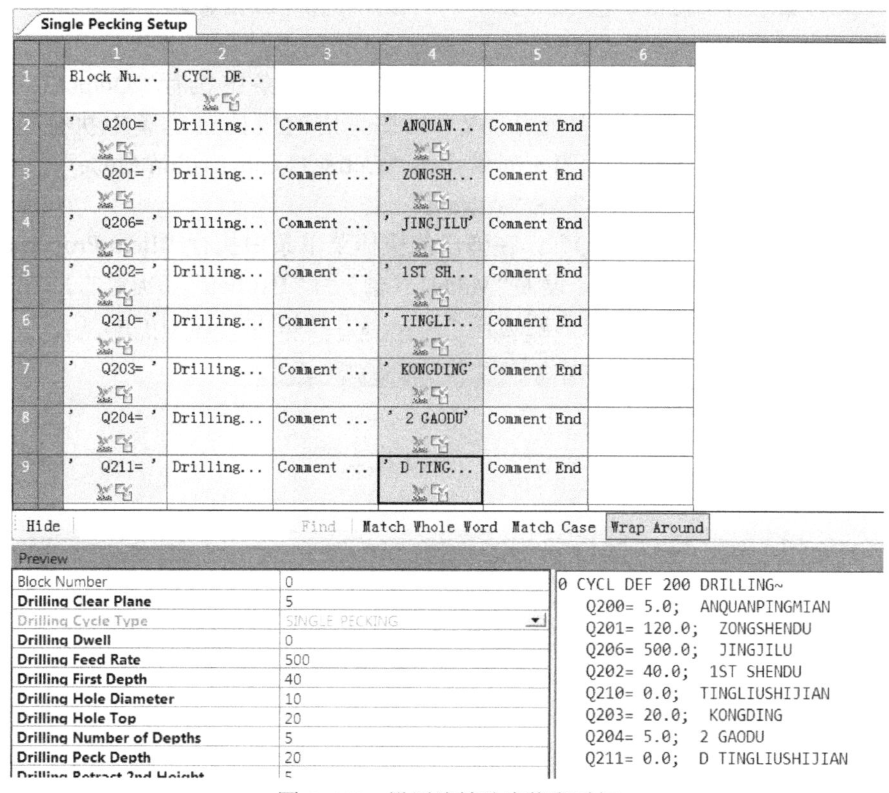

图5-145　设置浅钻孔底停留时间

4. 设置循环内移动参数

在“Editor”选项卡中，单击“Commands”，切换到“Commands”窗口。

在“Commands”窗口的“Cycles”树枝下，单击“Move in Cycle”（循环内移动）分枝，在主视窗中显示“Move in Cycle”窗口。在该窗口中，单击第1行第1列空白单元格，然后在工具栏中单击插入块按钮，在第1行第1列单元格中插入一个“Block Number”程序行号，开始新的一行。

在“Editor”选项卡中，单击“Parameters”，切换到“Parameters”窗口。双击“Controller Switches”（控制器开关）树枝，将它展开，拖动“Motion Mode”到“Move in Cycle”窗口第 1 行第 2 列单元格中。

在“Parameters”窗口中，双击“Move”树枝，将它展开。拖动该树枝下的“X”（X 坐标）到“Move in Cycle”窗口第 1 行第 3 列单元格中，拖动该树枝下的“Y”（Y 坐标）到“Move in Cycle”窗口第 1 行第 4 列单元格中。

在“Parameters”窗口的“Controller Switches”树枝下，拖动“Cutter Compensation Mode”（刀具补偿模式）到“Move in Cycle”窗口第 1 行第 5 列单元格中。

在“Parameters”窗口中的“User Parameters”（用户自定义参数）树枝下，拖动“FQ”（自定义进给率）到“Move in Cycle”窗口第 1 行第 6 列单元格中。

单击第 1 行第 7 列空白单元格，在工具栏中单击插入文本按钮 A，在第 1 行第 7 列单元格中插入一个文本输出块。

双击第 1 行第 7 列单元格，输入“ M99”，回车，注意 M 前输入空格。

接下来更改参数的属性。

右击第 1 行第 3 列单元格“X”，在弹出的快捷菜单条中执行“Output to Tape”→“Always”；右击第 1 行第 4 列单元格“Y”，在弹出的快捷菜单条中执行“Output to Tape”→“Always”；右击第 1 行第 5 列单元格“Cutter Compensation Mode”，在弹出的快捷菜单条中执行“Output to Tape”→“Always”。

右击第 1 行第 6 列单元格“FQ”，在弹出的快捷菜单条中执行“Item Properties”，打开项目属性对话框。在该对话框中，设置“Value”（值）为“Explicit”（确定的），在“Value”栏输入“MAX”，“Output to Tape”栏选择“Always”，如图 5-146 所示。

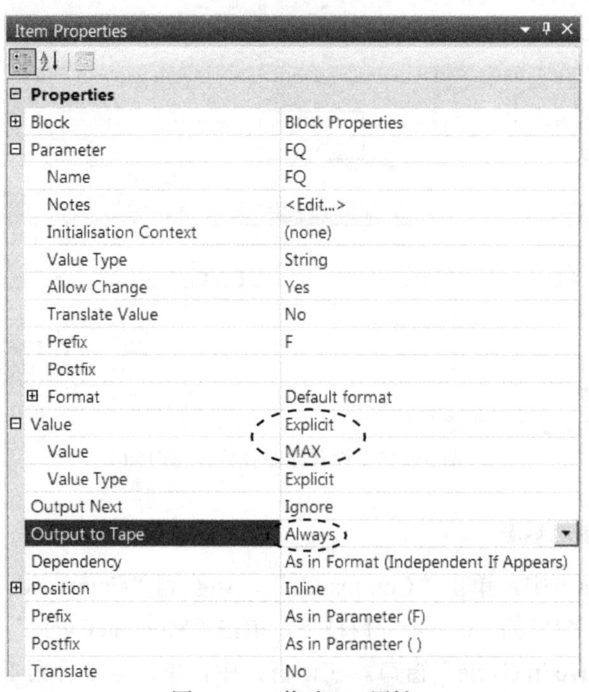

图 5-146 修改 FQ 属性

完成后的结果如图 5-147 所示。

Move in Cycle

	1	2	3	4	5	6	7	8
1	Block Nu...	Motion Mode	X	Y	Cutter C...	FQ = MAX	' M99'	

Hide　Find　Match Whole Word　Match Case　Wrap Around

Preview

Block Number	0
Cutter Compensation Mode	OFF
FQ	MAX
Motion Mode	LIN
X	0
Y	0

0　L X0.0 Y0.0 R0 FMAX　M99

图 5-147　循环内移动命令参数

5. 调试后处理文件（一）

在 Post Processor 软件中，单击“PostProcessor”选项卡，切换到后处理模式。

在“PostProcessor”选项卡内，右击“CLDATA Files”分枝，在弹出的快捷菜单条中执行“Add CLDATA…”（增加刀位文件），打开“打开”对话框，在该对话框中选择打开 E:\PostEX\ch05\3x-zqk.cut 文件。该刀位文件包含 3 个浅孔的钻孔刀路。

右击“CLDATA Files”分枝下的“3x-zqk.cut”文件，在弹出的快捷菜单条中执行“Process as Debug”（调试模式后处理），系统会在“3x-zqk.cut”分枝下生成一个名为“3x-zqk_ex-heid.tap”的 NC 程序文件和一个名为“3x-zqk _ex-heid.tap.dppdbg”的调试文件。

单击“3x-zqk_ex-heid.tap.dppdbg”调试文件，在主视窗中显示其内容，如图 5-148 所示。

3x-zqk_ex-heid.tap.dppdbg

	Level 1	Level 2	
19			13 ; ----------
20		sccshjjl	14 Q1= 500.0 ; qieru
21			15 Q2= 1000.0 ; qiexue
22			16 Q3= 3000.0 ; lueguo
23	Load Tool First		17 TOOL CALL 6 Z S1500 DL+0.0 DR+0.0
24			18 M03
25	Toolpath Start		19 L X50.0 Y40.0 FMAX
26			20 L Z50.0 FMAX
27		gsjg	21 CYCL DEF 32.0 TOLERANCE
28			22 CYCL DEF 32.1 T0.01
29			23 CYCL DEF 32.2 HSC-MODE:0 TA0.5
30	Move Rapid		24 L X75.0 Y58.0 R0 FQ3
	Drilling Cycle Start		
31	Single Pecking Setup		25 CYCL DEF 200 DRILLING~
32			Q200= 3.0 ; ANQUANPINGMIAN
33			Q201= -20.0 ; ZONGSHENDU
34			Q206= 1000.0 ; JINGJILU
35			Q202= 50.0 ; 1ST SHENDU
36			Q210= 0.0 ; TINGLIUSHIJIAN
37			Q203= 20.0 ; KONGDING
38			Q204= 30.0 ; 2 GAODU
39			Q211= 0.0 ; D TINGLIUSHIJIAN
40	Move in Cycle		26 L X75.0 Y58.0 R0 FMAX M99
41	Move in Cycle		27 L X75.0 Y40.0 R0 FMAX M99
42	Move in Cycle		28 L X75.0 Y22.0 R0 FMAX M99
	Drilling Cycle End		
43	Unload Tool		29 M09
44			30 M05
45			31 L M140 MBMAX FMAX

图 5-148　浅钻代码

6. 设置刚性攻螺纹参数

在 Post Processor 软件中，单击“Editor”选项卡，切换到后处理文件编辑器模式。

在“Editor”选项卡中，单击“Commands”，切换到“Commands”窗口。

在“Commands”窗口的“Cycles”树枝下，单击“Rigid Tapping Setup”（刚性攻螺纹设置）分枝，在主视窗中显示“Rigid Tapping Setup”窗口。在该窗口中，单击第1行第1列空白单元格，然后在工具栏中单击插入块按钮，在第1行第1列单元格中插入一个“Block Number”程序行号，开始新的一行。接着在工具栏中单击插入文本按钮，在第1行第2列单元格中插入一个文本输出块。双击第1行第2列单元格，输入“ CYCL DEF 207 RIGID TAPPING NEW~”，注意CYCL前输入空格。

在“Commands”窗口的“Cycles”树枝下，单击“Single Pecking Setup”（钻浅孔设置）分枝，在主视窗中显示“Single Pecking Setup”窗口。单击第2行第1列单元格“Q200=”，然后按下<Shift>键，单击第9行第5列单元格“Comment End”，单击选中第2至第9行全部内容。右击任一选中的单元格，在弹出的快捷菜单条中执行“Copy”。

在“Commands”窗口的“Cycles”树枝下，单击“Rigid Tapping Setup”分枝，在主视窗中显示“Rigid Tapping Setup”窗口。右击第2行第1列空白单元格，在弹出的快捷菜单条中执行“Paste”。

在“Rigid Tapping Setup”窗口中，双击第4行第1列单元格“Q206=”，将“Q206=”改为“Q239=”，如图5-149所示。

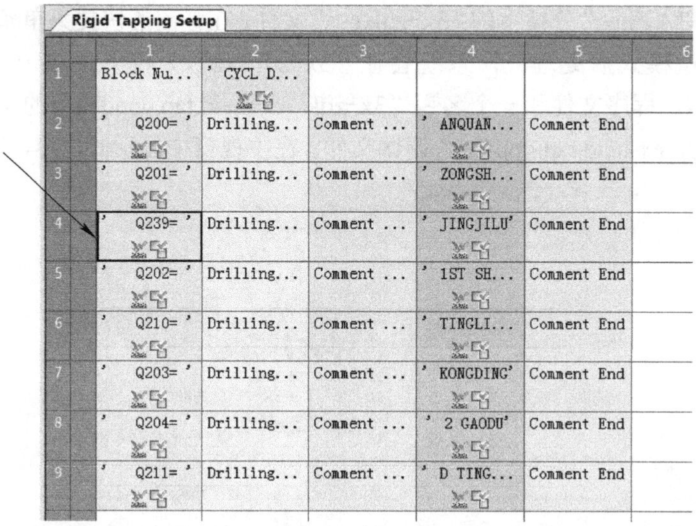

Rigid Tapping Setup

	1	2	3	4	5	6
1	Block Nu...	' CYCL D...				
2	' Q200= '	Drilling...	Comment ...	' ANQUAN...	Comment End	
3	' Q201= '	Drilling...	Comment ...	' ZONGSH...	Comment End	
4	' Q239= '	Drilling...	Comment ...	' JINGJILU'	Comment End	
5	' Q202= '	Drilling...	Comment ...	' 1ST SH...	Comment End	
6	' Q210= '	Drilling...	Comment ...	' TINGLI...	Comment End	
7	' Q203= '	Drilling...	Comment ...	' KONGDING'	Comment End	
8	' Q204= '	Drilling...	Comment ...	' 2 GAODU'	Comment End	
9	' Q211= '	Drilling...	Comment ...	' D TING...	Comment End	

图5-149 修改第4行第1列单元格

如图5-149所示，单击第4行第2列单元格“Drilling Feed Rate”，按键盘上的<Delete>键，将它删除。

在“Editor”选项卡中，单击“Parameters”，切换到“Parameters”窗口。拖动“Canned Cycles”（固定循环）树枝下的“Drilling Thread Pitch”（攻螺纹螺距）参数到“Rigid Tapping Setup”窗口第4行第3列单元格“Comment…”上。

双击第4行第4列单元格“JINGJILU”，将“JINGJILU”修改为“LUOJU”，如图5-150所示。

如图5-150所示，右击第5行第1列单元格“Q202=”，在弹出的快捷菜单条中执行“Block”（块）→“Select”（选择），按键盘上的<Delete>键，将第5行整行删除。此时，后面的行会上移。

Rigid Tapping Setup

	1	2	3	4	5
1	Block Nu...	' CYCL D...			
2	' Q200= '	Drilling...	Comment ...	' ANQUAN...	Comment End
3	' Q201= '	Drilling...	Comment ...	' ZONGSH...	Comment End
4	' Q239= '	Drilling...	Comment ...	'LUOJU'	Comment End
5	' Q202= '	Drilling...	Comment ...	' 1ST SH...	Comment End
6	' Q210= '	Drilling...	Comment ...	' TINGLI...	Comment End
7	' Q203= '	Drilling...	Comment ...	' KONGDING'	Comment End
8	' Q204= '	Drilling...	Comment ...	' 2 GAODU'	Comment End
9	' Q211= '	Drilling...	Comment ...	' D TING...	Comment End

图 5-150　修改第 4 行第 4 列单元格

接着，右击第 5 行第 1 列单元格“Q210=”，在弹出的快捷菜单条中执行“Block”（块）→“Select”（选择），按键盘上的 <Delete> 键，将第 5 行（原第 6 行）整行删除。

右击第 7 行第 1 列单元格“Q211=”，在弹出的快捷菜单条中执行“Block”（块）→“Select”（选择），按键盘上的 <Delete> 键，将第 7 行（原第 9 行）整行删除。

完成后的结果如图 5-151 所示。

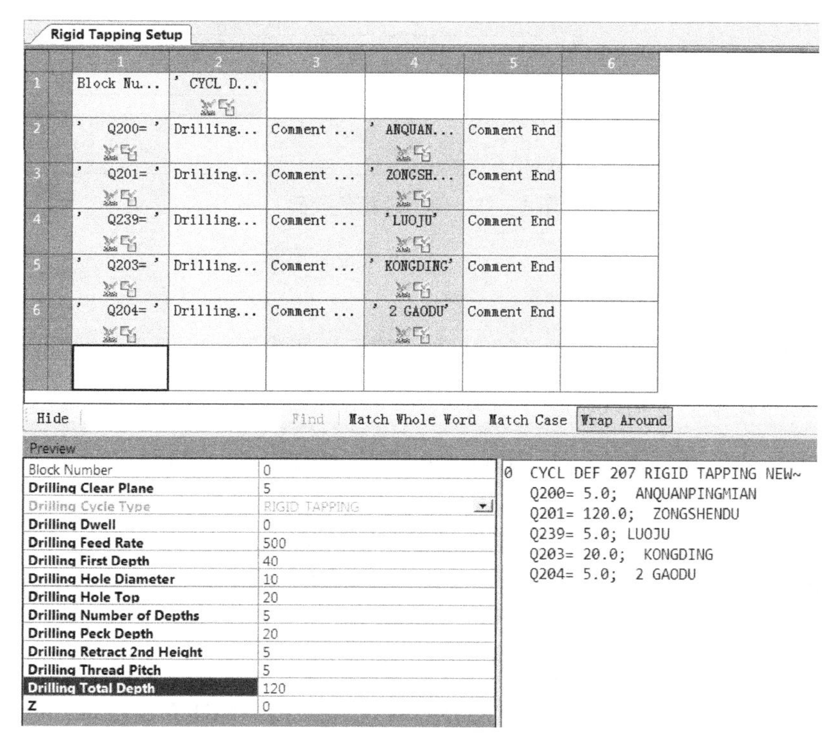

图 5-151　刚性攻螺纹命令参数

7. 调试后处理文件（二）

在 Post Processor 软件中，单击“PostProcessor”选项卡，切换到后处理模式。

在“PostProcessor”选项卡内，右击“CLDATA Files”分枝，在弹出的快捷菜单条中执行“Add CLDATA...”（增加刀位文件），打开“打开”对话框，在该对话框中选择打开 E:\PostEX\ch05\3x-gs.cut 文件。该刀位文件包含 3 条攻螺纹刀路。

右击“CLDATA Files”分枝下的“3x-gs.cut”文件，在弹出的快捷菜单条中执行“Process as Debug”（调试模式后处理），系统会在“3x-gs.cut”分枝下生成一个名为“3x-gs_ex-heid.tap”的 NC 程序文件和一个名为“3x-gs_ex-heid.tap.dppdbg”的调试文件。

单击“3x-gs_ex-heid.tap.dppdbg”调试文件，在主视窗中显示其内容，如图 5-152 所示。

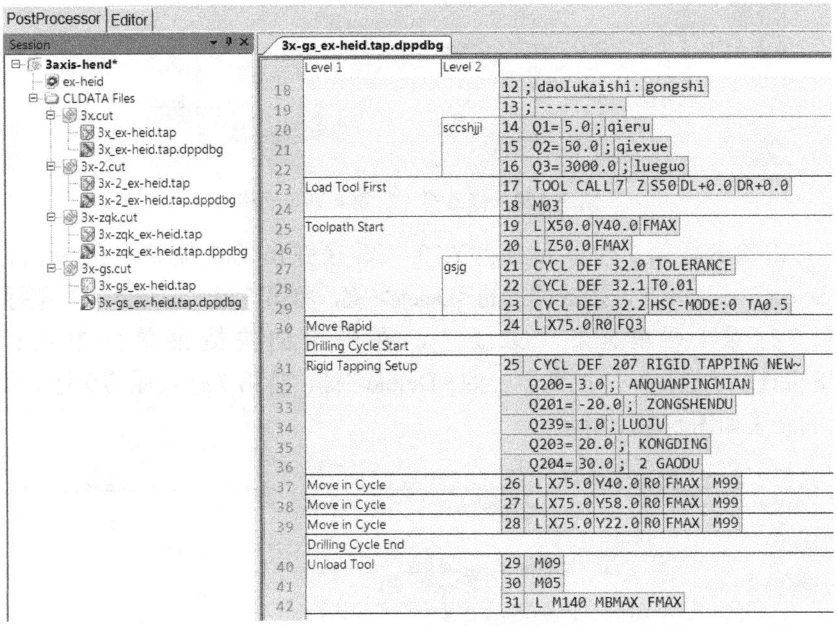

图 5-152　刚性攻螺纹代码

5.2.17　输出程序尾代码

在 Post Processor 软件中，单击“Editor”选项卡，切换到后处理文件编辑器模式。

1. 激活程序尾命令并插入指令

在“Commands”窗口中，右击“Program End”（程序尾）树枝，在弹出的快捷菜单条中执行“Activate”，将它激活。

接着单击“Program End”树枝，在主视窗中打开“Program End”窗口。在该窗口中，单击第 1 行第 1 列空白单元格，然后在工具栏中单击插入块按钮，在第 1 行第 1 列单元格中插入一个“Block Number”程序行号，开始新的一行。

然后，在工具栏中单击插入文本按钮 A，在第 1 行第 2 列单元格中插入一个文本输出块。双击第 1 行第 2 列单元格，输入“ CYCL DEF 32.0 TOLERANCE”，注意 CYCL 前面输入一个空格。

单击选中第 2 行第 1 列空白单元格，在工具栏中单击插入块按钮，在第 2 行第 1 列单元格中插入一个“Block Number”程序行号，开始新的一行。

接着，在工具栏中单击插入文本按钮，在第 2 行第 2 列单元格中插入一个文本输出块。双击第 2 行第 2 列单元格，输入“ CYCL DEF 32.1”，注意 CYCL 前面输入一个空格。

单击选中第 3 行第 1 列空白单元格，在工具栏中单击插入块按钮，在第 3 行第 1 列单元格中插入一个“Block Number”程序行号，开始新的一行。

接着，在工具栏中单击插入文本按钮，在第 3 行第 2 列单元格中插入一个文本输出块。双击第 3 行第 2 列单元格，输入“ CYCL DEF 32.2”，注意 CYCL 前面输入一个空格。

单击选中第 4 行第 1 列空白单元格，在工具栏中单击插入块按钮，在第 4 行第 1 列单元格中插入一个“Block Number”程序行号，开始新的一行。

接着，在工具栏中单击插入文本按钮，在第 4 行第 2 列单元格中插入一个文本输出块。双击第 4 行第 2 列单元格，输入“ M30”，注意 M 前面输入一个空格。

单击选中第 5 行第 1 列空白单元格，在工具栏中单击插入块按钮，在第 5 行第 1 列单元格中插入一个“Block Number”程序行号，开始新的一行。

接着，在工具栏中单击插入文本按钮，在第 5 行第 2 列单元格中插入一个文本输出块。双击第 5 行第 2 列单元格，输入“ END PGM”，注意 END 前面输入一个空格。

在“Editor”选项卡中，单击“Parameters”，切换到“Parameters”窗口。拖动“Program”（程序）树枝下的“NC Program Name”（NC 程序名）参数到“Program End”窗口第 5 行第 3 列单元格中。

在“Parameters”窗口中，双击“Option File Settings”（选项文件设置）树枝，将它展开，拖动该树枝下的“Output Linear Units”（输出线性单位）到“Program End”窗口第 5 行第 4 列单元格中。完成后的结果如图 5-153 所示。

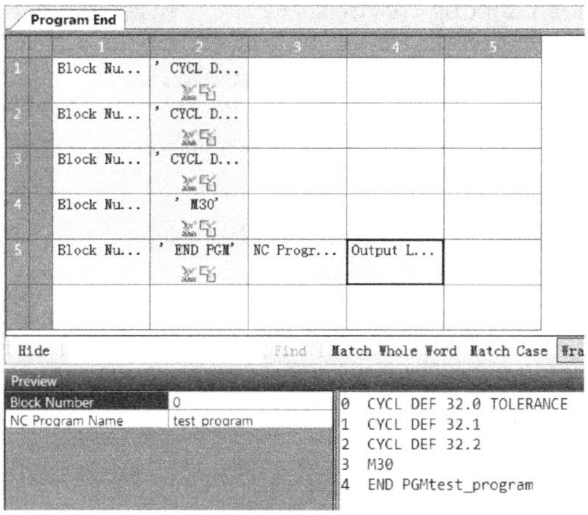

图 5-153　程序尾命令参数

如图 5-153 所示，右击第 5 行第 3 列单元格“NC Program Name”，在弹出的快捷菜单条中执行“Item Properties”，打开项目属性对话框。在该对话框中的“Parameter”树枝下，在“Prefix”栏输入空格，然后回车，在“Postfix”栏输入空格，然后回车。

右击第 5 行第 4 列单元格“Output Linear Units”，在弹出的快捷菜单条中执行“Item Properties”，打开项目属性对话框。在该对话框中，单击“States”（状态）栏右侧的三角形按钮，在展开的对话框中输入“Value”，如图 5-154 所示。

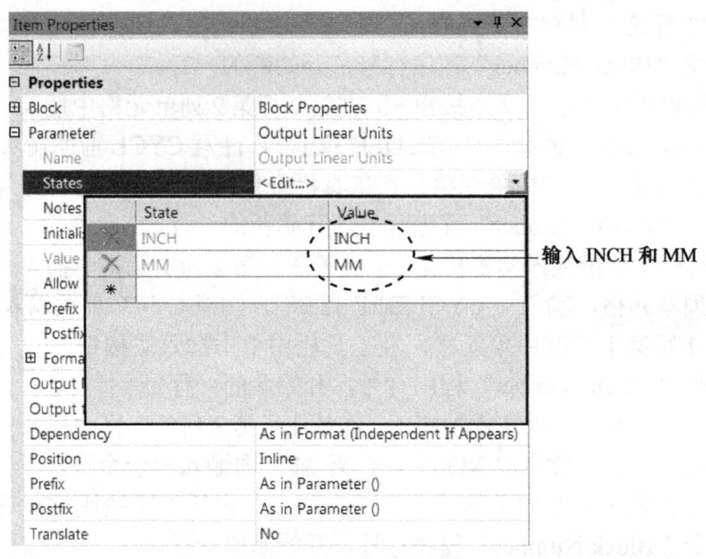

图 5-154　输入状态值

2. 调试后处理文件

在 Post Processor 软件中，单击“PostProcessor”选项卡，切换到后处理模式。

在“PostProcessor”选项卡内，右击“CLDATA Files”分枝下的“3x-gs.cut”文件，在弹出的快捷菜单条中执行“Process as Debug”（调试模式后处理），系统会在“3x-gs.cut”分枝下生成一个名为“3x-gs_ex-heid.tap”的 NC 程序文件和一个名为“3x-gs_ex-heid.tap.dppdbg”的调试文件。

单击“3x-gs_ex-heid.tap.dppdbg”调试文件，在主视窗中显示其内容，如图 5-155 所示。

3x-gs_ex-heid.tap.dppdbg

	Level 1	Level 2	
17	Toolpath Header		11 ; ----------
18			12 ; daolukaishi: gongshi
19			13 ; ----------
20		sccshjjl	14 Q1= 5.0 ; qieru
21			15 Q2= 50.0 ; qiexue
22			16 Q3= 3000.0 ; lueguo
23	Load Tool First		17 TOOL CALL 7 Z S50 DL+0.0 DR+0.0
24			18 M03
25	Toolpath Start		19 L X50.0 Y40.0 FMAX
26			20 L Z50.0 FMAX
27		gsjg	21 CYCL DEF 32.0 TOLERANCE
28			22 CYCL DEF 32.1 T0.01
29			23 CYCL DEF 32.2 HSC-MODE:0 TA0.5
30	Move Rapid		24 L X75.0 R0 FQ3
	Drilling Cycle Start		
31	Rigid Tapping Setup		25 CYCL DEF 207 RIGID TAPPING NEW~
32			Q200= 3.0 ; ANQUANPINGMIAN
33			Q201= -20.0 ; ZONGSHENDU
34			Q239= 1.0 ; LUOJU
35			Q203= 20.0 ; KONGDING
36			Q204= 30.0 ; 2 GAODU
37	Move in Cycle		26 L X75.0 Y40.0 R0 FMAX M99
38	Move in Cycle		27 L X75.0 Y58.0 R0 FMAX M99
39	Move in Cycle		28 L X75.0 Y22.0 R0 FMAX M99
	Drilling Cycle End		
40	Unload Tool		29 M09
41			30 M05
42			31 L M140 MBMAX FMAX
43	Program End		32 CYCL DEF 32.0 TOLERANCE
44			33 CYCL DEF 32.1
45			34 CYCL DEF 32.2
46			35 M30
47			36 END PGM 3x-gs_ex-heid MM

程序尾指令

图 5-155　调试文件内容

5.2.18 保存后处理文件和项目文件

1. 保存三轴加工后处理文件

在 Post Processor 软件下拉菜单条中，单击“File”→“Save Option File”（保存后处理文件）。

2. 另存后处理项目文件

在 Post Processor 软件下拉菜单条中，单击“File”→“Save Session as…”（另存项目文件），打开另存为对话框，定位保存目录到 E:\PostEX\，输入后处理项目文件名称为 heid3x，注意后处理项目文件的扩展名为 pmp。此后处理项目文件可以在 Post Processor 软件中直接打开，对后处理文件进行修改。

第 6 章 修改订制 FANUC 数控系统三轴后处理实例

本章知识点

- ✧ 程序头、程序尾的修改订制
- ✧ 坐标格式修改
- ✧ 高速加工、换刀、刀具补偿等代码输出控制
- ✧ 脚本功能应用于工件坐标系选择输出

多数情况下，后处理文件不需要从头到尾全新地编写一个，这样难度很大，而且容易出错。在实际工作中，推荐创建后处理文件最简单的方法是：打开 Post Processor 2019 软件放置后处理文件的目录（C:\用户\公用\公用文档\Autodesk\Manufacturing Post Processor Utility 2019\Generic 文件夹，该文件夹里已经预先制作好了市面上主流的数控系统三轴后处理文件，诸如 Fanuc.pmoptz、Heidenhain.pmoptz、Siemens.pmoptz、Fidia.pmoptz、Mitsubishi.pmoptz 等），加载同一数控系统厂商的后处理文件，然后编辑该文件，以一个不同的名称保存起来得到所需的后处理文件。

从本章开始，陆续讲解根据现有后处理文件来修改订制数控机床三轴加工、四轴加工和五轴加工等这几种加工方式的后处理文件。

6.1 加载已有后处理文件并进行调试

1. 打开 Post Processor 软件

在 Windows 操作系统中，单击“开始”→“所有程序”→“Autodesk Manufacturing Post Processor Utility 2019”→“Manufacturing Post Processor Utility 2019”，打开 Post Processor 软件。

2. 加载已有后处理文件

在 Post Processor 软件中，单击“File”（文件）→“Open”（打开）→“Option File”（选项文件），打开“Open Option File”（打开选项文件）对话框，定位到 C:\用户\公用\公用文档\Autodesk\Manufacturing Post Processor Utility 2019\Generic 文件夹，选择该文件夹内的 Fanuc.pmoptz 文件，单击“打开”按钮。

3. 加载 CLDATA 文件并进行调试

1）复制文件到本地磁盘。用手机扫描前言中的“实例源文件”二维码，下载并复制文件夹“Source\ch06”到“E:\PostEX”目录下。然后，将 E:\PostEX\ch06\ex501.cut 文件拖到“session1”（新章节）树枝下的“CLDATA Files”（CLDATA 文件）分枝下，如图 6-1 所示。

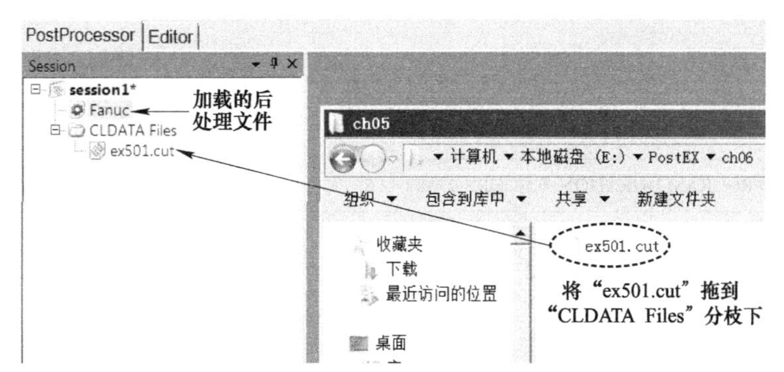

图 6-1　拖入刀位文件

2）在“PostProcessor”（后处理器）选项卡内，右击“CLDATA Files”分枝下的“ex501.cut”文件，在弹出的快捷菜单条中执行“Process as Debug”（调试模式后处理），系统会在“ex501.cut”分枝下生成一个名为“ex501_Fanuc.tap”的 NC 程序文件和一个名为“ex501_Fanuc.tap.dppdbg”的调试文件，如图 6-2 所示。

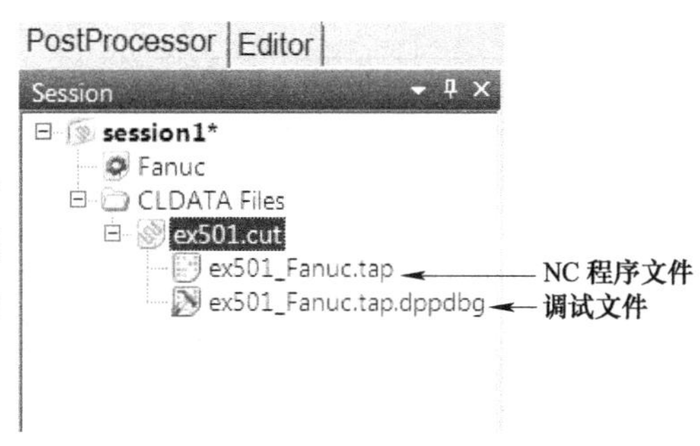

图 6-2　生成的两个文件

在图 6-2 中，右击“ex501_Fanuc.tap”分枝，在弹出的快捷菜单条中执行“Explorer”（浏览）→“打开”，在记事本中打开该 NC 程序文件，其内容见表 6-1。

表 6-1　“ex501_Fanuc.tap”NC 程序文件内容及注释

内容	注释
%	程序开始符
O0001	程序名
N100 (PROGRAM NAME　: EX501_FANUC)	程序头注释部分
N101 (PART NAME　: 2)	
N102 (PROGRAM DATE　: 2021-02-09 - 17:41:44)	
N103 (PROGRAMMED BY : SUNMI)	
N104 (POWERMILL CB　: 2019013.0)	
N105 (POST VER　: 2019.0.4.5090)	
N106 (OPTION FILE　: FANUC)	
N107 (OUTPUT WORKPLANE : 世界坐标系)	
N108 ( )	
N109 (TOOL LIST)	程序所有刀具列表
N110 (---------------------------------)	
N111 (NO. | ID　| DIA.| TIP RAD|LENGTH)	
N112 (---------------------------------)	
N113 (　5|D20R10|20.0 |　10.0　|110.0)	
N114 (　8|D6R3　| 6.0 |　3.0　| 50.0)	
N115 (---------------------------------)	
N116 ( )	

（续）

内容	注释
N117 (NUMBER OF TOOLPATHS: 2.0)	该程序含有的刀路数目
N118 (ESTIMATED PROGRAM DURATION: 0 HOURS 0 MIN 42 SEC)	该程序运行需要的时间
N119 ( )	
N120 G00 G21 G80 G40 G17	程序头代码
N121 G90	
N122 G54	
N123 G53 Z0.0	刀路 JJG 开始注释
N124 (---------------)	
N125 (START TOOLPATH : JJG)	
N126 (---------------)	
N127 (TOOL NO. :5)	刀路 JJG 所用刀具信息
N128 (TOOL TYPE : BALLNOSED)	
N129 (TOOL ID : D20R10)	
N130 (TOOL DIA : 20.0 LENGTH 110.0)	
N131 T5	换刀代码
N132 M6	
N133 S1500 M03	主轴正转
N134 G00 G90 X44.9988 Y0.0025	
N135 G43 Z40.0 H5	刀具长度补偿
N136 M08	开启冷却
N137 G05 P10000 R4	开启高速加工
N138 X81.4602 Y-49.9975	
N139 Z35.0	
N140 G01 Z-10.8993 F500.0	切入
N141 X84.9371 Z-12.4602 F1000.0	直线切削加工代码
N142 X89.3273 Z-14.6984	
⋮	
N148 X150.0063	
N149 G03 X155.0063 Y-44.9975 I0.0 J5.0	圆弧切削加工代码
N150 G03 X150.0063 Y-39.9975 I-5.0 J0.0	

（续）

内容	注释
N151 G01 X103.9695	直线切削加工代码
N152 X103.9605 Z-24.9994	
⋮	
N158 X79.2927 Z-9.9973	
N159 G00 Z40.0	抬刀
N160 G05 P0	关闭高速加工
N161 (---------------)	刀路 JJG 结束注释
N162 (END TOOLPATH : JJG)	
N163 (---------------)	
N164 M09	关闭冷却
N165 M05	主轴停转
N166 G53 Z0.0	Z 轴回零
N167 (---------------)	刀路 QJ 开始注释
N168 (START TOOLPATH : QJ)	
N169 (---------------)	
N170 (TOOL NO.　　:8)	刀路 QJ 所用刀具信息
N171 (TOOL TYPE　: BALLNOSED)	
N172 (TOOL ID　　: D6R3)	
N173 (TOOL DIA　　: 6.0 LENGTH 50.0)	
N174 T8	换刀代码
N175 M6	
N176 S1500 M03	主轴正转
N177 G00 G90 X44.9988 Y0.0025	
N178 G43 Z40.0 H8	刀具长度补偿
N179 M08	开启冷却
N180 G05 P10000 R4	开启高速加工
N181 X88.3803 Y-23.5503	
N182 Z35.0	
N183 G01 Z-15.2175 F500.0	直线切削加工代码
N184 X84.0566 Y-24.0011 Z-12.8394 F1000.0	
N185 X80.0031 Y-24.4756 Z-10.8882	
⋮	
N219 X88.3803 Y23.5415 Z-15.2175	
N220 G00 Z40.0	抬刀

（续）

内容	注释
N221 G05 P0	关闭高速加工
N222 (---------------)	刀路 QJ 结束注释
N223 (END TOOLPATH : QJ)	
N224 (---------------)	
N225 M09	程序尾
N226 M05	
N227 G53 Z0.0	
N228 M30	
%	程序结束符

表 6-1 所列 NC 程序文件应用于 FANUC 数控系统，程序结构和功能已经比较完善。但由于 FANUC 数控系统型号众多，不同型号的数控系统，其指令稍微有一些区别，因此，需要针对具体的 FANUC 数控系统型号，参考其编程说明书来做修改。下面介绍一些比较通用的修改内容，通过这些修改操作来理解和掌握在 Post Processor 软件中，通过打开已有后处理文件来修改订制三轴后处理文件的方法与技巧。

6.2 不输出程序段号

实际工作过程中，一些老型号的 FANUC 数控系统在传输 NC 程序时，往往会出现数控系统内存不足的报警。这时需要把刀路分成若干段，对分割后的刀路进行后处理可得到容量较小的 NC 程序文件。但程序段号会占用数控系统宝贵的内存资源，视具体情况，可以在后处理时不输出程序段号。

1. 设置不输出程序段号

在 Post Processor 软件中，单击“Editor”（后处理文件编辑器）选项卡，切换到后处理文件编辑器模式。

在 Post Processor 软件中，单击“File”（文件）→“Option File Settings...”（选项文件设置），打开“Option File Settings”对话框。单击选择“Format”（格式）树枝下的“Blocks”（程序段）分枝，按图 6-3 所示设置参数。

单击“Close”（关闭）按钮，关闭“Option File Settings”对话框。

2. 调试后处理文件

在 Post Processor 软件中，单击“PostProcessor”选项卡，切换到后处理模式。

在“PostProcessor”选项卡内，右击“CLDATA Files”分枝下的“ex501.cut”文件，在弹出的快捷菜单条中执行“Process as Debug”（调试模式后处理），单击“ex501_Fanuc.tap.dppdbg”调试文件，在主视窗中显示其内容，如图 6-4 所示。

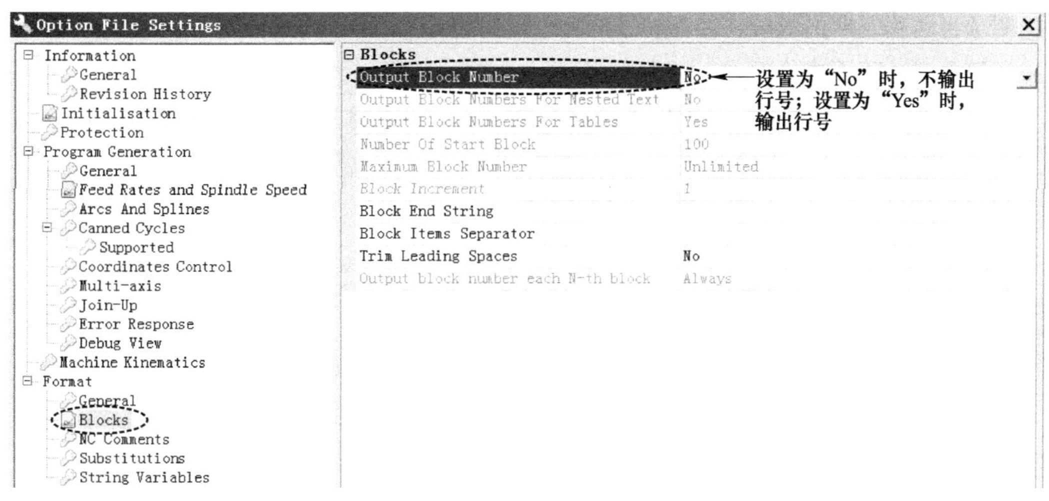

图 6-3　设置程序段号输出参数

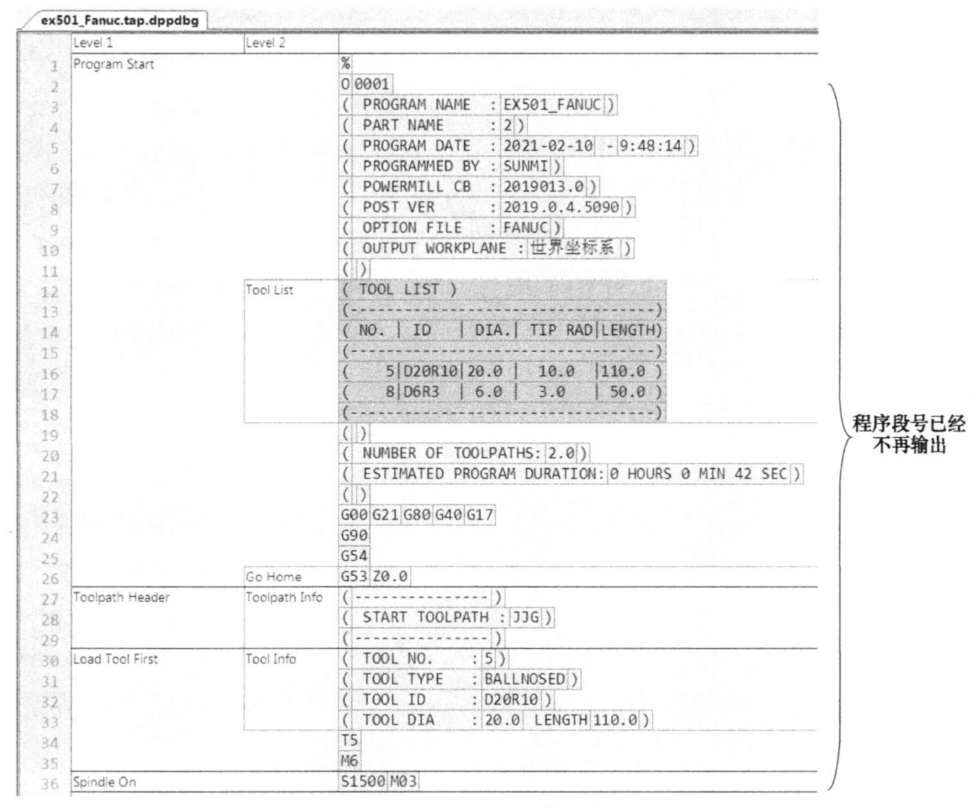

图 6-4　调试文件内容

如图 6-4 所示，程序段号已经不再输出。

6.3　修改程序头输出信息

如表 6-1 所示，程序头的注释部分内容不太实用。生产中，对于 NC 程序文件，往往需要标明项目名称、所用机床、编程员、后处理输出坐标系（即对刀坐标系）、运行该程序所需工时等内容。下面来修改。

在 Post Processor 软件中，单击“Editor”选项卡，切换到后处理文件编辑器模式。

在“Commands”（命令）窗口中，单击“Program Start”（程序头）树枝，在主视窗中显示“Program Start”窗口，对已有内容解释如图 6-5 所示。

图 6-5 程序头内容

1．输出项目名

如图 6-5 所示，在“Program Start”窗口中，单击第 8 行第 1 列单元格，在工具栏中单击插入块按钮，在选中的单元格上方插入一个“Block Number”（块号）程序行号，开始新的一行。

接着在工具栏中单击插入文本按钮，在第 8 行第 2 列单元格中插入一个文本输出块。

双击第 8 行第 2 列单元格，输入“xiangmuming：”，回车。

在“Editor”选项卡中，单击“Parameters”（参数），切换到“Parameters”窗口。在该窗口中，双击“Program”（程序）树枝，将它展开，拖动“Program”树枝下的“Project Name”（项目名）到“Program Start”窗口中第 8 行第 3 列单元格，如图 6-6 所示。

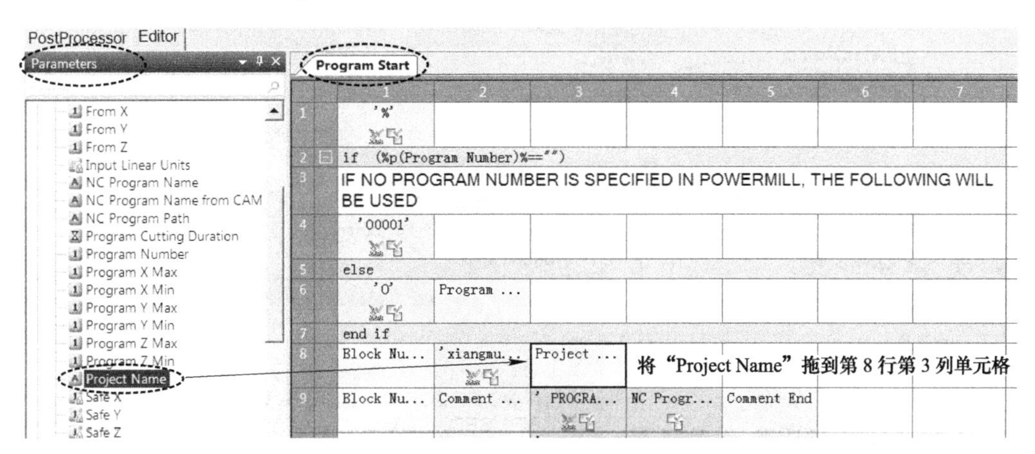

图 6-6　拖入项目名参数

在主视窗的“Program Start”窗口中，按下 <Shift> 键，单击选中第 8 行第 2 列和第 3 列的两个单元格，然后在工具栏中单击插入注释符按钮，如图 6-7 所示。

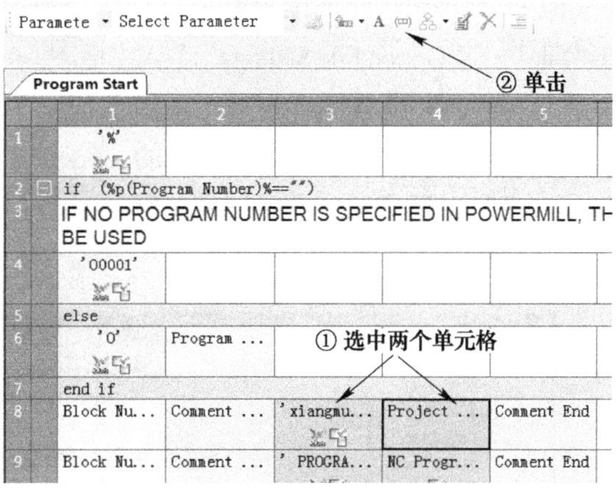

图 6-7　项目名加入括号

2．输出所用机床

在“Program Start”窗口中，单击第 8 行第 6 列单元格，在工具栏中单击插入块按钮，在选中的单元格下方插入一个“Block Number”程序行号，开始新的一行。

接着在工具栏中单击插入文本按钮，在第 9 行第 2 列单元格中插入一个文本输出块。

双击第 9 行第 2 列单元格，输入“jichuang:”，回车。

在“Parameters”窗口中，双击“Option File Info”（选项文件信息）树枝，将它展开，拖动“Option File Info”树枝下的“Optfile Machine Tool Manufacturer”（机床制造商）参数到“Program Start”窗口中第 9 行第 3 列单元格；拖动“Optfile Machine Tool Model”（机

床型号）参数到“Program Start”窗口中第 9 行第 4 列单元格，如图 6-8 所示。

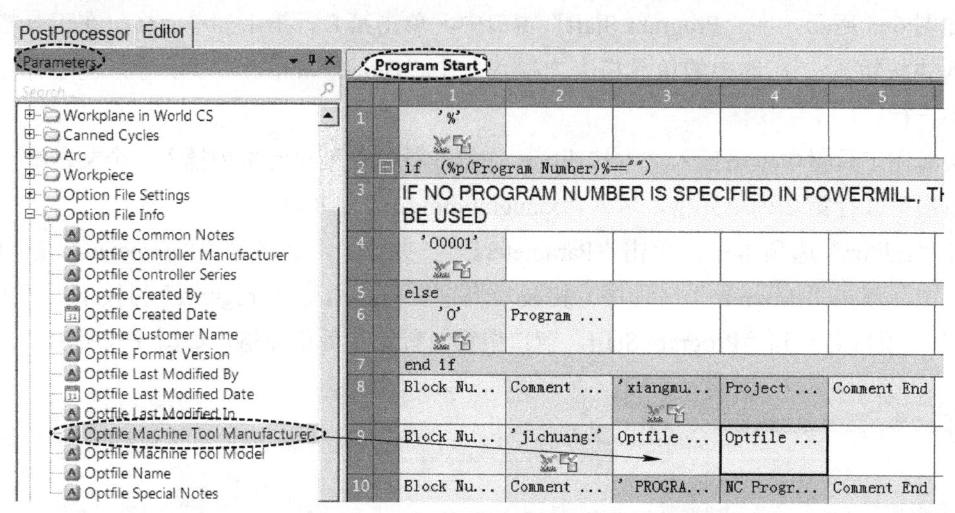

图 6-8 拖入机床信息参数

在主视窗的“Program Start”窗口中，按下 <Shift> 键，单击选中第 9 行第 2 列、第 3 列和第 4 列的三个单元格，然后在工具栏中单击插入注释符按钮 ，如图 6-9 所示。

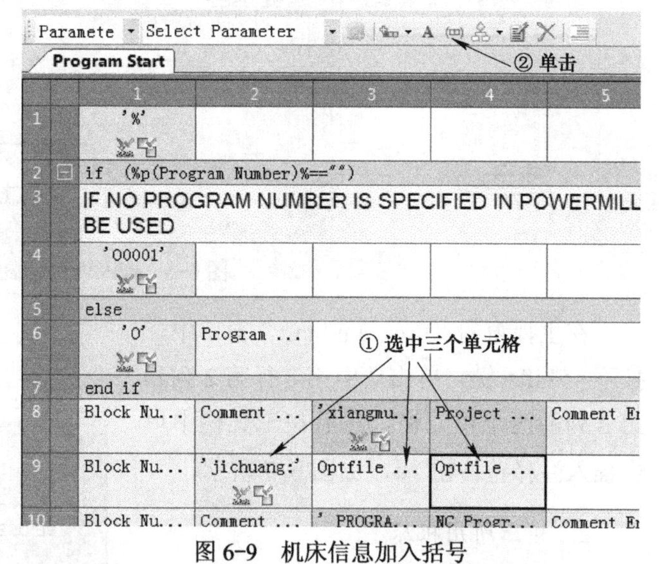

图 6-9 机床信息加入括号

机床制造商和机床型号需要在“Option File Settings”对话框中设置。在 Post Processor 软件下拉菜单中，单击“File”→“Option File Settings...”，打开选项文件设置对话框。选择“Information”（信息）树枝下的“General”（通用），按图 6-10 所示设置参数。

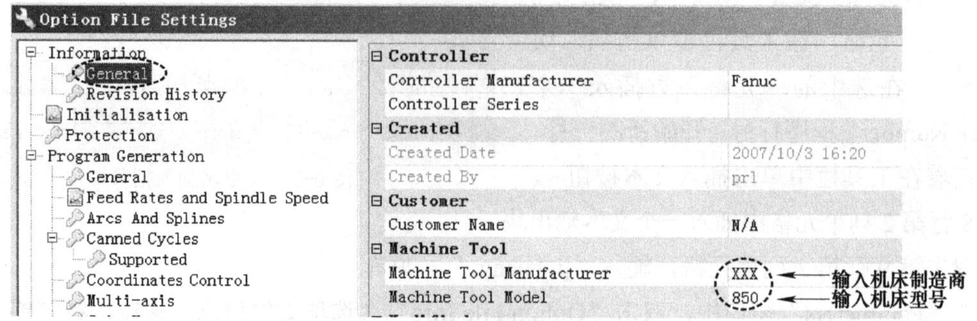

图 6-10 输入机床型号

单击“Close”（关闭）按钮，关闭选项文件设置对话框。

3. 不输出程序行

在“Program Start”窗口中，单击第10行第1列单元格，然后按住<Shift>键不放，单击第12行第7列单元格，将三行选中，然后右击选中的任一单元格，在弹出的快捷菜单条中执行“Block”（程序段）→“Disabled”（取消激活）。程序行取消激活后，其背景显示为灰色。

在“Program Start”窗口中，单击第14行第1列单元格，然后按住<Shift>键不放，单击第16行第5列单元格，将三行选中，然后右击选中的任一单元格，在弹出的快捷菜单条中执行“Block”（程序段）→“Disabled”（取消激活）。

右击第18行第1列单元格，在弹出的快捷菜单条中执行“Block”（程序段）→“Disabled”（取消激活）。

右击第20行第1列单元格，在弹出的快捷菜单条中执行“Block”（程序段）→“Disabled”（取消激活）。

操作结果如图6-11所示，即不输出第10、11、12、14、15、16、18、20行的内容。

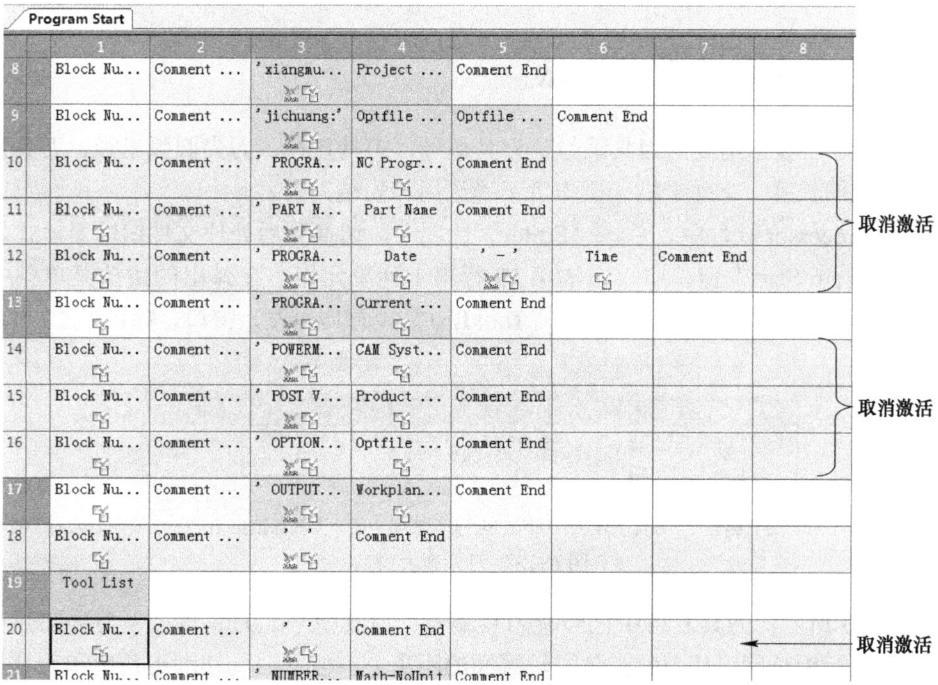

Program Start

	1	2	3	4	5	6	7	8
8	Block Nu...	Comment ...	'xiangmu...	Project ...	Comment End			
9	Block Nu...	Comment ...	'jichuang:'	Optfile ...	Optfile ...	Comment End		
10	Block Nu...	Comment ...	' PROGRA...	NC Progr...	Comment End			
11	Block Nu...	Comment ...	' PART N...	Part Name	Comment End			
12	Block Nu...	Comment ...	' PROGRA...	Date	' - '	Time	Comment End	
13	Block Nu...	Comment ...	' PROGRA...	Current ...	Comment End			
14	Block Nu...	Comment ...	' POWERM...	CAM Syst...	Comment End			
15	Block Nu...	Comment ...	' POST V...	Product ...	Comment End			
16	Block Nu...	Comment ...	' OPTION...	Optfile ...	Comment End			
17	Block Nu...	Comment ...	' OUTPUT...	Workplan...	Comment End			
18	Block Nu...	Comment ...	' '	Comment End				
19	Tool List							
20	Block Nu...	Comment ...	' '	Comment End				
21	Block Nu...	Comment ...	' NUMBER...	Math-NoUnit	Comment End			

取消激活（第10～12行）
取消激活（第14～16行）
取消激活（第20行）

图6-11 取消激活程序行

4. 调试后处理文件

在Post Processor软件中，单击“PostProcessor”选项卡，切换到后处理模式。

在“PostProcessor”选项卡内，右击“CLDATA Files”分枝下的“ex501.cut”文件，在弹出的快捷菜单条中执行“Process as Debug”（调试模式后处理），单击“ex501_Fanuc.tap.dppdbg”调试文件，在主视窗中显示其内容，如图6-12所示。

如图 6-12 所示，程序头的注释部分删除了一些内容，加入了项目名和机床型号。

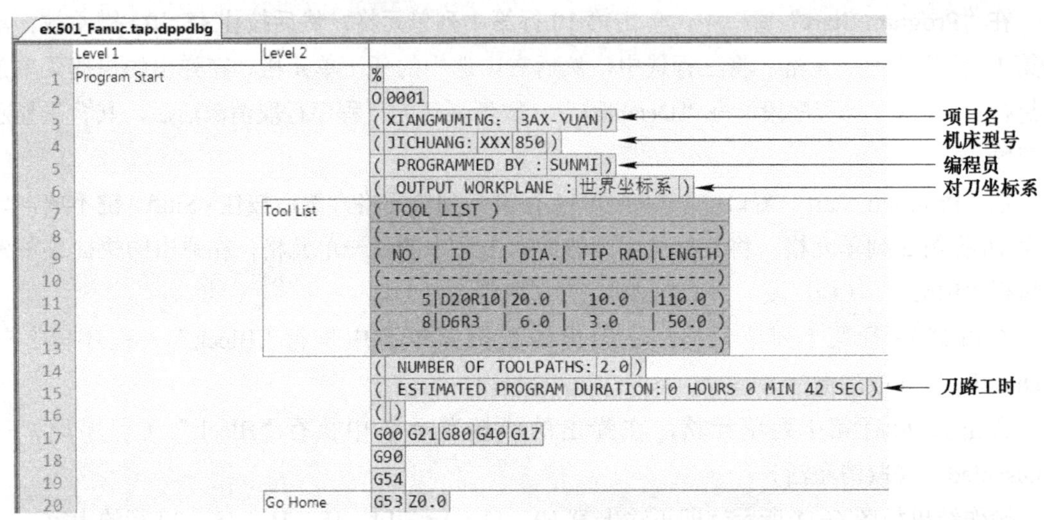

图 6-12　调试文件内容

6.4　修改刀具表格输出信息

在 NC 程序中显示用到的刀具编号、刀具型号、刀具直径、刀尖圆弧半径、刀具切削刃长度和刀具悬伸长度，有助于机床操作者正确选用和安装刀具。

在 Post Processor 软件中，单击“Editor”选项卡，切换到后处理文件编辑器模式。

在“Program Start”窗口中，右击第 19 行第 1 列单元格，在弹出的快捷菜单条中执行“Go To Table”（转到表格），切换到“Tool List”（刀具列表）窗口，如图 6-13 所示。

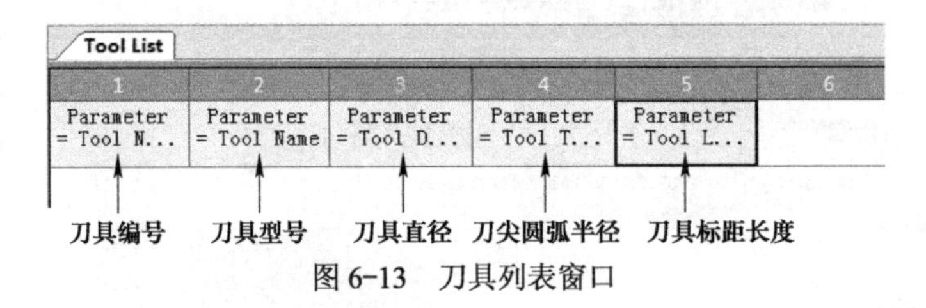

图 6-13　刀具列表窗口

如图 6-13 所示，刀具表格中已经有刀具编号、刀具型号、刀具直径、刀尖圆弧半径，并给出了刀具标距长度（从刀尖点到主轴端面的距离），但用刀具切削刃长度和刀具悬伸长度（从刀尖点到夹持端面的距离）来代替标距长度更为实用。

1. 修改表格参数

在“Editor”选项卡中，单击“Tables”（表格），切换到“Tables”窗口。

单击“Tool Tables”（刀具表格）树枝下的“Tool List”（刀具列表）分枝，在主视窗中显示“Tool List”窗口。

单击选中第 1 行第 5 列单元格，按键盘上的 <Delete> 键，将它删除。

在“Editor”选项卡中，单击“Parameters”，切换到“Parameters”窗口。在该窗口中，

双击“Tool”（刀具）树枝，将它展开，拖动“Tool”树枝下的“Tool Cutting Length”（刀具切削刃长度）到“Tool List”窗口中第 1 行第 5 列单元格；拖动“Tool”树枝下的“Tool Overhang”（刀具悬伸长度）到“Tool List”窗口中第 1 行第 6 列单元格，如图 6-14 所示。

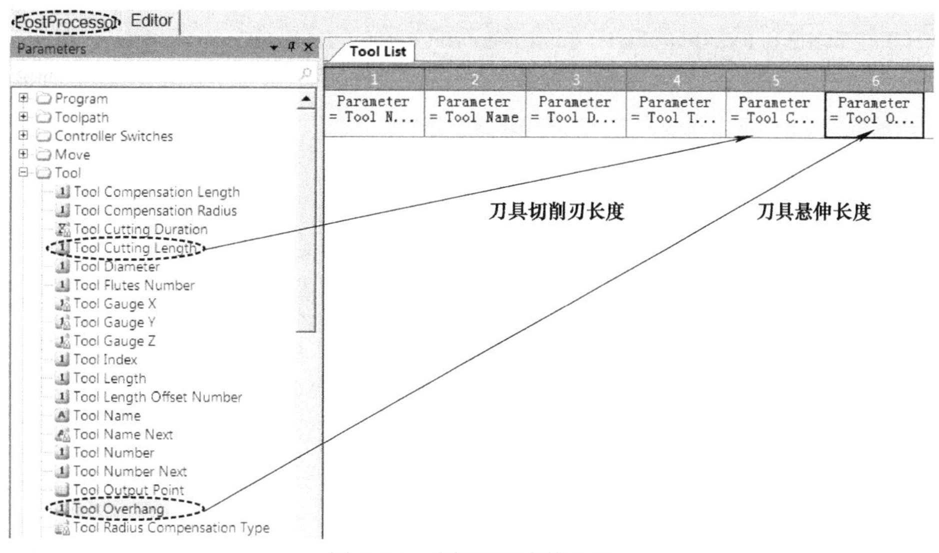

图 6-14　编辑刀具表格参数

右击第 1 行第 5 列单元格的“Tool Cutting Length”参数，在弹出的快捷菜单条中执行“Item Properties”（项目属性），在主视窗右侧打开“Item Properties”窗口，在“Caption”（题名）栏的下拉列表中，选择“Specify”（指定），然后输入“renchang”，如图 6-15 所示。

右击第 1 行第 6 列单元格的“Tool Overhang”参数，在弹出的快捷菜单条中执行“Item Properties”，在主视窗右侧打开“Item Properties”窗口，在“Caption”（题名）栏的下拉列表中，选择“Specify”（指定），然后输入“xuanchang”，如图 6-16 所示。

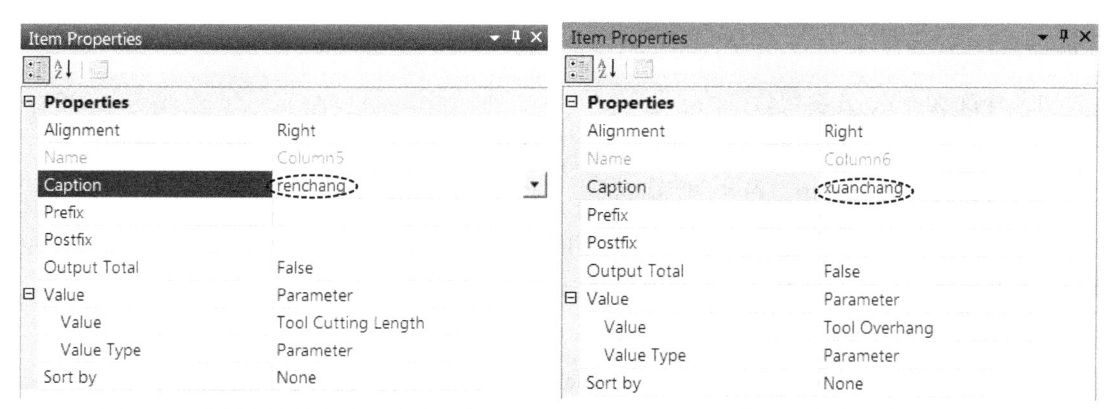

图 6-15　编辑表格抬头第 5 列的名称　　图 6-16　编辑表格抬头第 6 列的名称

2. 调试后处理文件

在 Post Processor 软件中，单击“PostProcessor”选项卡，切换到后处理模式。

在“PostProcessor”选项卡内，右击“CLDATA Files”分枝下的“ex501.cut”文件，在弹出的快捷菜单条中执行“Process as Debug”（调试模式后处理），单击“ex501_Fanuc.tap.dppdbg”调试文件，在主视窗中显示其内容，如图 6-17 所示。

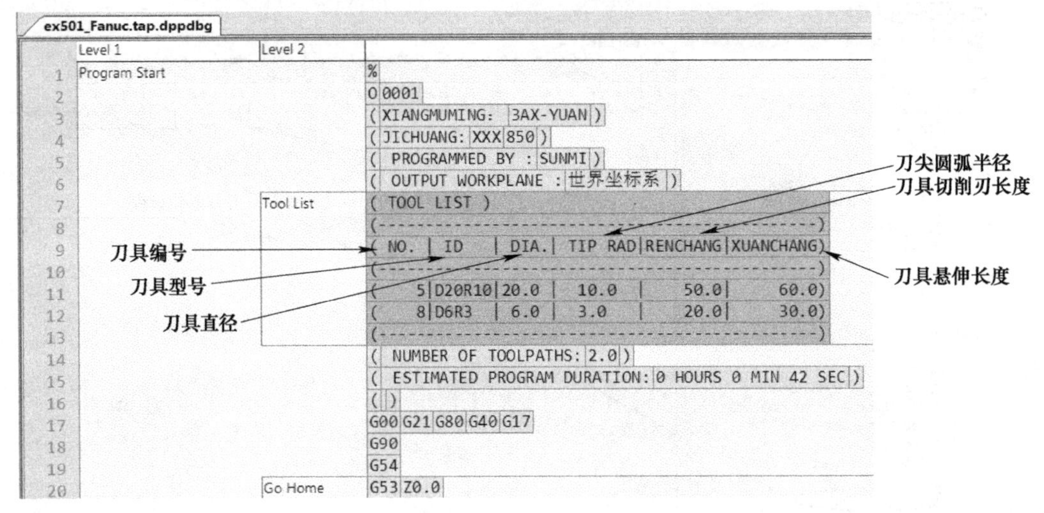

图 6-17　调试文件内容

如图 6-17 所示，程序头的刀具表格标明了该 NC 程序使用的所有刀具信息，包括刀具编号、刀具型号、刀具直径、刀尖圆弧半径、刀具切削刃长度、刀具悬伸长度等参数，机床操作者按照此表格可以很清楚地选择和安装好加工用的刀具。

6.5　控制坐标值小数输出位数

如表 6-1 所示，后处理出来的坐标值精确到了小数点后 4 位数，对于一些型号较老的 FANUC 数控系统，并不能实现零点几微米的插补，此时，可以把坐标值小数输出由 4 位改为 3 位。

1. 修改 X、Y、Z 参数的格式

在 Post Processor 软件中，单击“Editor”选项卡，切换到后处理文件编辑器模式。

在“Editor”选项卡中，单击“Formats”（格式），切换到“Formats”窗口。

单击“Formats”窗口中的“Independent Updated Real”（一种格式名称）树枝，将“Metric Decimal Places”（米制小数位数）参数由 4 修改为 3，如图 6-18 所示。

2. 调试后处理文件

在 Post Processor 软件中，单击“PostProcessor”选项卡，切换到后处理模式。

在“PostProcessor”选项卡内，右击“CLDATA Files”分枝下的“ex501.cut”文件，在弹出的快捷菜单条中执行“Process as Debug”（调试模式后处理），单击“ex501_Fanuc.tap.dppdbg”调试文件，在主视窗中显示其内容，下拉右侧滑块到第 39 行，如图 6-19 所示，可见输出坐标值的小数位数已经改为 3 位。

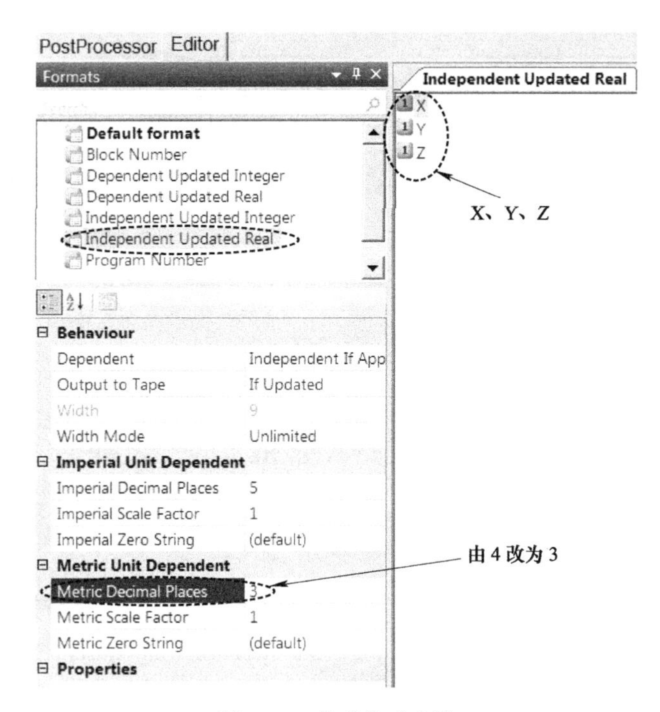

图 6-18　修改格式参数

ex501_Fanuc.tap.dppdbg

	Level 1	Level 2	
33			M08
34		High Speed	G05 P10000 R4
35	Move Rapid		X81.46 Y-49.997
36	Move Rapid		Z35.0
37	Move Linear		G01 Z-10.899 F500.0
38	Move Linear		X84.937 Z-12.46 F1000.0
39	Move Linear		X89.327 Z-14.698
40	Move Linear		X93.602 Z-17.213
41	Move Linear		X97.731 Z-19.995

坐标值输出 3 位小数

图 6-19　调试文件内容

6.6　选择输出高速加工代码

如表 6-1 所示，输出了 N137 G05 P10000 R4 和 N221 G05 P0 程序行，这是 FANUC 数控系统的开启和关闭高速加工功能代码。某些型号的 FANUC 数控系统并不支持上述指令，后处理文件可以选择是否输出 G05 代码。

1. 高速加工自定义命令

在 Post Processor 软件中，单击“Editor”选项卡，切换到后处理文件编辑器模式。

在“Editor”选项卡中，单击“Commands”（命令），切换到“Commands”窗口。

在“Commands”窗口中，单击“Toolpath Start”（刀路开始）树枝，在主视窗中显示“Toolpath Start”窗口，如图 6-20 所示。

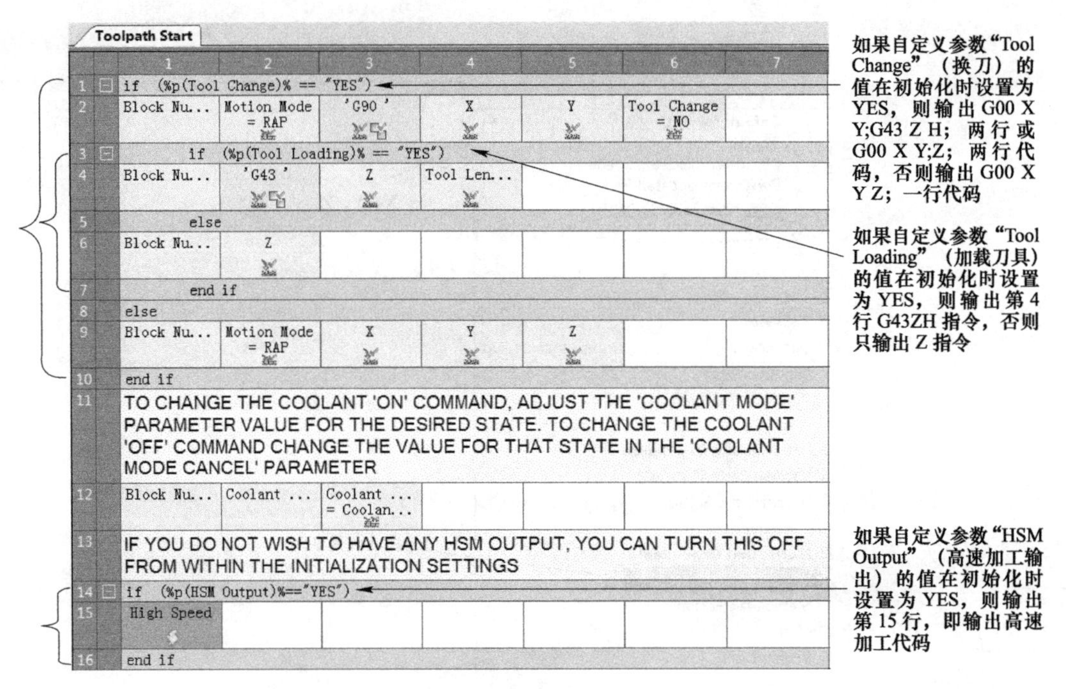

图 6-20　刀路开始命令

如图 6-20 所示，条件判断语句的作用是，在第 1 行到第 10 行的 if…end if 语句内，Post Processor 软件根据在选项文件设置对话框里初始化窗口中用户自定义参数“Tool Change”（换刀）值设置为“YES”，“Tool Loading”（加载刀具）参数值设置为“YES”，即机床能完成自动换刀，则输出：

G00 G90 X Y;

G43 Z H;

如果“Tool Loading”（加载刀具）参数值设置为“NO”，即机床是铣床，不能自动换刀，则输出：

G00 G90 X Y;

Z;

如果“Tool Change”（换刀）参数值设置为“NO”，则输出：

G00 G90 X Y Z;(这种情况几乎没有)

在第 14 行到第 16 行的 if…end if 语句内，如果自定义参数“HSM Output”（高速加工输出）的值在初始化时设置为 YES，则输出第 15 行，即输出高速加工代码。

右击第 15 行第 1 列单元格，在弹出的快捷菜单条中执行“Go To Command”（转到命令），将在主视窗中显示“High Speed”（高速加工）窗口。或者在“Commands”（命令）窗口中，双击“User Commands”（用户自定义命令）树枝，将它展开，如图 6-21 所示，该后处理文件自定义了 5 个命令。

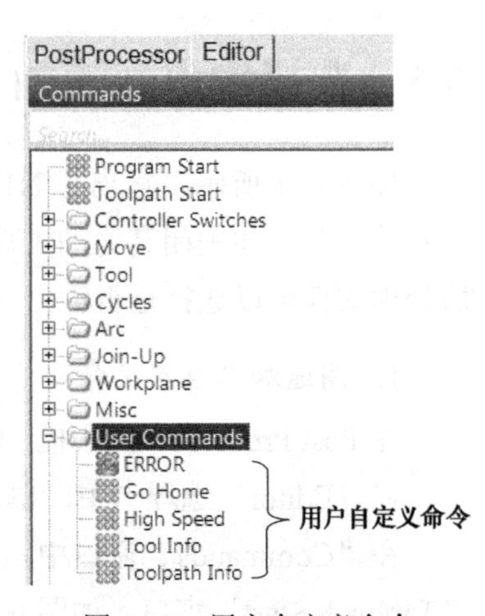

图 6-21　用户自定义命令

如图 6-21 所示，单击“High Speed”分枝，在主视窗中显示“High Speed”窗口，如图 6-22 所示。

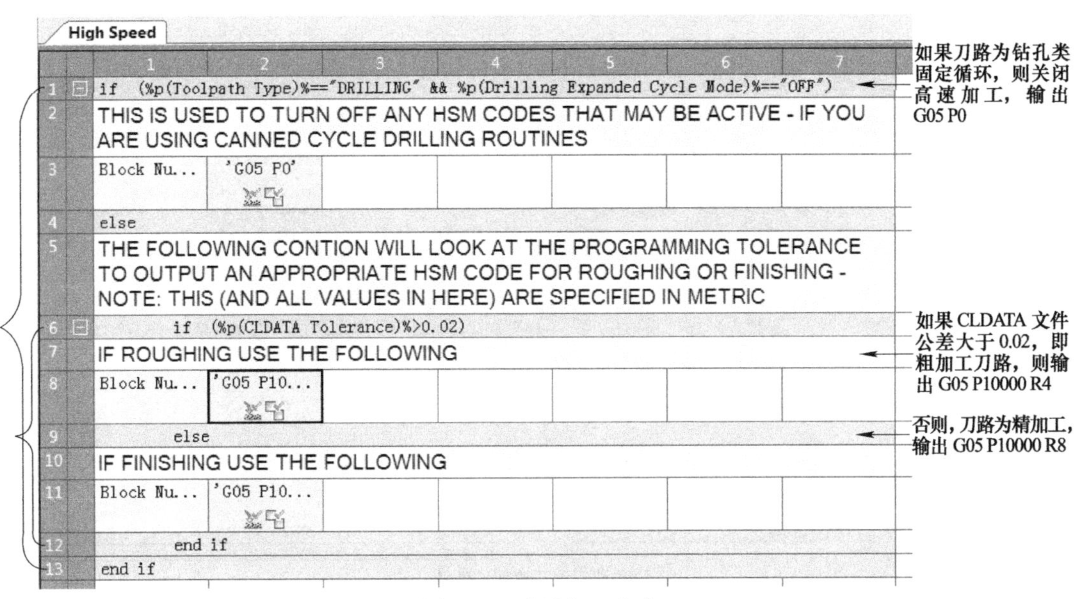

图 6-22　高速加工命令

在 Post Processor 软件中，单击“File”→“Option File Settings...”，打开选项文件设置对话框。单击“Initialisation”（初始化）树枝，如图 6-23 所示。

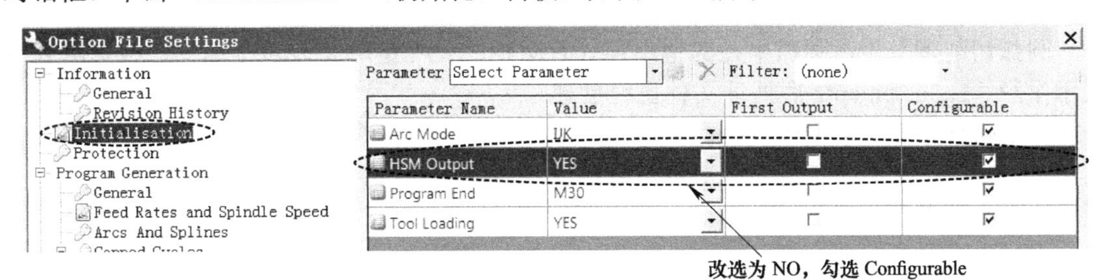

图 6-23　初始化参数设置

在图 6-23 中，设置“HSM Output”值为“YES”，勾选“Configurable”（配置），则会输出高速加工代码。

修改“HSM Output”的值为“NO”，单击“Close”（关闭）按钮，关闭选项文件设置对话框。

2. 调试后处理文件

在 Post Processor 软件中，单击“PostProcessor”选项卡，切换到后处理模式。

在“PostProcessor”选项卡内，右击“CLDATA Files”分枝下的“ex501.cut”文件，在弹出的快捷菜单条中执行“Process as Debug”（调试模式后处理）。

右击“ex501_Fanuc.tap.dppdbg”调试文件，在弹出的快捷菜单条中执行“Compare”（对比），在主视窗中显示后处理文件修改前（左栏）与修改后（右栏）的内容对比，如图 6-24 所示，可见高速加工代码已经没有输出。

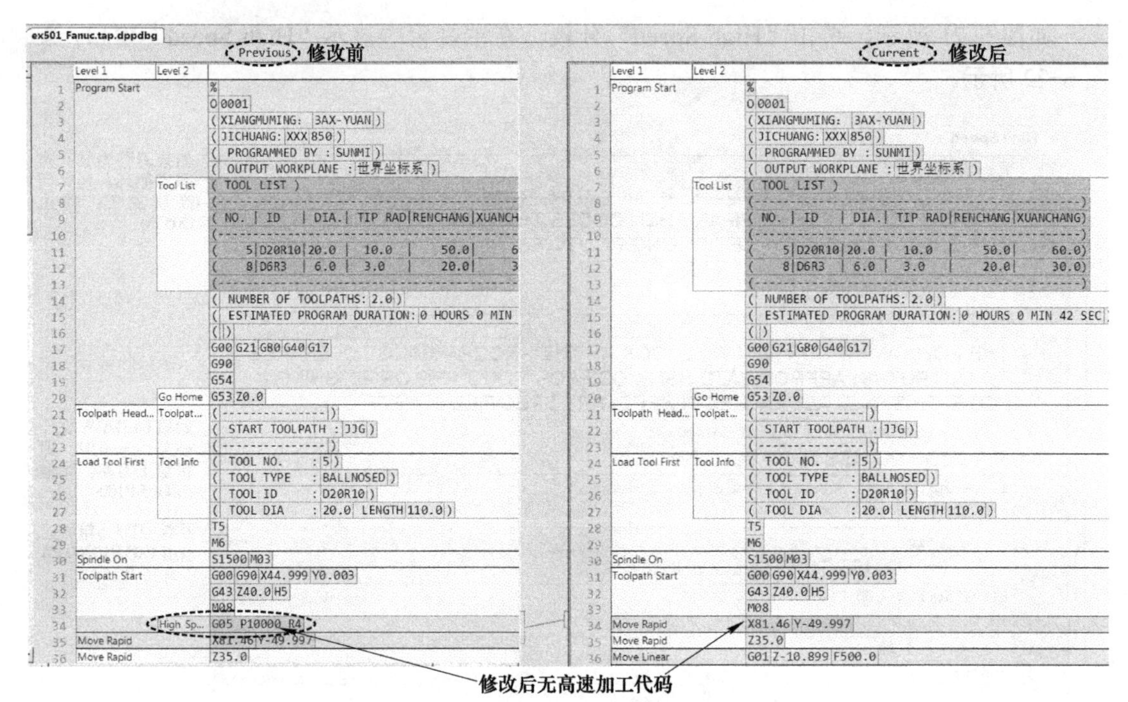

图 6-24　高速加工代码对比显示

6.7　选择输出圆弧切削半径样式

圆弧切削指令中，圆弧半径的输出样式有两种，一种是用 R 表示半径，一种是用 I、J 表示半径。Fanuc.pmoptz 后处理文件已经创建好了上述两种圆弧切削代码输出命令，通过修改一个用户自定义的参数值即可决定圆弧切削代码的输出样式。

1. 圆弧切削命令解释

在 Post Processor 软件中，单击“Editor”选项卡，切换到后处理文件编辑器模式。

在“Editor”选项卡中，单击“Commands”，切换到“Commands”窗口。

在“Commands”窗口中，双击“Arc”（圆弧）树枝，将它展开，如图 6-25 所示。

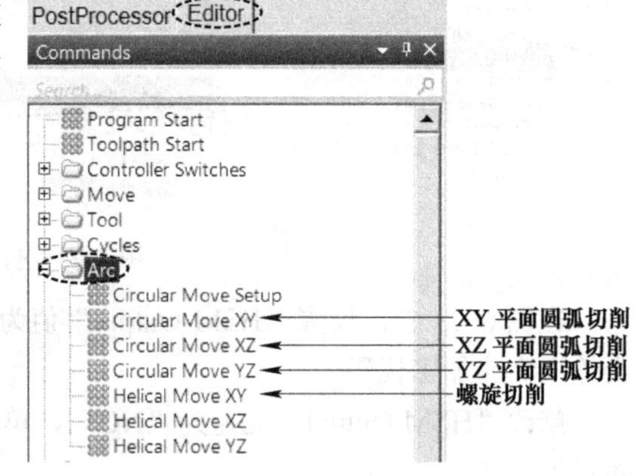

图 6-25　圆弧切削命令

如图 6-25 所示，单击“Arc”树枝下的“Circular Move XY”（XY 平面圆弧切削）分枝，在主视窗中显示“Circular Move XY”窗口，如图 6-26 所示。

如图 6-26 所示，有一个 if…else if…end if 条件判断语句，其中，当执行 if（%p（Arc Mode）%=="IJK"）时，Post Processor 软件根据在选项文件设置对话框里初始化窗口中用户自定义参数 “Arc Mode” （圆弧样式）值设置为“IJK”，则输出 IJK 样式的圆弧半径切削代码，else if（%p（Arc Mode）%=="R"）语句的作用是，如果用户自定义参数“Arc Mode”（圆弧样式）值设置为“R”时，则输出 R 样式的圆弧半径切削代码。

在 Post Processor 软件中，单击“File”→“Option File Settings…”，打开选项文件设置对话框。单击“Initialisation”（初始化）树枝，如图 6-27 所示。

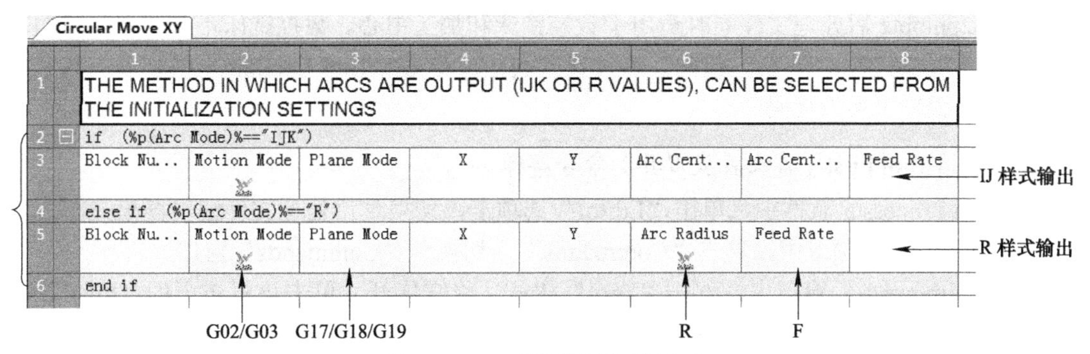

图 6-26　XY 平面圆弧切削命令

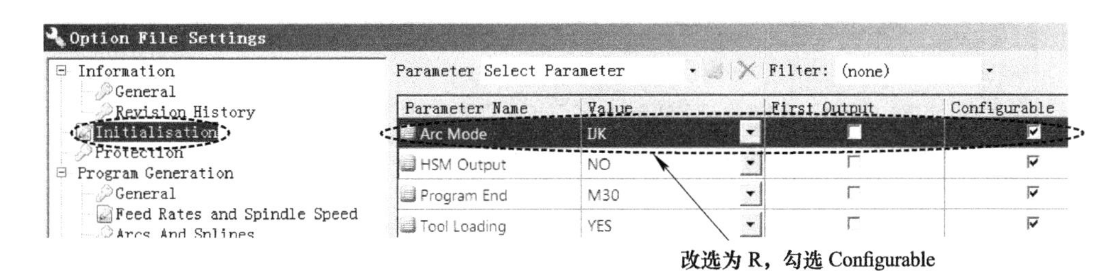

图 6-27　初始化参数设置

在图 6-27 中，默认设置“Arc Mode”的值是“IJK”，修改“Arc Mode”的值为“R”，勾选“Configurable”（配置）。

单击“Close”（关闭）按钮，关闭选项文件设置对话框。

2. 圆弧切削命令调试

在 Post Processor 软件中，单击“PostProcessor”选项卡，切换到后处理模式。

在“PostProcessor”选项卡内，右击“CLDATA Files”分枝下的“ex501.cut”文件，在弹出的快捷菜单条中执行“Process as Debug”（调试模式后处理）。

右击“ex501_Fanuc.tap.dppdbg”调试文件，在弹出的快捷菜单条中执行“Compare”（对比），在主视窗中显示后处理文件修改前（左栏）与修改后（右栏）的内容对比，如图 6-28 所示，可见圆弧切削代码已经由 IJK 样式修改为 R 样式。

ex501_Fanuc.tap.dppdbg

Previous　修改前

	Level 1	Level 2	
37	Move Linear		X84.937 Z-12.46 F1000.0
38	Move Linear		X89.327 Z-14.698
39	Move Linear		X93.602 Z-17.213
40	Move Linear		X97.731 Z-19.995
41	Move Linear		X101.696 Z-23.048
42	Move Linear		X103.964 Z-24.998
43	Move Linear		X103.972 Z-25.0
44	Move Linear		X150.006
45	Circular Move XY		G03 X155.006 Y-44.997 I0.0 J5.0
46	Circular Move XY		G03 X150.006 Y-39.997 I-5.0 J0.0
47	Move Linear		G01 X103.969
48	Move Linear		X103.961 Z-24.999
49	Move Linear		X99.878 Z-21.595
50	Move Linear		X95.828 Z-18.665
51	Move Linear		X91.624 Z-16.006
52	Move Linear		X87.299 Z-13.616

修改前是 IJK

修改后　Current

	Level 1	Level 2	
37	Move Linear		X84.937 Z-12.46 F1000.0
38	Move Linear		X89.327 Z-14.698
39	Move Linear		X93.602 Z-17.213
40	Move Linear		X97.731 Z-19.995
41	Move Linear		X101.696 Z-23.048
42	Move Linear		X103.964 Z-24.998
43	Move Linear		X103.972 Z-25.0
44	Move Linear		X150.006
45	Circular Move XY		G03 X155.006 Y-44.997 R5.0
46	Circular Move XY		G03 X150.006 Y-39.997 R5.0
47	Move Linear		G01 X103.969
48	Move Linear		X103.961 Z-24.999
49	Move Linear		X99.878 Z-21.595
50	Move Linear		X95.828 Z-18.665
51	Move Linear		X91.624 Z-16.006
52	Move Linear		X87.299 Z-13.616

修改后是 R

图 6-28　圆弧切削代码对比显示

6.8 选择输出换刀代码

Fanuc.pmoptz 后处理文件同时适用于数控铣床和加工中心。数控铣床不具备自动换刀功能，因此不能输出 M6 T*n* 换刀代码，通过设置自定义参数“Tool Loading”（装载刀具）的值来决定是否输出换刀代码。

1. Load Tool First（首次装载刀具）命令解释

在 Post Processor 软件中，单击“Editor”选项卡，切换到后处理文件编辑器模式。

在“Editor”选项卡中，单击“Commands”，切换到“Commands”窗口。

在“Commands”窗口中，双击“Tool”树枝，将它展开，单击该树枝下的“Load Tool First”（首次装载刀具）分枝，在主视窗中显示“Load Tool First”窗口，如图 6-29 所示。

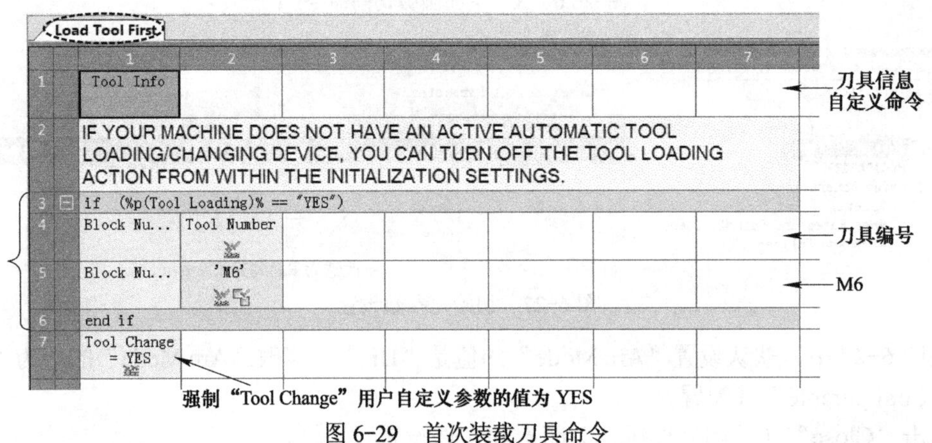

图 6-29 首次装载刀具命令

如图 6-29 所示，首次装载刀具命令里，第 1 行执行用户自定义命令“Tool Info”（刀具信息）。右击第 1 行第 1 列单元格“Tool Info”，在弹出的快捷菜单条中执行“Go To Command”（转到命令），在主视窗中显示“Tool Info”窗口，如图 6-30 所示。

PostProcessor Editor

Commands

Program Start
Toolpath Start
Controller Switche
Move
Tool
Cycles
Arc
Join-Up
Workplane
Misc
User Commands
ERROR
Go Home
High Speed
Tool Info
Toolpath Info

Tool Info

	1	2	3	4	5	6	7
1	Block Nu...	Comment ...	' TOOL N...	Tool Number	Comment End		
2	Block Nu...	Comment ...	' TOOL T...	Tool Type	Comment End		
3	Block Nu...	Comment ...	' TOOL I...	Tool Name	Comment End		
4	Block Nu...	Comment ...	' TOOL D...	Tool Dia...	' LENGTH '	Tool Length	Comment End

刀具编号
刀具类型
刀具名称
刀具直径
刀具长度
“Tool Info”用户自定义命令

图 6-30 刀具信息自定义命令

再次单击“Tool”树枝下的“Load Tool First”分枝，在主视窗中显示“Load Tool First”窗口。

在“Load Tool First”窗口的第 3 行到第 6 行，有一个条件判断语句 if...end if，其中第

3 行代码 if %p(Tool Loading)% == "YES"，用于判断用户自定义参数“Tool Loading”的值，当它的值为“YES”时，认为是给加工中心输出代码，则输出：

Tn；（第 4 行代码）

M6；（第 5 行代码）

第 7 行代码 Tool Change=YES，强制用户自定义参数“Tool Change”的值为 YES。“Tool Change”参数用于“Toolpath Start”（刀路开始）命令的判断语句中。

2. Load Tool（装载刀具）命令解释

在“Commands”窗口中，单击“Tool”树枝下的“Load Tool”（装载刀具）分枝，在主视窗中显示“Load Tool”窗口，如图 6-31 所示。

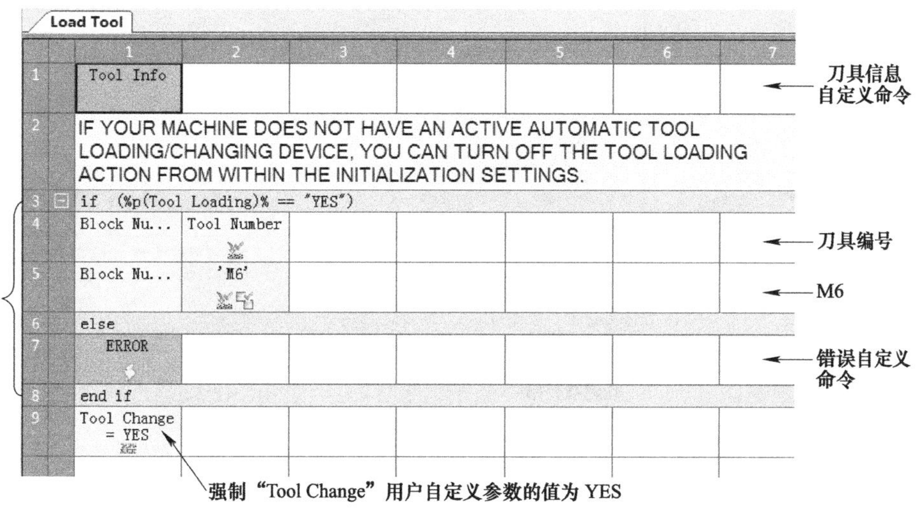

图 6-31　装载刀具命令

如图 6-31 所示，装载刀具命令里，第 1 行执行用户自定义命令“Tool Info”（刀具信息）。第 3 行到第 8 行有一个条件判断语句 if…else…end if，第 3 行代码 if %p(Tool Loading)% == "YES"，当用户自定义参数“Tool Loading”的值为“YES”时，输出：

Tn；（第 4 行代码）

M6；（第 5 行代码）

第 6 行 else，即用户自定义参数“Tool Loading”的值为“NO”时，输出第 7 行“ERROR”用户自定义命令。

右击第 7 行第 1 列单元格“ERROR”，在弹出的快捷菜单条中执行“Go To Command”（转到命令），在主视窗中显示“ERROR”（错误）窗口，如图 6-32 所示。

如图 6-32 所示，“ERROR”窗口中并没有参数。右击“User Commands”（用户自定义命令）树枝下的“ERROR”分枝，弹出如图 6-33 所示快捷菜单条。

如图 6-33 所示，“ERROR”命令被设置为“Disallow”（禁用）。

在 Post Processor 软件中，当命令被设置为“Disallow”时，用于处理机床不具备的功能，此时，往往是输出错误信息，该信息在如图 6-32 所示“Properties”（属性）对话框中的“Disallowed Message”（禁用信息）栏里手工输入。

在 Post Processor 软件中，单击“File”→“Option File Settings…”，打开选项文件设置

对话框。单击“Initialisation”（初始化）树枝，如图 6-34 所示。

在图 6-34 中，默认设置“Tool Loading”的值是“YES”，修改“Tool Loading”的值为“NO”，勾选“Configurable”（配置）。

单击“Close”（关闭）按钮，关闭选项文件设置对话框。

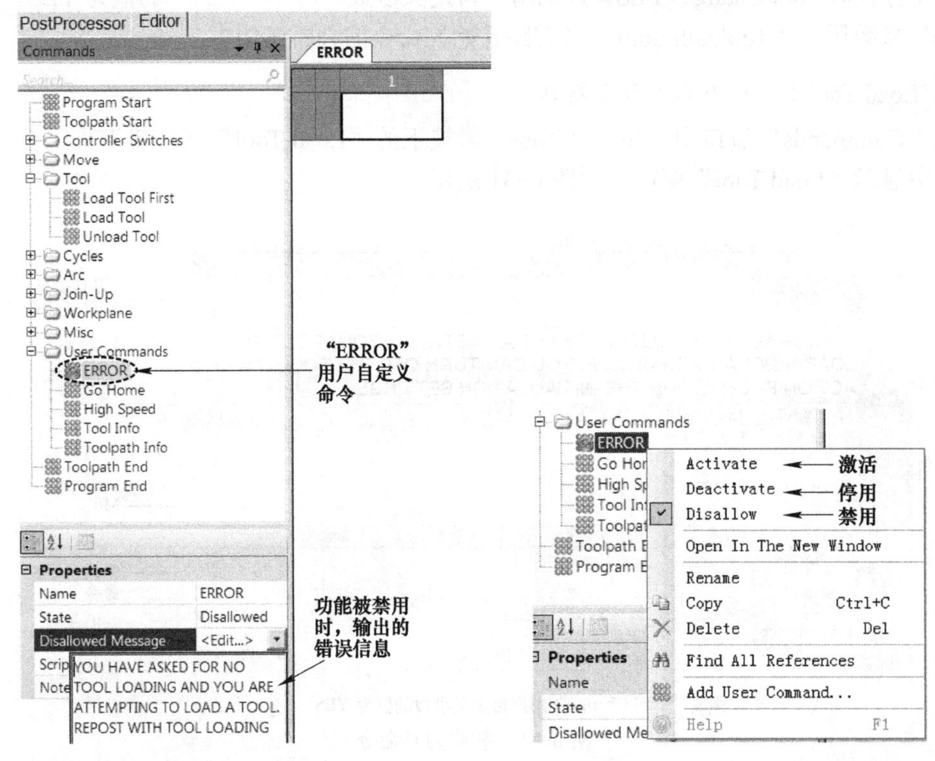

图 6-32　错误自定义命令　　　　图 6-33　命令右键菜单条

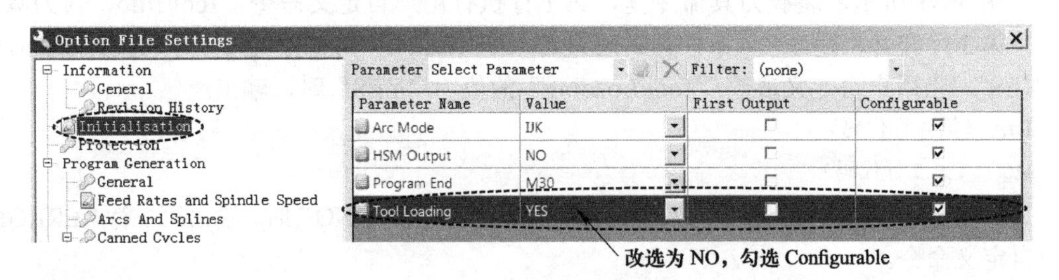

图 6-34　初始化参数设置

3. *是否输出换刀代码调试*

在 Post Processor 软件中，单击“Post Processor”选项卡，切换到后处理模式。

在“Post Processor”选项卡内，右击“CLDATA Files”分枝下的“ex501.cut”文件，在弹出的快捷菜单条中执行“Process as Debug”（调试模式后处理）。

右击“ex501_Fanuc.tap.dppdbg”调试文件，在弹出的快捷菜单条中执行“Compare”（对比），在主视窗中显示后处理文件修改前（左栏）与修改后（右栏）的内容对比，如图 6-35 所示，可见设置“Tool Loading”的值是“NO”后，没有输出换刀代码，且只后处理了第一条刀路，第二条刀路没有后处理。

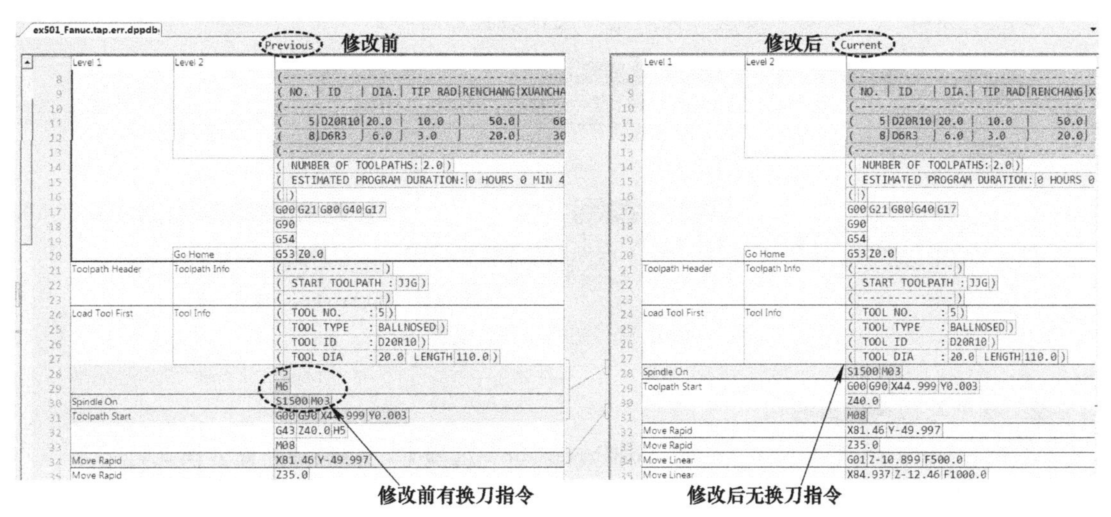

图 6-35　换刀代码对比显示

在 Post Processor 软件中，单击“Editor”选项卡，切换到后处理文件编辑器模式。

单击“File”→“Option File Settings…”，打开选项文件设置对话框，单击“Initialisation”（初始化）树枝，将“Tool Loading”的值改回“YES”。

单击“Close”（关闭）按钮，关闭选项文件设置对话框。

6.9　选择输出程序尾代码

1. 程序尾命令解释

Fanuc.pmoptz 后处理文件的程序尾代码可以选择输出 M30、M02 或 M99。其方法是：创建一个群组用户自定义参数，该参数的状态值设置为 M30、M02 和 M99，然后将该参数插入到程序尾命令里。使用后处理文件进行后处理前，在初始化对话框中选择一个程序尾代码。

在“Editor”选项卡中，单击“Commands”，切换到“Commands”窗口，单击该窗口中的“Program End”（程序尾）树枝，在主视窗中显示“Program End”窗口，如图 6-36 所示。

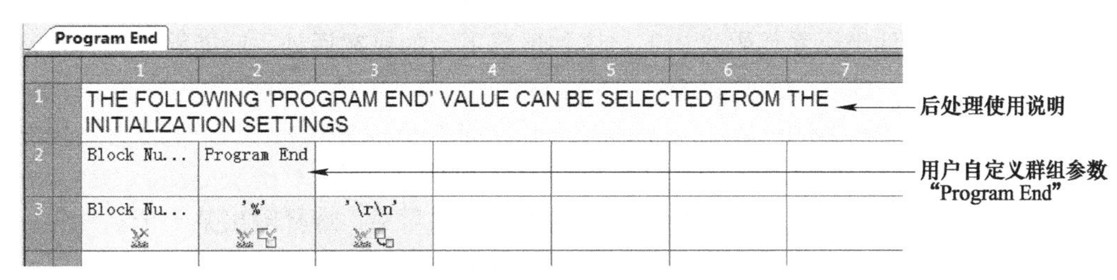

图 6-36　程序尾命令

在 Post Processor 软件中，单击“File”→“Option File Settings…”，打开选项文件设置对话框。单击“Initialisation”（初始化）树枝，如图 6-37 所示，用户自定义的群组参数

“Program End”有三个值：M30、M99、M02，默认选择的是 M30，这里改选为 M02。

单击“Close”（关闭）按钮，关闭选项文件设置对话框。

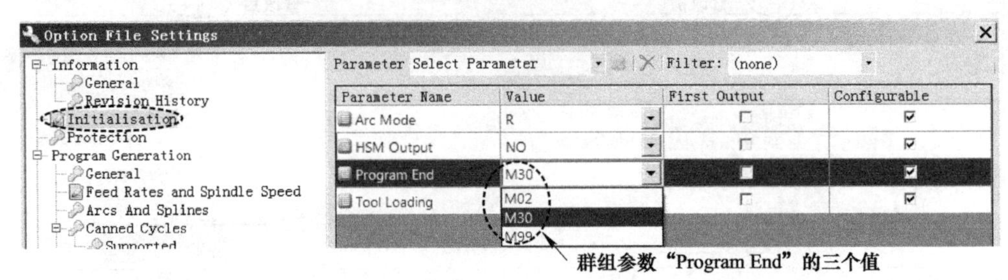

图 6-37　初始化参数设置

2. 程序尾代码输出调试

在 Post Processor 软件中，单击“PostProcessor”选项卡，切换到后处理模式。

在“PostProcessor”选项卡内，右击“CLDATA Files”分枝下的“ex501.cut”文件，在弹出的快捷菜单条中执行“Process as Debug”（调试模式后处理），单击“ex501_Fanuc.tap.dppdbg”调试文件，在主视窗中显示其内容，如图 6-38 所示。

ex501_Fanuc.tap.dppdbg

	Level 1	Level 2	
113	Move Linear		X88.38 Y23.542 Z-15.218
114	Move Rapid		G00 Z40.0
115	Toolpath End		(--------------)
116			(END TOOLPATH : QJ)
117	Unload Tool		(--------------)
118			M09
119			M05
120		Go Home	G53 Z0.0
121	Program End		M02
122			%

程序尾代码

图 6-38　调试文件内容

如图 6-38 所示，程序尾以 M02 代码结束。

6.10　使用脚本功能设置输出工件坐标系可选

在数控加工中，特别是行程比较大的机床，工作台面比较大，其上可以安装多个毛坯，每个毛坯使用一个工件坐标系代码来加工，这种情况下，如果在后处理时能够让编程员选择输出工件坐标系代码（G54、G55、G56、G57、G58、G59），就会非常方便。

前述的程序尾代码（M30、M02、M99）选择，是在 Post Processor 软件的初始化对话框中预先选择一个代码，对于工件坐标系代码选择，也可以参照这种解决办法。下面来介绍另一种方式：使用脚本功能，实现后处理时与编程员交互对话，选择输出某一个工件坐标系代码。这种方式无须在初始化时预先选择一个值，其更为方便。

1. 新建群组参数

在 Post Processor 软件中，单击“Editor”选项卡，切换到后处理文件编辑器模式。

在“Editor”选项卡中，单击“Parameters”，打开“Parameters”窗口，右击该窗口中的

“User Parameters”（用户自定义参数）树枝，在弹出的快捷菜单条中执行“Add Group Parameter...”（增加群组参数），打开“Add Group Parameter”对话框，按图 6-39 所示输入参数名、参数状态和参数值。

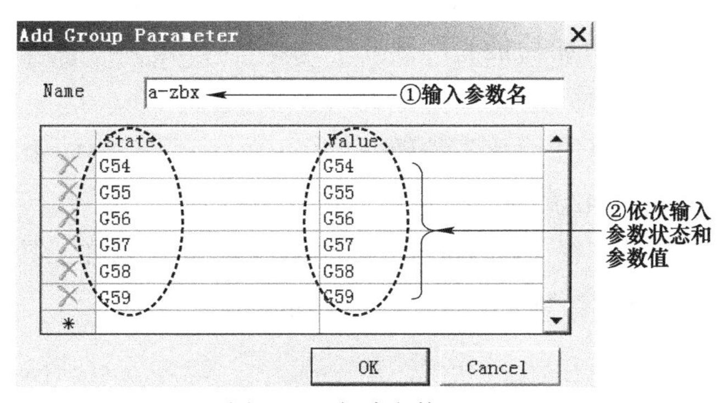

图 6-39　新建参数 a-zbx

单击“OK”按钮，关闭“Add Group Parameter”对话框。

2. *在程序头添加用户自定义参数*

G54 代码一般写在程序头，因此应进入到命令窗口中，将用户自定义参数添加进去。

在“Editor”选项卡中，单击“Commands”，打开“Commands”窗口，单击该窗口中的“Program Start”树枝，在主视窗中显示“Program Start”窗口。

在“Program Start”窗口中，下拉至第 28 行，右击第 28 行第 2 列单元格“G54”，在弹出的快捷菜单条中执行“Out To Tape”（输出 NC 程序）→“Never”（从不），将“G54”设置为不输出。

在“Editor”选项卡中，单击“Parameters”，打开“Parameters”窗口，将“User Parameters”树枝下的“a-zbx”参数拖到第 28 行第 3 列单元格，如图 6-40 所示。

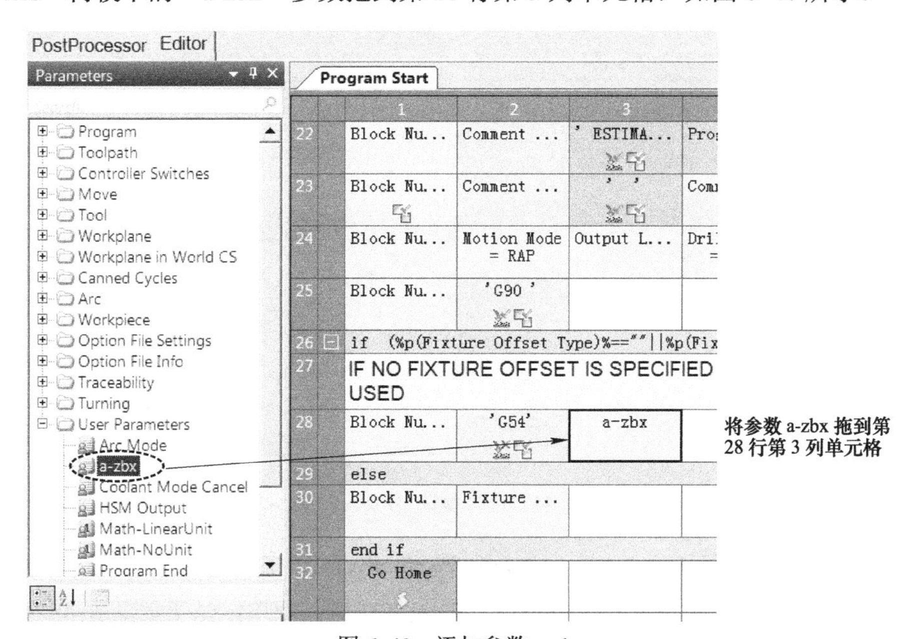

图 6-40　添加参数 a-zbx

3. 新建脚本功能

在“Editor”选项卡中，单击“Script”（脚本），打开“Script”窗口，在“Script”窗口中的空白处右击，在弹出的快捷菜单条中执行“Add Function...”（增加功能），打开“Add Script”（增加脚本）对话框，如图 6-41 所示，输入名称 fzbx 后，单击“OK”按钮，进入脚本编辑窗口，如图 6-42 所示。

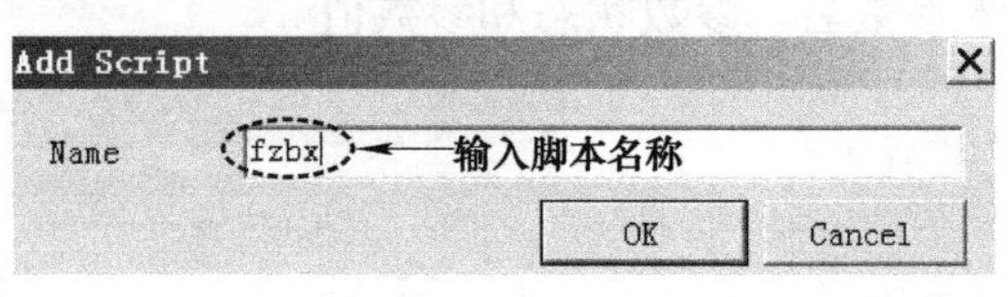

图 6-41　命名脚本

如图 6-42 所示，在第 6 行“var out =" ";”后，回车，然后在工具栏中选择脚本命令“PromptParam”（提示输入参数），如图 6-43 所示。

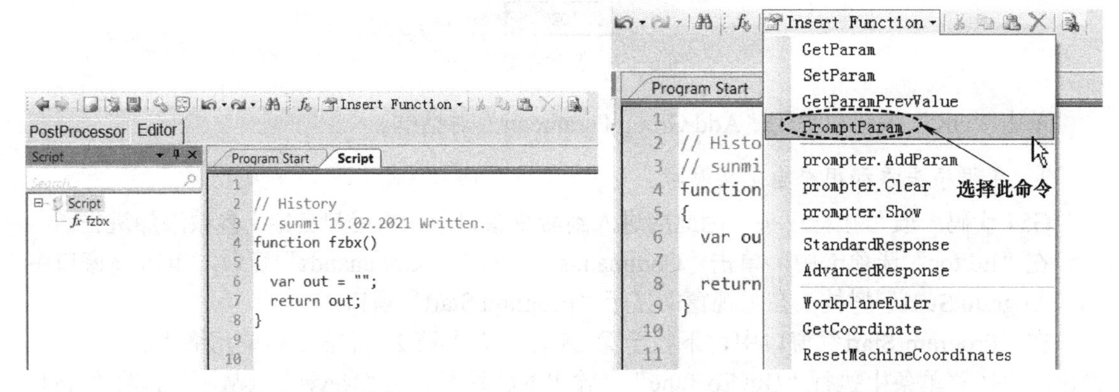

图 6-42　脚本编辑窗口　　　　图 6-43　选择命令

在“PromptParam”命令弹出的对话框中，双击用户自定义参数“a-zbx”，将它填入命令，如图 6-44 所示。

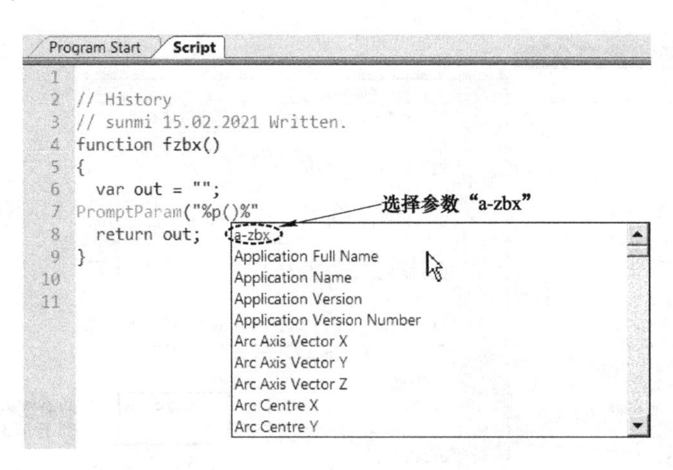

图 6-44　选择参数“a-zbx”

如图 6-44 所示，在第 7 行“PromptParam("%p(a-zbx)%"”命令后输入半括号) 和分号；，请注意，要在英文输入法下输入符号与文字。输入完成后，回车，结果如图 6-45 所示。

如图 6-45 所示，在第 8 行输入函数终止并返回值语句“return”，空格，然后在工具栏中选择脚本命令“StandardResponse”（标准响应），如图 6-46 所示。

在第 8 行“return StandardResponse() ”命令后输入分号；，回车，结果如图 6-47 所示。

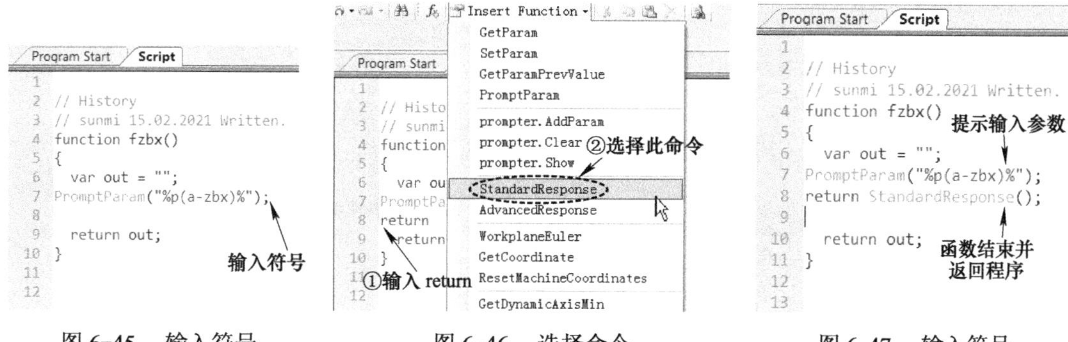

图 6-45　输入符号　　　图 6-46　选择命令　　　图 6-47　输入符号

4. 在程序头命令中使用脚本功能

在“Editor”选项卡中，单击“Commands”，打开“Commands”窗口，单击该窗口中的“Program Start”树枝，在其下的“Properties”（属性）对话框中的“Script Function”（脚本功能）栏，选择“fzbx”，如图 6-48 所示。

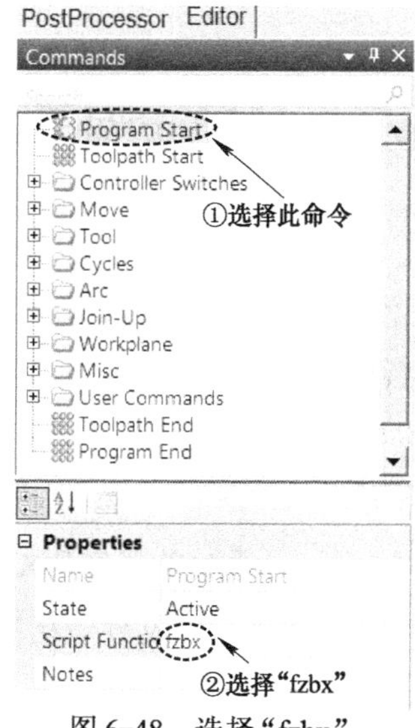

图 6-48　选择“fzbx”

5. 调试后处理文件

在 Post Processor 软件中，单击“PostProcessor”选项卡，切换到后处理模式。

在“PostProcessor”选项卡内，右击“CLDATA Files”分枝下的“ex501.cut”文件，在弹出的快捷菜单条中执行“Process as Debug”（调试模式后处理），弹出如图 6-49 所示选择工件坐标系代码对话框，在该对话框中选择一个工件坐标系代码 G55，单击“OK”按钮。

图 6-49　选择工件坐标系代码

单击“ex501_Fanuc.tap.dppdbg”调试文件，在主视窗中显示其内容，如图 6-50 所示。如图 6-50 所示，程序头使用的工件坐标系代码是 G55。

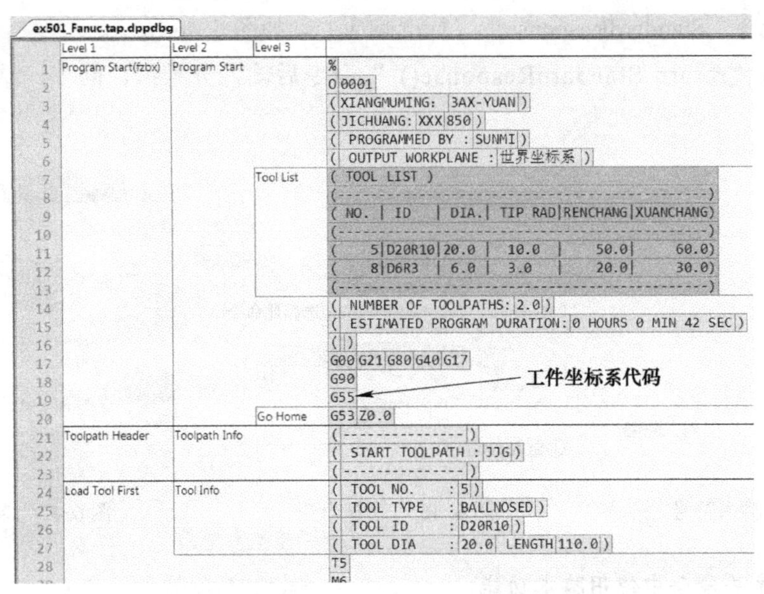

图 6-50　调试文件内容

6.11　保存后处理文件和项目文件

1. 另存三轴加工后处理文件

在 Post Processor 软件下拉菜单条中，单击“File”→“Save Option File as…”（另存后处理文件），打开另存为对话框，定位保存目录到 E:\PostEX\，输入机床选项文件名称为 fanuc-3x，注意后处理文件的扩展名为 pmoptz。此后处理文件可以在 PowerMill 软件中直接调用。

2. 另存后处理项目文件

后处理项目文件包括后处理文件、CLDATA 文件、调试文件等。

在 Post Processor 软件下拉菜单条中，单击“File”→“Save Session as…”（另存项目文件），打开另存为对话框，定位保存目录到 E:\PostEX\，输入后处理项目文件名称为 fanuc-3x，注意后处理项目文件的扩展名为 pmp。此后处理项目文件可以在 Post Processor 软件中直接打开，对后处理文件进行修改。

第 7 章　修改订制 FANUC 数控系统四轴后处理实例

📖 本章知识点

- ✧ 四轴机床及四轴加工方式
- ✧ 在 Post Processor 软件中订制四轴后处理文件

从本章开始，涉及多轴加工后处理的内容。将数控机床运动轴的数目大于 3 的加工方式称为多轴加工，一般包括四轴加工和五轴加工两种方式。生产中，将四轴加工机床应用于非圆截面的柱状、鼓筒类零件加工，可以较好地解决此类零件的加工精度和效率问题。

7.1　四轴机床及四轴加工方式

四轴机床的标准配置是三根线性轴搭配一根旋转轴，其结构原理如图 7-1 所示，结构实例如图 7-2 所示。该实例中四根运动轴分别为直线轴 X、Y、Z 和绕 X 轴旋转的 A 轴。

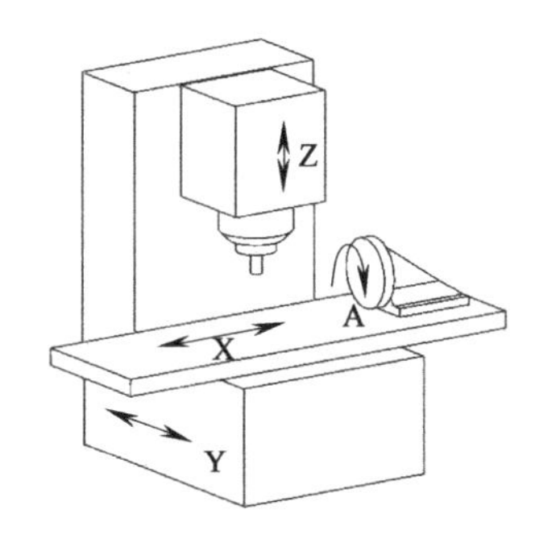

图 7-1　典型四轴机床轴配置结构原理

图 7-2　典型四轴机床结构实例

大部分四轴机床是在三轴联动铣床的工作台上，增加一个绕 X 轴旋转的 A 轴或绕 Y 轴旋转的 B 轴，再由具备同时控制四轴运动的数控系统支配，以获得四轴联合运动。这类机床主要用于加工非圆截面的柱状零件，如带螺旋槽的传动轴零件等。

图 7-2 所示是四川长征机床集团有限公司生产的 KVC650 型四轴联动数控加工中心。该机床的技术参数见表 7-1。

表 7-1　KVC650 型四轴联动数控加工中心的技术参数

技术规格名称	技术规格参数	单位
X、Y、Z 轴行程	650×460×550	mm
A 轴行程	n×360	(°)
工作台尺寸	1000×460	mm
定位精度	0.012	mm
重复定位精度	0.008	mm
快速移动速度	0 ~ 15000	mm/min
进给速度	0 ~ 10000	mm/min
回转速度	16.6	r/min
主轴转速	20 ~ 8000	r/min
刀柄型号	BT40	
主轴电动机功率	7.5	kW
刀库容量	16	把
数控系统	FANUC 0i mate MC	

四轴加工机床一般应用于非圆截面柱状零件的铣削加工。图 7-3 所示是非圆截面的切削刀具加工，图 7-4 所示是螺杆零件加工，图 7-5 所示是蜂窝状孔零件加工。

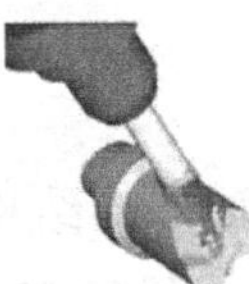

图 7-3　切削刀具加工

图 7-4　螺杆零件加工

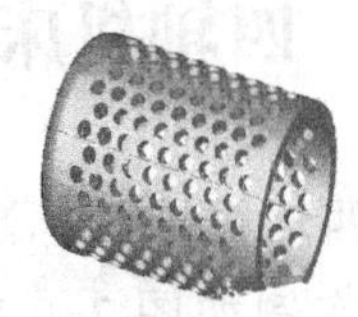

图 7-5　蜂窝状孔零件加工

四轴加工有两种工作方式：四轴联动加工和四轴定位加工。

（1）四轴联动加工　它是指在四轴机床（比较常见的机床运动轴配置是 X、Y、Z、A 四轴）上进行四根运动轴同时联合运动的一种加工形式。四轴联动加工能完成图 7-6 所示的零件以及类似零件的加工。

（2）四轴定位加工　四轴定位加工也称 3+1 轴加工，通常是指在四轴机床上，实现三根运动轴同时联合运动，另一根运动轴固定在某一位置的一种加工形式。图 7-7 所示方形零件可以通过四轴定位加工来完成。

图 7-6　四轴联动加工及产品

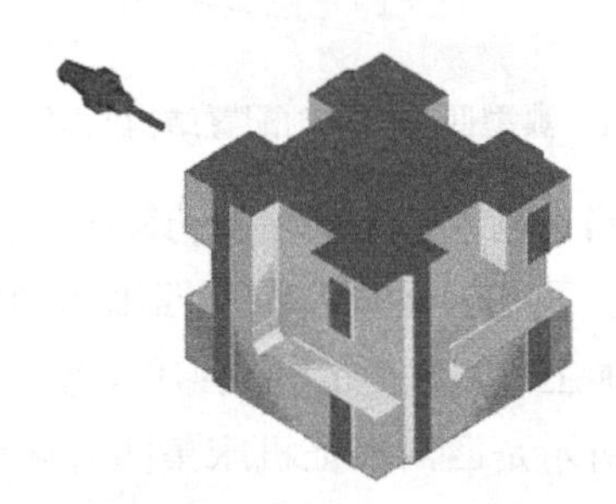

图 7-7　3+1 轴加工及产品

7.2 订制 FANUC 数控系统四轴后处理文件

对于四轴定位加工（即 3+1 轴加工），完全可以将旋转轴当作分度头来使用，即首先将旋转轴定位到某一角度，然后运行三轴加工程序。因此，可以使用三轴加工后处理文件逐一对四轴定位加工（即 3+1 轴加工）刀路进行后处理。

因此，四轴加工后处理文件主要介绍旋转轴连续转动刀路的后处理。

多数情况下，四轴联动机床执行的加工任务只要求机床的两根或三根轴同时联合运动，如绝大多数情况下是 X、Z 轴和 A 轴联动。实际上，这种情况还是属于三轴联动加工。这样，在修改机床选项文件时，可直接在三轴机床选项文件的基础上，添加第四轴的参数。

以类似图 7-2 所示四轴机床为例，机床具备 X、Y、Z 三根直线运动轴，X 轴的行程为 850mm，Y 轴的行程为 600mm，Z 轴的行程为 500mm，旋转轴绕 X 轴转动，形成 A 轴，旋转角度无限制，机床所配备数控系统为 FanucOM 系统。

7.2.1 加载已有三轴后处理文件并进行调试

1. 复制文件到本地磁盘

用手机扫描前言中的“实例源文件”二维码，下载并复制文件夹“Source\ch07”到“E:\PostEX”目录下。

2. 打开项目文件

在 Post Processor 软件下拉菜单条中，单击“File”（文件）→“Open”（打开）→“Open Session File”（打开项目文件），打开“打开”对话框，选择打开 E:\PostEX\ch07\fanuc-3x.pmp 项目文件。

3. 加载四轴加工刀位文件并进行后处理

1）将 E:\PostEX\ch07\4axis.cut 文件拖到“fanuc-3x”树枝下的“CLDATA Files”（CLDATA 文件）分枝下，如图 7-8 所示。

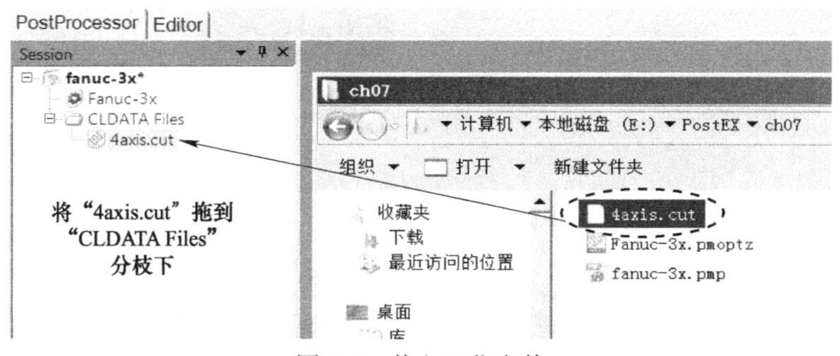

图 7-8　拖入刀位文件

“4axis.cut”刀位文件对应的 PowerMill 软件计算的刀路如图 7-9 所示。该刀路对应的编程项目文件是 4axis，该项目文件放置在 Source\ch07 目录下，读者可使用 PowerMill 2019 打开。

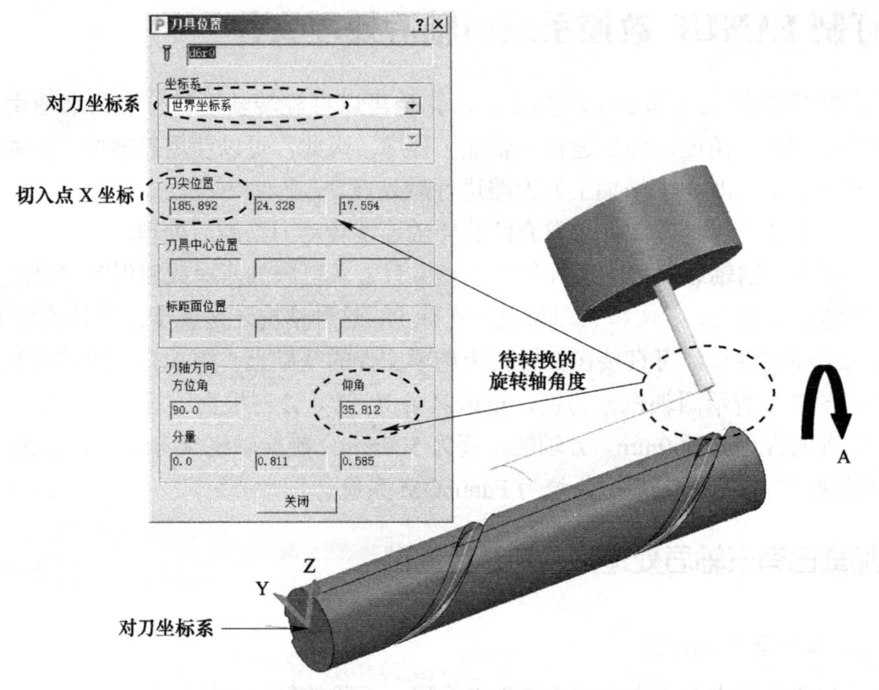

图 7-9　4axis 文件的刀路

为了验证后处理文件是否设置正确，往往需要知道刀路中一些关键点的坐标信息，如图 7-10 所示，在 PowerMill 软件中的“仿真”工具栏中，对刀路进行仿真，查看刀具位置，即可显示刀路中刀尖点的坐标值。

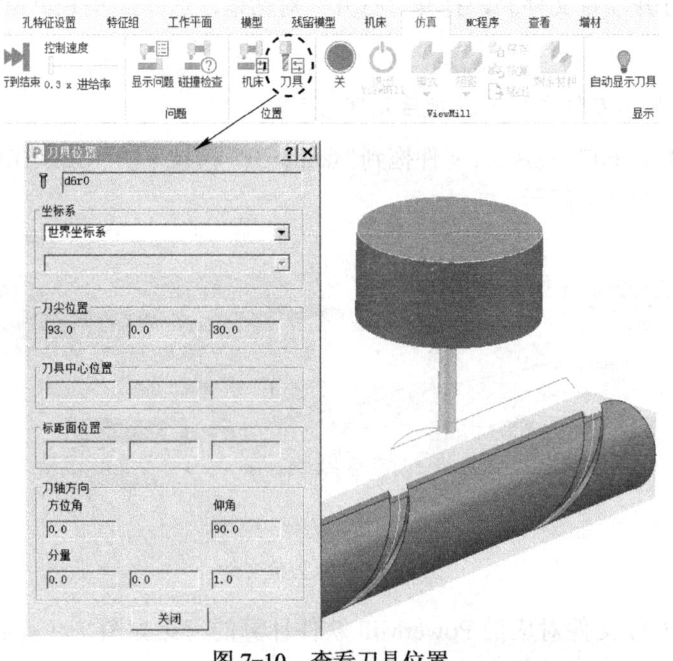

图 7-10　查看刀具位置

如图 7-9 所示，对刀坐标系的零点放置在圆柱毛坯左端面中心位置，X 轴沿毛坯轴线向右为正方向，Z 轴铅垂向上为正方向，旋转轴 A 的方向用右手螺旋法则确定，其正方向如图 7-9 中圆箭头所示。注意：在刀路的仿真模拟时，刀具的摆动方向与工件的摆动方向是相反的。

该刀路的安全区域为圆柱面，安全高度为 Z30，开始下切高度为 Z25，结合“刀具位置”对话框的数据和模型的实现切削情况来分析，图 7-9 所示刀具刀尖点处的坐标为 X+185.892，Y0.0，Z+30.0，A−54.188。

2）在“PostProcessor”选项卡内，右击“CLDATA Files”分枝下的“4axis.cut”文件，在弹出的快捷菜单条中执行“Process as Debug”（调试模式后处理），系统会提示错误信息，如图 7-11 所示。

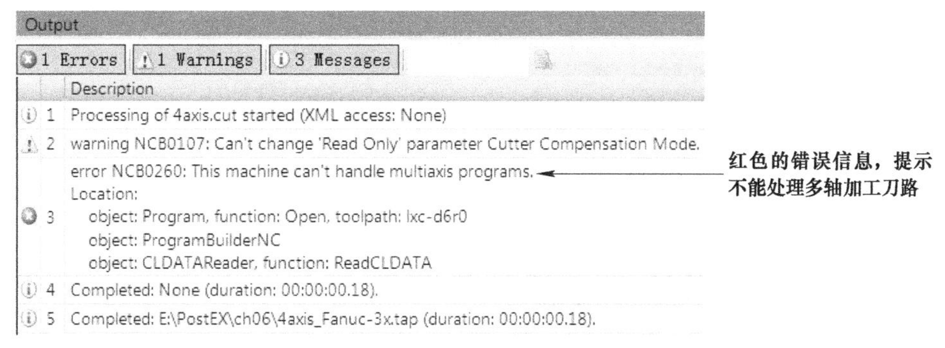

图 7-11　后处理信息

如图 7-11 所示，由于“4axis.cut”是四轴加工刀路，而当前项目加载的后处理文件是用于后处理三轴刀路的，因此无法得到 NC 代码。下面来订制四轴加工后处理文件。

7.2.2　添加旋转轴并设置其运动参数

在 Post Processor 软件中，单击“Editor”选项卡，切换到后处理文件编辑器模式。然后单击“File”→“Option File Settings…”（选项文件设置），打开“Option File Settings”对话框。

单击“Machine Kinematics”（机床运动学）树枝，调出“Settings”（设置）窗口，按图 7-12 所示设置机床运动学模型、旋转轴名称和各轴行程极限等参数。

在“Option File Settings”对话框中，单击“Multi-axis”（多轴）分枝，按图 7-13 所示设置多轴加工基本参数。

查看初始化参数中有无 RTCP（绕刀尖点旋转）开关，如果有，将该参数设置为 OFF（关闭）。

在“Option File Settings”对话框中，单击“Initialisation”（初始化）树枝，如图 7-14 所示，此后处理文件的初始化参数中没有 RTCP 参数。

单击“Close”（关闭）按钮，关闭“Option File Settings”对话框。

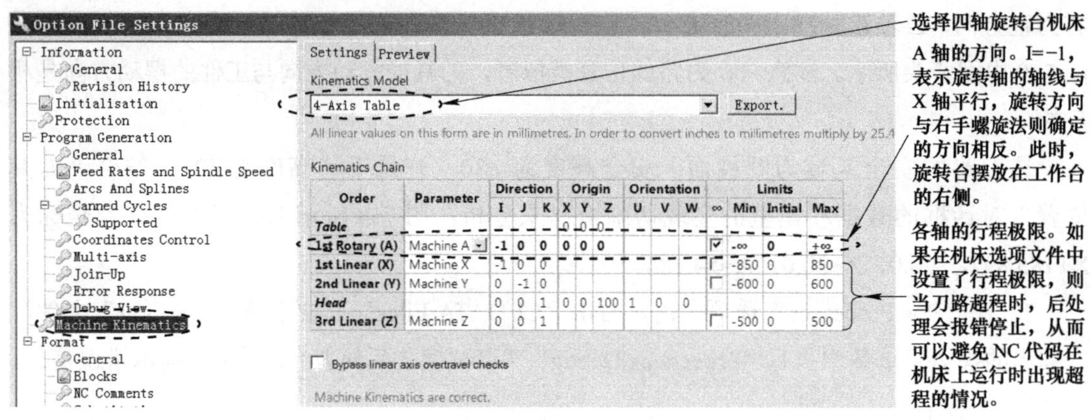

图 7-12　设置机床运动学参数

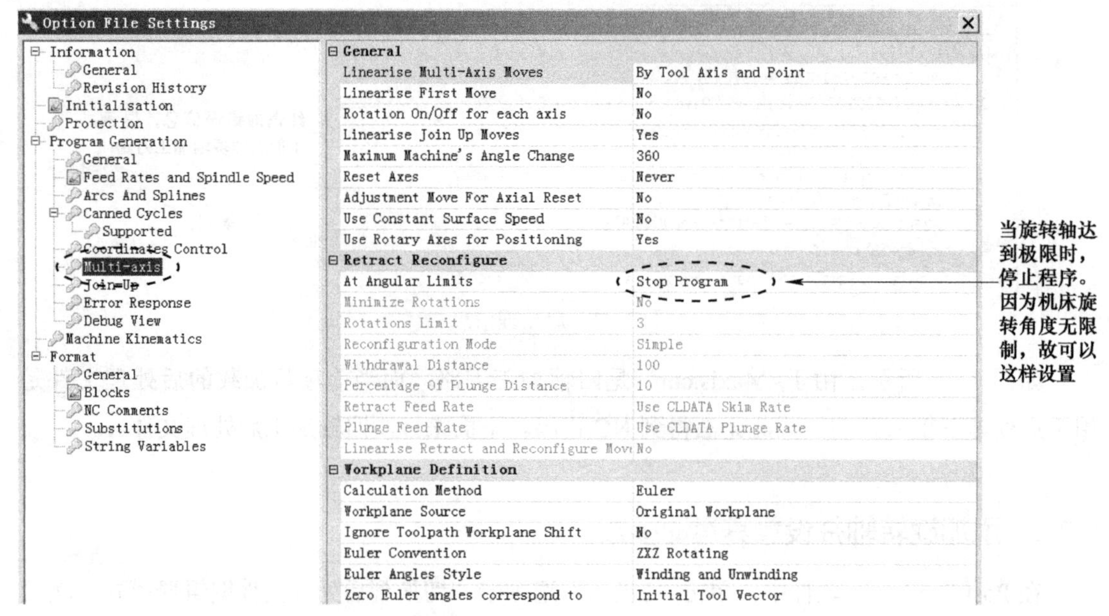

图 7-13　设置多轴加工基本参数

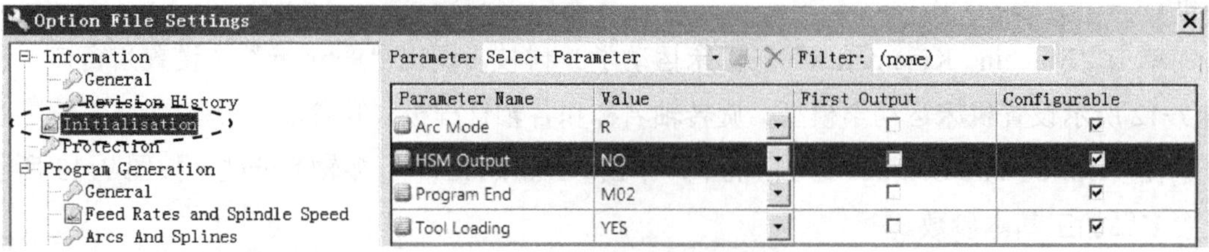

Parameter Name	Value	First Output	Configurable
Arc Mode	R	☐	☑
HSM Output	NO	☐	☑
Program End	M02	☐	☑
Tool Loading	YES	☐	☑

图 7-14　查看初始化参数

7.2.3　在命令中添加旋转轴

在“Editor”选项卡中，单击“Commands”（命令），打开“Commands”窗口，在该窗口中双击“Move”（移动）树枝，将它展开，单击该树枝下的“Move Linear”（直线移动）

分枝，在主视窗中打开“Move Linear”窗口，单击选中第 1 行第 8 列单元格“Feed Rate”（进给率）。

在“Editor”选项卡中，单击“Parameters”（参数），打开“Parameters”窗口，在该窗口中双击“Move”树枝，将它展开，将“Machine A”（机床 A 轴）参数拖到“Feed Rate”参数上，系统会自动在“Feed Rate”前插入该参数，如图 7-15 所示。

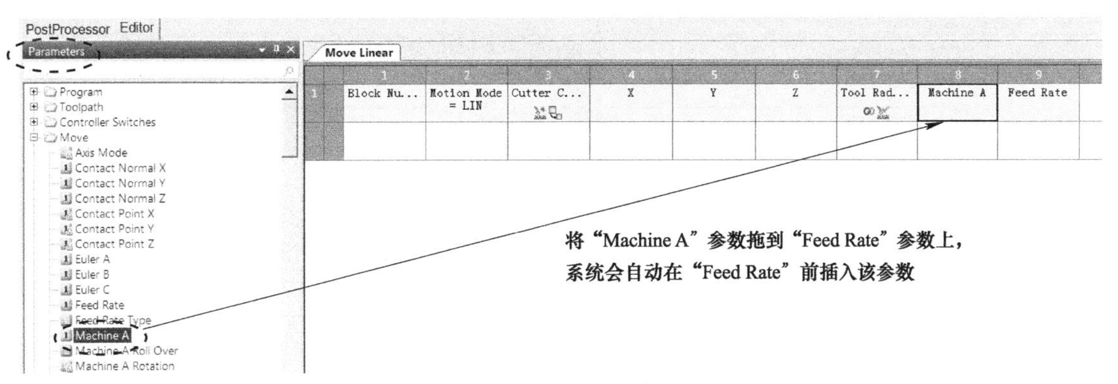

图 7-15　添加 A 轴

如图 7-15 所示，右击“Move Linear”窗口中第 1 行第 8 列单元格“Machine A”，在弹出的快捷菜单条中执行“Item Properties”（项目属性），打开“Item Properties”对话框，在该对话框中，双击“Parameter”树枝，将它展开，确认 A 轴的前缀、后缀等属性，如果没有前缀、后缀，则按图 7-16 所示设置。

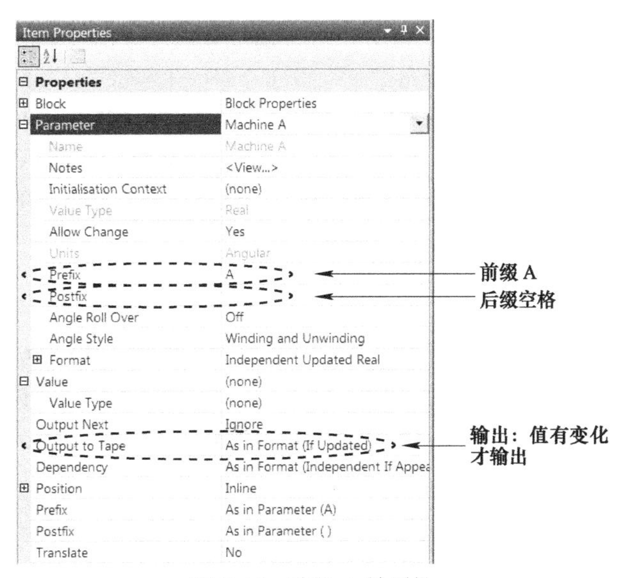

图 7-16　确认 A 轴属性

7.2.4　调试并验证四轴后处理文件

在 Post Processor 软件中，单击“PostProcessor”选项卡，切换到后处理模式。

在“PostProcessor”选项卡内，右击“CLDATA Files”分枝下的“4axis.cut”文件，在

弹出的快捷菜单条中执行“Process as Debug”（调试模式后处理），单击“4axis_Fanuc-3x.tap.dppdbg”调试文件，在主视窗中显示其内容，下拉右侧滑块到第 56 行，如图 7-17 所示，查看切入点坐标。

4axis_Fanuc-3x.tap.dppdbg

	Level 1	Level 2			
48	Move Linear		Z30.0	A-36.125	
49	Move Linear		Z29.92	A-38.931	
50	Move Linear		Z29.907	A-40.641	
51	Move Linear		Z29.943	A-43.453	
52	Move Linear		Z30.0	A-45.157	
53	Move Linear		Z29.92	A-47.962	
54	Move Linear		Z29.907	A-49.672	
55	Move Linear		Z29.943	A-52.485	
56	Move Linear		Z30.0	A-54.188	
57	Move Linear		X185.892		
58	Move Linear		Z25.0		
59	Move Linear		Z14.75	F200.0	
60	Move Linear		X185.255	A-51.955	F600.0
61	Move Linear		X184.614	A-49.708	

切入点 Z、A 坐标
切入点 X 坐标
F200 为切入速度
F600 为切削速度

图 7-17　调试文件内容

如图 7-17 所示，切入点的坐标 X185.892，Y0.0，Z30.0，A-54.188 与 PowerMill 软件中仿真时刀具位置显示的坐标是一致的。还可以对比其他关键点坐标，进一步验证后处理文件有无错误。

7.3　保存后处理文件和项目文件

1. 另存四轴加工后处理文件

在 Post Processor 软件下拉菜单条中，单击“File”→“Save Option File as…”（另存后处理文件），打开另存为对话框，定位保存目录到 E:\PostEX\，输入机床选项文件名称为 fanuc-4x-a，注意后处理文件的扩展名为 pmoptz。此后处理文件可以在 PowerMill 软件中直接调用。

2. 另存后处理项目文件

在 Post Processor 软件下拉菜单条中，单击“File”→“Save Session as…”（另存项目文件），打开另存为对话框，定位保存目录到 E:\PostEX\，输入后处理项目文件名称为 fanuc-4x，注意后处理项目文件的扩展名为 pmp。此后处理项目文件可以在 Post Processor 软件中直接打开，对后处理文件进行修改。

第 8 章 修改订制 FANUC 数控系统五轴后处理实例

📖 本章知识点

- ✧ 五轴机床
- ✧ RTCP 功能及代码
- ✧ 订制五轴联动加工后处理文件
- ✧ 订制 3+2 轴加工后处理文件

当前，五轴数控机床的应用越来越普遍。订制五轴机床后处理文件，其基础是五轴机床的结构型式、各运动轴配置、数控系统的五轴加工功能，特别是 RTCP 功能。因此，在介绍 Post Processor 软件订制五轴后处理文件前，需要定义清楚上述概念。

8.1 五轴加工后处理概述

8.1.1 五轴机床

五轴加工机床是指具有五个运动轴的数控机床，通常是由 X、Y、Z 三个直线运动轴搭配 B、C（或 A、C）两个旋转运动轴构成机床的五个运动轴。如果这五个运动轴在数控系统的控制下，能同时联合运动，则称为五轴联动数控机床。从机床的结构方面来说，五个运动轴的配置形式非常灵活，一般地，常见的五轴加工机床主要有以下三种结构型式：

（1）主轴倾斜型五轴加工机床（双摆头机床） 将两个旋转运动轴都布置在机床主轴头的刀具侧，称为主轴倾斜型五轴加工机床（或称为双摆头机床），这两个旋转运动轴通常是绕 X 轴摆动的 A 轴与绕 Z 轴旋转的 C 轴组合，构成 X、Y、Z、A、C 运动轴组合，或者是绕 Y 轴摆动的 B 轴与绕 Z 轴旋转的 C 轴组合，构成 X、Y、Z、B、C 运动轴组合，其结构示意如图 8-1 所示，典型实例如图 8-2 所示。

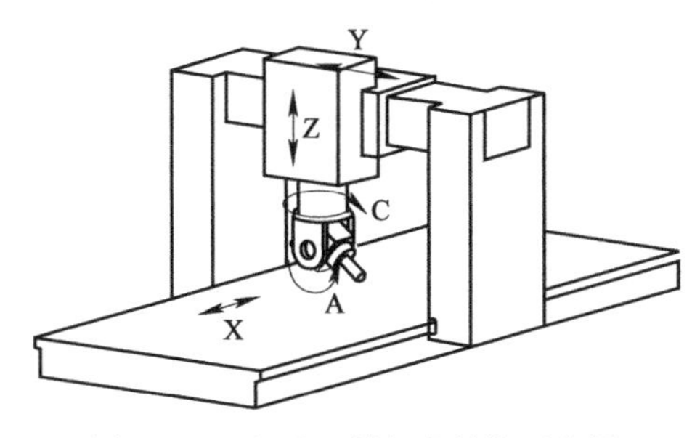

图 8-1 双摆头五轴机床结构示意图

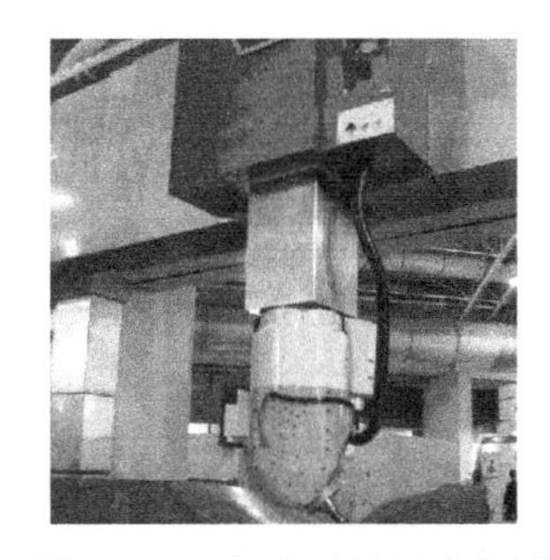
图 8-2 双摆头五轴机床实例

双摆头五轴机床是龙门式五轴机床运动轴配置的主要型式。其优点是主轴加工非常灵活，工作台可以设计得非常大，其缺点在于，由于将两个旋转轴都设置在主轴头的刀具侧，使得两个旋转轴的角度行程受限于机床电路线缆的阻碍，一般 C 轴的连续转角范围小于 ±360°，A 轴或 B 轴的连续转角范围小于 ±180°。

双摆头五轴机床可以进一步细分为以下三种型式：

1）十字交叉型。十字交叉型五轴机床是指主轴部件上摆动的 A 轴或 B 轴与旋转的 C 轴在结构上十字交叉，其中刀轴（A 轴或 B 轴）与机床 Z 轴共线，如图 8-3 所示。

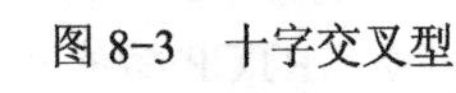

图 8-3　十字交叉型

2）刀轴偏移型。刀轴偏移型五轴机床是指构成旋转主轴部件的刀轴（A 轴或 B 轴）与机床 Z 轴不共线，而是偏移出来一个距离，如图 8-4 所示。

3）刀轴俯垂型。刀轴俯垂型五轴机床是指构成旋转主轴部件的刀轴（B 轴或 A 轴）从机床 Z 轴偏移出来，从外观上看，刀轴就像是俯垂的形态，如图 8-5 所示。

双摆头五轴机床的代表如图 8-6 所示，该机床是西班牙 ZAYER 公司生产的 MEMPHIS 6000-U 型双摆头五轴机床，其五根运动轴分别为直线轴 X、Y、Z 和绕 X 轴旋转的 A 轴、绕 Z 轴旋转的 C 轴。该机床的技术参数见表 8-1。

图 8-4　刀轴偏移型

图 8-5　刀轴俯垂型

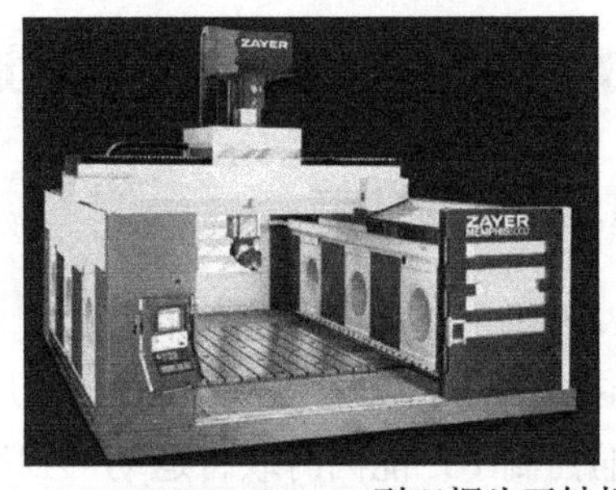

图 8-6　MEMPHIS 6000-U 型双摆头五轴机床

表 8-1　MEMPHIS 6000-U 型双摆头五轴机床的技术参数

技术规格名称	技术规格参数	单位
X、Y、Z 轴行程	6010×3006×1204	mm
A、C 轴行程	A：±110，C：±360	（°）
工作台尺寸	5500×3000	mm
定位精度	±0.01/4000	mm
重复定位精度	±0.005	mm
快速移动速度	0 ～ 40000	mm/min
进给速度	0 ～ 20000	mm/min
回转速度	0 ～ 25	r/min
主轴转速	24000	r/min
刀柄型号	HSK A63	
主轴电动机功率	45	kW

（2）工作台倾斜型五轴加工机床（双摆台机床）　将两个旋转运动轴都布置在机床的工作台侧，称为工作台倾斜型五轴加工机床（或称为双摆台机床），这两个旋转运动轴通常是绕 X 轴摆动的 A 轴与绕 Z 轴旋转的 C 轴的组合，构成 X、Y、Z、A、C 运动轴组合，或者是绕 Y 轴摆动的 B 轴与绕 Z 轴旋转的 C 轴的组合，构成 X、Y、Z、B、C 运动轴组合，其结构示意如图 8-7 所示，典型实例如图 8-8 所示。

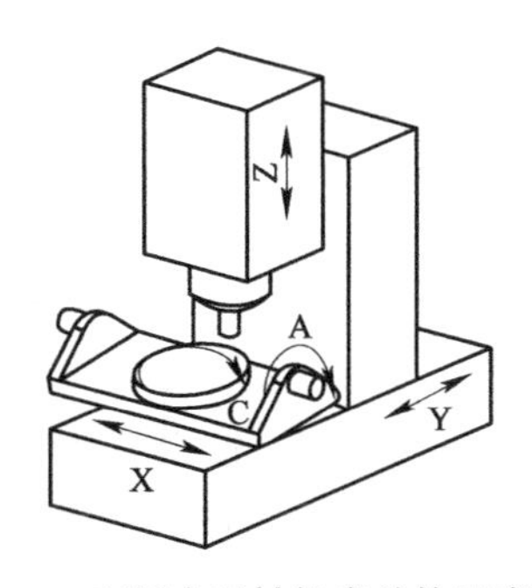

图 8-7　双摆台五轴机床结构示意图

图 8-8　双摆台五轴机床实例

双摆台五轴机床的优点是主轴的结构比较简单，刚性非常好，同时 C 轴可以获得无限制的连续旋转角度行程，其缺点是，由于两个旋转轴都放在工作台侧，使得这类五轴机床的工作台大小受到限制，X、Y、Z 三轴的行程也相应受到限制，工作台的承重能力也较小。

双摆台五轴机床也可以进一步细分为以下三种型式：

1）A 轴和 C 轴布置在工作台上。这是最常见的一种结构型式，如图 8-9 所示。

2）B 轴和 C 轴布置在工作台上。B 轴带动的工作台在结构上形似耳轴式工作台，如图 8-10 所示。

3）B 轴俯垂型。B 轴和 C 轴布置在工作台上，B 轴俯垂，如图 8-11 所示。

图 8-9　A、C 轴在工作台上

图 8-10　耳轴式工作台

图 8-11　俯垂工作台

图 8-8 所示是瑞士 MIKRON 公司生产的 UCP800 型双摆台五轴机床，该机床的五根运动轴分别为直线轴 X、Y、Z 和绕 X 轴旋转的 A 轴、绕 Z 轴旋转的 C 轴。该机床的技术参数见表 8-2。

表 8-2　UCP800 型双摆台五轴机床的技术参数

技术规格名称	技术规格参数	单位
X、Y、Z 轴行程	800×650×500	mm
A、C 轴行程	A：-100 ～ +120，C：无限制	（°）
工作台尺寸	ϕ600	mm

（续）

技术规格名称	技术规格参数	单位
定位精度	0.006	mm
重复定位精度	±0.004	mm
快速移动速度	0 ～ 30000	mm/min
进给速度	0 ～ 20000	mm/min
回转速度	A：10，C：20	r/min
主轴转速	100 ～ 20000	r/min
刀柄型号	HSK A63	
主轴电动机功率	45	kW

（3）工作台 / 主轴倾斜型五轴加工机床（摆头转台机床） 将一个旋转运动轴布置在主轴头的刀具侧，另一个旋转运动轴布置在工作台侧，称为工作台 / 主轴倾斜型五轴加工机床（或称为摆头转台机床）。这一类机床的旋转轴结构布置有最大的灵活性，可以是 A、C 轴组合，B、C 轴组合或 A、B 轴组合。图 8-12 所示是 B、C 轴组合五轴机床结构示意图，其实例如图 8-13 所示。

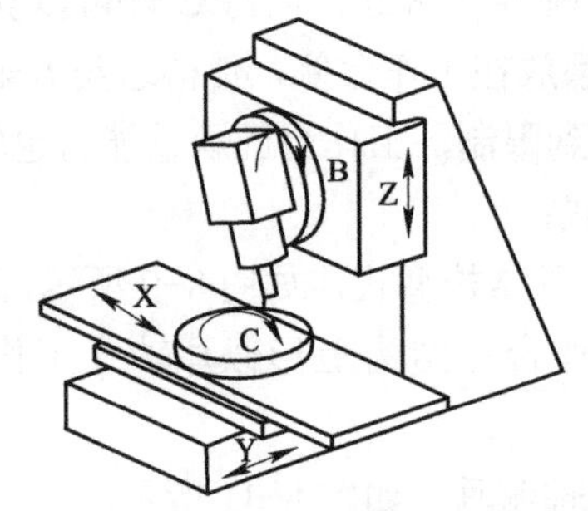

图 8-12 摆头转台五轴机床结构示意图

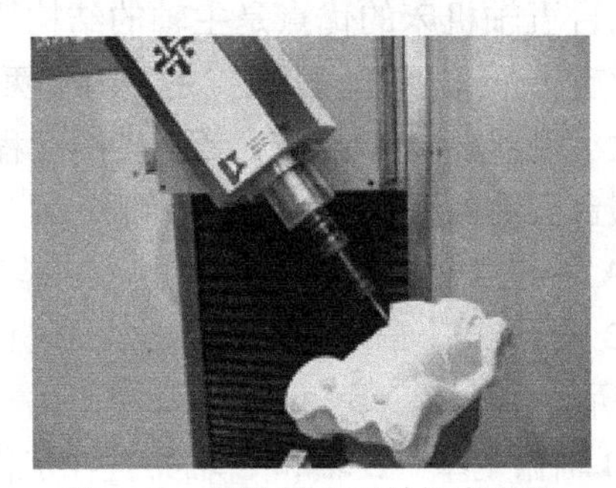
图 8-13 摆头转台五轴机床实例

摆头转台五轴机床同时具备双摆头机床与双摆台机床的部分优点，可简单地变成立、卧转换的三轴加工中心。

摆头转台五轴机床还可以细分为以下三种型式：

1）B 轴布置在主轴，C 轴布置在工作台上。这类机床实现的运动方式是 B 轴摆动运动，而 C 轴旋转运动，如图 8-14 所示。

2）B 轴布置在主轴，采取俯垂结构，C 轴布置在工作台上，如图 8-15 所示。

3）A 轴布置在主轴，C 轴布置在工作台上，如图 8-16 所示。

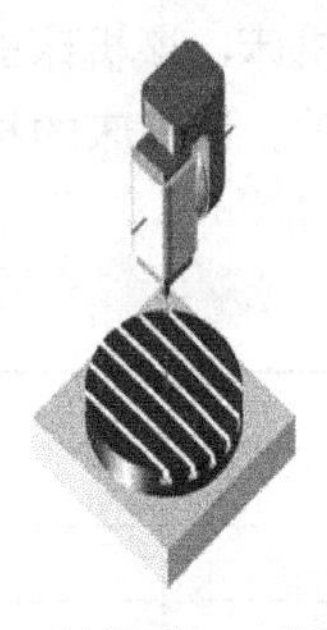
图 8-14 B 轴摆动、C 轴旋转机床

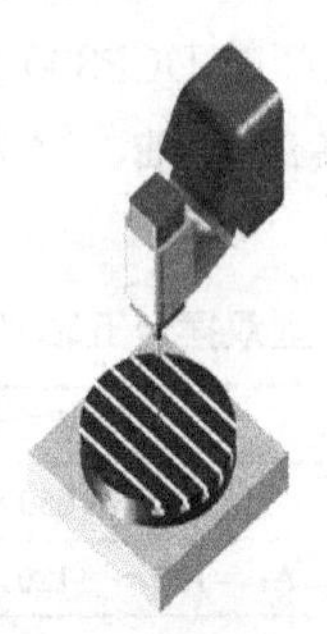
图 8-15 B 轴俯垂五轴机床

图 8-16 A 轴摆动、C 轴旋转机床

图 8-17 所示是德国 DMG 公司生产的 DMU60P duoBLOCK 型摆头转台五轴机床，该机床的五根运动轴分别为直线轴 X、Y、Z 和绕 Y 轴旋转的 B 轴、绕 Z 轴旋转的 C 轴。该机床的技术参数见表 8-3。

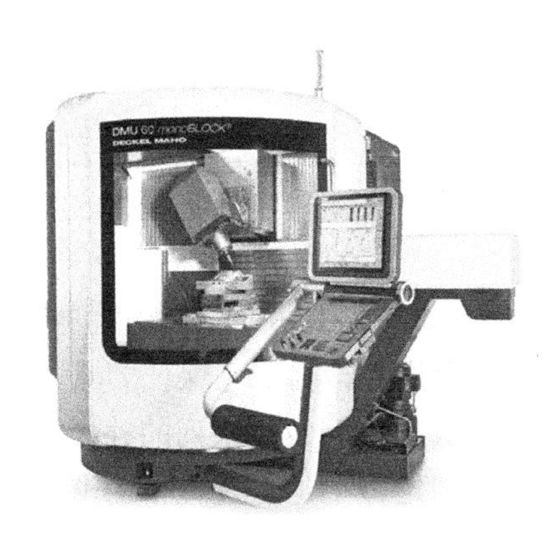

图 8-17　DMU60P duoBLOCK 型摆头转台五轴机床

表 8-3　DMU60P duoBLOCK 型摆头转台五轴机床的技术参数

技术规格名称	技术规格参数	单位
X、Y、Z 轴行程	600×700×600	mm
B、C 轴行程	B：−30 ～ +180，C：无限制	(°)
工作台尺寸	ϕ630	mm
定位精度	±0.01/4000	mm
重复定位精度	±0.005	mm
快速移动速度	0 ～ 60000	mm/min
进给速度	0 ～ 60000	mm/min
回转速度	0 ～ 40	r/min
主轴转速	24000	r/min
刀柄型号	HSK A63	
主轴电动机功率	26	kW

8.1.2　绕刀具中心点旋转功能

五轴联动数控机床的绕刀具中心点旋转功能的英文是“Rotation Tool Center Point”，简称 RTCP 功能。该命名源自于意大利的 Fidia 公司，该功能还有一些其他称呼，如 TCPC（Tool Center Point Control，刀具中心点控制）、TCPM（Tool Center Point Management，刀具中心点管理）等。

RTCP 功能可确保五轴联动机床在进行五轴联动加工时，刀具绕着刀尖点旋转后，机床的直线运动轴能得到补偿，从而保证刀尖点处于目标位置。

不具备 RTCP 功能的五轴联动机床，数控系统以机床的各个轴（包含直线轴和旋转轴）作为插补对象，如图 8-18 所示，P_1、P_2 分别为加工过程中的两个相邻的刀位点（即起始刀位点和终止刀位点），现在期望的刀具插补运动轨迹为直线 P_1P_2，同时又希望刀轴在两个刀位点之间旋转一个角度（例如，为了避免干涉），如果不采用 RTCP 功能，那么插补运算的对象是旋转轴的转动中心点 P_3。数控系统将根据各轴的运动坐标进行相应的插补，然后数控系统就会驱动直线轴使旋转轴的转动中心点从 P_3 点沿着直线运动到 P_4 点，同时驱动旋转轴运动到刀轴矢量所指定的角度，也就是说，直线轴和旋转轴在两个刀位点之间是分别进行插补的。图 8-18 中的实线是刀位点的实际插补轨迹，虚线是期望的插补轨迹，刀位点的期望插补轨迹和实际插补轨迹之间的差值就是加工过程中的非线性误差。

如果数控系统具备 RTCP 功能，如图 8-19 所示，此时插补运算的对象是刀具中心点（Tool Center Point，TCP），那么系统就会通过计算优先保证刀具中心点的线性插补，而其他各运动轴则需要为完成这项任务配合刀具中心点做一系列的补偿运动，最终同时实现刀具中心点的直线运动及刀轴矢量的改变，有效地减小加工过程中的非线性误差。

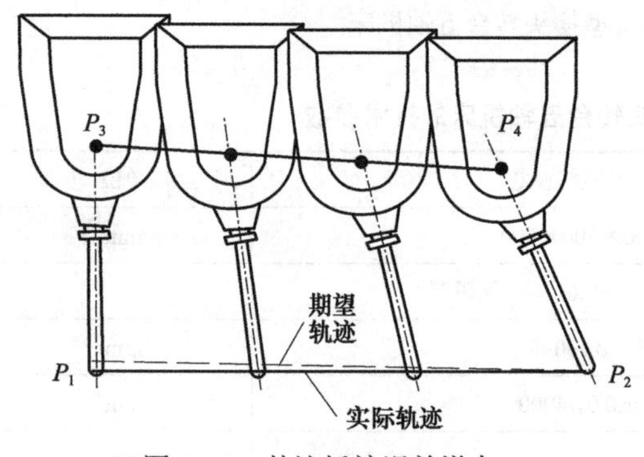

图 8-18　轨迹插补误差增大

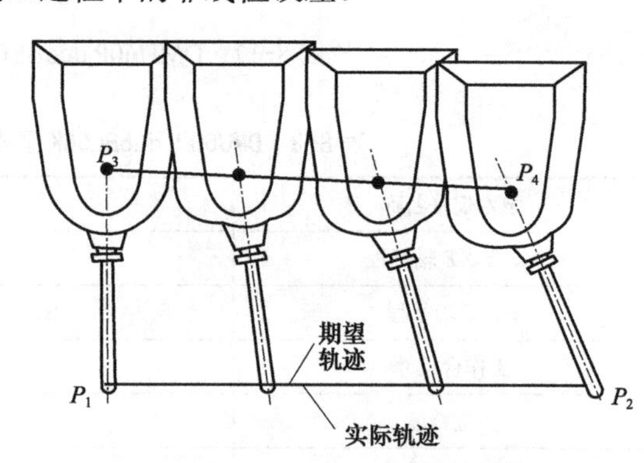

图 8-19　启用 RTCP 的插补轨迹

无论何种结构型式的五轴机床，都有一个共同的特点，就是刀具中心到倾斜机构（主轴头或工作台）的转动中心有一个距离，这个距离称为转心距（Pivot）。

早期的数控系统一般不具备绕刀具中心点旋转功能，因此在编制五轴加工程序时，必须知道转心距，并在后处理中添加这个转心距，再根据转轴中心坐标和旋转轴转动角度值计算出 X、Y、Z 的直线补偿，以保证刀具中心处于所期望的位置。运行一个这样得出的程序必须要求机床的转心距正好等于在书写程序时所考虑的数值。一旦刀具长度在换新刀等情况下发生了改变，原来的程序值就都不正确了，需要重新进行后处理，这给实际使用带来了很大的麻烦。

具备绕刀具中心点旋转功能的数控系统，会根据刀具路径轨迹对五轴机床的直线运动轴进行补偿，坐标变换由数控系统控制器来计算，加工程序独立于刀具长度和机床运动，进给率与刀具中心点相关。

当绕刀具中心点旋转功能启用时，数控系统会保持刀具中心始终在被编程的 X、Y、Z 坐标位置上。为了保持住这个位置，转动坐标的每一个运动都会被 X、Y、Z 坐标的一个直线位移所补偿。因此，在这种情况下，可以直接编制刀具中心的轨迹，而不需考虑转心距，转心距是独立于编程的，预设于数控系统参数中。

FANUC 数控系统中，启用 RTCP 功能的指令是 G43.4，取消该功能的指令是 G49。

8.1.3　订制五轴后处理文件的准备工作

1. *订制五轴后处理文件的基础资料*

通常，创建五轴加工后处理文件可以通过修改订制已有的功能相近的五轴加工后处理文件来得到，出于学习的目的，这里在三轴后处理文件基础上订制五轴后处理文件。

与订制三轴后处理文件相比，在订制五轴后处理文件时，需要多考虑以下一些事项：

1）机床运动学设置。

2）RTCP 功能相关代码设置。

3）处理刀路之间的多轴连接移动。

4）支持 3+2 加工（五轴定位加工）方式中的坐标系旋转。

在订制五轴后处理文件前，需要充分地了解五轴机床的结构和数控系统的功能，具体包括：

1）机床运动轴的数目。

2）摆动轴相关信息：绕哪一根轴摆动（X、Y、Z）？摆动轴用哪个字母表示（A、B、C）？该摆动轴布置在工作台侧还是主轴头侧？摆动轴的运动角度极限范围。

3）旋转轴相关信息：绕哪一根轴旋转（X、Y、Z）？旋转轴用哪个字母表示（A、B、C）？该旋转轴布置在工作台侧还是主轴头侧？旋转轴的运动角度极限范围。

4）数控系统是否具备 RTCP 功能？如果具备，则需要知道开启和关闭该功能的代码。

5）如果两个旋转轴中心不相交于一点，则需要知道两个旋转轴的 Offset Distance（偏移距离）。

6）数控系统是否支持用户坐标系变换？如果支持，则需要清楚用户坐标系变换的相关代码（例如：在 Heidenhain 数控系统中，是 Cycle19 代码；在 FANUC 数控系统中，是 G68.2 代码）。

7）如果有可能的话，请机床制造商提供五轴加工 NC 代码的样本。

2. *测试五轴后处理文件的刀路*

为了验证订制的五轴后处理文件是否正确、安全，需要配合具体的五轴加工机床和五轴加工刀路来调试后处理文件。

用于调试后处理文件的五轴加工机床参数如下：双摆台五轴机床，X、Y、Z 直线运动轴的行程分别为 850mm、650mm、500mm，A 轴为摆动轴，行程为 –100°～ +120°，C 轴为旋转轴，行程为 n×360°，即无限制。

用于调试后处理文件的五轴联动加工刀路（5x.cut）如图 8-20 所示，该刀路对应的编程项目文件是 5x-test，该项目文件放置在 Source\ch08 目录下，读者可使用 PowerMill 2019 打开，运行刀路仿真，查看机床定位和刀具位置，记录一些关键点的五个坐标轴信息，用于对比后处理出来的 NC 代码中对应该点的五个坐标轴是否正确。

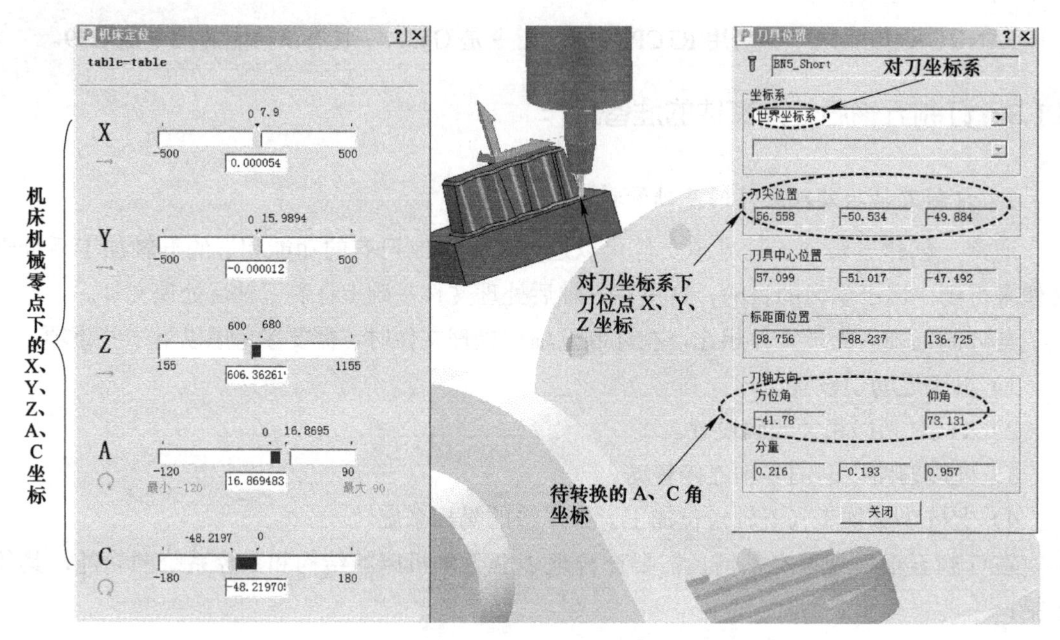

图 8-20　五轴联动加工刀路

如图 8-20 所示，当前刀具处于刀路的切入段末端点，刀尖点在对刀坐标系下的坐标值为 X56.558，Y-50.534，Z-49.884，A16.869，C48.22。

8.2　订制 FANUC 数控系统双摆台五轴联动加工后处理文件

8.2.1　加载三轴后处理文件并初步调试

1．复制文件到本地磁盘

用手机扫描前言中的“实例源文件”二维码，下载并复制文件夹“Source\ch08”到“E:\PostEX”目录下。

2．加载已有三轴后处理文件

在 Post Processor 软件中，单击“File”（文件）→“Open”（打开）→“Option File”（选项文件），打开“Open Option File”（打开选项文件）对话框，定位到 E:\PostEX\ch08 文件夹，选择该文件夹内的 Fanuc-3X.pmoptz 文件，单击“打开”按钮。

3．加载五轴联动加工刀位文件并进行后处理

1）在 Post Processor 软件中，单击“File”（文件）→“Add CLDATA File…”（加入 CLDATA 刀位文件），打开“打开”对话框，定位到 E:\PostEX\ch08 文件夹，选择该文件夹内的 5x.cut 文件，单击“打开”按钮。

2）在“PostProcessor”（后处理器）选项卡内，右击“CLDATA Files”分枝下的“5x.cut”文件，在弹出的快捷菜单条中执行“Process as Debug”（调试模式后处理），系统

会提示错误信息，如图 8-21 所示。

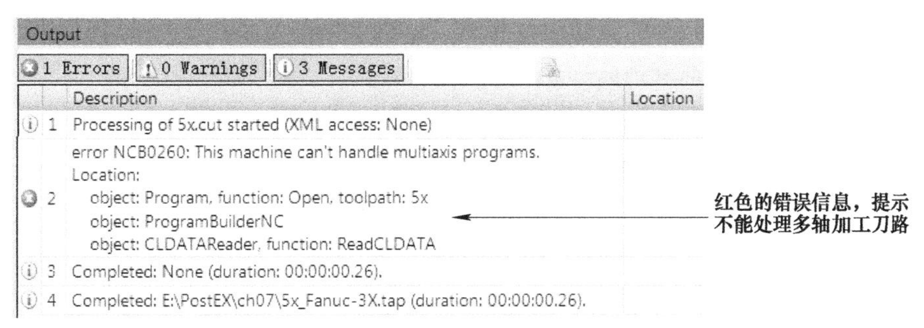

图 8-21　后处理信息

如图 8-21 所示，由于“5x.cut”是五轴联动加工刀路，而当前项目加载的后处理文件是用于后处理三轴刀路的，因此无法得到 NC 代码。下面来订制 FANUC 数控系统双摆台五轴机床五轴联动加工后处理文件。

8.2.2　添加旋转轴和摆动轴并设置运动参数

1. 添加旋转轴和摆动轴并设置其正方向、行程极限

在 Post Processor 软件中，单击“Editor”（后处理文件编辑器）选项卡，切换到后处理文件编辑器模式。然后单击“File”→“Option File Settings...”（选项文件设置），打开“Option File Settings”对话框。

单击“Machine Kinematics”（机床运动学）树枝，调出“Settings”（设置）窗口，按图 8-22 所示设置机床运动学模型，旋转轴和摆动轴的名称、方向及各轴行程极限等参数。

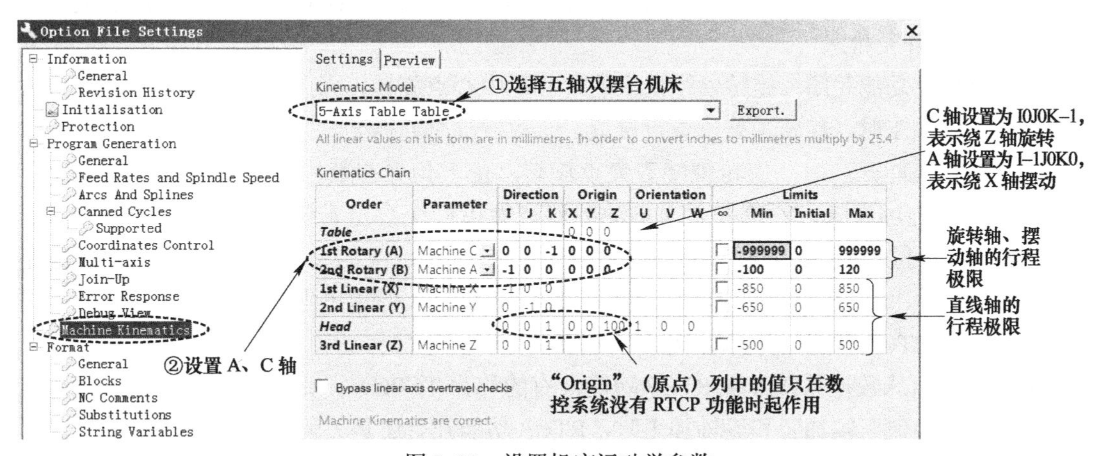

图 8-22　设置机床运动学参数

在图 8-22 中，“1st Rotary（A）”（第一旋转轴）设置为旋转轴 C，“Direction”（方向）列中的“K”默认设置为 –1，定义了旋转轴角度的正负方向，如果输出的代码中角度的正负方向与机床旋转轴 C 实际旋转角度方向不一致，将“K”改为 1。“2nd Rotary（B）”（第二旋转轴）设置为摆动轴 A，Direction”（方向）列中的“I”默认设置为 –1。“Origin”（原点）列中的值只在数控系统没有 RTCP 功能时起作用。

2. 设置坐标控制参数

在“Option File Settings”对话框中，单击“Coordinates Control”（坐标控制）分枝，按图 8-23 所示设置坐标控制参数。

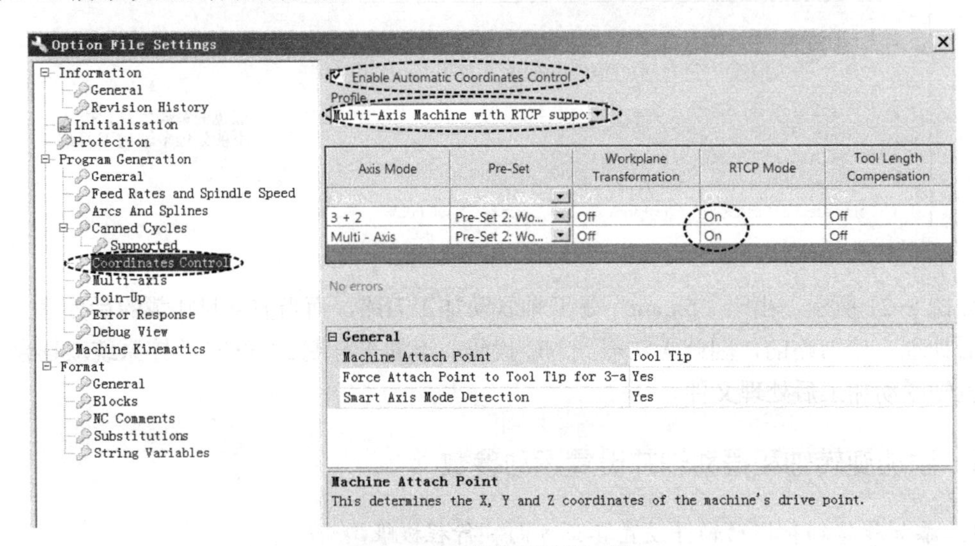

图 8-23　设置坐标控制参数

如图 8-23 所示，勾选“Enable Automatic Coordinate Control”（激活自动坐标控制），Post Processor 后处理器将根据 CLDATA 文件中的轴模式自动在不同轴模式之间切换。

“Profile”（配置文件）选择“Multi-Axis Machine with RTCP support”（支持 RTCP 的多轴机床），在此配置文件下，三轴加工模式预设“RTCP Mode”（RTCP 模式）为“Off”（关闭）状态，3+2 轴加工模式和五轴联动加工模式都预设“RTCP Mode”（RTCP 模式）为“On”（打开）状态。

如果 RTCP 功能关闭，旋转轴绕机床的转心距中心点旋转，因此刀具摆动而不是绕刀尖点旋转（三轴加工时，旋转轴处于原点位置，不存在这个问题）。

当 RTCP 功能开启时，旋转轴绕刀尖点旋转，由于预先在数控系统设置了刀具长度和转心距，因此能够在 X、Y 和 Z 方向自动补偿。如果机床数控系统无 RTCP 功能，则 Post Processor 软件可以补偿 X、Y 和 Z 方向的移动，但这种情况的补偿，需要准确地获得在 PowerMill 软件中编程时输入的刀具长度和旋转中心交点上的输出坐标系位置。因此，五轴机床最好具备 RTCP 功能，并开启 RTCP 功能。

如果五轴机床数控系统具备 RTCP 功能（有的称为 TCPC），则需要创建一个用户自定义参数，用于控制三轴加工和五轴加工时，RTCP 功能开启还是关闭。

注意：

Post Processor 软件内置有一个“RTCP Mode”参数，不要使用内置“RTCP Mode”参数来开启或关闭 RTCP 功能，因为这会导致与“Enable Automatic Coordinate Control”（激活自动坐标控制）功能相冲突。

单击“Close”（关闭）按钮，关闭“Option File Settings”对话框。

8.2.3　创建 RTCP 功能开关参数

创建控制五轴机床 RTCP 功能开关的用户自定义参数。

在“Editor”选项卡中，单击“Parameters”（参数），打开“Parameters”窗口，右击该窗口中的“User Parameters”（用户自定义参数）树枝，在弹出的快捷菜单条中执行“Add Group Parameter…”（增加群组参数），打开“Add Group Parameter”对话框，按图 8-24 所示输入参数名、参数状态和参数值。

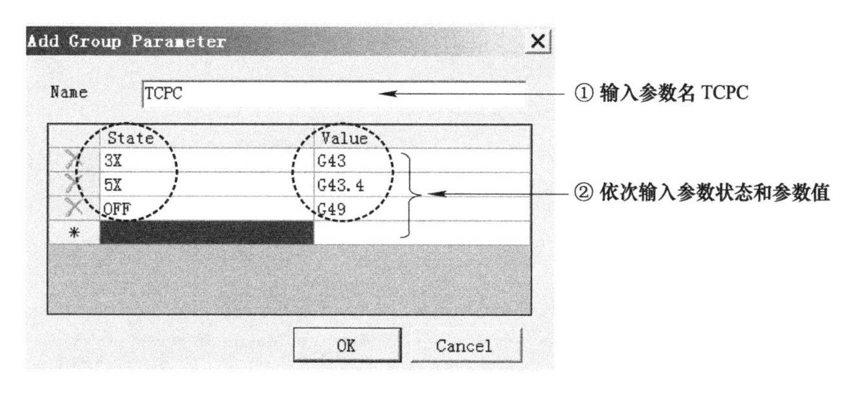

图 8-24　新建参数 TCPC

如图 8-24 所示，创建一个用户自定义参数 TCPC，用来控制 RTCP 功能的开启和关闭。对于 FANUC 数控系统，三轴加工时，如果设置 TCPC=3X，将使用 G43 代码开启 RTCP 功能；五轴联动加工时，如果设置 TCPC=5X，将使用 G43.4 代码开启 RTCP 功能。如果要关闭 RTCP 功能，设置 TCPC=OFF，将输出 G49 代码。

单击“OK”按钮，关闭“Add Group Parameter”对话框。

8.2.4　在命令中添加旋转轴和摆动轴

修改“Move Linear”（直线移动）命令来实现输出五轴联动加工代码。

将摆动轴 A 和旋转轴 C 加入到“Move Linear”命令，获得 X、Y、Z、A、C 五轴联动。

在“Editor”选项卡中，单击“Commands”（命令），打开“Commands”窗口，在该窗口中双击“Move”（移动）树枝，将它展开，单击该树枝下的“Move Linear”（直线移动）分枝，在主视窗中打开“Move Linear”窗口，单击选中第 1 行第 6 列单元格“Feed Rate”（进给率）。

在“Editor”选项卡中，单击“Parameters”，打开“Parameters”窗口，在该窗口中双击“Move”树枝，将它展开，将“Machine A”（机床 A 轴）参数拖到“Feed Rate”参数上，系统会自动在“Feed Rate”前插入该参数，如图 8-25 所示。

在“Move Linear”窗口中，单击选中第 1 行第 7 列单元格“Feed Rate”。在“Parameters”窗口的“Move”树枝下，将“Machine C”（机床 C 轴）参数拖到“Feed Rate”参数上，系统会自动在“Feed Rate”前插入该参数，如图 8-26 所示。

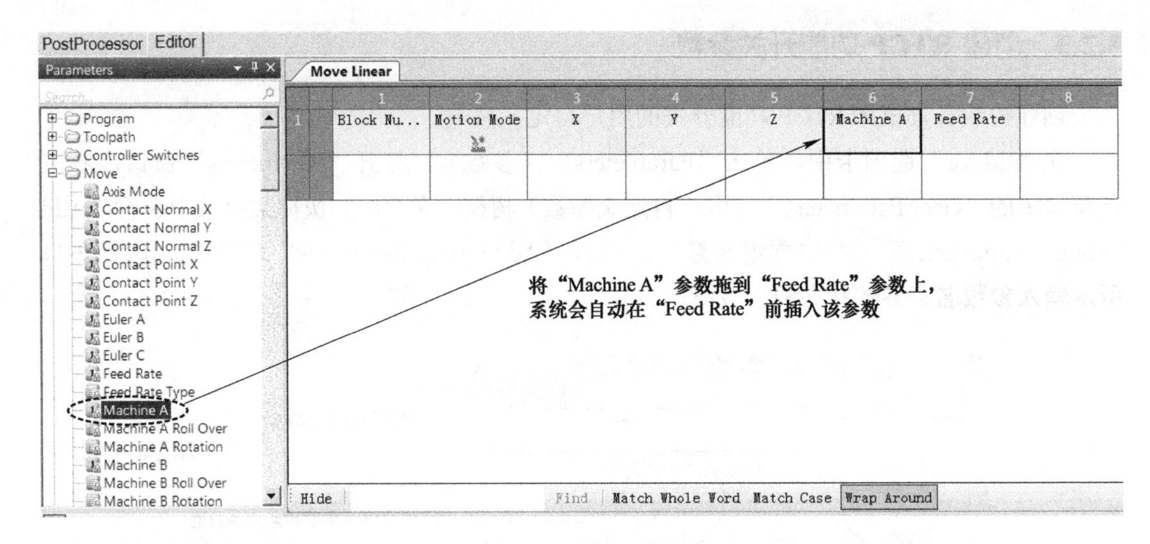

图 8-25 添加 A 轴

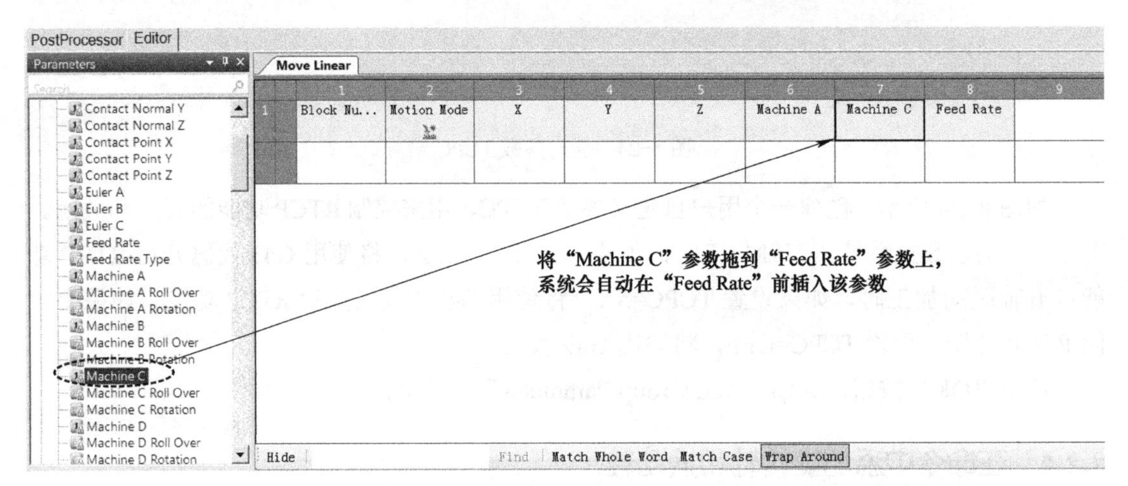

图 8-26 添加 C 轴

如图 8-25 所示，右击“Move Linear”窗口中第 1 行第 6 列单元格“Machine A”，在弹出的快捷菜单条中执行“Item Properties”（项目属性），打开“Item Properties”对话框，在该对话框中，双击“Parameter”树枝，将它展开，按图 8-27 所示设置 A 轴前缀为 A，后缀为空格，格式为 zbgs，输出为有变化才输出等属性。

如图 8-26 所示，右击“Move Linear”窗口中第 1 行第 7 列单元格“Machine C”，在弹出的快捷菜单条中执行“Item Properties”，打开“Item Properties”对话框，在该对话框中，双击“Parameter”树枝，将它展开，按图 8-28 所示设置 C 轴前缀为 C，后缀为空格，格式为 zbgs，输出为有变化才输出等属性。

如图 8-26 所示，右击“Move Linear”窗口中第 1 行第 8 列单元格“Feed Rate”，在弹出的快捷菜单条中执行“Dependency”（依赖性）→“Dependent”（依赖的），使进给率不会独立一行输出。

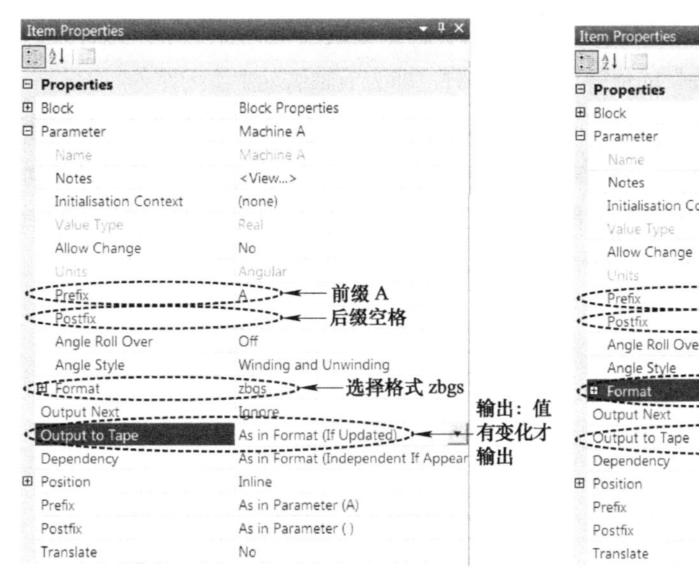

图 8-27　设置 A 轴前缀和后缀等属性

图 8-28　设置 C 轴前缀和后缀等属性

8.2.5　控制输出 RTCP 代码

在“First Move After Toolchange”（换刀后首次移动）命令中，设置 RTCP 开关代码。

在换刀后首次移动命令中，使用条件判断语句让 Post Processor 软件根据其内置参数“Toolpath Axis Mode”（刀路的刀轴模式）的值来决定输出何种 RTCP 功能代码。

“Toolpath Axis Mode”是 Post Processor 软件的内置群组参数，如图 8-29 所示，其状态有 3AXIS（三轴加工）、5AXIS（五轴加工）、3+2（3+2 轴加工）等几种。因此，需要分别设置刀路为三轴加工刀路、五轴联动加工刀路和 3+2 轴加工刀路时的换刀后首次移动命令参数。

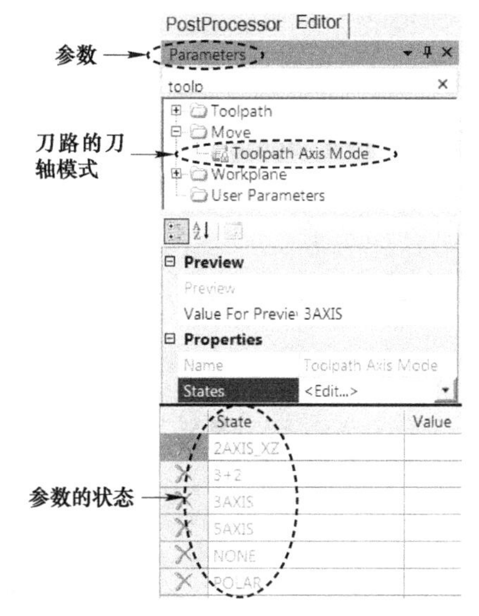

图 8-29　刀路的刀轴模式参数

1．当刀路为五轴联动加工刀路时

在“Editor”选项卡中，单击“Commands”，打开“Commands”窗口，在该窗口中单击“Move”树枝下的“First Move After Toolchange”分枝，在主视窗中打开“First Move After Toolchange”窗口。

在“First Move After Toolchange”窗口中，单击第 1 行第 1 列单元格“Block Number”，然后在工具栏中单击条件语句按钮右侧的小三角形，在展开的下拉菜单条中选择“if（...）”，将在第 1 行插入 if (false) 语句。

双击第 1 行 if (false) 语句，将“false”删除，然后输入 %p(Toolpath Axis Mode)%=="5AXIS"（注意字母大小写格式及空格），回车，如图 8-30 所示。在输入的表达式 %p(Toolpath Axis

Mode)%=="5AXIS" 中，“Toolpath Axis Mode”是系统内置群组参数，== 表示等于，此行表达式意思即当参数“Toolpath Axis Mode”的值等于 5AXIS 时，即为五轴联动加工刀路。

如图 8-30 所示，右击“First Move After Toolchange”窗口中第 2 行第 2 列单元格“Motion Mode”（移动模式），在弹出的快捷菜单条中执行“Item Properties”，打开“Item Properties”对话框，在该对话框中，双击“Parameter”树枝，将它展开，按图 8-31 所示强制设置“Motion Mode”为 RAP（快速定位）。

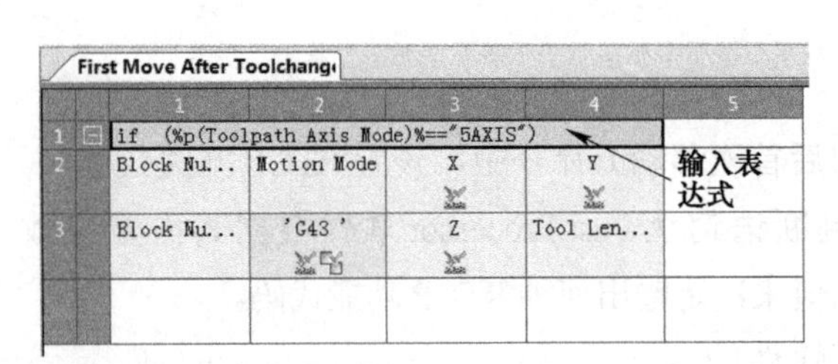

图 8-30 输入条件判断语句

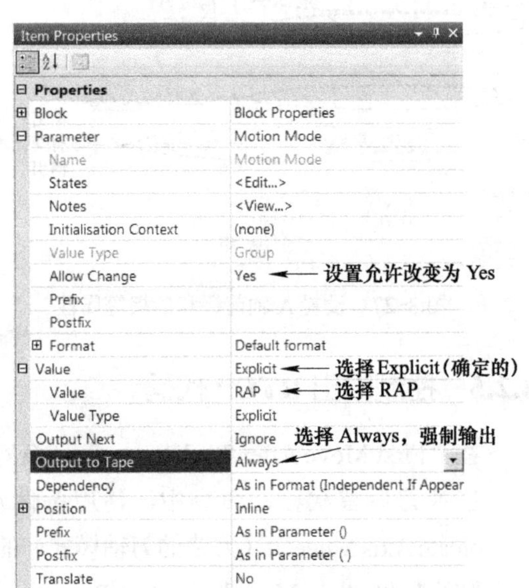

图 8-31 修改“Motion Mode”参数属性

如图 8-30 所示，单击“First Move After Toolchange”窗口中第 2 行第 3 列单元格“X”（X 轴），在工具栏中单击插入块按钮，将第 2 行第 3 列、第 4 列单元格下移一行，如图 8-32 所示。

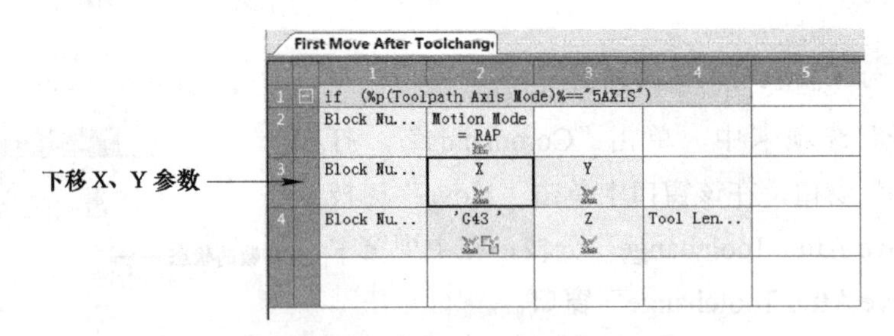

图 8-32 下移 X、Y 参数

如图 8-32 所示，单击选中“First Move After Toolchange”窗口中第 2 行第 3 列空白单元格。

在“Editor”选项卡中，单击“Parameters”，打开“Parameters”窗口，在该窗口中双击“Move”树枝，将它展开，将“Machine A”（机床 A 轴）参数拖到“First Move After

Toolchange”窗口中第 2 行第 3 列空白单元格，将“Machine C”（机床 C 轴）参数拖到“First Move After Toolchange”窗口中第 2 行第 4 列空白单元格，如图 8-33 所示。

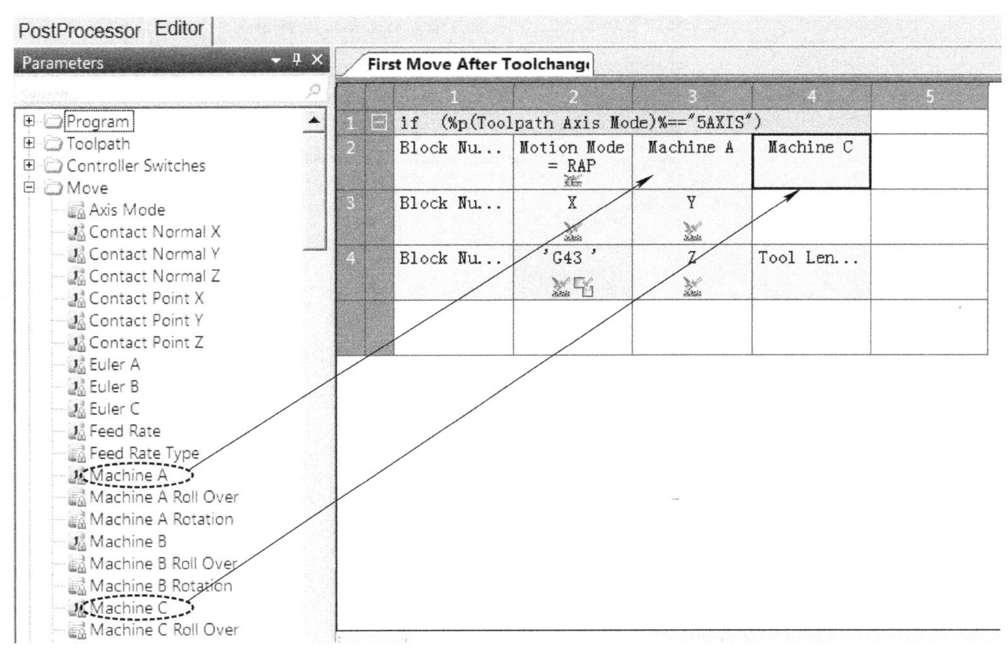

图 8-33　拖入参数 A、C 轴

如图 8-33 所示，右击“First Move After Toolchange”窗口中第 2 行第 3 列单元格“Machine A”，在弹出的快捷菜单条中执行“Output To Tape”（输出到 NC 程序）→“Always”（总是）；右击第 2 行第 4 列单元格“Machine C”，在弹出的快捷菜单条中执行“Output To Tape”（输出到 NC 程序）→“Always”（总是）。

如图 8-33 所示，单击选中第 4 行第 2 列单元格“G43”，按键盘上的 <Delete> 键将它删除。

在“Editor”选项卡的“Parameters”窗口中，双击“User Parameters”（用户自定义参数）树枝，将它展开，将用户自定义参数“TCPC”拖到“First Move After Toolchange”窗口中第 4 行第 2 列单元格“Z”上，系统会在“Z”参数前插入新参数“TCPC”，结果如图 8-34 所示。

右击第 4 行第 2 列单元格“TCPC”，在弹出的快捷菜单条中执行“Item Properties”，打开“Item Properties”对话框，在该对话框中，双击“Parameter”树枝，将它展开，按图 8-35 所示设置“TCPC”参数的值为 5X，即输出 G43.4，开启 RTCP 功能。

FANUC 数控系统要求在开启 RTCP 功能前，打开高速加工指令，即 G05 P10000。

如图 8-34 所示，单击第 3 行第 4 列空白单元格，在工具栏中单击插入块按钮，在第 4 行第 1 列单元格中插入一个“Block Number”（块号）程序行号，开始新的一行。

然后，在工具栏中单击插入文本按钮 A，在第 4 行第 2 列单元格中插入一个文本输出块。双击第 4 行第 2 列单元格，输入“G05 P10000”，结果如图 8-36 所示。

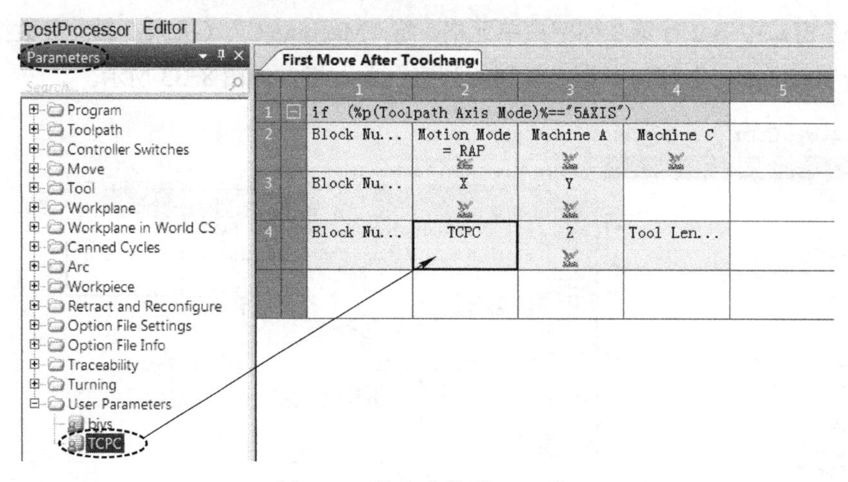

图 8-34　拖入参数“TCPC”

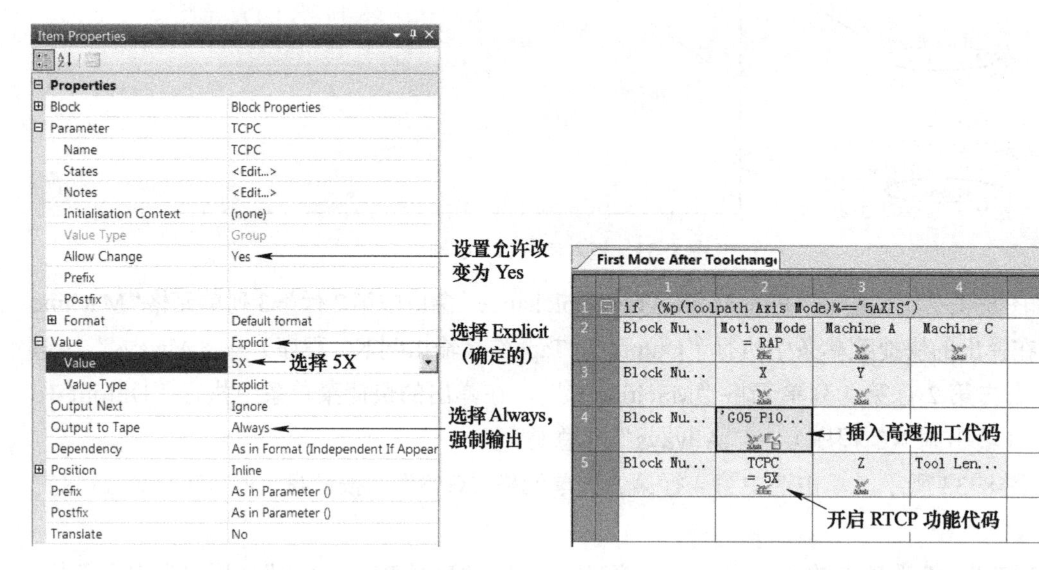

图 8-35　修改“TCPC”参数属性

图 8-36　加入 G05 P10000

如图 8-36 所示，当刀路为五轴联动加工刀路时，刀路开始部分将输出如下代码：

G00 A_ C_;

X_ Y_;

G05 P10000;

G43.4 Z_ H_;

2. 当刀路为 3+2 轴加工刀路时

如图 8-36 所示，单击第 5 行第 5 列空白单元格，然后在工具栏中单击条件语句按钮右侧的小三角形，在展开的下拉菜单条中选择“else if（...）”，将在第 6 行插入 else if (false) 语句。

双击第 6 行 else if (false) 语句，将“false”删除，然后输入 %p(Toolpath Axis Mode)%=="3+2"，回车，如图 8-37 所示。在输入的表达式 %p(Toolpath Axis Mode)%=="3+2" 中，“Toolpath

Axis Mode”是系统内置群组参数，== 表示等于，此行表达式意思即当参数“Toolpath Axis Mode”的值等于 3+2 时，即为 3+2 轴加工刀路。

如图 8-37 所示，单击第 6 行第 5 列空白单元格，在工具栏中单击插入块按钮，在第 7 行第 1 列单元格中插入一个“Block Number”程序行号，开始新的一行。

下面复制现有参数。

首先单击选中第 2 行第 2 列单元格“Motion Mode”（移动模式）参数，按键盘上的 <Ctrl+C> 键，复制该参数，然后单击第 7 行第 2 列空白单元格，按键盘上的 <Ctrl+V> 键，粘贴该参数。

参照此操作方法，复制第 3 行第 2 列单元格“X”参数到第 7 行第 3 列空白单元格，复制第 3 行第 3 列单元格“Y”参数到第 7 行第 4 列空白单元格。

单击选中第 5 行第 1 列单元格“Block Number”参数，然后按下键盘上的 <Shift> 键不放，单击第 5 行第 4 列单元格“Tool Length Offset Number”（刀具长度补偿号）参数，将整行选中。在选中的任一参数上右击，在弹出的快捷菜单条中执行“Copy”（复制）。

右击第 8 行第 1 列空白单元格，在弹出的快捷菜单条中执行“Paste”（粘贴）。复制粘贴的结果如图 8-38 所示。

First Move After Toolchang

	1	2	3	4	5
1	if (%p(Toolpath Axis Mode)%=="5AXIS")				
2	Block Nu...	Motion Mode = RAP	Machine A	Machine C	
3	Block Nu...	X	Y		
4	Block Nu...	'G05 P10...			
5	Block Nu...	TCPC = 5X	Z	Tool Len...	
6	else if (%p(Toolpath Axis Mode)%=="3+2")				
7					

输入表达式

图 8-37　输入条件判断语句

First Move After Toolchang

	1	2	3	4	5
1	if (%p(Toolpath Axis Mode)%=="5AXIS")				
2	Block Nu...	Motion Mode = RAP	Machine A	Machine C	
3	Block Nu...	X	Y		
4	Block Nu...	'G05 P10...			
5	Block Nu...	TCPC = 5X	Z	Tool Len...	
6	else if (%p(Toolpath Axis Mode)%=="3+2")				
7	Block Nu...	Motion Mode = RAP	X	Y	
8	Block Nu...	TCPC = 5X	Z	Tool Len...	

复制的两行参数

图 8-38　复制现有参数

右击第 8 行第 2 列单元格“TCPC=5X”参数，在弹出的快捷菜单条中执行“Item Properties”，打开“Item Properties”对话框，设置“TCPC”参数的值为 3X，即输出 G43，如图 8-39 所示。

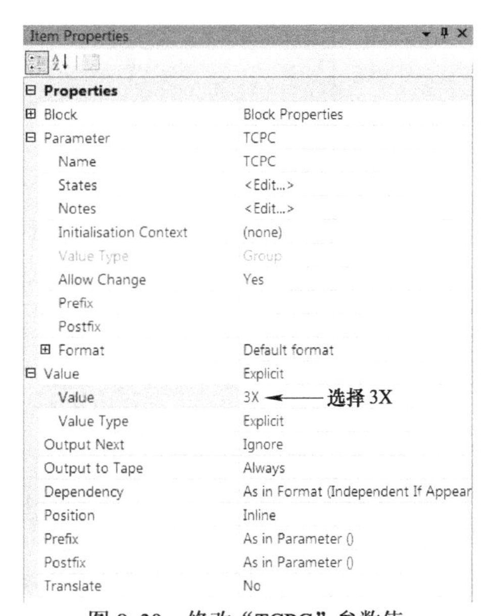

图 8-39　修改“TCPC”参数值

如果刀路为 3+2 轴加工刀路，则刀路开头部分将输出如下代码：

G00 X_ Y_;

G43 Z_ H_;

3. *当刀路为三轴加工刀路时*

如图 8-38 所示，单击第 8 行第 5 列空白单元格，然后在工具栏中单击条件语句按钮右侧的小三角形，在展开的下拉菜单条中选择“else”，将在第 9 行插入 else 语句，如图 8-40 所示。

第 9 行 else 语句，将判断除了五轴联动加工刀路和 3+2 轴加工刀路之外的三轴加工刀路（包括二轴半加工刀路和三轴联动加工刀路）。

如图 8-40 所示，首先单击选中第 7 行第 1 列单元格“Block Number”参数，然后按下键盘上的 <Shift> 键不放，单击第 8 行第 4 列单元格“Tool Length Offset Number”参数，将两个整行选中。在选中的任一参数上右击，在弹出的快捷菜单条中执行“Copy”。

右击第 10 行第 1 列空白单元格，在弹出的快捷菜单条中执行“Paste”。复制粘贴的结果如图 8-41 所示。

如图 8-41 所示，单击第 11 行第 5 列空白单元格，然后在工具栏中单击条件语句按钮右侧的小三角形，在展开的下拉菜单条中选择“end if”，将在第 12 行插入条件判断结束语句 end if，完成后的结果如图 8-42 所示。

First Move After Toolchange

	1	2	3	4	5
1	if (%p(Toolpath Axis Mode)%=='5AXIS')				
2	Block Nu...	Motion Mode = RAP	Machine A	Machine C	
3	Block Nu...	X	Y		
4	Block Nu...	'G05 P10...			
5	Block Nu...	TCPC = 5X	Z	Tool Len...	
6	else if (%p(Toolpath Axis Mode)%=='3+2')				
7	Block Nu...	Motion Mode = RAP	X	Y	
8	Block Nu...	TCPC = 3X	Z	Tool Len...	
9	else				

插入 else 语句

图 8-40　插入 else 语句

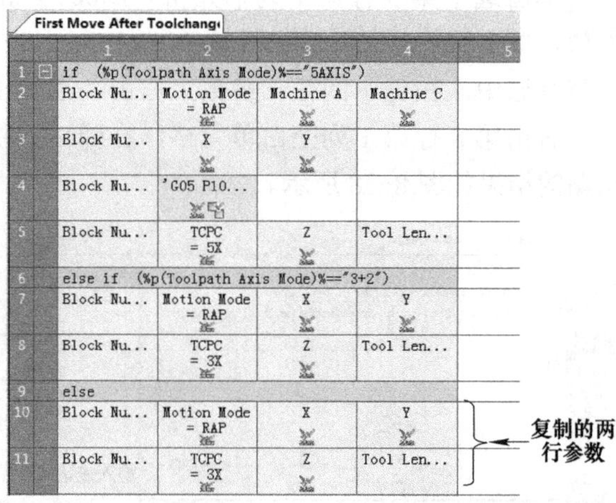

First Move After Toolchange

	1	2	3	4	5
1	if (%p(Toolpath Axis Mode)%=='5AXIS')				
2	Block Nu...	Motion Mode = RAP	Machine A	Machine C	
3	Block Nu...	X	Y		
4	Block Nu...	'G05 P10...			
5	Block Nu...	TCPC = 5X	Z	Tool Len...	
6	else if (%p(Toolpath Axis Mode)%=='3+2')				
7	Block Nu...	Motion Mode = RAP	X	Y	
8	Block Nu...	TCPC = 3X	Z	Tool Len...	
9	else				
10	Block Nu...	Motion Mode = RAP	X	Y	
11	Block Nu...	TCPC = 3X	Z	Tool Len...	

图 8-41　复制两行参数

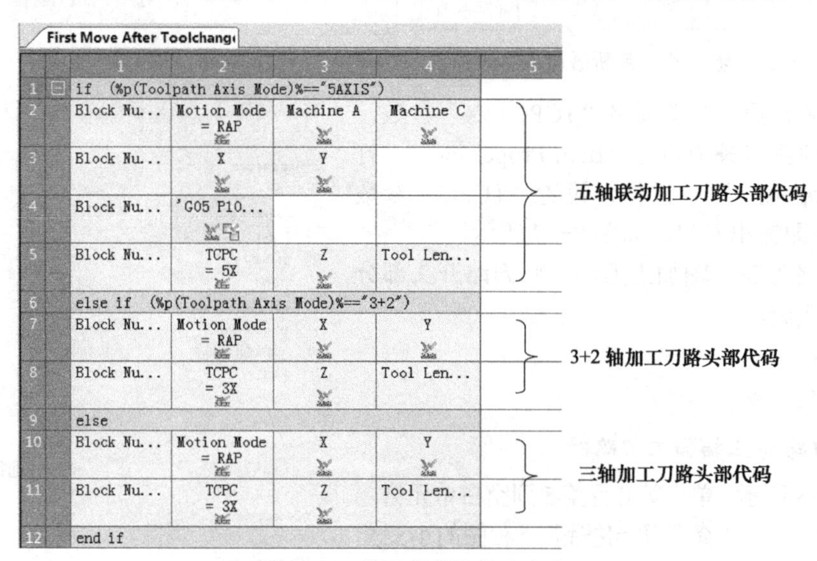

First Move After Toolchange

	1	2	3	4	5
1	if (%p(Toolpath Axis Mode)%=='5AXIS')				
2	Block Nu...	Motion Mode = RAP	Machine A	Machine C	
3	Block Nu...	X	Y		
4	Block Nu...	'G05 P10...			
5	Block Nu...	TCPC = 5X	Z	Tool Len...	
6	else if (%p(Toolpath Axis Mode)%=='3+2')				
7	Block Nu...	Motion Mode = RAP	X	Y	
8	Block Nu...	TCPC = 3X	Z	Tool Len...	
9	else				
10	Block Nu...	Motion Mode = RAP	X	Y	
11	Block Nu...	TCPC = 3X	Z	Tool Len...	
12	end if				

图 8-42　换刀后首次移动命令

4. 插入“Feed Rate”（进给率）参数

如图 8-42 所示，单击选中第 13 行第 1 列空白单元格，在工具栏中单击插入块按钮，在第 13 行第 1 列单元格中插入一个“Block Number”程序行号，开始新的一行。

在“Editor”选项卡的“Parameters”窗口中，双击“Move”树枝，将它展开，将参数“Feed Rate”拖到“First Move After Toolchange”窗口中第 13 行第 2 列单元格，结果如图 8-43 所示。

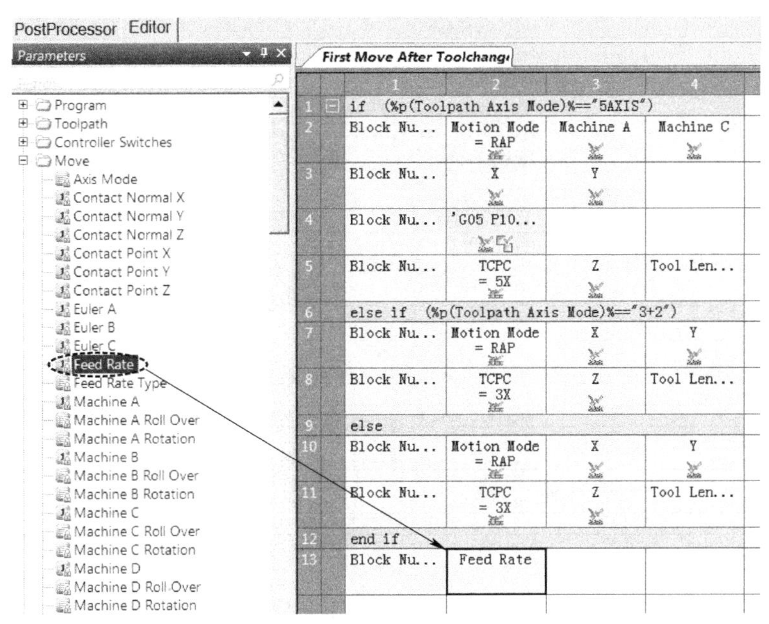

图 8-43　拖入参数“Feed Rate”

如图 8-43 所示，右击第 13 行第 2 列单元格“Feed Rate”，在弹出的快捷菜单条中执行“Output to Tape”（输出到 NC 程序）→“Never”（从不），再次右击第 13 行第 2 列单元格“Feed Rate”，在弹出的快捷菜单条中执行“Output Next”（下一次输出）→“Forced”（强制），其结果如图 8-44 所示。

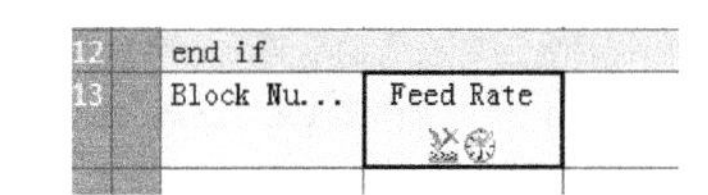

图 8-44　修改参数“Feed Rate”的输出属性

在此处加入进给率参数的原因是，PowerMill 输出的五轴联动加工刀路使用掠过进给率（G01 F_）代替全部的快速定位进给率（G00），但是，在换刀后首次移动命令里，已经强制输出 G00，因此不会输出任何进给率 F，这会导致一个小问题，即当处理到直线移动命令时，因为进给率 F 没有更新，就不会有输出，所以，此处强制它在下一次出现时输出。

8.2.6　调试并验证五轴联动加工后处理文件

在 Post Processor 软件中，单击“PostProcessor”选项卡，切换到后处理模式。

在“PostProcessor”选项卡内，右击“CLDATA Files”分枝下的“5x.cut”文件，在弹出的快捷菜单条中执行“Process as Debug”（调试模式后处理），单击“5x_Fanuc-3X.tap.dppdbg”调试文件，在主视窗中显示其内容，如图 8-45 所示。

如图 8-45 所示，第 20 行 C48.22，第 21 行 A16.869，第 23 行 X56.558、Y–50.534、Z–49.884，是五轴联动加工刀路的切入段末端点坐标，与图 8-20 所示坐标一致，说明后处理是正确的。为保险起见，还可以多验证一些点的坐标。

5x_Fanuc-3X.tap.dppdbg

	Level 1	Level 2	
1	Program Start		N1 %
2			N2 O0001
3			N3 (bianchengyuan:sunmi)
4			N4 (xiangmuming: 5x-test)
5			N5 (zuobiaoxi: 世界坐标系)
6			N6 G91G28Z0.0
7			N7 G90G80G40G49G54
8		daoju	(--)
9			(Tool Name|Tool Number|Tool Type|Tool Overhang|Toolpath Name)
10			(--)
11			(BN5_Short| 10|BALLNOSED| 25.0| 5x)
12			(--)
13	Load Tool First		N8 T10 M6
14	Spindle On		N9 M3 S1850
15	Toolpath Start		N10 G90
16	First Move After Toolchange		N11 G00 A0.0 C0.0
17			N12 X0.0 Y0.0
18			N13 G05 P10000
19			N14 G43.4 Z10.0 H10 ← 开启 RTCP 功能
20	Move Linear		N15 G01 X28.82 Y-25.75 A8.435 C48.22 F3000.0
21	Move Linear		N16 X57.64 Y-51.501 A16.869
22	Move Linear		N17 Z-45.099
23	Move Linear		N18 X56.558 Y-50.534 Z-49.884 F35.0 ← 切入段末端点坐标
24	Move Linear		N19 X56.223 Y-50.782 Z-49.88 A16.852 C47.911 F350.0
25	Move Linear		N20 X54.782 Y-51.444 Z-49.885 A16.724 C46.8
26	Move Linear		N21 X53.315 Y-52.079 Z-49.896 A16.594 C45.672
27	Move Linear		N22 X51.213 Y-52.391 Z-49.897 A16.327 C44.349
28	Move Linear		N23 X49.064 Y-52.627 Z-49.889 A16.049 C42.993
29	Move Linear		N24 X48.564 Y-52.517 Z-49.895 A15.961 C42.76
30	Move Linear		N25 X48.186 Y-52.428 Z-49.899 A15.984 C42.225

图 8-45　调试文件内容

8.2.7　五轴联动加工刀路间连接过渡段设置

如果一个 CLDATA 文件中包含有多条五轴加工刀路，则存在刀路之间的连接过渡段是否会与工件或夹具相碰撞的问题，如图 8-46 所示。

在此例中，可以在 PowerMill 中调整刀路的开始点和结束点、快进高度等参数来避免碰撞。另一种处理方法在 Post Processor 软件中，通过设置后处理文件，当一条刀路执行完后，移动刀具到机床最高 Z 值处（或安全平面上）再执行下一条刀路。

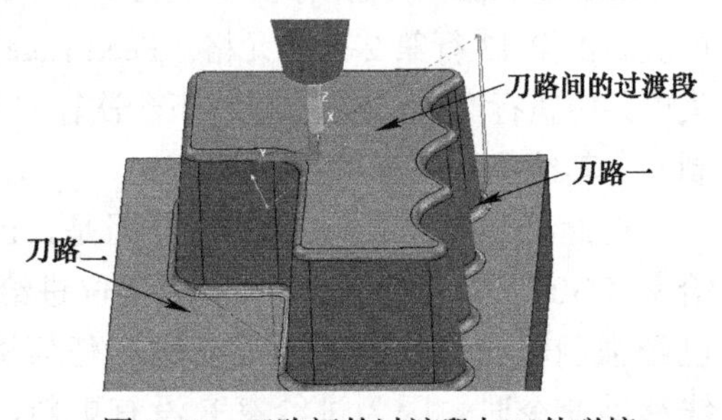

图 8-46　刀路间的过渡段与工件碰撞

1. 设置连接过渡参数

在 Post Processor 软件中，单击“Editor”选项卡，切换到后处理文件编辑器模式。然后单击“File”→“Option File Settings…”，打开“Option File Settings”对话框。

单击“Join-Up”（连接过渡）分枝，按图 8-47 所示设置各种 Join-Up moves（连接移动）均为 Yes。

单击“Multi-axis”（多轴）分枝，如图 8-48 所示。

对于支持连续五轴移动的任何后处理文件，设置“Linearise Multi-Axis Moves”（线性化多轴移动）为“By Tool Axis and Point”（按刀轴和刀触点）。这样，输出的每条五轴加工刀路的开头部分将会增加一些线性移动代码，因为刀路间的连接过渡段已被线性化。

设置“At Angular Limits”（在旋转轴极限）为“Retract and Reconfigure”（回退并重新配置角度）。

设置“Withdrawal Distance”（回退距离）为 100mm（如果在后处理期间发生了回退并重新配置角度，则输出窗口中将出现警告信息）。

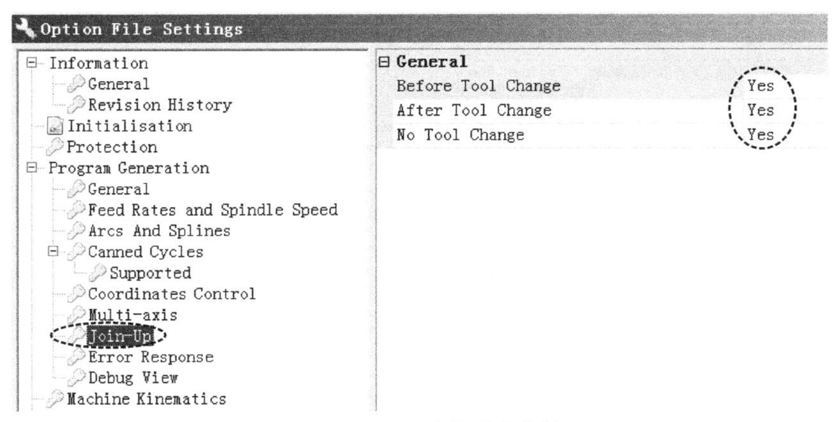

图 8-47　设置连接过渡参数

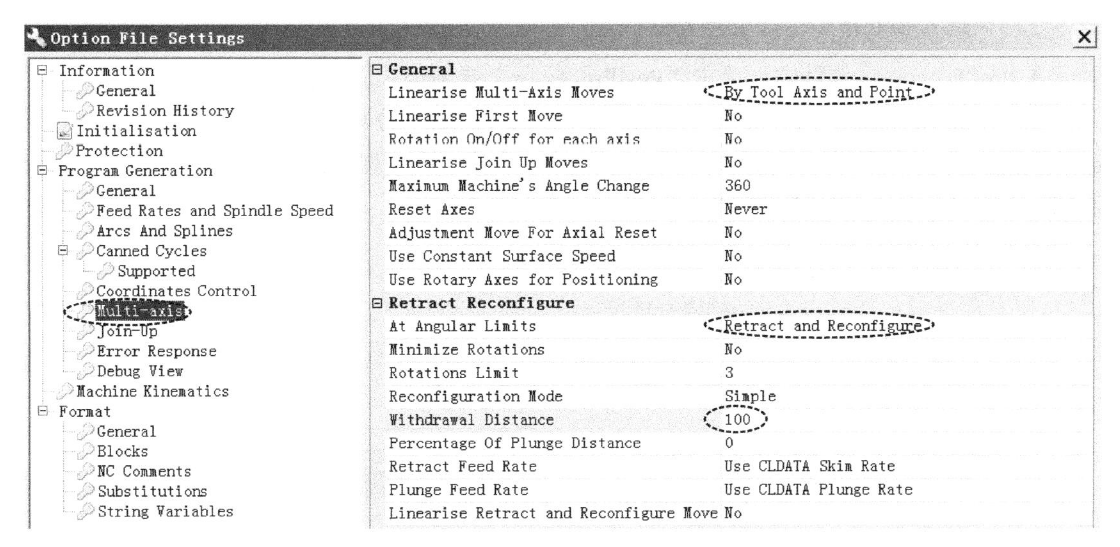

图 8-48　设置多轴加工参数

单击“Close”（关闭）按钮，关闭“Option File Settings”对话框。

为了清楚区分刀路间连接过渡段的代码与每条刀路的代码，可以在“Toolpath End”（刀路结束）命令中加入注释。

在“Editor”选项卡中，单击“Commands”，打开“Commands”窗口，在该窗口中右击“Toolpath End”树枝，在弹出的快捷菜单条中执行“Activate”（激活）。

然后单击“Toolpath End”树枝，在主视窗中打开“Toolpath End”窗口。在该窗口中，单击第 1 行第 1 列空白单元格，在工具栏中单击插入块按钮，在第 1 行第 1 列单元格中插入一个“Block Number”程序行号，开始新的一行。

接着在工具栏中单击插入文本按钮 A ，在第 1 行第 2 列单元格中插入一个文本输出块。双击第 1 行第 2 列单元格，输入“-----end------”，回车。

单击选中第 1 行第 2 列单元格，然后在工具栏中单击插入注释符按钮 ，结果如图 8-49 所示。

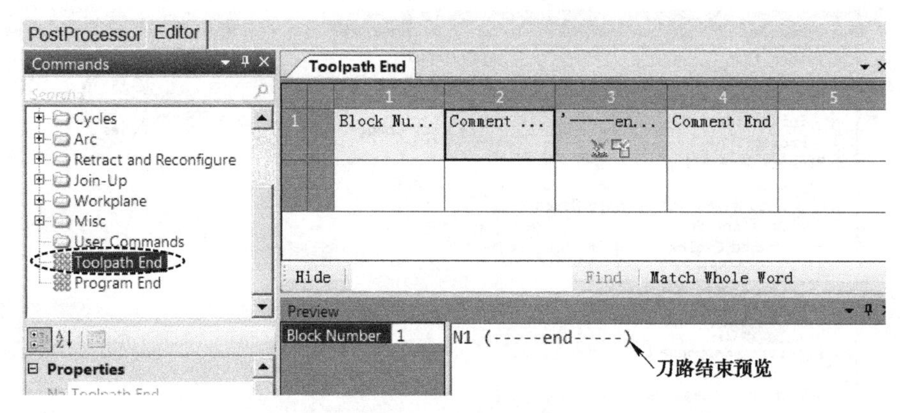

图 8-49　设置刀路结束参数

2．调试五轴联动加工后处理文件

在 Post Processor 软件中，单击“PostProcessor”选项卡，切换到后处理模式。

在“PostProcessor”选项卡内，右击“CLDATA Files”分枝下的“5x.cut”文件，在弹出的快捷菜单条中执行“Process as Debug”（调试模式后处理），单击“5x_Fanuc-3X.tap.dppdbg”调试文件，在主视窗中显示其内容，如图 8-50 所示。

5x_Fanuc-3X.tap.dppdbg

	Level 1	Level 2							
19			N14	G43.4	Z10.0	H10			
20	Move Linear		N15	G01	X1.801	Y-1.609	C6.027	F3000.0	
21	Move Linear		N16	X3.152	Y-2.816	C10.548			
22	Move Linear		N17	X5.179	Y-4.627	C17.329			
23	Move Linear		N18	X7.205	Y-6.438	C24.11			
24	Move Linear		N19	X9.006	Y-8.047	C30.137			
25	Move Linear		N20	X10.357	Y-9.254	C34.658			
26	Move Linear		N21	X12.384	Y-11.065	C41.439			
27	Move Linear		N22	X14.41	Y-12.875	C48.22			
28	Move Linear		N23	X19.633	Y-17.541	A3.055			
29	Move Linear		N24	X21.615	Y-19.313	A4.217			
30	Move Linear		N25	X26.826	Y-23.969	A7.27			
31	Move Linear		N26	X28.82	Y-25.75	A8.435			
32	Move Linear		N27	X36.134	Y-32.285	A10.573			
33	Move Linear		N28	X43.23	Y-38.626	A12.652			
34	Move Linear		N29	X50.529	Y-45.147	A14.791			
35	Move Linear		N30	X57.64	Y-51.501	A16.869			
36	Move Linear		N31	Z-45.099					
37	Move Linear		N32	X56.558	Y-50.534	Z-49.884	F35.0		
38	Move Linear		N33	X56.223	Y-50.782	Z-49.88	A16.852	C47.911	F350.0
39	Move Linear		N34	X54.782	Y-51.444	Z-49.885	A16.724	C46.8	
40	Move Linear		N35	X53.315	Y-52.079	Z-49.896	A16.594	C45.672	

线性化多轴连接移动代码

切入段末端点

图 8-50　调试文件内容

对比图 8-45 所示的 NC 代码，可见图 8-50 所示的 NC 代码中，在切入段末端点前，增加了很多线性化多轴连接移动代码。

8.3　订制 FANUC 数控系统双摆台五轴定位加工后处理文件

五轴定位加工又称为 3+2 轴加工。3+2 轴加工刀路可以输出为直接的旋转轴角度代码五轴刀路，或使用数控系统的坐标系旋转（Workplane Transformation）功能，将其变换为用户坐标系下的三轴加工代码。通常，孔加工固定循环代码需要使用坐标系旋转功能，特别是双摆头五轴机床，因此使用坐标系旋转功能的 3+2 轴加工代码更常见。

用于调试后处理文件的 3+2 轴加工刀路（3+2.cut）如图 8-51 所示，该刀路对应的编程项目文件是 3+2 test，该项目文件放置在 Source\ch08 目录下，读者可使用 PowerMill 2019 打开，运行刀路仿真，查看机床定位和刀具位置，记录一些关键点的五个坐标轴信息，用于对比后处理出来的 NC 代码中对应该点的五个坐标轴是否正确。

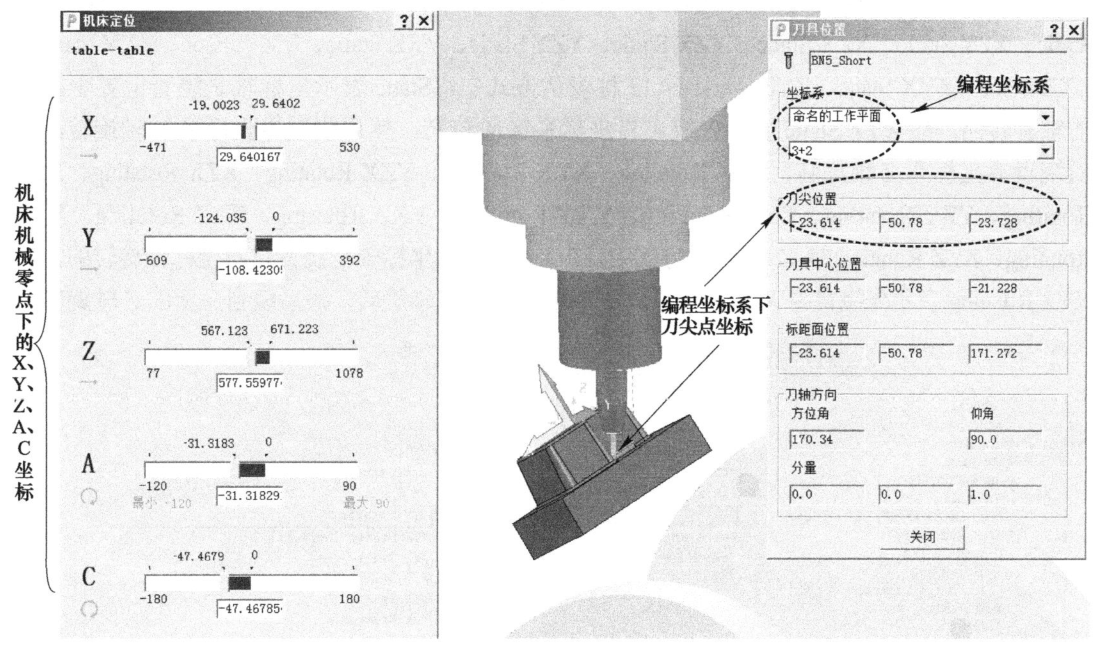

图 8-51　3+2 轴加工刀路

如图 8-51 所示，当前刀具处于刀路的切入段末端点，经过坐标系旋转后，NC 程序文件中的坐标值是 PowerMill 计算 3+2 轴加工刀路时编程坐标系下的坐标值，而非对刀坐标系下的坐标值。该刀尖点在编程坐标系下的坐标值为 X–23.614，Y–50.78，Z–23.728，使用 I、J、K 来表达旋转轴的角度。

8.3.1　FANUC 数控系统坐标系旋转指令 G68.2

FANUC 数控系统“Workplane Transformation”（坐标系旋转）功能使用 G68.2 指令打开，使用 G69 指令关闭。G68.2 指令的格式如下：

```
G68.2 X_ Y_ Z_ I_ J_ K_;
G53.1;
 X _Y_;
```

G43 H_;

…

…

G69;

其中，G68.2 为 FANUC 数控系统倾斜工作平面（即坐标系旋转）功能。G68.2 是绝对模式（G90）命令，是最常见的；G68.4 是增量模式（G91）命令。

G68.2 坐标系旋转功能可以通过 Euler Angles（欧拉角）、Roll-Pitch-Yaw（横摇、俯仰和偏航角）、3 点、2 矢量、投影角等多种方法来定义坐标轴的旋转角度，使用 P 地址来指定，G68.2 P0 指令使用 Euler Angles（欧拉角），G68.2 P1 指令使用 Roll-Pitch-Yaw（横摇、俯仰和偏航角），默认情况下使用 P0，即使用欧拉角定义用户坐标系各轴旋转角，此时，P0 可以省略。

欧拉角有多达 24 种方式来表达坐标系旋转角，如图 8-52 所示。其中 XYZ Static、XYX Static、XZY Static、XZX Static、YZX Static、YZY Static、YXZ Static、YXY Static、ZXY Static、ZXZ Static、ZYX Static、ZYZ Static 等 12 种表达方式中，Static 表示坐标轴是绕着世界坐标系的轴旋转的，如 XYZ Static 表示先绕世界坐标系 X 轴旋转，然后绕世界坐标系 Y 轴旋转，最后绕世界坐标系 Z 轴旋转；ZYX Rotating、XYX Rotating、YZX Rotating、XZX Rotating、XZY Rotating、YZY Rotating、ZXY Rotating、YXY Rotating、YXZ Rotating、ZXZ Rotating、XYZ Rotating、ZYZ Rotating 等 12 种表达方式中，Rotating 表示坐标轴是绕着自身坐标轴旋转的，如 XYZ Rotating 表示先绕自身 X 轴旋转，然后绕自身新的 Y 轴旋转，最后绕自身新的 Z 轴旋转。

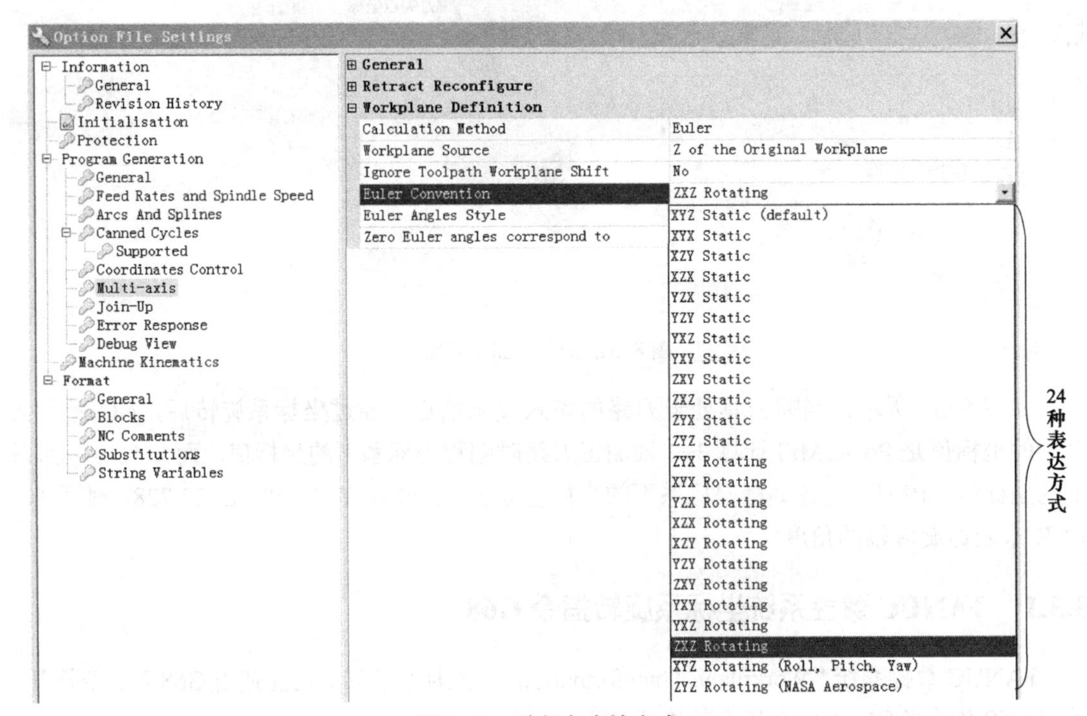

图 8-52　欧拉角表达方式

G68.2 命令后的 X、Y、Z 为用户坐标系原点坐标（以 NC 程序输出坐标系为零点），I、J、K 为各坐标轴的旋转角度。

FANUC 数控系统使用欧拉角转变中的“ZXZ Rotating”方法，如图 8-53 所示，首先绕 Z 轴旋转 α 角（即为 I 值），然后绕自身新的 X 轴旋转 β 角（即为 J 值），最后再绕自身新的 Z 轴旋转 γ 角（即为 K 值），角度的正负值遵守右手螺旋法则，即右手大拇指指向 Z 轴，四指弯曲的方向为正方向。

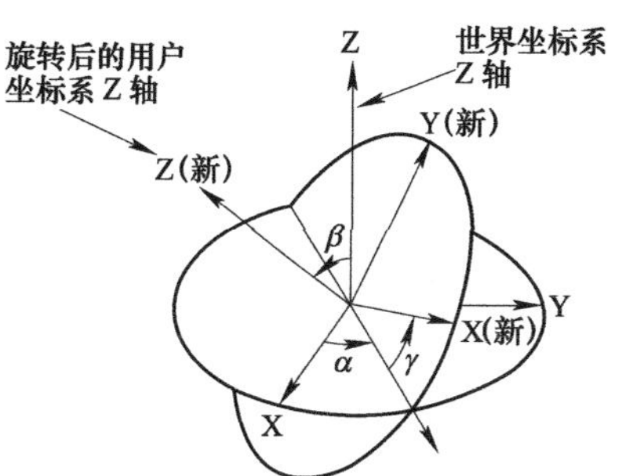

图 8-53　欧拉角转换旋转顺序

G53.1 可使倾斜工作面所需旋转轴自动定位，并使主轴与倾斜工作面垂直。这将导致刀具 / 主轴成为用户坐标系的 Z 轴。G53.1 必须在 G68.2 语句之后立即输出。

G43 为刀具长度补偿功能。

G69 为关闭坐标系旋转功能。

8.3.2　设置 3+2 轴加工选项文件参数

在 Post Processor 软件中，单击“Editor”选项卡，切换到后处理文件编辑器模式。然后单击“File”→“Option File Settings...”，打开“Option File Settings”对话框。

在“Option File Settings”对话框中，单击“Coordinates Control”（坐标控制）分枝，按图 8-54 所示设置坐标控制参数。

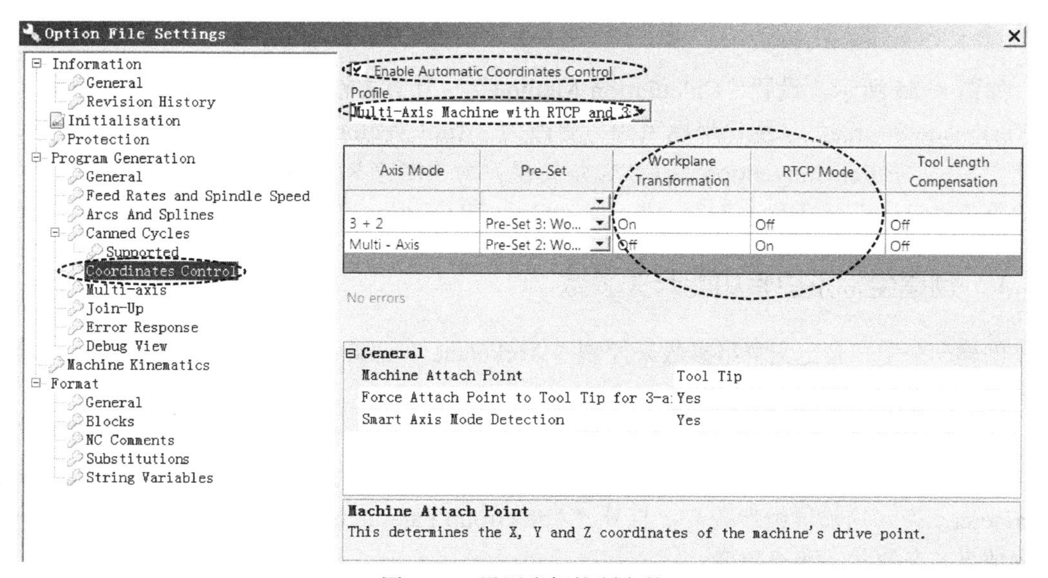

图 8-54　设置坐标控制参数

如图 8-54 所示，勾选“Enable Automatic Coordinate Control”（激活自动坐标控制），Post Processor 后处理器将根据 CLDATA 文件中的轴模式自动在不同轴模式之间切换。

“Profile”（配置文件）选择“Multi-Axis Machine with RTCP and 3+2”（支持 RTCP 和 3+2 加工的多轴机床），在此配置文件下，3+2 轴加工刀路预设“Workplane Transformation”（坐标系旋转）功能为“On”（打开），“RTCP Mode”（RTCP 模式）预设为“Off”（关闭），即使用 3+2 轴坐标系转换输出方式代替五轴输出。

在“Option File Settings”对话框中，单击“Multi-axis”（多轴）分枝，按图 8-55 所示

设置坐标系旋转参数。

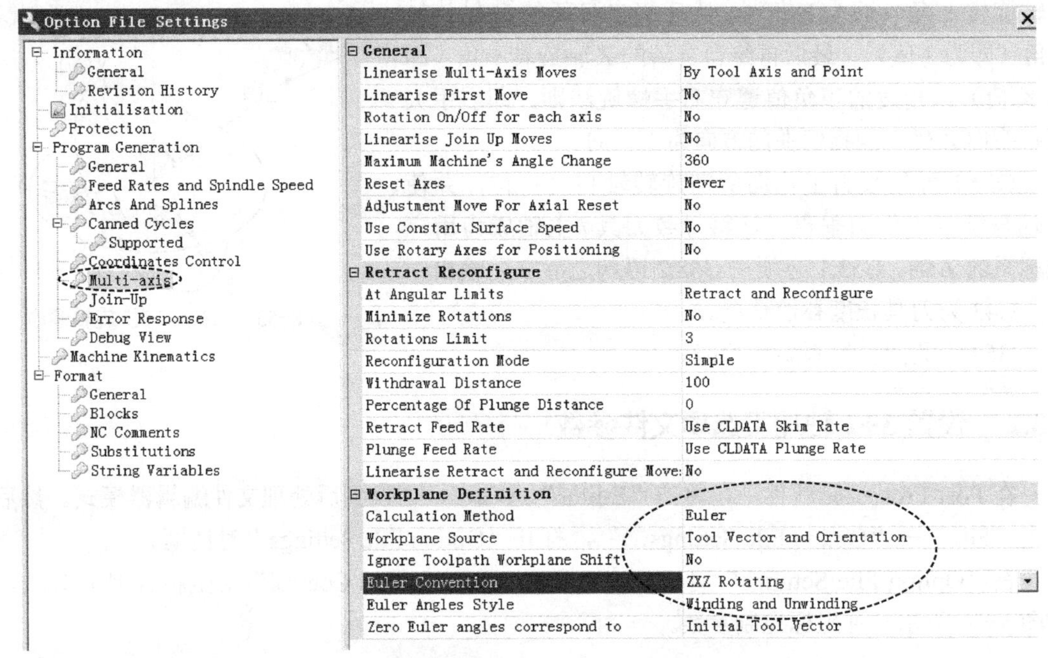

图 8-55　设置坐标系旋转参数

如图 8-55 所示，设置“Calculation Method”（计算方法）为“Euler”（欧拉角），“Workplane Source”（用户坐标系源）更改为“Tool Vector and Orientation”（刀轴矢量和朝向），“Euler Convention”（欧拉角转换）为“ZXZ Rotating”（ZXZ 旋转）。

单击“Close”（关闭）按钮，关闭“Option File Settings”对话框。

8.3.3　创建坐标系旋转功能开关参数

创建一个用户自定义群组参数来控制“Workplane Transformation”（坐标系旋转）功能的开关。

在“Editor”选项卡中，单击“Parameters”，打开“Parameters”窗口，右击该窗口中的“User Parameters”（用户自定义参数）树枝，在弹出的快捷菜单条中执行“Add Group Parameter...”（增加群组参数），打开“Add Group Parameter”对话框，按图 8-56 所示输入参数名、参数状态和参数值。

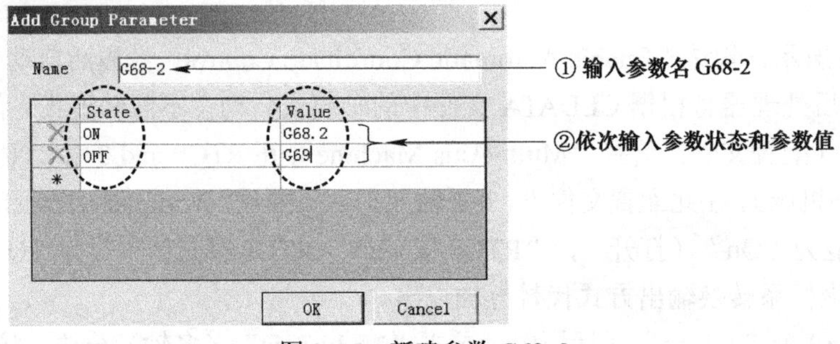

图 8-56　新建参数 G68-2

如图 8-56 所示，创建一个用户自定义参数 G68-2，用来控制“Workplane Transformation”功能的开启和关闭。对于 FANUC 数控系统，3+2 轴加工时，如果设置 G68-2=ON，将输出 G68.2 代码。如果要关闭“Workplane Transformation”功能，设置 G68-2=OFF，将输出 G69 代码。

单击“OK”按钮，关闭“Add Group Parameter”对话框。

8.3.4　设置用户坐标系打开命令

在“Editor”选项卡中，单击“Commands”，打开“Commands”窗口，在该窗口中双击“Controller Switches”（控制器开关）树枝，将它展开，右击“Set Workplane On”（设置用户坐标系打开）分枝，在弹出的快捷菜单条中执行“Activate”（激活）。

然后单击“Set Workplane On”分枝，在主视窗中打开“Set Workplane On”窗口。在该窗口中，单击第 1 行第 1 列空白单元格，在工具栏中单击插入块按钮，在第 1 行第 1 列单元格中插入一个“Block Number”程序行号，开始新的一行。

在“Editor”选项卡中，单击“Parameters”，在“Parameters”窗口中，双击“User Parameters”（用户自定义参数）树枝，将它展开，将用户自定义参数“G68-2”拖到“Set Workplane On”窗口中第 1 行第 2 列单元格，如图 8-57 所示。

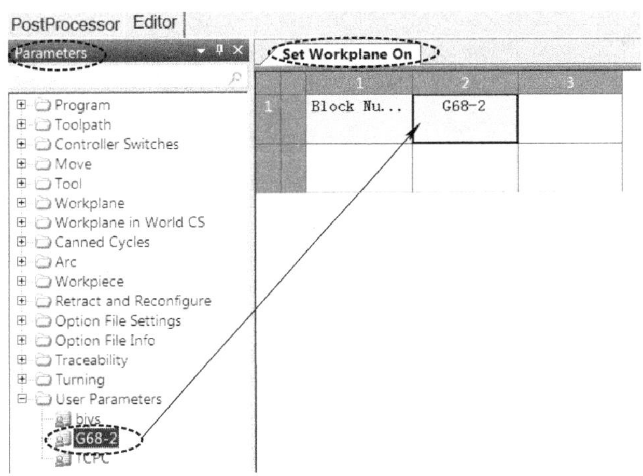

图 8-57　拖入参数“G68-2”

右击第 1 行第 2 列单元格“G68-2”，在弹出的快捷菜单条中执行“Item Properties”，打开“Item Properties”对话框，在该对话框中，双击“Parameter”树枝，将它展开，双击“Value”（值）树枝，将它也展开，按图 8-58 所示设置“G68-2”参数的值为 ON，即输出 G68.2，开启“Workplane Transformation”（坐标系旋转）功能。

在“Editor”选项卡的“Parameters”窗口中，双击“Workplane”（用户坐标系）树枝，将它展开，将参数“Workplane Origin X”（用户坐标系原点 X）拖到“Set Workplane On”窗口中第 1 行第 3 列单元格，将参数“Workplane Origin Y”（用户坐标系原点 Y）拖到“Set Workplane On”窗口中第 1 行第 4 列单元格，将参数“Workplane Origin Z”（用户坐标系原点 Z）拖到“Set Workplane On”窗口中第 1 行第 5 列单元格，将参数“Workplane Euler A”（用户坐标系欧拉角 A）拖到“Set Workplane On”窗口中第 1 行第 6 列单元格，将参数“Workplane Euler B”（用户坐标系欧拉角 B）拖到“Set Workplane On”窗口中

第 1 行第 7 列单元格，将参数“Workplane Euler C”（用户坐标系欧拉角 C）拖到“Set Workplane On”窗口中第 1 行第 8 列单元格，结果如图 8-59 所示。

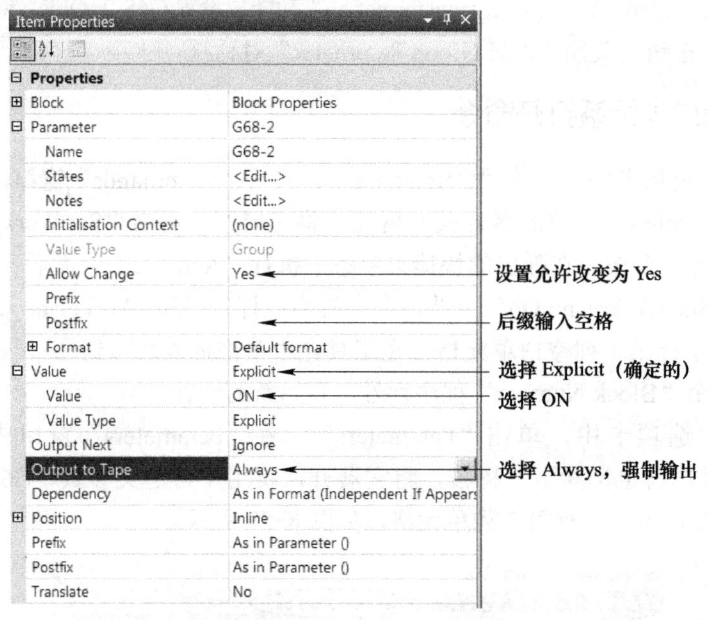

图 8-58　修改“G68-2”参数属性

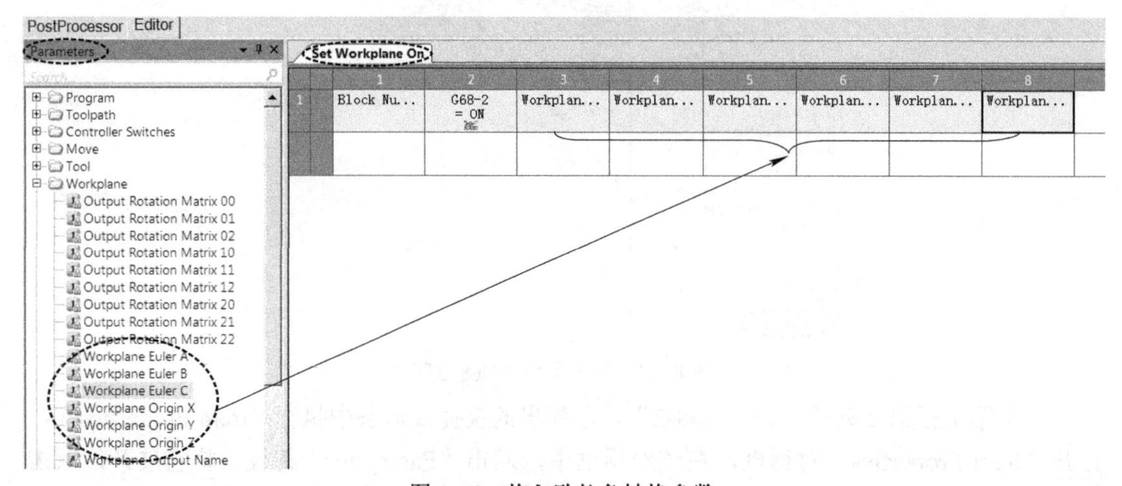

图 8-59　拖入欧拉角转换参数

右击第 1 行第 3 列单元格“Workplane Origin X”，在弹出的快捷菜单条中执行“Item Properties”，打开“Item Properties”对话框，在该对话框中，双击“Parameter”树枝，将它展开，按图 8-60 所示设置前缀为 X，后缀为空格。

参照此操作方法，修改“Workplane Origin Y”参数的前缀为 Y，后缀为空格。

修改“Workplane Origin Z”参数的前缀为 Z，后缀为空格。

修改“Workplane Euler A”参数的前缀为 I，后缀为空格。

修改“Workplane Euler B”参数的前缀为 J，后缀为空格。

修改“Workplane Euler C”参数的前缀为 K，后缀为空格。

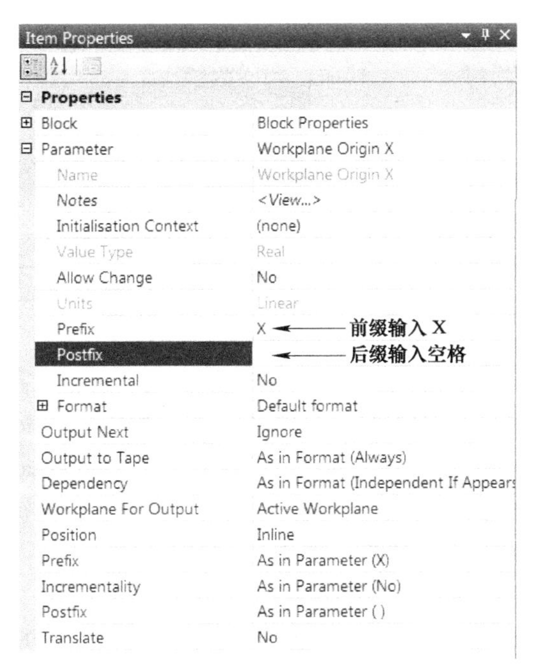

图 8-60　修改“Workplane Origin X”参数属性

完成上述修改后，预览结果如图 8-61 所示。

Set Workplane On

	1	2	3	4	5	6	7	8	9
1	Block Nu...	G68-2 = ON	Workplan...	Workplan...	Workplan...	Workplan...	Workplan...	Workplan...	

Hide　Find　Match Whole Word　Match Case　Wrap Around

Preview

Block Number	1
G68-2	ON
Workplane Euler A	0
Workplane Euler B	0
Workplane Euler C	0
Workplane Origin X	0
Workplane Origin Y	0
Workplane Origin Z	0

N1 G68.2X0.0 Y0.0 Z0.0 I0.0 J0.0 K0.0

代码预览

图 8-61　坐标系旋转代码

G68.2 指令要求其后的参数 X、Y、Z、I、J、K 须带有符号，+ 号不能省略，因此创建一种格式。

在“Editor”选项卡中，单击“Formats”（格式），切换到“Formats”窗口。

在“Formats”窗口中的“Default format”（默认格式）下方空白处右击，在弹出的快捷菜单条中执行“Add Format...”（增加格式），打开增加格式对话框，在“Name”（名称）栏输入“G68-2gs”，基于 zbgs，如图 8-62 所示，单击“OK”按钮。

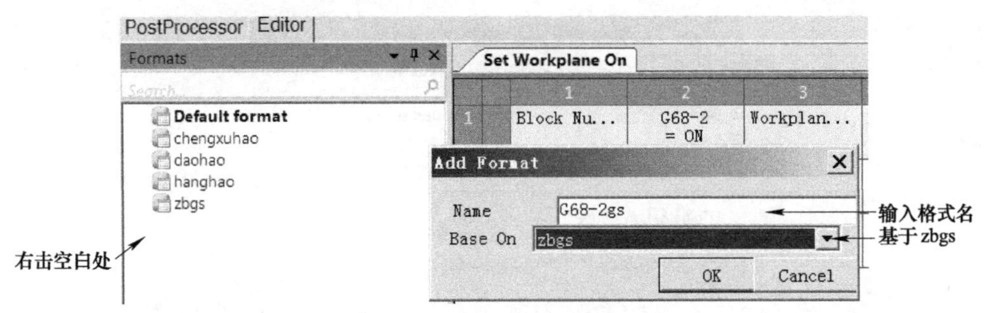

图 8-62　增加格式“G68-2gs”

在“Formats”窗口中，单击“Default format”，在主视窗中打开“Default format”窗口，在该窗口中，按住 <Shift> 键不放，单击选中参数“Workplane Origin X”“Workplane Origin Y”“Workplane Origin Z”“Workplane Euler A”“Workplane Euler B”“Workplane Euler C”等 6 个参数，然后右击选中的任一参数，在弹出的快捷菜单条中执行“Assign To”（安排到）→“G68-2gs”，如图 8-63 所示。

在“Formats”窗口中，单击“G68-2gs”，在主视窗中打开“G68-2gs”窗口，可见上述 6 个参数已经增加到“G68-2gs”格式中。按图 8-64 所示修改“G68-2gs”格式的属性：“Sign Output”（符号输出）选择“Always”，则正负号都会输出。

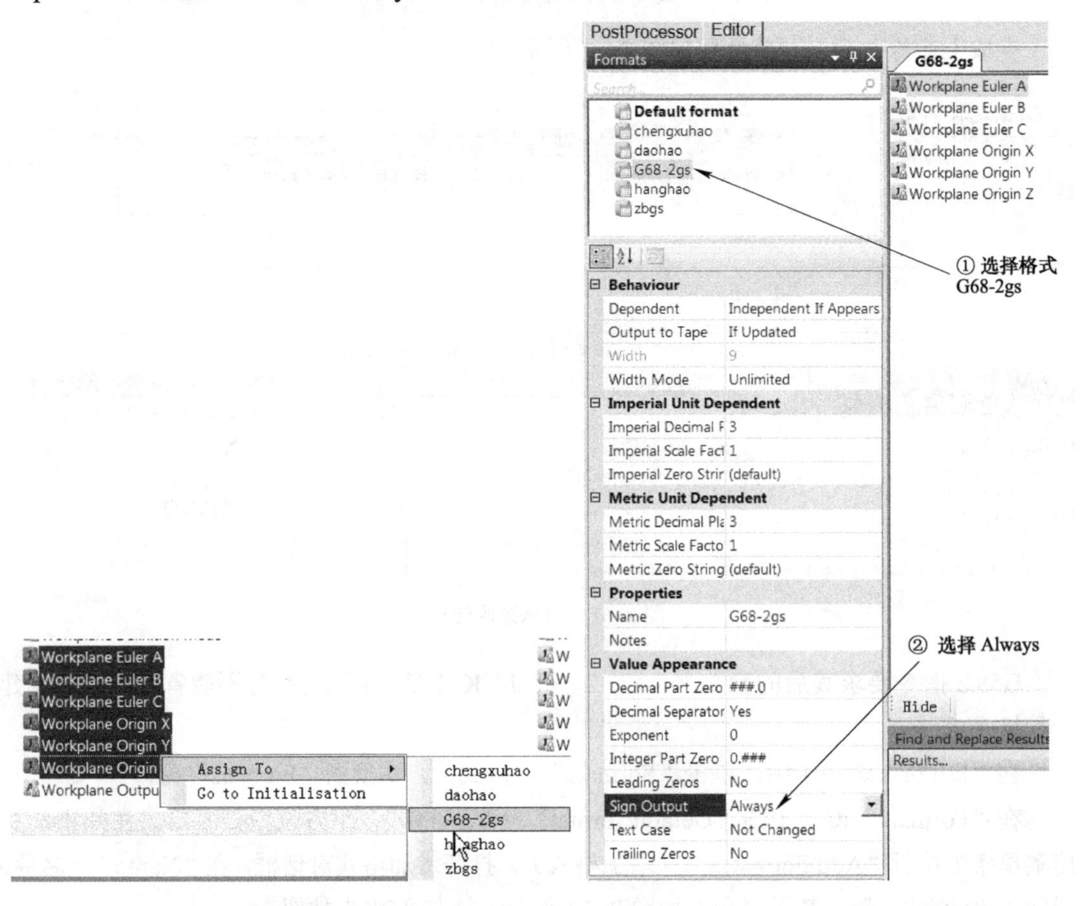

图 8-63　增加参数到“G68-2gs”格式　　　图 8-64　修改格式“G68-2gs”的属性

在“Editor”选项卡中，单击“Commands”，打开“Commands”窗口，在该窗口中单击“Set Workplane On”分枝，在主视窗中打开“Set Workplane On”窗口，输出代码预览如图 8-65 所示，可见 X、Y、Z、I、J、K 均带有符号，正号没有省略。

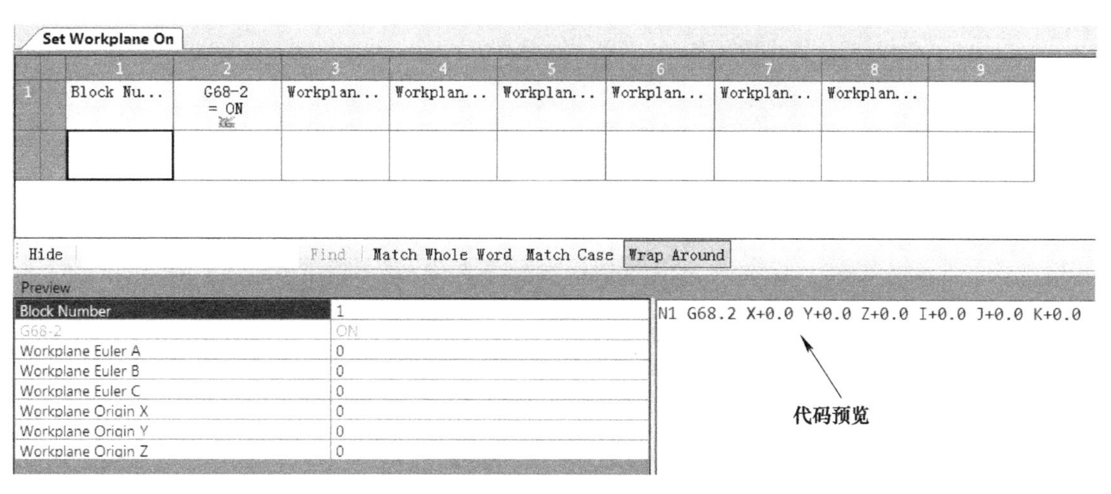

图 8-65　G68.2 代码预览

FANUC 数控系统要求在 G68.2 代码输出后，紧接着下一行必须输出 G53.1 代码。

在“Set Workplane On”窗口中，单击第 1 行第 9 列单元格，在工具栏中单击插入块按钮，在第 2 行第 1 列单元格中插入一个“Block Number”程序行号，开始新的一行。

接着在工具栏中单击插入文本按钮 A，在第 2 行第 2 列单元格中插入一个文本输出块。双击第 2 行第 2 列单元格，输入“G53.1”，回车，结果如图 8-66 所示。

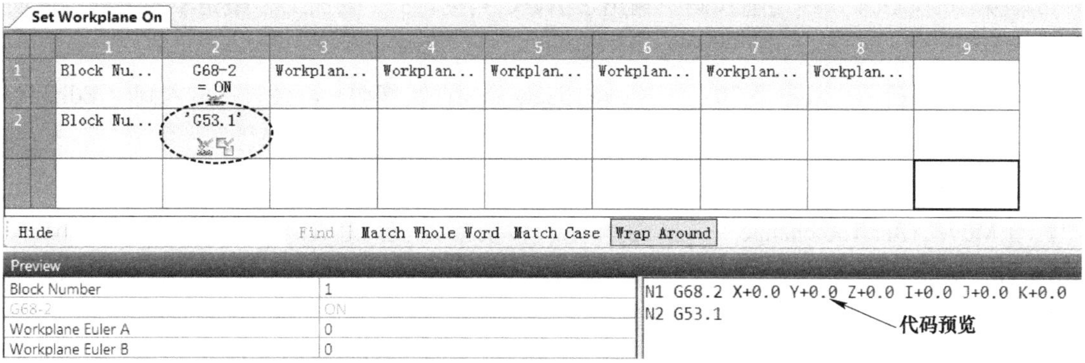

图 8-66　输入 G53.1 参数

8.3.5　调试并验证 3+2 轴加工后处理文件

在 Post Processor 软件中，单击“PostProcessor”选项卡，切换到后处理模式。

加载 3+2 轴加工刀位文件：在 Post Processor 软件中，单击“File”（文件）→“Add CLDATA File...”（加入 CLDATA 刀位文件），打开“打开”对话框，定位到 E:\PostEX\ch08 文件夹，选择该文件夹内的 3p2.cut 文件，单击“打开”按钮。

在“PostProcessor”选项卡内，右击“CLDATA Files”分枝下的“3p2.cut”文件，在弹出的快捷菜单条中执行“Process as Debug”（调试模式后处理），单击“3p2_Fanuc-3X.tap.dppdbg”调试文件，在主视窗中显示其内容，如图 8-67 所示。

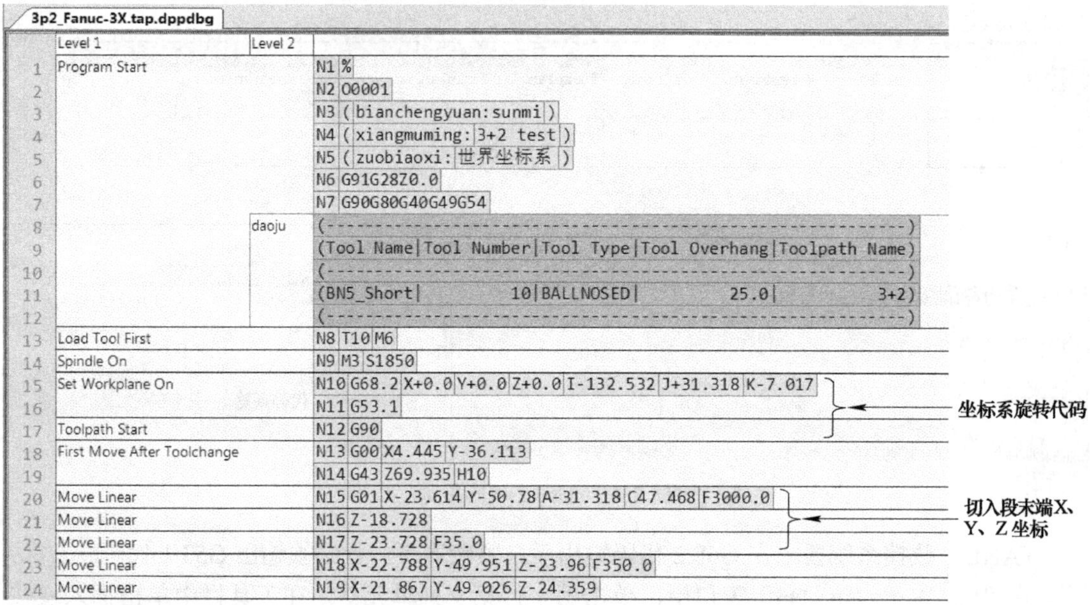

3p2_Fanuc-3X.tap.dppdbg

	Level 1	Level 2	
1	Program Start		N1 %
2			N2 O0001
3			N3 (bianchengyuan:sunmi)
4			N4 (xiangmuming:3+2 test)
5			N5 (zuobiaoxi:世界坐标系)
6			N6 G91G28Z0.0
7			N7 G90G80G40G49G54
8		daoju	(---)
9			(Tool Name|Tool Number|Tool Type|Tool Overhang|Toolpath Name)
10			(---)
11			(BN5_Short| 10|BALLNOSED| 25.0| 3+2)
12			(---)
13	Load Tool First		N8 T10 M6
14	Spindle On		N9 M3 S1850
15	Set Workplane On		N10 G68.2 X+0.0 Y+0.0 Z+0.0 I-132.532 J+31.318 K-7.017
16			N11 G53.1
17	Toolpath Start		N12 G90
18	First Move After Toolchange		N13 G00 X4.445 Y-36.113
19			N14 G43 Z69.935 H10
20	Move Linear		N15 G01 X-23.614 Y-50.78 A-31.318 C47.468 F3000.0
21	Move Linear		N16 Z-18.728
22	Move Linear		N17 Z-23.728 F35.0
23	Move Linear		N18 X-22.788 Y-49.951 Z-23.96 F350.0
24	Move Linear		N19 X-21.867 Y-49.026 Z-24.359

坐标系旋转代码

切入段末端X、Y、Z坐标

图 8-67　调试文件内容

如图 8-67 所示，第 20 行 X–23.614、Y–50.78，第 22 行 Z–23.728，是 3+2 轴加工刀路的切入段末端点坐标，与图 8-51 所示坐标一致，说明后处理是正确的。

但第 20 行 G01 直线切削代码中输出了 A、C 角度，3+2 轴加工刀路是不需要的。下面来修改。

如图 8-67 所示，双击第 20 行“Move Linear”（直线移动），会直接进入到“Editor”（后处理文件编辑器）状态，并在主视窗中显示“Move Linear”窗口。

在“Editor”选项卡的“Commands”窗口中，双击“Move”树枝，将它展开，单击“First Move After Toolchange”（换刀后首次移动）分枝，在主视窗中显示“First Move After Toolchange”窗口，在该窗口中，单击第 1 行 if %p(Toolpath Axis Mode)%=="5AXIS"，按键盘上的 <Ctrl+C> 键，复制该行命令。

在“Commands”窗口中，单击“Move Linear”分枝，在主视窗中显示“Move Linear”窗口，单击选中第 1 行第 1 列单元格“Block Number”，然后按键盘上的 <Ctrl+V> 键，粘贴 if %p(Toolpath Axis Mode)%=="5AXIS" 命令，如图 8-68 所示。

如图 8-68 所示，单击第 2 行第 9 列空白单元格，然后在工具栏中单击条件语句按钮右侧的小三角形，在展开的下拉菜单条中选择“else”，将在第 3 行插入 else 语句。

按住 <Shift> 键不放，单击第 2 行第 1 列单元格“Block Number”和第 2 行第 8 列单元格“Feed Rate”（进给率），将整个第 2 行选中。然后在选中的任一参数上右击，在弹出的快捷菜单条中执行“Copy”（复制），右击第 4 行第 1 列空白单元格，在弹出的快捷菜单条中执行“Paste”（粘贴），结果如图 8-69 所示。

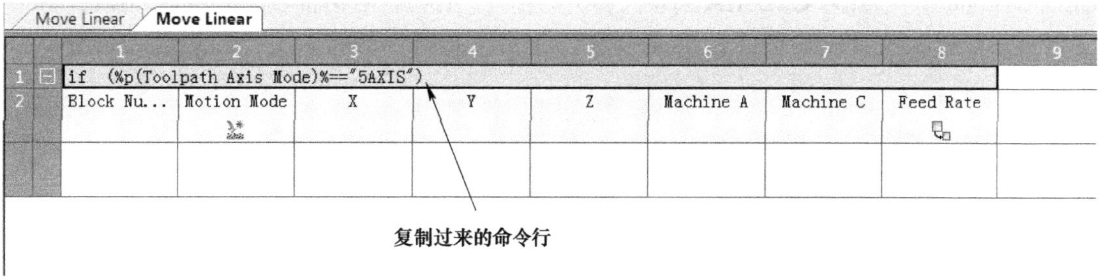

Move Linear / Move Linear

	1	2	3	4	5	6	7	8	9
1	if (%p(Toolpath Axis Mode)%=="5AXIS")								
2	Block Nu...	Motion Mode	X	Y	Z	Machine A	Machine C	Feed Rate	

复制过来的命令行

图 8-68　直线移动命令

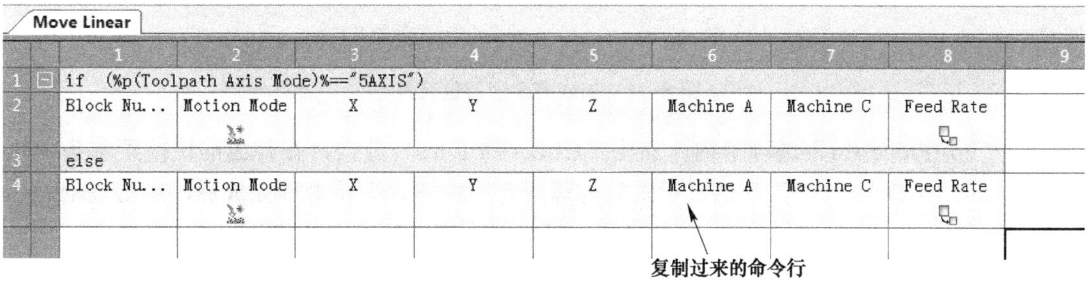

Move Linear

	1	2	3	4	5	6	7	8	9
1	if (%p(Toolpath Axis Mode)%=="5AXIS")								
2	Block Nu...	Motion Mode	X	Y	Z	Machine A	Machine C	Feed Rate	
3	else								
4	Block Nu...	Motion Mode	X	Y	Z	Machine A	Machine C	Feed Rate	

复制过来的命令行

图 8-69　粘贴命令

单击第 4 行第 6 列单元格“Machine A”，按键盘上的 <Delete> 键将它删除；单击第 4 行第 7 列单元格“Machine C ”，按键盘上的 <Delete> 键将它删除。

单击第 4 行第 7 列单元格，然后在工具栏中单击条件语句按钮右侧的小三角形，在展开的下拉菜单条中选择“end if”，将在第 5 行插入 end if 语句，结果如图 8-70 所示。

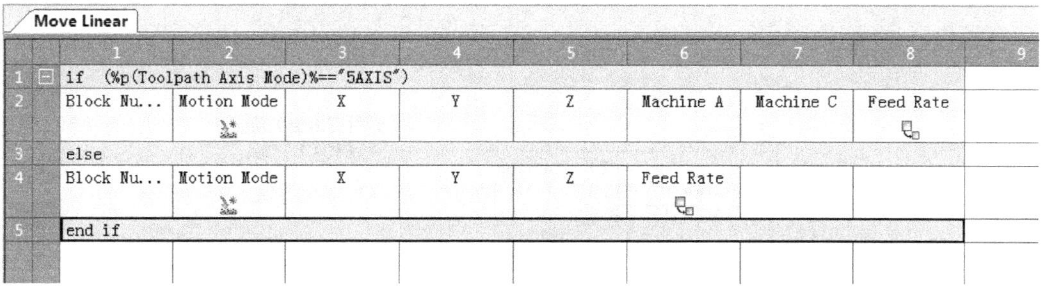

Move Linear

	1	2	3	4	5	6	7	8	9
1	if (%p(Toolpath Axis Mode)%=="5AXIS")								
2	Block Nu...	Motion Mode	X	Y	Z	Machine A	Machine C	Feed Rate	
3	else								
4	Block Nu...	Motion Mode	X	Y	Z	Feed Rate			
5	end if								

图 8-70　修改后的直线移动命令

如图 8-70 所示，第 1 行 if %p(Toolpath Axis Mode)%=="5AXIS" 命令将判断刀路是否为五轴联动加工刀路，如果是，则输出：

G01 X_ Y_ Z_ A_ C_ F_;

否则，该刀路为 3+2 轴加工刀路或三轴加工刀路，则输出：

G01 X_ Y_ Z_ F_;

下面使用该后处理文件来后处理五轴联动加工刀路、3+2 轴加工刀路和三轴加工刀路。

在 Post Processor 软件中，单击“PostProcessor”选项卡，切换到后处理模式。

加载三轴加工刀位文件：在 Post Processor 软件中，单击“File”（文件）→“Add CLDATA File…”（加入 CLDATA 刀位文件），打开“打开”对话框，定位到 E:\PostEX\ch08 文件夹，选择该文件夹内的 3zhou.cut 文件，单击“打开”按钮，文件加载后，如图 8-71 所示。

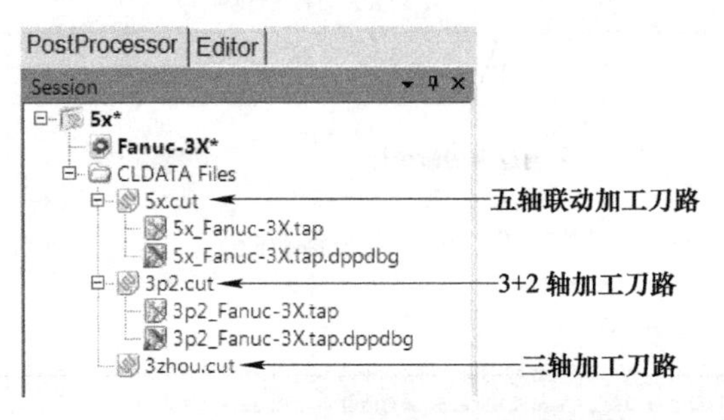

图 8-71　加载的 3 个刀位文件

在“PostProcessor”选项卡内，右击“CLDATA Files”分枝，在弹出的快捷菜单条中执行“Process As Debug All”（调试模式后处理所有刀路），等待处理完成后，单击五轴联动加工刀路代码 5x_Fanuc-3X.tap，在主视窗中显示其内容，如图 8-72 所示。

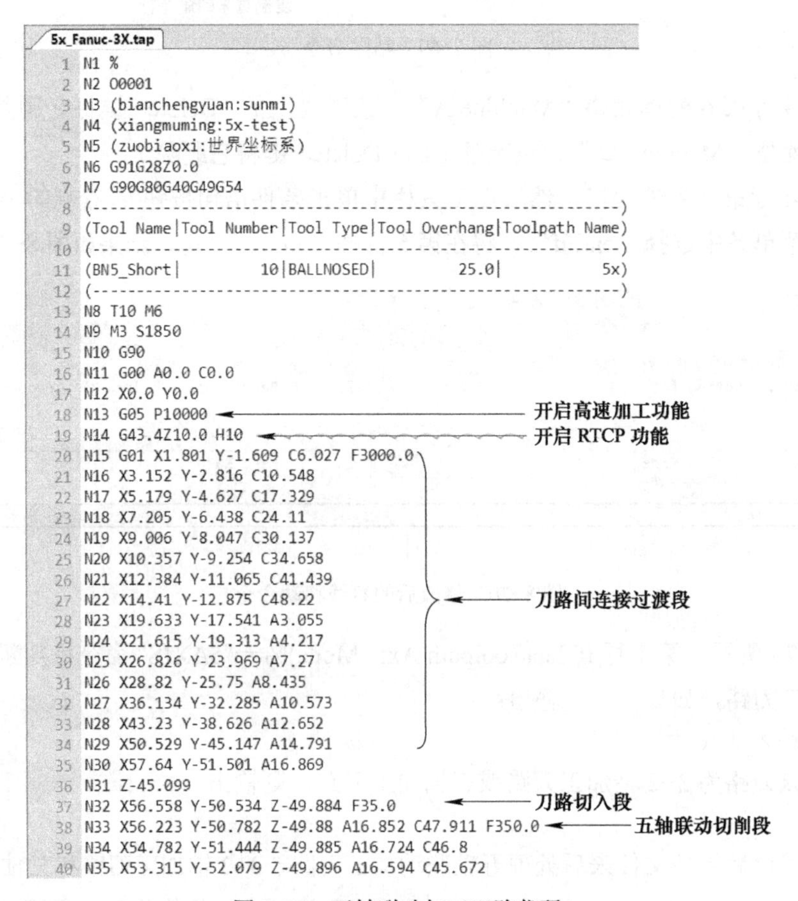

图 8-72　五轴联动加工刀路代码

单击 3+2 轴加工刀路代码 3p2_Fanuc-3X.tap，在主视窗中显示其内容，如图 8-73 所示。

3p2_Fanuc-3X.tap

```
1  N1 %
2  N2 O0001
3  N3 (bianchengyuan:sunmi)
4  N4 (xiangmuming:3+2 test)
5  N5 (zuobiaoxi:世界坐标系)
6  N6 G91G28Z0.0
7  N7 G90G80G40G49G54
8  (-------------------------------------------------------)
9  (Tool Name|Tool Number|Tool Type|Tool Overhang|Toolpath Name)
10 (-------------------------------------------------------)
11 (BN5_Short|          10|BALLNOSED|          25.0|            3+2)
12 (-------------------------------------------------------)
13 N8 T10 M6
14 N9 M3 S1850
15 N10 G68.2 X+0.0 Y+0.0 Z+0.0 I-132.532 J+31.318 K-7.017
16 N11 G53.1
17 N12 G90
18 N13 G00 X4.445 Y-36.113
19 N14 G43Z69.935 H10
20 N15 G01 X-23.614 Y-50.78 F3000.0
21 N16 Z-18.728
22 N17 Z-23.728 F35.0
23 N18 X-22.788 Y-49.951 Z-23.96 F350.0
24 N19 X-21.867 Y-49.026 Z-24.359
25 N20 X-7.092 Y-34.199 Z-32.215
26 N21 X-6.491 Y-33.681 Z-32.628
```

坐标系旋转代码

用户坐标系下的三轴加工

图 8-73　3+2 轴加工刀路代码

单击三轴加工刀路代码 3zhou_Fanuc-3X.tap，在主视窗中显示其内容，如图 8-74 所示。

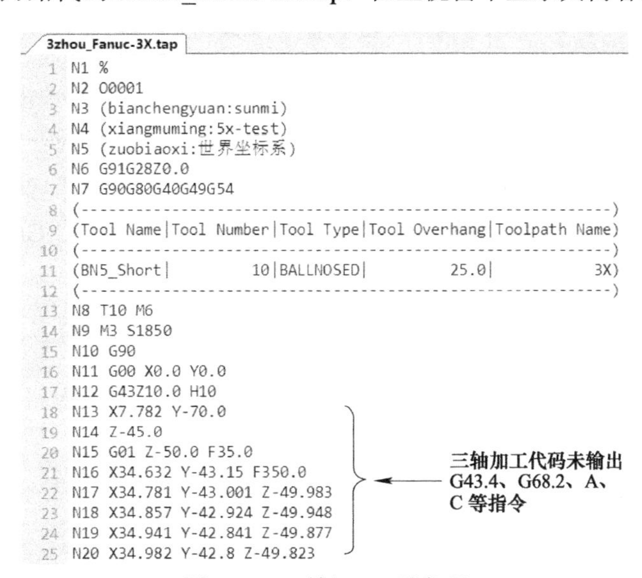

3zhou_Fanuc-3X.tap

```
1  N1 %
2  N2 O0001
3  N3 (bianchengyuan:sunmi)
4  N4 (xiangmuming:5x-test)
5  N5 (zuobiaoxi:世界坐标系)
6  N6 G91G28Z0.0
7  N7 G90G80G40G49G54
8  (-------------------------------------------------------)
9  (Tool Name|Tool Number|Tool Type|Tool Overhang|Toolpath Name)
10 (-------------------------------------------------------)
11 (BN5_Short|          10|BALLNOSED|          25.0|             3X)
12 (-------------------------------------------------------)
13 N8 T10 M6
14 N9 M3 S1850
15 N10 G90
16 N11 G00 X0.0 Y0.0
17 N12 G43Z10.0 H10
18 N13 X7.782 Y-70.0
19 N14 Z-45.0
20 N15 G01 Z-50.0 F35.0
21 N16 X34.632 Y-43.15 F350.0
22 N17 X34.781 Y-43.001 Z-49.983
23 N18 X34.857 Y-42.924 Z-49.948
24 N19 X34.941 Y-42.841 Z-49.877
25 N20 X34.982 Y-42.8 Z-49.823
```


图 8-74　三轴加工刀路代码

综上可见，该后处理文件可以后处理五轴联动加工刀路、3+2 轴加工刀路和三轴加工刀路。为安全起见，下面对程序头和程序尾进行修订。

8.4　订制 FANUC 数控系统五轴后处理文件程序头和程序尾

8.4.1　修订程序头命令参数

为安全起见，在五轴联动加工刀路、3+2 轴加工刀路和三轴加工刀路的程序头加入旋转轴回零代码 A0 C0，关闭 RTCP 功能代码 G49 H00，关闭坐标系旋转功能代码 G69。

在 Post Processor 软件中，单击“Editor”选项卡，切换到后处理文件编辑器模式。

1. 输出关闭坐标系旋转功能代码 G69

在“Editor”选项卡的“Commands”窗口中，单击“Program Start”（程序头）树枝，在主视窗中打开“Program Start”窗口，如图 8-75 所示。

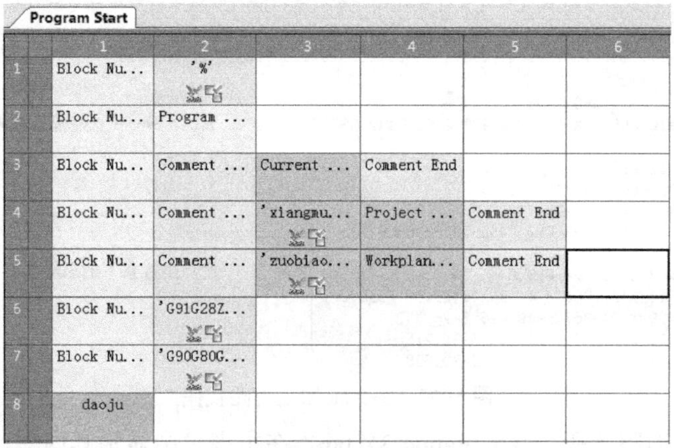

图 8-75 程序头参数

如图 8-75 所示，单击第 5 行第 6 列空白单元格，然后在工具栏中单击插入块按钮，在第 6 行第 1 列单元格中插入一个“Block Number”程序行号，开始新的一行。

在“Editor”选项卡中，单击“Parameters”，在“Parameters”窗口中，双击“User Parameters”（用户自定义参数）树枝，将它展开，将用户自定义参数“G68-2”拖到“Program Start”窗口中第 6 行第 2 列单元格，如图 8-76 所示。

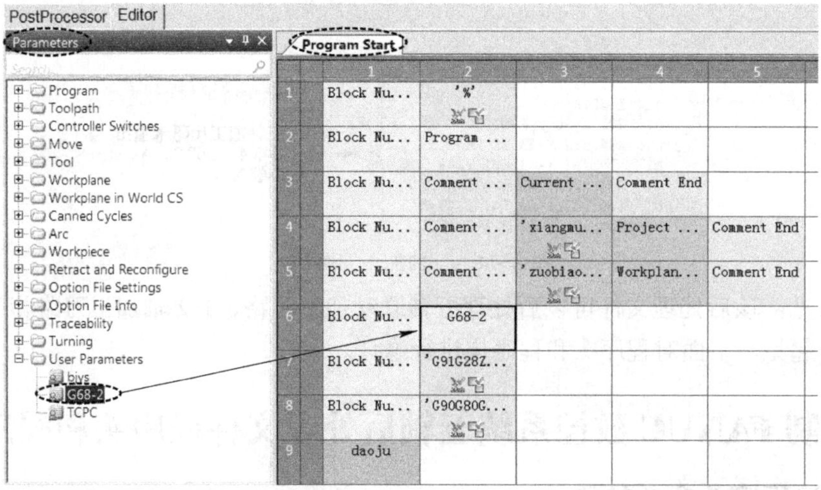

图 8-76 拖入参数“G68-2”

右击第 6 行第 2 列单元格“G68-2”，在弹出的快捷菜单条中执行“Item Properties”，打开“Item Properties”对话框，在该对话框中，双击“Parameter”树枝，将它展开，双击“Value”（值）树枝，将它也展开，按图 8-77 所示设置“G68-2”参数的值为 OFF，即输出 G69，关闭“Workplane Transformation”（坐标系旋转）功能。

单击第 6 行第 3 列空白单元格，在工具栏中单击插入文本按钮，在第 6 行第 3 列单元格中插入一个文本输出块。双击第 6 行第 3 列单元格，输入“G68.2OFF”，回车。

单击选中第 6 行第 3 列单元格“G68.2OFF”，在工具栏中单击插入注释符按钮，结果如图 8-78 所示。

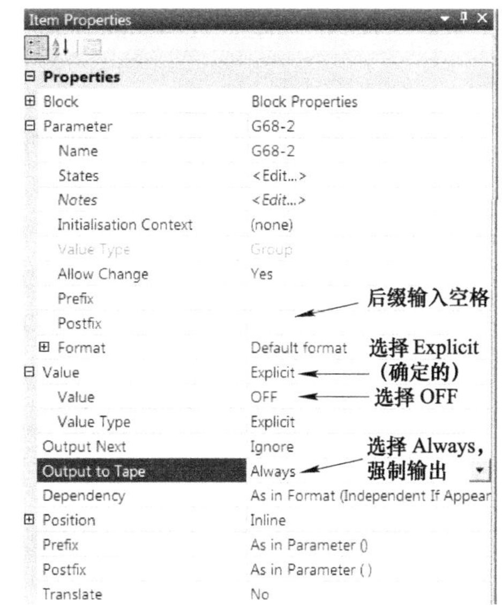

图 8-77　修改“G68-2”参数属性

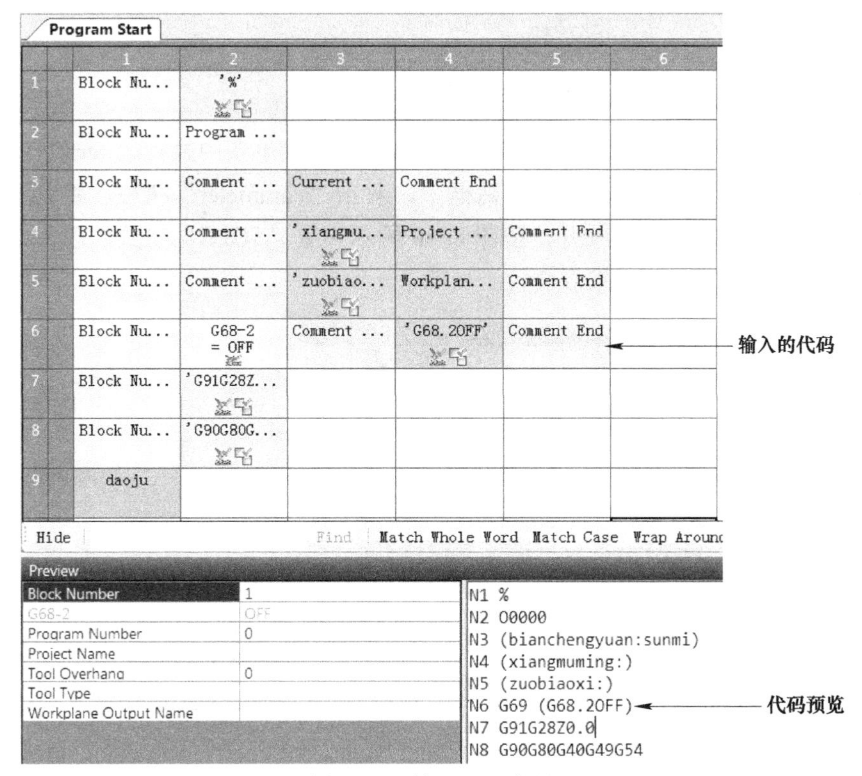

图 8-78　填入 G69 代码

2. 输出关闭 RTCP 功能代码 G49 H00

如图 8-78 所示，单击第 6 行第 6 列空白单元格，然后在工具栏中单击插入块按钮，在第 7 行第 1 列单元格中插入一个“Block Number”程序行号，开始新的一行。

在“Editor”选项卡的“Parameters”窗口中，将“User Parameters”树枝下的用户自定

义参数“TCPC”拖到“Program Start”窗口中第 7 行第 2 列单元格，如图 8-79 所示。

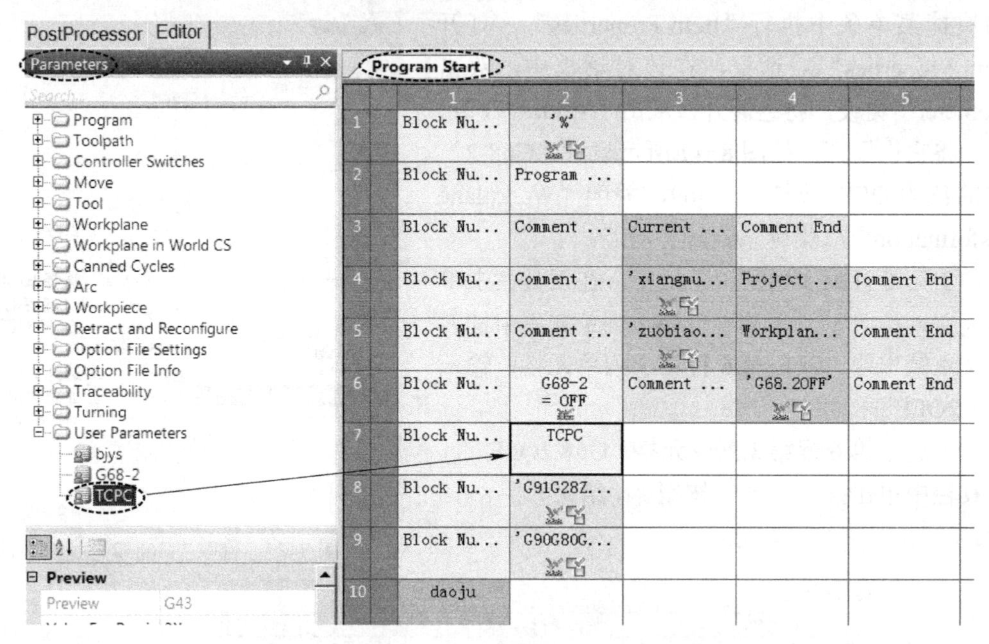

图 8-79 拖入参数“TCPC”

右击第 7 行第 2 列单元格“TCPC”，在弹出的快捷菜单条中执行“Item Properties”，打开“Item Properties”对话框，在该对话框中，双击“Parameter”树枝，将它展开，双击“Value”（值）树枝，将它也展开，按图 8-80 所示设置“TCPC”参数的值为 OFF，即输出 G49，关闭“RTCP”（绕刀尖点旋转）功能。

图 8-80 修改“TCPC”参数属性

在“Editor”选项卡的“Parameters”窗口中，双击“Tool”（刀具）树枝，将它展开，将系统内置参数“Tool Length Offset Number”（刀具长度补偿号）拖到“Program Start”窗口中第 7 行第 3 列单元格，如图 8-81 所示。

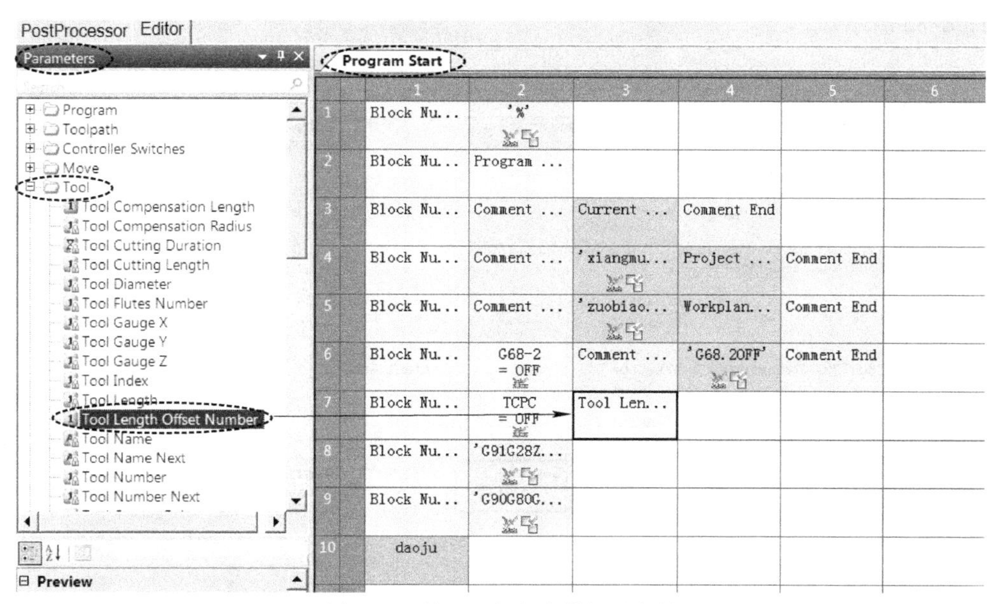

图 8-81　拖入刀具长度补偿号参数

右击第 7 行第 3 列单元格“Tool Length Offset Number”，在弹出的快捷菜单条中执行“Item Properties”，打开“Item Properties”对话框，在该对话框中，双击“Parameter”树枝，将它展开，双击“Value”（值）树枝，将它也展开，按图 8-82 所示设置“Tool Length Offset Number”参数的值为 0，即输出 H0。

图 8-82　修改刀具长度补偿号参数属性

单击第 7 行第 4 列空白单元格，在工具栏中单击插入文本按钮 A，在第 7 行第 4 列单元格中插入一个文本输出块。双击第 7 行第 4 列单元格，输入“RTCP OFF”，回车。

单击选中第 7 行第 4 列单元格“RTCP OFF”，在工具栏中单击插入注释符按钮，结果如图 8-83 所示。

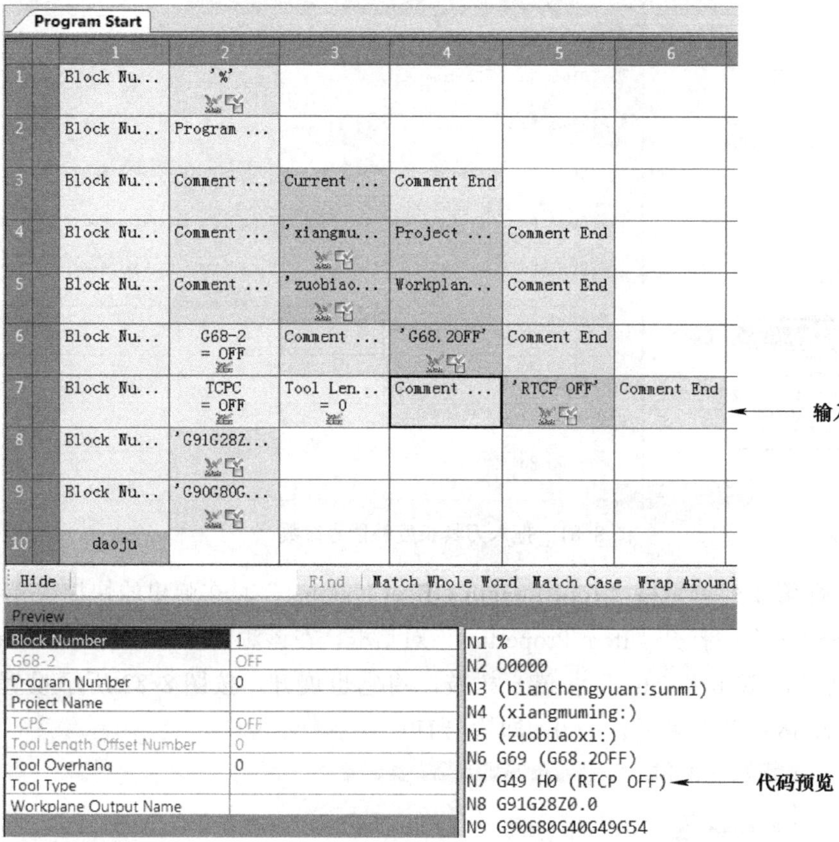

图 8-83　填入 G49 H0 代码

3. 输出旋转轴回零代码 AO C0

在旋转轴回零前，应使机床 Z 轴回到最高点，使用 G53 G90 Z0.0 指令。

如图 8-83 所示，双击第 8 行第 2 列单元格“G91G28Z0.0”，将“G91G28Z0.0”修改为“G53 G90 Z0.0”，回车完成。

如图 8-83 所示，单击第 8 行第 3 列空白单元格，然后在工具栏中单击插入块按钮，在第 9 行第 1 列单元格中插入一个“Block Number”程序行号，开始新的一行。

在“Editor”选项卡的“Parameters”窗口中，双击“Move”树枝，将它展开，将系统内置参数“Machine A”（A 轴）拖到“Program Start”窗口中第 9 行第 2 列单元格，将系统内置参数“Machine C”（C 轴）拖到“Program Start”窗口中第 9 行第 3 列单元格，如图 8-84 所示。

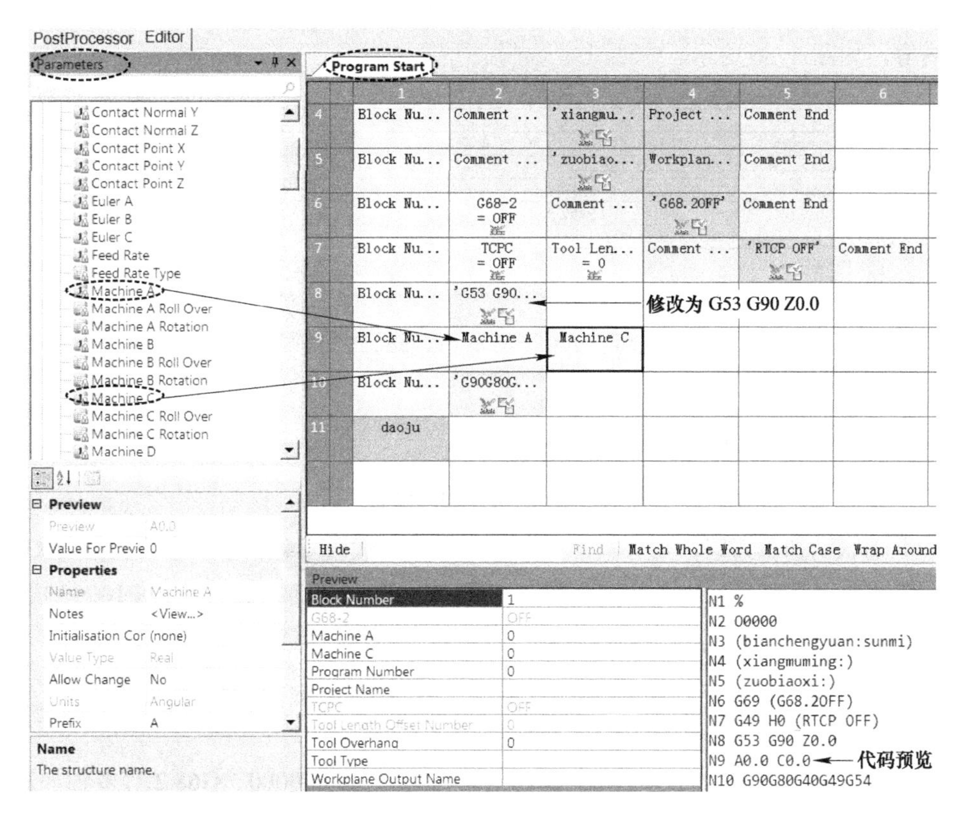

图 8-84　拖入 A、C 轴参数

4. 调试后处理文件

在 Post Processor 软件中，单击“PostProcessor”选项卡，切换到后处理模式。

在“PostProcessor”选项卡内，右击“CLDATA Files”分枝，在弹出的快捷菜单条中执行“Process As Debug All”（调试模式后处理所有刀路），等待处理完成后，单击“5x_Fanuc-3X.tap.dppdbg”调试文件，在主视窗中显示五轴联动加工刀路代码内容，如图 8-85 所示。

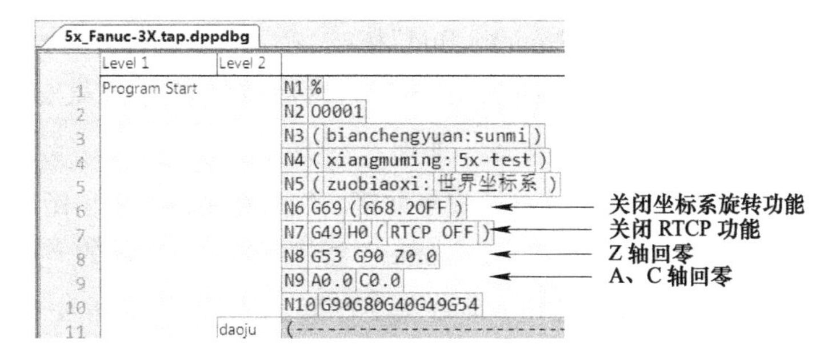

图 8-85　五轴联动加工刀路程序头代码

3+2 轴加工刀路程序头、三轴加工刀路程序头与五轴联动加工刀路程序头相同。

如图 8-85 所示“5x_Fanuc-3X.tap.dppdbg”调试文件，向下拉动滑块至文件尾，查看其程序尾内容，如图 8-86 所示。

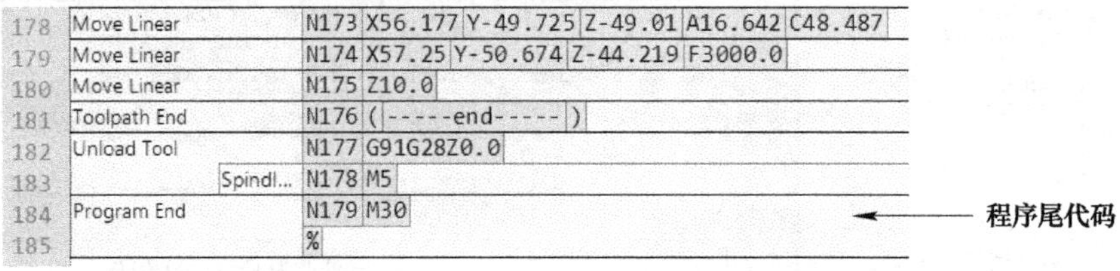

178	Move Linear		N173	X56.177	Y-49.725	Z-49.01	A16.642	C48.487	
179	Move Linear		N174	X57.25	Y-50.674	Z-44.219	F3000.0		
180	Move Linear		N175	Z10.0					
181	Toolpath End		N176	(	-----end-----	)			
182	Unload Tool		N177	G91G28Z0.0					
183		Spindl...	N178	M5					
184	Program End		N179	M30					程序尾代码
185			%						

图 8-86　五轴联动加工刀路程序尾代码

8.4.2 修订程序尾命令参数

不同于程序头，程序尾需要根据刀路的类型来订制。

对于五轴联动加工刀路，需要输出关闭 RTCP 功能代码 G49 H00，从而构成与 G43.4 成对出现在程序中，还必须输出关闭高速加工代码 G05 P0，从而构成与 G05 P10000 成对出现在程序中，然后执行 Z 轴回零，旋转轴 A、C 回零。

对于 3+2 轴加工刀路，需要输出关闭坐标系旋转功能代码 G69，从而构成与 G68.2 成对出现在程序中，然后执行 Z 轴回零，旋转轴 A、C 回零。

对于三轴加工刀路，因为程序头不会输出 G43.4、G05 P10000、G68.2 等多轴加工代码，所以只需要输出 Z 轴回零指令即可。

如图 8-86 所示，双击第 184 行“Program End”（程序尾），会直接进入到“Editor”状态，并在主视窗中显示“Program End”窗口。

1. 订制五轴联动加工刀路程序尾

在“Editor”选项卡中，单击“Commands”，打开“Commands”窗口，在该窗口中，双击“Move”树枝，将它展开，单击“First Move After Toolchange”（换刀后首次移动）分枝，在主视窗中显示“First Move After Toolchange”窗口，在该窗口中，单击第 1 行 if %p(Toolpath Axis Mode)%=="5AXIS"，按键盘上的 <Ctrl+C> 键，复制该行命令。

在“Commands”窗口中，单击“Program End”树枝，在主视窗中打开“Program End”窗口，单击选中第 1 行第 1 列单元格“Block Number”，然后按键盘上的 <Ctrl+V> 键，粘贴 if %p(Toolpath Axis Mode)%=="5AXIS" 命令，如图 8-87 所示。

如图 8-87 所示，单击第 1 行第 4 列空白单元格，然后在工具栏中单击插入块按钮，在第 2 行第 1 列单元格中插入一个“Block Number”程序行号，开始新的一行。

接着在工具栏中单击插入文本按钮 A，在第 2 行第 2 列单元格中插入一个文本输出块。双击第 2 行第 2 列单元格，输入“G05 P0”，回车，如图 8-88 所示。

在“Commands”窗口中，单击“Program Start”树枝，在主视窗中打开“Program Start”窗口。

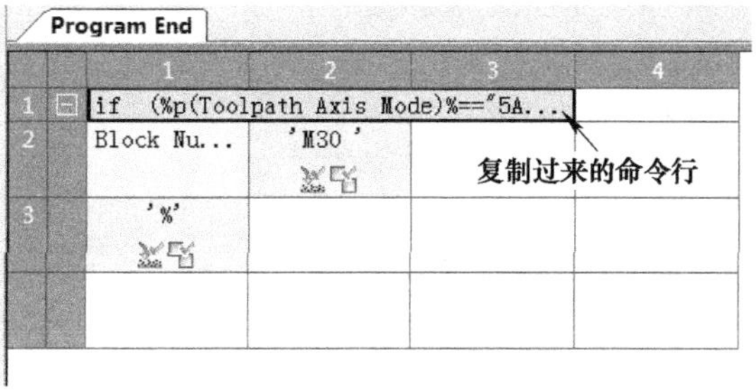

Program End

	1	2	3	4
1	if (%p(Toolpath Axis Mode)%=="5A...			
2	Block Nu...	'M30'		
3	'%'			

复制过来的命令行

图 8-87　程序尾命令

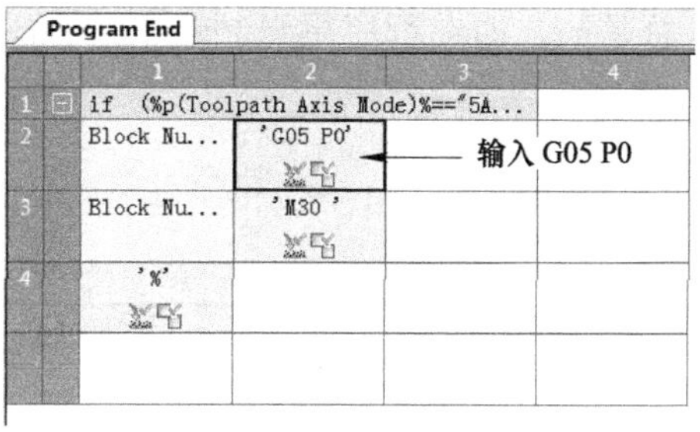

Program End

	1	2	3	4
1	if (%p(Toolpath Axis Mode)%=="5A...			
2	Block Nu...	'G05 P0'		
3	Block Nu...	'M30'		
4	'%'			

输入 G05 P0

图 8-88　输入参数

单击选中第 7 行第 1 列单元格“Block Number”，然后按下键盘上的 <Shift> 键不放，单击第 9 行第 3 列单元格“Machine C”，整体选中第 7 ～ 9 行，如图 8-89 所示，按键盘上的 <Ctrl+C> 键，复制这三行参数。

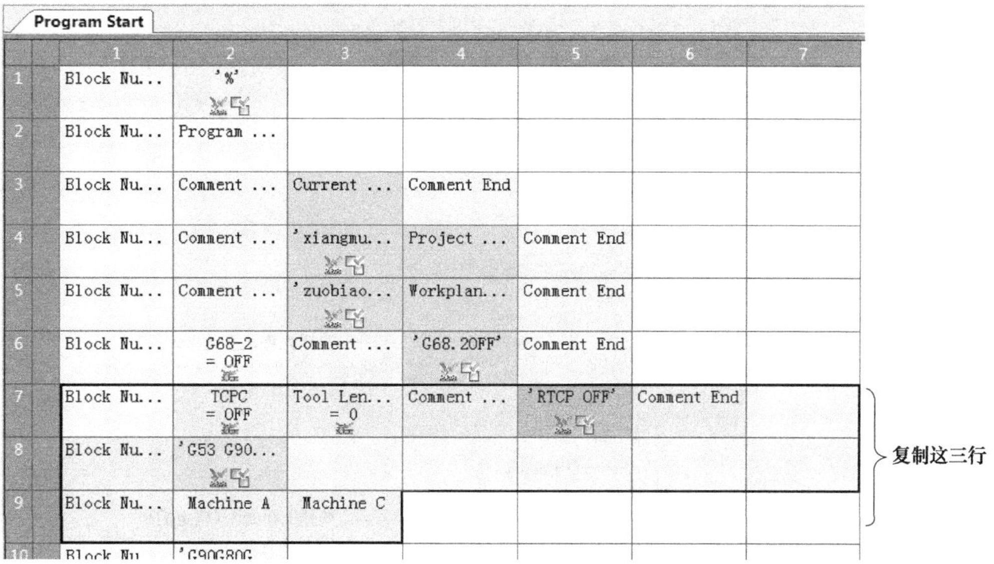

Program Start

	1	2	3	4	5	6	7
1	Block Nu...	'%'					
2	Block Nu...	Program ...					
3	Block Nu...	Comment ...	Current ...	Comment End			
4	Block Nu...	Comment ...	'xiangmu...	Project ...	Comment End		
5	Block Nu...	Comment ...	'zuobiao...	Workplan...	Comment End		
6	Block Nu...	G68-2 = OFF	Comment ...	'G68.2OFF'	Comment End		
7	Block Nu...	TCPC = OFF	Tool Len... = 0	Comment ...	'RTCP OFF'	Comment End	
8	Block Nu...	'G53 G90...					
9	Block Nu...	Machine A	Machine C				
10	Block Nu	'G90G80G					

复制这三行

图 8-89　复制三行参数

在“Commands”窗口中，单击“Program End”树枝，在主视窗中打开“Program End”窗口，单击第 3 行第 1 列单元格“Block Number”，然后按键盘上的 <Ctrl+V> 键，粘贴三行参数，结果如图 8-90 所示。

设置 A、C 轴强制输出为 A0.0 C0.0：如图 8-90 所示，右击第 5 行第 2 列单元格“Machine A”，在弹出的快捷菜单条中执行“Item Properties”，打开“Item Properties”对话框，在该对话框中，双击“Parameter”树枝，将它展开，双击“Value”（值）树枝，将它也展开，如图 8-91 所示，设置“Allow Change”（允许改变）为“Yes”，设置“Value”（值）为“Explicit”（确定的），在下一行的“Value”（值）输入 0，设置“Output to Tape”（输出到 NC 程序）为“Always”（总是）。即在程序尾强制输出 A0.0。

参照上述操作，修改第 5 行第 3 列单元格“Machine C”的属性，设置“Allow Change”（允许改变）为“Yes”，设置“Value”（值）为“Explicit”（确定的），在下一行的“Value”（值）输入 0，设置“Output to Tape”（输出到 NC 程序）为“Always”

（总是）。即在程序尾强制输出 C0.0。

Program End

	1	2	3	4	5	6
1	if (%p(Toolpath Axis Mode)%=="5AXIS")					
2	Block Nu...	'G05 P0'				
3	Block Nu...	TCPC = OFF	Tool Len... = 0	Comment ...	'RTCP OFF'	Comment End
4	Block Nu...	'G53 G90...				
5	Block Nu...	Machine A	Machine C			
6	Block Nu...	'M30 '				
7	'%'					

粘贴的三行参数

图 8-90　粘贴三行参数

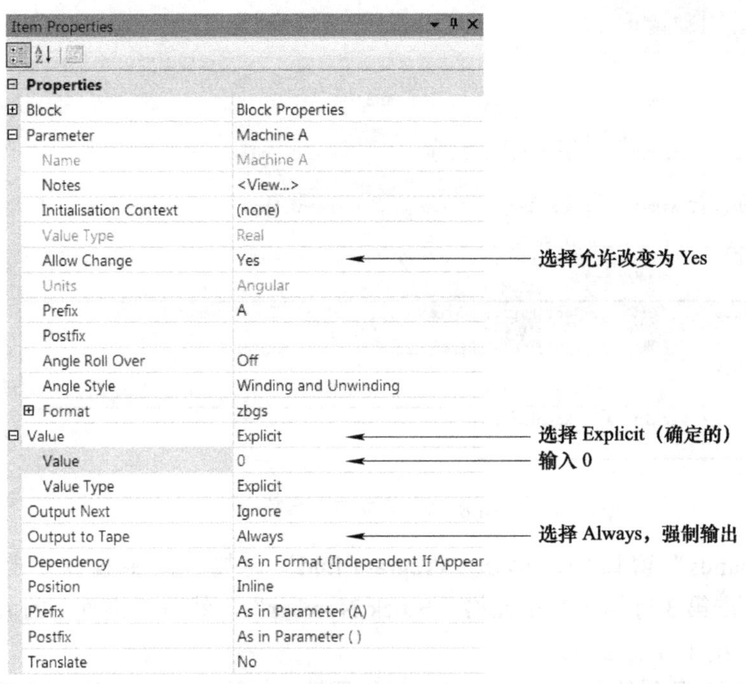

图 8-91　修改 A 轴参数属性

2. *订制 3+2 轴加工刀路程序尾*

在“Commands”窗口中，单击“Move”树枝下的“First Move After Toolchange”分枝，在主视窗中显示“First Move After Toolchange”窗口，在该窗口中，单击第 6 行 if %p(Toolpath Axis Mode)%=="3+2"，按键盘上的 <Ctrl+C> 键，复制该行命令。

在“Commands”窗口中，单击“Program End”树枝，在主视窗中打开“Program End”窗口，单击选中第 6 行第 1 列单元格“Block Number”，然后按键盘上的 <Ctrl+V> 键，粘贴 if %p(Toolpath Axis Mode)%=="3+2" 命令，如图 8-92 所示。

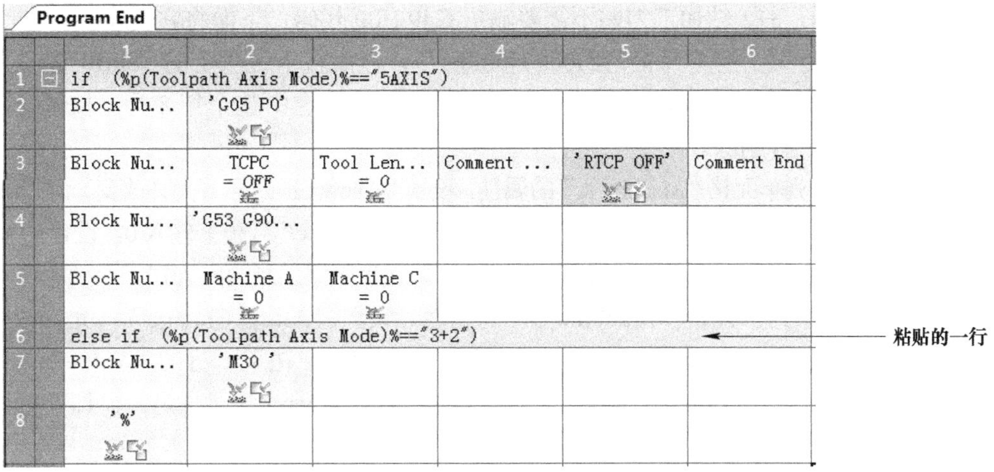

Program End

	1	2	3	4	5	6
1	if (%p(Toolpath Axis Mode)%=="5AXIS")					
2	Block Nu...	'G05 P0'				
3	Block Nu...	TCPC = OFF	Tool Len... = 0	Comment ...	'RTCP OFF'	Comment End
4	Block Nu...	'G53 G90...				
5	Block Nu...	Machine A = 0	Machine C = 0			
6	else if (%p(Toolpath Axis Mode)%=="3+2")					
7	Block Nu...	'M30 '				
8	'%'					

粘贴的一行

图 8-92　粘贴的一行参数

在“Commands”窗口中，单击“Program Start”树枝，在主视窗中打开“Program Start”窗口。

单击选中第 6 行第 1 列单元格“Block Number”，然后按下键盘上的 <Shift> 键不放，单击第 9 行第 3 列单元格“Machine C”，整体选中第 6 ～ 9 行，按键盘上的 <Ctrl+C> 键，复制这四行参数。

在“Commands”窗口中，单击“Program End”树枝，在主视窗中打开“Program End”窗口，单击第 7 行第 1 列单元格“Block Number”，然后按键盘上的 <Ctrl+V> 键，粘贴四行参数，结果如图 8-93 所示。

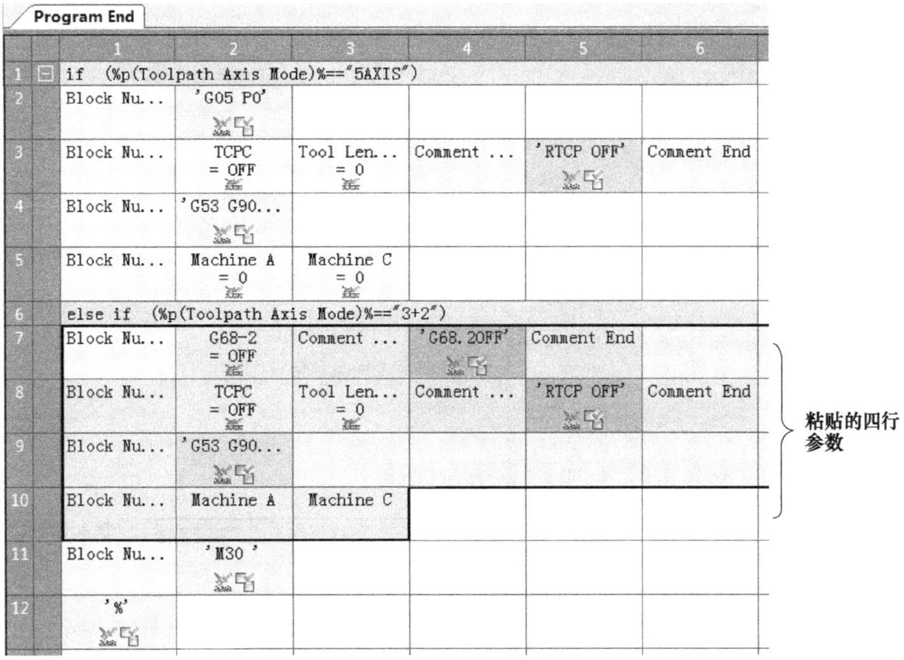

Program End

	1	2	3	4	5	6
1	if (%p(Toolpath Axis Mode)%=="5AXIS")					
2	Block Nu...	'G05 P0'				
3	Block Nu...	TCPC = OFF	Tool Len... = 0	Comment ...	'RTCP OFF'	Comment End
4	Block Nu...	'G53 G90...				
5	Block Nu...	Machine A = 0	Machine C = 0			
6	else if (%p(Toolpath Axis Mode)%=="3+2")					
7	Block Nu...	G68-2 = OFF	Comment ...	'G68.2OFF'	Comment End	
8	Block Nu...	TCPC = OFF	Tool Len... = 0	Comment ...	'RTCP OFF'	Comment End
9	Block Nu...	'G53 G90...				
10	Block Nu...	Machine A	Machine C			
11	Block Nu...	'M30 '				
12	'%'					

粘贴的四行参数

图 8-93　粘贴四行参数

如图 8-93 所示，3+2 轴加工刀路不需要输出 G49 H00 代码，下面将它删除。

单击选中第 8 行第 1 列单元格“Block Number”，然后按下键盘上的 <Shift> 键不放，单击第 8 行第 6 列单元格“Comment End”（注释结束），选中整个第 8 行，按键盘上的 <Delete> 键，将这一行删除。

修改第 9 行第 2 列单元格“Machine A”的属性，设置“Allow Change”（允许改变）为“Yes”，设置“Value”（值）为“Explicit”（确定的），在下一行的“Value”（值）输入 0，设置“Output to Tape”（输出到 NC 程序）为“Always”（总是）。即在程序尾强制输出 A0.0。

修改第 9 行第 3 列单元格“Machine C”的属性，设置“Allow Change”（允许改变）为“Yes”，设置“Value”（值）为“Explicit”（确定的），在下一行的“Value”（值）输入 0，设置“Output to Tape”（输出到 NC 程序）为“Always”（总是）。即在程序尾强制输出 C0.0。

3. 订制三轴加工刀路程序尾

单击第 9 行第 4 列空白单元格，然后在工具栏中单击条件语句按钮右侧的小三角形，在展开的下拉菜单条中选择“else”，将在第 10 行插入 else 语句，如图 8-94 所示。

如图 8-94 所示，单击第 11 行第 1 列单元格“Block Number”，然后在工具栏中单击插入块按钮，在第 11 行第 1 列单元格中插入一个“Block Number”程序行号，开始新的一行。

接着在工具栏中单击插入文本按钮，在第 11 行第 2 列单元格中插入一个文本输出块。双击第 11 行第 2 列单元格，输入“G53 G90 Z0.0”，回车，如图 8-95 所示。

如图 8-95 所示，单击第 11 行第 3 列空白单元格，然后在工具栏中单击条件语句按钮右侧的小三角形，在展开的下拉菜单条中选择“end if”，将在第 12 行插入 end if 语句，完成后的结果如图 8-96 所示。

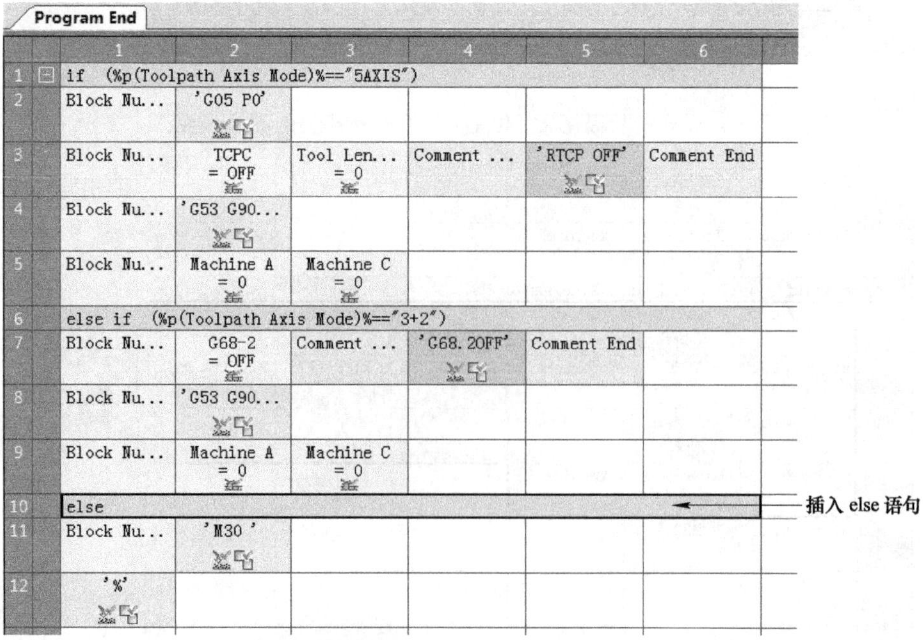

Program End

	1	2	3	4	5	6
1	if (%p(Toolpath Axis Mode)%=="5AXIS")					
2	Block Nu...	'G05 P0'				
3	Block Nu...	TCPC = OFF	Tool Len... = 0	Comment ...	'RTCP OFF'	Comment End
4	Block Nu...	'G53 G90...				
5	Block Nu...	Machine A = 0	Machine C = 0			
6	else if (%p(Toolpath Axis Mode)%=="3+2")					
7	Block Nu...	G68-2 = OFF	Comment ...	'G68.2OFF'	Comment End	
8	Block Nu...	'G53 G90...				
9	Block Nu...	Machine A = 0	Machine C = 0			
10	else					
11	Block Nu...	'M30 '				
12	'%'					

插入 else 语句

图 8-94 插入 else 语句

Program End

	1	2	3	4	5	6
1	if (%p(Toolpath Axis Mode)%=="5AXIS")					
2	Block Nu...	'G05 P0'				
3	Block Nu...	TCPC = OFF	Tool Len... = 0	Comment ...	'RTCP OFF'	Comment End
4	Block Nu...	'G53 G90...				
5	Block Nu...	Machine A = 0	Machine C = 0			
6	else if (%p(Toolpath Axis Mode)%=="3+2")					
7	Block Nu...	G68-2 = OFF	Comment ...	'G68.2OFF'	Comment End	
8	Block Nu...	'G53 G90...				
9	Block Nu...	Machine A = 0	Machine C = 0			
10	else					
11	Block Nu...	'G53 G90...				
12	Block Nu...	'M30 '				
13	'%'					

输入 G53 G90 Z0.0

图 8-95　输入参数

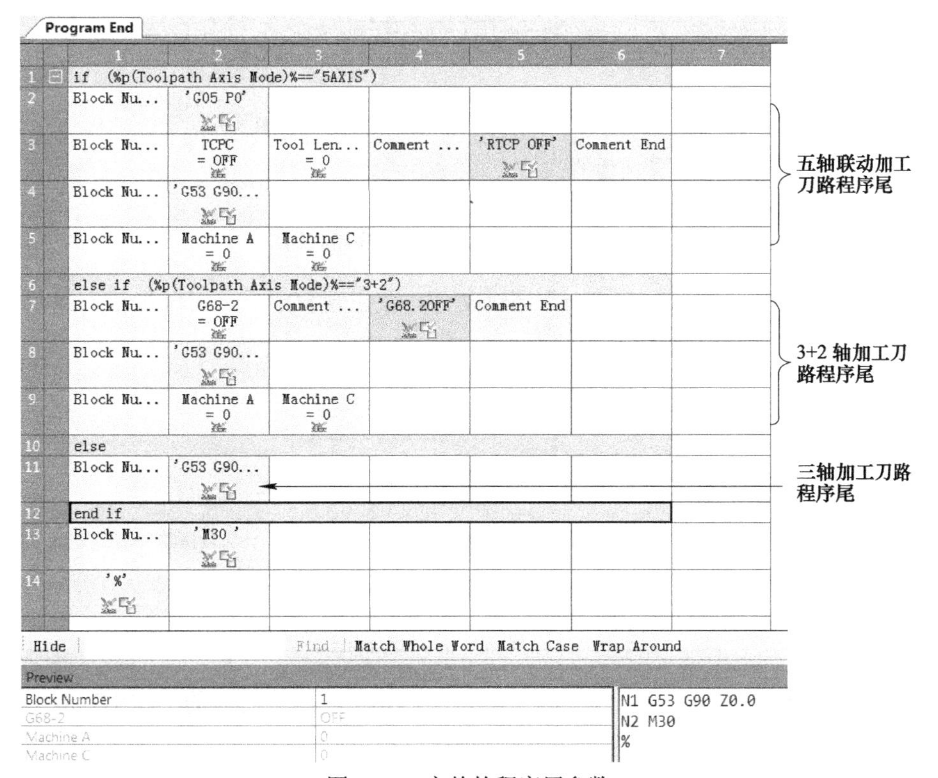

图 8-96　完整的程序尾参数

4. 调试后处理文件

在 Post Processor 软件中，单击“PostProcessor”选项卡，切换到后处理模式。

在“PostProcessor”选项卡内，右击“CLDATA Files”分枝，在弹出的快捷菜单条中执行“Process As Debug All”（调试模式后处理所有刀路），等待处理完成后，单击“5x_Fanuc-3X.tap.dppdbg”调试文件，在主视窗中显示五轴联动加工刀路代码内容，下拉右侧滑块到文件末尾，如图 8-97 所示。

178	Move Linear		N173 X56.177 Y-49.725 Z-49.01 A16.642 C48.487	
179	Move Linear		N174 X57.25 Y-50.674 Z-44.219 F3000.0	
180	Move Linear		N175 Z10.0	
181	Toolpath End		N176 (-----end-----)	
182	Unload Tool		N177 G91G28Z0.0	待删除
183		Spindl...	N178 M5	
184	Program End		N179 G05 P0	关闭高速加工功能
185			N180 G49 H0 (RTCP OFF)	关闭 RTCP 功能
186			N181 G53 G90 Z0.0	Z 轴回零
187			N182 A0.0 C0.0	A、C 轴回零
188			N183 M30	
189			%	

图 8-97　五轴联动加工刀路程序尾代码

单击“3p2_Fanuc-3X.tap.dppdbg”调试文件，在主视窗中显示 3+2 轴加工刀路代码内容，下拉右侧滑块到文件末尾，如图 8-98 所示。

39	Move Linear		N34 X25.53 Y-51.866 Z-18.714	
40	Move Linear		N35 Z69.935 F3000.0	
41	Toolpath End		N36 (-----end-----)	
42	Unload Tool		N37 G91G28Z0.0	待删除
43		Spindl...	N38 M5	
44	Program End		N39 G69 (G68.2OFF)	关闭坐标系旋转功能
45			N40 G53 G90 Z0.0	Z 轴回零
46			N41 A0.0 C0.0	A、C 轴回零
47			N42 M30	
48			%	

图 8-98　3+2 轴加工刀路程序尾代码

单击“3zhou_Fanuc-3X.tap.dppdbg”调试文件，在主视窗中显示三轴加工刀路代码内容，下拉右侧滑块到文件末尾，如图 8-99 所示。

91	Move Linear		N86 X62.887 Y-14.895 Z-50.0	
92	Move Linear		N87 X80.0 Y2.218	
93	Move Rapid		N88 G00 Z10.0	
94	Toolpath End		N89 (-----end-----)	
95	Unload Tool		N90 G91G28Z0.0	待删除
96		Spindl...	N91 M5	
97	Program End		N92 G53 G90 Z0.0	Z 轴回零
98			N93 M30	
99			%	

图 8-99　三轴加工刀路程序尾代码

如图 8-97 ～图 8-99 所示，“Unload Tool”（卸载刀具）栏里的“G91G28Z0.0”代码需要删除。

如图 8-99 所示，双击第 95 行“Unload Tool”，会直接进入到“Editor”状态，并在主视窗中显示“Unload Tool”窗口，右击第 1 行第 1 列单元格“Block Number”，在弹出的快捷菜单条中执行“Block”（块）→“Disable”（取消激活），将不输出第 1 行代码，如图 8-100 所示。

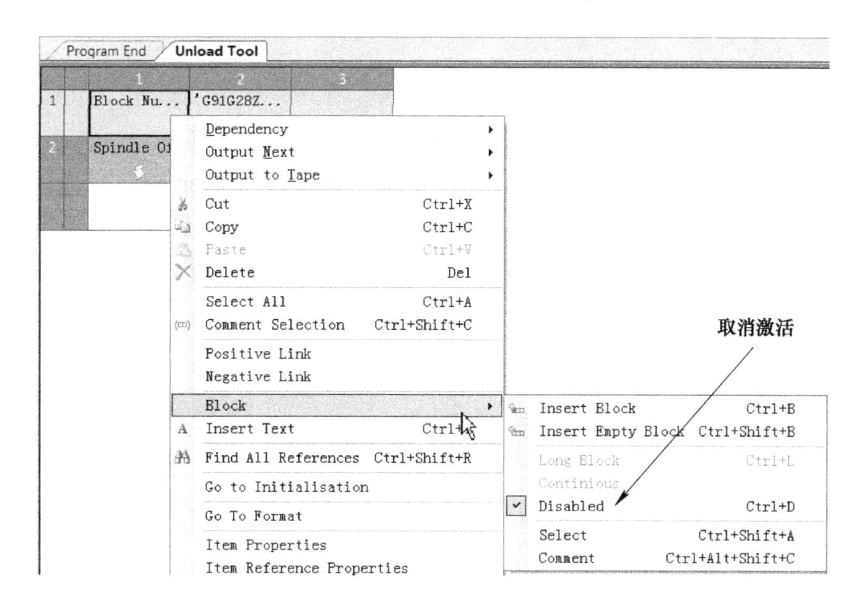

图 8-100 不输出第 1 行代码

再次后处理刀位文件。

在 Post Processor 软件中，单击“PostProcessor”选项卡，切换到后处理模式。

在“PostProcessor”选项卡内，右击“CLDATA Files”分枝，在弹出的快捷菜单条中执行“Process As Debug All”（调试模式后处理所有刀路），等待处理完成后，单击“5x_Fanuc-3X.tap.dppdbg”调试文件，在主视窗中显示五轴联动加工刀路代码内容，下拉右侧滑块到文件末尾，如图 8-101 所示，可见“Unload Tool”栏里的“G91G28Z0.0”代码已经删除。

177	Move Linear		N172 X55.745 Y-50.014 Z-49.031 A16.616 C48.102
178	Move Linear		N173 X56.177 Y-49.725 Z-49.01 A16.642 C48.487
179	Move Linear		N174 X57.25 Y-50.674 Z-44.219 F3000.0
180	Move Linear		N175 Z10.0
181	Toolpath End		N176 (-----end-----)
182	Unload Tool	Spindl...	N177 M5
183	Program End		N178 G05 P0
184			N179 G49 H0 (RTCP OFF)
185			N180 G53 G90 Z0.0
186			N181 A0.0 C0.0
187			N182 M30
188			%

程序尾（N178–N182）

图 8-101 五轴联动加工刀路程序尾代码

8.5 保存后处理文件和项目文件

1. 另存五轴加工后处理文件

在 Post Processor 软件下拉菜单条中，单击“File”→“Save Option File as...”（另存

后处理文件），打开另存为对话框，定位保存目录到 E:\PostEX\，输入机床选项文件名称为 Fanuc-5X，注意后处理文件的扩展名为 pmoptz。此后处理文件可以在 PowerMill 软件中直接调用。

2. 另存后处理项目文件

后处理项目文件包括后处理文件、CLDATA 文件、调试文件等。

在 Post Processor 软件下拉菜单条中，单击“File”→“Save Session as...”（另存项目文件），打开另存为对话框，定位保存目录到 E:\PostEX\，输入后处理项目文件名称为 xm-fanuc5x，注意后处理项目文件的扩展名为 pmp。此后处理项目文件可以在 Post Processor 软件中直接打开，对后处理文件进行修改。

第9章 修改订制 Heidenhain 数控系统五轴后处理实例

📖 本章知识点

- ✧ Heidenhain 数控系统五轴加工代码
- ✧ 订制五轴联动加工后处理文件
- ✧ 订制 3+2 轴加工后处理文件

9.1 加载三轴后处理文件并初步调试

1. 复制文件到本地磁盘

用手机扫描前言中的“实例源文件”二维码，下载并复制文件夹“Source\ch09”到“E:\PostEX”目录下。

2. 加载已有三轴后处理文件

在 Post Processor 软件中，单击“File”（文件）→“Open”（打开）→“Option File”（选项文件），打开“Open Option File”（打开选项文件）对话框，定位到 E:\PostEX\ch09 文件夹，选择该文件夹内的 ex-heid.pmoptz 文件，单击“打开”按钮。

3. 加载五轴联动加工刀位文件并进行后处理

1）在 Post Processor 软件中，单击“File”（文件）→“Add CLDATA File…”（加入 CLDATA 刀位文件），打开“打开”对话框，定位到 E:\PostEX\ch09 文件夹，选择该文件夹内的 5x.cut 文件，单击“打开”按钮。

2）在“PostProcessor”（后处理器）选项卡内，右击“CLDATA Files”分枝下的“5x.cut”文件，在弹出的快捷菜单条中执行“Process as Debug”（调试模式后处理），系统会提示错误信息，如图 9-1 所示。

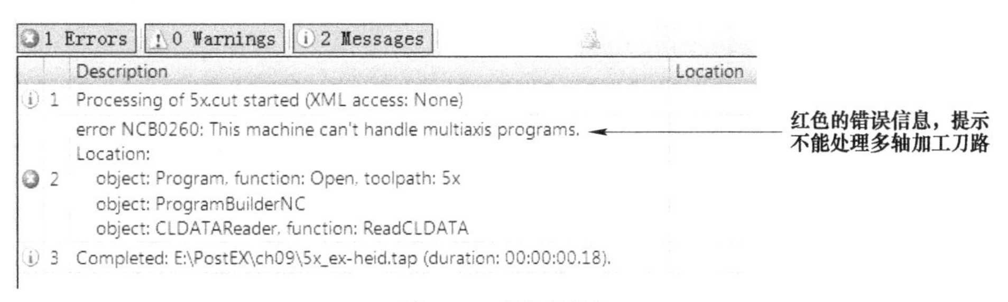

图 9-1　后处理信息

如图 9-1 所示，由于“5x.cut”是五轴联动加工刀路，而当前项目加载的后处理文件是用于后处理三轴刀路的，因此无法得到 NC 代码。

下面来订制 Heidenhain iTNC 530 系统双摆台五轴机床后处理文件。五轴加工机床选择 DMG MORI CMX 50 U 德马吉五轴加工中心为例来说明，该机床 X 轴最大行程为 500mm，Y 轴最大行程为 450mm，Z 轴最大行程为 400mm，B 轴摆动范围为 –5° ～ 110° ，C 轴旋转范围为 –∞～ +∞。

按表 9-1 所列代码文件的输出样式修改订制 3+2 轴加工后处理文件，按表 9-2 所列代码文件的输出样式修改订制五轴联动加工后处理文件。

表 9-1　Heidenhain 数控系统 3+2 轴加工代码样本

程序	说明
BEGIN PGM 3p2_ex-heid MM	程序名
; bianchengyuan：sunmi ; jichuang：xxx1160 ; zuobiaoxi：世界坐标系	注释
; -- ; Tool Name|Tool Number|T o o l T y p e |Tool Diameter|Tool Overhang|Toolpath Name ; -- ; d20r10| 5|BALLNOSED| 20.0| | 1 ; --	刀具刀路表格
; daolushu:1.0 ; gongshi:0 hours 0 min 34 sec	注释
BLK FORM 0.1 Z X-60.009 Y-50.003 Z-25.0 BLK FORM 0.2 X150.006 Y50.008 Z30.0	定义毛坯
CYCL DEF 247 DATUM SETTING~ Q339=+1; DATUM NUMBER	定义坐标系
LBL "restwp" CYCL DEF 7.0 DATUM SHIFT CYCL DEF 7.1 X0.000 CYCL DEF 7.2 Y0.000 CYCL DEF 7.3 Z0.000 PLANE RESET STAY LBL 0	restwp 子程序，坐标系原点平移复位
LBL "restMH" L FUNCTION RESET TCPM L Z-1 FMAX M91 CALL LBL "restwp" LBL 0	restMH 子程序，机床复位
; -------------- ; daolukaishi: 3+2 ; --------------	刀路开始说明
Q1=500.0; qieru Q2=1000.0; qiexue Q3=3000.0; lueguo	进给率定义

（续）

程序	说明
TOOL CALL 5 Z S1500 DL+0.0 DR+0.0 M03	调刀，主轴旋转
L FUNCTION RESET TCPM	取消 RTCP 功能
M126	C 轴最短路径
CYCL DEF 7.0 DATUM SHIFT CYCL DEF 7.1 X+0.0 CYCL DEF 7.2 Y+0.0 CYCL DEF 7.3 Z+0.0	坐标系原点平移
M11	旋转轴解锁
PLANE SPATIAL SPA+31.12735 SPB+3.64067 SPC–138.53472 STAY TABLE ROT	倾斜加工平面
M10	旋转轴锁定
CYCL DEF 32.0 TOLERANCE	开启高速加工
CYCL DEF 32.1 T0.01	
CYCL DEF 32.2 HSC-MODE:0 TA0.5	
L X+4.44492 Y-36.11291 FQ3	定位移动
L Z+69.93489	
L X-23.6137 Y-50.77953 R0	
L Y-50.77954 Z-18.72811	
L Y-50.77953 Z-23.72811 FQ1	切入段
L X-22.78763 Y-49.95051 Z-23.96043 FQ2	切削段
⋮	
L X+25.52962 Y-51.86632 Z-18.71391	
L Z+69.93489 FQ3	提刀
M09	关闭冷却
M05	主轴停转
L M140 MBMAX FMAX	Z 轴回零
M127	取消 C 轴最短路径功能
L FUNCTION RESET TCPM	取消 RTCP 功能
CALL LBL "restMH"	调用机床复位子程序
L B+0.0 C+0.0 FMAX M94	旋转轴回零
CYCL DEF 32.0 TOLERANCE CYCL DEF 32.1 CYCL DEF 32.2	关闭高速加工
M30	程序结束
END PGM 3p2_ex-heid MM	程序尾

表 9-2　Heidenhain 数控系统五轴联动加工代码样本

程序	说明
BEGIN PGM 5x_ex-heid MM	程序名
; bianchengyuan：sunmi ; jichuang：xxx1160 ; zuobiaoxi：世界坐标系	注释
; -- ; Tool Name|Tool Number|T o o l T y p e |Tool Diameter|Tool Overhang|Toolpath Name ; -- ; d20r10| 5|BALLNOSED| 20.0| | 1 ; --	刀具刀路表格
; daolushu:1.0 ; gongshi:0 hours 0 min 34 sec	注释
BLK FORM 0.1 Z X-60.009 Y-50.003 Z-25.0 BLK FORM 0.2 X150.006 Y50.008 Z30.0	定义毛坯
CYCL DEF 247 DATUM SETTING~ Q339=+1; DATUM NUMBER	定义坐标系
LBL "restwp" CYCL DEF 7.0 DATUM SHIFT CYCL DEF 7.1 X0.000 CYCL DEF 7.2 Y0.000 CYCL DEF 7.3 Z0.000 PLANE RESET STAY LBL 0	restwp 子程序，坐标系原点平移复位
LBL "restMH" L FUNCTION RESET TCPM L Z-1 FMAX M91 CALL LBL "restwp" LBL 0	restMH 子程序，机床复位
; ------------- ; daolukaishi:1 ; -------------	刀路开始说明
Q1=500.0; qieru Q2=1000.0; qiexue Q3=3000.0; lueguo	进给率定义
TOOL CALL 5 Z S1500 DL+0.0 DR+0.0 M03	调刀，主轴旋转
CYCL DEF 32.0 TOLERANCE CYCL DEF 32.1 T0.01 CYCL DEF 32.2 HSC-MODE:0 TA0.5	开启高速加工
M126	旋转轴最短路径
L FUNCTION TCPM F CONT AXIS POS PATHCTRL AXIS	开启 RTCP 功能
L X+0.0 Y+0.0 Z+10.0 B0.0 C0.0 FQ3	定位移动

（续）

程序	说明
L X+1.80126 Y–1.6094 C–5.223 R0	X、Y、C 轴定位移动
⋮	
L X+19.18478 Y–17.14129 B2.793	X、Y、B 轴定位移动
⋮	
L Z-45.09943	Z 轴定位
L X+56.55841 Y–50.53399 Z–49.88427 FQ1	切入段
L X+56.22337 Y–50.78238 Z–49.87976 B16.852 C–42.089 FQ2	切削段
⋮	
L X+57.24963 Y–50.67388 Z–44.21943 FQ3	
L Z+10.0	提刀
M09	关闭冷却
M05	主轴停转
L M140 MBMAX FMAX	Z 轴回零
M127	取消旋转轴最短路径
L FUNCTION RESET TCPM	关闭 RTCP 功能
CALL LBL "restMH"	调用机床复位子程序
L B+0.0 C+0.0 FMAX M94	旋转轴回零
CYCL DEF 32.0 TOLERANCE CYCL DEF 32.1 CYCL DEF 32.2	关闭高速加工
M30	程序结束
END PGM 5x_ex-heid MM	程序尾

9.2　添加旋转轴和摆动轴并设置运动参数

1. 添加旋转轴和摆动轴并设置其正方向、行程极限

在 Post Processor 软件中，单击“Editor”（后处理文件编辑器）选项卡，切换到后处理文件编辑器模式。然后单击“File”→“Option File Settings…”（选项文件设置），打开“Option File Settings”对话框。

单击“Machine Kinematics”（机床运动学）树枝，调出“Settings”（设置）窗口，按图 9-2 所示调用外部机床模型（*.mtd 文件），此时，机床所有参数会直接引用该 mtd 文件中的参数，无须读者手工录入。注意：该机床的结构型式为工作台侧配置旋转轴和摆动轴，主轴头侧配置三个直线移动轴。

2. 设置坐标控制参数

在“Option File Settings”对话框中，单击“Coordinates Control”（坐标控制）分枝，按图 9-3 所示设置坐标控制参数。

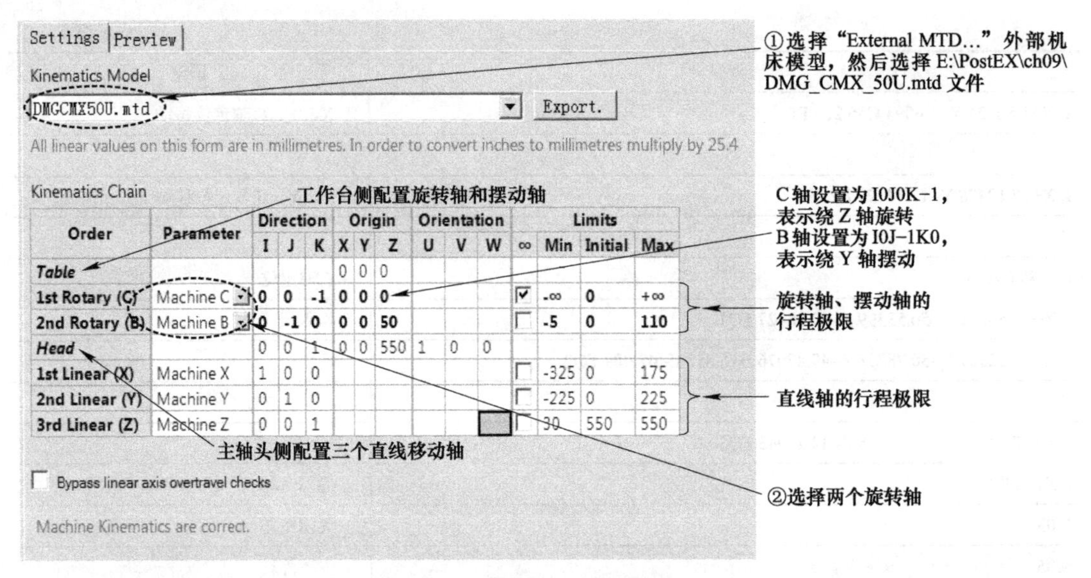

Order	Parameter	Direction I	J	K	Origin X	Y	Z	Orientation U	V	W	Limits ∞	Min	Initial	Max
Table					0	0	0							
1st Rotary (C)	Machine C	0	0	-1	0	0	0				☑	-∞	0	+∞
2nd Rotary (B)	Machine B	0	-1	0	0	0	50				☐	-5	0	110
Head		0	0	1	0	0	550	1	0	0				
1st Linear (X)	Machine X	1	0	0							☐	-325	0	175
2nd Linear (Y)	Machine Y	0	1	0							☐	-225	0	225
3rd Linear (Z)	Machine Z	0	0	1							☐	30	550	550

图 9-2　设置机床运动学参数

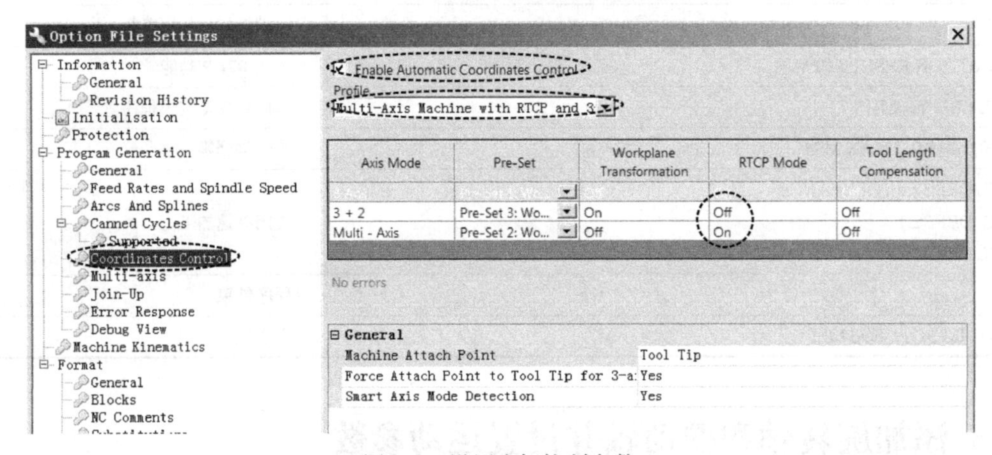

图 9-3　设置坐标控制参数

如图 9-3 所示，勾选“Enable Automatic Coordinate Control”（激活自动坐标控制），Post Processor 后处理器将根据 CLDATA 文件中的轴模式自动在不同轴模式之间切换。

“Profile”（配置文件）选择“Multi-Axis Machine with RTCP and 3+2”（支持 RTCP 的多轴机床），三轴加工模式和 3+2 轴加工模式时，设置“RTCP Mode”（RTCP 模式）为“Off”（关闭）状态，五轴联动加工模式时，设置“RTCP Mode”（RTCP 模式）为“On”（打开）状态。

如果五轴机床数控系统具备 RTCP 功能（有的称为 TCPC），则需要创建一个用户自定义参数，用于控制三轴加工和五轴加工时，RTCP 功能开启还是关闭。

注意：

Post Processor 软件内置有一个“RTCP Mode”参数，不要使用内置“RTCP Mode”参数来开启或关闭 RTCP 功能，因为这会导致与“Enable Automatic Coordinate Control”（激活自动坐标控制）功能相冲突。

3. 设置多轴参数

在“Option File Settings”对话框中，单击“Multi-axis”（多轴）树枝，按图 9-4 所示设置多轴参数。

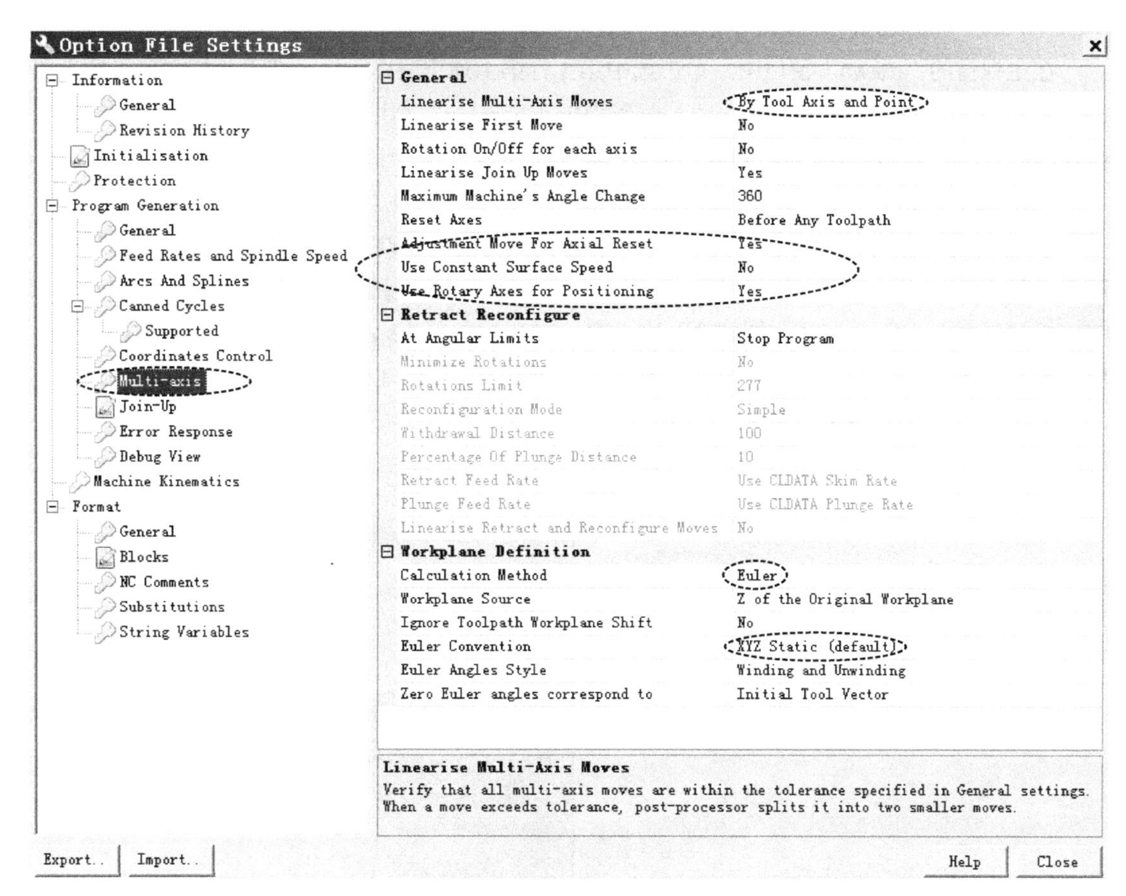

图 9-4　设置多轴参数

如图 9-4 所示，设置“Linearise Multi-Axis Moves”（线性多轴移动）选项为“By Tool Axis and Point”（根据刀轴和点），设置“Adjustment Move For Axial Reset”（刀轴复位时调整移动）为“Yes”，设置“Use Rotary Axes for Positioning”（使用旋转轴用于定位）为“Yes”，设置 3+2 轴加工时，坐标系计算方法“Calculation Method”（计算模式）为“Euler”（欧拉），Euler Convention（欧拉转变）为“XYZ Static（default）”。

单击“Close”（关闭）按钮，关闭“Option File Settings”对话框。

9.3　输出用户坐标系变换复位代码

1. 创建用户自定义命令

在 Post Processor 软件的“Editor”选项卡中，单击“Commands”（命令），切换到“Commands”窗口，右击“User Commands”（用户自定义命令）树枝，在弹出的快捷菜单条中执行“Add User Command”（增加用户自定义命令），打开“Add Command”（增加命令）对话框，设置命令名称为“restwp”，如图 9-5 所示，单击“OK”按钮完成。

在“User Commands”树枝下，右击“restwp”分枝，在弹出的快捷菜单条中执行“Activate”（激活），将该命令激活。

在主视窗的“restwp”窗口中，单击选中第 1 行第 1 列空白单元格，在工具栏中单击插入块按钮，在第 1 行第 1 列单元格中插入一个“Block Number”（块号）程序行号，开始新的一行。接着在工具栏中单击插入文本按钮，在第 1 行第 2 列单元格中插入一个文本输出块。

双击第 1 行第 2 列单元格，输入 LBL "restwp"，回车，注意 LBL 后输入空格。

参照上述操作方法，在第 2 行插入文本输出块内容：CYCL DEF 7.0 DATUM SHIFT；第 3 行插入文本输出块内容：CYCL DEF 7.1 X0.000；第 4 行插入文本输出块内容：CYCL DEF 7.2 Y0.000；第 5 行插入文本输出块内容：CYCL DEF 7.3 Z0.000；第 6 行插入文本输出块内容：PLANE RESET STAY；第 7 行插入文本输出块内容：LBL 0。

完成后的结果如图 9-6 所示。

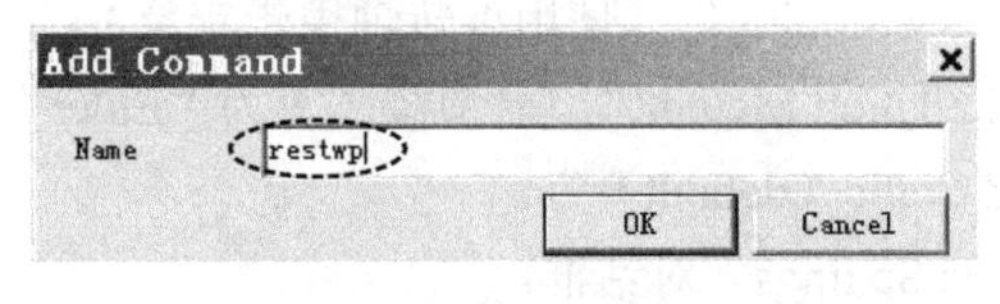

图 9-5　输入命令名

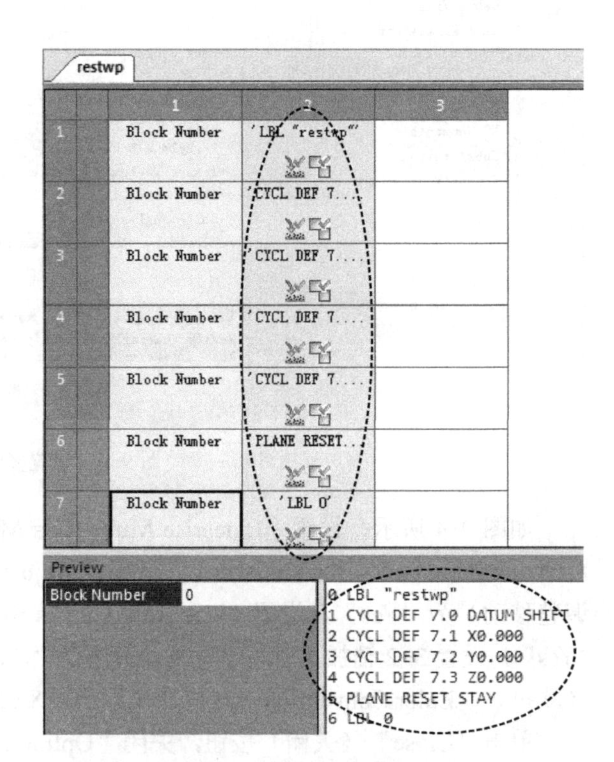

图 9-6　用户坐标系复位代码

2. 将用户坐标系变换复位命令加入程序开始命令

在“Editor”选项卡中，单击“Commands”，切换到“Commands”窗口。单击“Program Start”（程序开始）树枝，在主视窗中显示“Program Start”窗口。

拖动“User Commands”树枝下的“restwp”到“Program Start”窗口第 12 行第 1 列单元格“Block Number”上，如图 9-7 所示，其结果如图 9-8 所示。

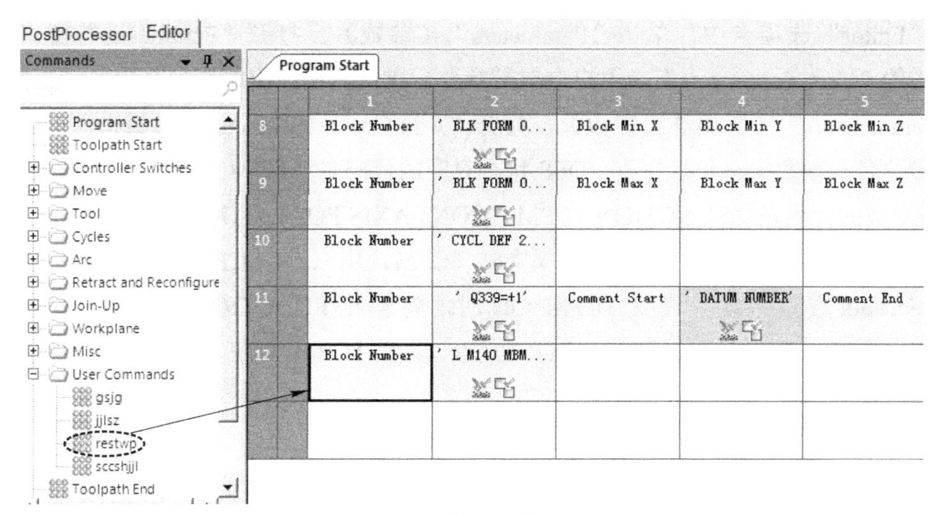

图 9-7　拖入自定义命令

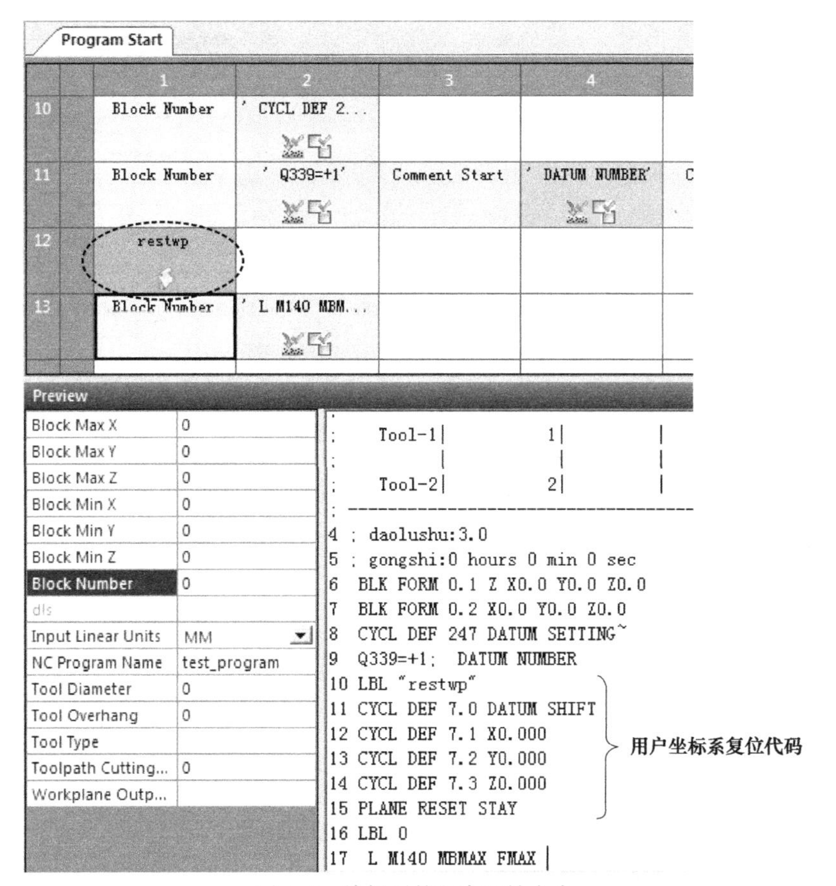

图 9-8　编辑后的程序开始命令

9.4　创建 RTCP 功能开关参数

创建控制五轴机床 RTCP 功能开关的用户自定义参数。

在“Editor”选项卡中，单击“Parameters”（参数），打开“Parameters”窗口，右击该窗口中的“User Parameters”（用户自定义参数）树枝，在弹出的快捷菜单条中执行“Add Group Parameter...”（增加群组参数），打开“Add Group Parameter”对话框，按图 9-9 所示输入参数名、参数状态和参数值，OFF 状态对应的代码是“FUNCTION RESET TCPM”，ON 状态对应的代码是“FUNCTION TCPM F CONT AXIS POS PATHCTRL AXIS”。

如图 9-9 所示，创建一个用户自定义参数 TCPM，用来控制 RTCP 功能的开启和关闭。对于 Heidenain 数控系统，设置 TCPM=ON 时，将输出 FUNCTION TCPM F CONT AXIS POS PATHCTRL AXIS 指令，开启 RTCP 功能；设置 TCPM=OFF 时，将输出 FUNCTION RESET TCPM 指令，关闭 RTCP 功能。

单击“OK”按钮，关闭“Add Group Parameter”对话框。

在 TCPM 参数的属性对话框中，输入其前缀为 L，注意字母 L 后输入空格，如图 9-10 所示。

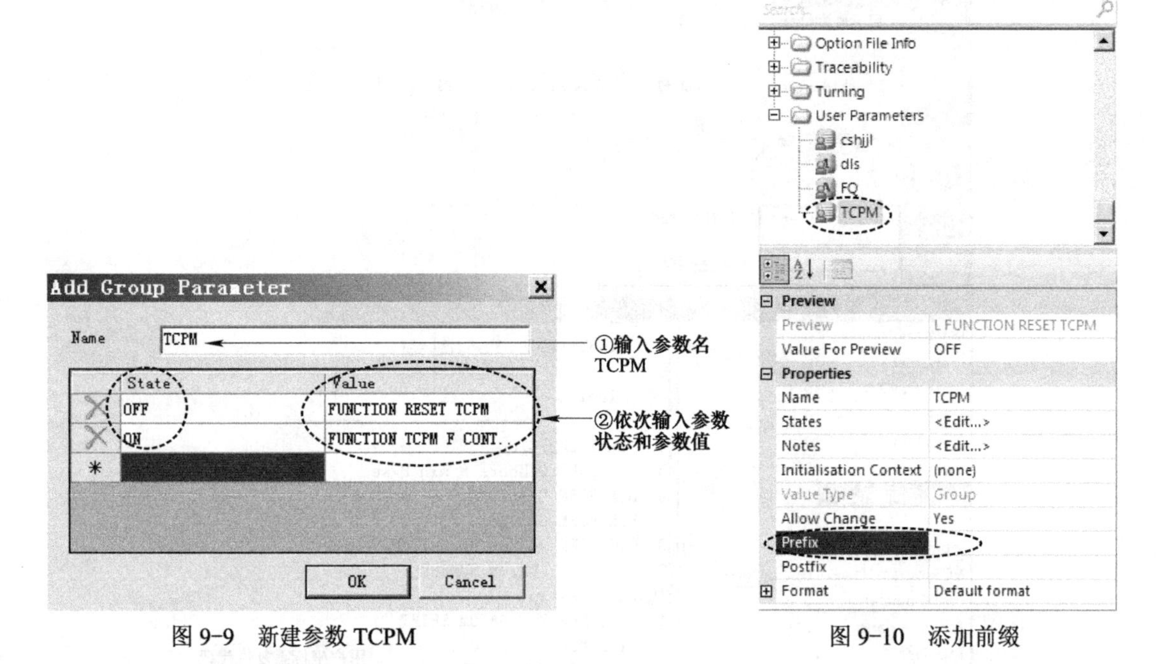

图 9-9　新建参数 TCPM

图 9-10　添加前缀

9.5　输出机床复位代码

1. 创建用户自定义命令

在 Post Processor 软件的“Editor”选项卡中，单击“Commands”，切换到“Commands”窗口，右击“User Commands”树枝，在弹出的快捷菜单条中执行“Add User Command”（增加用户自定义命令），打开“Add Command”（增加命令）对话框，设置命令名称为“restMH”，如图 9-11 所示，单击“OK”按钮完成。

在“User Commands”树枝下，右击“restMH”分枝，在弹出的快捷菜单条中执行“Activate”，将该命令激活。

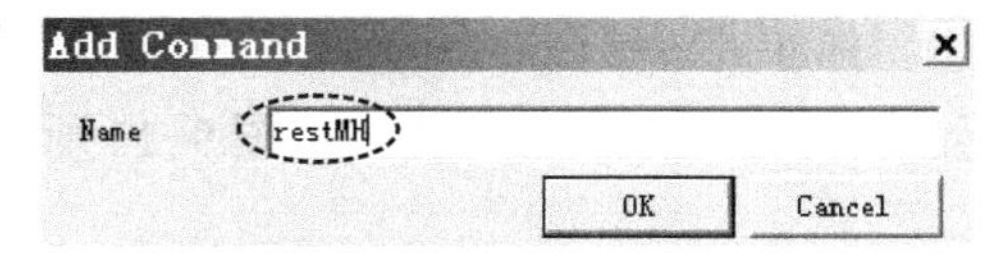

图 9-11　输入命令名

在主视窗的“restMH”窗口中，单击选中第 1 行第 1 列空白单元格，在工具栏中单击插入块按钮，在第 1 行第 1 列单元格中插入一个“Block Number”程序行号，开始新的一行。接着在工具栏中单击插入文本按钮，在第 1 行第 2 列单元格中插入一个文本输出块。

双击第 1 行第 2 列单元格，输入 LBL "restMH"，回车，注意 LBL 后输入空格。

单击选中第 2 行第 1 列空白单元格，在工具栏中单击插入块按钮，在第 2 行第 1 列单元格中插入一个“Block Number”程序行号，开始新的一行。在“Parameters”窗口中的“User Parameters”树枝下，将“TCPM”参数拖到第 2 行第 2 列空白单元格中。

右击第 2 行第 2 列单元格“TCPM”参数，在弹出的快捷菜单条中执行“Item Properties”（项目属性），打开“Item Properties”对话框，在该对话框中，双击“Value”（值）树枝，将它展开，按图 9-12 所示设置“TCPM”参数的值为 OFF。

单击选中第 3 行第 1 列空白单元格，在工具栏中单击插入块按钮，在第 3 行第 1 列单元格中插入一个“Block Number”程序行号，开始新的一行。接着在工具栏中单击插入文本按钮，在第 3 行第 2 列单元格中插入一个文本输出块。双击第 3 行第 2 列单元格，输入 L Z-1 FMAX M91，回车。

参照上述操作方法，在第 4 行插入文本输出块内容：CALL LBL "restwp"；第 5 行插入文本输出块内容：LBL 0；

完成后的结果如图 9-13 所示。

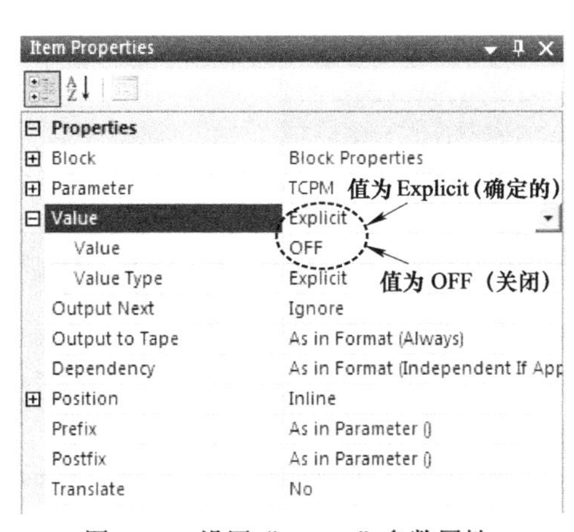

图 9-12　设置“TCPM”参数属性

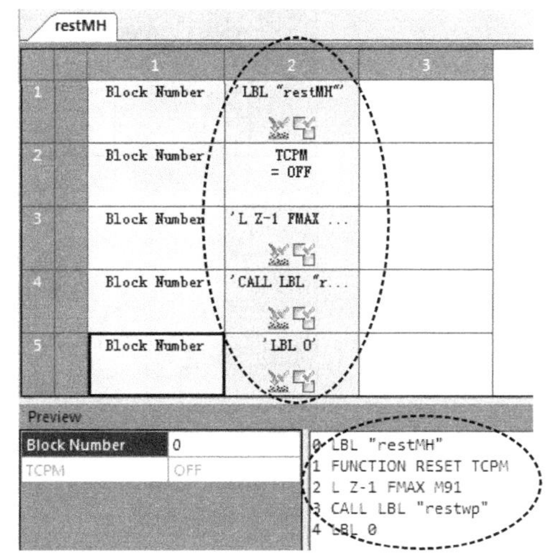

图 9-13　机床复位代码

2. 将机床复位命令加入程序开始命令

在“Editor”选项卡中，单击“Commands”，切换到“Commands”窗口。单击“Program Start”树枝，在主视窗中显示“Program Start”窗口。

拖动“User Commands”树枝下的“restMH”到“Program Start”窗口第 13 行第 1 列单元格“Block Number”上，如图 9-14 所示，其结果如图 9-15 所示。

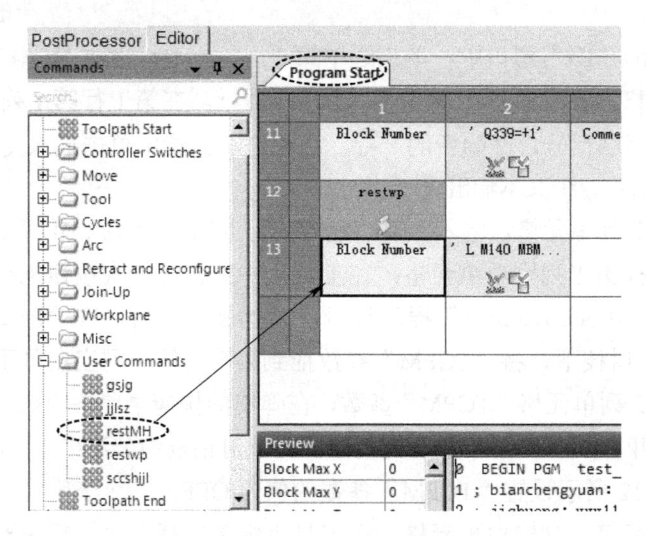

图 9-14　拖入自定义命令

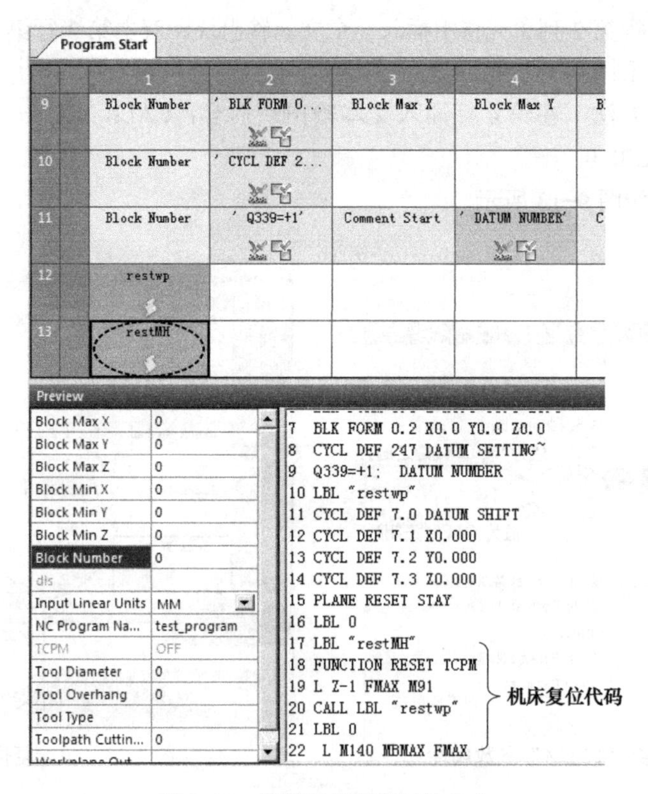

图 9-15　编辑后的程序开始命令

在主视窗的“Program Start”窗口中，右击第 14 行第 1 列单元格“Block Number”，在弹出的快捷菜单条中执行“Block”（块）→“Disable”（取消激活）。

9.6　编辑换刀后首次移动命令

1. *激活换刀后首次移动命令*

在“Editor”选项卡的“Commands”窗口中，右击“First Move After Toolchange”（换刀后首次移动）分枝，在弹出的快捷菜单条中执行“Activate”，将它激活，在主视窗中显示“First Move After Toolchange”窗口。

2. *添加条件判断语句*

在“First Move After Toolchange”窗口中，单击选中第 1 行第 1 列单元格，然后在工具栏中单击条件语句按钮右侧的小三角形，在展开的下拉菜单条中选择“if（...）”，将在第 1 行插入 if（false）语句。

双击第 1 行 if (false) 语句，将“false”删除，然后输入 %p(Toolpath Axis Mode)%=="5AXIS"（注意 5AXIS 必须使用大写字母），回车。此行表达式意思为当参数“Toolpath Axis Mode”（刀轴模式）的值等于 5AXIS（五轴）时，结果如图 9-16 所示。

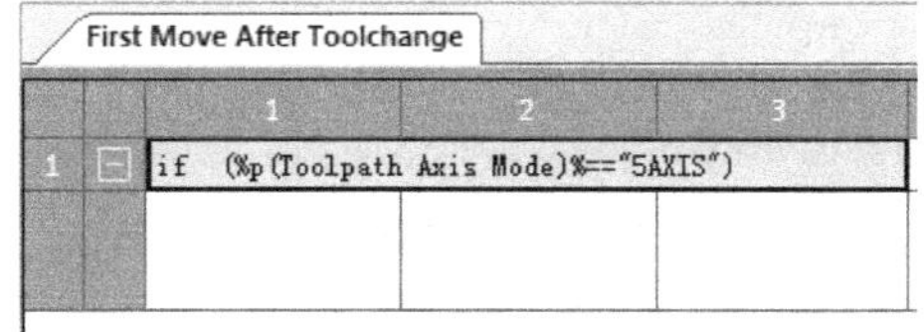

图 9-16　添加条件判断语句

3. *加入五轴联动加工开始代码*

（1）输出旋转轴最短旋转路径代码　单击选中第 2 行第 1 列空白单元格，在工具栏中单击插入块按钮，在第 2 行第 1 列单元格中插入一个“Block Number”程序行号，开始新的一行。接着在工具栏中单击插入文本按钮，在第 2 行第 2 列单元格中插入一个文本输出块。双击第 2 行第 2 列单元格，输入 M126，回车。

（2）输出开启 TCPM 代码　单击选中第 3 行第 1 列空白单元格，在工具栏中单击插入块按钮，在第 3 行第 1 列单元格中插入一个“Block Number”程序行号，开始新的一行。

在“Editor”选项卡中，单击“Parameters”，打开“Parameters”窗口，在该窗口中的“User Parameters”树枝下，将“TCPM”参数拖到第 3 行第 2 列空白单元格中。

右击第 3 行第 2 列单元格“TCPM”参数，在弹出的快捷菜单条中执行“Item Properties”，打开“Item Properties”对话框，在该对话框中，双击“Value”（值）树枝，将它展开，按图 9-17 所示修改参数属性。

完成后的结果如图 9-18 所示。

（3）输出五轴联动加工代码　在“Commands”窗口中的“Move”（移动）树枝下，单击“Move Linear”（直线移动）分枝，在主视窗中显示“Move Linear”窗口。右击该窗口中第 2 行第 1 列单元格“Block Number”，在弹出的快捷菜单条中执行“Block”（块）→“Select”（选择）。然后在下拉菜单条中执行“Edit”（编辑）→“Copy”（复制），将整行复制。

在“Move”树枝下，单击“First Move After Toolchange”分枝，在主视窗中显示“First Move After Toolchange”窗口。右击第 4 行第 1 列空白单元格，在弹出的快捷菜单条中执行“Paste”（粘贴）。

单击选中第 4 行第 7 列单元格“Cutter Compensation Mode”（刀具补偿模式）。

在“Editor”选项卡中，单击“Parameters”，打开“Parameters”窗口，在该窗口中双击“Move”树枝，将它展开，将“Machine B”（机床 B 轴）参数拖到“Cutter Compensation

Mode”参数上，系统会自动在“Cutter Compensation Mode”前插入该参数，如图 9-19 所示。

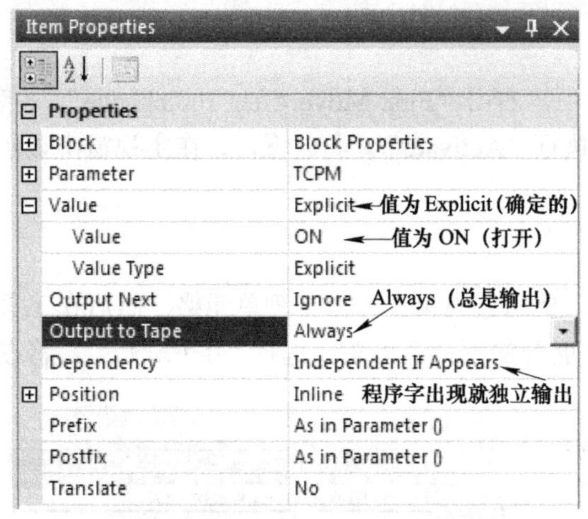

图 9-17 修改“TCPM”参数属性

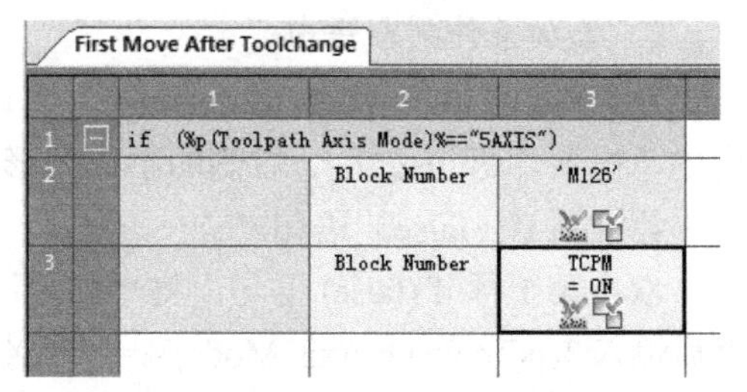

图 9-18 添加代码

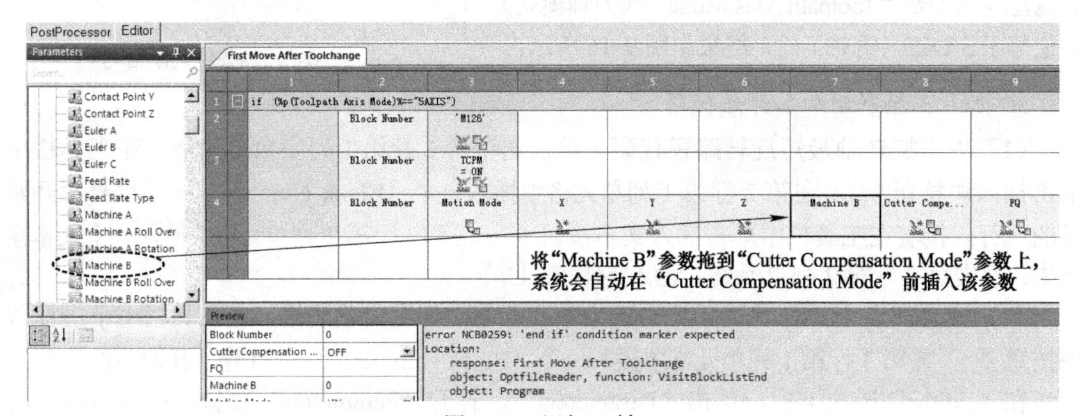

图 9-19 添加 B 轴

再次单击选中第 4 行第 8 列单元格“Cutter Compensation Mode”。在“Parameters”窗口的“Move”树枝下，将“Machine C”（机床 C 轴）参数拖到“Cutter Compensation Mode”参数上，系统会自动在“Cutter Compensation Mode”前插入该参数，如图 9-20 所示。

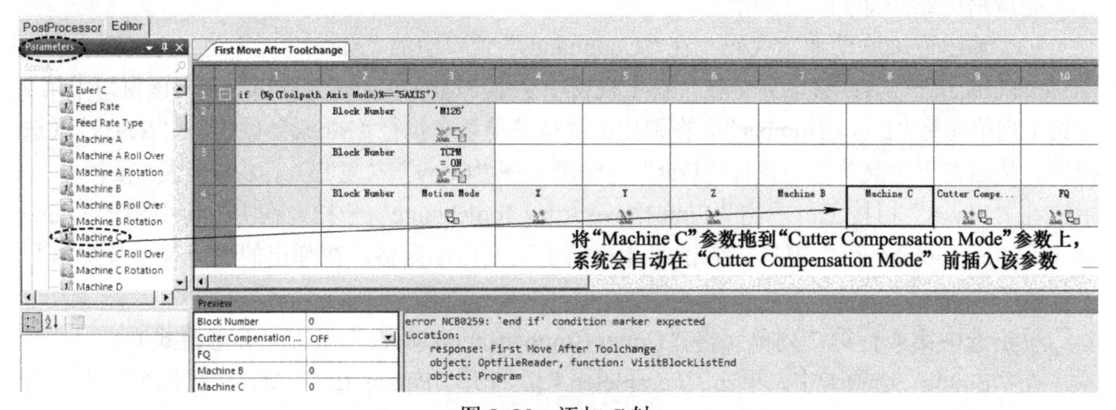

图 9-20 添加 C 轴

如图 9-19 所示，右击第 4 行第 7 列单元格“Machine B”，在弹出的快捷菜单条中执行“Item Properties”，打开“Item Properties”对话框，在该对话框中，双击“Parameter”树枝，将它展开，按图 9-21 所示设置 B 轴前缀为 B，后缀为空格，输出为有变化才输出等属性。

如图 9-20 所示，右击第 4 行第 8 列单元格“Machine C”，在弹出的快捷菜单条中执行“Item Properties”，打开“Item Properties”对话框，在该对话框中，双击“Parameter”树枝，将它展开，按图 9-22 所示设置 C 轴前缀为 C，后缀为空格，输出为有变化才输出等属性。

图 9-21　设置 B 轴前缀和后缀等属性

Item Properties	
Properties	
Block	Block Properties
Parameter	Machine C
Name	Machine C
Notes	<View...>
Initialisation Context	(none)
Value Type	Real
Allow Change	No
Units	Angular
Prefix	C　← 前缀输入 C
Postfix	← 后缀输入空格
Angle Roll Over	Off
Angle Style	Winding and Unwinding
Format	Default format　输出：值有变化才输出
Output Next	Ignore
Output to Tape	If Updated
Dependency	As in Format (Independent If Appears)
Position	Inline
Prefix	As in Parameter (C)
Postfix	As in Parameter ( )
Translate	No

图 9-22　设置 C 轴前缀和后缀等属性

右击第 4 行第 2 列单元格“Block Number”，在弹出的快捷菜单条中执行“Block”（块）→“Select”（选择）。再次右击第 4 行的行标“4”，在弹出的快捷菜单条中执行“Output to Tape”（输出到 NC 程序）→“Always”（总是），使整个第 4 行的参数强制输出。

右击第 4 行第 9 列单元格“Cutter Compensation Mode”，在弹出的快捷菜单条中执行“Output to Tape”→“Never”（从不）。

4. 加入 3+2 轴和三轴加工开始代码

单击选中第 5 行第 1 列单元格，然后在工具栏中单击条件语句按钮右侧的小三角形，在展开的下拉菜单条中选择“else”，将在第 5 行插入 else 语句，如图 9-23 所示。

First Move After Toolchange

	1	2	3	4	5	6	7	8	9	10
1	if (%p(Toolpath Axis Mode)%=="5AXIS")									
2		Block Number	'M126'							
3		Block Number	TCPM = ON							
4		Block Number	Motion Mode	X	Y	Z	Machine B	Machine C	Cutter Compe...	FQ
5	else									

图 9-23　插入 else 语句

右击第 4 行第 2 列单元格“Block Number”，在弹出的快捷菜单条中执行“Block”（块）→“Select”（选择）。然后在下拉菜单条中执行“Edit”（编辑）→“Copy”（复制），将整行复制。

右击第 6 行第 1 列空白单元格，在弹出的快捷菜单条中执行“Paste”（粘贴）。

分别单独选中第 6 行第 6、7、8、9 列单元格，按键盘上的 <Delete> 键，将它们删除。

右击第 7 行第 1 列空白单元格，在弹出的快捷菜单条中执行“Paste”（粘贴）。

分别单独删除第 6 行第 4、5、7、8、9、10 列单元格，结果如图 9-24 所示。

First Move After Toolchange

	1	2	3	4	5	6	7	8	9	10
1	if (%p(Toolpath Axis Mode)%=="5AXIS")									
2		Block Number	'M126'							
3		Block Number	TCPM = ON							
4		Block Number	Motion Mode	X	Y	Z	Machine B	Machine C	Cutter Compe...	FQ
5	else									
6		Block Number	Motion Mode	X	Y	FQ				
7		Block Number	Motion Mode	Z						

图 9-24 加入非五轴加工换刀后首次移动代码

单击选中第 8 行第 1 列单元格，然后在工具栏中单击条件语句按钮右侧的小三角形，在展开的下拉菜单条中选择“end if”，将在第 8 行插入 end if 语句，完成后如图 9-25 所示。

First Move After Toolchange

	1	2	3	4	5	6	7	8	9	10
1	if (%p(Toolpath Axis Mode)%=="5AXIS")									
2		Block Number	'M126'							
3		Block Number	TCPM = ON							
4		Block Number	Motion Mode	X	Y	Z	Machine B	Machine C	Cutter Compe...	FQ
5	else									
6		Block Number	Motion Mode	X	Y	FQ				
7		Block Number	Motion Mode	Z						
8	end if									

图 9-25 换刀后首次移动命令

9.7 修改直线移动命令

在“Editor”选项卡的“Commands”窗口中，单击“Move Linear”分枝，在主视窗中显示“Move Linear”窗口。

在“Move Linear”窗口中，单击选中第 2 行第 1 列单元格“Block Number”，然后在工具栏中单击条件语句按钮右侧的小三角形，在展开的下拉菜单条中选择“if（...）”，将在第 2 行插入 if (false) 语句。

双击第 2 行 if (false) 语句，将“false”删除，然后输入 %p(Toolpath Axis Mode)%=="5AXIS"，回车。

在“Commands”窗口中，单击“First Move After Toolchange”分枝，在主视窗中显示“First Move After Toolchange”窗口。

单击第 3 行第 2 列单元格“Block Number”，然后按下 <Shift> 键，再单击第 4 行第 10

列单元格“FQ”，将这两行选中。在选中的任意单元格上右击，在弹出的快捷菜单条中执行“Copy”（复制）。

在“Commands”窗口中，单击“Move Linear”分枝，在主视窗中显示“Move Linear”窗口。

右击第 3 行第 2 列单元格“Block Number”，在弹出的快捷菜单条中执行“Paste”（粘贴）。

单击第 5 行第 2 列单元格“Block Number”，然后在工具栏中单击条件语句按钮右侧的小三角形，在展开的下拉菜单条中选择“else”，将在第 5 行插入 else 语句。

单击第 7 行第 1 列单元格“Block Number”，然后在工具栏中单击条件语句按钮右侧的小三角形，在展开的下拉菜单条中选择“end if”，将在第 7 行插入 end if 语句，结果如图 9-26 所示。

Move Linear

	1	2	3	4	5	6	7	8	9	10
1	jjlsz									
2	if (%p(Toolpath Axis Mode)% =="5AXIS")									
3		Block Number	TCPM = ON							
4		Block Number	Motion Mode	X	Y	Z	Machine B	Machine C	Cutter Compe...	FQ
5	else									
6		Block Number	Motion Mode	X	Y	Z	Cutter Compe...	FQ		
7	end if									

五轴联动加工代码

3+2 轴和三轴加工代码

图 9-26　直线移动命令

右击第 3 行第 3 列单元格“TCPM”，在弹出的快捷菜单条中执行“Output to Tape”→“If Updated”（有改变才输出）。

单击选中第 4 行第 4 列单元格“X”，然后按下 <Shift> 键，再单击第 4 行第 10 列单元格“FQ”，将它们选中，然后，在选中的任意单元格上右击，在弹出的快捷菜单条中执行“Output to Tape”→“If Updated”（有改变才输出）。

9.8　修改程序尾命令

在“Commands”窗口中，单击“Program End”（程序尾）树枝，在主视窗中显示“Program End”窗口。

单击第 1 行第 1 列单元格“Block Number”，在工具栏中单击插入块按钮，插入新的一行。接着在工具栏中单击插入文本按钮 A，在第 1 行第 2 列单元格中插入一个文本输出块。双击第 1 行第 2 列单元格，输入 M127，回车。

单击第 2 行第 1 列单元格“Block Number”，在工具栏中单击插入块按钮，插入新的一行。

在“Editor”选项卡中，单击“Parameters”，打开“Parameters”窗口，在该窗口中的“User Parameters”树枝下，将“TCPM”参数拖到第 2 行第 2 列空白单元格中。

右击第 2 行第 2 列单元格“TCPM”参数，在弹出的快捷菜单条中执行“Item Properties”，打开“Item Properties”对话框，在该对话框中，双击“Value”（值）树枝，将它展开，按图 9-27 所示修改参数属性。

完成后的结果如图 9-28 所示。

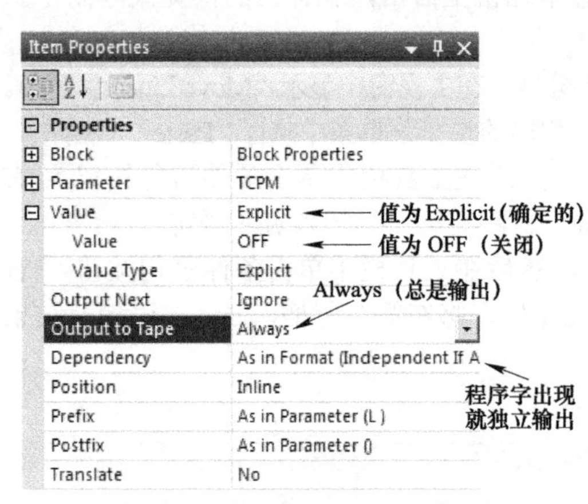

图 9-27　修改“TCPM”参数属性

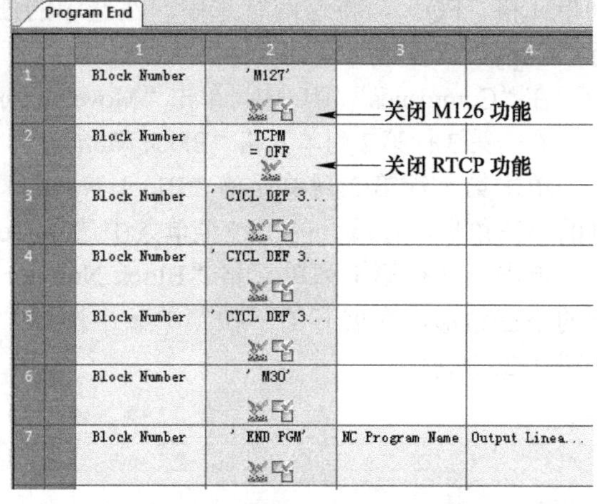

图 9-28　添加“TCPM”参数

单击第 3 行第 1 列单元格“Block Number”，在工具栏中单击插入块按钮，插入新的一行。接着在工具栏中单击插入文本按钮 A，在第 3 行第 2 列单元格中插入一个文本输出块。双击第 3 行第 2 列单元格，输入 CALL LBL "restMH"，回车。

单击第 4 行第 1 列单元格“Block Number”，在工具栏中单击插入块按钮，插入新的一行。接着在工具栏中单击插入文本按钮 A，在第 4 行第 2 列单元格中插入一个文本输出块。双击第 4 行第 2 列单元格，输入 L B+0.0 C+0.0 FMAX M94，回车，其结果如图 9-29 所示。

图 9-29　添加子程序调用及旋转轴回零代码

9.9　五轴联动加工代码后处理调试

在 Post Processor 软件中，单击“PostProcessor”选项卡，切换到后处理模式。

在“PostProcessor”选项卡内，右击“CLDATA Files”分枝下的“5x.cut”文件，在弹出的快捷菜单条中执行“Process as Debug”（调试模式后处理），待后处理完成后，单击“5x_ex-heid.tap.dppdbg”调试文件，在主视窗中显示其内容，如图 9-30 所示。

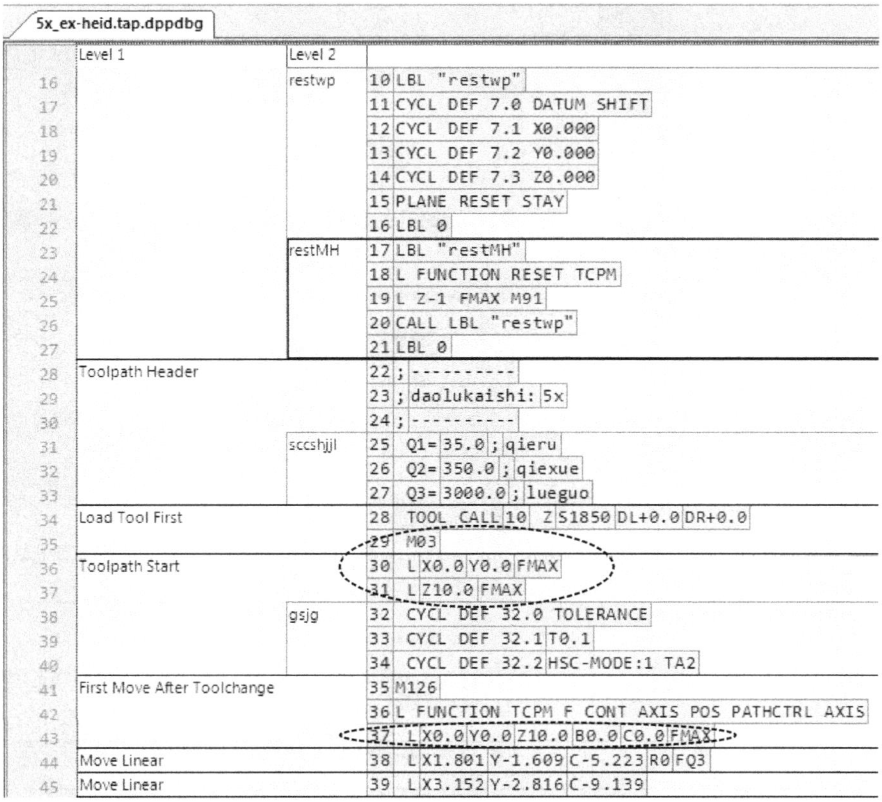

5x_ex-heid.tap.dppdbg

	Level 1	Level 2		
16		restwp	10	LBL "restwp"
17			11	CYCL DEF 7.0 DATUM SHIFT
18			12	CYCL DEF 7.1 X0.000
19			13	CYCL DEF 7.2 Y0.000
20			14	CYCL DEF 7.3 Z0.000
21			15	PLANE RESET STAY
22			16	LBL 0
23		restMH	17	LBL "restMH"
24			18	L FUNCTION RESET TCPM
25			19	L Z-1 FMAX M91
26			20	CALL LBL "restwp"
27			21	LBL 0
28	Toolpath Header		22	; ----------
29			23	; daolukaishi: 5x
30			24	; ----------
31		sccshjjl	25	Q1= 35.0 ; qieru
32			26	Q2= 350.0 ; qiexue
33			27	Q3= 3000.0 ; lueguo
34	Load Tool First		28	TOOL CALL 10 Z S1850 DL+0.0 DR+0.0
35			29	M03
36	Toolpath Start		30	L X0.0 Y0.0 FMAX
37			31	L Z10.0 FMAX
38		gsjg	32	CYCL DEF 32.0 TOLERANCE
39			33	CYCL DEF 32.1 T0.1
40			34	CYCL DEF 32.2 HSC-MODE:1 TA2
41	First Move After Toolchange		35	M126
42			36	L FUNCTION TCPM F CONT AXIS POS PATHCTRL AXIS
43			37	L X0.0 Y0.0 Z10.0 B0.0 C0.0 FMAX
44	Move Linear		38	L X1.801 Y-1.609 C-5.223 R0 FQ3
45	Move Linear		39	L X3.152 Y-2.816 C-9.139

图 9-30　部分五轴联动加工代码（一）

如图 9-30 虚线框所示，第 30、31 行代码不合适且和第 37 行重复，调试如下：双击第 30 行左边的“Toolpath Start”（刀路开始），直接进入“Editor”选项卡，并在主视窗中显示“Toolpath Start”窗口，如图 9-31 所示。

按下 <Shift> 键，单击选中第 1 行第 1 列单元格“Block Number”和第 2 行第 4 列单元格“FQ”，然后在任一选中的单元格上右击，在弹出的快捷菜单条中执行“Block”（块）→“Disabled”（取消激活）。

在 Post Processor 软件中，单击“PostProcessor”选项卡，切换到后处理模式。

在“PostProcessor”选项卡内，右击“CLDATA Files”分枝下的“5x.cut”文件，在弹出的快捷菜单条中执行“Process as Debug”（调试模式后处理），待后处理完成后，单击“5x_ex-heid.tap.dppdbg”调试文件，在主视窗中显示其内容，如图 9-32 所示。

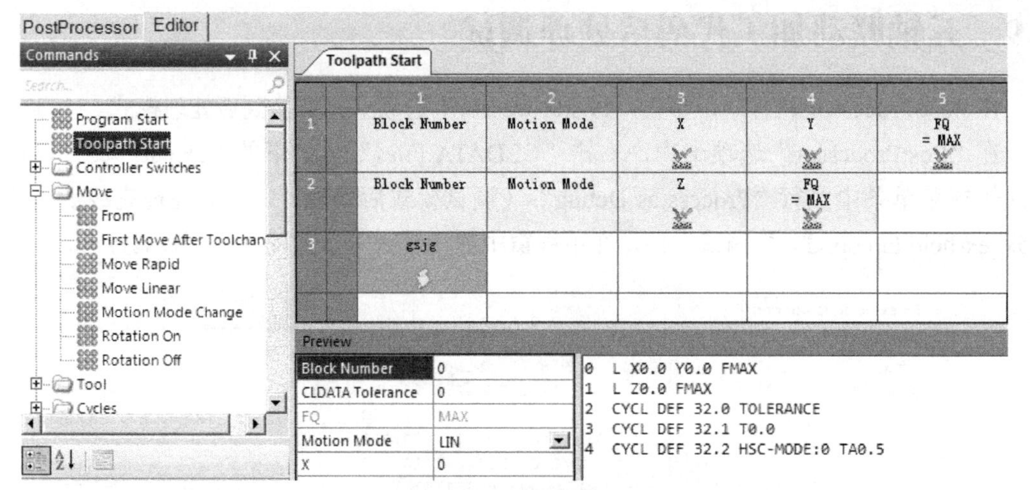

图 9-31　刀路开始代码

5x_ex-heid.tap.dppdbg

	Level 1	Level 2	
16		restwp	10 LBL "restwp"
17			11 CYCL DEF 7.0 DATUM SHIFT
18			12 CYCL DEF 7.1 X0.000
19			13 CYCL DEF 7.2 Y0.000
20			14 CYCL DEF 7.3 Z0.000
21			15 PLANE RESET STAY
22			16 LBL 0
23		restMH	17 LBL "restMH"
24			18 L FUNCTION RESET TCPM
25			19 L Z-1 FMAX M91
26			20 CALL LBL "restwp"
27			21 LBL 0
28	Toolpath Header		22 ;----------
29			23 ;daolukaishi:5x
30			24 ;----------
31		sccshjjl	25 Q1=35.0;qieru
32			26 Q2=350.0;qiexue
33			27 Q3=3000.0;lueguo
34	Load Tool First		28 TOOL CALL 10 Z S1850 DL+0.0 DR+0.0
35			29 M03
36	Toolpath Start	gsjg	30 CYCL DEF 32.0 TOLERANCE
37			31 CYCL DEF 32.1 T0.1
38			32 CYCL DEF 32.2 HSC-MODE:1 TA2
39	First Move After Toolchange		33 M126
40			34 L FUNCTION TCPM F CONT AXIS POS PATHCTRL AXIS
41			35 L X0.0 Y0.0 Z10.0 B0.0 C0.0 F
42	Move Linear		36 L X1.801 Y-1.609 C-5.223 R0 FQ3
43	Move Linear		37 L X3.152 Y-2.816 C-9.139

图 9-32　部分五轴联动加工代码（二）

如图 9-32 所示，“Toolpath Start”不再输出坐标移动后，第 35 行的进给率只输出了 F 字母，未输出进给率数值。调试如下：

双击第 35 行左边的“First Move After Toolchange”，直接进入“Editor”选项卡，并在主视窗中显示“First Move After Toolchange”窗口。

右击第 4 行第 10 列单元格“FQ”，在弹出的快捷菜单条中执行“Item Properties”，打开“Item Properties”对话框，在该对话框中，双击“Value”（值）树枝，将它展开，按图 9-33 所示修改参数属性。

右击第 6 行第 6 列单元格“FQ”，在弹出的快捷菜单条中执行“Item Properties”，打开“Item Properties”对话框，参照图 9-33 所示修改参数属性。结果如图 9-34 所示。

在 Post Processor 软件中，单击“PostProcessor”选项卡，切换到后处理模式。

在“PostProcessor”选项卡内，右击“CLDATA Files”分枝下的“5x.cut”文件，在弹出的快捷菜单条中执行“Process as Debug”（调试模式后处理），待后处理完成后，单击“5x_ex-heid.tap.dppdbg”调试文件，在主视窗中显示其内容，如图 9-35 所示。

图 9-33　修改“FQ”参数属性

First Move After Toolchange

	1	2	3	4	5	6	7	8	9	10
1	if (%p(Toolpath Axis Mode)%=="5AXIS")									
2		Block Number	'M126'							
3		Block Number	TCPM = ON							
4		Block Number	Motion Mode	X	Y	Z	Machine B	Machine C	Cutter Compe...	FQ = Q3
5	else									
6		Block Number	Motion Mode	X	Y	FQ = Q3				
7		Block Number	Motion Mode	Z						
8	end if									

图 9-34　修改“FQ”参数属性后的结果

5x_ex-heid.tap.dppdbg

	Level 1	Level 2	
16		restwp	10 LBL "restwp"
17			11 CYCL DEF 7.0 DATUM SHIFT
18			12 CYCL DEF 7.1 X0.000
19			13 CYCL DEF 7.2 Y0.000
20			14 CYCL DEF 7.3 Z0.000
21			15 PLANE RESET STAY
22			16 LBL 0
23		restMH	17 LBL "restMH"
24			18 L FUNCTION RESET TCPM
25			19 L Z-1 FMAX M91
26			20 CALL LBL "restwp"
27			21 LBL 0
28	Toolpath Header		22 ; ----------
29			23 ; daolukaishi: 5x
30			24 ; ----------
31		sccshjjl	25 Q1= 35.0 ; qieru
32			26 Q2= 350.0 ; qiexue
33			27 Q3= 3000.0 ; lueguo
34	Load Tool First		28 TOOL CALL 10 Z S1850 DL+0.0 DR+0.0
35			29 M03
36	Toolpath Start	gsjg	30 CYCL DEF 32.0 TOLERANCE
37			31 CYCL DEF 32.1 T0.1
38			32 CYCL DEF 32.2 HSC-MODE:1 TA2
39	First Move After Toolchange		33 M126
40			34 L FUNCTION TCPM F CONT AXIS POS PATHCTRL AXIS
41			35 L X0.0 Y0.0 Z10.0 B0.0 C0.0 FQ3
42	Move Linear		36 L X1.801 Y-1.609 C-5.223 R0
43	Move Linear		37 L X3.152 Y-2.816 C-9.139

图 9-35　部分五轴联动加工代码（三）

如图 9-35 所示，第 35 行已经出现进给率 FQ3。

9.10 修改订制 3+2 轴加工后处理文件

1. 激活用户坐标系命令

在 Post Processor 软件中，单击“Editor”选项卡，切换到后处理文件编辑器模式。

在“Editor”选项卡中，单击“Commands”，切换到“Commands”窗口，在该窗口中双击“Controller Switches”（控制器开关）树枝，将它展开，右击“Set Workplane on”（开启用户坐标系）分枝，在弹出的快捷菜单条中执行“Activate”。单击“Set Workplane on”分枝，在主视窗中显示“Set Workplane on”窗口。

2. 加入开启 3+2 轴加工指令

（1）输出关闭 TCPM 代码　单击第 1 行第 1 列空白单元格，在工具栏中单击插入块按钮，插入新的一行。

在“Editor”选项卡中，单击“Parameters”，打开“Parameters”窗口，在该窗口中的“User Parameters”树枝下，将“TCPM”参数拖到第 1 行第 2 列空白单元格中。

右击第 1 行第 2 列单元格“TCPM”参数，在弹出的快捷菜单条中执行“Item Properties”，打开“Item Properties”对话框，在该对话框中，双击“Value”（值）树枝，将它展开，按图 9-36 所示修改参数属性。

（2）输出旋转轴最短路径代码 M126　在“Editor”选项卡中，单击“Commands”，切换到“Commands”窗口。

单击第 2 行第 1 列空白单元格，在工具栏中单击插入块按钮，插入新的一行。接着在工具栏中单击插入文本按钮 A，在第 2 行第 2 列单元格中插入一个文本输出块。双击第 2 行第 2 列单元格，输入 M126，回车。

（3）输出坐标系原点平移代码　单击第 3 行第 1 列空白单元格，在工具栏中单击插入块按钮，插入新的一行。接着在工具栏中单击插入文本按钮 A，在第 3 行第 2 列单元格中插入一个文本输出块。双击第 3 行第 2 列单元格，输入 CYCL DEF 7.0 DATUM SHIFT，回车。

单击第 4 行第 1 列空白单元格，在工具栏中单击插入块按钮，插入新的一行。接着在工具栏中单击插入文本按钮 A，在第 4 行第 2 列单元格中插入一个文本输出块。双击第 4 行第 2 列单元格，输入 CYCL DEF 7.1，注意 7.1 后面输入空格，回车。

在“Editor”选项卡中，单击“Parameters”，打开“Parameters”窗口，在该窗口中的“Workplane”（用户坐标系）树枝下，将“Workplane Origin X”（用户坐标系原点 X）参数拖到第 4 行第 3 列空白单元格中。

右击第 4 行第 3 列单元格“Workplane Origin X”参数，在弹出的快捷菜单条中执行“Item Properties”，打开“Item Properties”对话框，按图 9-37 所示修改参数属性。

完成后的结果如图 9-38 所示。

单击第 5 行第 1 列空白单元格，在工具栏中单击插入块按钮，插入新的一行。接着在工具栏中单击插入文本按钮，在第 5 行第 2 列单元格中插入一个文本输出块。双击第 5 行第 2 列单元格，输入 CYCL DEF 7.2，注意 7.2 后面输入空格，回车。

在“Editor”选项卡中，单击“Parameters”，打开“Parameters”窗口，在该窗口中的“Workplane”树枝下，将“Workplane Origin Y”（用户坐标系原点 Y）参数拖到第 5 行第 3 列空白单元格中。

右击第 5 行第 3 列单元格“Workplane Origin Y”参数，在弹出的快捷菜单条中执行“Item Properties”，打开“Item Properties”对话框，按图 9-39 所示修改参数属性。

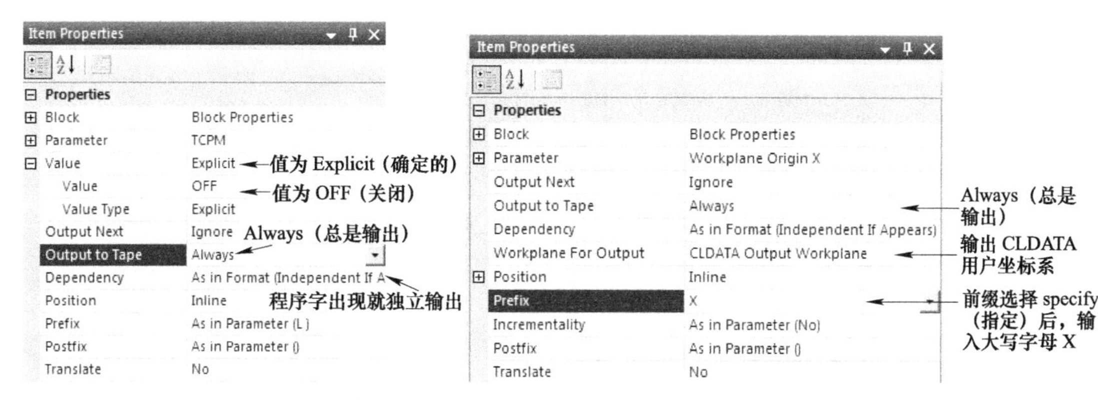

图 9-36　设置“TCPM”参数属性　　图 9-37　设置“Workplane Origin X”参数属性

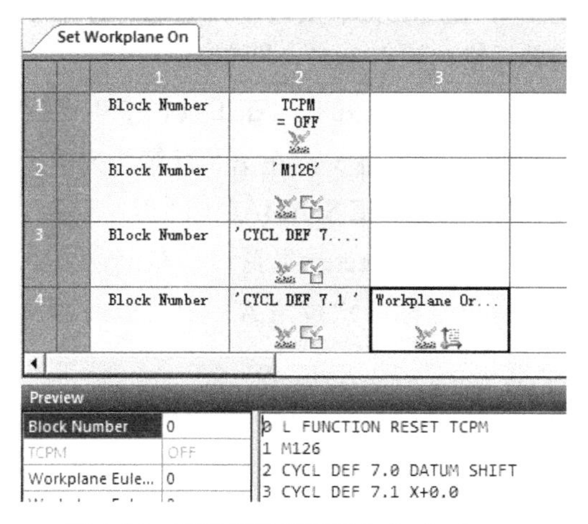

图 9-38　开启用户坐标系命令（一）

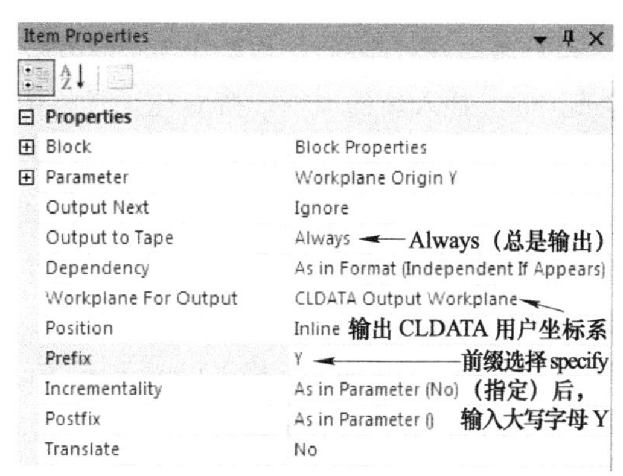

图 9-39　设置“Workplane Origin Y”参数属性

单击第 6 行第 1 列空白单元格，在工具栏中单击插入块按钮，插入新的一行。接着在工具栏中单击插入文本按钮，在第 6 行第 2 列单元格中插入一个文本输出块。双击第 6 行第 2 列单元格，输入 CYCL DEF 7.3，注意 7.3 后面输入空格，回车。

在“Editor”选项卡中，单击“Parameters”，打开“Parameters”窗口，在该窗口中的“Workplane”树枝下，将“Workplane Origin Z”（用户坐标系原点 Z）参数拖到第 6 行第 3 列空白单元格中。

右击第 6 行第 3 列单元格“Workplane Origin Z”参数，在弹出的快捷菜单条中执行“Item Properties”，打开“Item Properties”对话框，按图 9-40 所示修改参数属性。

完成后的结果如图 9-41 所示。

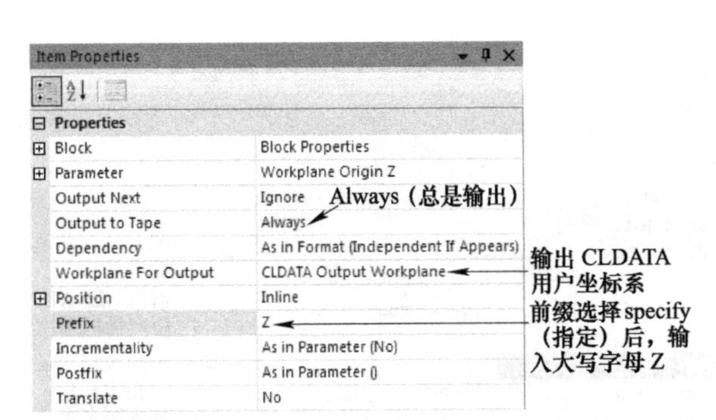

图 9-40　设置“Workplane Origin Z”参数属性

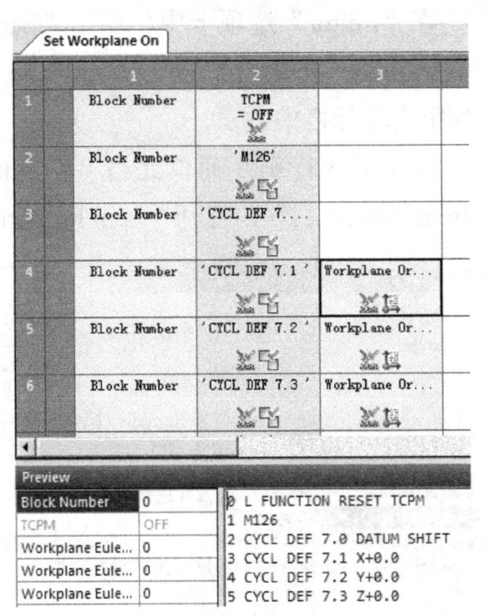

图 9-41　开启用户坐标系命令（二）

（4）输出解锁旋转轴 B、C 代码 M11　单击第 7 行第 1 列空白单元格，在工具栏中单击插入块按钮，插入新的一行。接着在工具栏中单击插入文本按钮 A，在第 7 行第 2 列单元格中插入一个文本输出块。双击第 7 行第 2 列单元格，输入 M11，回车。

（5）输出旋转轴转动角度指令　单击第 8 行第 1 列空白单元格，在工具栏中单击插入块按钮，插入新的一行。接着在工具栏中单击插入文本按钮 A，在第 8 行第 2 列单元格中插入一个文本输出块。双击第 8 行第 2 列单元格，输入 PLANE SPATIAL，回车。

在“Editor”选项卡中，单击“Parameters”，打开“Parameters”窗口，在该窗口中的“Workplane”树枝下，将“Workplane Euler A”（用户坐标系欧拉角 A）参数拖到第 8 行第 3 列空白单元格中。

右击第 8 行第 3 列单元格“Workplane Euler A”参数，在弹出的快捷菜单条中执行“Item Properties”，打开“Item Properties”对话框，按图 9-42 所示修改参数属性。

在“Parameters”窗口中的“Workplane”树枝下，将“Workplane Euler B”（用户坐标系欧拉角 B）参数拖到第 8 行第 4 列空白单元格中。

右击第 8 行第 4 列单元格“Workplane Euler B”参数，在弹出的快捷菜单条中执行“Item Properties”，打开“Item Properties”对话框，按图 9-43 所示修改参数属性。

在“Parameters”窗口中的“Workplane”树枝下，将“Workplane Euler C”（用户坐标系欧拉角 C）参数拖到第 8 行第 5 列空白单元格中。

右击第 8 行第 5 列单元格“Workplane Euler C”参数，在弹出的快捷菜单条中执行“Item Properties”，打开“Item Properties”对话框，按图 9-44 所示修改参数属性。

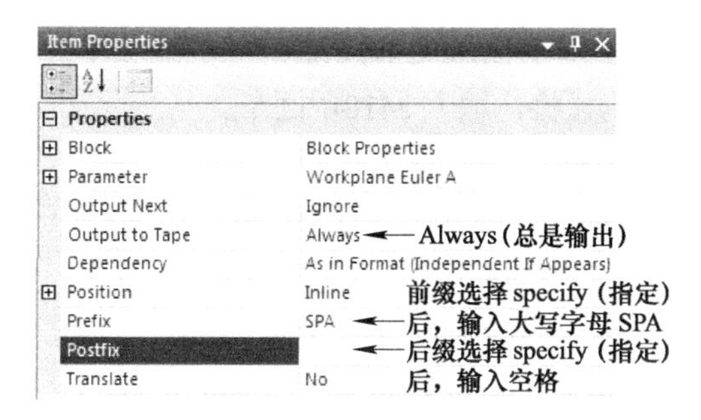

图 9-42　设置“Workplane Euler A”参数属性

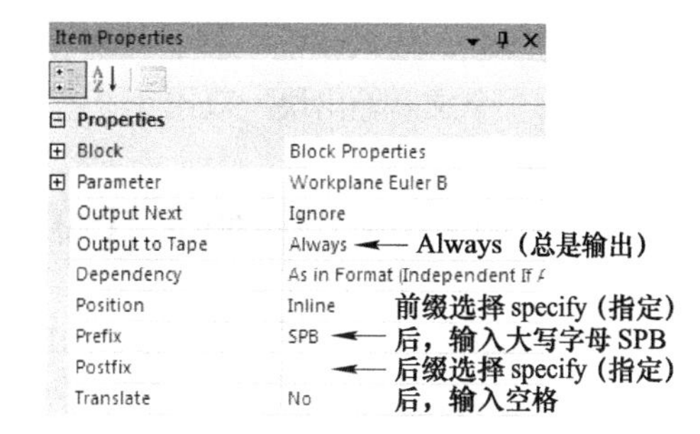

图 9-43　设置“Workplane Euler B”参数属性

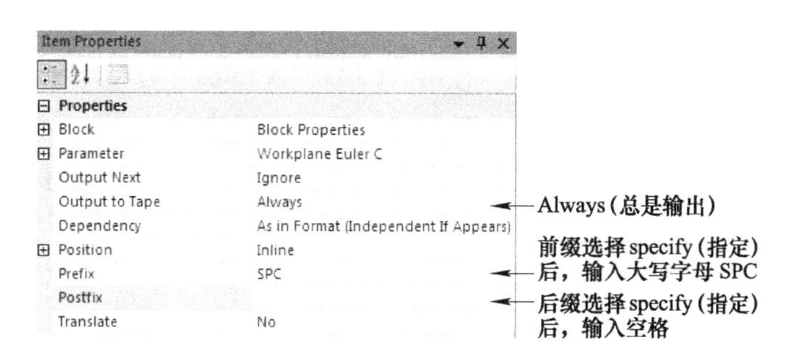

图 9-44　设置“Workplane Euler C”参数属性

单击第 8 行第 6 列空白单元格，在工具栏中单击插入文本按钮 A，在第 8 行第 6 列单元格中插入一个文本输出块。双击第 8 行第 6 列单元格，输入 STAY TABLE ROT，回车。

完成后的结果如图 9-45 所示。

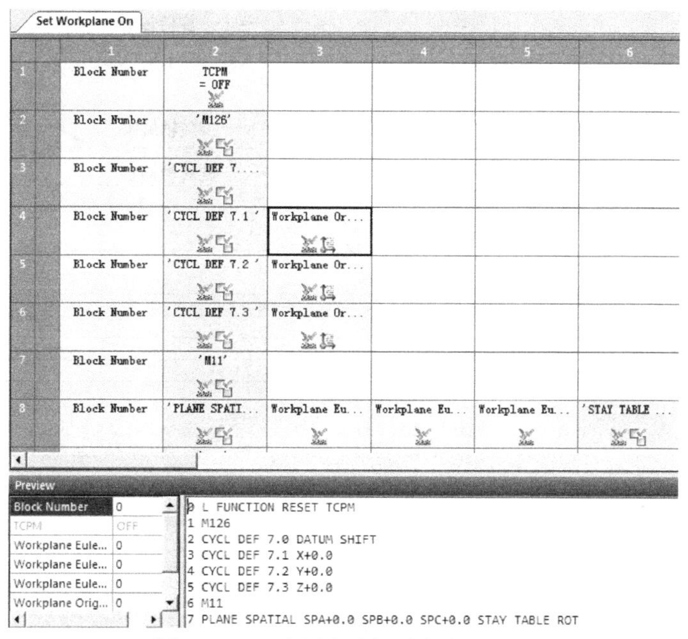

图 9-45　开启用户坐标系命令（三）

（6）输出锁定旋转轴 B、C 代码 M10　单击第 9 行第 1 列空白单元格，在工具栏中单击插入块按钮，插入新的一行。接着在工具栏中单击插入文本按钮 A，在第 9 行第 2 列单元格中插入一个文本输出块。双击第 9 行第 2 列单元格，输入 M10，回车。

9.11 后处理 3+2 轴加工代码

在 Post Processor 软件中，单击“PostProcessor”选项卡，切换到后处理模式。

1）在 Post Processor 软件中，单击“File”（文件）→“Add CLDATA File...”（加入 CLDATA 刀位文件），打开“打开”对话框，定位到 E:\PostEX\ch09 文件夹，选择该文件夹内的 3p2.cut 文件，单击“打开”按钮。

2）在“Post Processor”选项卡内，右击“CLDATA Files”分枝下的“3p2.cut”文件，在弹出的快捷菜单条中执行“Process as Debug”（调试模式后处理），待后处理完成后，单击“3p2_ex-heid.tap.dppdbg”调试文件，在主视窗中显示其内容，如图 9-46 所示。

```
3p2_ex-heid.tap.dppdbg
    Level 1                    Level 2
24                                        18 L FUNCTION RESET TCPM
25                                        19 L Z-1 FMAX M91
26                                        20 CALL LBL "restwp"
27                                        21 LBL 0
28  Toolpath Header                       22 ; ----------
29                                        23 ; daolukaishi: 3+2
30                                        24 ; ----------
31                             sccshjjl   25  Q1= 35.0 ; qieru
32                                        26  Q2= 350.0 ; qiexue
33                                        27  Q3= 3000.0 ; lueguo
34  Load Tool First                       28  TOOL CALL 10  Z S1850 DL+0.0 DR+0.0
35                                        29  M03
36  Set Workplane On                      30 L FUNCTION RESET TCPM   ← 关闭 RTCP 功能
37                                        31 M126                    ← 旋转轴最短路径
38                                        32 CYCL DEF 7.0 DATUM SHIFT ← 坐标系原点平移
39                                        33 CYCL DEF 7.1 X0.0
40            坐标系旋转代码               34 CYCL DEF 7.2 Y0.0
41                                        35 CYCL DEF 7.3 Z0.0
42                                        36 M11                     ← 旋转轴解锁
43                                        37 PLANE SPATIAL SPA31.127 SPB3.641 SPC-138.535 STAY TABLE ROT  ← 旋转轴转角
44                                        38 M10                     ← 旋转轴锁定
45  Toolpath Start             gsjg       39  CYCL DEF 32.0 TOLERANCE
46                                        40  CYCL DEF 32.1 T0.1
47                                        41  CYCL DEF 32.2 HSC-MODE:1 TA2
48  First Move After Toolchange           42  L X4.445 Y-36.113 FQ3
49                                        43  L Z69.935
50  Move Linear                           44  L X-23.614 Y-50.78 R0
51  Move Linear                           45  L Z-18.728
52  Move Linear                           46  L Z-23.728 FQ1
53  Move Linear                           47  L X-22.788 Y-49.951 Z-23.96 FQ2
```

图 9-46 3+2 轴加工代码

9.12 修改坐标格式

在 Post Processor 软件中，单击“Editor”选项卡，切换到后处理文件编辑器模式。

在“Editor”选项卡中，单击“Formats”（格式），切换到“Formats”窗口。

在“Formats”窗口中的“Default format”（默认格式）下方空白处右击，在弹出的快捷菜单条中执行“Add Format...”（增加格式），打开增加格式对话框，在“Name”（名称）

栏输入“zb”，如图 9-47 所示，单击“OK”按钮。

在“Formats”窗口中，单击“Default format”，在主视窗中打开“Default format”窗口，在该窗口中，按下 <Shift> 键，依次选中参数“Workplane Origin X”“Workplane Origin Y”“Workplane Origin Z”“Workplane Euler A”“Workplane Euler B”“Workplane Euler C”“X”“Y”“Z”，然后右击任一选中的参数，在弹出的快捷菜单条中执行“Assign To”（安排到）→“zb”。

在“Formats”窗口中，单击“zb”，在主视窗中打开“zb”窗口，修改其属性如图 9-48 所示。

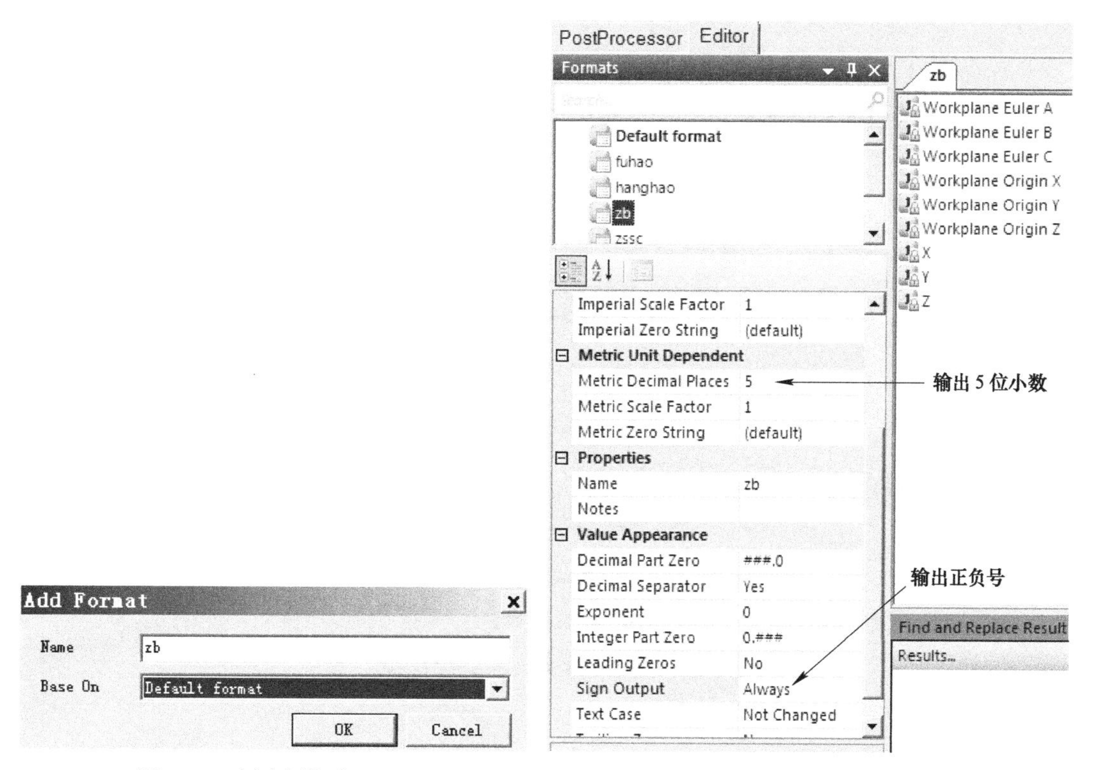

图 9-47　创建新格式 zb　　　　图 9-48　修改格式 zb 的属性

9.13　后处理 3+2 轴和五轴联动加工代码

在 Post Processor 软件中，单击“PostProcessor”选项卡，切换到后处理模式。

在“Post Processor”选项卡内，右击“CLDATA Files”分枝下的“3p2.cut”文件，在弹出的快捷菜单条中执行“Process”（后处理），待后处理完成后，单击“3p2_ex-heid.tap”代码文件，在主视窗中显示其内容，如图 9-49 所示。

在“Post Processor”选项卡内，右击“CLDATA Files”分枝下的“5x.cut”文件，在弹出的快捷菜单条中执行“Process”（后处理），待后处理完成后，单击“5x_ex-heid.tap”代码文件，在主视窗中显示其内容，如图 9-50 所示。

```
3p2_ex-heid.tap
22 16 LBL 0
23 17 LBL "restMH"
24 18 L FUNCTION RESET TCPM
25 19 L Z-1 FMAX M91
26 20 CALL LBL "restwp"
27 21 LBL 0
28 22 ; ----------
29 23 ; daolukaishi:3+2
30 24 ; ----------
31 25  Q1=35.0; qieru
32 26  Q2=350.0; qiexue
33 27  Q3=3000.0; lueguo
34 28  TOOL CALL 10 Z S1850 DL+0.0 DR+0.0
35 29  M03
36 30 L FUNCTION RESET TCPM
37 31 M126
38 32 CYCL DEF 7.0 DATUM SHIFT
39 33 CYCL DEF 7.1 X+0.0
40 34 CYCL DEF 7.2 Y+0.0
41 35 CYCL DEF 7.3 Z+0.0
42 36 M11
43 37 PLANE SPATIAL SPA+31.12735 SPB+3.64067 SPC-138.53472 STAY TABLE ROT
44 38 M10
45 39  CYCL DEF 32.0 TOLERANCE
46 40  CYCL DEF 32.1 T0.1
47 41  CYCL DEF 32.2 HSC-MODE:1 TA2
48 42  L X+4.44492 Y-36.11291 FQ3
49 43  L Z+69.93489
50 44  L X-23.6137 Y-50.77953 R0
51 45  L Y-50.77954 Z-18.72811
52 46  L Y-50.77953 Z-23.72811 FQ1
53 47  L X-22.78763 Y-49.95051 Z-23.96043 FQ2
54 48  L X-21.86686 Y-49.02643 Z-24.35904
```

图 9-49　3+2 轴加工代码

```
5x_ex-heid.tap
31 25  Q1=35.0; qieru
32 26  Q2=350.0; qiexue
33 27  Q3=3000.0; lueguo
34 28  TOOL CALL 10 Z S1850 DL+0.0 DR+0.0
35 29  M03
36 30  CYCL DEF 32.0 TOLERANCE
37 31  CYCL DEF 32.1 T0.1
38 32  CYCL DEF 32.2 HSC-MODE:1 TA2
39 33 M126
40 34 L FUNCTION TCPM F CONT AXIS POS PATHCTRL AXIS
41 35  L X+0.0 Y+0.0 Z+10.0 B0.0 C0.0 FQ3
42 36  L X+1.80126 Y-1.6094 C-5.223 R0
43 37  L X+3.15221 Y-2.81645 C-9.139
44 38  L X+5.17863 Y-4.62702 C-15.015
45 39  L X+7.20505 Y-6.43759 C-20.89
46 40  L X+9.00631 Y-8.04699 C-26.113
47 41  L X+10.35726 Y-9.25404 C-30.03
48 42  L X+12.38368 Y-11.06461 C-35.905
49 43  L X+14.4101 Y-12.87518 C-41.78
50 44  L X+19.18478 Y-17.14129 B2.793
51 45  L X+21.61515 Y-19.31278 B4.217
52 46  L X+26.3826 Y-23.57241 B7.011
53 47  L X+28.8202 Y-25.75037 B8.435
54 48  L X+35.80585 Y-31.99193 B10.476
55 49  L X+42.78366 Y-38.22649 B12.521
56 50  L X+43.2303 Y-38.62555 B12.652
57 51  L X+50.20383 Y-44.85629 B14.696
58 52  L X+57.1785 Y-51.08804 B16.735
59 53  L X+57.6404 Y-51.50074 B16.869
60 54  L Z-45.09943
61 55  L X+56.55841 Y-50.53399 Z-49.88427 FQ1
62 56  L X+56.22337 Y-50.78238 Z-49.87976 B16.852 C-42.089 FQ2
63 57  L X+54.78217 Y-51.44424 Z-49.88464 B16.724 C-43.2
```

图 9-50　五轴联动加工代码

9.14 保存后处理文件和项目文件

1. 另存五轴加工后处理文件

在 Post Processor 软件下拉菜单条中，单击“File”→“Save Option File as...”（另存后处理文件），打开另存为对话框，定位保存目录到 E:\PostEX\，输入机床选项文件名称为 heid-5x，注意后处理文件的扩展名为 *.pmoptz。此后处理文件可以在 PowerMill 软件中直接调用。

2. 另存后处理项目文件

后处理项目文件包括后处理文件、CLDATA 文件、调试文件等。

在 Post Processor 软件下拉菜单条中，单击“File”→“Save Session as...”（另存项目文件），打开另存为对话框，定位保存目录到 E:\PostEX\，输入后处理项目文件名称为 heid5x，注意后处理项目文件的扩展名为 *.pmp。此后处理项目文件可以在 Post Processor 软件中直接打开，对后处理文件进行修改。

附　录　Post Processor 内置参数

附表 1-1 列出了 Post Processor 的内置参数，在编辑修订后处理文件时，可以直接使用它们。但是要注意，这些参数有可读写的属性，具体是可读、可写还是可读写，可以通过参数的编辑工具进行查看。

附表 1-1　Post Processor 内置参数

参数	所在目录	功能说明
Arc Axis Vector X	Arc	垂直于指定圆弧平面矢量的 X 坐标
Arc Axis Vector Y	Arc	垂直于指定圆弧平面矢量的 Y 坐标
Arc Axis Vector Z	Arc	垂直于指定圆弧平面矢量的 Z 坐标
Arc Centre X	Arc	圆心 X 坐标。通常情况下需要设置相应的格式为增量模式
Arc Centre Y	Arc	圆心 Y 坐标。通常情况下需要设置相应的格式为增量模式
Arc Centre Z	Arc	圆心 Z 坐标。通常情况下需要设置相应的格式为增量模式
Arc End Angle	Arc	圆弧的终止角度
Arc Linearisation Tolerance	Arc	用户指定的圆弧线性化公差
Arc Middle Point X	Arc	圆弧的中间点 X 坐标
Arc Middle Point Y	Arc	圆弧的中间点 Y 坐标
Arc Middle Point Z	Arc	圆弧的中间点 Z 坐标
Arc Plane Mode	Arc	来自于 PowerMill 刀位文件，此参数代表刀轴（XY、XZ 或 YZ 平面），用来表示圆弧插补的当前平面
Arc Radius	Arc	指定圆弧的半径
Arc Start Angle	Arc	圆弧的开始角度
Arc Start X	Arc	圆弧起点的 X 坐标
Arc Start Y	Arc	圆弧起点的 Y 坐标
Arc Start Z	Arc	圆弧起点的 Z 坐标
Arc Travel Angle	Arc	圆弧中心到圆弧起点矢量和圆弧中心到圆弧终点矢量之间的角度
Axis Mode	Move	刀具路径的轴模式，如是三轴、3+2 轴还是五轴
Block Max X	Workpiece	PowerMill 中毛坯沿 X 方向的上限值
Block Min X	Workpiece	PowerMill 中毛坯沿 X 方向的下限值
Block Max Y	Workpiece	PowerMill 中毛坯沿 Y 方向的上限值

（续）

参数	所在目录	功能说明
Block Min Y	Workpiece	PowerMill 中毛坯沿 Y 方向的下限值
Block Max Z	Workpiece	PowerMill 中毛坯沿 Z 方向的上限值
Block Min Z	Workpiece	PowerMill 中毛坯沿 Z 方向的下限值
Block Number	Traceability	行号
CAD WP Matrix 00	Workplanes in World CS	旋转矩阵的元素（00），旋转矩阵用于定义相对于世界坐标系的全局坐标系
CAD WP Matrix 01	Workplanes in World CS	旋转矩阵的元素（01），旋转矩阵用于定义相对于世界坐标系的全局坐标系
CAD WP Matrix 02	Workplanes in World CS	旋转矩阵的元素（02），旋转矩阵用于定义相对于世界坐标系的全局坐标系
CAD WP Matrix 10	Workplanes in World CS	旋转矩阵的元素（10），旋转矩阵用于定义相对于世界坐标系的全局坐标系
CAD WP Matrix 11	Workplanes in World CS	旋转矩阵的元素（11），旋转矩阵用于定义相对于世界坐标系的全局坐标系
CAD WP Matrix 20	Workplanes in World CS	旋转矩阵的元素（20），旋转矩阵用于定义相对于世界坐标系的全局坐标系
CAD WP Matrix 21	Workplanes in World CS	旋转矩阵的元素（21），旋转矩阵用于定义相对于世界坐标系的全局坐标系
CAD WP Matrix 22	Workplanes in World CS	旋转矩阵的元素（22），旋转矩阵用于定义相对于世界坐标系的全局坐标系
CAD WP Origin X	Workplanes in World CS	旋转矩阵的元素（原点 X），旋转矩阵用于定义相对于世界坐标系的全局坐标系
CAD WP Origin Y	Workplanes in World CS	旋转矩阵的元素（原点 Y），旋转矩阵用于定义相对于世界坐标系的全局坐标系
CAD WP Origin Z	Workplanes in World CS	旋转矩阵的元素（原点 Z），旋转矩阵用于定义相对于世界坐标系的全局坐标系
CAM System Version Number	Program	CAM 系统的版本
CLDATA Tolerance	Toolpath	CLDATA 公差
Comment	Traceability	注释字符串
Contact Normal X	Program	接触点法线的 X 坐标
Contact Normal Y	Program	接触点法线的 Y 坐标
Contact Normal Z	Program	接触点法线的 Z 坐标
Controller Command String	Traceability	包含特定数控系统指令的字符串
Coolant Mode	Controller Switches	冷却模式

（续）

参数	所在目录	功能说明
Current User	Traceability	Windows 的当前登录用户名
Cutter Compensation Mode	Controller Switches	刀具补偿模式，可以设置为左右刀补开、关
Cutting Direction	Toolpath	刀具路径的切削方向
Cutting Rate	Toolpath	切削速度
Date	Traceability	当前日期
Delay	Traceability	延时时间
Drilling Chamfer Diameter	Canned Cycles	钻孔倒角直径
Drilling Clear Plane	Canned Cycles	CAM 系统钻孔表格中的安全间隙
Drilling Cycle Type	Canned Cycles	钻孔循环类型
Drilling Draft Angle	Canned Cycles	钻孔拔模角
Drilling Dwell	Canned Cycles	CAM 系统钻孔表格中的停留时间（孔底停留时间）
Drilling Expanded Cycle Mode	Canned Cycles	检测 CAM 系统用户是否选择在输出文件中使用钻孔循环或单独（展开）移动
Drilling Feed Rate	Canned Cycles	钻孔形式上设置的进给速度
Drilling First Depth	Canned Cycles	钻孔循环第一次钻孔的深度
Drilling Hole Depth	Canned Cycles	孔深
Drilling Hole Diameter	Canned Cycles	PowerMill 中孔特征的直径
Drilling Hole Top	Canned Cycles	PowerMill 特征设置中孔顶位置
Drilling Minimum Peck	Canned Cycles	最小啄孔量
Drilling Number of Depths	Canned Cycles	循环总深度除以循环啄孔深度
Drilling Overlap Angle	Canned Cycles	钻孔重叠角度
Drilling Peck Decrement	Canned Cycles	啄孔增量
Drilling Peck Depth	Canned Cycles	钻孔表格中的琢孔深度
Drilling Rapid Retract	Canned Cycles	钻孔快速退回
Drilling Retract 2nd Height	Canned Cycles	钻孔后撤第二高度
Drilling Retract Factor	Canned Cycles	断屑钻削回缩的影响因素
Drilling Retract Feed Factor	Canned Cycles	回退可以在与钻削不同的进给速度下完成
Drilling Retract Mode	Canned Cycles	钻孔循环的退回模式，可以设置为退回到安全高度或是孔顶间隙高度
Drilling Sub Peck	Canned Cycles	辅助啄孔（每次钻孔，进行若干次啄孔）
Drilling Thread Pitch	Canned Cycles	攻螺纹螺距

（续）

参数	所在目录	功能说明
Drilling Total Depth	Canned Cycles	PowerMill 钻孔表格中的深度
Drilling User Parameter	Canned Cycles	钻孔用户自定义参数
Dumb Tool Length	Traceability	指定刀具长度
Feed Rate	Move	进给率
Feed Mode	Controller Switches	进给率模式，每分钟进给、每转进给、反时进给
From X	Program	第一个编程点的 X 坐标，在多轴后处理中不适用
From Y	Program	第一个编程点的 Y 坐标，在多轴后处理中不适用
From Z	Program	第一个编程点的 Z 坐标，在多轴后处理中不适用
Input Linear Units	Program	线性尺寸单位
Machine A	Move	A 轴旋转角度
Machine B	Move	B 轴旋转角度
Machine C	Move	C 轴旋转角度。该参数可以对 C 轴进行预定位，如可以在加工前把 C 轴预定位，以充分利用 C 轴的最大行程极限
Machine X	Move	机床线性轴的 X 坐标
Machine Y	Move	机床线性轴的 Y 坐标
Machine Z	Move	机床线性轴的 Z 坐标
Max Cutting Rate	Option File Settings	最大切削速度
Max Rate	Option File Settings	最大进给速度
Motion Mode	Controller Switches	移动模式，如线性、快进、圆弧
Move Type	Move	移动类型，如切削、连接、下切、切入、切出等
Multi-Axis Tolerance	Option File Settings	刀具路径的多轴线性化公差
NC Program Name	Program	NC 程序名称
Optfile Author	Option File Info	后处理文件作者
Optfile Controller Manufacturer	Option File Info	数控系统厂商
Optfile Controller Series	Option File Info	数控系统型号
Optfile Created Date	Option File Info	后处理文件创建日期
Optfile Customer	Option File Info	后处理文件用户
Optfile Last Modified Date	Option File Info	后处理文件最近一次编辑日期
Optfile Machine Tool Manufacturer	Option File Info	机床制造商
Optfile Machine Tool Model	Option File Info	机床型号
Optfile Name	Option File Info	后处理文件名称
Optfile Special Notes	Option File Info	后处理文件特殊情况说明
Optfile Version	Option File Info	后处理文件版本号

（续）

参数	所在目录	功能说明
Output Angular Units	Option File Settings	PowerMill 刀位文件角度输出单位，如是角度还是弧度
Output Linear Units	Option File Settings	PowerMill 刀位文件线性输出单位，如是毫米还是英寸
Output Point Info	Move	包含有关当前保存在 X、Y 和 Z 参数中的点坐标特性的信息
Output Point Mode	Move	包含有关当前保存在 X、Y 和 Z 参数中的点坐标模式的信息
Output Rotation Matrix 00	Workplane	旋转矩阵的元素（00），旋转矩阵用于定义相对于全局坐标系的局部坐标系
Output Rotation Matrix 01	Workplane	旋转矩阵的元素（01），旋转矩阵用于定义相对于全局坐标系的局部坐标系
Output Rotation Matrix 02	Workplane	旋转矩阵的元素（02），旋转矩阵用于定义相对于全局坐标系的局部坐标系
Output Rotation Matrix 10	Workplane	旋转矩阵的元素（10），旋转矩阵用于定义相对于全局坐标系的局部坐标系
Output Rotation Matrix 11	Workplane	旋转矩阵的元素（11），旋转矩阵用于定义相对于全局坐标系的局部坐标系
Output Rotation Matrix 12	Workplane	旋转矩阵的元素（12），旋转矩阵用于定义相对于全局坐标系的局部坐标系
Output Rotation Matrix 20	Workplane	旋转矩阵的元素（20），旋转矩阵用于定义相对于全局坐标系的局部坐标系
Output Rotation Matrix 21	Workplane	旋转矩阵的元素（21），旋转矩阵用于定义相对于全局坐标系的局部坐标系
Output Rotation Matrix 22	Workplane	旋转矩阵的元素（22），旋转矩阵用于定义相对于全局坐标系的局部坐标系
Part Name	Traceability	在 PowerMill 的 NC 程序表格中输入的零件名称
Plunge Rate	Toolpath	切入进给率
PPfun	Traceability	可以在 PowerMill 和 PowerINSPECT 中设置的用户功能
Probing Approach Distance	Probing	PowerINSPECT 探测路径的接近距离
Probing Expected Touch Point X	Probing	PowerINSPECT 探测路径中下一个要探测点的 X 坐标
Probing Expected Touch Point Y	Probing	PowerINSPECT 探测路径中下一个要探测点的 Y 坐标
Probing Expected Touch Point Z	Probing	PowerINSPECT 探测路径中下一个要探测点的 Z 坐标
Probing-Is Composite Move Used?	Probing	设置相邻的探头安全移动和探测移动为一个单个复合运动或是探头安全移动和探测移动分开输出
Probing Move Speed	Probing	PowerINSPECT 中的移动速度
Probing Retract Distance	Probing	PowerINSPECT 中探头的回退距离
Probing Search Direction I	Probing	PowerINSPECT 中探测搜索方向的 I 坐标
Probing Search Direction J	Probing	PowerINSPECT 中探测搜索方向的 J 坐标

（续）

参数	所在目录	功能说明
Probing Search Direction K	Probing	PowerINSPECT 中探测搜索方向的 K 坐标
Probing Search Distance	Probing	PowerINSPECT 中探测的搜索距离
Probing Target Point X	Probing	PowerINSPECT 中探测目标点的 X 坐标
Probing Target Point Y	Probing	PowerINSPECT 中探测目标点的 Y 坐标
Probing Target Point Z	Probing	PowerINSPECT 中探测目标点的 Z 坐标
Probing Touch Speed	Probing	PowerINSPECT 中的探测速度
Product Version	Traceability	Post Processor 的当前版本
Program Cutting Duration	Program	NC 程序的统计时间
Program Number	Program	NC 程序的编号
Project Name	Program	CLDATA 刀位文件中的项目名称
RR Origin X	Retract and Reconfigure	回退和重新定位原点（X 轴）
RR Origin Y	Retract and Reconfigure	回退和重新定位原点（Y 轴）
RR Origin Z	Retract and Reconfigure	回退和重新定位原点（Z 轴）
RR Plunge X	Retract and Reconfigure	回退和重新定位下切（X 轴）
RR Plunge Y	Retract and Reconfigure	回退和重新定位下切（Y 轴）
RR Plunge Z	Retract and Reconfigure	回退和重新定位下切（Z 轴）
RR Safe X	Retract and Reconfigure	回退和重新定位安全高度（X 轴）
RR Safe Y	Retract and Reconfigure	回退和重新定位安全高度（Y 轴）
RR Safe Z	Retract and Reconfigure	回退和重新定位安全高度（Z 轴）
RTCP Mode	Controller Switches	RTCP 模式打开或关闭。假如被设置为关闭，则 Delcam 后处理器计算从刀尖开始的转轴点
Skim Distance	Toolpath	掠过距离
Skim Rate	Toolpath	掠过进给率
Spindle Mode	Controller Switches	主轴模式（顺铣、逆铣或停转）
Spindle Speed	Move	主轴转速
Spline K0x	Spline	样条系数 K0x
Spline K0y	Spline	样条系数 K0y
Spline K0z	Spline	样条系数 K0z
Spline K1x	Spline	样条系数 K1x
Spline K1y	Spline	样条系数 K1y
Spline K1z	Spline	样条系数 K1z
Spline K2x	Spline	样条系数 K2x
Spline K2y	Spline	样条系数 K2y

（续）

参数	所在目录	功能说明
Spline K2z	Spline	样条系数 K2z
Spline K3x	Spline	样条系数 K3x
Spline K3y	Spline	样条系数 K3y
Spline K3z	Spline	样条系数 K3z
Spline Mode	Spline	样条模式，如 3 次多义线样条
Spline Order	Spline	样条系数的顺序（排序）
Thickness	Toolpath	模型上的余量
Thread Milling Allowance	Canned Cycles	螺纹铣削余量
Thread Milling Cuts Number	Canned Cycles	螺纹铣削次数
Thread Milling Lead Angle	Canned Cycles	螺纹铣削导程角
Thread Milling Turns Number	Canned Cycles	螺纹铣削次数
Time-Day	Traceability	当前日期的当前时间 - 天
Time-Hours	Traceability	当前日期的当前时间 - 小时
Time-Min	Traceability	当前日期的当前时间 - 分钟
Time-Month	Traceability	当前日期的当前时间 - 月
Time-Sec	Traceability	当前日期的当前时间 - 秒
Time-Year	Traceability	当前日期的当前时间 - 年
Tool Compensation Length	Tool	刀具长度补偿，仅在三轴情况下有用，用于沿 Z 轴方向按指定的长度平移刀具路径
Tool Compensation Radius	Tool	PowerMill 软件 NC 程序表格中的刀具半径补偿值
Tool Cutting Length	Tool	PowerMill 软件刀具创建表格中的刀具切削刃长度
Tool Diameter	Tool	刀具直径
Tool Flutes Number	Tool	刀具齿数（或刀槽数）
Tool Length	Tool	刀具总长度，从刀尖到夹持顶端基准面（主轴端面）的距离
Tool Length Compensation Mode	Controller Switches	刀具长度补偿模式
Tool Length Offset Number	Tool	刀具长度补偿号
Tool Name	Tool	刀具名称
Tool Number	Tool	刀具编号
Tool Number Next	Tool	下一个要使用的刀具编号
Tool Output Point	Tool	PowerMill 软件 NC 程序表格中设置的刀尖 / 刀心
Tool Overhang	Tool	刀具悬伸长度
Tool Radius Offset Number	Tool	刀具半径偏置号
Tool Taper Angle	Tool	刀具锥角

（续）

参数	所在目录	功能说明
Tool Tip Radius	Tool	刀尖圆弧半径
Tool Tip Radius X	Tool	刀尖圆弧半径（X）
Tool Tip Radius Y	Tool	刀尖圆弧半径（Y）
Tool Type	Tool	刀具类型
Tool Vector X	Move	刀轴矢量（X）
Tool Vector Y	Move	刀轴矢量（Y）
Tool Vector Z	Move	刀轴矢量（Z）
Tool Vector From X	Program	第一个编程刀具矢量的 X 坐标
Tool Vector From Y	Program	第一个编程刀具矢量的 Y 坐标
Tool Vector From Z	Program	第一个编程刀具矢量的 Z 坐标
Toolpath Cutting Duration	Toolpath	刀具路径切削时间
Toolpath Cutting Strategy	Toolpath	PowerMill 中所采用的加工策略
Toolpath Length	Toolpath	刀具路径长度
Toolpath Name	Toolpath	刀具路径名称
Toolpath Strategy Subtype	Toolpath	刀具路径策略
Toolpath Type	Toolpath	刀具路径类型
Variable Feed Rate	Toolpath	此记录后面的刀轨包含非切入、切削或快速的进给速度
Workpiece Coordinate System Number	Workpiece	工件坐标系号
Workplane Definition Mode	Option File Settings	工作平面定义模式，Euler 角或机床角度
Workplane Euler A	Workplane	从局部坐标系旋转矩阵中获取的 Euler 角 A
Workplane Euler B	Workplane	从局部坐标系旋转矩阵中获取的 Euler 角 B
Workplane Euler C	Workplane	从局部坐标系旋转矩阵中获取的 Euler 角 C
Workplane Origin X	Workplane	局部坐标系原点在全局坐标系下沿 X 方向的位移。在 3+2 功能使能的情况下，用于工作平面（坐标系）转换的定义
Workplane Origin Y	Workplane	局部坐标系原点在全局坐标系下沿 Y 方向的位移
Workplane Origin Z	Workplane	局部坐标系原点在全局坐标系下沿 Z 方向的位移
Workplane Output Name	Workplane	输出用户坐标系名称
Workplane Toolpath Name	Workplane	刀具路径所在用户坐标系名称
Workplane Transformation Mode	Controller Switches	工作平面（坐标系）转换模式，可以设置为开或关
WP Machine A	Workplane	绕机床 X 轴的旋转角度
WP Machine B	Workplane	绕机床 Y 轴的旋转角度
WP Machine C	Workplane	绕机床 Z 轴的旋转角度

（续）

参数	所在目录	功能说明
WP Machine X	Workplane	相对于局部坐标系的机床 X 线性轴的坐标
WP Machine Y	Workplane	相对于局部坐标系的机床 Y 线性轴的坐标
WP Machine Z	Workplane	相对于局部坐标系的机床 Z 线性轴的坐标
WP mxs X	Workplane	工作平面（用户坐标系）X 坐标，用于多轴描述
WP mxs Y	Workplane	工作平面（用户坐标系）Y 坐标，用于多轴描述
WP mxs Z	Workplane	工作平面（用户坐标系）Z 坐标，用于多轴描述
WP Safe Z	Workplane	用户坐标系安全高度
WP Start Z	Workplane	用户坐标系开始高度
X	Move	刀具所在的当前 X 坐标
Y	Move	刀具所在的当前 Y 坐标
Z	Move	刀具所在的当前 Z 坐标
Zero Tool Length	Traceability	在台式机床上，将此参数设置为 On，再将刀具长度设置为 0，这非常有用

参 考 文 献

[1] 朱克忆. PowerMILL 2012 高速数控加工编程导航 [M]. 2 版. 北京：机械工业出版社，2016.

[2] 李娟，朱克忆. 数控加工操作与编程技术实用教程 [M]. 长沙：湖南大学出版社，2011.

[3] 朱克忆，彭劲枝. PowerMILL 多轴数控加工编程实用教程 [M]. 3 版. 北京：机械工业出版社，2019.

[4] 苏春. 数字化设计与制造 [M]. 3 版. 北京：机械工业出版社，2019.

[5] 周济，周艳红. 数控加工技术 [M]. 北京：国防工业出版社，2002.